Handbuch

der

Eisenhüttenkunde

von

Dr. C. J. B. Karsten.

Zweiter Theil.

Von den Eisenerzen, von den Brennmaterialien und von den Gebläsen.

Dritte, ganz umgearbeitete Ausgabe.

Berlin.
Bei G. Reimer.
1841.

Inhalt
des zweiten Bandes.

Zweiter Abschnitt. Von den Schmelzmaterialien zur Erzeugung des Eisens.

Erste Abtheilung. Von den Eisenerzen und von ihrer Behandlung vor dem Verschmelzen.

Von den Eisenerzen.

Von der Behandlung, welcher die Eisenerze vor ihrer Verschmelzung unterworfen werden müssen.

Vom Probiren und Analysiren der Eisenerze.

Gewinnung und Aufbereitung der Eisenerze.

Rösten, Wässern und Zerkleinern der Eisenerze.

Von den Zuschlägen.

Allgemeine Bemerkungen über das Verschmelzen der Eisenerze.

Zweite Abtheilung. Von den Brennmaterialien.

Vom Holz und von der Holzkohle.

Von den kohligen Mineralsubstanzen.

Von der Braunkohle.

Von der Steinkohle und von den Koaks.

Dritter Abschnitt. Vom Gebläse.

Von den Windleitungen und von den Einrichtungen bei den Düsen.

Ueber Quantität und Geschwindigkeit des Windes aus den Gebläsen.

Handbuch

der

Eisenhüttenkunde.

Zweiter Theil.

Zweiter Abschnitt.

Von den Schmelzmaterialien zur Erzeugung des Eisens.

Erste Abtheilung.

Von den Eisenerzen und von ihrer Behandlung vor dem Verschmelzen.

Von den Eisenerzen.

§. 337.

Im metallurgischen Sinne werden alle Mineralien, welche so viel Eisen enthalten, daß sie mit Vortheil angewendet werden können, um ihren Eisengehalt durch den Schmelzprozeß im Großen zu gewinnen, Eisenerze genannt. In dieser Beziehung können aber Mineralien, auch selbst wenn ihr Eisengehalt vorwaltend wäre, nur dann als Eisenerze betrachtet werden, wenn sie sich wirklich auf Eisen benutzen lassen. Geringe Beimischungen von Eisen, oder vielmehr von dessen Oxyden, kommen in unzählig vielen Mineralien vor; aber auch selbst die Anzahl der Fossilien, welche mineralogisch zu den Eisenerzen gerechnet werden, und derjenigen, welche die Aufmerksamkeit des Eisenhüttenmannes speciell verdienen, weil sie wegen ihres großen Eisengehaltes als Eisenerze angesehen werden können, zuweilen auch wohl absichtlich, oder unabsichtlich in die Beschickung mit eingehen, ist sehr bedeutend.

On the component Parts of Iron-stones and how these in the Manufacturing affect the quality of Crude Iron. By D. Mushet; in Tilloch's philos. Mag. III. 193—210. 239 255.

§. 338.

Die Art, wie das Eisen, mit andern metallischen und oxydirten Körpern verbunden, in den Erzeugnissen des Mineralreiches vorkommt, ist sehr verschieden. Zur Erleichterung der Uebersicht des folgenden Vortrags wird es nöthig seyn, von diesen Verbindungszuständen, welche sich — vielleicht mit wenigen Ausnahmen — schon durch die äußern Kennzeichen des Fossils deutlich offenbaren, eine Uebersicht vorauf zu schicken. Für den Metallurgen ist es von großem Interesse, nicht bloß diejenigen Körper, mit welchen das Eisen in seinen Erzen verbunden ist, sondern auch zugleich den Zustand dieser Verbindungen zu kennen, weil dieser Verbindungszustand auf den Erfolg beim Verschmelzen einen wesentlichen Einfluß hat.

I. Gediegen Eisen (§. §. 339—342).

II. Eisen mit Schwefel verbunden (§. §. 343—346).

III. Eisen in Verbindung mit Arsenik (§. §. 347—350).

IV. Eisen in Verbindung mit Sauerstoff im unvollkommenen Oxydationszustande; charakterisirt durch einen schwarzen oder grauen Strich und durch oktaedrische Form (§. §. 353—356).

V. Eisen in Verbindung mit Sauerstoff im vollkommenen Oxydationszustande; charakterisirt durch einen rothen, braunen oder gelben Strich und durch rhomboedrische Form.

A. Ohne Wasser; erkennbar durch rothe Farbe oder wenigstens durch rothen Strich (§. §. 358—360).

B. Mit Wasser; ausgezeichnet durch braunrothen, braunen oder gelben Strich (§. §. 361—368).

VI. Oxydirtes Eisen, verbunden mit Säuren, oder mit oxydirten Körpern, welche die Stelle der Säure vertreten.

A. Mit Titansäure (§. 370).

B. Mit Wolframoxyd (§. 371).

C. Mit Chromoxydul (§. 372).

D. Mit Kieselerde, und stets in Verbindung mit anderen Silikaten (§. §. 373—378).

E. Mit Kohlensäure.

1. In Verbindung mit anderen kohlensauren Basen, welche aber nur in geringen Verhältnissen vorkommen (§. §. 379—384).
2. In Verbindung mit sehr wenigen anderen kohlensauren Basen, aber gemengt mit Silikaten (§. 385).

F. Mit Phosphorsäure (§. 386).

G. Mit Arseniksäure (§. 387).

H. Mit Schwefel- und Arseniksäure (§. 388).

I. Mit Oxalsäure (§. 389).

§. 339.

Bei der ungemein häufigen Verbreitung des Eisens auf dem Erdkörper, und bei den großen, oft kolossalen Massen von Eisenerzen, welche an der Zusammensetzung der Erdrinde Theil nehmen, muß es auffallen, daß dies Metall im regulinischen Zustande, ohne in Verbindung mit anderen Körpern zu sein, so wenig angetroffen wird, daß man sehr lange die Existenz des gediegenen Eisens bezweifelt hat. Die Auffindung der einzelnen Massen von gediegenem Eisen, welche unter Verhältnissen vorkamen, aus denen deutlich zu schließen ist, daß der Fundort nicht ihr Geburtsort sein könne, ist die Frucht späterer Forschungen. Nachdem man durch Pallas die bekannte Masse von gediegenem Eisen in Sibirien kennen gelernt hatte, ward man auf ähnliche, kleinere und größere Massen, in Europa, in Nord- und Süd-Amerika und in Afrika ebenfalls aufmerksam. Die durch die Art des Vorkommens dieser Massen früher schon angeregten Meinungen über den meteorischen Ursprung dieser Massen, schienen durch die Analysen der Chemiker eine Bestätigung zu erhalten. Man fand in allen diesen Massen einen Nickelgehalt, welcher auch in dem gediegenen Eisen von Hraschina im Agramer Comitat, durch Klaproth nachgewiesen ward. Die Agramer Eisenmasse, etwa 71 Wiener Pfunde schwer, war aber am 26. May 1751 aus der Luft gefallen, eine Thatsache, die gar nicht bezweifelt werden kann. Ferner fand man in allen Meteorsteinen, deren Ursprung ebenfalls erwiesen ist, einen Nickelgehalt in den metallischen Theilen, welche sich in der übrigen erdartigen Masse der Steine, mehr oder weniger reichlich, eingesprengt finden. Die meteorische Abkunft dieser Eisenmassen wird daher Niemand mehr bezweifeln. Daß es aber, außer diesem meteorischen, noch fossiles oder tellurisches gediegen Eisen giebt, scheint jetzt auch nicht mehr bezweifelt werden zu dürfen, obgleich die dafür sprechenden Thatsachen noch einer genaueren Prüfung unterworfen werden müssen.

Der Nickelgehalt des gediegenen Eisens aus Tucuman in Südamerika ist zuerst durch Proust dargethan. Einige Jahre später zeigte Klaproth, daß sich das Nickel in allen von ihm untersuchten Massen von gediegenem Eisen finde, welche mit Gewißheit oder mit großer Wahrscheinlichkeit als meteorische Massen betrachtet werden könnten. Er fand in dem gediegenen Eisen:

von Hraschina in Ungarn 96,5 Eisen, 3,5 Nickel
— Ellenbogen — Böhmen 98,5 — 1,5 —
aus Sibirien 96,75 Eisen, 3,25 Nickel
— Mexiko 97,50 — 2,5 —

Durch die späteren Fortschritte in der chemischen Analysirungskunst hat man znm Theil sehr viel größere Quantitäten Nickel in dem meteorischen gediegenen Eisen gefunden. Hr. Stromeyer hat gezeigt, daß der Nickelgehalt oft bis 10 Prozent steige. Durch diese Fortschritte ist es auch möglich gewesen, noch andere

Metalle in dem Meteoreisen aufzufinden. Das Kobalt, dessen Vorhandensein Gehlen zuerst vermuthete, hat Hr. Stromeyer mit Bestimmtheit nachgewiesen. Hr. Laugier zeigte, daß das sibirische gediegen Eisen auch noch Chrom und Schwefel enthalte, nachdem er zuerst den Chromgehalt in dem im Jahre 1663 zu Verona gefallenen Meteorstein aufgefunden hatte. — Auch Spuren von Mangan sind in dem Meteoreisen angetroffen worden. — Die sibirische Eisenmasse enthält den Schwefel, nach meinen Versuchen, im Zustande des Schwefelkieses, welches bei der überwiegenden Menge von vorhandenem Eisen freilich auffallend erscheint, aber überzeugend beweist, daß dies Meteoreisen kein Gemisch, sondern ein Gemenge ist.

Man hat sich, durch die Resultate dieser Analysen geleitet, wohl zu der Annahme berechtigt gehalten, daß alles meteorische gediegen Eisen das Nickel (zum Theil auch das Kobalt) nicht allein als einen wesentlichen Bestandtheil enthalte, sondern daß das Nickel auch in konstanten Verhältnissen mit dem Eisen im Meteoreisen verbunden sey. Die letzte Voraussetzung findet sich durch die Analysen indeß nicht bestätigt. Außerdem ist wohl zu berücksichtigen, daß beide Metalle sich, wenigsten zum großen Theil, nicht in chemischer Vereinigung mit einander in dem Meteoreisen befinden, sondern daß sie mehr oder weniger nur mit einander gemengt vorkommen. Es läßt sich daher nicht einmal ein Gesetz der Nothwendigkeit eines konstanten Verhältnisses nachweisen. Eben so wenig mögte die Behauptung zu erweisen seyn, daß alles meteorische Eisen nothwendig Nickel enthalten muß. Hr. Vauquelin hat gezeigt, daß in dem Eisen, welches sich in den Meteorsteinen befindet, die am 3. Oktober 1815 zu Chassigny bei Langres niederfielen, und über deren meteorische Abkunft gar kein Zweifel ist, weder Schwefel, noch eine Spur von Nickel enthalten ist, obgleich Hr. Vauquelin gerade auf die Auffindung des Nickelgehaltes besonders aufmerksam war. Es scheint daher nicht, daß man die meteorische Abkunft eines gediegenen Eisens aus dem Grunde in Zweifel ziehen darf, wenn die Analyse keinen Nickelgehalt darin auffinden läßt. — Das gediegene Eisen von der Collina di Brianza bei Villa in Mailand enthält, nach Klaproth, kein Nickel; ich weiß nicht, ob diese Angabe durch spätere Analysen bestätigt worden ist. Wäre sie es aber, so würde dadurch nur erwiesen sein, daß es Meteoreisen ohne einen Nickelgehalt giebt; aber man würde dadurch kein Recht erhalten, die meteorische Abkunft dieser Eisenmasse zu bezweifeln, wenn sonst die übrigen Umstände für einen solchen Ursprung sprechen.

Ungleich wichtiger scheint es, auf den Kohlengehalt des gediegenen Eisens die Aufmerksamkeit zu richten. Daß das Meteoreisen eben so gut Kohlenmetall, als andere Metalle und Schwefel enthalten kann, ist sehr einleuchtend. Der Kohlengehalt des Eisens würde also nicht gegen seinen meteorischen und für seinen tellurischen Ursprung sprechen. Aber für die meteorische Abkunft wird ein hoher Grad von Wahrscheinlichkeit bei allem gediegenen Eisen, welches keine Kohle enthält, vorhanden seyn. In den mehrsten gediegenen Eisenmassen, welche entschieden meteorischen Ursprungs sind, hat man keine Kohle gefunden. Proust bemerkt dies ausdrücklich bei dem gediegenen Eisen von Tucuman. Dagegen wollen Tennant und Gibbs Kohle in dem gediegenen Eisen vom Vorgebirge der guten Hoffnung und von Louisiana gefunden haben. Auch Hr. Vauquelin fand in den zu Valence am 15. März 1806 herabgefallenen Meteorsteinen 2,5 Prozent Kohle. Indeß mögte das Kohlenmetall doch nur zu den höchst selten vorkommenden Bestandtheilen des Meteoreisens gehören, wogegen eine große Wahrscheinlichkeit vorhanden ist, daß es in dem gediegenen Eisen tellurischen Ursprungs niemals fehlen wird. Die sibirische Eisenmasse enthält nach meiner Untersuchung keine Kohle, Hr. v. Berzelius giebt aber an, eine Spur von Kohle darin gefunden zu haben.

§. 340.

Eine sehr umfassende Untersuchung über die Meteorsteine hat Hr. v. Berzelius schon im Jahr 1834 bekannt gemacht, und gefunden, daß man zweierlei Arten von Meteorsteinen unterscheiden kann. Die eine Art ist selten und es sind bis jetzt nur 3 dahin gehörende Meteorsteine bemerkt worden, nämlich die bei Navarra in Mähren, die bei Jonzac und bei Juvenas in Frankreich aus der Atmosphäre gefallenen. Sie sind dadurch ausgezeichnet, daß sie kein regulinisches Eisen enthalten, daß die Mineralien, woraus sie bestehen, mehr krystallisch gesondert sind, und daß die Bittererde keinen vorwaltenden Bestandtheil darin ausmacht. Die andere Art wird von der großen Anzahl der übrigen bis jetzt untersuchten Meteorsteine gebildet. Häufig sind sie in Farbe und Ansehen einander so ähnlich, daß man sie für aus einem Stück geschlagen halten sollte. Sie enthalten geschmeidiges, regulinisches Eisen in veränderlicher Menge. Man hat Beispiele von ungeheuren Massen, die aus einem einzigen, zusammenhängenden Eisengewebe bestanden, dessen Höhlungen von den nicht metallischen Substanzen ausgefüllt sind, und welche vielleicht deshalb beim Niederfallen nicht zertrümmert wurden, weil das Eisengewebe sie zusammenhielt. Andere bestehen mehr aus nicht-metallischen Substanzen und aus weniger Eisen, welches dann nicht zusammenhängend ist. Von der Hitze, welcher sie bei ihrer Bildung und wohl auch beim schnellen Niederfallen in der Atmosphäre ausgesetzt waren, giebt die schwarze, schlackige Masse ihrer Oberfläche Zeugniß, die oft feiner als Papier ist. Dieser schwarze Ueberzug bekleidet auch die Risse und Sprünge, welche die Steine durch die plötzliche Temperaturveränderung, welche ein Zusammenziehen und dadurch ein Zerreißen der Masse zur Folge hat, fast in ganz ähnlicher Art erhalten, wie die schwarzen Ueberzüge der Kluftflächen mancher Porphyre. Die nicht-metallischen Substanzen sind Olivin, der, außer Bittererde und Eisenoxydul, noch Spuren von Zinnoxyd und von Nickeloxyd enthält. Nur der Olivin in der Meteorsteinmasse von Pallas enthält keine Spuren von Nickel, sondern nur von Zinnoxyd. Außer dem Olivin sind noch Silikate von Bittererde, Kalkerde, Eisenoxydul, Manganoxydul, Thonerde, Kali und Natron gefunden worden, und zwar größtentheils als Bisilikate, so daß man diese Substanzen als Augit betrachten kann. Das Chromeisen ist in beiden Arten von Meteorsteinen gefunden worden und hat noch nie darin gefehlt. Mit dem Chromeisen ist Zinnoxyd gemengt, welches Spuren von Kupfer enthält. Magneteisen, welches sich ohne Entwickelung von reinem Wasserstoffgas in Salzsäure auflös't, kommt, wie Hr. v. Berzelius vermuthet, vielleicht nicht in allen Meteorsteinen vor, dagegen ist Schwefeleisen in allen enthalten. Das regulinische Eisen in den Meteorsteinen ist nicht rein, sondern es enthält Kohle, Schwefel, Phosphor, Magnesium, Mangan, Nickel, Kobalt, Zinn und Kupfer. Es ist aber außerdem noch gemengt mit kleinen Krystallen, einer Verbindung von Phosphoreisen mit Phosphornickel und Phosphormagnesium, welche in den Eisenkörnern eingesprengt sind. Ein Theil ist so fein in der Masse des Eisens vertheilt, daß sie bei der Auflösung des Eisens als ein schwarzes Pulver abfallen. Sehr merkwürdig ist die Erfahrung, welche Hr. v. Berzelius anführt, daß der Meteorstein von Alais in Wasser zu einer Erde zerfällt, die nach Thon und Heu riecht und Kohle in einer unbekannten Verbindung enthält. Bei der trockenen Destillation werden Kohlensäure, Wasser und ein schwarzgraues Sublimat erhalten, aber kein Kohlenwasserstoffgas und kein brenzliches Oel.

Als ein bisher noch nicht bekannter Bestandtheil des Meteoreisens hat Hr. Jackson in dem Meteoreisen, welches in Nord-Amerika nahe bei Lime Creek zu Clairborne in Alabama gefunden worden ist, das Chlor kennen gelehrt. Auffallend dabei ist indeß das sehr geringe spec. Gew., welches Hr. J. von drei besonderen Bruchstücken verschiedener Theile der Masse nur zu 5,570, 6,4 und 6,5 gefunden hat. Nach einigen Tagen bedeckt sich das

Eisen mit grasgrünen Tropfen, durch die Einwirkung der atmosphärischen Feuchtigkeit, und verrostet dann. So verhält sich auch das Roheisen, welches mit Kochsalz geschmolzen wird, nur daß die ausschwitzenden Tropfen gelblich gefärbt sind, weil kein Nickel vorhanden ist. Das Eisenbruchstück von 6,5 spec. Gew. fand Hr. J. zusammengesetzt aus:

Metallischem Eisen	— — —	66,560
—	Nickel — — —	24,708
—	Chrom und Mangan	3,240
Schwefel	— — — — —	4,000
Chlor	— — — — — — —	1,486
		99,988.

Die Beispiele vom Niederfallen des regulinischen Eisens aus der Atmosphäre häufen sich immer mehr. Der Kapitain Alexander hat am großen Fischfluß im Inneren von Südafrika einen beträchtlichen Landstrich mit gediegenem Eisen wie besäet angetroffen, als ob ein Regen von Meteoreisen statt gefunden hätte. Hr. Berthier hat darin 4,61 Prozent Nickel und einige schwarze Schuppen, die er für Graphit hält, gefunden. — Die Untersuchung, ob das Meteoreisen und die Meteorsteine einen tellurischen, lunaren oder kosmischen Ursprung haben, gehört nicht hierher. Es sind keine zureichenden Gründe vorhanden, die Bildung solcher Massen in unserer Atmosphäre zu läugnen.

§. 341.

Man hat versucht, das Meteoreisen künstlich nachzubilden, und besonders auf die Güte des Meteorstahls hin und wieder ein großes Gewicht gelegt. Es darf aber nicht übersehen werden, daß auch diese künstlich dargestellten Verbindungen nur Gemenge von Eisen und Nickel, oder von Stahl und Nickel sind, indem wenigstens der größte Theil des Nickels nicht chemisch mit dem Eisen verbunden ist. Dadurch erhält dieses Eisen eben so schöne

Damastzeichnungen wie das natürliche Meteoreisen, bei welchem diese Zeichnungen sehr wohl fehlen könnten, wenn es Meteoreisen giebt, welches weder Nickel noch andere Beimischungen enthält, mit welchen das Eisen nicht gemengt, sondern wirklich chemisch verbunden ist. — Alles Meteoreisen zeichnet sich durch einen hohen Grad von Weichheit aus, welchen es mit dem künstlich dargestellten Eisen ohne Kohle gemein hat. Das weniger weiche, und zum Theil sogar spröde Meteoreisen, leitet seine Härte und Sprödigkeit sehr wahrscheinlich nicht von einem Gehalt an Kohle, sondern von anderen Beimischungen, zum Theil vielleicht von bloßen Beimengungen ab.

§. 342.

Von dem Vorkommen des tellurischen gediegenen Eisens führt Proust ein Beispiel bei Erzen aus Amerika an, welche drei bis vier Schwefelmetalle enthalten sollen, in welchen es in ganz kleinen Theilchen, vor der Berührung der Luft geschützt, befindlich ist. Das Eisen ward durch den Magnet aus dem zerpulverten Erz ausgezogen und lös'te sich, mit Entwickelung von reinem Wasserstoffgas, in verdünnter Schwefelsäure auf. Nähere Umstände sind indeß niemals bekannt geworden.

Ein zweites, wie es scheint, zuverlässigeres Beispiel bietet der sogenannte Platinsand dar, nämlich die schwärzlichen Körner aus Südamerika, welche regulinisches Eisen in Verbindung mit Platin enthalten. Dieser Platinsand, welcher durch Hn. Hausmann den Namen Polyxen erhalten hat, soll, nach den Untersuchungen des Hn. John, nicht eine Verbindung des Eisens mit Platin seyn, sondern die Körnchen sollen zum Theil aus reinem gediegenen Eisen bestehen.

Der sogenannte gediegene Stahl von Labouiche in der Auvergne, den Hr. Godon St. Memin untersuchte und welcher 4,3 Prozent Kohle und 1,2 Prozent Phosphor enthielt, ist nichts weiter als ein, durch einen zufälligen Erdbrand im Steinkohlengebirge, reducirtes oder vielleicht nur geschmolzenes Eisen.

Problematisch war die 7 bis 8000 Pfund schwere Eisenmasse, welche zu Aachen gefunden ward, und zwar an einer Stelle, wo sie nicht entstanden seyn kann. Eindrücke von Holzkohle, die auf eine künstliche Erzeugung schließen lassen, sollen vorhanden seyn, obgleich ich sie bei der sorgfältigsten Untersuchung nicht habe entdecken können. So sehr die Bestandtheile dieser Masse gegen die Wahrscheinlichkeit eines meteorischen Ursprungs sprechen, so wenig lassen sich gegründete Vermuthungen über ihre künstliche Erzeugung aufstellen. Nach Hn. Monheim's Untersuchungen sollen in 100 Theile dieses Eisens enthalten sein: 83,42 Eisen, 15 Arsenik, 0,75 Kieselerde, 0,5 Kohle und 0,33 Schwefel. Indeß kann ich nach meinen Untersuchungen mit Bestimmtheit behaupten, daß die Masse kein Arsenik, sondern, außer Spuren von Mangan, Schwefel, Phosphor und Silicium, nur Kohle enthielt. Daß diese Masse ein Produkt der Kunst sey, läßt sich nicht bezweifeln, aber die Entstehungsweise ist problematisch, wegen des bedeutenden Umfanges und Gewichtes der Masse, obgleich darin an sich kein Hinderniß liegt, sie für den Rückstand aus dem Schmelzraum eines alten Ofens (Ofensau) zu halten, wie sie es auch unbezweifelt wohl sein wird.

Das in der Kyrburger Grube im Hachenburgischen vorgekommene, angeblich mit Brauneisenstein verwachsene gediegene Eisen, welches in dem Berliner Mineralien-Kabinet aufbewahrt wird, muß ich für ein Kunstprodukt erklären, welches sich aus jedem reinen Brauneisenstein, durch Glühen mit Kohle, leicht erhalten läßt. — Auch das angebliche gediegen Eisen aus mehren Seen Schwedens (v. Leonhard Handb. d. Oryktognosie, 2te Aufl. S. 716) ist nichts anderes als graues Roheisen, künstlich erzeugt.

Sehr wünschenswerth wäre es dagegen, wenn die näheren Umstände bekannt wären, unter welchen das sogenannte gediegen Eisen, im Gemenge mit Graphit, auf dem Scholeys-Gebirge in

New-York vorkommt. Der Entdecker, Hr. Torrey, hat es Sidero-Graphit genannt, und es soll aus 54,25 Eisen und 11,50 Graphit bestehen. Schon diese Zusammensetzung, wenn sie sich bestätigte, würde äußerst merkwürdig sein. Das Eisen ist nur schwach magnetisch, oder wird vielmehr nur an einzelnen Stellen vom Magnet gezogen, hat übrigens ganz das Ansehen von sehr grauem Roheisen.

Die mehrste Aufmerksamkeit verdient das fossile oder tellurische gediegen Eisen von der Grube Eiserner Johannes zu Groß-Kammsdorf, das Klaproth untersucht hat und welches sich jetzt in der großen Mineraliensammlung zu Berlin befindet. Dies Eisen enthält, in 100 Theilen, 92,5 Eisen, 6 Blei und 1,5 Kupfer. Ist schon diese Verbindung des Eisens mit Blei sehr merkwürdig, so ist es der Mangel an Kohle nicht weniger. Es ist nicht wahrscheinlich, daß der Kohlengehalt von Klaproth unbeachtet geblieben wäre; denn das Eisen zeigt dieselbe Farbe und Weichheit, wie das meteorische Eisen, und ist ganz gewiß kein Produkt der Kunst. Auch im magnetischen Verhalten steht dies Eisen, wie Hr. Seebeck gezeigt hat, dem Meteoreisen ungleich näher, als alle übrigen noch problematischen Eisenmassen.

Endlich giebt Hr. Demarcay noch an, in dem Cerit von der Bastnäs-Grube Flittern von metallischem Eisen gefunden zu haben.

Mehre Beispiele des Vorkommens von gediegenem Eisen, tellurischen Ursprungs, dürften kaum bekannt geworden seyn, und es ergiebt sich daraus die große Neigung des Eisens, sich zu oxydiren, wenn es nicht durch Schwefel, Arsenik, und vielleicht noch durch andere Metalle gebunden ist.

Chladni, über gediegen Eisen, und besonders über eine noch nicht bekannte, im Mailändischen gefundene Gediegen-Eisenmasse; in Schweigger's N. Journ. für Chemie und Physik IV. 116 u. f. — Chladni, Beiträge zur Kenntniß der Feuer-Meteore und der herabgefallenen Massen. Gilbert's Annalen d. Physik. B. 68 S. 329. Zweite Lieferung. B. 71 S. 359.

Dritte Lieferung. B. 75 S. 229. Vierte Lieferung. B. 78 S. 151. Fünfte Lieferung, Poggendorff's Annalen. B. 6 S. 21. Sechste Lieferung. B. 8 S. 45. — Chladni, über Feuer-Metheore und über die mit denselben herabgefallenen Massen. Wien. 1819. — v. Schreiber's Beiträge zur Geschichte und Kenntniß meteorischer Steine und Metallmassen. Wien. 1820. — Rose, mechanische Zusammensetzung der Meteorsteine; in Poggendorff's Ann. B. 4 S. 173. — Nöggerath nnd Bischof über die Bittburger Eisenmasse; Schweigger's N. Journ. B. 13 S. 1. — Monheim, über die Aachener Metallmasse; in Schweigger's Journ. B. 16 S. 196 und B. 20 S. 339. — Germar über das Gediegeneisen von dem Scholeys-Gebirge; von Leonhard's Taschenb. d. Mineralogie B. 15 S. 932. — Klaproth, Beiträge u. s. f. B. IV. 98—106. B. VI. 306. — Laugier, Chromgehalt der Meteorsteine; Gehlens Journ. f. Chemie und Physik II. 9. — Gehlen, Kobaltgehalt des Meteoreisens, Ebend. S. 10. — Godon St. Memin, Ebend. III. 402. — Proust, über d. gediegene Eisen in Peru; Scherer's Journ. d. Chemie IX. 367. — Proust, gediegen Eisen in Schwefelmetallen; Gehlen's Journ. III. 409. — Vauquelin Analyse d. Meteorsteine von Langres, Gilbert's Annalen B. 58 S. 181. — Howard, Ebend. XIII. 291. — Wollaston, Ebend. B. 56 S. 373. Laugier, Ebend. B. 58 S. 182. — Tennant und Gibbs, Ebend. B. 43 S. 19. 22. — Vauquelin, Kohlengehalt der Meteorsteine von Valence, Ebend. B. 24 S. 298. — Stromeyer, in Gilbert's Ann. J. 1816. St. 10. S. 107. — Derselbe. Ebend. B. 56 S. 191. — Laugier, Archiv für Bergbau V. 289. — Boussingault, Ebend. IX. 539. — John, Chem. Unters. VI. 298. u. s. f. — Karsten, über das Vorkommen des tellurischen gediegenen Eisens, Archiv f. Bergbau u. Hüttenkunde. XVII. 242. — Karsten, über die Aachner Eisenmasse; Archiv f. Geogn. Mineral Bergb. u. Hüttenkunde V. 297. — v. Berzelius, in Poggendorff's Ann. XXXIII. 1. 113. 138. XXXVIII. 238. — Ueber die Pallassche Eisenreffe, Poggend. Ann. XXXVI.

560. — Meteoreisen am großen Fischfluß. Philos. Magaz. Januar 1839. p. 32. und Berthier in den Ann. des mines. 3 Série. XV. 590. — Jackson, Philos. Magaz. Nov. 1838. p. 239.

§. 343.

Von den in der Natur vorkommenden Verbindungen des Eisens mit Schwefel werden Schwefelkies und Magnetkies sehr häufig angetroffen, obgleich die verschiedenartigen Verhältnisse des Schwefels zum Eisen in den verschiedenen Arten von Magnetkies noch immer eine genauere Untersuchung verdienten. — Hr. Vauquelin erwähnt eines ganz eigenthümlich zusammengesetzten Kieses, den er, wegen der darin gefundenen Bestandtheile, Pyrite arsenicale nennt. Dieser Kies enthält Eisen, Schwefel und Arsenik und eine große Menge von Kieselerde. Es ist wahrscheinlich, daß die letztere dem Erz bloß beigemengt gewesen ist. Die Analyse ward überhaupt zu einer Zeit angestellt, in welcher sich die chemische Analysirkunst noch in der Kindheit befand, weshalb eine Wiederholung derselben zu wünschen wäre.

Vauquelin, im Journal de Mines. No. IX.

§. 344.

Es ist bekannt, daß nur der Schwefelkies, aber nicht der Magnetkies, zur Schwefelfabrikation anwendbar ist, und daß beide Verbindungen sich durch den Zutritt der Luft und in einer höheren Temperatur gänzlich trennen lassen. Schwefel und Eisen müssen sich gleichzeitig oxydiren, und das Resultat des Prozesses ist alsdann schwefligte Säure (die als Gas entweicht) und oxydirtes Eisen. Schwefelsäure kann ohne Zutritt von Wasser nicht entstehen, weshalb zur Bildung schwefelsaurer Eisensalze aus Schwefelkies, eine höhere Temperatur, um den im Uebermaaß vorhandenen Schwefel zu verflüchtigen, oder das Erz aufzuschließen, und demnächst der Zutritt von Luft und Wasser gleich nothwendige Bedingungen sind. Das Verwittern de aufgeschlossenen Schwefelkiese ist ein merkwürdiger Prozeß, indem sich dabei wahrscheinlich das Eisen und der Schwefel auf Kosten des Wassers in der feuchten Luft oxydiren. Beim Rösten oder Brennen der Schwefelkiese, welche auf Vitriol benutzt werden sollen, geht ein Theil des Schwefels in Substanz und ein anderer als schwefligte Säure verloren. Um dies so viel als möglich zu verhindern, darf die Hitze nicht so groß sein, und die brennenden Kiese müssen häufig mit Wasser bespritzt werden. Das Ausbringen des Vitriols aus den Schwefelkiesen ist ein Gegenstand der Vitriolhüttenkunde.

Schlüter, gründlicher Unterricht von Hüttenwerken, 574 u. f. — Lampadius, Handbuch der allgemeinen Hüttenkunde, II. B. 3. S. 297 u. f.

§. 345.

Die völlige Trennung des Schwefels vom Eisen läßt sich durch Oxydation in einer höheren Temperatur vollständig bewirken, indeß ist die Verwandtschaft beider Körper zu einander so groß, daß sich die letzten Antheile Schwefel nur sehr schwer trennen lassen. Beim Rösten des Schwefeleisens und bei großen Haufwerken, ist es daher auch leicht erklärbar, daß das Eisen als Oxyd und nicht als Oxydüloxyd zurückbleibt, weil der Theil Eisen, welcher seinen Schwefelgehalt schon verloren hat, aus dem letzteren Zustande in den des Oxyds übergeht, ehe die letzten Antheile Schwefel verflüchtigt sind. Soll daher aller Schwefel verflüchtigt werden, so ist es nothwendig, daß dem Sauerstoff durch möglichste Zerkleinerung des Schwefeleisens, und durch öfteres Umrühren oder Erneuern der Oberfläche, Gelegenheit gegeben wird, an den Schwefel zu treten. Wird die Temperatur gleich anfänglich zu sehr erhöhet, so kommt das Schwefeleisen in Fluß, und dann kann der Sauerstoff nur auf der Oberfläche wirksam sein, weshalb die Zerstörung des Schwefels langsamer erfolgen muß, als wenn die Luft mit den lockeren, fein zertheilten

Theilchen des nicht geschmolzenen Schwefeleisens in Berührung bleibt.

§. 346.

Die Möglichkeit, aus Schwefeleisen ein vollkommen schwefelfreies, nicht rothbrüchiges Stabeisen darzustellen, ist daher nicht zu läugnen; indeß würden die abgedampften Schwefelkiese eine so außerordentlich sorgfältige und oft wiederholte Röstung verlangen, um allen Schwefel als schwefligte Säure zu verflüchtigen, daß die Produktionskosten mit dem Werth des aus dem Schwefeleisen darzustellenden Eisens in keinem Verhältniß ständen. Schwefelkies und Magnetkies werden aus diesem Grunde auch nicht als Eisenerze angesehen. Sehr oft kommen sie aber, besonders der Schwefelkies, mit anderen Eisenerzen zusammen vor, und sind zuweilen so häufige Begleiter, daß sie die sonst brauchbaren Eisenerze unbrauchbar machen können. Bricht der Schwefelkies nicht zu häufig ein, so müssen die Eisenerze vor ihrer Verarbeitung geröstet und abgelaugt werden, um den größten Theil des Schwefels vorher zu entfernen.

§. 347.

In Verbindung mit Arsenik kommt das Eisen in der Natur, so viel man bis jetzt weiß, in zwei verschiedenen Verhältnissen vor, die unter den Namen Arsenikkies und Arsenikalkies bekannt sind.

Der Arsenikkies ist am genauesten untersucht, weil er in vollkommenen Krystallen angetroffen wird. Er besteht aus Eisen, Arsenik und Schwefel, und zwar in solchen Verhältnissen, daß man sich den Schwefel mit einem Theil Eisen zu Schwefelkies, und 2 Mischungsgewicht Arsenik mit dem anderen Theil Eisen zu Arsenikeisen verbunden denken kann ($F. As^2 + F. S^4$). Diese Verbindung führt auch den Trivialnamen Mißpickel. Dies Erz ist untersucht von den Hn. Hn. a. Stromeyer, b. Chevreul und c. Thomson. Ich füge dazu noch d. die Resultate einer von mir angestellten Analyse mit ausgesuchten reinen und vollkommenen Krystallen von Arsenikkies von Freyberg.

	a.	b.	c.	d.
Arsenik	42,88	43,418	48,1	43,73
Eisen	36,04	34,938	36,5	35,62
Schwefel	21,08	20,132	15,4	20,65

Der Arsenikalkies ist bis jetzt noch nicht krystallisirt gefunden worden. Klaproth hat das Erz von Reichenstein untersucht und darin 62 Arsenik, 38 Eisen und eine Spur von Schwefel gefunden. Eben dies Erz, in ausgesucht reinen Stücken, fand ich zusammengesetzt aus: 65,88 Arsenik, 32,35 Eisen und 1,77 Schwefel. Daß der Schwefelgehalt einer zufälligen Beimengung von Magnetkies zuzuschreiben ist, und daß er nicht wesentlich zur Zusammensetzung des Erzes gehört, geht daraus hervor, daß die Magnetkiestheilchen durch den Magnet aus dem gepulverten Erz ausgezogen werden können, weshalb auch der Schwefelgehalt abweichend gefunden wird. — Hr. Lampadius will in einem Arsenikkies von Freyberg 42,1 Arsenik und 57,9 Eisen gefunden haben. Noch ist eine Annalyse des Arsenikkieses von Zinnwald vom Herrn du Menil vorhanden, welche 21,22 Eisen, 28,97 Arsenik und 1,20. Schwefel (in 51,5 Theilen) als Resultat giebt. Das Verfahren bei der Analyse war jedoch mangelhaft und die Analyse kann daher nicht richtig sein. Es geht daraus jedoch hervor, daß der Zinnwalder Arsenikkies zu derselben Art wie der Reichensteiner gehören dürfte.

§. 348.

Der Arsenikkies und Arsenikalkies werden nicht als Eisenerz benutzt, weil eine solche Benutzung nur geschehen könnte, wenn der Arsenikgehalt vorher durch Röstensverflüchtigt wird. Die Röstarbeit macht aber eine große mechanische Zertheilung des zu röstenden Körpers nothwendig, so daß die feinen Schlieche sich in hohen Schachtöfen nicht gut reduciren und verschmelzen lassen würden, wenn man sie auch, nachdem sie zur Arsenikgewinnung gedient haben, noch auf Eisen benutzen wollte. Dazu kommt noch, daß die völlige Abscheidung des Arseniks vom Eisen durch Rösten kaum möglich ist, und daß die Schlieche noch einen zu großen Rückhalt von Arsenik behalten, welcher sich durch die Kohlen des Schachtofens wieder reducirt, und mit dem Eisen zu arsenikhaltigem Eisen (Speise) verbindet. Dieser Rückhalt an Arsenik, wenn er auch nur 1 bis 2 Prozent betrüge, würde doch ein ganz unbrauchbares Eisen geben, weshalb von dieser Anwendung des Arsenikkieses ganz abgestanden werden muß.

§. 349.

Daß es überhaupt möglich sei, das Arsenik in dem nicht Schwefel haltenden Arsenikkies, durch bloßes Glühen desselben in verschlossenen Gefäßen, oder durch die Sublimation des Arseniks, vollkommen von Eisen zu trennen, ist nicht wahrscheinlich; es scheint vielmehr, daß sich nur der größte Theil Arsenik verflüchtigen läßt, und daß der letzte Antheil auch nicht einmal in der Schmelzhitze fortgeht, sondern nur durch gleichzeitige Oxydation des Eisens und des Arseniks, und auch dann nicht vollständig abgeschieden werden kann. Der Arsenikkies giebt beim Glühen in verschlossenen Gefäßen zuerst etwas Schwefelarsenik, worauf regulinisches Arsenik übergeht und zuletzt ein künstlicher Magnetkies zurückbleibt, der kein Arsenik enthält.

§. 350.

In Reichenstein rechnet man bei der Bereitung des regulinischen Arseniks (des Fliegensteins), aus den reinsten Arsenikschliechen 50 Procent und außerdem noch 25 Procent grauen Arsenik (ein Gemenge von regulinischem Arsenik mit weißem Arsenik) zu erhalten, ein Erfolg, welcher mit dem Resultat der Analyse ziemlich übereinstimmt.

Lampadius, Handbuch der chemischen Analyse der Mineralkörper, 310. — Proust, über die Schwefelmetalle; Gilbert's Ann. d. Phys. XXV. 308. — Chevreul in Gilbert's Ann. etc. Neue Folge. I. 332. — Stromeyer in den Götting. gel. Anz. St. 47. f. d. J. 1814. und in Gilbert's N. Annal. d. Phys. XVII. 84—90. — Du Menil; Archiv f. Bergbau V. 208. — Einige andere Analysen von Arsenikkies und Arsenikalkies finden sich in Poggendorff's Ann. B. XLII. 346. u. L. 153. verzeichnet.

§. 351.

Außer in Verbindung mit Schwefel und Arsenik hat man das Eisen bis jetzt noch nicht im regulinischen Zustande in der Natur angetroffen. Hr. Berzelius bemerkt jedoch, daß der Tantalit aus Kimito in Finnland eine natürliche Verbindung von Tantaleisen mit tantalsaurem Eisenoxydul sey, in welcher das Verhältniß der regulinischen Verbindung zu der oxydirten ziemlich veränderlich zu sein scheint. Das Tantal soll das Eisen hart und spröde machen.

§. 352.

Der gewöhnlichste Zustand, in welchem das Eisen in der Natur vorkommt, ist der oxydirte. Die ungleich größere Anzahl von Eisenerzen, welche zur Eisenerzeugung verwendet wird, besteht aus reinen, oder durch Beimengungen verunreinigten Eisenoxyden. Nur das kohlensaure Oxydul dürfte mit dem oxidirten Eisen um die erste Stelle in die Schranken treten können.

So wenig man das reine Eisenoxydul bis jetzt hat künstlich darstellen können, eben so wenig wird es in der Natur angetroffen. Auch das Oxydulhydrat ist noch niemals vorgekommen. Ob aber eine natürliche Verbindung des Oxydul-Oxyds mit Wasser vorhanden ist, welches viel Wahrscheinlichkeit für sich hat, ist noch nicht ausgemittelt. Alles natürliche oxydirte Eisen, welches nicht an Säuren oder an Kieselerde gebunden ist, theilt sich in zwei große Reihen. Die eine Reihe besteht aus den Verbindungen des Oxyduls mit Oxyd, welche durch das Oxydul charakterisirt werden. Diese Erze folgen dem Magnet schon im rohen, nicht geglühten Zustande: sie gehören zum oktaedrischen Krystallsystem und werden durch den schwarzen oder wenigstens grauen Strich, und durch das eben so gefärbte Pulver beim Zerreiben erkannt. Die zweite Reihe besteht aus dem vollkommnen Oxyd, welches zwar hin und wieder mit etwas Oxydul gemischt sein kann, ohne daß aber das letztere dem Erz den Charakter ertheilt. Diese Erze sind im rohen und geglüheten Zustande dem Magnet nicht folgsam; oder sie werden, wenn sie etwas Oxydul in der Mischung enthalten, doch nur höchst schwach angezogen. Sie gehören zum rhomboedrischen Krystallsystem und werden durch den rothen, braunen oder gelben Strich, und durch das eben so gefärbte Pulver beim Zerreiben charakterisirt.

§. 353.

Die erste Reihe ist unter dem Namen der Magneteisensteine bekannt. An genauen Untersuchungen über die Verhältnisse des Oxyduls zum Oxyd in den verschiedenen Magneteisensteinen fehlt es noch sehr, und es sind, außer den vom Hn. Berzelius gegebenen Bestimmungen, noch keine weiter vorhanden, indem die wenigen Analysen, welche bis jetzt von einigen Magneteisensteinen mitgetheilt worden sind, sich nicht auf die Verhältnisse des Oxyduls zum Oxyd, sondern auf die zufällige Beimengung des Erzes beziehen.

Nach Hn. Berzelius soll der Magneteisenstein, wie er gewöhnlich vorkommt, so zusammengesetzt sein, daß man ihn sich als aus 1 Mischungs-Gewicht Oxydul und 2 M. G. Oxyd bestehend, vorstellen kann. Er würde aus 71,785 Eisen und 28,215 Sauerstoff, oder etwa aus 30,99 Gewichtstheilen Oxydul und 69,01 Oxyd bestehen. Das Oxyd wäre also in diesem Erz mit dreimal so viel Sauerstoff und doppelt so viel Eisen verbunden, als das Oxydul.

Eine zweite Varietät soll man sich als aus 3 M. G. Oxydul und 2 M. G. Oxyd ($3\dot{\dot{F}}e + 2\dot{\dot{\dot{F}}}e$) zusammengesetzt vorstellen. Dies Erz, welches mir noch nicht vorgekommen ist, würde 74,1 Eisen und 25,9 Sauerstoff, oder etwa 57,65 Oxydul und 42,35 Oxyd enthalten, oder beide Oxyde würden mit gleichen Quantitäten Sauerstoff dergestalt verbunden sein, daß das Oxydul 1½ mal so viel Eisen als das Oxyd enthält.

Zu Capao in Brasilien kommt ein Magneteisenstein vor, der stark vom Magnet gezogen wird und welcher, wegen seiner regelmäßigen oktaedrischen Krystallgestalt, unbezweifelt ein Magneteisenstein ist. Das Erz giebt aber ein ausgezeichnet rothes Pulver beim Zerreiben und würde nach der Farbe des Striches zu der folgenden Reihe, oder zu den Oxyden gehören müssen. Hr. Vauquelin hat das Erz untersucht und darin 28 Gewichtstheile Oxydul und 72 Oxyd gefunden. Es scheint daher, daß dasselbe gewöhnlicher Magneteisenstein ist, der seine Färbung durch mechanisch beigemengtes Oxyd erhält, indem, wenigstens bei den angegebenen Mischungsverhältnissen, ein eigenthümliches Verhältniß des Oxyduls zum Oxyd nicht berechnet werden kann.

Einen Magneteisenstein ganz eigenthümlicher Art aus Grönland, hat Hr. Thomson untersucht. Das specifische Gewicht desselben war 4,7619, also von dem des gewöhnlichen Magneteisensteins, welches abweichend von 4,6 (Kirwan) bis 4,82 (D. L. G. Karsten) angegeben wird, nicht verschieden, auch hatte er ganz das Ansehen des gewöhnlichen Magneteisensteins, löste sich aber in Salzsäure mit Aufbrausen auf. Ob das entweichende Gas Wasserstoffgas gewesen, erwähnt Hr. T. nicht ausdrücklich, indeß ergiebt sich aus der Analyse, daß das Erz, außer einem Gehalt von 4,2 Procent Titanoxyd und 2,4 Procent Kieselerde, das Eisen in einem noch niedrigeren Oxydationszustande, als er sich in dem reinen Oxydul befindet, enthalten habe. Hr. T. ist der Meinung, daß dies Erz das Eisen in einem eigenthümlichen Oxydationszustande enthalte, in welchem es nur die Hälfte des Sauerstoffs aufnimmt, womit es in dem reinen Oxydul verbunden ist (?). Es bricht mit Apatit.

§. 354.

Es sind nur wenig Analysen von Magneteisensteinen angestellt. Buchholz hat den Magneteisenstein von Suhl untersucht, bemerkt aber nur, daß er ein Gemenge von Oxyd und Oxydul mit einigen Quarzkörnern sei. — Hr. Hisinger fand in einem schwedischen Magneteisenstein 94,48 braunrothes Oxyd, 1,25 Bergart, 0,16 Bittererde und 2,75 phosphorsaure Kalkerde (alles mechanische Beimengungen). — Hr. Gärtner giebt in dem krystallisirten Magneteisenstein von der Pfitsch in Tyrol 97,5 braunrothes Oxyd und 2,0 Kiesel- und Bittererde an. In einem krystallisirten Magneteisenstein von Traversella in Piemont fand er 98,5 Eisenoxydul mit einer geringen Menge Oxyds, 0,5 Kieselerde, 0,5 Bittererde und eine Spur Manganoxydul. Bei allen diesen Analysen ist der Oxydationszustand des Eisens, worauf es hier ankommt, nicht angegeben. — Dagegen hat Hr. Berthier einen Magneteisenstein von la Plata untersucht, mit einem spec. Gew. von 5,1, dem äußern Ansehn nach ganz mit dem Magneteisenstein übereinstimmend, stark magnetisch, aber einen dunkelbraunrothen Strich gebend. Er fand ihn aus 81,8 Oxyd und 17,6 Oxydul (außer 0,6 Quarzfragmenten) zusammengesetzt. Das Erz gab sich indeß, durch sein Verhalten gegen Salzsäure, als ein Gemenge von 55 gewöhnlichem magnetischem Oxydul-Oxyd und von 43,6 Oxyd zu erkennen, ein Verhalten, welches das in Oktaedern krystallisirte Erz von Capao (§. 353) wohl ebenfalls zeigen wird. — Einen Magneteisenstein von Peron bei Clintonville, nahe am Champlinsee, fand Hr. Berthier aus 81,8 Oxyd und 17,9 Oxydul (außer 0,3 Quarzfragmenten) bestehend, und scheint auch dies Erz als ein Gemenge von Magneteisenstein mit Eisenoxyd (Eisenglanz) zu betrachten. — In einem schwedischen Magneteisenstein fand Hr. Berthier 31 Oxydul und 69 Oxyd; in einem Magneteisenstein von Villa Rica in Brasilien 28 Eisenoxydul und 72 Eisenoxyd. — Hr. v. Kobell hat den schönen krystallisirten Magneteisenstein vom Schwarzenstein im Zillerthal in Tyrol untersucht, welcher dort im Chloritschiefer eingewachsen vorkommt, und darin 74,08 Eisenoxyd und 25,92 Eisenoxydul, bei einem zweiten Versuch aber 75,52 Eisenoxyd und 24,48 Eisenoxydul gefunden.

Der Magneteisenstein kann zuweilen Beimengungen von Titanoxyd, oder von titansaurem Eisenoxyd enthalten. — Hr. v. Gerolt erwähnt eines Magneteisensteins aus dem Bergdistrikt del Oro in Mexiko, welcher dort ausgedehnte Lager bildet, ein spec. Gewicht von 4,9 hat und sehr reich an Kupfer (Oxydul, oder Oxyd?) sein soll.

Thomson, chemical Analysis of a Specimen of Magnetic Iron-Ore from Greenland; in den Memoirs of the Wernerian Society II. Part. I. p. 51. — Buchholz, in Gehlen's Journ. d. Chemie u. Physik III. 206. — Hisinger, Afhandl. i Fisik III. 323. — Gärtner, Taschenb. f. Mineralogie IX. 82. — Berthier, Archiv für Bergbau XI. 206. — v. Gerolt, Ebendas. XIV. 64. — Berthier, Traité des essais par la voie sèche. II. 234.

§. 355.

Um das Verhältniß des Sauerstoffs zum Eisen, oder (in der Vorstellung) das des Oxyduls zum Oxyd im Magneteisenstein, auszumitteln, habe ich Magneteisensteine aus verschiedenen Gegenden untersucht. Die Resultate der Analysen mögen hier folgen:

a. In Oktaedern krystallisirter Magneteisenstein von Danemora in Schweden.

b. Derber Magneteisenstein von Thorsåker in Schweden.

c. Magneteisenstein in körnig abgesonderten Stücken und in innigem Gemenge mit Eisenglanz, von Gellivara in Lappland.

d. Magneteisenstein von Arendahl in Norwegen. Derb, in körnig abgesonderten Stücken.

e. Magneteisenstein von Berggießhübel in Sachsen, in Granatdodekaedern krystallisirt.

f. Magneteisenstein in Oktaedern krystallisirt, im Chloritschiefer eingewachsen, aus Tyrol.

	Eisen-oxyd.	Eisen-oxydul.	Beimengung von			Summe.
			Bergart.	Titan-eisen.	Eisen-glanz.	
a.	69,95	29,53	0,15	0,25	—	99,88
b.	66,23	27,65	5,95	—	—	99,83
c.	69,40	28,25	—	—	1,85	99,50
d.	68,03	29,25	2,45	—	—	99,73
e.	67,95	29,92	1,86	—	—	99,73
f.	67,56	28,66	—	3,31	—	99,53

Die Magneteisensteine zeigen also sämmtlich eine gleiche Zusammensetzung, aber die Verhältnisse beider Oxyde stimmen mit denen nicht überein, welche vorhin (§. 354) mitgetheilt worden sind. Es wird daher noch näherer Untersuchungen bedürfen, um zu ermitteln, ob der reine krystallisirte Magneteisenstein wirklich immer aus gleichen Verhältnißgewichten von Eisen und Sauerstoff zusammengesetzt ist, oder ob diese Verhältnisse bis zu einem gewissen Grade veränderlich sind. — Der Magneteisenstein von Gellivara scheint in einer Masse von Eisenglanz zu liegen, weshalb er auch durch den Magnet von den nicht magnetischen Eisenglanzkörnern getrennt werden muß. Ungeachtet der hier vorhandenen großen Menge von überschüssigem Eisenoxyd, ist das Oxydul doch nur in dem bestimmten Verhältniß zu dem Oxyd, welches auch bei den anderen Magneteisensteinen angetroffen wird, gefunden worden.

Sehr bemerkenswerth ist es ferner noch, daß man nicht bloß bei den nicht krystallisirten, sondern auch bei den in den vollkommensten Oktaedern krystallisirten Magneteisensteinen, den

Gehalt von Eisenglanz und von Titaneisen als eine mechanische Beimengung betrachten muß, wie dies aus den Erscheinungen bei dem Auflösen des Magneteisensteins in Salzsäure hervorgeht. Es geht keine Spur von Titansäure in die Auflösung über, und das Titaneisen bleibt in Blättchen mit vollkommenem Metallglanz zurück. Der Eisenglanz verhält sich ohne Zweifel eben so, und daraus wird erklärbar, wie der in vollkommenen Oktaedern krystallisirte Magneteisenstein von Capao (§. 353) sich durch den rothen Strich als Eisenglanz zu erkennen geben kann.

Eine sehr merkwürdige Varietät des Magneteisensteins, welche ich Blau Magneterz, oder nach dem Fundorte Vignit (von dem Orte Vignes), genannt habe, kommt in der unteren Abtheilung der Juraformation nordwestlich von Metz vor. Das Erz hat eine ausgezeichnet blaue Farbe, mit einem Stich ins Grünliche, und wird stark vom Magnet gezogen. Wahrscheinlich wird es auch an andern Orten gefunden werden und von dem Linsenerz, zu welchem man es sonst wohl rechnen würde, unterschieden werden müssen. Es enthält (außer einer mechanischen Beimengung von Kieselthon, von kohlensaurer Kalk- und Bittererde) Eisenoxyd, Eisenoxydul, Kohlensäure und Phosphorsäure, und zwar in dem merkwürdigen Verhältnisse, daß 4 Mischungsgewichte kohlensaures Eisenoxydul mit 4 M. G. Magneteisenstein und mit 1 M. G. basisch phosphorsaurem Eisenoxyd verbunden sind. In 100 Theilen enthält dies Erz nämlich:

Eisenoxyd	49,03
Eisenoxydul	35,75
Kohlensäure	11,19
Phosphorsäure	4,03
	100

Nach der Zusammensetzung würde es zwar mit demselben Recht bei den kohlensauren Eisenoxydulerzen, als bei den Magneteisensteinen aufgeführt werden können; indeß mag es wegen des Verhaltens gegen den Magnet hier seine Stelle finden.

Karsten, chem. Unters. verschiedener Magneteisensteine. Archiv u. s. f. XVI. 17. u. f. Derselbe, chem. Unters. des Vignit. Ebend. XVI. 30. u. f.

§. 356.

Der Magneteisenstein kommt nicht immer derb, sondern mit vielen Gebirgsarten, besonders mit Quarz, Granatgestein, Hornblende, Kalkspath, Schwerspath, Flußspath, Apatit und Asbest vor, die ihn bald leicht=, bald strengflüssig machen. Fast immer findet sich etwas Schwefelkies in seiner Begleitung, weshalb man ihn vor dem Verschmelzen gewöhnlich röstet. Auch Blende, Bleiglanz und Arsenikkies, pflegen Gefährten des Magnetsteins zu sein. In einigen Gegenden kommt er häufig mit Titaneisen vor und wird dadurch strengflüssig. Schweden, Norwegen, der Ural und die amerikanischen Freistaaten verarbeiten sehr viel Magneteisenstein. Er giebt vortreffliches Eisen, erfordert aber eine sorgfältige Behandlung, im Ofen sowohl als vor dem Verschmelzen, weil er häufig mit Schwefelverbindungen und mit Apatit zusammenbricht, die ihn zur Anwendung unbrauchbar machen, wenn sie durch Klauben und Aufbereiten nicht getrennt werden können.

§. 357.

Die zweite Reihe von oxydirten Eisenerzen begreift diejenigen Erze in sich, welche das Eisen im Zustande des vollkommenen Oxyds enthalten. Diese Reihe zerfällt in zwei große Unterabtheilungen, von denen die eine die Eisenoxyde ohne Wasser, und die zweite die Oxyde mit Wasser umfaßt. Alle Eisenerze, welche aus Eisenoxyd ohne Wasser bestehen, zeichnen sich durch die mehr oder weniger reine rothe Farbe des Pulvers, oder des Striches aus, eine Farbe, die sich durch das Glühen nicht verändert. Vom Magnet werden sie weder vor noch nach dem Glühen gezogen. In den oryktognostischen Systemen werden die hierher gehörenden Eisenerze als Eisenglanz, Glanzeisenstein und Rotheisenstein aufgeführt.

Die Eisenerze, welche das Eisenoxyd mit Wasser verbunden enthalten, haben sämmtlich einen braunen oder gelben Strich, und geben ein eben so gefärbtes Pulver. Vom Magnet werden sie weder vor noch nach dem Glühen gezogen, verändern aber ihre braune oder gelbe Farbe in eine rothe oder bräunlichrothe, indem sie das Wasser in der Glühhitze entlassen. Sie sind in den oryktognostischen Systemen unter den Namen Braun- und Gelb-Eisenstein, zum Theil auch Schwarz-Eisenstein bekannt.

§. 358.

Eisenglanz und Roth-Eisenstein sind in ihrer Zusammensetzung nicht verschieden. Die Verschiedenheit im äußern Ansehen ist vielleicht nur eine Folge des dichteren Gefüges des Eisenglanzes. Dies mag auch die Ursache sein, warum sich der Roth-Eisenstein ziemlich leicht, der Eisenglanz aber fast gar nicht in Säuren auflöset. Die oryktognostischen Abtheilungen zwischen beiden können daher hier eben so wenig berücksichtigt werden, als die Unterabtheilungen des Eisenglanzes in gemeinen Eisenglanz und Eisenglimmer, und als die Unterabtheilungen des Rotheisensteins in fasrigen R. E. (rother Glaskopf), dichten R. E., Eisenrahm und Eisenocker. Diese Abtheilungen sind von zufälligen äußeren Gestalten hergenommen und gestatten daher eine große Willkühr in der Anordnung.

Die chemischen Analysen des Eisenglanzes und Rotheisensteins würden nachzuweisen haben, ob das in der Natur vorkommende Eisenoxyd geringe Quantitäten von Beimischungen aufnimmt, die seinen Charakter nicht verändern. Titansäure und Kieselerde scheinen solche Beimischungen zu sein, die zuweilen mit dem Eisenoxyd chemisch verbunden, und nicht mechanisch mit demselben gemengt, angetroffen werden. Ungleich häufiger kommt aber der Rotheisenstein in einem innigen Gemenge mit Kieselthon, auch wohl mit kohlensaurer Kalkerde, vor, wodurch er seinen Glanz verliert und ein erdiges Ansehen bekommt, ohne jedoch den durch das rothe Eisenoxyd ausgezeichneten Charakter einzubüßen. Ein solches Gemenge wird von den Oryktognosten rother Thoneisenstein genannt, und auch von diesem hat man eine Menge von unnöthigen Unterabtheilungen gemacht, welche sich auf die zufällige äußere Gestalt beziehen.

Der Rotheisenstein enthält indeß nicht immer die mechanischen Beimengungen in einem so fein zertheilten Zustande, daß er dadurch das Ansehen des Thoneisensteins bekommt, sondern er erscheint in anderen Fällen noch als eine dichte Masse von Rotheisenstein, die, entweder durch eine Art von Epigenie (Eisenglimmerschiefer aus Brasilien und wahrscheinlich auch der dichte, eisenglanzartige Rotheisenstein aus dem Schiefergebirge an der Lahn), oder durch wirklich beigemengte Gebirgsarten (gewöhnlich umgeänderter Thonschiefer) ein fremdartiges Ansehen erhält. Als Thoneisenstein kommt er in den jüngeren Gebirgen vor, und als mit Gangarten verunreinigter Rotheisenstein auf Gängen, und wahrscheinlich auch in Lagern im älteren und im Uebergangs-Gebirge. Wenn diese Beimengungen durch mechanisches Aufbereiten sich nicht scheiden lassen, so können sie Veranlassung geben, daß der Rotheisenstein ganz unschmelzwürdig wird.

§. 359.

Der Eisenglanz kommt in rein ausgesonderten großen Massen vielleicht nicht weniger häufig vor, als der Magneteisenstein, allein von dem letzteren ist bis jetzt noch eine ausgedehntere Anwendung gemacht. Dagegen liefert der Rotheisenstein sehr häufig das Material für den Metallurgen. Aus den Resultaten der Analysen des Eisenglanzes und des Rotheisensteins läßt es sich nicht ersehen, ob die aufgefundenen Bestandtheile mit dem Eisenoxyd in chemischer Verbindung, oder ob sie mit demselben nur gemengt waren. Dies läßt sich nur aus den Erscheinungen bei der Analyse selbst beurtheilen, und muß daher jedesmal bemerkt werden. Es scheint indeß, daß außer dem Titanoxyd bei dem Eisenglanz, und außer der Kieselerde bei dem Rotheisenstein, noch keine Bestandtheile des natürlichen Eisenoxyds, welche nicht als bloße Beimengungen desselben zu betrachten wären, aufgefunden worden sind. Auch das Titanoxyd und die Kieselerde kommen nur in so geringer Menge vor, daß sie den Charakter des Erzes nicht ändern.

Den rothen Eisenglimmer von Suhl hat Bucholz untersucht, und gefunden, daß er reines Eisenoxyd sei. — Der rothe Eisenrahm, ebenfalls von Suhl, ist nach Bucholz auch nur reines Oxyd. — Auch den Dichten-Rotheisenstein von Töschnitz im Thüringerwaldgebirge, fand Bucholz aus ganz reinem Oxyd bestehend. — Hr. Drappiez untersuchte den Rotheisenstein von Vihain im Luxemburgischen. Er besteht aus:

87,0	Eisenoxyd
5,0	Kieselerde
2,0	Thonerde
2,5	Manganoxyd
3,5	Verlust
100	

Die Kiesel- und Thonerde waren unbezweifelt nur mechanische Beimengungen. — Hr. D'Aubuisson hat zwei Exemplare von einem fasrigen Rotheisenstein von Framont untersucht und darin gefunden:

Eisenoxyd	90	94
Manganoxyd	Spur	Spur
Kieselerde	2	2
Glühverlust	3	2
Kalkerde	1	Spur
Verlust	4	2
	100	100

Der Glühverlust scheint von abhärirendem Wasser herzurühren, und die Erden waren ohne Zweifel nur Beimengungen. — Rotheisenstein (a) und gleichzeitig mit demselben vorkommenden reineren (b) und weniger reinen (c) rothen Thoneisenstein aus der Kalksteinformation von la Voulte, hat Hr. Berthier untersucht und folgende Bestand- und Gemengtheile erhalten:

	a	b	c
Eisenoxyd	93,3	90,7	66,05
Manganoxyd	—	—	2,50
Kieselthon	3,4	8,0	18,80
Kohlensaure Kalkerde	—	—	4,26
— Bittererde	—	—	3,51
Wasser und Verlust	3,3	1,3	4,88
	100	100	100

Es ist einleuchtend, daß die Gemengtheile des rothen Thoneisensteins sehr verschieden sein können, weil sie zufällig sind und nicht zur wesentlichen Zusammensetzung des Erzes gehören.

Bucholz, in Gehlen's Journal für Chemie und Physik. III. 104. 106. IV. 155. — Drappiez, in Schweigger's Journal u. s. f. für 1821. II. 337. — D'Aubuisson, in Gilbert's Annalen. Bd. 38. S. 49. — Berthier, im Archiv f. Bergbau. VI. 406. — Einige andere Analysen von Eisenglanz und Rotheisenstein findet man in Berthier, Traité des essais etc. II. 223.

§. 360.

Der Eisenglanz und der Rotheisenstein werden gewöhnlich in Begleitung von Hornblende, Chlorit, Quarz, Eisenkiesel, Jaspis, Hornstein, Feldspath, und von anderen kiesel- und thonhaltigen Fossilien angetroffen, von welchen sie nicht immer durch mechanische Aufbereitung getrennt werden können, und wodurch sie oft in hohem Grade strengflüssig werden. Schwefelkies kommt mit dem Rotheisenstein nicht sehr häufig vor; ein sehr unangenehmer Begleiter ist aber der Schwerspath, der ihn zuweilen zur Verschmelzung unbrauchbar machen kann. — Der Rotheisenstein giebt übrigens ein vortreffliches Eisen, von welchem gewöhnlich behauptet wird, daß es einen hohen Grad von Zähigkeit, Weichheit und Geschmeidigkeit besitze. Deutschland und Frankreich verarbeiten an vielen Orten Rotheisenstein; am berühmtesten aber sind die Eisenglanzgruben von Elba, aus welchen schon die Römer Erze in Luppenheerden zu vorzüglichem Eisen verarbeiten ließen. — Natürliche Eisenoxyde eigenthümlicher Art sind der sogenannte Martit, welcher ganz reines Eisenoxyd zu sein scheint, und der Franklinit, welcher aus 66 Eisenoxyd, 16 Manganoxyd und 17 Zinkoxyd besteht. Beide Mineralien besitzen nicht die Krystallform des Eisenglanzes, welche man bei ihnen erwarten müßte, sondern die des Magneteisensteins.

§. 361.

Das natürliche Eisenoxydhydrat ist dasjenige Eisenerz, welches in dem größten Theil von Deutschland, und in einem großen Theil von Frankreich und England, vorzugsweise verarbeitet wird. Die Oryktognosten nennen es Braun-Eisenstein, wenn es einen braunen Strich hat, und Gelb-Eisenstein, wenn es ein gelbes Pulver giebt. Die Zusammensetzung des Erzes bleibt in beiden Fällen Eisenoxyd mit chemisch gebundenem Wasser, ohne Verbindung mit Säuren und Kieselerde. Die letztere findet sich zwar, eben so wie bei dem Rotheisenstein, zuweilen in kleinen Quantitäten wirklich chemisch mit dem Eisenoxyd verbunden, allein in so geringer Menge, daß sie dem Oxyd den Charakter einer Subsilikatverbindung nicht mitzutheilen vermag. — Daß es das Wasser sei, welches die Braun- und Gelb-Eisensteine charakterisirt, haben die Herren Hausmann und D'Aubuission zuerst dargethan. Vorzüglich ist Herr Hausmann bemüht gewesen, sehr gründlich zu zeigen, daß der Wassergehalt der Brauneisensteine ein festes und unveränderliches Verhältniß befolge, und nicht zufällig bald größer bald geringer sei. Die späteren Fortschritte in der Lehre von den bestimmten Mischungsverhältnissen haben diese Ansicht vollkommen bestätigt. Die gewöhnliche Zusammensetzung des Eisenoxydhydrats in den Brauneisensteinen ist die, daß 3 Mischungsgewichte Wasser mit 2 M. G. Eisenoxyd verbunden sind, so daß der reinste Brauneisenstein aus 85,3 Eisenoxyd und 14,7 Wasser besteht, oder daß das Eisenoxyd zweimal so viel Sauerstoff enthält, als das mit ihm verbundene Wasser. In solchen Fällen, wo der Wassergehalt beim Glühen des Erzes größer gefunden wird, ist die Ursache zuweilen darin zu suchen, daß das Erz noch adhärirendes, nicht chemisch gebundenes Wasser enthält, oder daß es vor dem Glühen nicht in der Wassersiedhitze getrocknet war. In anderen Fällen wird der Wassergehalt geringer gefunden, welches zuweilen darin den Grund hat, daß die Glühhitze nicht anhaltend und nicht stark genug gegeben worden ist. — Es kommen aber auch wirklich Brauneisensteine vor, die mehr, und andere, die weniger Wasser enthalten, als nach dem angegebenen Verhältniß zu erwarten war; indeß fehlt es noch an genauen Analysen zur Bestimmung der wahren Verhältnisse, die sich in den mehrsten Fällen nicht leicht ausmitteln lassen, wenn man es nicht mit reinem Brauneisenstein, sondern mit Eisenoxydhydraten zu thun hat, die durch Beimengungen verunreinigt sind.

Der sogenannte Pyrosyderit (Göthit, Rubinglimmer) giebt ein Beispiel von einem Brauneisenstein, welcher ungleich weniger Wasser enthält, als der gewöhnliche Brauneisenstein; er hat eine röthliche Farbe, und ist deshalb von einigen Oryktognosten sogar zum Rotheisenstein gerechnet worden; allein der Strich ist nicht roth, sondern hält viel Gelb und Braun in der Mischung. — Ein Brauneisenstein, der, bei einem starken Metallglanz, eine ungewöhnlich rothbraune Farbe besitzt, kommt zu Oberstein mit den Agathen im Mandelstein vor. Auch dieser Brauneisenstein enthält viel weniger als 14 Prozent Wasser. Andere gewöhnliche Brauneisensteine enthalten wirklich nur 10,7 bis 11 Prozent Wasser. Dagegen steigt der Wassergehalt bei andern wieder bis 20 Prozent, und noch höher, so daß diese Verhältnisse noch einer genauern Prüfung bedürfen. Im Allgemeinen deutet die gelbe Farbe des Striches oder des Erzpulvers nicht immer, wie man gewöhnlich annimmt, auf einen höheren Wassergehalt, sondern die braune oder die gelbe Nuancirung des Striches scheinen noch mehr von der mechanischen geringeren oder größeren Auflockerung des Erzes herzurühren. — Der Brauneisenstein mag wohl eine ursprüngliche Bildung sein; eben so oft läßt sich aber seine Entstehung aus Spatheisenstein und selbst aus Schwefelkies, nachweisen.

Erdmanns Journ. f. praktische Chemie. III. (1835). S. 200.

§. 362.

Das Mangan ist ein so häufiger Begleiter des Eisens, daß es auch in den Brauneisensteinen selten fehlt. Es scheint in diesen Erzen in dem Zustande des Oxyduloxyds vorhanden zu sein. Selten beträgt die Beimischung einige Prozente. Alle Brauneisensteine, die viel Manganoxyd in der Mischung enthalten, bekommen nach dem Glühen keine reine rothe, sondern eine braunrothe Farbe. Der Schwarzeisenstein der Mineralogen ist in den mehrsten Fällen nichts weiter als Brauneisenstein mit einem großen Gehalt von Manganoxyd.

§. 363.

Außer der Kieselerde enthalten die Brauneisensteine zuweilen eine kleine Quantität Phosphorsäure in der Mischung. Dies sind vorzüglich die Brauneisensteine der jüngsten Formation, welche unter dem Namen der Wiesenerze oder der Raseneisensteine bekannt sind. Die Brauneisensteine aus dem älteren und aus dem Uebergangsgebirge sind seltener durch eine Beimischung von Phosphorsäure verunreinigt.

§. 364.

Was die Beimengungen betrifft, so verhält sich der Brauneisenstein in dieser Hinsicht genau so wie der Rotheisenstein. Im älteren Gebirge behält er seinen Charakter als Brauneisenstein, wenn ihm auch Gangarten, besonders Quarz, Schwerspath und Kalkspath beigemengt sind. Er wird dadurch mehr oder weniger strengflüssig und erfordert häufig eine sorgfältige Scheidung, besonders wenn Schwerspath mit einbricht. — Im jüngeren

Gebirge wird das Gemenge des Brauneisensteins mit Silikaten, vorzüglich mit Kieselthon und oft sogar mit Sand, so innig, daß das Erz zuweilen ein ganz gleichartiges Ansehen erhält. In den oryktognostischen Systemen sind diese Gemenge des Brauneisensteins mit Kieselthon und Sand, unter dem Namen der Bohnenerze und des Braunen und Gelben Thoneisensteins bekannt. Auch die Gelberde und Umbra gehören ganz hierher. Der Thoneisenstein enthält indeß häufig bedeutende Mengen von Kieselerde, in chemischer Verbindung mit dem Oxyd.

§. 365.

Der Uebergang aus dem Brauneisenstein in den braunen Thoneisenstein ist zuweilen sehr unmerklich, und oft ist es nur das mechanische Gefüge, oder der Lockerheitszustand des Erzes, welcher zu dieser oder zu jener Benennung Veranlassung giebt. Es giebt aber auch Uebergänge aus dem braunen Thoneisenstein in wirkliche Eisenoxyd-Silikate, so daß es oft zweifelhaft wird, ob das Erz ein brauner Thoneisenstein oder eine wirkliche Silikatverbindung genannt werden muß. Aus dieser Beimengung von Silikaten zum Brauneisenstein, oder aus der wirklichen chemischen Verbindung die zwischen den Bestandtheilen des Erzes statt findet, erklärt sich das oft sehr verschiedene Verhalten der Thoneisensteine beim Verschmelzen derselben in Hohöfen, wenn auch die chemische Analyse, in so fern sie nur die Bestandtheile aufzählt und über den Verbindungszustand derselben keine Auskunft giebt, eine fast gleichartige Zusammensetzung der Erze anzeigen sollte.

§. 366.

Diejenigen Brauneisensteine, welche durch die successive Zersetzung der Spatheisensteine aus diesen entstanden sind, werden in manchen Gegenden Braunerze (mines douces) genannt. Wenn die Zersetzung noch nicht vollständig erfolgt ist, heißen sie Blauerze. Welchen Prozeß die Natur befolgt hat, um die

Spatheisensteine im Schooße der Erde in Brauneisensteine umzuändern, darüber würden sich mehre, hierher nicht gehörende Vermuthungen anführen lassen; der Erfolg ist aber die Bildung von Brauneisensteinen, die sich von den gewöhnlichen oft nur dadurch unterscheiden, daß die Kalkerde und die Bittererde, welche häufig in den Spatheisensteinen vorkommen, ihre Kohlensäure noch nicht verloren haben, so daß das Eisenoxydhyrat in den Braunerzen noch eine Beimengung von kohlensauren Erden enthält.

§. 367.

Die Oryktognosten haben sowohl bei dem Brauneisenstein als bei dem braunen Thoneisenstein mehre Varietäten im System eingeführt, deren Erwähnung hier kein Interesse haben kann. Der oben schon genannte Pyrosyderit, der Lepidokrokit, der braune Glaskopf, der schwarze Glaskopf, der Pecheisenstein, der Wad, ferner das Linsenerz, das Bohnerz, die Eisenniere u. s. f., sind sämmtlich Verbindungen des Eisenoxydes mit Wasser, mit oder ohne Beimengungen, also Brauneisenstein oder braune Thoneisensteine.

Bei den Analysen dieser Erze würde, eben so wie bei den Rotheisensteinen, der Verbindungszustand der Kieselerde mit dem Eisenoxyd vorzüglich zu berücksichtigen sein. Dies ist jedoch nur in wenigen Fällen geschehen. — Es sollen zuerst die Analysen von verschiedenen Brauneisensteinen angeführt werden, und alsdann die von mehren braunen Thoneisensteinen folgen. Diese Analysen dürften nur in so fern die Aufmerksamkeit verdienen, als sie eine allgemeine Uebersicht von den Bestandtheilen und Gemengtheilen der Substanzen geben, welche in die Mischung der Braun- und Thoneisensteine eingehen. Von allgemeinem Interesse sind sie aber aus dem Grunde nicht, weil alle Beimischungen und Beimengungen nicht wesentlich zur Constitution des Erzes gehören, sondern nur zufällig und von der Lokalität abhängig sind. Es muß daher die Beschaffenheit eines Erzes wo es darauf ankommt, sie zu kennen, jedesmal durch besondere Versuche erforscht werden.

	Eisen-oxyd.	Wasser.	Mangan-oxyd.	Kiesel-erde.	Thonerde.	Verlust.
a	79	15	2	3	—	1
b	82	14	2	1	—	1
c	84	11	1	2	—	2
d	81	12	—	4	—	4
e	69	13	3	10?	3?	2
f	83	12	Sp.	5	—	0
g	81	11	Sp.	2	—	6
h	80,25	15,00	—	3,75	—	2
i	80,50	16,00	Sp.	2,25	—	1,25
k	88,00	10,75	0,50	0,50	—	0,25
l	78,57	21,43	—	—	—	0
m	86,125	11,425	0,750	1,700	—	0

a. Fasriger Braun-Eisenstein von Bergzabern. Von Hrn. D'Aubuisson.

b. Fasriger Braun-Eisenstein von Vicdessos. Von Demselben.

c. Dichter Braun-Eisenstein von Bergzabern. Von Demselben.

d. Dichter Braun-Eisenstein von Vicdessos. Von Demselben.

e. Dichter Braun-Eisenstein von Voigtsberg. Von Demselben.

f. Dichter Braun-Eisenstein von Elba. Von Demselben.

g. Dichter Braun-Eisenstein aus den Pyrenäen. Von Demselben.

h. Schlackiger Braun-Eisenstein aus dem Departement des Niederrheins. Von Hrn. Vauquelin.

i. Stilpnosiderit vom Westerwalde. Von Hrn. Ullmann.

k. Lepidokrokit aus dem Saynischen. Von Hrn. Brandes.

l. Gelber Eisenocker von Artana. Von Hrn. Proust.

m. Dichter Braun-Eisenstein von der Grube Huth im Hachenburgischen. Karsten. Die Kieselerde ist mit dem Eisenoxyd chemisch verbunden.

Die sogenannten Braunerze (§. 366) weichen von dieser Zusammensetzung wenig ab. Hr. Berthier hat verschiedene Braunerze aus Frankreich untersucht, auch eins aus Steyermark. a) Von Fayard, bei Allevard, im Depart. Isère. b) Ebenfalls von Allevard. c) Von Aude. d) Aus Steyermark.

	a	b	c	d
Eisenoxyd	79,6	80,0	82,7	66,0
Manganoxyd	3,5	2,2	3,6	5,0
Bittererde	1,0	1,4	—	2,0
Kalkerde	—	—	0,7	3,0
Quarz und gelatinirende Kieselerde	4,8	4,4	3,2	10,0
Wasser und Kohlensäure	11,1	12,0	9,7	16,0
	100	100	99,9	102

Das Braunerz von Eisenerz in Steyermark (a), und das von Hüttenberg in Kärnthen (b), sind von mir analysirt worden. Das Braunerz von Schmalkalden (c) hat Hr. Bucholz untersucht.

	a	b	c
Eisenoxyd	78,50	77,54	73,75
Manganoxyd	1,95	2,70	10,50
Kohlensaure Kalkerde	5,08	0,48	2,75
Kohlensaure Bittererde	4,50	1,25	—
Gelatinirende Kieselerde	0,85	3,55	—
Wasser	9,12	14,51	13,00
	100	100	100

Von den Braun-Eisensteinen unterscheiden sich die braunen Thoneisensteine, wie bereits erwähnt, nur durch die bedeutenden Mengen von Kieselthon. Ein grün gefärbtes Linsenerz aus Bayern, welches ich untersucht habe, muß, ungeachtet der grünen Farbe, zum Thoneisenstein gerechnet werden. Es enthält in

100 Theilen 21,40 Kieselthon, 11,70 kohlensaure Kalkerde, 1,25 kohlensaure Bittererde, 49,52 Eisenoxyd, 5,23 kohlensaures Eisenoxydul, 0,55 Phosphorsäure und 10,35 Wasser nebst etwas Kohle. Die Färbung rührt vielleicht von etwas Eisenoxydul-Silikat her. — Uebrigens läßt sich die Zusammensetzung der Thoneisensteine nach folgenden Analysen beurtheilen:

	Eisen-oxyd.	Wasser.	Mangan-oxyd.	Kiesel-erde.	Thonerde.	Ver-lust.
a	60	15	—	12	13	0
b	48	6	—	15	31	0
c	53	14,5	1	23	6,5	2
d	70	15	Sp.	6	7	2
e	48	14	20	13	5	0
f 1	80,5	15	0,5	5,0	1,0	0
2	80,5	14,5	Sp.	5,0	1,0	0
3	71,5	15,5	7,0	5,5	1,5	0
4	74,7	11,8	Sp.	13	0	0,5
g 1	61,0	15,0	Sp.	12,0	12,5	0
2	37,6	15,5	Sp.	25,0	21,5	0,4
3	54,0	15,4	Sp.	12,5	17,9	1,6
4	60,0	12,0	1,2	25,0	1,8	0
5	50,0	12,8	Sp.	17,0	20,0	0,2

a. Brauner Thoneisenstein von Mardorf. Von Hrn. Möllinghof.
b. Desgleichen von Penne. Von Hrn. Vauquelin.
c. Bohnerz aus dem Högau. Von Hrn. Klaproth.
d. Bohnerz aus Berry. Von Hrn. D'Aubuisson.
e. Umbra von Cypern. Von Hrn. Klaproth.
f. 1. 2. 3. 4. Vier Varietäten von braunem Thoneisenstein von des Arques, im Departement du Lot. Von Hrn. Berthier.
g. 1. 2. 3. 4. 5. Fünf Varietäten von Bohnenerzen aus den Departements du Lot, du Tarn und de L'Aveyron, welche

in der dortigen Kalksteinformation vorkommen. Von Hrn. Berthier.

Es ergiebt sich wenigstens aus diesen Analysen, wie höchst verschieden die Verhältnisse der Beimengungen bei den braunen Thoneisensteinen sind, und daß diese für jeden besonderen Fall auch besonders aufgesucht werden müssen, wenn es darauf ankommt, die Quantität und die Art der dem Eisenoxydhydrat beigemengten Substanzen näher zu kennen. Bei vielen, wohl bei den mehrsten von diesen Analysen ist unbezweifelt ein Gehalt an Phosphorsäure unberücksichtigt geblieben, indem davon nur wenig Thoneisensteine völlig frei sein werden. Eine große Menge von Analysen von Brauneisensteinen und braunen Thoneisensteinen findet man zusammengetragen in Hrn. Berthier's Traité des essais. II. 226—233. 256. Ferner würden nachgesehen werden können, die Resultate der Analysen in den Ann. des mines. 3. Série. XI. 493. XV. II. 605. XVI. 453. 469; auch Erdmann's Journ. für praktische Chemie. I. (1834.) 91. 181. 319. VIII. (1836.) 509. Auch aus diesen Analysen geht hervor, daß ein Gehalt an Phosphorsäure fast überall bei den Thoneisensteinen gefunden wird.

§. 368.

Die Brauneisensteine der jüngsten Formation, welche sich noch täglich bilden und wieder erzeugen, sind die Wiesenerze oder die Raseneisensteine (Hartstein, Kaulstein, Lindstein). Ihre Zusammensetzung ist von vielen zufälligen Umständen abhängig, und richtet sich zum Theil nach der Natur des Bodens, auf welchem sie sich erzeugen. Die Abtheilungen der Oryktognosten in Sumpferz, Wiesenerz und Morasterz, sind von zufälligen Kohärenzverhältnissen hergenommen. Die gewöhnlichen Bestandtheile der Wiesenerze sind Eisenoxyd, Eisenoxydul, Manganoxyd, Kieselerde, Phosphorsäure, eine oder gar zwei organische Säuren, — die Quellsäure und die Quellsatzsäure, — welche Hr. v. Berzelius vor einiger Zeit aufgefunden hat, und Wasser, sämmtlich in sehr verschiedenen Verhältnissen, jedoch immer so mit einander verbunden, daß der Charakter des Eisenoxydhydrats oder des Brauneisensteins überwiegend vorwaltet. Alle Wiesenerze, welche Mangan enthalten, entwickeln, beim Auflösen in Salzsäure, Chlor, so daß das Mangan in einem so hoch oxydirten Zustande in den Wiesenerzen vorhanden zu sein scheint, daß es sich frei und ungebunden, oder als Gemenge, und nicht in chemischer Verbindung mit Kieselerde, Phosphorsäure u. s. f. darin befinden dürfte. Die Quellsäure und die Quellsatzsäure werden ohne Ausnahme in den Wiesenerzen gefunden. Diese Säuren, welche ohne Zweifel durch Zersetzung thierischer oder vegetabilischer Stoffe entstanden sind, haben wahrscheinlich an der Bildung der Wiesenerze den wesentlichsten Antheil, indem sie die Eisenoxyde auflösen und in Niederungen zusammenführen. Außerdem hängt den Wiesenerzen mechanisch mehr oder weniger Sand an, welcher zum Theil in der Masse selbst eingedrückt ist, und nicht bloß die Oberfläche bekleidet oder die Höhlungen ausfüllt, welche die poröse Masse des Erzes beständig aufzuweisen hat. Dazu gesellt sich zuweilen eine Beimengung von kohlensaurer Kalkerde, und — wie Hr. Vauquelin gefunden hat, — von kohlensaurer Bittererde. Wiesenerze, die sich in der Nähe von Gebirgen bilden, welche Chromeisenstein führen, enthalten auch Chrom, wie Hr. Vauquelin gezeigt hat. Ein von mir untersuchtes Wiesenerz aus der Grafschaft Glatz enthält gleichfalls Chromoxydul; aber die Lagerstätte des Chromeisensteins ist nicht weit davon entfernt. Auch Hr. Berthier hat ein Wiesenerz untersucht, welches Chrom enthält (Ann. des mines. 3. Série. XIV. 289. XVI. 468. In den Wiesenerzen des aufgeschwemmten Landes wird nur sehr selten und unter besonderen Umständen Chrom gefunden werden.

Der Wassergehalt der Wiesenerze ist sehr veränderlich, aber sie enthalten auch viel adhärirendes Wasser, welches in der Wassersiedhitze entweicht. Die Kieselerde befindet sich in einem eigenthümlichen Verbindungszustande in den Wiesenerzen. Sie gelatinirt nicht mit Säuren, aber sie scheidet sich in einem so überaus fein zertheilten Zustande ab, daß sie nicht mechanisch mit dem Eisenoxyd verbunden sein kann. Die Phosphorsäure ist jederzeit an den Oxyd gebunden, so auch das Eisenoxydul. Es giebt Wiesenerze, die nach dem Glühen sehr stark vom Magnet gezogen werden, indeß kann durch das Glühen allerdings eine Veränderung im Oxydationszustande des Eisens in den Wiesenerzen herbeigeführt werden, indem die organischen Säuren und der Bitumengehalt der Erze das darin ursprünglich als Oxyd befindliche Eisen in den Zustand eines magnetischen Oxyds, durch theilweise Desoxydation desselben, versetzen. Der wirkliche Oxydationszustand des Eisens in den Wiesenerzen muß daher vor dem Glühen derselben ermittelt werden. Enthalten sie aber Manganoxyd, so wird die Bestimmung sehr schwierig, weil das Manganoxyd beim Auflösen des Erzes in Säuren einen Theil des Eisenoxyduls, in so fern dieses vorhanden ist, stärker oxydirt und in Eisenoxyd umändert.

Die Wiesenerze gehören zu den sehr leicht reducirbaren und leichtflüssigen Eisenerzen. Das Roheisen aus Wiesenerzen ist sehr dünnflüssig, füllt die Formen beim Guß sehr gut aus, enthält aber wenigstens so viel Phosphor, als sich in der Phosphorsäure des verschmolzenen Erzes befindet, weil alles Phosphat zu Phosphoreisen reducirt wird und sich in dem Roheisen ansammelt. Die Wiesenerze geben daher ein kaltbrüchiges Eisen, obgleich auch Wiesenerze mit einem so geringen Phosphorsäuregehalt vorhanden sind, daß sich daraus ein besseres und festeres Stabeisen bereiten läßt, als aus manchen Thoneisensteinen, die mehr Phosphorsäure enthalten.

Aus den hier folgenden Analysen wird sich die Zusammensetzung der Wiesenerze übersehen lassen. Der Gehalt derselben an Wasser und an organischen Säuren ist nicht besonders ermittelt. Er ergiebt sich im Allgemeinen aus dem Verlust beim Glühen, und würde daher richtiger als Glühverlust zu bezeichnen sein. Die Analysen geben daher über die chemische Constitution der Wiesenerze eigentlich keinen Aufschluß, sie sind aber genügend für den Metallurgen, der bei seinen Operationen im Großen nicht besondere Rücksicht darauf zu nehmen hat, ob der Verlust beim Glühen durch reines Wasser oder durch leicht zerstörbare organische Verbindungen herbeigeführt worden ist, die schon in den oberen Räumen des Schmelzofens entweichen.

	Eisen-oxyd.	Eisen-oxydul.	Mangan-oxyd.	Phosphor-säure.	Wasser und organische Säuren.	Kieselerde.	Bittererde.	Kohlensaure Kalkerde.	Sand.	Thonerde.
a	—	72,94	6,00	6,64	0,40	14,40	—	—	—	0,80
b	—	79,40	3,60	4,18	0,10	11,50	—	—	—	4,34
c	62,92	—	4,18	3,44	18,40	8,12	—	—	—	4,60
d	62,56	—	2,60	0,68	7,50	20,40	5,80	—	—	—
e	66,33	3,60	0,75	0,12	26,40	2,80	—	—	—	—
f	67,5	—	1,5	8	23	—	—	—	—	—
g	56,05	0,40	2,60	1,75	22,70	12,20	—	—	4,30	—
h	51,29	7,50	3,20	3,91	29,20	3,89	—	—	1,01	—
i	62,21	3,70	1,90	4,04	21,30	4,50	—	—	2,35	—
k	61,35	1,70	2,00	4,44	21,41	5,70	—	—	3,40	—
l	23,24	—	20,40	2,01	21,95	7,75	—	—	24,65	—
m	59,46	0,45	2,10	3,64	17,85	3,90	—	—	12,60	—

	Eisenoxyd.	Eisenoxydul.	Manganoxyd.	Phosphorsäure.	Wasser und organische Säuren.	Kieselerde.	Bittererde.	Kohlensaure Kalkerde.	Sand.	Thonerde.
n	46,74	0,10	0,60	4,06	16,90	4,50	—	—	27,10	—
o	43,00	0,45	1,80	0,80	22,15	12,60	—	—	19,20	—
p	57,50	2,25	0,25	3,90	19,80	4,95	—	1,30	10,05	—
q	48,50	10,80	1,40	3,20	29,50	2,50	—	0,80	8,30	—
r	50,50	3,90	0,60	2,80	16,30	6,20	—	0,95	18,75	—
s	53,0	2,2	0,8	2,8	16,80	8,6	—	1,10	14,7	—
t	47,55	2,70	0,50	2,50	16,10	7,13	—	0,75	22,75	—
u	44,4	9,5	1,1	3,1	17,30	6,8	—	1,7	16,1	—
v	44,55	2,40	1,50	3,70	20,60	6,95	—	1,40	18,90	—
w	39,85	7,20	1,75	3,40	18,30	7,75	—	1,00	20,75	—
x	55,65	2,80	1,25	2,50	17,70	7,15	—	1,60	11,35	—
y	49,60	—	1,1	5,6	23,10	5,9	—	1,4	13,3	—

a. b. und c. Wiesenerze in der Gegend von Schleswig. Von Hrn. Pfaff. Die Zusammensetzung von a. und b. ist ganz abweichend von allen Mischungsverhältnissen, wie sie sich sonst bei den Wiesenerzen finden, so daß eine Wiederholung der Analyse sehr zu wünschen wäre.

d. Wiesenerz aus Småland. Von Hrn. Morell.

e. Wiesenerz aus Neu-York. Von mir untersucht.

f. Wiesenerz aus der Neumark. Von Hrn. Klaproth.

g., h., i., k., l., m., n. und o.; Wiesenerze aus der Churmark und aus Pommern, von Münsterberg, Kuhblank, vom Darß, von Damerow, vom Finow-Canal, von Groß-Garz, von Oberhof und von Friedrichswalde. Von mir untersucht.

p., q., r., s., t., u., v., w., x. und y.; Wiesenerze aus der Neumark, von Briesen, Buschwiesen, Schlichow, Comtendorf, Drischnitz, Papitz, Ruben, Caasel, Dissenchen und Werben. Ebenfalls von mir untersucht.

Der Phosphorsäuregehalt in den Wiesenerzen ist also sehr veränderlich. Eben so auch der Kieselerdengehalt.

Ganz ähnlich wie die Wiesenerze, sind auch die Seeerze zusammengesetzt, welche in Schweden aus den Seen gewonnen und auf mehreren Hütten verschmolzen werden. Hr. Svanberg hat eine große Anzahl derselben untersucht und folgende Resultate mitgetheilt.

Woher.	Phosphor-säure.	Schwefel-säure.	Kalkerde.	Bittererde.
Småland.	1,128	Spur.	0,823	0,149
	0,825	Spur.	2,265	0,731
	0,732	Spur.	0,865	0,236
	0,701	Spur.	0,615	0,162
	0,692	0,043	2,950	0,082
	0,559	0,119	1,821	0,064
	0,534	Spur.	0,835	0,209
	0,534	0,085	2,837	0,110
	0,434	Spur.	0,677	0,135
	0,310	Spur.	0,880	0,211
	0,259	0,031	2,341	0,088
	0,253	0,127	2,683	0,021
	0,192	0,032	2,970	0,056
	0,168	Spur.	0,674	0,236
	0,162	0,046	3,095	0,098
	0,051	0,066	2,549	0,078
Wermeland.	1,213	0,071	1,201	0,172
	1,048	0,347	0,631	0,025
	0,894	0,102	0,464	0,166
	0,672	0,430	0,501	0,063
	0,666	Spur.	0,676	0,625
	0,554	0,266	1,671	0,365
	0,336	0,150	0,672	0,183
	0,253	—	0,779	0,461
	0,213	0,086	0,499	0,107
	0,179	0,206	0,468	0,234
	0,153	—	0,266	0,400
	0,138	Spur.	0,486	0,121
	0,130	0,050	0,433	0,217
Helsingland	0,812	Spur.	1,965	0,132
Dalarun.	0,336	Spur.	2,313	0,121
	0,182	Spur.	1,809	0,078

Thonerde.	Kieselerde.	Eisenoxyd.	Mangan-oxyd.	Wasser und Organisches. (Verlust.)
5,088	7,146	65,576	3,871	16,219
5,261	8,038	68,448	3,705	10,727
5,311	6,688	69,056	1,995	15,117
7,894	7,376	68,823	0,640	13,789
1,762	7,049	75,865	0,721	10,836
3,469	5,854	69,953	1,974	16,187
2,681	11,660	71,183	1,837	11,041
1,974	8,509	74,772	0,723	11,006
2,167	10,697	57,081	16,185	12,924
1,232	9,185	70,380	4,005	13,797
3,096	8,536	56,475	15,881	13,290
2,359	41,258	45,260	0,463	7,576
2,413	13,569	59,947	10,132	10,699
4,379	6,399	60,863	11,501	15,780
2,697	8,444	62,305	10,110	13,043
1,429	7,725	74,109	0,919	13,074
4,255	17,158	61,004	2,202	12,724
5,080	22,343	43,225	12,340	14,321
6,233	11,240	64,126	1,525	15,250
5,194	11,327	61,843	3,432	16,538
2,368	17,865	65,790	0,832	11,178
2,788	9,492	35,394	34,715	14,686
1,741	18,321	61,123	0,898	16,576
5,101	13,000	59,860	5,425	15,121
3,635	5,488	70,803	3,023	16,146
4,175	7,883	67,590	1,451	17,814
4,059	8,117	63,287	7,952	15,766
4,492	10,106	68,026	1,696	14,935
3,893	15,501	63,496	2,275	14,005
3,470	19,607	52,862	10,848	10,299
1,497	8,027	70,049	1,783	15,874
3,413	39,844	43,527	3,446	7,701

Hausmann, über den gelben Eisenocker, nebst Untersuchungen über die Verbindungen, in denen das Eisenoxydhydrat in der Natur vorkommt; in Gilbert's Annalen Bd. 38. S. 1 u. f. D'Aubuisson, ebendaf. S. 41—64. Hausmann's Bemerkungen darüber, ebendaf. S. 64—70. — Ullmann, systematisch-tabellarische Übersicht. S. 313. — Vauquelin, Brauneisenstein; Hauy Tableau comparatif. 274. — Brandes in Nöggerath's Rheinland-Westphalen. I. 358. — Proust in Gehlen's Journal. III. 401. — Karsten, Brauneisenstein; Archiv für Bergbau. XIII. 221. Derselbe, Wiesenerze; ebendaf. XV. 1 u. f. — Berthier, Braunerze; Archiv XI. 428. Derselbe, Thoneisenstein. VII. 330. 348. — Klaproth, Umbra; Beiträge. III. 135. Derselbe, Wiesenerz; ebendaf. IV. 127. — Vauquelin, Analyse einiger Sumpferze aus der Franche Comté; Gehlen, Journal u. s. f. III. 385. — Möllinghof, v. Crell's Annal. f. 1802. I. 110. — Vauquelin, mine de Penne; Journ. des mines. II. 11. — Klaproth, Bohnerz aus dem Högau; Beiträge IV. 128. — Karsten, Braunerze; Archiv für Bergbau. VIII. 249. — Pfaff, Wiesenerze; Archiv. III. 240. — Morell, Jern-Kontorets Annaler. 1825. Förra Häftet. p. 161 seqq. — Karsten, Linsenerz aus Baiern; Archiv. XVI. 40 u. f. — Bischof, über die Erzeugung der Brauneisensteine und der Wiesenerze. Poggendorff's Ann. XXXII. 241. — Kindler, über die Bildung der Wiesenerze. Ebendaf. XXXVII. 203. — v. Kobell, über die in der Natur vorkommenden Eisenoxydhydrate. Erdmann's Journ. f. prakt. Chemie. I. 181. 319.

§. 369.

Die bisher betrachteten Eisenerze waren Eisenoxyduloxyde und Eisenoxyde, entweder ohne Wasser, oder mit Wasser zu Hydraten chemisch verbunden. Sie enthielten nur zufällig und unwesentlich Beimischungen von Titansäure, Kieselerde und

Phosphorsäure. — Unter den chemischen Verbindungen des oxydirten Eisens mit anderen Körpern, die entweder selbst Säuren sind oder die Stelle derselben vertreten, werden zwar nur die kohlensauren Eisenoxydule als eigentliche Eisenerze angesehen; es kommen aber auch Silikate des Eisens vor, deren man sich als Eisenerz bedient. Die Verbindungen einiger anderen Metalloxyde und Säuren mit dem oxydirten Eisen erfordern ferner die Aufmerksamkeit des Eisenhüttenmanns, theils weil sie häufig mit den Eisenerzen vorkommen und auch in die Gattirung mit eingehen, theils weil es nothwendig ist, ihre Zusammensetzung zu kennen, um sie zu vermeiden.

§. 370.

Die Verbindungen des oxydirten Eisens mit dem Titanoxyd oder mit der Titansäure kommen in einigen Gegenden sehr häufig als Begleiter der Eisenerze vor. Die Verbindungsverhältnisse der Titansäure zu dem oxydirten Eisen scheinen sehr veränderlich zu sein und werden noch wohl einer näheren Prüfung bedürfen. Eben so scheint auch der Zustand des oxydirten Eisens in diesen Verbindungen verschieden zu sein. Einige Titaneisenarten werden vom Magnet gezogen, andere nicht. Obgleich dieser Erfolg zum Theil von dem quantitativen Verhältniß der beiden oxydirten Körper gegen einander erklärt werden kann, so ist es doch nicht unwahrscheinlich, daß das oxydirte Eisen in einigen Arten des Titaneisens als Eisenoxyd befindlich sein mag, welches besonders die rhomboedrische Krystallbildung dieser Verbindungen sehr wahrscheinlich macht. In anderen Arten von Titaneisen hat man reines Eisenoxydul, und in noch anderen Arten Eisenoxyduloxyd gefunden.

Die Bestandtheile des sogenannten **Titaneisens** werden sehr verschieden angegeben. Zum Theil rührt diese Verschiedenheit in den Angaben daher, daß man erst in der späteren Zeit eine schärfere Trennungsmethode der Titansäure vom Eisenoxyd kennen gelernt hat, zum Theil aber auch daher, daß wirklich die mit einem gemeinschaftlichen Namen bezeichneten Verbindungen eine sehr verschiedene Zusammensetzung haben.

	Titansäure.	Eisenoxyd.	Eisenoxydulоxyd.	Eisenoxydul.	Manganoxyd.	Kalkerde.	Bittererde.
a. 1	50,12	—	—	49,88	—	—	—
a. 2	39,04	29,16	—	27,23	0,21	0,96	2,3
b. 1	53,5	—	—	47,22	—	—	—
b. 2	50,1	—	—	49,9	—	—	—
c	43,5	—	54	—	Sp.	—	—
d	58,7	—	—	36	5,3	—	—
e	53	47	—	—	—	—	—
f	49	49	—	—	2	—	—
g	54	44?	—	—	1,5	—	—
h	65	—	—	32,5	1,5	—	—
i	48	48	—	—	—	—	—
k	45,25	—	—	51	0,25	—	—
l	22	—	78?	—	—	—	—
m. 1	23,59	58,51	—	13,9	—	0,86	1,1.
m. 2	20,41	55,23	—	19,48	—	0,32	0,73
n	22	45	(75)	30	0,6	—	—
o	14	85,5	—	—	0,5	—	—
p	10	—	87	—	3	—	—
q	12,6	—	82	—	4,5	—	—
r	14,8	—	79,2	—	1,6	—	—
s	15,9	—	79	—	2,6	—	—
t	8	—	86	—	2	—	—
u	46,92	10,74	—	37,86	2,73	—	1,14

a. 1. Titaneisen von Egersund; das ächte Wernersche Mänakeisen. Von Hrn. Rose.

a. 2. Ebendaher. Von Hrn. Mosander, welcher dies Titaneisen als ein Gemenge von titansaurem Eisenoxydul, titansaurer Kalk- und Bittererde mit Eisenoxyd betrachtet. Enthält noch 0,12 Procent Chromoxydul. — Hr. Mosander hat noch 2 andere Stücke von diesem Titaneisen untersucht, und in dem einen 42,57 Titansäure, 23,21 Eisenoxyd, 29,27 Eisenoxydul, 0,33 Chromoxydul, 0,5 Kalkerde, 1,22 Bittererde und 1,65 Kieselerde; in dem anderen aber 41,08 Titansäure, 25,93 Eisenoxyd, 29,04 Eisenoxydul, 0,58 Kupferoxyd und Yttererde, 0,49 Kalkerde, 1,94 Bittererde und 0,07 Kieselerde gefunden.

b. 1. und b. 2. Iserin. Von Hrn. Rose. Die Zusammensetzung von a. und b. findet Hr. Rose wenig abweichend, indem der Gehalt an Titansäure und an Eisenoxydul in beiden ein wenig variirte. Einige sind stark, andere nur schwach magnetisch.

c. Titaneisen aus Brasilien. Stark magnetisch. Enthält außerdem noch 2,5 Kieselerde oder Quarz. Von Hrn. Berthier.

d. Titaneisenkörner von der Insel Siècles. Sehr schwach magnetisch. Von Hrn. Berthier.

e. Titaneisen von Metschnikow am Ural. Ganz unmagnetisch Spec. Gew. 4,673. Von Hrn. Lowitz.

f. Titaneisen von Bodenmais. Spec. Gew. 3,7 (?). Nicht magnetisch. Von Hrn. Vauquelin und Hecht.

g. Titaneisen von St. Quay. Von Hrn. Collet Descotils. Nicht magnetisch.

h. Titaneisen aus Wildenow bei Schwarzenberg in Sachsen. Nicht magnetisch. Soll noch 1 Procent eines unbekannten Körpers enthalten. Von Hrn. John.

i. Außer den angegebenen Bestandtheilen noch 4 Procent Uran. Von Hrn. Thomson.

k. Mänakanit von Cornwall. Außerdem noch 3,5 Procent Kieselerde. Von Hrn. Klaproth.

l. Titaneisen von Aschaffenburg. Spec. Gew. 4,74. Nicht magnetisch. Von Hrn. Klaproth.

m. 1. Titaneisen von Arendahl in Norwegen. Nicht magnetisch. Von Hrn. Mosander. Enthält noch 0,44 Chromoxydul und 1,88 Kieselerde oder Gangart.

m. 2. Eben daher. Magnetisch. Von Hrn. Mosander. Enthält noch 3,64 Zinnoxyd und 0,8 Kieselerde.

n. Sandiges Titaneisen von Madagascar. Spec. Gew. 4,694. Außerdem noch 1 Procent Kieselerde, 0,8 Procent Thonerde und 0,5 Procent Chromoxydul. Von Hrn. Lassaigne.

o. Titanhaltiger Magnet-Eisensand von der Ostseeküste in Finnland. Spec. Gew. 4,545. Von Hrn. Klaproth.

p. Titanhaltiger Magnet-Eisensand von Puy in Velay. Stark magnetisch. Von Hrn. Berthier.

q. Titanhaltiger Magnet-Eisensand, eben daher. Außerdem noch 0,6 Thonerde. Von Hrn. Cordier.

r. Titanhaltiger Magnet-Eisensand von Teneriffa. Von Hrn. Cordier. Außerdem noch 0,8 Thonerde.

s. Titanhaltiger Magnet-Eisensand von Niedermennich. Von Hrn. Cordier. Außerdem noch 1 Procent Thonerde.

t. Titanhaltiger Magnet-Eisensand von St. Quay. Außerdem noch 1 Procent Thonerde. Von Hrn. Collet Descostils.

u. Ilmenit in vollständigen Krystallen. Von Hrn. Mosander.

Der von den Oryktognosten sogenannte Crightonit ist ebenfalls eine Verbindung von Titansäure mit Eisenoxydul. Er kommt in glänzenden, schwarzgrauen Krystallen vor. — Der Nigrin von Olapian in Siebenbürgen, den Hr. Klaproth untersuchte, enthält 84 Titansäure, 14 Eisenoxyd und 2 Manganoxyd.

Rose, Poggendorf's Ann. f. 1825. Heft 2. S. 168. Archiv f. Bergbau. X. 294. — Berthier, Archiv f. Bergbau. VI. 393. — Vauquelin und Hecht, Journ. des mines. No.

19. p. 60. — Collet Descostils, Journ. des mines. XVI. 65. — John, Schriften. VI. 318. — Thomson, Phillips Introd. of Mineral. 260. — Klaproth, Beiträge. II. 234. V. 208. — Pfaff, Schweigger's Journ. XVIII. 71. — Lassaigne, Ann. des mines für 1821. p. 458. — Cordier, Journ. des mines. XXI. 256. — Erdmann, Journal für praktische Chemie. I. (1834.) 87. VIII. (1836.) 509. XIV. (1838.) 509. — Berthier, Traité des essais. II. 267.

§. 371.

Die Verbindung des Eisenoxyduls mit dem Wolframoxyd, oder vielmehr mit der Wolframsäure, wird in der Natur als Wolfram angetroffen. Man kennt den Einfluß des Wolframmetalles auf das Eisen nicht; indeß ist mir auch kein Eisenerz bekannt, welches in Begleitung mit Wolfram, oder mit wolframsaurer Kalkerde, im Großen verarbeitet würde. Hr. Berzelius giebt die Bestandtheile des Wolfram auf folgende Weise an: Eisenoxydul 18,32, Scheelsäure 78,775, Manganoxydul 6,22 und Kieselerde 1,25. — Hr. Vauquelin findet: Eisenoxydul 13,8, Scheelsäure 73,2 und Manganoxydul 13. — Die Verbindungen des Eisenoxyds mit der Tantalsäure sind bis jetzt fast nur von Broddbo und Finbo bei Fahlun, von Kimito in Finnland, von Haddan in Connecticut und von Bodenmais in Baiern bekannt, aber der Einfluß, den das Tantal auf das Eisen haben könnte, ist unbekannt.

Berzelius, Afhandl. i. Fysik. IV. 293. — Vauquelin, Bullet. gen. de Mr. Ferrussac. 1825. p. 27. — Berthier, Traité des essais etc. II. 263. 264.

§. 372.

Eine natürliche Verbindung des oxydirten Eisens mit dem oxydirten Chrom kommt unter dem Namen des Chromeisensteins vor. Das Chrom befindet sich in dieser Verbindung immer in dem Zustande des grünen Chromoxyduls. Aber in welchem Zustande das Eisen darin vorhanden ist, bedarf noch einer näheren Untersuchung. Der Chromeisenstein hat eine oktaedrische Krystallform, weshalb das Eisen im Zustande des Oxyduls darin vermuthet werden müßte. Dies ist aber der allgemeinen Angabe entgegen, indem die Erscheinungen bei der chemischen Untersuchung wirklich darauf hindeuten, daß sich das Eisen im Zustande des Oxyds befindet. Es ist jedoch mehr als wahrscheinlich, daß es Chromeisensteine giebt, die Eisenoxydul, und andere, die Eisenoxyd, vielleicht auch Oxydul-Oxyd enthalten. Auch unter den Chromeisensteinen sind einige magnetisch, andere nicht.

Nicht immer sind die Chromeisensteine eine reine Verbindung von oxydirtem Eisen mit Chromoxydul, sondern häufig ist das Chromoxydul an zwei Basen, nämlich an dem oxydirten Eisen und an Thonerde gebunden. — Das Chromeisen scheint, in äußerst geringen Quantitäten, den Eisenerzen von den jüngeren Formationen (Thoneisensteinen, besonders den sogenannten Sphärosideriten) beigemengt zu sein, weil man nicht selten einen geringen Chromgehalt in dem aus jenen Erzen erblasenen Roheisen findet. Von dem Chromeisen in den Wiesenerzen ist schon vorhin (§. 368.) die Rede gewesen.

	Chromoxydul.	Eisenoxyd.	Thonerde.	Kieselerde.	Mangan.
a	55,5	33,0	6,0	2,0	—
b	53	34	11	1	1
c	51,6	35	10	2	—
d	51,6	37,2	9,7	2,9	—
e	51,562	35,14	9,723	2,901	Spur
f	39,514	36,004	13,002	10,596	—
g	36	37	21,5	5	—
h	43	34,7	20,3	2	—
i	63,6	36	—	—	—
k	32,35	41	16	8	—
l	25	37,25	23,5	7,5	4,25
m	34,8	36,7	23,0	5,5	—

a. Chromeisenstein vom Grusengebirge bei Krieglach in Steiermark. Von Hrn. Klaproth.
b. Chromeisenstein aus dem Uralgebirge. Von Hrn. Laugier.
c. Von Baltimore. Von Hrn. Berthier.
d. Von Chester=Coutz in Pensilvanien. Von Hrn. Berthier.
e. Eben daher. Von Hrn. Seybert.
f. Von den Barshügeln bei Baltimore. Von Hrn. Seybert. Enthält dies Erz ein Silikat? und welches?
g. In Oktaedern krystallisirt, von der Insel Vaches bei St. Domingo. Von Hrn. Berthier.
h. Von Bastide im Depart. Var. Von Hrn. Vauquelin.
i. Eben daher. Von Hrn. Tassaert. Weicht von h. in den Resultaten ungemein ab und daher näher zu prüfen.
k. Von Baumgarten in Schlesien. Von Hrn. Bergemann. (Handschrift.) Außerdem noch 2,25 Procent Glühverlust. Spec. Gew. 4,5. Magnetisch.
l. Von Baumgarten in Schlesien. Von Hrn. Bergemann. (Handschrift.) 1,75 Glühverlust. Spec. Gew. 3,7. Nicht magnetisch.
m. Von Aveyron, in Serpentin. Von Hrn. Berthier.

Klaproth, Beiträge. IV. 136. — Laugier, Gehlen's Journal für Chemie und Physik. I. 192. — Berthier, Archiv für Bergbau. V. 172. — Seybert, American. Journ. IV. 321. — Vauquelin, Journ. des mines. No. 55. p. 523. — Tassärt, v. Crell chem. Ann. f. 1800. I. 355. — Moser, chemische Abhandlungen über das Chrom. Wien, 1824. — Berthier, Traité des essais par la voie sèche. II. 262.

§. 373.

Eine im Mineralreich ungemein häufig verbreitete und eine eigenthümliche Reihe von Mineralkörpern bildende Verbindung ist die des oxydirten Eisens mit der Kieselerde. Hr. v. Berzelius hat zuerst die Aufmerksamkeit darauf gelenkt, die Sili=

kate als Verbindungen anzusehen, bei denen die Kieselerde die Stelle einer Säure vertritt. Diese Betrachtungsweise hat die ersten lichtvollen Ansichten über die Natur der Silikate, sowohl der in den Mineralien vorkommenden, als der künstlich gebildeten, nämlich der Schlacken, verbreitet, und eine gründlichere Beurtheilung des Erfolges aller mit Schlackenbildungen verbundenen Schmelzprozesse erleichtert.

Der größte Theil von den Gebirgsarten, aus welchen die Erdrinde zusammengesetzt ist, besteht aus Silikaten, und unter diesen sind nur wenige anzutreffen, welche nicht auch ein Silikat des Eisens enthielten. Dennoch gehören die Eisensilikate zu den selten vorkommenden Eisenerzen, weil sie in der Regel mit Silikaten von andern Erden verbunden sind, wodurch der Eisengehalt des Fossils so vermindert wird, daß die Benutzung desselben auf Eisen mit pecuniärem Vortheil nicht geschehen kann. Nur in wenigen Gegenden sind die Silikate das eigentliche Eisenerz; gewöhnlich werden sie als Begleiter von Magneteisenstein oder von anderen Erzen mit verschmolzen. Diese Silikate dienen dann in der Regel als Fluß befördernde Mittel, und tragen durch ihren eigenen Eisengehalt zur Vermehrung des Eisenausbringens aus den Erzen bei.

Auch die Thoneisensteine und die unreinen Spatheisensteine aus den jüngeren Gebirgsformationen enthalten zuweilen Beimengungen von Silikaten, in deren Mischung auch ein Silikat des Eisens befindlich ist. Des Silikates in den Wiesenerzen ist schon oben gedacht worden. Solche Thoneisensteine zeichnen sich dann durch ein dichteres und so zu sagen steinartigeres Ansehen aus, und stehen auf der Gränze zwischen den Brauneisensteinen und den Silikat-Eisenerzen.

§. 374.

Von den eigentlichen Thoneisensteinen, nämlich von den Eisenoxyden oder Eisenoxydhydraten, welche durch eine bloße Beimengung von Silikaten, die am häufigsten nur Thonerde-Silikat sind, ein erdartiges Ansehen erhalten haben, welches man nach dem gemeinen Sprachgebrauch thonartig nannte, und dadurch ohne Zweifel zu dem Namen „Thoneisenstein" gelangte, — von diesen Thoneisensteinen müssen die wirklichen Silikat-Verbindungen des oxydirten Eisens wohl unterschieden werden. Wegen des nicht metallischen Ansehens dieser Erze hat man sie zwar auch Thoneisensteine genannt; allein sie enthalten die Thonerde in einem durchaus verschiedenen Verbindungszustande von demjenigen, in welchen sich diese Erde in den wirklichen Thoneisensteinen befindet; auch kann die Thonerde ganz fehlen, ohne daß sie dadurch ihren wesentlichen Charakter als Silikate verlieren. Nach der Analogie mit Chromeisenstein wird man alle Eisenerze, welche entweder ein reines Eisensilikat, oder dieses doch in so großer Menge enthalten, daß dadurch der Charakter des Erzes bestimmt wird, Kieseleisenstein nennen, und es wird nothwendig sein, diese Verbindung des oxydirten Eisens mit Kieselerde, durch einen besonderen Namen zu bezeichnen, um dadurch die ganze Reihe oder Klasse von Verbindungen, worin das Eisensilikat rein oder vorwaltend vorkommt, von den übrigen Eisenerzen zu unterscheiden.

Es ist sehr wahrscheinlich, daß man nach und nach zu einer ausgebreiteteren Kenntniß des Kieseleisensteins gelangen wird, wenn man eine genauere Prüfung der Thoneisensteine vornimmt, und diesen Namen nur für die Eisenerze beibehält, welche das Eisenoxyd oder das Eisenoxydhydrat vorwaltend und im Gemenge mit Silikaten (größtentheils Thonerdesilikat) enthalten, wogegen sich in den Kieseleisensteinen, denen in der Regel das thonartige Ansehen ganz abgeht, das oxydirte Eisen immer in chemischer Verbindung mit der Kieselerde, und zugleich auch mit der Thonerde, wenn diese vorhanden ist, befindet.

§. 375.

Der Kieseleisenstein enthält das oxydirte Eisen theils im Zustande des Oxyduls, theils als Oxyd. Er erhält, nach dem verschiedenen Oxydationszustande des Eisens, ein sehr verschiedenartiges Ansehen. Kieseleisensteine, welche Oxydul enthalten, zeichnen sich durch schwarze, blaue und grüne Farbe aus, die bald lichter, bald dunkler sind. Die blaue Färbung scheint zuweilen von einem Chromoxydgehalt abgeleitet zu sein. Kommt das Eisen im oxydirten Zustande vor, so hat das Erz eine gelbe oder auch eine röthlichgelbe und eine rothe, zuweilen aber auch eine schwarze Farbe. Es scheint, daß die grüne Farbe bei den Oxydul- und die gelbe Farbe bei den Oxyd-Silikaten durch den Wassergehalt veranlaßt wird. Die Kieseleisensteine können sowohl basische als neutrale Verbindungen des oxydirten Eisens mit Kieselerde sein; auch kommen Bisilikate vor und es könnten vielleicht auch Trisilikate aufgefunden werden.

Die Oxydul enthaltenden Kieseleisensteine sind nur dann magnetisch, wenn sie Subsilikate sind; schon die Silikate scheinen dem Magnet nicht immer folgsam zu sein. Kieseleisensteine, welche Oxyd enthalten, werden natürlich niemals vom Magnet gezogen. — Durch das Verhalten gegen die Säuren unterscheidet sich der Kieseleisenstein sehr wesentlich von dem Thoneisenstein. Aus dem letzteren zieht die Salzsäure den ganzen Eisengehalt und läßt das beigemengte Thonerden-Silikat als ein staubiges, oft sandartiges Pulver zurück. Der Kieseleisenstein wird von der Salzsäure in der gewöhnlichen Temperatur wenig angegriffen, und eine wirkliche Auflösung erfolgt nur dann, wenn der Kieseleisenstein ein Subsilikat ist. Alsdann bleibt aber die Kieselerde in der Gestalt einer Gallerte zurück und wird zum Theil von der Säure mit aufgenommen.

Das Verhalten des Kieseleisensteins beim Verschmelzen ist theilweise von den übrigen beigemischten Silikaten abhängig. In der Regel ist er aber sehr leichtflüssig und geneigt, weißes Roheisen mit dunkel gefärbter Schlacke zu geben, wenn das Verhältniß des zugesetzten Kalksteins zu geringe ist. Der reine Kalkstein ist für diese Erze, in so fern sie nicht zugleich Thonerde in angemessenen Verhältnissen enthalten, kein Fluß beförderndes, sondern ein die Flüssigkeit erschwerendes Mittel.

§. 376.

Kieseleisensteine, welche das Eisen im Zustande des Oxyduls enthalten, sind schon in großer Anzahl bekannt geworden. Es gehören hierher:

1. Der blaue Eisenstein vom Vorgebirge der guten Hoffnung, den Klaproth untersucht hat. Das Erz hat eine blaue Farbe und giebt ein blaues Pulver. Es enthält 40 Eisenoxydul, 50 Kieselerde, 3 Wasser, 5 Natron und 1,5 Kalkerde. Dies Fossil ist später durch Hrn. Stromeier untersucht (Poggend. Annalen XXIII. 153) und von Hrn. Hausmann Krokydolith genannt worden. Nach Hrn. St. enthält es 33,9 Eisenoxydul, 0,2 Manganoxydul, 2,3 Bittererde, 50,8 Kieselerde und 5,6 Wasser.

2. Der Chamoisit, von Hrn. Berthier untersucht. Das Erz wird auf der Hütte zu Ardon verschmolzen und zu 43 Prozent Roheisen ausgebracht. Es ist sehr leichtflüssig und soll ein sehr gutes Stabeisen geben. Es ist dicht, hat eine dunkelgrüne Farbe, wird vom Magnet vor und noch stärker nach dem Glühen gezogen, und enthält 60,5 Eisenoxydul, 14,3 Kieselerde, 7,8 Thonerde und 17,4 Wasser.

3. Der Sideroschisolit aus Brasilien, von Hrn. Wernekink analysirt. Enthält 75,5 Eisenoxydul, 16,3 Kieselerde, 4,1 Thonerde und 7,3 Wasser.

4. Der Hisingerit von Gillinga in Schweden (Afhandl. i Fysik III. 306). Er besteht aus 47,8 Eisenoxydul, 27,5 Kieselerde, 5,5 Thonerde, 0,97 Manganoxydul und 11,75 Wasser.

5. Das Eisenerz aus der Christinengrube bei Jönviks im Kirchspiel Garpenberg. Hr. Oengren findet darin 76,09 Eisenoxydul, 11,48 Kieselerde, 1,64 Thonerde, 7,33 Bittererde, 1,40 Kalkerde, 0,50 Wasser. — Ein anderes Eisenerz von Gräsberg,

welches zu Gräsberg verschmolzen wird, enthält, nach der Analyse des Hrn. Sjögreen, 64,47 Eisenoxydul, 28,28 Kieselerde, 1,62 Thonerde, 2,70 Kalkerde, 0,09 Bittererde, 1,49 Manganoxydul (0,39 Kupferkies beigemengt) und 0,10 Wasser.

6. Das unter den braunen Thoneisensteinen im §. 367. c. aufgeführte Bohnerz vom Högau, ist unbezweifelt ein Kieseleisenstein, welcher das Eisen im Zustande des Oxyduls enthält. — Hr. Berthier hat das blaue Eisenerz aus der Jura-Formation untersucht, welches auf der Eisenhütte zu Hayanges verschmolzen wird (Ann. de Chimie XXXV. 257), und darin 61 Eisenoxydul, 6,2 Kalkerde, 20,3 Kohlensäure, 6 Kieselerde, 3,8 Thonerde, 2,5 Wasser nebst Spuren von Bittererde und Mangan gefunden. Dies Erz ist ein Gemenge von kohlensaurem Eisenoxydul mit blau gefärbten Körnern von Kieseleisenstein. Dergleichen Erze kommen, als sogenannte oolithische Eisenerze, fast in allen Kalk-Formationen vor. Hr. Kolbe hat ein solches Erz von Markoldendorf untersucht (Notizenblatt des Göttinger Vereins Bergm. Freunde, Nr. 29. 1840. S. 3) und eine ähnliche Zusammensetzung, nebst etwa ½ Prozent Chromoxyd, gefunden. Das Erz wird auf der Eisenhütte zu Dassel verschmolzen.

7. Die Grünerde muß nothwendig zu den Kieseleisensteinen gerechnet werden, und zwar zu denen, welche das Eisen im Zustande des Oxyduls enthalten. Sie besteht nach Hrn. Vauquelin aus 52 Kieselerde, 23 Eisenoxydul, 7,5 Kali, 7 Thonerde, 6 Bittererde und 4 Wasser. Das Silikat des Eisenoxyduls ist dasjenige, welches dieses Material charakterisirt.

8. Der Chlorit. Die von Hrn. Vauquelin untersuchte Chloriterde enthält 43 Eisenoxydul, 26 Kieselerde, 18,5 Thonerde, 8 Bittererde, 2 salzsaures Kali und 2 Wasser. Sie ist daher als ein ziemlich reiches Eisenerz zu betrachten.

9. Der Stilpnomelan, von Hrn. Rammelsberg untersucht (Poggend. Ann. B. 43. S. 127), besteht aus 35,823 Eisenoxydul, 46,167 Kieselerde, 5,879 Thonerde, 2,666 Bittererde, 0,75 Kali nebst Spur von Natron und 8,715 Wasser.

10. Der Gedrit, von Hrn. Dufrénoy untersucht (Ann. des mines. 3 Série. X. 582), enthält 38,811 Kieselerde, 45,834 Eisenoxydul, 9,309 Thonerde, 4,130 Bittererde, 0,666 Kalkerde und 2,301 Wasser.

11. Hr. Thomson hat in seinen Outlines of Mineralogy verschiedene neue Eisenoxydul-Silikate zu den schon bekannten hinzugefügt. Den Polyadelphit (I. 154) in gelblichgrünen Körnern (36,824 Kieselerde, 22,948 Eisenoxydul, 24,724 Kalkerde, 7,944 Bittererde, 4,428 Manganoxydul, 3,356 Thonerde, 0,550 Wasser). Ferner den Zeuxit (I. 320) von asbestartigem Ansehen (33,48 Kieselerde, 26,01 Eisenoxydul, 31,85 Thonerde, 2,46 Kalkerde, 5,28 Wasser). Sodann den Polylith, schwarz mit lebhaftem Glasglanz (I. 495. Enthält 40,04 Kieselerde, 34,08 Eisenoxydul, 6,6 Manganoxydul, 9,425 Thonerde, 11,54 Kalkerde, 0,399 Wasser). — Den Kirwanit (I. 378, welcher aus 40,5 Kieselerde, 23,91 Eisenoxydul, 19,78 Kalkerde, 11,41 Thonerde und 4,35 Wasser besteht). Endlich den Scorilit, welcher aus 58,02 Kieselerde, 13,33 Eisenoxydul, 8,62 Kalkerde, 16,78 Thonerde und 2 Wasser besteht.

12. Hüttenmännisch würden als Kieseleisenstein noch angesehen werden müssen: der Pistacit, — dessen Gehalt an Eisenoxydul gegen 25 Prozent beträgt, — alle Amphibole und Pyroxene, die viel Eisenoxydul-Silikat in ihrer Mischung enthalten, der Olivin, der Ilvait, der Hedenbergit, der Pyrosmalith und alle Granaten, welche ein Eisenoxydul-Silikat enthalten. Besonders sind einige Granaten für vorzügliche Kieseleisensteine zu halten, wenn sie auch nur zufällig als solche benutzt werden. Hr. Wachtmeister fand in einigen Granatarten einen Eisenoxydulgehalt von 25,18 bis 33,93 Prozent. Der Granat von Fahlun enthält, nach Hrn. Hisinger, 39,68 Eisenoxydul, 39,66 Kieselerde, 19,66 Thonerde und 1,70 Manganoxydul. Die edlen Granaten aus Tyrol, Ungarn und Grönland, welche ich untersucht habe (Archiv für Geogn. Mineral-

Bergb. u. Hüttenk. IV. 389), enthalten 34,05, 31,3 und 24,85 Eisenoxydul.

Endlich müssen auch einige Basaltarten, die viel Eisenoxydul-Silikat enthalten, von dem Eisenhüttenmann als Kieseleisenstein mit Oxydul betrachtet und behandelt werden, wenn man sich derselben, wie es hier und dort geschieht, als Zuschlag bei den Eisenerzen bedient.

Der Lepidomelan, der Lievrit und mehre zum Granat-Geschlecht gehörende Fossilien, sind Silikate von Eisenoxydul-Oxyd. Dahin gehört auch der Thraulit, den Hr. v. Kobell (Poggend. Ann. XIV. 467) untersucht und darin 31,28 Kieselerde, 33,9 Eisenoxyd, 15,22 Eisenoxydul und 19,12 Wasser gefunden hat. — Sodann ist auch der zuerst von Hrn. Steinmann untersuchte Cronstedtit von Przibram in Böhmen, welcher nach der Analyse des Hrn. St. ein Eisenoxyd-Silikat sein sollte, hierher zu rechnen, indem derselbe, nach einer später von Hrn. Kobell vorgenommenen Untersuchung, aus 22,452 Kieselerde, 35,35 Eisenoxyd, 27,112 Eisenoxydul, 2,885 Manganoxydul, 5,078 Bittererde und 10,7 Wasser besteht. — Der Lepidomelan (Erdmann, Journ. f. praktische Chemie. XX. 259) enthält, nach der Untersuchung des Hrn. Soltmann, 37,4 Kieselerde, 11,6 Thonerde, 27,66 Eisenoxyd, 12,43 Eisenoxydul, 0,6 Kalk- und Bittererde, 9,2 Kali und 0,6 Wasser.

§. 377.

Auch von den Kieseleisensteinen, welche das Eisen im Zustande des Oxyds mit oder ohne Wasser enthalten, ist schon eine beträchtliche Anzahl untersucht. Hierher gehören:

1. Der Halbopal von Telkebanya, den Klaproth unter dem Namen Opal-Eisenstein bekannt gemacht hat. Er enthält 47 Eisenoxyd, 43,5 Kieselerde, 7,5 Wasser. — Auf der Eisenzeche im Siegenschen kommt ein gelber Kieseleisenstein vor, dessen Zusammensetzung mit Hrn. Klaproths Opal-Eisenstein am mehrsten übereinstimmen dürfte.

2. Der Kieseleisenstein von Kupferrath bei Düren. Herr John hat davon zwei Varietäten untersucht. Die eine (braunrothe) enthält 52,5 Eisenoxyd, 12,5 Kieselerde, 3,5 Thonerde, 3,75 Manganoxyd, 1 Kalkerde und 26 Wasser. Die zweite (gelblichweiße) besteht aus 37 Eisenoxyd, 26,5 Kieselerde, 6,5 Thonerde, 3,75 Manganoxyd, 1 Kalkerde und 22 Wasser. Das Erz wird zu Lendersdorf verschmolzen.

3. Zu den Kieseleisensteinen müssen hüttenmännisch alle Arten von Jaspis gerechnet werden, die viel Eisenoxyd-Silikat enthalten; ferner gehören dahin der von Hrn. Döbereiner untersuchte Kölreuterit, welcher aus 61 Eisenoxyd, 35 Kieselerde, 2 Manganoxyd und 2 Thonerde besteht; besonders aber diejenigen Granaten (Melanite), welche ein Eisenoxyd-Silikat enthalten. Der von mir untersuchte Melanit von Frascati enthielt 34,6 Kieselerde, 4,55 Thonerde, 28,15 Eisenoxyd, 31,8 Kalkerde und 0,65 Bittererde. Ein grünlichbrauner Granat von Schwarzenberg in Sachsen, 36,85 Kieselerde, 4,05 Thonerde, 25,35 Eisenoxyd, 32,32 Kalkerde und 3,95 Manganoxydul (Archiv. IV. 388). — Nach Hrn. Bredberg besteht der grüne Granit von Sahla in Schweden aus 36,7 Kieselerde, 2,8 Thonerde, 25,8 Eisenoxyd, 21,8 Kalkerde und 12,4 Bittererde. — Unter den von Hrn. Wachtmeister untersuchten Granaten befinden sich verschiedene, in denen das Eisen im Zustande des Oxyds vorhanden ist. Ein brauner Granat von Hesselkulla enthielt 28,525 Eisenoxyd, 37,993 Kieselerde, 30,74 Kalkerde, 2,712 Thonerde und 0,615 Manganoxyd. — Im Hennebergischen, in der Gegend von Suhl, wird ein, dort unter dem Namen Granateisenstein bekanntes Erz verschmolzen, welches eine braunrothe Farbe hat und in sehr regelmäßigen Granatoedern (Afterkrystallen) bricht. Es besteht, nach meiner Analyse, aus 26,9 Eisenoxyd, 37,4 Kieselerde, 33,2 Kalkerde und 2,5 Manganoxyd. Das Erz ist zwar arm, giebt aber sehr gutes Eisen. Granaten werden sehr häufig, besonders in solchen Gegenden verschmolzen, wo man Magneteisenstein verarbeitet. — Ferner

gehören hierher, der Achmit, worin Hr. Ström 55,3 Kieselerde, 31,3 Eisenoxyd, 1,1 Manganoxyd, 10,4 Natron und 0,7 Kalkerde gefunden hat. — Sodann der Arfwedsonit aus Grönland, worin Hr. Thomson 50,5 Kieselerde, 2,5 Thonerde, 35,1 Eisenoxyd, 8,3 Manganoxyd, 1,5 Kalkerde und 0,9 Wasser fand. — Der Nontronit, von Hrn. Dufrénoy untersucht, aus 44 Kieselerde, 3,6 Thonerde, 29 Eisenoxyd, 2,1 Bittererde, 18,7 Wasser, nebst 1,2 Thon (als Beimengung) bestehend. Ein fast eben so zusammengesetztes Fossil von Wolkenstein im Erzgebirge hat Hr. Kersten untersucht und Pinguit genannt. — Der Plinthit von Antrim in Irland ist von Hrn. Thomson untersucht (Outlines I. 323). Er fand darin 30,88 Kieselerde, 20,76 Thonerde, 26,16 Eisenoxyd, 2,6 Kalkerde und 19,6 Wasser. — Einen aus 41,1 Kieselerde, 37,3 Eisenoxyd und 21,56 Wasser bestehenden Nontronit von Andreasberg am Harz, hat Herr Biewend (Erdmanns Journ. f. prakt. Chemie XI. 162) untersucht.

Das von Herrn Brandes untersuchte Erz aus Ungarn, welches derselbe Chloropal genannt hat und das aus 33 Eisenoxyd, 46 Kieselerde, 2 Manganoxyd, 1 Thonerde und 18 Wasser besteht, gehört zwar zu den Kieseleisensteinen, aber wahrscheinlich zu denen, die das Eisen im Zustande des Oxyduls enthalten; denn das Erz hat eine grüne Farbe und folgt dem Magnet. — Die große Anzahl von bekannten Silikaten, welche nur wenig Eisenoxyd enthalten, muß hier unberücksichtigt bleiben.

§. 378.

Alle Kieseleisensteine, die noch andere Silikate in der Mischung enthalten, können für sich allein und ohne Zuschläge verarbeitet werden. Es hängt indeß theils von dem Verhältniß, theils von der Art der beigemischten Silikate, theils aber auch von der Beschaffenheit und Einrichtung des Ofens und des Gebläses ab, ob die Reduction des Eisens ohne Zusatz von zweckmäßig gewählten Zuschlägen vollständig bewerkstelligt werden kann.

— Ganz reine Kieseleisensteine, sie mögen das Eisen als Oxydul oder als Oxyd enthalten, können für sich allein nicht gut verschmolzen werden. Die Bisilikate würden nur wenig Eisen abgeben, und fast so viel Eisenoxydul in der Schlacke zurück behalten, als nöthig ist, damit die Kieselerde mit dem Oxydul ein Trisilikat bildet. Die Silikate und Subsilikate würden zwar einen bedeutenden Theil Eisen zur Reduktion gelangen lassen, aber schwerlich mehr als daß sich die Kieselerde in den Schlakken mit dem Eisenoxydul zu einem Trisilikat vereinigen kann. Alle Kieseleisensteine halten daher, ohne Zuschläge, sehr viel Eisen zurück; sie geben eine schwarze Schlacke und weißes Roheisen, und verlieren ihre große Leichtflüssigkeit nur dann, wenn sie mit Kalkstein in gehörigem Verhältniß beschickt werden, wobei der unreine, Kieselthon haltende Kalkstein in solchen Fällen bessere Dienste leistet, als der reine Kalkstein, wenn das Erz kein Thonerden=Silikat, oder nicht in zureichender Menge enthält.

Klaproth, blauer Eisenstein; Beiträge VI. 237. — Derselbe, Opal=Eisenstein; Eb. II. 164. — Derselbe, grönländ. Granat. Gehlen's Journ. IV. 392. — Berthier, Chamoisit; Archiv f. Bergbau VI. 407. — Steinmann, in Schweigger's N. Journ. II. 69. — Wernedink; Poggendorff's Annalen I. 378. — Dengren, Archiv XI. 432. — Sjögren, Eb. XI. 433. — Vauquelin, Grünerde; Gehlen's Journal IV. 218. — Derselbe, Chlorit; a. a. O. — Stromeyer, Ilvait; Beiträge 377. — Wachtmeister, Granaten; Archiv XI. 192. — Hisinger, Melanit; Archiv XI. 192. — Karsten, Granateisenstein; Archiv VIII. 249. — John, Kieseleisenstein bei Düren; Schriften VI. 299. — Döbereiner, Kölreuterit; Isis für 1818. S. 449. — Brandes, Chloropal; Schweigger's N. Journal V. 29. — Berthier, Traité des essais par la voie sèche. II. 244. 250.

§. 379.

In Verbindung mit Kohlensäure kommt das oxydirte Eisen, auch in der Natur, nur im Zustande des Oxyduls vor, denn ein kohlensaures Eisenoxyd ist noch nicht angetroffen worden. Eben so wenig hat man bis jetzt ein basisches kohlensaures Eisenoxydul gefunden, indem sich die Kohlensäure immer in einem solchen Verhältniß zeigt, daß sie zur vollständigen Sättigung des Oxyduls hinreicht. Wo dies nicht der Fall zu sein scheint, da hat das Erz schon eine Zersetzung erlitten, die nach und nach bis zur gänzlichen Umwandlung in Brauneisenstein oder in braunen Thoneisenstein fortschreiten kann.

Wie die oxydirten Eisenerze in der Natur theils rein, theils mit Silikaten gemengt, als Thoneisensteine, gefunden werden; so ist dies auch bei den Erzen der Fall, welche aus kohlensaurem Eisenoxydul bestehen. Sie sind entweder rein, d. h. nicht gemengt mit Silikaten, obgleich sie andere kohlensaure Oxyde und Erden in chemischer Verbindung beigemischt enthalten können; oder sie sind mit Silikaten gemengt, und erhalten dadurch ein erdiges oder thonartiges Ansehen, weshalb sie in diesem Zustande auch sehr lange unter der allgemeinen Benennung von Thoneisensteinen mit begriffen worden sind. Erst in späteren Zeiten hat man die Thoneisensteine, welche kein Oxyd oder Eisenoxydhydrat, sondern kohlensaures Eisenoxydul enthalten, unter dem allgemeinen Namen der Sphärosiderite, welchen Hr. Hausmann in Deutschland zuerst einführte, von den wahren Thoneisensteinen getrennt.

Die nicht gemengten kohlensauren Eisenoxydulerze sind unter den verschiedenen Namen: Spatheisenstein, Pflinz, Stahlstein, auch Weißerz bekannt. In der Folge soll unter Spatheisenstein das mit Silikaten nicht gemengte, und unter Spärosiderit das kohlensaure Eisenoxydul verstanden werden, welches durch die innige Beimengung von Silikaten, den Charakter des Spatheisensteins schon verloren und das äußere Ansehen eines Thoneisensteins erhalten hat. Beide Namen haben einmal das Bürgerrecht erhalten, obgleich sich der letztere nur auf eine besondere äußere Gestalt bezieht, in welcher das durch Beimengungen von Silikaten verunreinigte kohlensaure Oxydul zwar häufig, aber nicht immer erscheint.

Der Spatheisenstein und der Sphärosiderit haben jederzeit einen weißen, oder einen grauen Strich; sie werden vom Magnet im rohen Zustande nicht gezogen, aber sehr stark, sobald sie geglühet worden sind. Nach dem Glühen erhalten sie eine schwarze Farbe, in welcher sich eine geringe Beimischung von Braun oder von Roth zeigt. — Tritt die röthliche Färbung schon im rohen Zustande hervor, so befindet sich das Erz nicht mehr im unzersetzten Zustande.

§. 380.

Weil der Spatheisenstein, — abgesehen von den beigemischten geringen Quantitäten von anderen kohlensauren Verbindungen, — das Eisen im Zustande des reinen Oxyduls enthält; so würde dieses zurück bleiben müssen, wenn man den Spatheisenstein in Gefäßen glühet, welche den Zutritt der atmosphärischen Luft nicht zulassen. Dies ist aber nicht der Fall, sondern das Oxydul nimmt beim Glühen etwas Sauerstoff aus der Kohlensäure auf und stellt sich auf eine höhere Oxydationsstufe. Statt der Kohlensäure entweicht dabei eine verhältnißmäßige Menge Kohlenoxydgas. Hr. Döbereiner glaubt aus seinen Versuchen schließen zu können, daß das entweichende Gas aus 4 Vol. Kohlensäure und 1 Vol. Kohlenoxydgas besteht, und daß das zurückbleibende Eisenoxyd aus 1 Mischungsgewicht Eisenoxyd und 1 M. G. Oxydul besteht. Diesen Erfolg habe ich indeß niemals erhalten. In dem zurückbleibenden Oxyd findet man ungleich mehr Oxydul und das Volumen des kohlensauren Gases verhält sich zu dem des Kohlenoxydgas in der Regel wie 6,5 zu 1. Weil der Spatheisenstein vielleicht niemals aus reinem kohlensauren Eisenoxydul besteht, so ist es sehr schwer, aus dem Verhältniß beider Gasarten auf den Zustand der Oxydation des Eisens zu schließen, und die Untersuchung des Zustandes des zurückbleibenden Oxydes ist, wegen der vielen Beimengungen desselben, nicht ohne Schwierigkeit.

Döbereiner, in den Annales générales des sciennces physiques. V. 355.

§. 381.

Dem kohlensauren Eisenoxydul im Spatheisenstein sind häufig kohlensaure Bittererde, selten kohlensaure Kalkerde, fast immer kohlensaures Manganoxydul, auch wohl kohlensaures Zinkoxyd beigemischt. Das kohlensaure Manganoxydul fehlt fast niemals; das kohlensaure Zinkoxyd gehört zu den sehr seltenen Beimischungen. Zuweilen fehlt die kohlensaure Bittererde, und dann pflegt die kohlensaure Kalkerde vorhanden zu sein; zuweilen tritt der umgekehrte Fall ein, und zuweilen sind beide vorhanden. Kein Eisenerz ist, auch in den neueren Zeiten, häufiger untersucht worden, als der Spatheisenstein. Für den Hüttenmann ist es immer sehr wichtig, diejenigen kohlensauren Verbindungen zu kennen, welche in dem Spatheisenstein vorkommen.

	Eisen-oxydul.	Mangan-oxydul.	Kalkerde.	Bitter-erde.	Kohlen-säure.	Berg-art.
a	57,5	3,5	1,25	—	36	—
b	58	4,25	0,50	0,75	35	—
c	55	10	—	—	35	—
d	59,6276	1,8937	0,2010	0,1484	38,0352	—
e	48,1960	10,1343	0,6718	1,8412	38,2244	—
f	42,8	—	—	15,4	41,8	—
g	43,0	11,0	—	2,3	38,0	5,7
h	45,2	0,6	—	12,2	40,4	—
i	50,5	8,0	1,7	0,7	38,1	1
k	50,410	7,515	—	2,350	38,635	0,320
l	50,23	2,54	0,83	1,60	34,62	9,73
m	57,91	1,51	0,59	Sp.	36,61	0,60
n	50,72	7,64	0,4	1,48	38,90	0,48
o	47,20	8,34	0,63	3,75	38,85	0,95
p	47,96	9,50	—	3,12	39,19	—
q	45,848	8,000	0,460	2,000	36,060	0,660
r	53,5	6,5	—	0,7	39,3	—
s	53,0	0,8	1,0	4,5	38,7	2,0
t	53,6	—	—	3,7	33,5	9,2
u	47,9	—	—	3,9	30,0	18,2

a. Spatheisenstein (isabellgelb) von Dankerode im Halberstädtischen. Von Hrn. Klaproth.

b. Dunkel röthlichbrauner Spatheisenstein von Kemmlas im Baireuthischen. Von Hrn. Klaproth. Ohne Zweifel war diesem Eisenstein etwas rothes Eisenoxyd beigemengt, wovon unter q ebenfalls ein Beispiel vorkommt.

c. Bräunlichschwarzer Sp. von Neuendorf bei Harzgerode. Von Hrn. Bucholz.

d. Spatheisenstein von Steinheim bei Hanau. Von Hrn. Stromeyer.

e. Blaß weingelber Sp. vom silbernen Nagel bei Stollberg. Von Hrn. Stromeyer. Außerdem noch 0,2488 Wasser.

f. Hellgelber Sp. von Allevard. Von Hrn. Berthier.

g. Hellgelber Sp., ebenfalls von Allevard. Von Hrn. Berthier.

h. Lichtgelber Sp. aus der Gegend von Autun. Von Herrn Berthier.

i. Lichtgelber Sp. von St. George de Huntières in Savoyen. Von Hrn. Berthier.

k. Weißer Sp. von der Grube Hohegrethe im Hachenburgischen. Von mir untersucht.

l. Feinkörniger Sp. von Eisenerz in Steyermark, von weißer Farbe. Dies Erz wird dort für strengflüssig gehalten, wegen des vielen Kieselthons (7,5 Kieselerde und 2,23 Thonerde), welcher zwischen den Blättchen des Stahlsteins innig gemengt zu sein scheint. Von mir analysirt.

m. Schwarzer Sp., welchem mechanisch 1,92 Procent Kohle beigemengt sind. Von Babkowsky in Oberschlesien. Von mir untersucht.

n. Hellgelber Sp. von der Zeche Junge Kesselgrube im Siegenschen. Die Analyse ist von mir.

o. Hellgelber Sp. von der Zeche Kirschbaum im Siegenschen. Ebenfalls von mir untersucht.

p. Weißer Sp. vom Stahlberge bei Müsen im Siegenschen. Dies Erz liefert das Eisen zu dem berühmten Müsener Stahl. Die Analyse ist von mir.

q. Braunrother Sp. von der Zeche Engels Zuversicht im Siegenschen. Dies Erz enthält außerdem noch 6,636 Procent rothes Eisenoxyd, welches zwischen den Blättchen eingemengt zu sein scheint, ohne einen weiteren Einfluß auf das Erz zu äußern. Von mir analysirt.

r. Dunkel gelblichweißer Sp. von Rancié bei Vicdessos. Von Hrn. Berthier.

s. Auf der Bruchfläche gelblichweiß und auf der Oberfläche violett gefärbter Sp. von Pacho in Columbien. Von Herrn Berthier.

t. u. Zwei Analysen von Spatheisenstein, welcher zwar eben so wie der gewöhnliche zusammengesetzt, aber nicht, wie dieser, zum 6gliedrigen, sondern zum 2gliedrigen Krystallsystem gehört und daher von Hrn. Dufrénoy mit einem eigenthümlichen Namen, — Junckerit — belegt worden ist. Der Junckerit ist auf der Grube Poullaouen im Departement Finistère gefunden worden.

Klaproth, Gehlen's Journ. III. 111. -- Bucholz, in Gehlen's Journ. III. 115. — Stromeyer, Beiträge 268. 272. — Berthier, Archiv f. Bergbau IX. 569. — Karsten, Ebend. 220. — Berthier, Traité des essais etc. II. 254. — Dufrénoy, Junckerit; Ann. des mines. 3 Série. VI. 273.

§. 382.

Beimischungen von kohlensaurem Zinkoryd mögen in den Spatheisensteinen vielleicht nicht selten vorkommen, aber sie werden bei den Analysen übersehen, weil das Zinkoryd mit dem Eisenoryd zugleich niederfällt und dann in so geringen Quantitäten kaum von demselben getrennt werden kann. Auch die Spatheisensteine vom Stahlberge bei Müsen scheinen etwas Zinkoryd zu enthalten, wenigstens setzt sich an den Gichten der Oefen etwas sogenannter Ofenbruch an, der größtentheils aus Zinkoryd besteht. Hr. Maironi Daponte giebt im Spatheisenstein von Ortasolo einen Gehalt von 0,814, und im Spatheisenstein von Manina einen Gehalt von 0,03 Procent Zinkoryd an.

Maironi Daponte, Memorie di Matematica etc. -Verona 1815. Vergl. Götting. Anz. f. 1821. Dec.Stück 195. S. 1939.

§. 383.

Aus den mitgetheilten Analysen ergiebt sich, daß die Spatheisensteine größtentheils nur aus reinem kohlensaurem Eisenoxydul bestehen, daß das kohlensaure Manganoxydul darin häufiger und in größerer Menge, in der Regel wenigstens, vorkommt, als die kohlensaure Bittererde, und daß die kohlensaure Kalkerde selten und immer nur in sehr geringer Quantität beigemischt ist. Deshalb sind diese Erze auch sehr leicht reducirbar nnd geneigt, ein weißes Roheisen ohne dunkel gefärbte Schlacke zu geben, weil sie fast immer so viel quarzige Bergart beigemengt enthalten, daß sich diese mit den übrigen, in dem Spatheisenstein befindlichen Basen, zu Silikaten verbinden kann. Man hält diejenigen Spatheisensteine, welche viel kohlensaure Bittererde enthalten, für strengflüssig; indeß lassen sie sich mit zweckmäßigen Zuschlägen sehr gut verschmelzen. Kommt es darauf an, graues Roheisen zu erzeugen, so haben diejenigen Spatheisensteine den Vorzug, in welchen sich die größte Beimischung von kohlensauren Erden befindet. Will man aber weißes Roheisen darstellen, so sind diese Spatheisensteine weniger dazu geeignet, als diejenigen, welche viel kohlensaures Manganoxydul in der Mischung enthalten, indem das Manganoxydul sehr leicht- und dünnflüssige Silikate bildet. Hr. Collet Descostils hat gefunden, daß sich der Bittererdengehalt der Spatheisensteine vermindert, wenn dieselben lange Zeit den Wirkungen der Atmosphäre ausgesetzt werden, indem die kohlensaure Bittererde durch die atmosphärische Feuchtigkeit, beim Verwittern der Erze fortgeführt zu werden scheint.

Collet Descostils Untersuchungen über den späthigen Eisenstein; in Gehlen's Journ. II. 462. IV. 158.

§. 384.

Der Spatheisenstein erleidet mit der Zeit eine Veränderung an der Luft, und wird dunkler, oder röthlichbraun gefärbt. Ei=

nige Spatheisensteine sind dieser Veränderung schneller als andere ausgesetzt. Je reiner der Spatheisenstein ist, vorzüglich je mehr er gegen die Einwirkung der Feuchtigkeit geschützt bleibt, desto länger bleibt er unverändert. Nach einer Reihe von Jahren ist von der hellen Farbe des Spatheisensteins nichts mehr zu bemerken, sondern sie ist eine dunkelbraune oder röthlichbraune, häufig auch in eine gelblichbraune Farbe übergegangen. An einigen Orten nennt man daher die unveränderten späthigen Erze auch Weißerze, und die durch die Einwirkung der Luft veränderten oder verwitterten Erze Braunerze, auch Blauerze. Die Verwitterung fängt auf der Oberfläche an, und verbreitet sich nach und nach ins Innere, so daß man häufig Eisenspäthe sieht, die inwendig Weißerze, und auswendig Braunerze geworden sind. Mit dieser Veränderung der Farbe und der chemischen Mischung hängt eine Veränderung in dem mechanischen Zusammenhange des Fossils sehr genau zusammen. Der Spatheisenstein wird durch das Verwittern lockerer und hat seine ursprüngliche Festigkeit und Härte verloren. Diese lassen sich durch das Rösten oder Brennen der Spatherze weniger vollständig heben, und die gerösteten späthigen Eisensteine haben eine dunkle, schwarze, nur selten chokoladenbraune Farbe. Zwischen den natürlichen Braunerzen und den gerösteten Eisenspäthen findet der Unterschied statt, daß die gerösteten Spatherze durch die Röstung zwar ebenfalls ihre Kohlensäure verloren haben, daß aber der feste Zusammenhang des Erzes in einem weit geringeren Grade als bei den Braunerzen aufgehoben worden ist, indem das Oxydul beim Rösten nur in einem geringen Grade höher oxydirt (§. 380), bei den Braunerzen aber mehr oder weniger vollständig in Oxyd umgeändert wird. Die Braunerze können zuweilen kohlensaures Oxydul mit Eisenoxydhydrat, zuweilen Oxydul-Oxyd mit Eisenoxydhydrat und in anderen Fällen reines Eisenoxydhydrat sein, je nachdem die Erze kürzere oder längere Zeit der Verwitterung Preis gegeben sind. Ohne Zutritt von Feuchtigkeit verändern sich die Spatherze niemals;

allein der Zutritt von Luft ist eben so nothwendig, indem die von reinem Wasser eingeschlossenen Erze durchaus unverändert bleiben. Ob bei dieser Verwitterung auch ein Theil der Kohlensäure des Spatheisensteins selbst, in Sauerstoff und in Kohlenoxydgas zerlegt wird, oder — welches wahrscheinlich ist — ob sich das Oxydul durch den Sauerstoff der Atmosphäre stärker oxydirt, die Kohlensäure ausstößt und sich dagegen mit Wasser verbindet, das ist noch nicht entschieden; gewiß aber ist es, daß sich das Oxydul in Oxyd umändert und dabei gleichzeitig Wasser aufnimmt. Die kohlensaure Kalk- und Bittererde nehmen an diesen Veränderungen keinen Theil, sondern bleiben unzersetzt in dem Braunerz zurück.

§. 385.

Von den Spatheisensteinen unterscheiden sich die Sphärosiderite, welche an der Luft dieselben Veränderungen und noch schneller erleiden als die Spatheisensteine (§. 384), nur durch die fremdartigen Beimengungen, mit welchen das kohlensaure Oxydul so innig vereinigt ist, daß das Erz ein ganz gleichartiges Ansehen erhält. Die Beimengungen sind gewöhnlich nur Kieselthon, oder ein Thonerdensilikat, in welchem jedoch die Kieselerde mehrentheils ungemein vorwaltend ist. Außerdem können noch Beimengungen von phosphorsaurem Eisenoxyd, von phosphorsaurer Kalkerde, von Schwefelkies, von Chromeisen, von Titanit? oder von Sphen? vorkommen. — Die Sphärosiderite verhalten sich beim Verschmelzen häufig so wie die Spatheisensteine, welche kohlensaure Erden in großer Menge beigemischt enthalten. Zuweilen ist der Gehalt an kohlensaurem Eisenoxydul nur sehr geringe und sie können durch diese starke Beimengung von Thonsilikat ganz unschmelzwürdig werden. Das Thonerdensilikat scheint zuweilen auch mit einem Silikat des Eisenoxyds verbunden zu sein. — Die Sphärosiderite sind leicht reducirbar, können dabei aber sehr strengflüssig sein, wenn sie keine Zuschläge von Kalkstein erhalten. Sie sind sehr geneigt, ein weißes Roheisen mit dunkel gefärbter Schlacke zu geben, indem ein Theil des Eisenoxyduls an das Thonerdesilikat abgetreten werden muß, um dieses flüssig zu machen. Bei einer richtigen Beschickung mit Kalk liefern sie ein gutes graues Roheisen mit lichter Schlacke. Sie sind diejenigen Eisenerze welche am häufigsten verschmolzen und welche in allen Gebirgsformationen angetroffen werden. Die Sphärosiderite aus der Steinkohlenformation sind das eigentliche Eisenerz für Groß-Britannien, für viele Eisenhütten in Frankreich und im nördlichen Deutschland. Die runden, mehr kugelartigen und in der Regel zugleich die reichsten Sphärosiderite, werden in England gubbin, die flachen, platten und gewöhnlich eisenärmeren Stücken blue-flat genannt. Jene haben mehr eine dunkelgraue, diese mehr eine bläulichgraue Farbe.

Um die Analyse der Sphärosiderite hat sich besonders Hr. Berthier sehr verdient gemacht.

	Eisen-oxydul.	Mangan-oxydul.	Bitter-erde.	Kalk-erde.	Kiesel-erde.	Thon-erde.	Kohlen-säure und Wasser.
a	45,64	7,76	—	4,47	4,20	2,36	36,50
b	43,26	Sp.	—	1,89	20,78	—	30,30
c	34,0	3,6	1,2	11,0	17,0	—	32,7
d	43,6	6,0	2,0	5,0	9,1	—.	34,3
e	51,5	—	0,8	4,0	8,7	—	35,0
f	42,5	1,0	2,8	—	11,0	6,0	35,5
g	48,0	2,4	0,4	—	8,4	4,2	36,0
h	43,5	1,2	0,7	—	11,0	3,8	39,0
i	35,0	0,3	1,6	—	26,5	11,8	25,5
k	51,0	1,5	—	1,0	9,0	7,0	29,5
l	43,9	0,2	2,0	—	10,2	13,0	30,5
m	54,2	1,1	0,9	0,3	12,8	1,8	28,9
n	37,3	1,7	1,9	6,0	25,0	0,9	27,7
o	33,5	1,6	2,0	—	27,5	6,2	29,7
p	13,5	0,3	0,8	7,4	47,1	6,3	24,6
q	20,3	0,6	0,3	4,2	47,4	6,3	21,9
r	28,5	1,1	5,0	3,0	35,7	6,3	21,0
s	45,0	2,9	—	0,3	18,9	6,1	25,7
t	46,7	2,8	—	2,4	11,4	2,9	32,5
u	41,8	4,1	—	0,2	12,3	3,2	38,4
v	50,8	1,0	—	3,5	10,3	2,8	31,6
w	38,0	2,5	1,5	13,0	—	2,0	42,2
x	41,2	1,0	3,0	8,0	18,2	2,0	21,4
y	50,80	1,65	0,63	0,54	11,87	2,80	31,71
z	49,2	0,4	4,9	0,5	—	0,6	36,4
aa	49	0,7	3	2	—	—	35,7

a. Sphärosiderit von Neustadt am Rübenberge. Von Herrn du Menil.

b. Sph. aus Yorkshire. Von Hrn. Phillips. Enthält noch

2,67 Kohle und die 20,78 sind Kiesel- und Thonerde, oder Kieselthon.

c. Sph. von la Voulte, aus Kalkgebirge. Von Hrn. Berthier. Die 17,0 sind Kieselthon.

d. Von Martigues, ebenfalls aus dem Kalkgebirge. Von Hrn. Berthier. Auch die 9,1 sind Kieselthon.

e. Magnetischer Sph. aus einem sehr jungen Kalkgebirge. Die 8,7 sind Kieselthon. Das Erz hat bereits eine Zersetzung erlitten und enthält ungebundenes Eisenoxydul-Oxyd. Von Hrn. Berthier.

f. Von Fresnes und Vieux-Condé, aus dem Steinkohlengebirge. Von Hrn. Berthier. Enthält, wie alle die folgenden, noch Bitumen. — Unter den 36 sind 4,8 Wasser mit Bitumen.

g. Aus dem Steinkohlengebirge von Anzin. Von Hrn. Berthier. 4,4 Wasser mit Bitumen.

h. Eben daher. Von Hrn. Berthier. Wassergehalt 11,2.

i. Sph. von Megescôte aus dem Steinkohlengebirge. Von Hrn. Berthier. 6,2 Wasser.

k. Von Brassac, Dep. Haute Loire. Herr Berthier. 4,3 Wasser.

l. Sph. aus dem Dep. de l'Allier. Von Hrn. Berthier. 7,0 Wassergehalt.

m. Eben daher. Wassergehalt 1,3. Von Hrn. Berthier.

n. Desgleichen. Wassergehalt 2,1. Von Hrn. Berthier.

o. p. q. Aus dem Depart. Loire, Steinkohlenniederlage Rive de Gier, mit 11,5, 9,2 und 8,2 Wassergehalt. Sind mehr Sandstein als Sphärosiderite. Von Hrn. Berthier.

r. Eben daher; auch mehr Sandstein als Eisenerz. Enthält kein Wasser, aber 0,3 Phosphorsäure. Von Hrn. Berthier.

s. Eben daher; enthält 3,1 Wasser. Von Hrn. Berthier.

t. Eben daher; enthält 7,3 Wasser. Von Hrn. Berthier.

u. v. Eben daher; Steinkohlenniederlage St. Etienne. Enthält 16,6 Wasser und Steinkohle. Von Hrn. Berthier.

w. Eben daher. Enthält kein Wasser, aber 9,6 Procent mechanisch beigemengte Steinkohle. Von Hrn. Berthier.

x. Eben daher. Das Erz hat schon eine Zersetzung erlitten. Enthält 6,1 Procent Phosphorsäure, also mehr als manche Wiesenerze. Von Hrn. Berthier.

y. Von Babkowsky in Oberschlesien. Aus der oberen Jura-Formation. Die Analyse ist von mir.

z. Von Clyde. Steinkohlenformation. Enthält außer den angegebenen Bestandtheilen, noch 8 Procent Steinkohle und Bitumen beigemengt. Von Hrn. Berthier (Ann. des mines. 3 Série. XIV. 119).

aa. Von Firmy, im Depart. Aveyron. Von Hrn. Berthier (Ebendas. 122). Enthält noch 3,4 Kieselthon und 6,2 Steinkohle beigemengt.

Aus diesen Analysen ergiebt sich, wie ungemein verschieden die Beimengungen von Thon- und Kieselerde sind. Das Manganoxydul, die Kalkerde und die Bittererde sind stets im kohlensauren Zustande in dem Sphärosiderit vorhanden. Je größer das Verhältniß der Thonerde zur Kieselerde ist, desto strengflüssiger ist das Erz. — Diejenigen Erze, welche wenig Kieselerde enthalten, erfordern einen Zusatz von Kieselerde und von Kalkerde; die an Kieselerde reichen Erze kommen durch einen bloßen Kalksteinzuschlag in guten Fluß.

Hr. Berthier hat mehre Sphärosiderite untersucht, welche schon völlig zersetzt waren. Sie verhielten sich eben so wie die Braunerze (§. 367), nur daß sie sich wegen der großen Beimengung von Kieselthon nicht in Braunerze, sondern in braune Thoneisensteine umgeändert hatten.

Den dichten Sphärosiderit in den Thonlagern der Braunkohlenformation zu Liedberg im Dürener Bergrevier, hat Herr Bischof untersucht, und darin 52,128 Eisenoxydul, 5,676 Kieselerde, 9,965 Thonerde, Bitter- und Kalkerde, nebst Pflanzenresten und 32,231 Kohlensäure gefunden.

Von Phosphorsäure werden die sämmtlichen Sphärosiderite schwerlich frei gewesen sein, und man kann unbedingt annehmen, daß sie, wenigstens bei den mehrsten der untersuchten Sphärosiderite, übersehen worden ist.

Du Menil, Archiv f. Bergbau VII. 506. — Phillips, Archiv IX. 567. — Berthier, Archiv VI. 405. IX. 571. XII. 388. — Bischof, Archiv XII. 415. — Berthier, Traité des essais par la voie sèche. II. 258.

§. 386.

Die Verbindungen des oxydirten Eisens mit der **Phosphorsäure** kommen häufig als unerkennbare Beimengungen in den Thoneisensteinen, Kieseleisensteinen und Sphärosideriten, besonders in den Wiesenerzen vor, und sind für den Metallurgen sehr unangenehme Begleiter der Erze. Man kennt diese Verbindungen aber auch in einem abgesonderten Zustande, d. h. derb oder krystallisirt und mit dem oxydirten Eisen des Eisenerzes nicht gemengt. Diese Verbindungen zu kennen, hat für den Eisenhüttenmann ein großes Interesse, um sie, wenn es möglich ist, zu vermeiden, und bei der mechanischen Aufbereitung der Erze, so weit es geschehen kann, auszuhalten.

Ueber die Verhältnisse der Phosphorsäure zu dem oxydirten Eisen in diesen phosphorsauren Salzen, ist man noch eben so wenig einig, als über den Oxydationszustand, in welchem sich das Eisen in vielen von diesen Verbindungen befindet. Das Phosphorsalz, welches das Eisen im Zustande des Oxyduls enthält, und dabei eine weiße Farbe besitzt, ist noch nicht untersucht. Man weiß nur, daß es weiß und ohne Färbung vorkommt, sich aber fast augenblicklich an der Luft bläuet, so daß es im natürlichen Zustande nicht untersucht werden kann. Die blaue Verbindung, welche häufig auch in den jüngsten Erzeugnissen, — im Torf und in den Wiesenerzen, — als eine blaue Erde vorkommt, und in dieser erdigen Gestalt den Namen **blaue Eisenerde**, auch wohl **natürliches Berlinerblau**, führt, soll, wie man gewöhnlich annimmt, das Eisen im Zustande des Oxyds und des Oxyduls enthalten. Es ist wahrscheinlich, daß hierbei ein festes Verhältniß statt finden würde, wenn die Verbindung in älterer Gebirgsbildung derb und steinartig, oder auch krystallinisch angetroffen wird. Die Phosphorsäure müßte dann in diesen blauen Verbindungen in einem basischen Verhältniß stehen. Auffallend ist es indeß, daß man das reine basische phosphorsaure Eisenoxyd bis jetzt noch nicht gefunden hat, woraus hervorzugehen scheint, daß noch immer ein Theil des oxydirten Eisens im oxydulirten Zustande zurückbleibt, oder daß sich Verbindungen von Eisenoxyd mit Phosphorsäure aus dem ursprünglichen weißen Salze bilden, in welchem die Säure zum Oxyd in ein ganz anderes Verhältniß gesetzt wird, als erforderlich wäre, wenn ein reines basisches Eisenoxydsalz gebildet werden sollte. Weil alle diese Verbindungen Wasser enthalten, so kann sich der Oxydationszustand des Eisens allerdings wohl unter den Händen des Chemikers verändern, so daß sich zwar die Menge der Phosphorsäure, aber nicht die des Wassers und des oxydirten Eisens, und am wenigsten das Verhältniß des Oxyduls zum Oxyd mit Zuverlässigkeit bestimmen lassen. Daß alle phosphorsauren Verbindungen mit oxydirtem Eisen, welche eine blaue Farbe besitzen, das Eisen in beiden Oxydationszuständen enthalten, scheint übrigens keineswegs angenommen werden zu dürfen, weil es blaue Eisensalze mit Phosphorsäure giebt, die kein Oxyd enthalten. Dagegen dürfte mit mehr Wahrscheinlichkeit vermuthet werden, daß alle blau gefärbten Verbindungen gewiß noch Eisenoxydul, außer dem Oxyd, enhalten. Die bis jetzt bekannt gewordenen Analysen von den phosphorsauren Eisenoxydulverbindungen geben folgende Verhältnisse an:

1. Der Vivianit, oder das blättrige Eisenblau von St. Agnes in Cornwall. Er besteht, nach Hrn. Stromeyer, aus 41,2266 Eisenoxydul, 31,1825 Phosphorsäure und 27,4843 Wasser.

2. Das sogenannte Eisenpecherz von Limoges. Nach Hrn. Berzelius enthält es 31,9 Eisenoxydul, 32,6 Manganoxydul, 32,8 Phosphorsäure und 3,2 phosphorsaure Kalkerde.

3. Phosphorsaures Eisenerz von Aeglar bei Compregniac im Depart. Haute Vienne. Nach Hrn. Berthier besteht es aus 56 Eisenoxydul, 27,3 Phosphorsäure und 16,5 Wasser.

4. Späthiges Eisenblau von Bodenmais. Es enthält nach Hrn. Vogel 41,0 Eisenoxydul, 26,4 Phosphorsäure und 31,0 Wasser.

5. Erdiges Blau von Alleyras. Nach Herrn Berthier aus 43 Eisenoxydul, 23,1 Phosphorsäure, 0,3 Manganoxydul, 0,6 Thonerde und 32,4 Wasser zusammengesetzt.

6. Erdiges Blau von Isle de France. Besteht nach Hrn. Laugier aus 41,25 Eisenoxydul, 19,25 Phosphorsäure, 31,25 Wasser und aus 5 Thonerde und 1 Kieselerde.

7. Erdiges Blau von Eckartsberga. Es enthält nach Hrn. Klaproth 47,5 Eisenoxydul, 32 Phosphorsäure und 20 Wasser.

8. Erdiges Blau von Hillentrup. Nach Hrn. Brandes besteht es aus 43,775 Eisenoxydul, 30,32 Phosphorsäure, 25 Wasser, 0,7 Thonerde und 0,025 eisenflüssiger Kieselerde.

Die Verbindungen 5, 6, 7 und 8 enthalten kein bestimmtes Verhältniß der Säure zum Oxydul, und es wäre daher wohl möglich, daß dies erdige Blau noch Eisenoxyd enthielte.

9. Triphyllin (von Hrn. Fuchs untersucht und so genannt, weil dies Mineral aus 3 Phosphaten besteht. Erdmann's Journ. f. prakt. Chemie. III. 98) besteht aus 41,47 Phosphorsäure, 4,7 Manganoxydul, 3,4 Lithion, 48,52 Eisenoxydul, 0,68 Wasser, 0,53 Kieselerde.

10. Tetraphyllin (von den Hrn. Berzelius und Nordenskiöld, in v. B. Jahresbericht über die Fortschritte in den physischen Wissenschaften. Deutsche Uebers. XV. 212) besteht aus 42,6 Phosphorsäure, 38,6 Eisenoxydul, 12,1 Manganoxydul, 1,7 Bittererde und 8,2 Lithion.

11. Phosphorsaures Eisenmanganerz von Zwisel in Bayern, von Hrn. Fuchs (Erdmann's Journ. XVIII. 499), enthält 35,6 Phosphorsäure, 35,44 Eisenoxydul, 20,34 Manganoxydul, 3,18 Fluor, 4,76 Eisen, 0,68 Kieselerde. Eine sehr sonderbare und merkwürdige Zusammensetzung.

Es giebt aber auch Verbindungen der Phosphorsäure mit Eisenoxyd, welche sich durch eine grüne, braune oder gelbliche Farbe charakterisiren. Diese Verbindungen scheinen noch immer etwas Eisenoxydul zu enthalten; auch hat es nicht gelingen wollen, ein bestimmtes Verhältniß des Oxyds zur Säure darin aufzufinden.

1. Der Hetepozit von Hureaux im Depart. Haute Vienne, besteht, nach Hrn. Vauquelin, aus 35,5 Eisenoxyd, 16,5 Manganoxyd und 48 Phosphorsäure (enthält im natürlichen Zustande 5 Procent Wasser). Nach einer späteren Untersuchung, welche Dufrénoy in den Ann. de Chimie XLI. 337 mitgetheilt hat, besteht das Mineral aus 34,89 Eisenoxyd, 17,57 Manganoxyd und 41,77 Phosphorsäure, nebst 4,4 Glühverlust und 2,2 Kieselerde.

2. Der Huraulit. Eben daher. Auch durch Hrn. Vauquelin untersucht. Er enthält 15 Eisenoxyd, 44 Manganoxyd und 41 Phosphorsäure (enthält im natürlichen Zustande 20 Procent Wasser). Hr. Dufrénoy giebt an: 11,1 Eisenoxyd, 32,85 Manganoxyd, 38 Phosphorsäure und 18 Wasser.

3. Phosphorsaures Eisenoxyd aus dem Dep. Haute-Vienne. Nach Hrn. Vauquelin zusammengesetzt aus: 56,2 Eisenoxyd, 6,76 Manganoxyd, 27,85 Phosphorsäure und 9,19 Wasser.

4. Ein blaß ockergelbes, strahliges Mineral von der Eisensteingrube Hrbek bei Zbirow in Böhmen, welches durch Hrn. Steinmann untersucht und von demselben Kakoxen genannt worden ist, soll bestehen aus 36,32 Eisenoxyd, 17,86 Phosphorsäure, 10,01 Thonerde, 8,9 Kieselerde, 0,15 Kalkerde und 25,95 Wasser, welches viel Flußsäure enthält. Eine genauere Bestimmung der Säurequantitäten ist noch zu erwarten

5. Grün=Eisenstein aus dem Saynischen. Er enthält nach meinen Untersuchungen 63,45 Eisenoxyd mit etwas Oxydul, 27,717 Phosphorsäure und 8,56 Wasser.

Nicht immer lassen sich die phosphorsauren Verbindungen von der übrigen Masse des Eisenerzes vollständig absondern, in den mehrsten Fällen nicht einmal mit dem Auge erkennen und unterscheiden, so daß man aus der Gleichartigkeit der Erzmassen schließen mögte, daß die Phosphorsäure in der ganzen Masse des Erzes vertheilt sei. Die Beschaffenheit des Stabeisens aus solchen Erzen, die starke Beimischungen von Phosphorsäure enthalten, leidet durch diesen unerwünschten Bestandtheil mehr oder weniger.

Berzelius, über die phosphorsauren Verbindungen; Archiv f. Bergbau XI. 365. — Derselbe, Eisenpecherz; Ann. de Chimie et de Physique XII. 34. — Stromeyer, Beiträge 278. — Berthier, Eisenerz von Aeglar; Ann. des Mines XII. 303. — Derselbe, Eisenblau von Alleyras; Jour. des mines XXVII. 73. — Vogel, Gilberts Ann. LIX. 174. — Laugier, Annales de Museum III. 405. — Klaproth, Beiträge IV. 122. — Brandes, Schweigger's Journ. N. Reihe I. 77. — Vauquelin, Huraulit und Hetepozit, Archiv XIII. 206. — Derselbe, phosph. Eisenerz; Ann. de Chimie XXX. 202. — Steinmann, Vorträge, gehalten in der Böhmischen Gesellschaft der Wissenschaften. Prag 1825. und Kastner's Archiv f. Naturlehre VIII. 446. — Karsten, chemische Untersuchung des Grün=Eisensteins; Archiv f. Bergbau XV. 243. u. f. — Phosphorsaures Eisenerz von Berneau; Ann. des mines. 3 Série. XV. 593. — Desgleichen von Fouchéres. Ebendas. IX. 519.

§. 387.

Die natürlichen Verbindungen des oxydirten Eisens mit der Arsenikssäure haben für den Metallurgen deshalb ein geringeres Interesse, weil dieselben bis jetzt nur als mineralogische Seltenheiten bekannt geworden sind, und ein Nachtheil daher kaum von ihnen für das auszubringende Eisen befürchtet werden kann. — Eine natürliche Verbindung des Eisenoxyduls mit Arseniksäure und mit Krystallwasser, in welcher sich das Oxydul mit der Säure im neutralen Zustande zu befinden scheint, ist in der Gestalt von kleinen, grünlichblauen, klaren Krystallen, in Sachsen und Böhmen bekannt geworden. Man hat dieser Verbindung den Namen Skorodit gegeben. — Eine Verbindung des Eisenoxyds mit Arseniksäure kennt man noch nicht; denn die natürlichen arseniksauren Eisensalze, welche bis jetzt untersucht worden sind, haben auch, wie Hr. Berzelius sehr gründlich gezeigt hat, noch Eisenoxydul in der Mischung. Dieser Beimischung hat das Fossil wahrscheinlich seine grünliche Farbe zu danken. Man hat diesem natürlichen arseniksauren Eisenoxydul-Oxyd die Namen Würfelerz, auch Pharmacosiderit gegeben. Hr. Berzelius hat zwei Arten untersucht, in welchen das Verhältniß des Oxyds zum Oxydul ziemlich verschieden war. Das arseniksaure Eisenoxyd von Villa Rica in Brasilien enthielt: 34,85 Eisenoxyd (nebst Oxydul), 50,78 Arseniksäure, 0,67 arseniksaure Thonerde und 15,55 Wasser. — Das Würfelerz von Cornwall besteht aus 39,20 Eisenoxyd (nebst Oxydul), 37,82 Arseniksäure, 2,53 Phosphorsäure, 0,65 Kupferoxyd und 18,61 Wasser, außer 1,76 unauflöslichem Rückstand.

Berzelius, über die Verbindung der Arseniksäure mit Eisen; Archiv f. Bergbau XI. 365.

§. 388.

Natürliche Verbindungen des Eisenoxyds, welche hier mehr der Vollständigkeit wegen, als weil sie ein hüttenmännisches Interesse hätten, mitgetheilt werden, sind die mit Schwefel- und Arseniksäure, und die mit Phosphorsäure und Schwefelsäure. Jene, früher unter dem Namen des Pittizites und Eisenpecherzes bekannte Verbindung, der man später den passenderen Namen Eisensinter beigelegt hat, scheint durch Verwitterung arsenikalischer Schwefelkiese entstanden zu sein. Sie ist zuerst auf einer Grube bei Freiberg aufgefunden worden. Hr. Stromeyer fand darin 33,0960 Eisenoxyd, 0,6417 Manganoxyd, 26,0591 Arseniksäure, 10,0381 Schwefelsäure und 29,2556 Wasser, bemerkt jedoch, daß das Verhältniß der Säuren zum Oxyd keinesweges als ein beständiges angesehen werden könne. Es ist merkwürdig, daß sich eine ähnliche dreifache basische Verbindung des Eisenoxydes mit beiden Säuren auch in den Steinkohlengruben bildet. Gewöhnlich enthalten diese Bildungen nur Eisenoxyd, Wasser und etwas Schwefelsäure, oder sie sind als Eisenoxydhydrate zu betrachten, die zufällig veränderliche Quantitäten von basischem schwefelsauren Eisenoxyd aufgenommen haben. Hr. Stromeyer hat indeß gezeigt, daß diese Sinterbildungen auch Arseniksäure enthalten können, welches auf den Arsenikgehalt einiger Schwefelkiese hindeutet (§. 343). — Die andere Verbindung, welche auch den Namen Eisenpecherz führt, besteht nach der Untersuchung des Hrn. Berthier aus 38,5 Eisenoxyd, 17 Phosphorsäure, 13,8 Schwefelsäure, 30,2 Wasser und 0,5 Antimonoxyd.

Stromeyer, Beiträge 244 — 259. — Berthier, in den Ann. des mines. 3 Série. XIII. 669.

§. 389.

Von noch geringerem hüttenmännischen Interesse ist eine andere Sinterbildung des Eisenoxyds, in welcher dasselbe mit Sauerkleesäure verbunden vorkommt, obgleich die Entstehungsart dieser Verbindung sehr merkwürdig ist. Man hat dieses Eisensalz Eisen-Resin, Oxalit, auch Humboldtit genannt. Es kommt in Braunkohlen, begleitet von Gips, vor und ist bis jetzt zu Bilin in Böhmen und zu Groß-Almerode in Kurhessen gefunden worden. Herr Mariano de Rivero fand darin 46,14 Oxalsäure und 53,86 Eisenoxyd.

Verbindungen des oxydirten Eisens mit Schwefelsäure kommen zwar ebenfalls in der Natur vor, jedoch nur als Resultate der Zersetzung der Verbindungen des Eisens mit Schwefel.

Wenn solche Zersetzungsprodukte in den zu verschmelzenden Erzen häufig sind, so müssen sie durch Auslaugen, oder durch langes Ablagern der Eisenerze im Freien, unter Einwirkung der atmosphärischen Feuchtigkeit, entfernt werden.

Marino de Rivero, Archiv f. Bergbau VI. 412.

Von der Behandlung, welcher die Eisenerze vor ihrer Verschmelzung unterworfen werden müssen.

§. 390.

Die Darstellung des Eisens aus seinen Erzen geschieht, wie bei den Proben auf dem trockenen Wege im Kleinen, so auch im Großen dadurch, daß die Erze zwischen Kohlen geschmolzen werden, wobei die Kohle nicht bloß zur Hervorbringung der zum Schmelzen nothwendigen Hitze oder zur Unterhaltung des Feuers (welches bei den Proben im Kleinen von außen gegeben wird), sondern auch als Reduktionsmittel für das oxydirte Eisen in den Erzen dient. Weil bei allen Schmelzprozessen im Großen stets mehr Kohle vorhanden ist, als zur Reduktion des Erzes erfordert wird; so muß die Reduktion des oxydirten Eisens zu regulinischem Eisen zugleich mit einer Verbindung des entstehenden Eisens mit Kohle verknüpft sein, weshalb man bei der Verarbeitung der Eisenerze niemals reines Stabeisen, sondern jederzeit Roheisen, oder eine Verbindung des Eisens mit Kohle und mit Erdenmetallen erhalten würde, wenn das entstandene Roheisen in einigen Fällen nicht absichtlich durch die Einwirkung des reducirten, aber durch die hinzutretende atmosphärische Luft wieder oxydirten Eisens wieder zerstört, und in stahlartiges Roheisen, in roheisenartigen Stahl, oder in Stahl, und, bei der größten Vollkommenheit des Prozesses, in Stabeisen verwandelt würde. In anderen Fällen erfolgt die Zersetzung des entstandenen Kohleneisens durch die Einwirkung von einem Theil Erz, welcher noch nicht zur Reduktion gelangt ist.

§. 391.

Diese Ansicht scheint dadurch widerlegt zu werden, daß auch bei den Proben im Kleinen, bei denen das zu reducirende Eisenerz in den Schmelzgefäßen überall mit Kohle umgeben, und gegen die Einwirkung der atmosphärischen Luft gänzlich geschützt ist, zuweilen kein Roheisenkorn, sondern ein stahlartiges Stabeisen erhalten wird. Prüft man den Grund dieser Erscheinung genauer, so findet sich, daß sie nur dann eintritt, wenn das Eisenerz sehr arm ist, und wenn es zugleich eine solche Mischung von Erden enthält, daß eine höchst strengflüssige und zähe Schlacke gebildet wird, die zu ihrer Bildung nothwendig des Eisenoxyds bedarf. Bei einer Hitze, in welcher das Eisen aus reicheren und für die Schlackenbildung günstiger zusammengesetzten Erzen, schon vollkommen zu einem Roheisenkorn reducirt ist, erhält man aus solchen armen und strengflüssigen Erzen oft gar kein reducirtes Eisen, sondern nur eine gleichartige verschlackte Masse. Bei einer sehr heftigen Hitze findet sich das Eisen in der zähen Schlacke, theils als Roheisen, theils als geschmeidiges stahlartiges Stabeisen, in einzelnen kleinen Körnern oder in zarten Aestchen und Zweigen in der Schlacke vertheilt. Die zähe Schlackenmasse umhüllte also das noch nicht reducirte Eisen, und schützte es gegen die Einwirkung des Kohlenstaubes, weshalb das schon entstandene Roheisen seinen Kohlegehalt an das noch nicht reducirte Eisen abtreten, und sich dadurch entkohlen mußte. Bei Erzen, die keine zähe Schlacke geben, kann daher auch niemals geschmeidiges Eisen bei den kleinen Proben entstehen, obgleich die Flüssigkeit der Schlacke auf Unkosten des Eisengehaltes des Erzes bewirkt werden muß, wenn sie durch starke Hitze erzwungen und nicht durch eine zweckmäßige Mischung herbeigeführt wird.

§. 392.

Die Beschaffenheit und Zusammensetzung der Schlacke sind es auch, welche beim Verschmelzen der Eisenerze im Großen zu

Roheisen, über den Erfolg entscheiden Der Eigenschaft der Erden, sich zu verschlacken, wenn sie in gehörigem Verhältniß zur Kieselerde in einer sehr hohen Temperatur in Fluß gebracht werden, und sich nicht so leicht, wie die Oxyde der eigentlich sogenannten Metalle, durch Kohle in der Schmelzhitze zu reduciren: dieser Eigenschaft hat man im Allgemeinen die Möglichkeit der Darstellung des Eisens aus seinen Erzen, in denen es als Oxyd mit den oxydirten Erdenmetallen, oder mit den Erden vorkommt, zu verdanken. Nur ein sehr geringer Theil der Erden wird reducirt, und verbindet sich mit dem Roheisen, und zwar, wie es scheint, in desto geringerer Quantität, je leichter sich die Erden verschlacken können. Der größte Theil kann durch die Kohle nicht reducirt werden, sondern schmelzt zu einer glasartigen oder porcellanartigen Masse, die zur Beförderung ihres Flusses um so mehr oxydirtes Eisen nöthig hat, je strengflüssiger die Mischung der Erden, oder je niedriger die Temperatur war, in welcher die Reduction des Eisenerzes erfolgte. — Diejenigen geringen Antheile von Erdenmetallen, welche von dem entstandenen Roheisen wirklich aufgenommen werden, bleiben mit demselben vereinigt, und scheiden sich bei einer heftigen Hitze, in welcher sich das weiße Roheisen in graues umändert, nicht in der Art von selbst wieder aus, wie es bei dem Kohlenmetall der Fall ist, welches zwar mit dem Eisen vereinigt bleibt, aber nicht mehr chemisch mit demselben verbunden ist.

§. 393.

Die speciellen Verhältnisse, welche bei der Schlackenbildung für die verschiedenen Schmelzprozesse zu berücksichtigen sind, können erst später erörtert werden. Jede Schlackenbildung ist eine Verbindung von Metalloxyden oder auch von Erden, mit Kieselerde. Man kennt sehr wenig Metalloxyde, und gar keine eigentlichen Erden, welche für sich allein, auch in der stärksten durch die Kunst hervorzubringenden Hitze, tropfbar flüssig würden, oder geschmolzen werden könnten. Eben so wenig kommen diese Oxyde, wenn sie mit einander vermengt werden, in der stärksten Hitze in Fluß. Enthalten solche Gemenge ein durch Kohle leicht reducirbares Metalloxyd, wie dies z. B. das oxydirte Eisen ist, so kann, bei dem Zutritt der Kohle in der hohen Temperatur, zwar die Reduktion des Metalloxydes mehr oder weniger vollständig erfolgen, aber die Scheidung des reducirten Metalles von dem gefritteten Gemenge würde so schwierig sein, daß in den mehrsten Fällen keine zusammenhängende Metallmasse entstehen könnte, sondern ein Gemenge von einem regulinischen Metall mit den gefritteten Erden hervorgebracht werden würde. Diese mechanische Absonderung, oder die Scheidung des reducirten Metalles von den Erden, mit welchem es im oxydirten Zustande gemengt oder gemischt war, macht es durchaus nöthig, die Erden in den Zustand der Flüssigkeit, oder wenigstens in einen solchen Zustand zu versetzen, daß die reducirten Metallkügelchen sich ansammeln und zu einer Masse vereinigen können.

§. 394.

Daß es die Kieselerde ist, welche, wenn gleich für sich allein ebenfalls völlig unschmelzbar, die Eigenschaft besitzt, die Metalloxyde und Erden in den höheren Temperaturen in den Fluß zu bringen, wußte man zwar schon längst durch Erfahrung; allein auf den Grund des Erfolges hat Hr. v. Berzelius zuerst hingewiesen und dadurch einen Aufschluß über die Theorie der Schlackenbildung gegeben. Die Verbindung der Kieselerde mit den oxydirten Körpern lassen sich als Vereinigungen einer Säure mit einer Base betrachten. Es zeigt sich aber in dem Verhalten der Silikate in der Schmelzhitze eine sehr große Verschiedenheit, die theils von der Beschaffenheit der Basis, theils von dem Sättigungszustande derselben mit der Kieselerde abhängig ist. Einige Basen bilden leicht schmelzbare Silikate, andere erfordern einen ungemein viel höheren Grad der Temperatur zum Flüssigwerden. Die mehrsten Oxyde von den eigentlich sogenannten Metallen geben leicht schmelzbare Silikate. Unter den Silikaten der Erden kommen bei den Schmelzprozessen am häufigsten das der Thonerde, der Kalkerde und der Bittererde vor, zuweilen auch das der Baryterde. Die Silikate der Thonerde zeichnen sich vorzüglich durch ihre große Strengflüssigkeit aus; die der Kalkerde und Bittererde scheinen in dieser Hinsicht nicht sehr verschieden zu sein. Silikate, welche mehre Basen enthalten, sind leichtflüssiger, als die Silikate mit einer einzigen Basis, so daß man häufig in den Fall kommt, die Schmelzbarkeit eines Silikates durch ein anderes zu befördern.

Aber nicht allein von der Beschaffenheit der Basis, sondern auch, wie schon erwähnt, von ihrem Sättigungsverhältniß mit der Kieselsäure, ist die Schmelzbarkeit eines Silikats abhängig. Die Subsilikate sind sämmtlich strengflüssiger als die Silikate. Diese sind aber, wenigstens in den mehrsten Fällen, etwas strengflüssiger als die Bisilikate, und diese leichtflüssiger als die Trisilikate und als alle Silikate, in welchen die Kieselerde noch mehr vorherrschend wird.

Es ergiebt sich hieraus vorläufig, daß es bei der Reduktion der Eisenerze vorzüglich darauf ankommt, Silikate zu bilden, welche bei dem Grade der Temperatur, in welcher die Operation statt findet, in einen flüssigen Zustand gebracht werden können, ohne daß dieser Flüssigkeitszustand durch Eisenoxydul-Silikat veranlaßt wird, weil dadurch ein großer Theil des Eisengehaltes verloren gehen würde.

§. 395.

Hiernach (§. 391 — 394) müßte man erwarten, daß diejenigen Eisenerze, welche am wenigsten mit Erden verbunden sind, oder welche das reinste oxydirte Eisen enthalten (also Magneteisenstein, Eisenglanz, Roth- und Brauneisenstein und reiner Spatheisenstein), der Erzeugung des Roheisens vorzüglich günstig wären, weil sie einer bloßen Reduktion des oxydirten Eisens bedürfen, und keine, oder nur höchst wenig Schlacke geben, welche diese Reduktion verhindern könnte. Bei der Reduktion in Schmelzgefäßen bei kleinen Proben, ist dies auch wirklich der Fall; auch hat man erst vor kurzer Zeit wieder vorgeschlagen, dieses Verhalten der reinen und reichen Eisenerze zu benutzen, um sie durch Cementiren mit Kohle zu reduciren und die reducirten Massen sodann zu Roheisen, Stahl und Stabeisen entweder zu schmelzen, oder in einer starken Schweißhitze zu behandeln und auszuschmieden oder auszuwalzen. Die Anwendbarkeit dieses Verfahrens im Großen mögte jedoch auf einige wenige Fälle beschränkt und schwerlich mit ökonomischen Vortheilen verbunden sein, wenn auch das Gegentheil versichert worden ist. — Bei dem Verschmelzen der ganz reinen Eisenerze im Großen, tritt die Schwierigkeit ein, daß das schon gebildete Roheisen gegen die Einwirkung der Gebläseluft durch Schlacke nicht geschützt werden kann, wodurch ein Theil verschlackt werden muß, und dem andern Theil sein Kohlenstoff entzogen und er in den Zustand des Stahls oder des stahlartigen Eisens versetzt wird. Diese Erze werden daher auch häufig unter solchen Umständen verarbeitet, daß daraus unmittelbar Stabeisen, oder Stahl, und nicht erst Roheisen erfolgt, und für diesen Zweck sind sie allein auch fast nur anwendbar, weil die mit Erden chemisch verbundenen oder mechanisch verunreinigten Eisenoxyde, zu viel Schlacke geben, welche nur auf Kosten des Eisengehaltes der Erze flüssig gemacht werden kann. Ein solcher Eisenverlust ist bei allen Prozessen unvermeidlich, bei welchen unmittelbar Stabeisen ausgebracht wird (Stücköfen, Luppenfeuer oder Rennheerde); weshalb nur die ganz, oder fast reinen natürlichen Eisenoxyde eine solche Behandlung gestatten, indem sie nur wenig Schlacke geben.

§. 396.

Die Schwierigkeit, ganz reine Eisenerze in Schachtöfen auf Roheisen zu benutzen, liegt also nur darin, daß ein Theil des reducirten Eisens durch die Gebläseluft wieder oxydirt wird und in diesem Zustande auf das Kohleeisen einwirkt, so daß mit einem bedeutenden Verlust an Eisen zugleich ein strengflüssiges, stahlartiges Produkt erhalten wird, welches sich an den Wänden des Schmelzraumes festsetzt, den Ofen erstickt und den Fortgang der Arbeit unmöglich macht. Diese Hindernisse können aber durch Zusätze von Schlacken, oder von Erden, die sich leicht verschlacken, gehoben werden. Man wird daher solche reiche Eisenerze im Schachtofen am zweckmäßigsten verarbeiten, wenn man sie mit andern, weniger reichen Erzen versetzt. In Ermangelung ärmerer Erze würde man unhaltige Zuschläge anwenden müssen. Es kommt daher in solchem Fall nur darauf an, das wirklich zur Reduction gelangte und mit Kohle verbundene Eisen durch eine Schlackendecke gegen die Oxydation zu schützen; aber es soll durch solche Schlackenzusätze, oder durch die Zuschläge von unhaltigen, leicht verschlackbaren Erden, nicht die Reduktion des Erzes erschwert, oder die Schmelzbarkeit desselben vermindert werden. Einen solchen Erfolg sucht man durch Zuschläge in anderen Fällen herbeizuführen, wenn sich das oxydirte Eisen in einem solchen Verbindungszustande in den Erzen befindet, daß es früher schmelzt, als es zur Reduktion gelangt. Die Kieseleisensteine (wohin auch die Frischschlacken gehören) haben eine solche Zusammensetzung, daß sie zu schnell in den Zustand der Flüssigkeit übergehen und sich dann nur unvollkommen reduciren. Bei dem Verschmelzen solcher Erze erhält man wenig und weißes Roheisen und eine von Eisenoxydul sehr dunkel gefärbte Schlacke. Die bei diesen Erzen anzuwendenden Zuschläge haben wirklich den Zweck, die Schmelzbarkeit des Erzes zu vermindern und die Reduktion dadurch zu erleichtern, daß der mit dem Eisenoxydul verbundenen Kieselerde eine andere Basis (gewöhnlich Kalkerde, in vielen Fällen zweckmäßig Thonerde und Kalkerde) dargeboten wird. Auch die Wiesenerze müssen aus diesem Grunde Zuschläge erhalten. Die Sphärosiderite sind zwar nur Gemenge von kohlensaurem Eisenoxydul mit Silikaten; allein das Gemenge ist in vielen Fällen so innig, daß das Erz dadurch sehr zum Schmelzen, d. h. zur Bildung von Eisenoxydul-Subsilikaten geneigt wird und daher früher schmelzt als es sich reducirt. Solche Sphärosiderite müssen daher ebenfalls Zuschläge erhalten, welche auf der einen Seite die Schmelzung erschweren und dadurch die Reduktion befördern, und auf der andern Seite die Scheidung des reducirten Eisens von der Schlackenmasse erleichtern.

§. 397.

Man nennt die reichen Eisenerze, welche entweder sehr wenig oder sehr zähe Schlacke geben, und daher einen trockenen Gang im Ofen machen, in Schweden Dürrerze oder Dürrsteinerze (Torrstens Malmer), und unterscheidet sie von den für sich schmelzbaren (En-eller fielgående Malmer), und von den Flußerzen, Quickerzen oder Gemengsteinen (Quick-Flott-eller Blandstens-Malmer), von denen die für sich schmelzbaren so viele, und, mit gehörigem Fluß beschickt, auch in dem Grade dünnflüssige Schlacke geben, daß das entstehende Roheisen hinlängliche Schlacke zu seiner Bedeckung und Beschützung gegen den Luftstrom des Gebläses behält. Die Quick- oder Flußerze geben dagegen, theils wegen ihrer natürlichen Mischung, theils wegen der Gebirgsart, in welcher sie vorkommen und von welcher sie nicht geschieden werden können, so viele und so flüssige Schlacke, daß sie als Fluß für die Dürrerze gebraucht werden können, da sie dann in Vermengung mit diesen das vortrefflichste Eisen liefern. Die Quickerze sind in der Regel die strengflüssigsten, indeß machen davon die mit sehr vielem eingesprengtem Schwefelkies vorkommenden Eisenerze, welche man in Schweden ebenfalls zu den Quick- oder Flußerzen rechnet, eine Ausnahme.

§. 398.

Jene Eintheilung in Dürrerze, Quickerze und für sich schmelzbare Eisenerze hängt, wie man leicht einsieht, von den natürlichen Beimischungen oder Beimengungen des Erzes ab. Eine und dieselbe Art des Eisenerzes kann zuweilen ein Dürrerz, ein Quickerz oder ein für sich schmelzbares Erz sein. Spatheisenstein z. B., der nur kohlensaure Bittererde in seiner Mischung enthielte und ganz frei von Bergart zur Verschmelzung angewendet würde, müßte sich als ein Dürrerz verhalten; er würde für sich schmelzbar genannt werden, wenn er bei diesem Bittererdengehalt zugleich mit quarziger oder thonschieferartiger Gebirgsart in solchem Verhältniß geschmolzen wird, daß er eine flüssige Schlacke giebt, und als Quickerz würde er angesehen werden, wenn er ungleich mehr Kieselerde beigemengt enthält (Sphärosiderit), als zur Sättigung der übrigen Basen, die nicht Eisenoxydul sind, erforderlich ist, um mit denselben eine Schlacke zu geben, die sich in ihrer Zusammensetzung der eines Bi- oder eines Trisilikats nähert, weil dies die gewöhnliche Zusammensetzung der Schlacken ist, die in einem mit Holzkohle betriebenen Ofen erzeugt werden. — Es giebt aber Eisenerze, welche wirklich, vermöge ihrer eigenen Zusammensetzung, auf die Benennung der für sich schmelzbaren Eisenerze Anspruch machen können. Dies sind alle diejenigen Kieseleisensteine, welche nicht aus einem reinen Silikat des oxydirten Eisens bestehen, sondern so zusammengesetzt sind, daß die andere Base in diesem Erz mit der Kieselerde ein Bisilikat bildet, wenn das oxydirte Eisen durch Reduction ausscheidet. Zu den so zusammengesetzten Eisenerzen gehören alle Granaten. Ist der Kieseleisenstein ein Bisilikat, so kann er noch für sich schmelzbar sein, wenn das Silikat des oxydirten Eisens nur einen geringen Antheil beträgt. Wäre dieses aber überwiegend, so würde er ein Quickerz werden und die Schmelzbarkeit desselben würde vermindert, oder die Reducirbarkeit des oxydirten Eisens befördert werden müssen, indem man der Kieselerde eine andere Basis für das oxydirte Eisen anbietet. Dies wird nothwendig auch bei allen reinen Kieseleisensteinen, d. h. bei denjenigen geschehen müssen, welche fast gar kein anderes Silikat, oder doch nur sehr wenig davon in ihrer Mischung enthalten. Diese reinen Kieseleisensteine sind daher sämmtlich Quickerze.

§. 399.

Soll die Reduktion der Eisenerze zu Roheisen vollkommen gelingen, so muß nicht allein die gehörige Quantität Schlacke im Verhältniß zu dem zu producirenden Roheisen vorhanden sein, um dieses gegen die Einwirkung der Gebläseluft zu schützen; sondern es muß auch die Konsistenz der Schlacke berücksichtigt werden, weil eine zu zähe Schlacke das Eisen einhüllt, eine zu flüssige aber das Eisen zu schnell verläßt, welches künftig erst näher untersucht werden kann.

Du Hamel, Bemerkungen über die Behandlung der Eisenerze im Hohofen; in v. Crell's Annalen f. 1794. II. 67—74.

§. 400.

Die reichen Eisenerze, welche bloß aus oxydirtem oder aus kohlensaurem Eisenoxydul bestehen, und mit Schwefelkies, Arsenikkies, Kupferkies, Apatit oder auch mit Phosphorsäure, mit Schwerspath u. s. f. nicht verunreinigt sind, geben jederzeit ein vortreffliches Eisen. Diese Erze sind um so mehr geneigt, beim Verschmelzen ein graues Roheisen zu geben, je strengflüssiger und zäher die Schlacke ist, welche sich bildet. Gewöhnlich gehören diese Erze zu den Dürrerzen. Sind sie aber so zusammengesetzt, daß die Schlacke sehr leicht- und dünnflüssig wird, so ist es oft ungemein schwierig, graues Roheisen aus ihnen zu erzeugen. Sie sind dann Quickerze und geben weißes Roheisen. Weil das Silikat des Manganoxyduls sehr leichtflüssig ist, so sind alle diejenigen Eisenerze, welche viel Manganoxydul in ihrer Mischung enthalten, vorzugsweise dazu geneigt, ein weißes Roheisen zu geben. Diese Erze reduciren sich sehr leicht, und weil sie, vermöge ihrer Zusammensetzung, zugleich sehr leicht schmelzbar sind und eine dünnflüssige Schlacke bilden, so gehören sie zu denjenigen Eisenerzen, die sich am leichtesten verarbeiten lassen und dabei in der Regel ein sehr gutes Eisen liefern. Hat man keine Gelegenheit, diese reichen Erze mit anderen weniger reichen zusammen zu verschmelzen, so ist es nur nöthig, für eine hinreichende Schlackendecke zu sorgen. Wenn sie aber mit anderen ärmeren, jedoch ebenfalls gutartigen Eisenerzen zusammen verschmolzen werden können, so ist es nicht nöthig, die Erzeugung eines grauen Roheisens ängstlich zu bezwecken, weil nichts vorhanden ist, was der Beschaffenheit des Roheisens nachtheilig werden könnte. Enthalten die Erze Phosphorsäure oder Schwefelsäure, oder sind sie stark mit Schwefelkies verunreinigt, so würde die Erzeugung von weißem Roheisen aus solchen Erzen ein großer Fehler sein. Die Beschaffenheit des Erzes selbst muß also entscheiden, auf welche Art die Reduktion des Eisens in Rücksicht der Güte des Produkts und der dabei gleichzeitig zu erreichenden ökonomischen Vortheile am zweckmäßigsten geschehen kann.

§. 401.

Es ist eine allgemeine Erfahrung, daß alle frisch geförderten Eisenerze sich nur mit vielen Unbequemlichkeiten verschmelzen lassen, daß sie nämlich weit schwerer zu reduciren und dabei zugleich leichtflüssiger sind, und daß sie viel weniger Roheisen, und dieses nicht selten im Zustande des weißen Roheisens geben, als die Erze, welche schon längere Zeit der Luft ausgesetzt gewesen, oder in mäßigem Feuer gebrannt oder geröstet worden sind. Den Grund dieser Erscheinung hat man weiter gesucht, als es nöthig wäre. Man ist der Meinung, daß die Eisenerze durch das Rösten stärker oxydirt würden, und daß der Zustand der völligen Oxydation bei der Reduktion der Erze im Hohofen vortheilhafter sei, als der der Oxydulation. Obgleich der Grund zu dieser Voraussetzung nicht einleuchtet, die Proben im Kleinen im Gegentheil darthun, daß sich das Oxydul eben so leicht und vollkommen, und vielmehr noch leichter reducirt als das

Oxyd, welches erst zu einer niedrigeren Oxydationsstufe gebracht werden muß, ehe es sich zu regulinischem Metall reduciren kann, so ist es doch leicht möglich, daß der Sauerstoff, den das Oxyd in der Glühhitze entläßt, durch das dadurch beförderte Verbrennen der Kohlen in den oberen Schachträumen des Ofens, die Hitze desselben erhöhet, und deshalb eine raschere, oder vielmehr eine früher anfangende Schmelzung bewirkt. Dies kann indeß auf die an sich so sehr leicht zu reducirenden reinen Eisenoxyde nicht angewendet werden; vielmehr würde die Ursache des besseren Schmelzerfolges der höher oxydirten Eisenerze nur darin gesucht werden müssen, daß sie später und schwieriger als die Oxydule zur Reduktion gelangen, und daß dadurch gewissermaßen der Zeitpunkt der Reduction des oxydirten Eisens, demjenigen, wo die erdartigen Beimengungen sich verschlacken, näher gebracht wird. Eine solche Ansicht kann aber deshalb nicht die richtige sein, weil alle Eisenerze, von denen es bekannt ist, daß sich das darin befindliche Oxyd auf der höchsten Oxydationsstufe befindet, also nicht stärker oxydirt werden kann, ebenfalls des Glühens oder des langen Liegens an der Luft bedürfen, wenn sie mit Vortheil verschmolzen werden, und wenn sie einen guten Gang im Ofen hervorbringen sollen. Endlich ist es durch keinen Versuch zu erweisen, daß die frisch gerösteten Eisenerze, bei denen das Rösten die Stelle des langen Liegens an der Luft vertreten hat, wirklich so viel Sauerstoff aufgenommen haben sollten, daß dieser größere Gehalt einen merklichen Einfluß auf das Verhalten des Erzes beim Verschmelzen haben könnte. Nur bei Eisenerzen, die viel Schwefelkies enthalten, könnte der Sauerstoff des Oxyds, welcher in der Glühhitze zum Theil ausgetrieben wird, auf den Schwefel wirken, und ihn oxydiren; indeß ist auch diese Wirkung noch problematisch, weil sie voraussetzt, daß die Verbindung des Sauerstoffs mit dem Schwefel im Schwefeleisen schon in einer geringeren Temperatur erfolge, als die mit der Kohle, welches nur dann der Fall sein kann, wenn freier Schwefel — also Schwefelkies im Maximo des Schwefelgehalts — vorhanden ist.

§. 402.

Im Allgemeinen müssen die Eisenerze vorzüglich aus dem Grunde geröstet werden, oder lange an der Luft liegen bleiben, um die natürliche feste Verbindung des Erzes aufzuheben und dasselbe durch mehre mechanische Zertheilung weniger zum Schmelzen geneigt, aber dagegen für die Einwirkung auf die Kohle in der Glühhitze fähiger zu machen. Welche unerwarteten Erscheinungen der feste Zusammenhang mancher Erdarten, die wir unter dem Namen der Steine kennen, hervorbringt, beweisen der Saphir, der Spinell, der Diamantspath u. s. f. Durch das Brennen wird dieser Zusammenhang auf eine nicht immer erklärbare Art vermindert und lockerer gemacht. Eben dies geschieht mit der Zeit durch die Einwirkung der Atmosphäre. Eisenerze, die einen festen Zusammenhang haben, verwittern niemals von selbst, z. B. Eisenglanz, Magneteisenstein und Kieseleisenstein, sondern müssen durch das Rösten aufgeschlossen werden; andere erfordern zum Verwittern sehr lange Zeit, z. B. Spatheisenstein, Rotheisenstein und Brauneisenstein, weshalb man ihnen ebenfalls durch Rösten zu Hülfe kommen muß; noch andere brauchen zwar nur einige Jahre zu ihrer Verwitterung (Thoneisensteine und Sphärosiderite); allein da man unmöglich mehrjährige Vorräthe halten kann, so ist das Rösten bei ihnen ebenfalls nothwendig. Noch andere Erze endlich, welche von Natur milde oder mulmig sind, bedürfen des Röstens nicht. Das Rasenerz pflegt man nicht zu rösten, weil es spröde genug ist, um sich bei der Gewinnung sogleich zu kleinen Stückchen zerschlagen zu lassen. Daraus erklärt sich denn auch der bessere Erfolg des Röstens mit Luftzutritt, als ohne Luftzutritt. Es wird durch den nicht gehemmten Zutritt der Luft die Oxydation, also die vollkommnere mechanische Zertheilung des Erzes, befördert, welches bei einem desoxydirenden Rösten in einem ungleich geringeren Grade erfolgen würde.

§. 403.

Obgleich sich durch das Glühen oder Rösten der Eisenerze derselbe Zweck, als durch das freiwillige Verwittern derselben an der Luft, erreichen läßt, indem der Zusammenhang des Erzes lockerer gemacht wird, und dasselbe nun leichter zerschlagen, folglich mit geringerer Mühe und in größerer Vollkommenheit zerkleinert werden kann, so sind die Wirkungen des Röstens und die des Verwitterns doch ziemlich verschieden. Beim Verwittern findet wirklich eine Oxydation des Oxyduls statt, wenn das Erz nur Eisenoxydul enthielt, und dadurch wird der feste Zusammenhang des Erzes weit kräftiger und vollkommener aufgehoben, als durch das bloße Brennen. Aber auch die Eisenerze, welche das Eisen schon im höchsten Oxydationszustande enthalten, werden durch langjähriges Verwittern weit vollkommener aufgeschlossen, als durch das Rösten, und die durch langes Liegen an der Luft verwitterten Eisenerze lassen sich oft leichter zerschlagen, als die, welche nur durch Brennen mürbe gemacht worden sind. Es ist daher nicht zu verkennen, daß die Eisenerze durch ein langes Liegen an der Luft ungleich besser zur Verschmelzung vorbereitet werden, als durch das bloße Rösten. Man hat die Erfahrung gemacht, daß aus einem und demselben Spatheisenstein, wenn er durch mehrjähriges Liegen an der Luft verwittert war, beim Verschmelzen sehr leicht Spiegeleisen erhalten werden konnte, und daß die Darstellung dieser Roheisenart mit sehr großen Schwierigkeiten verbunden war, wenn das Erz in einem vollständig gerösteten Zustande angewendet wird. Durch die Temperatur beim Rösten wird also der mit der Auflockerung des Erzes verbundene Vortheil, zum Theil durch die genauere Verbindung der Bestandtheile des Erzes, als Folge der hohen Temperatur, wieder aufgehoben. Durch den Verwitterungsprozeß wird aber, außer der Auflockerung, auch eine mehr oder weniger vollständige Trennung der Bestandtheile des Erzes bewirkt. Das Rösten im Flammenfeuer mit Luftzutritt wird die chemische Verbindung der Bestandtheile des Erzes, in der erhöheten Temperatur, in einem geringeren Grade befördern, als das Rösten zwischen glühendem Brennmaterial, weshalb das oxydirende Rösten auch aus diesem Grunde dem desoxydirenden vorzuziehen bleibt.

§. 404.

Beim Glühen oder Rösten der Eisenerze muß man sich wohl vorsehen, den Grad der Hitze der Beschaffenheit der Erze gemäß einzurichten. Einige Erze, zu denen die Sphärosiderite und die mit quarziger Bergart gemengten Spatheisensteine, Roth- und Brauneisensteine gehören, sind sehr leichtflüssig und verschlacken sich leicht. Dies Verschlacken muß aber vermieden werden, weil dadurch eine Verbindung des oxydirten Eisens mit Kieselerde entsteht, die einen festen Zusammenhang hat, wodurch der Zweck des Röstens verfehlt werden würde. Statt die Reducirbarkeit des oxydirten Eisens zu befördern, und die Schmelzbarkeit desselben zu vermindern, würde der umgekehrte Erfolg eintreten, weil sich ein Silikat des Eisenoxyduls bildet, welches leichtflüssig und schwer zu reduciren ist, oder, mit anderen Worten, man würde einen künstlichen Kieseleisenstein bilden, der unter allen Eisenerzen am mehrsten geneigt ist, weißes Eisen mit dunkler Schlacke beim Verschmelzen zu geben. Die Eisenfrischschlacken geben ein anderes Beispiel von künstlichen Eisenerzen, aus denen sich der Eisengehalt, wegen der Verbindung des Oxyduls mit Kieselerde, nur sehr schwer gewinnen läßt. Die Schwierigkeit der Reduktion des verglaseten oder verschlackten Eisens rührt, wie schon früher erwähnt worden, von der großen Leichtflüssigkeit des Silikates her.

Jasche, Bemerkungen über die Krystallisation des in starkem freien Röstfeuer geschmolzenen Eisensteins, Archiv f. Bergbau IX. 201.

§. 405.

Eisenerze, die schon einmal durch das Rösten aufgelockert worden sind, werden nachher durch das Liegen an der Luft schneller mürbe, und wenn sie Eisenoxydul in ihrer Mischung enthalten, gehen sie schneller in den Zustand der stärkeren Oxydation über, als wenn man sie von Anfang an der freiwilligen Verwitterung überläßt. Wenn es daher ökonomische Rücksichten möglich machen, so ist es sehr vortheilhaft, die Eisenerze gleich frisch zu rösten und sie im gerösteten Zustande eine möglichst lange Zeit der Verwitterung durch die Einwirkung der Atmosphäre auszusetzen.

§. 406.

Je niedriger und kleiner die Hohöfen, je mehr sie also der Abwechselung der Temperatur ausgesetzt sind, und je geringer der Grad der Hitze ist, den sie erzeugen, desto nothwendiger ist es, die Erze vor dem Verschmelzen zu rösten. Man hat Beispiele, daß in niedrigen Hohöfen, oder auch in Blauöfen, Erze im rohen Zustande fast unschmelzbar sind, welche sich geröstet sehr gut verschmelzen lassen. Die Ursache ist keine andere, als weil sie unvorbereitet vor die Form kommen, und nun mehr verschlackt als reducirt werden. In solchen Fällen legt sich immer eine schwarze schmierige Schlacke vor die Form, verdunkelt dieselbe, und es entsteht durch die abnehmende Hitze des Ofens ein roher Gang, nämlich weißes Roheisen mit dunkler Schlacke, die an Eisenoxydul sehr reich ist, weil das bereits gebildete Kohleeisen durch das noch nicht reducirte Erz, oder, in den mehrsten Fällen, durch das bei der Einwirkung der Gebläseluft auf das unvollkommen geschmolzene Erz wieder gebildete Eisenoxydul, zersetzt wird. Je höher dagegen der Ofen und je größer die Hitze desselben ist, desto leichter wird der Zusammenhang des Erzes schon im oberen Theile des Schachtes überwunden, und desto weniger hat man von dem Einfluß des schlecht gerösteten Erzes auf den Gang des Ofens zu befürchten.

§. 407.

Die Wirkung des Röstens und des Verwitterns der Eisenerze erstreckt sich aber nicht bloß auf die Verminderung des Zusammenhangs derselben, sondern, wenn das oxydirte Eisen mit Wasser (zum Hydrat) oder mit Kohlensäure (zum Spatheisenstein) verbunden war, auf die Verflüchtigung des Wassers und der Kohlensäure. Außerdem ziehen die Eisenerze auch mechanisch aus der Atmosphäre sehr viel Wasser an, welches beim Rösten ebenfalls mit verdampft wird. Diese Wirkungen sind wichtiger, als es den Anschein hat. Es ist bekannt, daß der mechanische Druck der Verdampfung sehr hinderlich ist, und aus mehren Erscheinungen ist man berechtigt, zu schließen, daß viele Verbindungen ganz anders erfolgen würden, wenn beim Einwirken mehrer Körper auf einander, wobei ein flüchtiger Körper entsteht, dieser jedesmal zurückgehalten werden könnte. So wie die stärkere Säure, in einem völlig verschlossenen Gefäß, die Kohlensäure aus ihren Verbindungen nicht abzuscheiden vermag, so würde auch unbezweifelt die Kohlensäure von ihrer Verbindung mit Eisenoxydul im Spatheisenstein nicht getrennt werden können, wenn sie in einem verschlossenen Gefäß der heftigsten Glühhitze ausgesetzt würde, sie müßte denn das Gefäß selbst zersprengen und sich so einen Ausweg suchen. Es läßt sich auch, nach der Analogie mit anderen Verflüchtigungsprozessen, sehr wohl annehmen, daß die im Ofenschacht bei **nicht** gerösteten Spatheisensteinen sich bildende Atmosphäre von kohlensaurem Gas die Production erschwert, indem die Entweichung der Kohlensäure in eben der Art verzögert wird, wie die Entfernung der Kohlensäure aus dem Kalkstein, wenn das Brennen des letzteren im hohen Ofen erfolgt und für die Abführung des kohlensauren Gases durch Wasserdämpfe u. s. f. nicht gesorgt ist. Im Ofenschacht liegen die Erze über einander und veranlassen einen bedeutenden Druck, wobei die Verdampfung des Wassers und die Entweichung der Kohlensäure nothwendig erschwert werden müssen. Die Erze müssen daher in demselben

Verhältniß länger unverändert bleiben, je größer der Druck ist, den die Erzschichten über einander ausüben, und je länger sie in der Atmosphäre von Kohlensäure oder von Wasserdampf verweilen müssen. Zu diesem mechanischen Hinderniß gesellt sich die, aus chemischen Gründen, bei jeder Verdampfung oder Verflüchtigung nothwendig entstehende Temperaturerniedrigung. Je mehr chemisch gebundenes, oder mechanisch anhängendes Wasser die Erze enthalten, und je größer der zu verflüchtigende Kohlensäuregehalt ist, desto mehr Wärme wird zur Bildung der Wasserdämpfe und des kohlensauren Gases erfordert, und desto mehr wird der Ofen abgekühlt. — Diese Gründe machen das Rösten und das Verwittern (wodurch wenigstens der größte Theil der Kohlensäure verflüchtigt wird) bei höheren Oefen ebenfalls sehr rathsam, bei niedrigen aber nothwendig.

§. 408.

Rohe, nicht geröstete, oder durch Verwitterung an der Luft nicht aufgeschlossene Erze, können daher dieselben Erscheinungen beim Betriebe des Ofens hervorbringen, welche man sonst bei einem zu großen Verhältniß des Erzes zu dem Brennmaterial nur eintreten sieht. Die Reduktion erfolgt nämlich erst zu spät, wobei sich Schlacke und Eisen nicht gehörig scheiden, und letzteres theils nicht genug Kohle aufnehmen kann, theils dieselbe wieder an das noch nicht reducirte Erz, oder an das wieder gebildete Eisenoxydul abtreten muß. Die Schlacke nimmt dabei so überhand, daß der Ofen, wegen der immer zunehmenden Strengflüssigkeit des an Kohle ärmer werdenden Roheisens, bei zunehmendem Uebel ersticken muß. Es geht hieraus die Nothwendigkeit hervor, das Rösten der Erze, besonders bei kleinen Oefen, nicht zu versäumen, um ein gutes Produkt, bei einem geringeren Aufwand an Brennmaterial, erzeugen zu können, und den Ofen nicht in Gefahr zu setzen. Die Herren v. Pantz und Atzl führen einen interessanten Versuch und Gegenversuch mit Braunerzen- und mit unveränderten Spatheisensteinen an, woraus hervorgeht, daß der Centner Roheisen aus den ersteren 15,09 Cubikfuß, und aus den letzteren $21\frac{1}{2}$ Cubikf. Holzkohlen erforderte, obgleich die unveränderten Spatheisensteine einen größeren Eisengehalt haben, als die Braunerze. Die von Hrn. Stengel mitgetheilten Erfahrungen verdienen nicht minder berücksichtigt zu werden.

v. Pantz und Atzl, Versuch einer Beschreibung der vorzüglichsten Berg- und Hüttenwerke des Herzogthums Steyermark. Wien 1814. S. 105 — 107. — Stengel, über die Bildung des weißen Rohstahleisens mit Spiegelflächen; Archiv f. Bergbau XI.. 215 u. f.

§. 409.

Obgleich das Verwittern und das Rösten für alle Eisenerze ohne Unterschied, aus den vorgetragenen Gründen, vortheilhaft und oft nothwendig wird, so ist doch das Rösten der Eisenerze, welche eingesprengten Schwefelkies enthalten, eine ganz unerlaßliche Bedingung, um gutes Roheisen aus solchen Erzen zu erzeugen. Aus dem Verhalten des Schwefelkieses ist es bekannt, daß der Schwefelgehalt im Hohofenschacht nicht abgeschieden werden kann, und daß höchstens nur der Theil Schwefel, welcher zur Schwefeleisenverbindung im Maximo gehört, verflüchtigt werden könnte, das Schwefeleisen im Minimo aber unzersetzt zurückbleibt und mit niedergeschmolzen wird. Nur durch das Rösten kann diese Verbindung zersetzt werden, wobei indeß der Zutritt der Luft nothwendig ist. Die Schwefelkies haltenden Eisenerze müssen außerdem stärker geröstet werden, als die Erze, welche man nur aufschließen oder deren Wasser- und Kohlensäuregehalt man nur verflüchtigen will. Man hat den Vorschlag gemacht, die glühenden Erze, besonders gegen das Ende des Röstens, mit Kohlenlösche zu bestreuen. Dies Verfahren scheint dem Zwecke entgegen zu sein, weil die Zersetzung des Schwefeleisens, oder die Entbindung des schwefligtsauren Gases dadurch verhindert wird; man beabsichtigt aber eine Wiederherstellung der Schwefelsäure, welche sich wegen der Feuchtigkeit der Erze gebildet und mit dem Eisenoxyd oder mit den Erden desselben verbunden hat, zu Schwefel, um diesen durch die fernere Einwirkung der Luft gleichfalls zersetzen zu können. Der Erfolg würde jedoch mit dem Aufwand an Kosten kaum im Verhältniß stehen und in jedem Fall sehr ungewiß sein. Dagegen findet auf einigen Hütten die äußerst lobenswerthe Einrichtung statt, die gerösteten Erze in Wasser abzulöschen und auszulaugen, oder sie lange Zeit der Wirkung der Atmosphäre, möglichst dünn ausgebreitet, auszusetzen, um die zurückgebliebenen schwefelsauren Verbindungen durch die atmosphärische Feuchtigkeit fortzuführen. Dies ist ein, bei schwefelkieshaltigen Erzen, sehr nachahmungswerthes Verfahren, weil dadurch die entstandene Schwefelsäure am gründlichsten fortgeschafft werden kann. Ueberhaupt ist das Ablöschen der gerösteten Erze im Wasser in diesem Fall sehr zu empfehlen; nur müssen die Erze nachher noch lange Zeit unter Bedeckung an der Luft abliegen, oder, noch besser, ohne Kosten getrocknet werden können.

§. 410.

Weil sehr geringe Antheile von Schwefel das Eisen schon überaus rothbrüchig machen, so kann man bei der Verarbeitung von Schwefelkies haltenden Erzen nicht vorsichtig genug verfahren, um allen Schwefel vor dem Verschmelzen durch Rösten und Abliegen der gerösteten Erze an der Luft zu entfernen. Eine völlige Abscheidung des Schwefels ist indeß kaum zu bewirken; deshalb müssen solche Erze immer so behandelt werden, daß sie graues Roheisen geben. Die Ursache, weshalb bei solchen Erzen die Bildung des weißen Roheisens verhindert werden muß, ist schon früher (§. 324) im allgemeinen erörtert worden. Es tritt hier aber noch der besondere Grund hinzu, daß bei einem gaaren Gange des Ofens, bei welchem graues Roheisen gebildet wird, ein Theil des Schwefels wieder von dem Roheisen abgeschieden wird und an die Schlacke tritt, welches bei einem übersetzten Gange des Ofens, bei welchem sich nur weißes Roheisen bildet, in einem ungleich geringeren Grade der Fall ist.

Karsten, über den Einfluß der Temperatur auf die Beschaffenheit der Produkte, welche beim Verschmelzen der Eisenerze in Hohenöfen erhalten werden. Archiv f. Bergbau XIII. 211—231.

§. 411.

Die Phosphorsäure enthaltenden Eisenerze können durch Rösten mit und ohne Kohlenstaub nicht verbessert werden, und das Rösten kann bei solchen Erzen nur den Zweck haben, sie aufzuschließen, und zugleich ihren großen Wassergehalt, welcher 20—25 Procent betragen kann, zu entfernen. Alle in dem Eisenerz befindliche Phosphorsäure reducirt sich beim Verschmelzen der Erze zwischen Kohlen in Schachtöfen zu Phosphoreisen, und tritt als solches mit dem Eisen in Verbindung. Der Gang des Ofens ist dabei ohne Einfluß, indem das graue Roheisen nicht weniger Phosphoreisen enthält, als das weiße. — Aber auch selbst diejenigen Eisenerze, welche keine an das Eisenoxyd gebundene Phosphorsäure, sondern nur Beimengungen von phosphorsaurem Kalk enthalten, geben zur Entstehung von Phosphoreisen Veranlassung, und es scheint nur sehr wenig phosphorsaurer Kalk, oder Phosphorkalcium, in die Schlacke überzugehen. — Erze, die Blei, Kupfer und Zink enthalten, lassen sich durch Rösten von diesen Metallen ebenfalls nicht befreien, sondern sie werden beim Verschmelzen der Erze im Ofen reducirt, und vereinigen sich theils mit dem Eisen, theils bilden sie eine Verbindung für sich, theils werden sie in metallischer Gestalt verflüchtigt. — Enthielte das Erz Arsenikkies, so würde der größte Theil des Arseniks beim Rösten verflüchtigt; aber das zurückbleibende Quantum würde, wenn das Erz starke Beimengungen von Arsenikkies enthielte, noch hinreichend sein, einen üblen Einfluß auf die Beschaffenheit des Eisens zu äußern.

Karsten, über die Erzeugung und Verarbeitung des Roheisens aus Wiesenerzen. Archiv f. Bergbau XV. 3 u. f.

§. 412.

Die gerösteten, oder an der Luft abgelegenen Eisenerze müssen, wenn sie verschmolzen werden sollen, vorher gehörig zerschlagen oder zu nicht zu feinen Stücken gepocht werden. So wie jede Auflösung durch die möglichste mechanische Vertheilung und durch die Vermehrung der Oberflächen befördert wird, so kann eine vortheilhafte Verschmelzung auch dann nur stattfinden, wenn die Stücken Erz, welche zur Verarbeitung kommen, nicht zu groß, sondern der Einwirkung der Kohle durch zweckmäßige Größe besser ausgesetzt sind. Je kleiner und niedriger der Ofen ist, desto kleiner müssen die Stücken sein, und desto nothwendiger ist das Zerschlagen überhaupt; je höher und größer der Ofen ist, desto weniger hat man von den üblen Folgen der zu großen Eisenerzstücken etwas zu befürchten. Dagegen darf das Erz aber auch nicht zu sehr zerkleinert und zu Mehl oder zu Staub gepocht, verschmolzen werden: theils weil es zu fest übereinander liegen und den Ofen ersticken (§. 407), theils weil es zu schnell zusammensintern und sich vor der Form verschlakken, theils weil es, in zu staubigen Theilen angewendet, vom Gebläse aus dem Ofen geworfen und dadurch das Ausbringen vermindert werden würde. Stücken von 1 bis 4 Zoll haben, nach Maaßgabe der geringeren oder größeren Höhe der Oefen, die rechte Größe. Bei kleinen Kohlengichten und großen Kohlen muß besonders die zu große Zerkleinerung des Erzes vermieden werden, weil dasselbe dadurch leicht zum Durchrollen oder Durchlaufen veranlaßt wird.

§. 413.

Aus dem oben (§. 392 u. f.) Vorgetragenen erhellet, daß die Eisenerze, wenn sie auch durch Rösten oder Verwittern und Zerschlagen gut zum Verschmelzen vorbereitet sind, doch kein gutes Ausbringen und keinen guten Betrieb gewähren, wenn sie zu reich sind, oder wenn sie eine zu steife und zähe, oder eine zu flüssige Schlacke geben. Da sich nach der Reichhaltigkeit des Eisenerzes die Quantität der Schlacke mehrentheils richtet, so glaubt Garnej es nach seinen Erfahrungen als Grundsatz aufstellen zu können, daß nur solche Eisenerze für sich verschmolzen werden können, welche einen Eisengehalt von 45 bis höchstens 55 Procent haben. Sind die Erze reicher, so entsteht zu wenig Schlacke, oder man wird genöthigt, zu viel taube Mittel zuzusetzen, um den Gehalt der zu verschmelzenden Masse auf jenen Gehalt herunterzubringen. Deshalb ist es auch nothwendig, die reicheren Erze mit den ärmeren so zu versetzen (zu gattiren), daß die Gattirung einen Eisengehalt von etwa 50 Procent erhält. Du Hamel verlangt, daß die Quantität der Schlacke, dem Volumen nach, vier- bis fünfmal so groß sein müsse, als die des Roheisens, wenn der Gang des Schmelzens gut sein solle, weshalb man der Beschickung, wenn sie so viel Schlacken nicht giebt, noch welche zusetzen müsse. Dieß Verhältniß der Schlacke zum Eisen ist indeß von der Art, daß es nicht gerade als ein nothwendiges anzusehen ist. Auch leidet die von Garnej ertheilte Bestimmung wohl große Ausnahmen, indem z. B. Spatheisensteine, wegen ihres Kohlensäuregehalts, häufig kein Ausbringen von 45 bis 50 Procent gewähren, und doch für sich allein im Hohenofen nicht würde verschmolzen werden können, wenn sie nicht eine Schlackendecke, sei es durch Zusätze, oder durch die mit einbrechenden Bergarten, erhielten. Ueberhaupt ist ein so bestimmtes Verhältniß des Eisens zur Schlackenmenge nicht vorhanden, sondern man kann in vielen Fällen (bei leichtflüssigen und leicht reducirbaren Erzen), bei einer geringen Schlackendecke, schon einen guten Gang des Ofens bewirken.

Garnej, Abhandl. vom Bau und Betriebe der Hohöfen. A. d. Schwed. v. Blumhof. Freiberg 1801. II. 100. — Du Hamel in der §. 298 angeführten Abhandlung.

§. 414.

Wenn die zu verschmelzenden Eisenerze sehr arm sind, wenn also das Verhältniß der Schlacke zum Eisen sehr groß ist, so kann zwar der Gang des Schmelzens recht gut sein; allein es wird verhältnißmäßig zu viel Eisen in der Schlacke verloren gehen, weil diese wegen der geringeren Hitze, welche sie von dem sehr wenigen Eisen erhält, leicht im Ofen zu steif wird, so daß sich die Hitze des Ofens nicht ohne großen Kohlenverlust erhöhen kann, auch die Eisenkörnchen in der steifen Schlacke sich nur schwierig niedersenken. In solchen Fällen muß die Schlacke viel leichtflüssiger eingerichtet werden, als es bei einem höheren Eisengehalt der Erze für die Güte des auszubringenden Eisens zulässig sein würde.

§. 415.

Das Verschlacken der Erden, mit denen das zu reducirende oxydirte Eisen theils im Eisenerz chemisch verbunden ist, oder mit denen es anderntheils (durch den Zusatz ärmerer Erze) versetzt werden muß, um die nothwendige Decke zu erhalten, muß nach Möglichkeit dadurch befördert werden, daß man die den Eisenerzen zuzusetzenden Erden so auswählt, daß sie mit einander schmelzbare Verbindungen bilden, ohne zu ihrer Verglasung oder Verschlackung des Zutritts einer bedeutenden Quantität Eisenoxydul, welches im Silikatzustande sehr leichtflüssig ist und dadurch alle Erdengläser leichtflüssiger macht, zu bedürfen. Es sind nur wenig Eisenerze, nämlich die eigentlichen für sich schmelzbaren Erze (§. 398), bekannt, in denen sich das oxydirte Eisen in einem solchen Verhältniß mit den Erden verbunden befindet, daß sie keines Zusatzes von anderen Erden bedürfen, um ihren Erdengehalt durch Verschlacken rein abzuscheiden, ohne daß zur Erreichung dieses Zweckes viel oxydirtes Eisen mit in die Schlacke gehen dürfte, um diese dadurch leichtflüssiger zu machen. Bei einem der Verschlackung weniger günstigen Verhältniß der

Erden in den Erzen, geht nicht allein viel Eisen verloren, sondern es ist auch, wegen der aus diesem ungünstigen Verhältniß entspringenden Strengflüssigkeit, keine gehörige Konsistenz der Schlacke oder der Schmelzmasse, wovon der gute Gang eines Ofens allein nur abhängt (§. 399), zu bewirken. Man ist daher genöthigt, den Eisenerzen in den mehrsten Fällen auch unhaltige Erdarten zuzusetzen, um den Erdengehalt der Erze leicht und ohne Zutritt von oxydirtem Eisen zur Verschlackung zu bringen. Nur wenige Hütten befinden sich in der glücklichen Lage, diese unhaltigen Zusätze, entweder durch die natürliche Beschaffenheit des Erzes, oder durch die Gattirung (§. 413) entbehren zu können. In den mehrsten Fällen ist man genöthigt, die Eisenerze zu beschicken, d. h. sie mit Erden zu versetzen, welche den Erdengehalt der Erze zur Verschlackung bringen. Man nennt die den Erzen zuzusetzenden Erdarten: Flüsse oder Zuschläge, und versteht unter Beschickung die zum Verschmelzen kommenden und mit der gehörigen Menge passender Zuschläge versetzten Eisenerze. Die Art und die Menge des Flusses oder des Zuschlags hängen jedesmal von der Beschaffenheit der Erze und von der Hitze ab, die in dem Ofen hervorgebracht werden kann. Ein höherer und mehr Hitze erzeugender Ofen bedarf, bei denselben Erzen und Zuschlägen, weniger von diesen, um der Schlacke die gehörige Konsistenz zu geben und die reine Abscheidung derselben zu bewirken, als ein kleinerer Ofen, in welchem keine so große Hitze hervorgebracht werden kann.

§. 416.

Seitdem man sich über die Wirkungsart der Kieselerde bei der Schlackenbildung einen genügenderen Aufschluß verschafft hat, ist es auch leicht geworden, sich über die Auswahl und über die Menge der Zuschläge beim Verschmelzen der Erze Rechenschaft zu geben. Erze z. B., die keine Kieselerde, sondern bloß Thonerde, Kalkerde oder Bittererde in ihrer Mischung enthielten, würden im Schachtofen zwischen glühenden Kohlen zwar zur Reduktion gelangen, aber sie würden nur eine gesinterte Masse bilden, welche den Fortgang der Schmelzung sehr bald hemmen müßte, weil das reducirte Eisen sich von den gesinterten Erden nicht scheiden kann. Durch Zusatz von Kieselerde würde dem Uebel zu heben sein, und die Menge der Kieselerde würde sich, theils nach der Menge der dem oxydirten Eisen beigemischten oder beigemengten Erden, theils nach der Temperatur richten müssen, welche in dem Ofen hervorgebracht werden kann. Erze, die viel Thonerde in der Mischung enthalten, müssen Zuschläge erhalten, bei welchen sich die Schlacke mehr einem Silikat als einem Bisilikat nähert. Enthalten sie mehr Kalk- und Bittererde als Thonerde, so sind die Zuschläge in der Regel so zu wählen, daß die Schlacke sich am mehrsten der Zusammensetzung eines Bisilikates nähert, obgleich sie auch schon ein Trisilikat sein kann. Erze endlich, die viel Manganoxyd enthalten, müssen immer so beschickt werden, daß die Schlacke ein Trisilikat wird, weil sie sonst zu flüssig ausfällt und das vollständige Eisenausbringen aus den Erzen verhindert.

Wenn dagegen die Eisenerze in überwiegender Menge Kieselerde enthalten, so sind sie Quickerze und würden weißes Roheisen mit sehr eisenoxydulreicher Schlacke geben. Solche Erze müssen Kalkzuschläge erhalten, und zwar um so stärkere, je größer die Menge der beigemischten oder beigemengtən Kieselerde ist. Enthalten sie außer der Kieselerde zugleich auch Thonerde, so leistet der reine Kalkstein die besten Dienste. Wären sie aber von Thonerde ganz frei, so würde ein thonhaltiger Kalk in manchen Fällen Vorzüge verdienen, weil er eine Verminderung des Flußzusatzes zulässig macht und doch zugleich den Zweck erreichen läßt, eine Schlacke von der gehörigen Konsistenz zu erzeugen.

Diese Flüsse oder Zuschläge, welche die Eisenerze, wenn sie nicht für sich schmelzbar sind, erhalten müssen, sind also nur in dem einzigen Fall wirkliche Flüsse, oder die Schmelzbarkeit des

Erzes befördernde Mittel, wenn das Erz wegen seiner Zusammensetzung kieselerdige Zuschläge erfordert. In allen andern Fällen wirken sie der zu großen Leichtflüssigkeit des Erzes, nämlich der Bildung einer an Eisenoxydul-Silikat reichen Schlacke, entgegen, und bewirken daher eine größere Strengflüssigkeit und eine damit in Verbindung stehende leichtere Reducirbarkeit des Eisenerzes.

§. 417.

Gattirung und Beschickung (§. 415) sind folglich nicht mit einander zu verwechseln. Bei der ersteren bezweckt man, das gehörige Verhältniß des Eisens zur Schlacke durch Versetzung der reicheren Erze mit ärmeren zu bewirken; durch die letztere soll der Erdengehalt der Eisenerze durch das zweckmäßige Verhältniß gut gewählter Zuschläge zur Verschlackuug gebracht werden. Weil es indeß Fälle giebt, wo der Erdengehalt des einen Eisenerzes, den des andern zur Verschlackung bringen kann, obgleich jedes Erz für sich eines Zuschlages bedurft haben würde, und weil in der Regel, aus diesem Grunde, bei der Gattirung mehrer Erzsorten schon eine leichtere Verschlackung bewirkt werden kann, so pflegt man Gattirung und Beschickung zuweilen wohl für gleichbedeutende Begriffe zu nehmen. Es ist übrigens einleuchtend, daß die Eisenhütten, welche wegen der Gattirung der Beschickung nicht bedürfen, einen großen ökonomischen Vortheil vor denen voraus haben, welche ihre Erze gattiren und beschicken, oder welche gar nicht gattiren können, sondern blos beschicken müssen.

§. 418.

Von der richtigen Wahl und von dem gehörigen Verhältniß der Zuschläge hängen der gute Gang der Schmelzarbeit und der größere oder geringere Vortheil beim Betriebe wesentlich ab. Durch ein zu großes Verhältniß der Zuschläge wird der Zweck derselben aus demselben Grunde verfehlt, aus welchem der Zuschlag überhaupt angewendet wird. Dies Verhältniß genau zu bestimmen, ist schwierig, weil es, genau genommen, nach dem Gange des Ofens selbst, bei einerlei Erzen verschieden sein sollte; in der Regel pflegt man aber das durch die Erfahrung aufgefundene und bei einem mittleren guten Gange des Ofens bestimmte Verhältniß des Zuschlags zum Erz, unverändert beizubehalten.

§. 419.

Mehre Chemiker und Metallurgen haben die Schmelzbarkeit, d. h. die Verglasbarkeit oder Verschlackbarkeit der Erden unter einander, durch Versuche aufzufinden sich bemüht. Man würde zu große Anforderungen an den Resultaten solcher Versuche machen, wenn man verlangen wollte, durch sie nicht allein über die Wahl, sondern auch über die Quantität der Zuschläge beim Verschmelzen der Eisenerze belehrt zu werden. Es ist schon ein großer Gewinn, die Grade der Schmelzbarkeit zu kennen, welche die verschiedenen Gemenge von Erden in verschiedenen Verhältnissen zeigen, indem diese Kenntniß ein großes Licht über die Art der zu wählenden Zuschläge beim Verschmelzen der Eisenerze verbreitet, wenn auch die Erfahrung nach wie vor die Menge des für jeden Fall erforderlichen Zuschlags bestimmen muß. Dieß kann nicht befremden, wenn man erwägt, welchen Einfluß die sehr verschiedenen fremdartigen Körper, die beim Verschmelzen der Eisenerze im Großen hinzutreten, und auf welche bei den Versuchen im Kleinen nicht Rücksicht genommen werden kann, auf die Verminderung oder Vermehrung der Schmelzbarkeit der Erden haben müssen. Der sehr verschiedenartige Aschengehalt des anzuwendenden Brennmaterials, der Schwefel- und Phosphorsäuregehalt des Erzes, ein nicht stets gleich bleibender Manganoxydgehalt und geringe Quantitäten von dieser oder jener Erde in den Erzen, der Grad der Hitze im Ofen, und viele zufällige Umstände, ändern die Erfolge oft sehr ab, und machen wenigstens eine vollständige Anwendung der Resultate von den Versuchen im Kleinen, auf den Erfolg im Großen unzulässig. Dennoch sind die von Achard, Bergman, Chaptal, Cramer, Ehrmann, Gerhard, Gilbert, Guyton-Morveau, Homberg, Kirwan, Klaproth, Lampadius, Lavoisier, Lelievre, Marggraf, Poerner, Tiemann, Wiegleb u. a. angestellten Versuche sehr schätzbar, und deuten wenigstens den Weg an, welcher bei der Auswahl der Zuschläge betreten werden muß. Die Versuche des Hn. Starbäck (§. 305.), welche hier vorzugsweise genannt zu werden verdienen, weil sie mit einer großen Sorgfalt und Umsicht angestellt worden sind, haben leider sehr an Brauchbarkeit durch den Umstand verloren, daß Hr. St. sich zu seinen Versuchen der Thontiegel bedient hat. Die Tiegelmasse wird fast immer von dem zum Versuch eingewogenen Erdengemenge in der Schmelzhitze angegriffen, wodurch die Resultate der Schmelzung verdunkelt worden sind. Im Allgemeinen geht aus allen diesen Versuchen nur hervor, daß die Kalkerde, Kieselerde, Talkerde und Thonerde, für sich allein genommen, unschmelzbar sind; daß auch alle Verbindungen der Erden unter einander nicht leicht zur Verschlackung gebracht werden können, wenn keine Kieselerde in der Mischung vorhanden ist; daß auch das oxydirte Eisen mit einer Erde, die nicht Kieselerde ist, nicht verglast; daß die dreifachen Verbindungen der Erden unter einander, in so fern Kieselerde zugegen ist, leichter als die zweifachen Verbindungen verschlackt werden; daß sich alle vierfachen Verbindungen der Erden noch leichter verschlacken, und daß das Manganoxyd alle Erden sehr schnell zum Verschlacken bringt.

Daß die Resultate der Schmelzversuche im Kleinen, den Erfahrungen im Großen immer entsprechen werden, ist nicht zu erwarten. Die Theorie der Verschlackung der Erden kann nur im Allgemeinen eine Anleitung zu Wahl des Zuschlages geben, indem sie die Gründe zeigt, weshalb bei einer bekannten Zusammensetzung des Erzes, und bei der bekannten Mischung der demselben beigemengten Substanzen, dieser oder jener Zuschlag nothwendig gewählt werden muß, und weshalb in einigen Fällen ein Zuschlag von einer gemengten Erde, bessere Dienste thun wird, als ein Zusatz einer einfachen Erdart; auch kann sie einigermaaßen die Quantität dieser Zuschläge bestimmen (§. 416); allein der Erfolg im Großen wird nothwendig entscheiden müssen, um die Verhältnisse der Zuschläge für jeden besonderen Fall näher zu ermitteln. Ob es für den Erfolg, nämlich für die Beschaffenheit des auszubringenden Eisens gleichgültig ist, eine (basisch wirkende) Erde durch die andere, z. B. die Kalkerde durch eine verhältnißmäßige, nämlich den chemischen Aequivalenten entsprechende, Menge von Bittererde u. s. f. zu ersetzen, das hat die Theorie bis jetzt noch nicht gelehrt; auch würde dabei ohne Zweifel mehr das Verhalten der Kalkerdensilikate und der Bittererdenksilikate u. s. f. in der Schmelzhitze, als die chemische Einwirkung dieser Silikate auf das Eisen, welche nach den bisherigen Erfahrungen von keinem Einfluß ist, entscheiden müssen. Der Behauptung: daß das Eisen aus allen Erzen, von gleicher Beschaffenheit ausfallen müsse, wenn man nur die Schlacke, durch die Wahl der Zuschläge, so einrichtet, daß sie immer eine gleich bleibende Zusammsetzung behält, fehlt es an zureichenden und einleuchtenden Gründen; denn sie setzt ganz irrig voraus, daß die Reduktion des Eisenoxydes bei einer solchen Beschickung und Gattirung immer unter denselben Umständen erfolgen werde.

§. 420.

Die Versuche welche Hr. Berthier über die Schmelzbarkeit von vielen alkalischen und erdigen Gemengen, mit und ohne Zusatz von Metalloxyden, angestellt hat (§. 303), sind sehr umfassend und enthalten einen großen Schatz von Erfahrungen. Es sollen von diesen Versuchen nur diejenigen mitgetheilt werden, welche sowohl über das Verhalten der Erden in der Schmelzhitze, als über die Schlackenbildung beim Verschmelzen der Eisenerze in den Schmelzöfen, einen Aufschluß geben können. Zu den Versuchen wurden Kohlentiegel angewendet, und die Schmelzhitze ward so hoch gesteigert, als sie nur in einem Probirosen von starker Wirkung hervorgebracht werden konnte. Hr. B. schätzt die Hitze auf 150 pyrometrische Grade. Die Verhältnisse, in welchen die Erden zu den Versuchen eingewogen wurden, sind nach ihren chemischen Mischungsgewichten bestimmt.

Silikate von Baryterde, aus reinem Quarzpulver und aus Witherit bereitet, also die Kohlensäure des letzteren (wie immer in ähnlichen Fällen), bei der Bestimmung der Quantität der reinen Erde, in Abzug gebracht:

	BS	BS^2	BS^3	BS^6	BS^9	BS^{12}
Kieselerde	17,2	29,3	38,4	55,5	65,2	71,5
Baryterde	82,3	70,7	61,6	44,5	34,8	28,5

BS ward zu einer teigartigen Masse erweicht; BS^2 gab ein dichtes, etwas blasiges Email; BS^3 ein geflossenes, blasenfreies, gelblichweißes, aber blättrig krystallinisches Gemisch; BS^6 und BS^9 schmolzen zu dichten, weißgrauen, durchsichtigen Massen mit wuschlichem Bruch; BS^{12} kam nicht in völligen Fluß, sondern gab ein poröses, hartes, weißes und undurchsichtiges Email. Baryterdensilikate sind also nur schmelzbar, wenn sie wenigstens so viel Baryterde wie BS^2 und wenigstens so viel Kieselerde wie BS^{12} enthalten.

Silikate von Kalkerde. Mit Quarzpulver und Marmor bereitet:

	C^4S	C^2S	C^4S^3	CS	CS^2	CS^3	CS^4
Kieselerde	11,5	22	29,7	35,8	52,8	62,2	75,6
Kalkerde	88,5	78	70,3	64,2	47,2	37,8	24,4

Die vier ersten Silikate sind unschmelzbar, die 3 ersten erweichen sich nicht einmal, nur das vierte wird etwas gefrittet und erleidet eine unvollständige Verschlackung. CS^2 (die Mischung des natürlichen Tafelspaths) schmelzt in einer anhaltenden Hitze, in der stärksten die sich hervorbringen ließ, zu einer sehr blaßigen, theils körnigen, theils krystallinischen, durchscheinenden Masse. CS^3 giebt ein durchsichtiges, weißes, aber fein-körniges und dem Porcellan ähnelndes Gemisch, welches so hart ist, daß es das Glas ritzt. CS^4 stellt sich als eine verschlackte, weiße, durchscheinende und unzusammenhängende Fritte dar. Die Kalkerden-Silikate sind also im höchsten Grade strengflüssig; das Bisilikat ist es unter allen am wenigsten.

Silikate von Bittererde

	M^2S	MS	MS^2	MS^3
Kieselerde	27,8	43,5	59,9	70
Bittererde	72,2	56,5	40,1	30

M^2S und MS geben unzusammenhängende, gefrittete Massen, bei welchen die chemische Verbindung beider Erden wirklich erfolgt, aber nicht einmal ein erweichter Zustand eingetreten war. MS^2 zeigte sich als eine stark zusammengebackene und in erweichtem Zustande befindlich gewesene, aber nicht geschmolzene Masse. MS^3 gab eine dichte, gefrittete, stark erweichte, aber nicht geschmolzene Masse. Die Bittererden-Silikate sind daher in einem etwas geringeren Grade strengflüssig, als die Kalkerdensilikate.

Silikate von Thonerde:

	A^2S	AS	AS^2	AS^3
Kieselerde	35,7	74,4	64,3	73
Thonerde	64,3	52,6	35,7	27

A^2S und AS gaben nur unzusammenhängend gefrittete Massen; AS^2 eine dichte, nicht geschmolzene, aber stark zusammengefrittete Masse, und AS eine dichte, steinartige Substanz, ohne Schmelzung. Bekanntlich werden die feuerfesten Ziegeln und die Thontiegel aus einer Masse bereitet, deren Zusammensetzung zwischen AS^2 und AS^3 schwankt. Da diese Verbindungen unter den Thonerdensilikaten die erweichbarsten zu sein scheinen, so würde sich diese Eigenschaft wohl durch ein etwas größeres Verhältniß, sei es an Thonerde oder an Kieselerde, heben lassen, indeß muß dies mit Vorsicht geschehen, damit die Masse hinreichend gebunden bleibt und ihren Zusammenhalt behält.

Silikate von Kalk- und Bittererde:

	CMS	CMS^1	CM^2S^6	C^2MS^6	CM^3S^9	CMS^6	C^2MS	CM^2S_{12}
Kieselerde:	39,0	56,4	57,5	54,4	70,4	66,2	71,1	73,3
Kalkerde:	35,5	25,3	17,3	33,5	9,3	19,8	21,2	10,9
Bittererde:	25,5	18,3	25,2	12,1	20,3	14,0	7,7	15,8

CMS^2 (oder die Zusammsetzung des Olivin) giebt ein dichtes, körnig-blättriges, durchscheinendes Email. CMS^4 (die Zusammensetzung des Augit) schmelzt leicht zu einer bald dichten und glasartigen, bald krystallinischem Masse mit vollkommen ausgebildeten Krystallen. Letzteres findet nur bei einer langsamen Abkühlung und bei verzögertem Erstarren statt. CM^2S^6 und C^2MS^6 verhalten sich eben so, obgleich dort ein Theil Bittererde die Kalkerde, und hier ein Theil Kalkerde die Bittererde theilweise ersetzt. CM^3S^9 schmolz zu einer krystallinischen Masse. CMS^6 wollte nicht in einen guten Fluß kommen. C^2MS^{12} gab eine dichte, harte, steinartige, etwas krystallinische, undurchsichtige, geschmolzene Masse, ohne Blasen. CM^2S^{12} war geschmolzen, etwas blasig, lichtgrau, durchsichtig, körnig und krystallinisch.

Silikate von Kalkerde und Thonerde:

	CAS	CAS^2	CAS^4	CAS^6	CA^2S^3	CA^3S^4	CA^3S^{12}	C^2AS^3
Kieselerde:	25,9	41,0	58,2	67,7	43,7	44,3	70,5	38,4
Kalkerde:	46,3	36,8	26,1	20,2	26,0	19,9	10,5	47,3
Thonerde:	27,8	22,2	15,7	12,1	31,3	35,8	19,0	14,2

CAS kam nicht vollständig in Fluß. CAS^2 (Zusammensetzung des Granat) war vollkommen zu einer porcellanartigen Masse geschmolzen. Die Schlacken von den Hohöfen haben oft eine Zusammensetzung, welche CAS^2 nahe kommt, aber sie sind zu einem wirklichen Glase geschmolzen. CAS^4, eine Zusammensetzung, welche bei den Schlacken der Holzkohlen-Hohöfen am häufigsten angetroffen wird, giebt eine weiße, dichte, nicht blasige, durchscheinende, emailleartige Masse, welche bei schnellem Erkalten ein glasartiges Ansehen behält. CAS^6 fließt zu einer steinartigen, undurchsichtigen, weißen, mit vielen Höhlungen und Blasenräumen versehenen Masse. CA^2S^3 (Epidot-Zusammensetzung) giebt ein dicht geflossenes, völlig unkrystallinisches, blasenfreies, undurchsichtiges Email. CA^3S^4 (Zusammensetzung des Parenthin) ist ein sehr blasiges, undurchsichtiges, unkrystallinisches Email. CA^3S^{12} (Feldspath-Zusammensetzung) eine dichte, steinartige, undurchsichtige, körnige und etwas krystallinische Masse. C^2AS^3 (Idokres-Zusammensetzung) giebt eine dichte, nicht blasige, grauweiße, unkrystallinische, dem dichten Quarz ähnelnde Emaille. Die Schlacken von den Koakshohöfen zeigen oft solche Zusammensetzung, und sind dann bald glasig, bald steinartig und dann zugleich krystallinisch. In den Höhlungen der Schlacken findet man zuweilen regelmäßige Krystalle ausgebildet, welche die Zusammensetzung des Idokres haben.

Hr. Berthier hat noch die Schmelzbarkeit von folgenden Silikaten aus Kalk- und Thonerde untersucht:

	1.	2.	3.	4.
Kieselerde	26,5	31,2	34,1	33,3
Kalkerde	60,0	52,8	48,3	60,0
Thonerde	13,5	16,0	17,6	6,7

Das Gemenge 1 war ganz unschmelzbar. 2 gab eine steinartige Emaille auf der äußeren Rinde, war aber im Inneren der Masse nicht einmal zusammen gefrittet. 3 war zu einem dichten, blasenfreien, durchscheinenden Email geschmolzen, und 4 verhielt sich etwa eben so.

Als Resultat ergiebt sich, daß unter den Verbindungen der Kieselerde mit Kalkerde und Thonerde, die schmelzbarsten zwischen den Gränzen $(C,A)S^2$ und $(C,A)S^{\frac{1}{2}}$ liegen, und daß die Gemenge dabei um so schmelzbarer sind, jemehr sich die Basis der Zusammensetzung C^2A nähert. Ist die Basis CA, so erfolgt zwar auch noch eine Schmelzung, jedoch ist die Schmelzbarkeit weniger groß, als wenn die Basis CA^2 ist. Thonarten, die am mehrsten Thonerde enthalten, nähern sich der Zusammsetzung AS^2; wenn diesen also Kalk (oder das Aequivalent von kohlensaurem Kalk) in den Gränzen von C und C^2 zugesetzt wird, so werden sie immer leicht in Fluß kommen, aber noch leichter, wenn noch ein Zusatz von Kieselerde zwischen den Gränzen S und S^4 gegeben wird; insofern die Gangart nicht etwa, wie gewöhnlich, reich an Kieselerde ist, wodurch der Zusatz erspart werden kann. Ein gleichzeitiger Zusatz von Kalkerde und Kieselerde wird also nur bei einem großen Thonerdegehalt der Beschickung erforderlich sein. Eben so ist ein Zusatz von Thonerde förderlich, wenn die Beschickung viel Kalk= und Kieselerde enthält u. s. f. Die Silikate von Kalk= und Thonerde können sehr viel Kalkerde aufnehmen, ohne deshalb unschmelzbar zu werden, aber sie sind dann in einem um so höheren Grade strengflüssig, je mehr Thonerde sie enthalten.

Silikate von Bittererde und Thonerde:

	MAS^3	MAS^4
Kieselerde	45,9	63
Bittererde	29,3	20
Thonerde	24,8	17

Beide Gemenge kamen in vollständigen Fluß. Das erste gab eine dichte, steinartige, durchscheinende emailleartige Masse, welche einen etwas stärkeren Glanz besaß, als das geschmolzene zweite Gemenge. Die Bittererde verhält sich daher zu dem Silikaten der Thonerde ungleich strengflüssiger als die Kalkerde.

§. 421.

Die unter der Leitung des Hn. Sefström zu Fahlun angestellten Schmelzversuche gaben folgende Resultate:

Silikate von Kalkerde konnten nicht zum Schmelzen gebracht werden.

Das Bisilikat von Kalkerde war vollständig geflossen und zeigte sich etwas krystallinisch auf der Bruchfläche.

Das Trisilikat von Kalkerde schmelzt leichter als das Bisilikat, so daß wenn beide zugleich zuum Schmelzen eingesetzt werden, das Trisilikat schon vollkommen geflossen ist, wenn das Bisilikat erst zusammen sintert.

Das Quadrisilikat von Kalkerde frittet nur zusammen, oder kommt theilweise in Fluß, bleibt dann aber nicht gleichartig.

Das Silikat von Bittererde giebt eine milchweiße, glasige, schwammige Masse.

Das Bisilikat von Bittererde fließt vollständig zu einem perlfarbenem, fast weißem Email, welches äußerlich krystalliunisch ist.

Das Trisilikat von Bittererde giebt eben solches schlackiges Email wie das Bisilikat, aber ungleich weniger vollständig geflossen.

Silikate und Bisilikate von Thonerde sinterten nur zu einer harten Masse zusammen.

Ein Silikat von Kalkerde und ein Silikat von Bittererde gaben ein wohl geflossenes, lichtblaugrünes Glas, mit körnigem Bruch.

Ein Bisilikat von Kalkerde und ein Bisilikat von Bittererde gaben eine gut geflossene, glasige Schlacke, durchscheinend wie Opal und an einigen Stellen krystallinisch.

Ein Bisilikat von Kalkerde und zwei Theile Bittererden-Bisilikat gaben ein gut geflossenes, stellenweise krystallisirtes Email.

Zwei Theile Kalkerdenbisilikat und ein Theil Bittererdenbisilikat gaben ein gut geflossenes, opalisirendes Glas mit körnigem Bruch.

Ein Trisilikat von Kalkerde und ein Trisilikat von Bittererde gaben ein perlfarbenes Email, welches leichtschmelzend zu sein schien.

Ein Silikat von Kalkerde und zwei Theile Thonerden-Silikat gaben ein gut geflossenes grünes Glas, welches vor dem Löthrohr leicht zu einem weißen Schaum geschmolzen ward.

Ein Bisilikat von Kalkerde und zwei Theile Thonerdensilikat schmolzen leicht zu einem Dichroit-farbenen Glase, welches vor dem Löthrohr zu einem weißen Schaum aufschwellt.

Ein Bisilikat von Kalkerde und zwei Theile Thonerden-Silikat verhielten sich eben so, nur ein wenig strengflüssiger.

Ein Bisilikat von Kalkerde und ein Bisilikat von Thonerde gaben ein blaugrünes, gut geschmolzenes Glas.

Ein Silikat von Bittererde und ein Silikat von Thonerde gaben eine gut geflossene Schlacke, die auf der Bruchfläche dem dichten Dichroit gleicht.

Hr. Sefström hat auch Versuche über die Verbindung der Kalkerde mit Thonerde, oder über die Bildung der sogenannten Aluminate, angestellt und gefunden, daß beide Erden sich fast eben so leicht, wie die Kalkerde und die Kieselerde, mit einander verschlacken. Das Kalkerden-Aluminat giebt eine glasartige Masse von einer Mittelfarbe zwischen isabellgelb und grasgrün, welches mit der Zeit an der Luft zu einem weißen Pulver zerfällt. Das Bialuminat von Kalkerde giebt eine wachsgelbe Schlacke, ist leichtflüssiger wie das Aluminat, und auch leichtflüssiger wie das Trialuminat von Kalkerde, welches zu einer dichten Masse schmelzt, deren schmutzige Farbe zwischen grau, gelb und braun inne steht. Auf den Bruchflächen hat diese Schlacke Wichsglanz und einzelne kleine weiße Körner, von einem noch ungeschmolzenen Körper.

Vom Probiren und Analysiren der Eisenerze.

§. 422.

Bei den mehrsten Metallen, besonders bei dem Gold, Silber, Kupfer und Blei, wird das Ausbringen im Großen durch die kleine Probe kontrollirt. Beim Eisenhüttenwesen sind solche kontrollirende Proben noch nicht allgemein eingeführt, weil man vollkommen überzeugt sein darf, daß bei einem guten Gange des Ofens, der ganze Eisengehalt der Erze, der im Großen nur dargestellt werden kann, auch wirklich ausgebracht wird. Nur bei einem schlechten Gange wird viel Eisen verschlackt; weil aber der Ofen, ohne Gefahr zu ersticken, nicht lange in einem solchen Gange bleiben kann, sondern bald zu einem besseren zurückgeführt werden muß, so ergeben sich die Kennzeichen des Eisenverlustes schon bei den Schmelzbarkeiten im Großen selbst, und es bedarf keiner kontrollirenden Probe, welche bei anderen Metallen ungemein viel wichtiger ist, indem es bei ihnen an den Kennzeichen des Metallverlustes im Großen fehlt, auch der Gehalt der fallenden Zwischenprodukte untersucht werden muß, welches beim Eisen ebenfalls nicht nöthig ist. Dennoch ist es nothwendig, den Gehalt der Erze durch Proben im Kleinen auszumitteln, theils um den Metallgehalt der noch unbekannten Erze vor dem Verschmelzen kennen zu lernen, theils um das Ausbringen im Großen von Zeit zu Zeit mit den Resultaten der kleinen Proben vergleichen zu können.

Daß die gewöhnliche Eisenprobe durch Reduktion der Eisenerze in Tiegeln, nicht den wirklichen Eisengehalt des Erzes, sondern nur den Roheisengehalt angeben kann, ist schon oben (§. 390) erwähnt. Aber auch der Roheisengehalt, welcher durch die kleine Probe ausgemittelt wird, kann mit dem Ausbringen im Großen nicht vollkommen übereinstimmen, weil der Grad der Hitze den größten Einfluß auf den Zustand der Verbindung der Kohle mit dem Eisen hat. Außerdem wendet man bei den Eisenproben in der Regel andere Flüsse und Zuschläge an, als beim Verschmelzen der Erze im Großen, und dadurch wird die Vergleichung noch weniger vollständig. Man kann im Allgemeinen und bei einem fortdauernd guten Gange des Ofens wohl annehmen, daß das Ausbringen im Großen eben so gut die kleine Probe, als diese jenes, kontrollirt.

§. 423.

Die Eisenerzprobe auf dem nassen Wege als eine gewöhnliche kontrollirende Probe eingeführt zu sehen, würde nur ausführbar sein, wenn ein eben so bequemes als zuverlässiges Verfahren zur Bestimmung des Eisengehaltes der Erze bekannt wäre. So wichtig und vortheilhaft für den Betrieb es auch ist, die Bestandtheile des zu verarbeitenden Erzes genau zu kennen, und so empfehlenswerth es daher bleibt, eine vollständige Analyse auf nassem Wege, wegen der Art der Behandlung der Erze vor dem Verschmelzen, wegen der Wahl der Zuschläge und wegen der Beurtheilung der wahrscheinlichen Beschaffenheit des daraus zu erzeugenden Eisens, anzustellen: so wenig kann man fordern, daß vollständige Analysen auf dem nassen Wege als gewöhnliche Eisenerzproben eingeführt werden, weil es bekannt genug ist, wie viel Zeit und Mühe sie erfordern. Eine Analyse auf nassem Wege, die als Eisenprobe dienen kann, in der Behandlung der Eisenerze mit Königswasser und im Niederschlagen des Eisengehalts durch Blutlaugensalz zu finden, wobei dann 100 Theile Berlinerblau, 24,7 Theile Eisenoxyd, also 17,1 regulinisches Eisen angeben, ist eine größere Täuschung und ein weit unzuverlässigerer Weg der Ausmittelung des wahren Eisengehalts des Erzes, als der durch eine Eisenprobe auf trocknem Wege. Wenn es also nur auf eine ziemlich genaue Bestimmung des Metallgehalts des Eisenerzes ankommt, so hat die Eisenerzprobe auf trocknem Wege den Vorzug vor den bisher in Vorschlag gebrachten Proben auf dem nassen Wege. Sollen aber alle Bestandtheile des Erzes genau ausgemittelt und quantitativ bestimmt werden, so bedarf es einer gründlichen Analyse, welche nur von Wenigen mit Zuverlässigkeit erwartet werden kann. Wer mit solchen Analysen bekannt ist, wird die Hoffnung, sie einmal als kontrollirende Proben auf den Eisenhütten allgemein angewendet zu sehen, gern aufgeben.

Soll die Erzprobe auf dem nassen Wege, aber nicht den Zweck einer vollständigen Analyse erfüllen, sondern wird dadurch bloß eine genaue Bestimmung des Gehaltes des Erzes an regulirischem Eisen beabsichtigt, so dürfte das von Hrn. Fuchs vorgeschlagene Verfahren die größte Aufmerksamkeit verdienen, theils weil die Methode nicht schwierig in der Anwendung ist, theils weil sie den wirklichen Eisengehalt des Erzes so genau angiebt, als es für das Interesse des praktischen Hüttenmannes nur irgend nöthig ist. Das Verfahren ist schon oben (§. 336) vollständig angegeben. Das Eisenerz wird in einer concentrirten Salzsäure aufgelöst, die Auflösung mit Wasser verdünnt und filtrirt, das aufgelöste oxydirte Eisen durch einen Zusatz von chlorsaurem Kali in den Zustand des Eisenoxyds versetzt, dann die Reduction zu Eisenoxydul mit den schon angeführten Vorsichtsmaaßregeln durch metallisches Kupfer vorgenommen, und aus der Quantität des aufgelöseten Kupfers die Menge des regulinischen Eisens im Erz nach dem Ansatz: 31,7: 28, wie die Menge des aufgelöseten Kupfers zu der gesuchten Menge des regulischen Eisens im Erz bestimmt. Nur allein die Arseniksäure — und unter gewissen Umständen (§. 336) das Titanoxyd, aber weder Schwefelsäure noch Phosphorsäure, noch irgend eine im Eisenerz befindliche Erdart, haben auf den Erfolg der Methode einen Einfluß, so daß dadurch der Eisengehalt mit sehr großer Genauigkeit bestimmt werden kann. Vor der Erzprobe auf dem trocknen Wege hat dies Verfahren den großen Vorzug, daß dadurch der Gehalt an reinem Eisen, und nicht an Roheisen, gefunden wird, welches eine sehr unbestimmte Verbindung des Eisens mit andern Körpern ist, worin der wirkliche Eisengehalt erst durch eine zweite Probe aufgesucht werden muß.

§. 424.

Die Eisenprobe auf dem trocknen Wege sollte eigentlich mit denselben Flüssen oder Zuschlägen angestellt werden, deren man sich beim Verschmelzen der Erze im Großen wirklich bedient. So scheint es wenigstens, weil man hoffen dürfte, dadurch eine völlige Uebereinstimmung der Resultate im Kleinen mit denen im Großen zu bewirken. Dies ist indeß nur scheinbar, weil die Bedingungen, unter denen die Reduktion im Großen und im Kleinen geschieht, jederzeit sehr von einander verschieden sind, vorzüglich weil es nur in wenigen Fällen möglich sein dürfte, in kleinen Feuern eine so große Hitze hervorzubringen, als in den Hohöfen erzeugt werden kann. Die Zuschläge, mit welchen man im Großen sehr gut ausreicht, werden bei den Eisenerzproben nicht im Stande sein, eine reine Abscheidung des Eisens von der Schlacke zu bewirken; und daraus geht auch hervor, was von den sogenannten Beschickungsproben zu halten ist. Solche Proben können nur durch Annäherung die Art und die Quantität der anzuwendenden Flüsse oder Zuschläge angeben; allein die genauere Bestimmung kann, bei ganz unbekannten Erzen, nur durch eine Analyse auf dem nassen Wege und nach den Anleitungen, welche diese gegeben hat, durch Probeschmelzen erfolgen. Wenn die kleinen Eisenerzproben auch demselben Hitzgrade ausgesetzt würden, in welchem das Verschmelzen im Großen geschieht, so ist doch immer noch auf das Verhältniß der Massen, die gegen einander wirken, und welche bei der kleinen Probe inniger mit einander in Berührung kommen, Rücksicht zu nehmen.

§. 425.

Die Art des Probenehmens, das Stampfen und Zerpulvern der zum Probiren bestimmten Erze in eisernen Mörsern, das Durchschlagen des Pulvers durch ein Sieb, das Abwägen der Probe u. s. f., sind bekannte Sachen; zu erwähnen ist es aber noch, daß die zu probirenden Erze zuerst in der Siedhitze des Wassers getrocknet, und alsdann auf einem bedeckten Scherben roth geglüht werden müssen. Der Gewichtsverlust beim Glühen der vorher in der Wassersiedhitze getrockneten Erze, giebt, insofern das Erz keine kohlensauren Verbindungen enthält, den Wassergehalt an, welcher als Hydrat chemisch mit den Bestandtheilen des Erzes verbunden war, und daher mit in Rechnung kommen muß. Die zu probirenden Erze müssen daher jederzeit nur bis zur Siedhitze des Wassers getrocknet und dann eingewogen werden, weil sonst der Eisengehalt durch die kleine Probe irrig zu hoch ausgebracht wird.

§. 426.

Die Reduktion oder das Schmelzen des Erzes wird entweder in Kohlentiegeln, oder häufiger in feuerfesten Thontiegeln (in den sogenannten Probirtuten), welche mit Kohlenstaub auf die bekannte Art ausgefüttert sind, vorgenommen. Der Kohlenstaub muß fein gerieben und mit reinem Wasser (welches durch etwas Gummiauflösung klebrig gemacht worden ist) angefeuchtet, eingetragen und eingedrückt werden. Das Verfahren, die Spur mit einem Ueberzuge von 3 Theilen Kohlenstaub und 1 Theil Lehm zu bekleiden, um sie dadurch haltbarer zu machen und besser zum Stehen zu bringen, ist zu verwerfen, weil der Lehm den Erfolg der Probe unsicher und schwankend macht. Das mit der Beschickung gemengte Erz wird in die Spur des Tiegels gethan und mit Kohlenstaub bedeckt, worauf man die Spur mit einem Kohlendeckel versieht, und auf diesen einen thönernen Deckel, gewöhnlich einen Fuß von einem alten unbrauchbaren Tiegel, möglichst genau aufpaßt, um das Zutreten der äußeren Luft zu verhindern. Das Schmelzen der Proben geschieht entweder in einer Schmiedeesse vor dem Gebläse, oder im Windofen. Im ersten Fall bedarf es weniger Kohlen, weil man den Arbeitsraum, in welchem die Proben geschmolzen werden sollen, durch Ziegel verengen kann; allein der Erfolg ist in wenigen Fällen ganz gleich, weil es, bei mehren Proben, die gleichzeitig gemacht werden, kaum möglich und ausführbar ist, eine jede Probe gleich stark zu erhitzen, obgleich man sie so stellen muß, daß sie wo möglich alle einen gleichen, und zwar den stärksten Zug, der durch das Gebläse nur hervorgebracht werden kann, erhalten. Der Hauptluftstrom muß die Tuten in der Höhe treffen, in welcher sich der Regulus im Spur lagern wird; auch muß die Hitze langsam steigen. Wie lange die Proben vor dem Gebläse stehen bleiben müssen, hängt von der Wirksamkeit des Gebläses ab; ½ bis ¾ Stunden ist die gewöhnlichste Zeit, welche man zur Beendigung des Blasens rechnet — Wird das Schmelzen im Windofen vorgenommen, so muß man die Hitze ebenfalls nach und nach durch stärkeres Zuströmen von Luft unter den Rost, und wo möglich zuletzt durch Aufsatzröhren, zu verstärken suchen, wenn der Ofen nicht hoch genug sein sollte, um einen hinlänglich starken Zug hervorzubringen. Oft ist es auch nöthig, noch einmal frische Kohlen aufzuschütten, wobei man aber das Feuer vorher nicht zu weit niedergehen lassen darf. Hat man Gelegenheit, gute Koaks anzuwenden, so sind diese den Holzkohlen vorzuziehen, weil sie eine viel stärkere Hitze geben, weshalb man in weit niedrigeren Oefen, ohne sie nachfüllen zu dürfen, eine ungleich größere Wirkung als mit Holzkohlen hervorbringen kann. Die Proben, welche im Windofen gemacht werden, enthalten gleichmäßigere Hitze, als vor dem Gebläse, weshalb man auch gleichzeitig so viel Proben einsetzen kann, als der Ofen nur zu fassen vermag. Es versteht sich, daß man die Tuten nicht unmittelbar auf den Rost des Ofens stellt, weil sie dort zu kalt bleiben und einer zu ungleichen Hitze ausgesetzt werden würden; sondern daß man auf den Rost erst eine Thonplatte legt, und die Proben darauf stellt. Zu hoch darf der Untersatz aber nicht sein, weil sonst die wirksamste Hitze für die Proben verloren geht.

§. 427.

Das Schmelzen in Tiegeln, in einer gewöhnlichen Esse vor dem Gebläse, ist älter wie die Anwendung der Probiröfen. Schon zu Agrikola's und Erker's Zeiten machte man alle Proben, welche eine starke Hitze erfordern, vor dem Gebläse und hielt die Kohlen mittelst eines eisernen Kranzes zusammen. Das Schmelzen in Probiröfen, welches bequemer ist, findet in gewöhnlichen Schachtöfen statt, die mit einem Rost versehen sind. Der Luftzug wird entweder durch eine Esse, oder durch ein Gebläse bewerkstelligt. Die Wirkung des Ofens hängt von der Stärke des Luftzugs, von den Dimensionen des Schachtes und von der Beschaffenheit des Brennmaterials ab. Die einfachste Vorrichtung zu einem Probirofen zeigt die Fig. 8. Taf. 1. Sie ist eigentlich nur eine Casserollöffnung in einem gewöhnlichen Küchenheerde, bei welcher ein Aufsatz von Eisenblech (Fig. 9) die Stelle der Esse vertritt. Bedient man sich bei dieser Vorrichtung der Koaks als Brennmaterial, so lassen sich die gewöhnlichen Eisenerzproben recht gut darin vornehmen, wenn für zureichenden Luftzug unter dem Rost gesorgt ist. Mit größerem Erfolge bedient man sich aber, statt dieses Aufsatzes von Eisenblech, eines anderen Mittels zur Verstärkung des Luftzugs. Es besteht darin, daß man die Mündunz des Schachtofens mit einer eisernen Platte bedeckt und einige Zolle unter dieser Platte einen Kanal (Fuchs) aus dem Ofenschacht in eine Esse führt. Die Zeichnnngen Fig. 10, 11 und 12 stellen einen kleinen Tiegelofen dar, wie er zu den Eisenerzproben bei Koaks auf der Gleiwitzer Hütte in Oberschlesien angewendet wird. In der gegossenen eisernen und schräge liegenden Deckplatte befindet sich eine mit einem Schieber versehene Oeffnung zum Beobachten. Der Rost kann entweder aus dem Ganzen gegossen sein, oder aus einzelnen Roststäben bestehen. Die Zeichnungen Fig. 13 und 14 stellen eine ganz ähnliche Einrichtung dar, wie sie in Cornwallis für Kupfererzproben gebräuchlich ist, aber auch zu Eisenerzproben gebraucht werden kann. Alle Tiegelöfen mit einem natürlichen Luftzuge unter dem Rost, sind in dieser Art eingerichtet. Die Tiegelöfen, wie sie Taf. 1, Fig. 15 und 16 dargestellt sind, lassen sich zugleich als Muffelöfen benutzen. Will man diese, wie es bei den Eisenerzproben erforderlich ist, nicht anwenden, so ist der gewöhnliche Tiegelofen wieder hergestellt, wenn man die Muffel herausnimmt, und die in der Vorwand des Ofens zum Einsetzen der Muffel bestimmte Oeffnung mit einer Blendmauer, oder auf irgend eine andere Art verschließt. In einem solchen Ofen, wenn er als Tiegelofen und nicht als

Muffelofen dienen soll, steht der Tiegel mit seiner Unterlage nicht unmittelbar auf dem Rost, sondern ohne alle Unterlage, — welche bei dieser Einrichtung nicht erforderlich ist, — über dem Rost, nämlich auf den Trägern, welche auch der Muffel, wenn diese angewendet werden soll, zu Trägern dienen. Sollten Operationen unter der Muffel vorgenommen werden, für welche die Hitze zu stark wäre, so dürfte nur der Fuchs geschlossen und die Deckplatte auf der Mündung des Ofens geöffnet werden. Dieselbe Oeffnung, durch welche die Muffel in den Ofen geschoben wird, läßt sich auch bei Destillationen und Sublimationen für flüchtige Metalle benutzen, indem der Retortenhals durch jene Oeffnung, welche sich zu diesem Zweck verkleinern läßt, gesteckt und dann mit der Vorlage in Verbindung gesetzt wird. Ein solcher Ofen ist daher als ein recht wirksamer Universalofen ohne Gebläse zu betrachten, und sehr zweckmäßig in allen Fällen anzuwenden, wo nicht eine große Anzahl von Proben einer und derselben Art gemacht werden muß, indem man dem Ofen dann eine, auf diesen Zweck allein gerichtete, bequemere Einrichtung geben kann. — Zuweilen ist es von Wichtigkeit, den Tiegelofen schnell abzukühlen. Dies läßt sich bewerkstelligen, wenn man keinen festen Rost anwendet, sondern ihn aus einzelnen Stäben bestehen läßt, welche herausgezogen werden können. Noch schneller erreicht man diesen Zweck aber dadurch, daß man einen rahmenartigen Rost auf der einen Seite in Zapfen gehen, ihn also um eine Angel sich drehen und auf der entgegengesetzten Seite auf einer Unterlage ruhen läßt, welche man nach Umständen wegziehen kann, so daß der Rost dann senkrecht an seinen beiden Zapfen niederhängt, und der ganze Raum im Schacht augenblicklich von den Kohlen geleert wird. Diese Einrichtung ist in der Zeichnung Fig. 15 dargestellt.

Soll ein sehr hoher Grad von Schmelzhitze hervorgebracht werden, so genügen die Tiegelöfen mit einem natürlichen Luftzuge nicht mehr, selbst wenn auch hohe Essen angewendet werden. Man muß dann ein Gebläse zu Hülfe nehmen, wobei es alsdann überflüssig ist, den Ofenschacht durch einen Fuchs mit der Esse in Verbindung zu setzen. Es ist nichts weiter erforderlich, als den Tiegelofen unter einen gewöhnlichen Rauchfang zu stellen, um die Dämpfe und die erhitzten Gasarten abzuführen. Weil ein natürlicher Luftzug nicht statt findet, so ist es auch nicht nöthig, den Tiegel auf einen Rost zu stellen, indem eine bloße Unterlage genügt, um dem Tiegel eine dem eintretenden Windstrom angemessene Höhe zuzutheilen. Die Anwendung eines Rostes ist jedoch immer vortheilhaft, weil sich unter demselben ein Raum zur Aufnahme der Asche bildet, welche ohne jenen Raum, besonders bei der Anwendung von Koaks, hinderlich wird. Die gewöhnlichen Tiegel-Schmelzöfen mit Gebläse haben die Einrichtung wie die Zeichnungen Fig. 17 und 18 Taf. 1 darstellen. Das Gebläse ist mit einem Sammelkasten für den Wind versehen, aus welchem derselbe durch mehre Leitungen unter den Rost des Tiegelofens geführt wird. Der Raum unter dem Rost, oder der Aschenfall, muß natürlich ganz geschlossen sein, damit der Wind aus dem Gebläse mit der ihm zukommenden Geschwindigkeit, durch den Rost in dem Ofenschacht getrieben wird. Nach beendigter Schmelzung wird der Rost von oben aus der Mündung des Ofens herausgenommen, um den Aschenfall reinigen zu können. Bei dem auf der Zeichnung dargestellten Ofen wird der Wind durch 3 Formen unter den Rost geführt. — Bei einer solchen Einrichtung der Tiegelöfen kann der Wind indeß nicht so wirksam sein, als wenn der Strom auf den Tiegel selbst gerichtet wird. Bei solchen Oefen geht man von demselben Grundsatz aus, wie bei dem anfänglich erwähnten Tiegelschmelzen vor dem Gebläse. Aber man hält das Feuer durch die Ofenwände ganz geschlossen und führt den Windstrom nicht auf einer Seite, sondern durch viele Oeffnungen in den Ofenschacht. Die Zeichnungen Fig. 19—23, Taf. 1 stellen einen solchen Tiegelofen dar, welcher aus starkem Eisenblech angefertigt und mit einem Futter von feuerfester Thonmasse ausgefüttert ist. Durch die Oeffnung a tritt der Wind aus dem Gebläse in den Zwischenraum zwischen dem Schachtfutter und der äußeren Wand des Ofens, verbreitet sich hier gleichmäßig und tritt durch die acht Oeffnungen c (deren Anzahl vermehrt oder vermindert werden kann) in den Schacht des Ofens. Die mit den acht Windöffnungen c correspondirenden acht Oeffnungen d in dem äußeren Mantel des Ofens, dienen zum Reinigen der Oeffnungen c, wenn diese durch Asche oder durch Unreinigkeiten und Schlacke verstopft sein sollten. Während der Operation sind sie mit eisernen oder thönernen Stöpseln (Fig. 23) geschlossen. Einer specielleren Erläuterung werden die deutlichen Zeichnungen von diesem transportablen Ofen, in welchem eine Hitze hervorgebracht werden kann, bei welcher das Stabeisen in Fluß kommt, nicht bedürfen. Die gewöhnlichen Vorsichtsmaßregeln beim Eintragen der Koaks und für die Behandlung des Ofens bei der Schmelzoperation, dürfen als bekannt vorausgesetzt werden.

§. 428.

Eben so nothwendig als der gehörige Grad von Hitze, ist auch die Auswahl des zweckmäßigsten Flusses zum Gelingen der Probe. Eine zu große Flüssigkeit der Schlacke ist bei den Proben weniger nachtheilig, als eine zu große Zähigkeit und Strengflüssigkeit derselben, indem im letzten Fall immer einige Procent Eisen weniger ausgebracht werden. Könnte man, im Verhältniß der größeren Strengflüssigkeit der Erze, den Grad der Hitze ebenfalls erhöhen, so würde es vielleicht möglich sein, auch die strengflüssigsten Erze ohne Zuschläge mit bloßer Kohle vollkommen zu reduciren; allein da sich eine so hohe Temperatur nur bis zu einem gewissen Grade hervorbringen läßt, so würden einige Eisenerze ohne einen Zusatz von Fluß nicht reducirbar sein, und andere würden 10 und mehr Procent Roheisen weniger ausgeben, als wenn sie mit einem zweckmäßigen Fluß versetzt werden. Außer auf die zweckmäßige Beschickung selbst, ist auch, besonders wenn mehre Probirpfunde Erz zur Probe genommen werden, auf die innige Vermengung des Erzes mit dem Fluß Rücksicht zu nehmen. Hr. Tiemann hat zwar auch darauf aufmerksam gemacht, daß man andere Resultate erhält, wenn man die Beschickung mit Kohlenstaub schichtet, als wenn man Alles mit einander vermengt; durch eine bedeutende Erhöhung der Temperatur wird indeß dieses Hinderniß, welches die Resultate ungewiß machen könnte, völlig gehoben. Sehr leichtflüssige Zuschläge sind dagegen nachtheilig. Das Eisen wird ungleich früher reducirt als es schmelzt. Deshalb müssen die Zuschläge von der Art sein, daß die Reduction des oxydirten Eisens im Tiegel schon erfolgt ist, ehe das Gemenge in Fluß kommt, weil sonst, durch die Gas-Entwickelung bei der Reduction, die flüssige Masse in eine sprudelnde Bewegung geräth, wodurch das Resultat der Probe unrichtig wird. Größer ist freilich noch der Nachtheil, wenn die Schlacke so steif bleibt, daß sie auch in der Schmelzhitze des Eisens noch nicht in Fluß kommt, weil die Eisenkörnchen dann, in den Schlackenmassen zerstreut, sich zu einem Korn nicht ansammeln können.

Den Wassergehalt der Erze bestimmt man durch eine besondere Probe, zu welcher man eine große Quantität Erz anwendet, um ein genaueres Resultat zu erhalten. Die Temperatur darf indeß die Rothglühhitze nicht überschreiten, und in dieser Temperatur muß die Probe wenigstens eine halbe Stunde lang erhalten werden. Von dem im bedeckten Tiegel ausgeglüheten Erz wird zur Probe sogleich so viel weniger abgewogen, als der Wassergehalt beträgt. Wäre dieser z. B. zu 10 Procent ausgemittelt worden, so werden zur Probe nur 90 statt 100 Pfund abgewogen. — Wenn das oxydirte Eisen in dem Erz mit Kohlensäure verbunden ist, so läßt sich diese vorher nicht entfernen, weil der Oxydationszustand des Eisens durch das Glühen verändert werden würde. Die Gasentwickelung muß daher im Tiegel selbst geschehen, weshalb der Tiegel nur langsam erhitzt und erst spät der stärksten Hitze ausgesetzt werden muß. Dem möglichen Verlust durch Verknisterung muß dadurch vorgebeugt werden, daß die Probe sehr fein gerieben wird, welches überhaupt bei allen Proben uothwendig ist. Das mit den Zuschlägen gemengte Erz wird zuerst in den Kohlentiegel eingetragen und dann mit einer Schicht von Kohlenstaub bedeckt. Das Vermengen der Probe mit Kohlenstaub ist ganz überflüssig, sogar nachtheilig, weil die Berührung der einzelnen Theilchen des Gemenges dadurch verhindert wird. Man bedeckt den Tiegel und giebt zuletzt die stärkste Hitze, die sich im Ofen hervorbringen läßt.

Das Resultat der Probe ist ein Roheisenkorn, welches fast immer graues Roheisen sein wird, wenn die Probe lange in starker Hitze gestanden hat. Nur solche Erze, die Phosphorsäure enthalten, sind sehr geneigt, ein weißes Roheisenkorn zu geben, obgleich sich dasselbe durch starke Hitze auch in graues umändert. Aus der mehr oder weniger spröden Beschaffenheit des Roheisenkorns auf die Güte des aus den Erzen darzustellenden Eisens schließen zu können, ist eine irrige Voraussetzung, weil die Sprödigkeit häufig nur eine Folge des Zustandes ist, in welchen sich das Eisen mit der Kohle verbunden hat. Noch weniger kann daher die Farbe des Roheisenkorns über die Güte des Eisens einen Aufschluß geben, indem sie fast immer nur von dem Grade der Hitze abhängt, bei welchem die Probe reducirt und geschmolzen ist. — Die Eisenerzproben geben den Roheisengehalt des Erzes an, aber nicht den Gehalt an reinem Eisen. Wenn es den Proben an Hitze nicht gefehlt hat, so findet sich in der Schlacke, bei einer zweckmäßigen Wahl der Zuschläge, kaum eine Spur von Eisenoxydul. Der durch die Erzprobe ausgemittelte Gehalt an Roheisen kann daher auch, wenn eine richtige Durchschnittsprobe genommen worden ist, mit dem Roheisenausbringen beim Verschmelzen der Erze im Großen, ziemlich genau übereinstimmen.

§. 429.

Am genauesten und sorgfältigsten hat Gadolin die Wirkung der Flüsse auf die Eisenoxyde beim Reduciren derselben untersucht. Er bemerkt, daß alle Körper, die sich im Feuer verglasen, den Eisenkalk auflösen können, weshalb eine Anziehung mit den verschlackbaren Körpern und dem oxydirten Eisen stattfinde. Diese Anziehung wirke gegen die Reduktion des Oxyds, weil sie das Band zwischen dem Eisen und dem Sauerstoff noch mehr noch mehr befestige. Wenn also die Anziehung zwischen einem Fluß und dem Eisenoxyd stark genug sei, so könne dadurch die Reduktion des Eisens gänzlich verhindert werden. — Nach den jetzt erlangten Begriffen würde man sagen, daß das chemisch gebundene oxydirte Eisen immer schwieriger, als das reine oder nur mit anderen Substanzen gemengte Eisenoxyd, und in einzelnen Fällen vielleicht gar nicht, durch die bloße Wirkung der Kohle, reducirt werden kann. — Um nun zu erfahren, wie sowohl leichtfließende, als strengflüssige Zuschläge die Reduktion des Eisenoxyds begünstigen oder verhindern, stellte Gadolin, in einer Hitze von angeblich 166 Graden des Wedgwoodschen Pyrometers, eine Reihe von Versuchen an, aus denen hervorgeht:

1. Daß alle den Eisenoxyden beigemengten Salze oder Erdarten, sie mögen leichtflüssig oder strengflüssig sein, Borax allein ausgenommen, der Reduktion des Oxyds in so weit hinderlich sind, als eine größere Hitze erforderlich ist, um wenigstens das Metallkorn rein zu erhalten, und daß das Oxyd, ohne einen Zusatz von Fluß, leichter und vollständiger reducirt wird. Diese Körper wirken daher als ein rein mechanisches Hinderniß.

2. Daß die ohne Zusatz von Fluß angestellten Eisenerzproben (wenn nicht die Erze selbst hinlänglichen Fluß enthalten) mehrentheils unsichere Resultate, und einige Procent Metall weniger geben, als wenn ein angemessener Fluß zugesetzt wird, weil die äußersten Eisentheilchen, wenn sie nicht durch Flüsse zusammengehalten werden, sich mit Kohle übersättigen und Reisblei bilden,

welches leicht in dem umliegenden Kohlenstaub zerstreut wird. — Die Probe befindet sich hier in demselben Fall wie die Dürrerze beim Verschmelzen im Großen, indem viele Eisenkörner in der steifen Schlacke hängen bleiben.

3. Daß Leinöl, zu einem armen Eisenerz gemischt, mehre zerstreute Eisenkörner giebt, wodurch die Probe ebenfalls unsicher wird.

4. Daß die drei Erden: Kalk-, Bitter- und Kieselerde, ungeachtet ihrer Eigenschaft, mit dem Eisenoxyd, Schlacken und Gläser zu bilden, dennoch die Reduktion des Eisens nicht hindern, weil sie immer, wenn nicht mehre zugleich eingemischt sind, ungeschmolzen bleiben.

5. Daß indeß diese Erden, wie auch unschmelzbare vermischte Erden, bei den Eisenproben schädlich sind, weil das Eisen nicht zu einem König zusammengehen kann. — Der Erfolg in 4 und 5 ist von dem in 2 nicht verschieden.

6. Daß Bittererde dem günstigen Fortgange der Eisenproben am mehrsten hinderlich ist, ihrer Unschmelzbarkeit wegen, und weil sie auch das Schmelzen anderer Flüsse verhindert.

7. Daß Baryt- und Thonerde weniger schädlich sind, weil in sehr strenger Hitze Eisenkönige erhalten werden können, wenn diese Erdarten allein, ohne Zusatz von anderen Flüssen, dem Eisenoxyd beigemengt waren. — Die Erfahrungen 6 und 7 stimmen mit den neueren Untersuchungen nicht überein, und würden auch wohl zu anderen Resultaten geführt haben, wenn auf die chemischen Aequivalente der Erden schon damals hätte Rücksicht genommen werden können. Von den Thonerden-Silikaten weiß man, daß sie höchst strengflüssig sind und daß sie daher nur dieselben Hindernisse verursachen können, welche die reinen Erden (4) beweisen.

8. Daß schwerflüssige Beimischungen, die ein sehr zähes Glas geben, wie Flußspath oder Baryterde allein, oder Kalk mit Thonerde, schädlich sind, weil sie Eisenoxydtheilchen umschließen, so daß der Kohlenstaub nicht hinlänglich auf sie wirken kann. Es

entsteht daher nur geschmeidiges Eisen, das nicht zum König schmelzen kann. Dies Hinderniß wird aber vermindert, wenn die Menge des Flusses geringe, oder der Feuersgrad hinlänglich stark ist, oder wenn die leichtere Schmelzung des Glases durch andere Erdarten befördert wird.

9. Daß diejenigen Flüsse, die ein weniger zähes Glas geben, aber doch bei der Schmelzhitze des Eisens nicht dünn genug fließen, mehrentheils verursachen, daß das Eisen in mehren kleinen Körnern in der Schlacke zerstreut bleibt, wobei auch öfters etwas vom Eisenoxyd von der Schlacke aufgelöst wird. — Dies sind sämmtlich Flüsse mit vorwaltender Kieselerde.

10. Daß sehr leicht und dünne fließende Flüsse, wie Alkalien, Kochsalz u. a., bei Eisenproben schädlich sind, weil die Eisentheilchen vor ihrer Reduktion mit einer Glashaut überzogen werden, wodurch das Einwirken der Kohle verhindert wird. Dies Hinderniß verschwindet, wenn weniger vom Fluß genommen wird, oder wenn durch eine längere Schmelzhitze die Salze verdampft werden, oder wenn das Eisen sich nur als Oxydul, und nicht als Oxyd, im Erz befand, besonders aber wenn die Probe sehr lange in der Hitze erhalten wird.

11. Der Ungelegenheit von sehr leichtfließenden Flüssen wird auch durch eingemischtes Leinöl abgeholfen.

12. Daß Digestivsalz oder Kochsalz andere Flüsse geneigter macht, das Eisenoxyd aufzulösen, wodurch die Proben unsicher werden.

13. Daß Gips allein bei den Eisenproben schädlich ist, obgleich weniger als ein schwefelsaures Alkali. Jener ist auch sehr geneigt, den Tiegel anzugreifen.

14. Daß die schädliche Wirkung des Gipses durch andere zugemischte Erdarten vermindert wird, wenn daraus Glas werden kann. Am wenigsten schadet die Schwefelsäure (in Rücksicht des Ausbringens, aber nicht der Qualität), wenn das Eisen im Erz nicht oxydirt, sondern nur oxydulirt ist.

15. Daß Knochenasche mit solchen Zusätzen, die Glas damit hervorbringen können, die Reduktion des Eisens zwar nicht verhindert, daß aber die Probe unsicher wird, weil kaltbrüchiges Eisen entsteht, und das Gewicht des Regulus durch den Phosphor vermehrt wird.

16. Daß Metalloxyde, die leicht zu reduciren sind, aber nach der Reduktion sich nicht leicht mit dem Eisen vereinigen, wie Blei- oder Zinkoxyd, bei den Eisenproben schädlich sind, weshalb man sehr behutsam verfahren muß, wenn man eine strengflüssige Bergart durch einen Zusatz von Glätte zum Fließen bringen will.

17. Daß Metalloxyde, welche sich schwer reduciren lassen, sich aber nach der Reduktion leicht mit dem Eisen verbinden, wie Antim. diaphor. und Braunstein, sehr leicht mit dem Eisen zugleich reducirt werden, und eisenhaltige Könige bilden, wenn nicht zugleich solche Erdarten eingemischt sind, die mit den Metalloxyden leicht verschlackt werden.

§. 430.

Wendet man diese Erfahrungen auf die Reduktion der Eisenerze bei der kleinen Tiegelprobe an, so ergiebt sich, daß man alkalische Zusätze möglichst vermeiden, und nur solche Erdarten anwenden muß, welche mit den in den Erzen befindlichen Erden kein zähes oder strengflüssiges Glas bilden. Sehr reiche Erze, welche wenig Erden erhalten, wird man am besten mit einem Zusatz von 10 Procent Flußspath und 10 Procent kalcinirtem Borax beschicken. Bei ärmeren Erzen nimmt man 25 Procent Flußspath und 25 Procent reinen Kalk, und wenn sie sehr arm sind, setzt man 10 Procent kalcinirten Borax zu. Enthalten die Eisenerze Kalk, oder andere basische Erden, und keine Kieselerde, so würde ein Zusatz von 20 bis 25 Procent gebrannter, zerstoßener und fein gepulverter reiner Quarz, gemengt mit 25 Procent Flußspath, anzuwenden sein. — Je kompacter und dichter das Erz übrigens von Natur war, oder je schwerer sich sein natürlicher Zusammenhang beim Zerpulvern und Zerreiben aufheben ließ, desto stärkere Hitze ist unter sonst gleichen Umständen erforderlich, um das darin befindliche oxydirte Eisen zu reduciren. Den reinen und mit anderen Silikaten nicht verbundenen Kieseleisensteinen, wohin auch die Eisenschlacken gehören, wird ihr Eisengehalt besonders schwer, und nur in der größten Hitze abgewonnen. Diese Erze können indeß bei einem Zusatz von 25 Procent Flußspath und 25 Procent reinem Kalk auch vollständig reducirt werden, wenn die Proben nur lange genug in starker Hitze stehen bleiben.

Schlüter, Cramer, Gellert und die älteren Metallurgen empfehlen vorzüglich die Anwendung von schwarzem und weißem Fluß, oder von Weinstein, Salpeter, pulverisirtem Glas, Kochsalz u. s. f., in sehr zusammengesetzten Verhältnissen, welche aber nach Gadolin's Erfahrungen sehr unzuverlässig sind und irrige Resultate geben. Guyton Morveau giebt 16 Theile zerstoßenes metallfreies Glas, 2 kalcinirten Borax und 1 Kohlenstaub; Kirwan 5 Theile Kalk, 5 Flußspath und 4 Kohlenstaub, und Chaptal 20 Theile kalcinirten Borax, 2 Theile Kalk und 10 Theile Salpeter, als einen vorzüglich empfehlenswerthen Fluß an. Bergman gebrauchte bloß kalcinirten Borax, womit man auch bei leichtflüssigen Erzen vollkommen ausreicht. — Die vorhin angegebenen Flüsse für kieselerdehaltige und für Kalk-, Thon- oder Bitterde enthaltende Eisenerze, welchen keine Kieselerde beigemischt ist, kann ich aus eigener Erfahrung als bewährt empfehlen. Sie werden ihren Dienst nie versagen, obgleich sie, wenn man durch die Analyse von den Bestand- und Gemengtheilen der Erze näher unterrichtet ist, allerdings zweckmäßig modificirt werden können, indem häufig ein bloßer Zusatz von Kalk schon genügen kann.

Ilsemann, von Verbesserung der Eisenproben, in v. Crell's neuesten chemischen Entdeckungen, VI. 31 — 46. Derselbe in v. Crell's Annalen f. 1787. II. 505. — Gadolin chemisk Afhandling om flussers wärkan vid Järnmalmers proberande genom smälting. Åbo 1704. In v. Crell's Ann. f. 1796. II. 280 — 288. 304 — 325. 386 — 393. Ebendaſ. ebendaſ. f. 1789. (II. 325 — 351. f. 1797.) II. 221. — Kirwan, über Eiſenproben auf dem trockenen Wege. Ebendaſ. f. 1797. II. 212 — 224. — Sur l'art d'essayer les minérais de fer, avec la description d'un fourneau d'essai et d'un indicateur pyrometrique; in den Annales des Arts, II. 256 — 278. III. 19 — 30. 120 — 133. und XLII. 136 u. f. — Ueber das Probiren der Eiſenerze iſt noch nachzuſehen: Stünkel's Beſchreibung der Harzer Eiſenhütten, 213. — Gehlen's Journ. f. Phyſ. u. Chemie, IV. 158. u. f. — On the Assaying of Iron Ores ond Iron Stoues by Fusion. By D. Mushet. In Tilloch's Philosoph. Magaz. IV. 178 — 188. 389 — 393. V. 236 bis 239. — Lampadius, Eiſenerzproben auf dem trocknen Wege; Erdmann, Journ. f. techniſche u. ökonom. Chemie. III. 233.

§. 431.

Durch die Tiegelprobe, oder durch die Probe auf dem trocknen Wege, läßt ſich nur ermitteln, wie viel Roheiſen das Erz beim Verſchmelzen in Hohöfen liefern muß, allein der wirkliche Eiſengehalt ergiebt ſich daraus nicht, und noch weniger kann die ganze Zuſammenſetzung des Erzes aus den Erfolgen der Probe mit einiger Zuverläſſigkeit beurtheilt werden. Man hält im Allgemeinen dafür, daß ein graues Probekorn, welches ſich nur mit Mühe zerſchlagen läßt, auf die gute Beſchaffenheit des aus dem Erz zu erzeugenden Eiſens hindeute, und daß ein weißes ſprödes Korn ein weniger gutes Eiſen anzeige. In manchen Fällen mag ein ſolcher Erfolg wirklich eintreten; aber er läßt ſich durchaus nicht als Regel annehmen, weil es auf die nähere Unterſuchung des Roheiſens ankommt, um zu erfahren, mit welchem Körper das Eiſen in dem Probekorn verbunden iſt.

§. 432.

Die erſte Unterſuchung, welche man bei einem unbekannten Eiſenerz vorzunehmen hat, beſteht darin, daß man ausmittelt, zu welcher Classe, oder zu welcher von den oben (§. 338 u. f.) angeführten Reihen dasselbe gehört. Wird das Erz im rohen Zustande vom Magnet gezogen, so enthält es gewiß Oxydul, entweder in Verbindung mit Oxyd, oder mit Kieselerde, vielleicht auch mit Chromoxydul und mit Titansäure. Wird es im rohen Zustande nicht vom Magnet gezogen, erfolgt aber die Einwirkung des Magnet nach dem Glühen des Erzes, so ist es entweder Spatheisenstein, oder Sphärosiderit. Wird es weder im rohen Zustande noch nach dem Glühen vom Magnet gezogen, so ist es Roth- oder Brauneisenstein, oder Thoneisenstein, oder Kieseleisenstein, in welchem letzteren es aber auch im Zustande des Oxyduls enthalten sein kann, wenn das Erz kein Subsilikat ist. — Hierauf folgt eine zweite vorläufige Prüfung des Erzes mit Salzsäure. Das Erz muß dazu in einem ganz fein geriebenen Zustande angewendet werden. Wird es von der Säure vollständig und ohne Entwickelung von Luftblasen aufgelöset, so ist es ein reines oxydirtes Eisenerz, welches jedoch möglicherweise noch Phosphorsäure und Arseniksäure enthalten kann. Entwickeln sich Luftblasen, so ist es Spatheisenstein oder Sphärosiderit; letzteres, wenn das Erz ein erdiges oder steinartiges, und kein späthiges Ansehen zeigt. Bleibt bei der Auflösung, wenn diese ohne Gasentwickelung erfolgt, ein ansehnlicher Rückstand, der nicht mehr die Farbe des Erzes zeigt, so ist das Erz ein rother oder ein brauner Thoneisenstein. Bildet der Rückstand eine ungefärbte Gallerte, so enthält das Erz Kieselerde, welche mit dem Eisenoxyd chemisch verbunden ist, ohne daß es deshalb schon zu den Kieseleisensteinen zu rechnen wäre. Die Kieseleisensteine lösen sich nur dann in Salzsäure, mit Hinterlassung der Kieselerde im gallertartigen Zustande, auf, wenn sie Subsilikate sind. Dann muß der Rückstand aber sehr beträchtlich sein und das Erz darf die übrigen physikalischen Kennzeichen des reinen oder des nur durch B e i m e n g u n g e n verunreinigten Eisenoxydes nicht an sich tragen. Zieht die Säure nur etwas Eisen aus, ohne daß sich die Farbe des Erzpulvers bedeutend ändert, so ist das Erz wahrscheinlich ein Kieseleisenstein, der sich von dem Chromeisen und von dem Titaneisen, welche sich gegen die Salzsäure auf ähnliche Weise verhalten, leicht durch seine physikalischen Kennzeichen, nämlich durch das erdige und steinartige Ansehen und durch den Mangel an metallischem Glanz, unterscheiden läßt. — Es giebt indeß Thoneisensteine und Sphärosiderite, die ein schwarz gefärbtes Pulver geben, dessen Farbe durch die Einwirkung der Salzsäure fast noch schwärzer wird. Diese enthalten Kohle, welche mechanisch beigemengt ist, weshalb sich die Farbe beim Glühen unter Luftzutritt verändert, wodurch sie sich von dem wahren Kieseleisenstein leicht unterscheiden lassen.

§. 433.

Diese vorläufigen Untersuchungen können vorzüglich nur dazu dienen, den Zustand zu beurtheilen, in welchem sich das oxydirte Eisen, als Oxydul, oder als Oxyd, oder als Oxydul-Oxyd in dem Erze befindet. Die ungefärbten Auflösungen (wenn das Oxydul mit irgend einer Säure verbunden war), oder die blaßgrünliche Farbe der Auflösung, deuten jederzeit auf einen Oxydulgehalt des Erzes. Im Zustande des Oxydes giebt das Eisen mit Salzsäure gelbliche Auflösungen. Entwickelt sich Chlor, so enthält das Erz entweder Manganoxyd, oder Mangan-Oxydul-Oxyd im ungebundenen und bloß gemengten Zustande. Mangan, welches sich in chemischer Verbindung in dem Erz befindet, entwickelt kein Chlor. — Eisenerze, welche Schwefelsäure enthalten, sind bis jetzt (außer den Sinterbildungen, die nicht eigentlich zu den Eisenerzen zu zählen sind) nicht bekannt. Enthält das Eisenerz aber Beimengungen von Magnet- oder Schwefelkies, so geben sich diese sogleich durch den Geruch des entweichenden Schwefelwasserstoffgas zu erkennen. Beimengungen von Gips (zum größten Theil) und von Schwerspath, würden in den Rückständen von der Behandlung mit Salzsäure untersucht werden müssen, wenn sie so fein in dem Erz eingesprengt wären, daß sie sich durch das Auge nicht erkennen lassen. — Beimengungen von Chromeisen und von Titaneisen lösen sich ebenfalls in Salzsäure nicht auf. Dagegen werden Beimengungen von phosphorsaurem Eisenoxyd und auch von arseniksaurem Eisenoxyd, — von denen die letzteren indeß bis jetzt noch nicht vorgekommen sind, — von der Salzsäure vollständig aufgenommen. Eben so löst sich auch die phosphorsaure Kalkerde, welche an einigen Orten häufig im Gemenge mit den Eisenerzen angetroffen wird, gänzlich in Salzsäure auf. Um sich durch einen vorläufigen Versuch zu überzeugen, ob ein Eisenerz Phosphorsäure enthält, oder nicht, soll man dasselbe in Schwefelsäure auflösen und das Uebermaaß von Säure so viel als möglich vermeiden, die saure Auflösung dann mit sehr vielem Wasser verdünnen, auch die überschüssige Säure ebenfalls durch etwas Alkali abstumpfen, und die Flüssigkeit dann ruhig stehen lassen, um zu sehen, ob sich ein Bodensatz bildet. Diese Vorschrift ist aber ganz ungenügend, und kann leicht zu durchaus irrigen Resultaten führen.

§. 434.

Bei der eigentlichen Analyse der Eisenerze kommt es zuvörderst darauf an, den Wassergehalt und den Gehalt an Kohlensäure zu bestimmen. Dies ist schwierig, wenn das Erz gleichzeitig Krystallisationswasser und Kohlensäure, oder wenn es nur chemisch gebundenes Wasser enthält, und wenn sich das Eisen dabei ganz oder theilweise im Zustande des Oxyduls in dem Erze befindet. Fast alle Eisenerze ziehen Wasser aus der Atmosphäre an, weshalb sie vor dem Abwiegen in einer Temperatur, die der Wassersiedhitze fast gleich kommt, getrocknet werden müssen. Die adhärirende Wassermenge ist natürlich sehr veränderlich und richtet sich nach dem Feuchtigkeitszustande der Atmosphäre. Kommt es darauf an, die Menge des adhärirenden Wassers zu bestimmen, so muß dies durch einen besonderen Versuch geschehen.

Die Menge des chemisch gebundenen Wassers bei allen Erzen, die das Eisen im Maximo des Oxydationszustandes enthalten, läßt sich leicht bestimmen, indem es dazu nur des anhaltenden Glühens in einer starken Rothglühhitze bedarf. Der Verlust zeigt den Wassergehalt unmittelbar an. — Enthalten die Erze noch Kohlensäure, so besteht der Verlust in Wasser und in Kohlensäure, aber er wird geringer gefunden, als er sein sollte, weil sich das oxydulirte Eisen, indem es die Kohlensäure entläßt, stärker oxydirt (§. 380.) Die Menge der Kohlensäure muß in solchen Fällen durch einen besonderen Versuch bestimmt werden, um wenigstens diese mit Genauigkeit zu erfahren und durch Abzug von dem ganzen Glühverlust, den Wassergehalt annähernd, auszumitteln. Eine genaue Bestimmung des Wassergehaltes ist so kaum möglich, sondern sie muß, wenn die Analyse übrigens mit der größten Genauigkeit angestellt ist, beim Zusammenrechnen der Resultate ergänzt werden. Enthält das Erz, in welchem sich Eisenoxydul befindet, nur chemisch gebundenes Wasser und keine Kohlensäure, so wird die Probe in einem langhalsigen gläsernen Kölbchen abgewogen und dieses bis zum Rothglühen erhitzt. Der Verlust giebt den Wassergehalt mit ziemlicher Zuverlässigkeit an, wenn das Kölbchen lange Zeit in der Rothglühhitze erhalten wird.

§. 435.

Die reinen Spatheisensteine enthalten niemals chemisch gebundenes Wasser, wohl aber findet sich zwischen den Blättchen des Erzes etwas Wasser eingeschlossen, welches (wie bei dem Kochsalz), fast noch vor dem Glühen entweicht und ein Knistern verursacht. Dieser mechanisch beigemengte Wassergehalt kann zuweilen ½ Procent betragen.

Zur Ausmittelung der Menge der Kohlensäure hat man zwei Verfahrungsarten. Die eine besteht darin, daß das fein zerpulverte und gehörig getrocknete Erz in einem leichten gläsernen Kölbchen, welches mit einem langen Halse versehen sein muß, in Salzsäure aufgelös't und aus demGewichtsverlust die Menge der Kohlensäure unmittelbar gefunden wird. Das Kölbchen muß zu dem Ende mit der zur Auflösung des Erzes erforderlichen

Menge von Säure versehen und dann auf einer sehr genauen Waage abgewogen werden. Das Einfüllen der Säure muß vermittelst eines schmalen, langhalsigen Trichters geschehen, dessen Oeffnung bis zu dem Boden des Gefäßes reicht, damit die Säure nicht an den Wänden des Halses hängen bleibt. Alsdann wird die genau abgewogene Erzprobe in das Kölbchen geschüttet und die Auflösung muß nun in der gewöhnlichen Temperatur und bei Vermeidung aller Erwärmung geschehen. Das Mindergewicht des Kölbchens vor und nach der Auflösung, mit Hinzurechnung des Gewichtes der eingeschütteten Erzprobe, giebt das Gewicht der Kohlensäure an. — Dies Verfahren ist in den mehrsten Fällen zwar völlig hinreichend, aber nicht vollkommen genau, theils weil die Erzprobe nicht in dem Kölbchen selbst abgewogen werden kann, sondern hineingeschüttet werden muß, wobei sehr leicht einige Theilchen des Erzes verloren gehen, theils weil die sich entwickelnde Kohlensäure etwas Wasser mit fortreißt, theils endlich, weil ein Theil der Kohlensäure in dem Gefäß und in der Flüssigkeit selbst, zurück bleibt. Alle diese Umstände können leicht einen Fehler von Bedeutung herbeiführen, welcher dadurch, daß das Gewicht der Kohlensäure durch die eine Unvollkommenheit zu groß, und durch die andere zu klein gefunden wird, nicht vollständig gehoben werden dürfte.

Die zweite, zuverlässigere Verfahrungsart erfordert sehr genau kalibrirte und eingetheilte Röhren. Die Eintheilung kann entweder nach Zollen, oder nach Deci- und Millimetern geschehen. Die Röhre wird mit reinem Quecksilber so weit gefüllt, daß nur der Raum übrig bleibt, den die zur Auflösung des Erzes erforderliche Salzsäure einnehmen muß. Nachdem die Röhre mit Quecksilber angefüllt ist, wird sie unter Quecksilber vorsichtig umgekehrt. Es gehört einige Uebung dazu, das Aufsteigen von Luftblasen zu verhüten. Man kann daher auch die Röhre ganz mit Quecksilber anfüllen, sie dann unter Quecksilber mit Sorgfalt umkehren und nun, aus einem mit Salzsäure völlig angefüllten Gefäß, so viel Säure in der Röhre in die Höhe treten lassen, als zur vollständigen Auflösung des Erzes mindestens erforderlich ist. Alsdann läßt man auch die sehr genau abgewogene Erzprobe in der Röhre in die Höhe steigen, nachdem man vorher bemerkt hat, wie viel Abtheilungen der Röhre mit Salzsäure angefüllt sind. Zu diesen Versuchen können in der Regel nur sehr geringe Quantitäten Erz angewendet werden. Wenn sich das Erz so schwer auflöset, daß es in Pulvergestalt der Säure dargeboten werden muß, so wird es in sehr feines Filtrirpapier eingehüllt; besser ist es aber, wenn man es in Stücken von der Größe einer Linse, allenfalls noch kleiner, nach und nach in die Höhe treten läßt, weil das Papier leicht an den Wänden der Röhre, bei der fortschreitenden Auflösung, hängen bleibt und den Erfolg ungewiß macht. Nach beendigter Auflösung müssen der äußere und der innere Quecksilberstand zuerst in ein Niveau gebracht, oder, im Fall dies nicht angeht, muß das Gasvolum in der Röhre auf das richtige Volum reducirt werden, wobei man von dem Normalstande des Barometers von 28 Zollen ausgeht. Hätte z. B. die Röhre, so weit sie über die Oberfläche des Quecksilbers in dem Quecksilberapparat hervorragt, eine Länge von 20 Zollen, und stände das Niveau der Salzsäure, nach beendigter Auflösung, 4 Zoll über dem äußeren Niveau des Quecksilbers, so würde das Gas, bei dem Normaldruck der Atmosphäre von 28 Zollen, nicht 16 Abtheilungen der Röhre, eine jede von 1 Zoll Höhe, sondern ungleich weniger füllen, wenn sich die Oberflächen der Flüssigkeiten innerhalb und außerhalb der Röhre in einem Niveau befänden. Man würde schließen müssen $28 : (28-4) = 16 : 13{,}714 \ldots$ und dies würde die wahre Höhe der Abtheilungen sein, welche das Gas bei einem Druck der Atmosphäre von 28 Zollen einnimmt. Nächstdem treten die Rectificationen ein, welche aus dem veränderlichen Barometer- und Thermometerstande entspringen, weshalb diese Stände in dem Augenblick, wo das Volumen des Gases bestimmt werden soll, genau beobachtet werden müssen. Die Rectification durch den Barometerstand veranlaßt, ist in ähnlicher Art vorzunehmen, wie eben gezeigt worden. Stände das Barometer zur Zeit der Beobachtung z. B. 28,9 oder 27,2 Zoll, so würde das wahre Volum des Gases, bei dem Normalstande von 28 Zollen, im ersten Fall 28,9: 28 = 13,714 ...: x, und im letzten Fall 27,2: 28 u. s. f. gefunden werden.

Weil die Gewichte der Gasarten bei 28 Zoll Barometerstand und 0 Grad Temperatur bestimmt sind, und weil die Gasarten durch die Wärme sehr bedeutend ausgedehnt werden, so muß auch die durch den jedesmaligen Thermometerstand erforderliche Rectification des Volums vorgenommen werden. Die Luftarten dehnen sich von 0 bis 100 Grad des Centesimal-Thermometers um 0,375 ihres Volums, folglich für jeden Grad des Thermometers, nach Hn. *Gay-Lussac*, um 0,00375, oder um $\frac{1}{267}$ ihres Volums, das sie bei 0 Grad hatten, aus. Es darf indeß nicht übersehen werden, daß diese Ausdehnung von dem Volum der Luft bei 0 Grad, und nicht von dem Volum gilt, welches sie bei der Temperatur zur Zeit der Beobachtung hatte. Nennt man x das Volumen der Luft bei 0 Gr. Temperatur, t die Anzahl von Graden und a die Größe der Ausdehnung für 1 Grad, = 0,00375; nennt man ferner a t = n, und ist A das Volum der Luft bei der Temperatur t, so ist $x + nx = A$, woraus sich $x = \frac{A}{1+n}$ findet, d. h. um das Volum x der Luft bei 0 Grad Temperatur zu finden, muß A, oder das Volum bei t Grad Temperatur, durch 1 + n dividirt werden. Das gilt für die Temperaturen *über* 0; für die Temperaturen *unter* 0 Grad, würde $x = \frac{A}{1-n}$ sein.

Hat man auf solche Art das wahre Volum der Kohlensäure bei 28 Zoll Barometerstand und bei 0 Gr. Temperatur gefunden, so multiplicirt man das Gewicht eines eben so großen Volums von atmosphärischer Luft mit der Zahl 1,524, welches, nach den Wägungen der Hn. *Berzelius* und *Dulong*, das specifische Gewicht des kohlensauren Gases ist, um das absolute

Gewicht des aus dem Erz entwickelten kohlensauren Gases zu erfahren. — Die Salzsäure hält indeß ebenfalls noch etwas Kohlensäure zurück; man kann mit ziemlicher Genauigkeit annehmen, daß dieser Rückstand die Hälfte des Volumens der Salzsäure beträgt. Wären also z. B. 0,1 Kubikzoll Salzsäure zur Auflösung angewendet worden, so würde man zu dem gefundenen Gewicht des kohlensauren Gases noch das Gewicht von 0,05 Kubikzoll Kohlensäure hinzuzufügen haben. — Das absolute Gewicht eines rheinländischen Duodecimal-Kubikzolles atmosphärischer Luft ist = 0,375 Gran, oder 0,02322 Gramm.

Wenn der Wasser- und der Kohlensäuregehalt des Eisenerzes bestimmt worden sind, so kann man zur Ausmittelung der übrigen Bestand- und Gemengtheile des Erzes schreiten. Enthält dasselbe Oxyd und Oxydul, so sollte sich, bei einer genauen Analyse, zwar das Verhältniß beider Oxyde aus dem Mehrgewicht der aufgefundenen Bestandtheile ergeben, wenn das Oxydul durch den Gang der Analyse in den Zustand des Oxydes versetzt worden ist; allein eine solche Genauigkeit in den Resultaten der Analyse ist selten vorauszusetzen, und sie wird fast unmöglich, wenn das Erz zugleich Wasser enthält. Man kennt zwar verschiedene Methoden, die Menge des Eisenoxyduls in einer sauren Auflösung zu bestimmen, nämlich die Fällung desselben vermittelst des rothen Cyaneisenkalium; die Zersetzung einer salzsauren Goldauflösung vermittelst des aufgelösten Eisenoxyduls, indem man aus der Menge des metallisch niedergeschlagenen Goldes die Menge des Eisenoxyduls berechnet; die Reduction des Oxydes durch Wasserstoff, in einen besonders dazu vorgerichteten Apparat, um aus der Quantität des sich bildenden Wassers, die Menge des Sauerstoffs im Oxyd zu berechnen; allein diese Methoden sind in der Ausübung nicht ohne Schwierigkeit, auch erfordern sie zum Theil besondere Apparate, und lassen sich nicht anwenden, wenn das oxydirte Eisen noch mit anderen metallischen oder erdigen Basen im Erz oder auch nur in der sauren Auflösung vorhanden ist. Eben so wenig giebt das Verfahren: die salzsaure Auflösung des oxydirten Eisen durch Schwefelwasserstoffgas in verschlossenen Gefäßen zu zersetzen und aus der Quantität des sich niederschlagenden Schwefels die Menge des Eisenoxyds zu berechnen, ganz richtige Resultate. Außerdem ist diese Methode bei Eisenerzen, die Manganoxyd enthalten, nicht anwendbar, und erfordert einen Grad von Genauigkeit der sich nur bei den erfahrensten Analytikern voraussetzen läßt. Eine, vielleicht nicht ganz so zuverlässige, aber die wirklichen Verhältnisse beider Oxyde doch mit ziemlicher Genauigkeit, angebenden Methode, besteht darin, daß man das Erz in einem großen Uebermaaß von Salzsäure auflöset, die filtrirte und mit Wasser sehr stark verdünnte Auflösung, in möglichst niedriger Temperatur nach und nach, und unter beständigem sangsamen Umrühren, durch eine wässrige Auflösung des kohlensauren Kali oder Ammoniack versetzt und mit dem Hinzufügen der alkalischen Auflösung so lange fortfährt, bis die geröthete Lackmustinktur anfängt, sich blau zu färben. Alsdann wird sogleich filtrirt, der Rückstand auf dem Filtro mit kaltem Wasser ununterbrochen ausgesüßt, die filtrirte Flüssigkeit mit Salpetersäure versetzt, durch Abdampfen koncentrirt, dann aufgekocht, um das Oxydul in Oxyd umzuändern und die Menge des Oxyds, welches sich in der Auflösung noch in Verbindung mit Manganoxydul, Kalkerde und Bittererde befinden kann, von welchen Substanzen es auf die sogleich anzugebende Weise geschieden werden muß, — gehörig bestimmt. Aus der Menge des erhaltenen Eisenoxyds läßt sich dann die des Eisenoxyduls, welches das Erz enthält, durch einfache Berechnung finden, indem 144,25 Theile Oxyd, 129,47 Theilen Oxydul entsprechen.

Dies von dem Herrn Stromeyer vorgeschlagene und angewendete Verfahren ist einfach, bequem und bei einiger Sorgfalt, die auf das schnelle Filtriren des Eisenoxyd-Niederschlages verwendet werden muß, auch ziemlich genau. Anwendbar ist diese Trennungsmethode aber nur dann, wenn das Erz sich in der gewöhnlichen Temperatur in Salzsäure auflös't und nicht durch Schmelzung zur Auflösung vorbereitet werden muß; so wie ferner nur dann, wenn es kein Manganoxydoxyduloxyd, sondern nur allein Manganoxydul enthält, weil das Manganoxyd Veranlassung giebt, daß sich ein Theil des im Erz wirklich vorhandenen Eisenoxyduls beim Auflösen in der Säure stärker oxydirt, so daß ein höherer Gehalt an Eisenoxyd und ein geringerer Gehalt an Eisenoxydul gefunden werden würde, als das Erz wirklich enthält.

Ein anderes, noch bequemeres Verfahren, welches aber beim einem Gehalt des Erzes an Manganoxyd an derselben Mangelhaftigkeit leidet, wie das Stromeyersche, und welches, eben so wie jenes, unanwendbar wird, wenn das Erz oder die saure Auflösung, Schwefelsäure, Phosphorsäure oder Arseniksäure enthält (weil diese Säuren zugleich mit dem Eisenoxyd, beim Sättigen der sauren Auflösung durch kohlensaures Alkali, gefällt werden), ist die von Hn. Fuchs vorgeschlagene Methode. Bei beiden Methoden kann eigentlich nur der Gehalt an Eisenoxydul mit einiger Zuverlässigkeit bestimmt werden, insofern das niedergeschlagene Eisenoxyd nicht einer neuen sorgfältigen Prüfung auf einem Gehalt an Thonerde, Kieselerde, Phosphor- und Arseniksäure und an zufällig im Erz befindlich gewesenen Metalloxyden (mit Ausnahme des Mangan, welches bei dem Eisenoxydul nebst der Kalk- und Bittererde zurückbleibt) unterworfen und sodann das Gewicht des Eisenoxyds genau ermittelt wird. Auf diese Weise würde jedoch auch nur durch das Stromeyersche Verfahren der Gehalt an Eisenoxyd und an Eisenoxydul mit ziemlicher Schärfe bestimmt werden können, nicht aber durch das Verfahren des Hn. Fuchs, indem die Erfahrung gezeigt hat, daß, bei Anwesenheit der einen oder der anderen von den genannten drei Säuren, mit diesen und dem Eisenoxyd zugleich auch noch Eisenoxydul niedergeschlagen, also die Trennung beider Oxyde in diesem Fall unmöglich gemacht wird.

Die Methode des Hn. Fuchs besteht darin, das Erz in Salzsäure aufzulösen und aus der sauren Auflösung des Eisenoxyd durch kohlensaure Kalkerde (Marmor oder reine Kreide), besser aber durch kohlensauren Baryt niederzuschlagen. Die filtrirte Auflösung enthält, außer den mit aufgelöseten Erden, nur Eisenoxydul, Manganoxydul und keine Spur von Eisenoxyd. Das in der Auflösung befindliche Eisenoxydul wird sodann durch Salpetersäure in Eisenoxyd umgeändert und dessen Quantität bestimmt. Es ist zu bedauern, daß diese einfache Methode nur auf solche Fälle beschränkt ist, in welchen die Auflösung des Erzes die genannten drei Säuren nicht enthält, und in welchen man von der Abwesenheit des Manganoxyds in dem Eisenerz überzeugt sein kann.

Eine ungleich größere Anwendbarkeit hat dagegen das neueste, von Hn. Fuchs vorgeschlagene Verfahren, dessen schon einige Male (§§. 336, 423) gedacht worden ist. Dies Verfahren giebt nur in den beiden Fällen ein unzuverlässiges Resultat, wenn das Eisenerz Manganoxyd enthält, aus dem schon angeführten Grunde, und wenn Arsenikfäure in der sauren Auflösung vermuthet werden muß, ein Fall, der sehr selten eintreten wird. Es ist klar, daß zur Bestimmung des Verhältnisses des Eisenoxyds zum Eisenoxydul in der sauren Auflösung, nach dieser Methode des Hn. Fuchs, zwei Versuche angestellt werden müssen. Bei dem ersten Versuch verfährt man, wie im §. 423 angegeben worden, und bestimmt die Menge des Eisenoxyds, nach dem Ansatz: 31,7:40, wie die Menge des aufgelöseten Kupfers zu x, oder zu der Quantität des in der Auflösung befindlich gewesenen Eisenoxyds. Die Zahl 31,7 ist die Aequivalentzahl des Kupfers, die Zahl 40 die des Eisenoxyds. Bei dem zweiten Versuch wird das Erz nur in reiner Salzsäure aufgelöset und ohne Zusatz von chlorsaurem Kali durch Kupfer zersetzt. Man findet durch diesen Versuch die Menge des Eisenoxyds, welche in dem Erz als präexistirend angenommen werden muß, nach dem Ansatz: 31,7: 40, wie u. s. f., weil das Kupfer nur das Eisenoxyd aber nicht das Oxydul in der Auflösung verändert. Zieht man nun die Menge des durch den zweiten

Versuch gefundenen Eisenoxyds von der Quantität des Eisenoxyds ab, die bei dem ersten Versuch gefunden ward, so erhält man diejenige Menge Oxyd, welche auf Eisenoxydul reducirt werden muß, um den Inhalt des letzteren im Eisenerz zu erfahren. —

Unter allen in Vorschlag gebrachten Methoden zur Trennung des Oxyds vom Oxydul und zur Bestimmung ihrer Verhältnisse im Eisenerz, ist diese letzte Verfahrungsart die bequemste und am mehrsten zuverlässige. Wenigstens wird sie für den Metallurgen vollkommen zureichend sein, wenn sie auch auf die äußerste Genauigkeit und Schärfe schon aus dem Grunde nicht Anspruch machen kann, weil dabei eine sehr genaue Bestimmung der Aequivalentzahlen des Kupfers und des Eisens erfordert wird, welche gerade bei diesen Metallen noch nicht mit aller Zuverlässigkeit geschehen ist.

Enthalten die Eisenerze Manganoxyd, so ist fast kein Weg übrig, eine, mit der Wirklichkeit übereinstimmende Bestimmung des Gehaltes an Eisenoxyd und Eisenoxydul zu bewerkstelligen; ja, man wird es, wenn nicht etwa besondere Anzeigen bei der Analyse gefunden werden, zuweilen unentschieden lassen müssen, ob sich das Eisen im Erz überhaupt im Zustande der stärksten Oxydation befindet, oder nicht.

Bei allen Eisenerzen, welche das Eisen in beiden Oxydationszuständen enthalten, muß die Ausmittelung des Verhältnisses beider Oxyde immer durch einen besonderen Versuch geschehen, weil bei der Analyse selbst, das Oxydul jederzeit in Oxyd umgeändert werden muß, theils weil sich das oxydirte Eisen von den anderen Bestandtheilen nur alsdann vollständig trennen läßt, wenn es sich im Zustande des Oxyds befindet, theils weil die quantitative Bestimmnng mit Zuverlässigkeit nur bei dem Oxyd geschehen kann. Muß das Erz durch Schmelzen mit Alkali, oder auf andere Weise, zur Auflösung in Säuren vorbereitet werden, so geht die Beurtheilung der Oxydationszustände des Eisens im Erz, beim Auflösen in Säuren ganz verloren, und man ist genöthigt, aus anderen Erscheinungen zu dem Urtheil über den wirklichen Oxydationszustand zu gelangen.

§. 436.

Zur Auflösung der Eisenerze ist Königswasser, oder Salzsäure anzuwenden welche mit Salpetersäure versetzt worden ist, um das Eisenoxydul, wenn es vorhanden ist, in Oxyd umzuändern. Deshalb muß auch nothwendig Siedhitze gegeben werden, im Fall sich das Erz in der Säure auflös't und durch Schmelzen mit Alkali nicht aufgeschlossen werden darf.

Wir betrachten zuerst den einfachen Fall, wo das Erz sich in der Säure auflös't. Der Rückstand wird dann nur sehr unbedeutend sein, und aus Fragmenten von Quarz oder von derjenigen Gebirgsart bestehen, in welcher das Eisenerz vorkommt. Zuweilen bleibt auch etwas Kieselerde in gallertartiger Gestalt zurück, und diese befand sich dann in dem Erz mit dem oxydirten Eisen in chemischer Verbindung. Sie wird von der Auflösung durch Filtriren geschieden, ausgesüßt, geglüht und gewogen. In der Auflösung befinden sich Kieselerde, Eisenoxyd, Manganoxydul, Kalkerde, Bittererde, Thonerde, auch kann sie Schwefelsäure, Phosphorsäure, Spuren von Chromoxyd und Titansäure, vielleicht auch Arseniksäure enthalten. Vermuthet man andere Metalle, so ist es am besten, diese durch einen besonderen Versuch zu bestimmen, nämlich das Erz in Salzsäure aufzulösen, die filtrirte Auflösung sehr stark mit Wasser zu verdünnen und einen Strom von Schwefelwasserstoffgas hindurchzuleiten. Enthält das Erz wirklich zufällig geringe Beimischungen von Kupfer, Zinn, Spiesglanz, Blei und Arsenik, so müssen diese in dem Niederschlage aufgesucht werden (§. 333). Auch der Gehalt an Schwefelsäure wird nur zufällig, durch Beimengung von Schwefelmetallen, in die Auflösung gebracht, und würde, wenn eine genauere Bestimmung nothwendig wäre, auf die bekannte Weise durch Baryterdensalze ausgemittelt werden müssen.

Die königssaure Auflösung, bei welcher die Säure ziemlich stark vorwalten muß, wird mit sehr vielem Wasser verdünnt und, in einer möglichst niedrigen Temperatur, durch successiv erfolgende Zusätze einer wässerigen Auflösung des kohlensauren Ammoniack zersetzt. Man kann mit diesem Zusatz so lange fortfahren, bis die verdünnte Auflösung ganz farbenlos erscheint. Der Niederschlag, welcher durch Filtriren und durch ununterbrochenes Aussüßen sogleich von der Flüssigkeit getrennt wird, enthält etwas Kieselerde, alles Eisenoxyd, alle Phosphorsäure, alle Schwefelsäure und Arseniksäure, alle Thonerde und alle Spuren von Chromoxydul und von Titansäure, welche in dem Erz befindlich waren. Die Flüssigkeit enthält fast alles Manganoxydul (§. 332), alle Kalkerde und alle Bittererde. Wenn die Zersetzung der Auflösung mit Vorsicht vorgenommen worden ist, so kann man die Spuren vom Manganoxydul, welche mit dem Eisenoxyd zugleich niederfallen, ohne einen wesentlichen Irrthum zu begehen, völlig unbeachtet lassen. Es sind nun der Niederschlag A und die Flüssigkeit B näher zu untersuchen.

Der Niederschlag A wird nach dem Trocknen vom Filter genommen und mit den hier als bekannt vorauszusetzenden Vorsichtsmaßregeln geglüht und gewogen. Alsdann löst man ihn in einem Kolben in der Siedhitze in Salzsäure auf, und spült die Auflösung in ein Platin- oder Porzellangefäß, nachdem vorher die Spuren von Kieselerde, welche sich fast jederzeit im gallertartigen Zustande zeigen und zuweilen auf Titansäure geprüft werden müssen, abgeschieden worden sind. Die saure Flüssigkeit wird mit einem Uebermaß von Aetzlauge (Kali oder Natron in Wasser aufgelös't) versetzt und einige Zeit in der Digerirwärme erhalten. Wenn das Erz nur wenig Phosphorsäure enthält, wie dies bei allen Phosphorsäure enthaltenden Eisenerzen der Fall ist, die nicht wirklich phosphorsaure Eisenoxyde sind, so lös't das Alkali nur die Thonerde auf und der ganze Phosphorsäuregehalt bleibt in Verbindung mit dem Eisenoxyd zurück. Es wird daher das Eisenoxyd von der Aetzlauge durch Filtriren geschieden, ausgesüßt u. s. f., die Flüssigkeit mit Salzsäure völlig gesättigt und alsdann die Thonerde durch kohlensaures Ammoniack niedergeschlagen. Das Gewicht der auf dem Filter gesammelten Thonerde giebt, durch Abzug von dem ganzen Gewicht des Niederschlages A, die Quantität Eisenoxyd an, welche in Rechnung zu bringen ist. Von diesem Gewicht ist jedoch das der Phosphorsäure, welches demnächst durch einen besonderen Versuch bestimmt werden muß, noch in Abzug zu bringen, um das wirkliche Gewicht des reinen Eisenoxyds zu erhalten. Sollte indeß der Gehalt des Erzes an Phosphorsäure über 1 Procent steigen, so hat man leicht zu befürchten, daß die Thonerde ebenfalls etwas Phosphorsäure enthält, und dann ist es vorzuziehen, die alkalische Flüssigkeit nicht mit Salzsäure zu sättigen u. s. f., sondern dieselbe durch eine Salmiackauflösung zu zersetzen, ein Verfahren, welches man gerne umgeht, weil sich ein geringer Theil der Thonerde in dem Aetzammoniack auflös't. — Das Gewicht des Eisenoxyds wird entweder als reines Eisenoxyd in Rechnung gebracht, wenn das Erz kein Oxydul enthält, oder es muß auf das Gewicht des Oxyduls reducirt werden (§. 435), wenn das Erz nur Eisenoxydul und kein Oxyd enthält; oder es muß der wirkliche Gehalt an Eisenoxyd, welcher durch einen besonderen Versuch (§. 435) ausgemittelt ist, von dem gefundenen ganzen Gewicht des Eisenoxyds in Abzug gebracht, und die übrig bleibende Quantität auf Oxydul reducirt werden, wenn sich beide Oxyde in dem Erze befinden.

Die Flüssigkeit B wird mit einigen Tropfen Salzsäure versetzt, bis sie sauer reagirt, alsdann aufgekocht, um alle Kohlensäure zu entfernen und nach dem Erkalten und völligem Neutralisiren durch Aetzammoniack, so lange mit oxalsaurem Ammoniack versetzt, als noch eine Trübung entsteht. Gut ist es, die Flüssigkeit wenigstens 24 Stunden lang in einer gelinden Digerirwärme stehen zu lassen. Der weiße Bodensatz wird auf dem Filter gesammelt, ausgesüßt, getrocknet und in einem offnen Tiegel langsam bis zum Glühen erhitzt. Wenn sich die Entzündung durch die ganze Masse verbreitet hat, hört man mit dem Glühen auf. Die oxalsaure Kalkerde ist dadurch in kohlensaure verwandelt worden. Wenn sie nicht weiß, sondern dunkel gefärbt nach dem Glühen erscheint, so war die Flüssigkeit nicht hinreichend genug mit Wasser verdünnt, und es hatte sich dann zugleich etwas oxalsaures Manganoxydul mit niedergeschlagen. 100 Theile kohlensaure Kalkerde entsprechen 56,39 Theilen reiner Kalkerde, die als solche in Rechnung kommen.

Die Flüssigkeit, aus welcher die Kalkerde abgeschieden ist, wird nun so lange mit einigen Tropfen von Hydrothion-Ammoniack versetzt, als sie sich noch trübt. Dann läßt man sie ruhig stehen, damit sich das Schwefelmangan zu Boden setzen kann. Es wird durch Filtriren geschieden, getrocknet und in koncentrirter Salzsäure in der Siedhitze aufgelös't, wobei fast immer noch etwas Schwefel zurückbleibt. Aus der salzsauren Auflösung wird das Manganoxydul in der Siedhitze durch kohlensaures Kali niedergeschlagen, auf dem Filter gesammelt und in einem offenen Tiegel lange und anhaltend geglühet. Das Oxyd ist Oxydul-Oxyd, welches entweder — wenn das Erz freies und ungebundenes Manganoxyd enthielt (§. 433) — mit dem ganzen Gewicht in Rechnung kommt, oder wenn es sich im Oxydulzustande in dem Erz befand, auf Oxydul reducirt werden muß. 2934,71 Theile Oxydul-Oxyd sind gleich 2734,71 Theilen Oxydul.

Jetzt bleibt noch die Abscheidung der Bittererde übrig. Die Flüssigkeit, aus welcher das Manganoxyd geschieden ist, wird mit Salzsäure versetzt, bis sie sauer reagirt, alsdann aufgekocht, um alles Schwefelwasserstoffgas wegzubringen, und im Fall sich Schwefel niedergeschlagen haben sollte, filtrirt. Weil sie durch die vielen Aussüßwasser sehr verdünnt ist, so muß sie durch Abdampfen so weit koncentrirt werden, daß sie, in einem Platin- oder Porcellangefäß, über der Glühlampe bequem zum Kochen gebracht werden kann. Alsdann wird sie nach und nach durch kohlensaures Kali zersetzt, wobei man aber vorsichtig verfahren und anfänglich nicht mehr kohlensaures Kali hinzusetzen muß, als zur Zersetzung der ammoniakalischen Salze erforderlich ist. Erst später wird mit dem Zusatz so lange fortgefahren, bis die koncentrirte Flüssigkeit stark alkalisch reagirt. Niemals muß sie durch zu reichliche Zusätze aus der Siedhitze kommen. Die Flüssigkeit wird, unter stetem Umrühren, bis zur Trockniß abgedampft und dann nur mit so viel Wasser übergossen, als zur Auflösung der alkalischen Salze erforderlich ist. Wenn sich die Bittererde zu Boden gesetzt hat, wird sie aufs Filtrum genommen, ausgesüßt, getrocknet, in einer an die Weißglühhitze gränzenden Rothglühhitze geglüht und kommt dann als Bittererde in Rechnung.

Man pflegt auch wohl die Flüssigkeit, welche nur noch die Bittererde enthält, bis zur Trockniß zu verdampfen und die ammonikalischen Salze durch bloßes Glühen zu verflüchtigen, wobei dann die mit Säure verbundene Bittererde zurück bleibt, welche im Wasser aufgelös't und in der Siedhitze durch kohlensaures Kali niedergeschlagen wird u. s. f. Sollte das Eisenerz ein Alkali enthalten, so würde dieses mit der Bittererde zurück bleiben und dann ist die Methode des Glühens und Verflüchtigens der ammonikalischen Salze sehr bequem, weil dadurch die Aufsuchung des Alkali in dem Rückstande erleichtert wird. Die Hitze, in welcher die flüchtigen Salze entfernt werden, darf nicht zu groß sein, weil die Salze sonst leicht etwas Bittererde und Alkali, wenn dieses zugegen ist, in Verbindung mit der Säure, mit fortreißen.

§. 437.

Wenn sich das Erz nicht ohne Rückstand in Säuren auflös't, so kann dieser Rückstand, — wie bei den Subsilikaten, — entweder reine Kieselerde in gallertartiger Gestalt, gemengt mit Bergart sein, und dann ist das Verfahren bei der Analyse von dem eben beschriebenen nicht verschieden; oder er ist, — wie bei den Thoneisensteinen und Sphärosideriten, — ein Silikat, dessen Zusammensetzung näher geprüft werden muß. Die saure Auflösung wird auf dieselbe Weise, wie vorhin gezeigt worden, analysirt, der Rückstand aber muß durch Schmelzen mit kohlensaurem Kali aufgeschlossen und dadurch in Säuren auflösbar gemacht werden. Fast immer ist dieser Rückstand bei den Thoneisensteinen und den Sphärosideriten, ein Silikat von Thonerde, welches indeß noch mit kleinen Quantitäten Kalkerde, Bittererde, Eisen- und Manganoxyd gemischt sein kann. Nachdem das Gewicht des gut ausgesüßten, getrockneten und geglüheten Rückstandes bestimmt worden ist, wird er mit der drei- bis vierfachen Menge von kohlensaurem Kali innig gemengt und im Platintiegel über der Glühlampe geschmolzen. Die gut geschmolzene Masse lös't sich, wenn sie nur aus Thonerde-Silikat bestand, fast gänzlich in Wasser auf, wenn sie in reichlicher Menge damit übergossen wird. Die alkalische Flüssigkeit wird alsdann vorsichtig mit Salzsäure gesättigt, um durch das starke Aufbrausen keinen Verlust herbeizuführen, und mit dem Zusatz der Säure wird so lange fortgefahren, bis auch die vom Wasser unaufgelös't gebliebenen Theile, von der Säure aufgenommen sind. Bleibt ein schwerer und sandiger Rückstand, so war das Aufschließen mit Alkali unvollständig erfolgt. Dagegen kann aber ein Theil der Kieselerde, wenn die geschmolzene Masse gleich anfänglich nur mit wenig Wasser aufgeweicht wird, der Wirkung der Säure widerstehen; indeß zeigt sie sich dann in einem gallertartigen oder in einem voluminösen weichen Zustande, so daß sie der Wirkung des Alkali nicht entgangen ist. Die mit Salzsäure etwas übersättigte Flüssigkeit wird sodann in einem Platin- oder Porzellan-Gefäß abgedampft, und, unter sorgfältigem Umrühren, so stark getrocknet, daß sie staubartig wird und keine Dämpfe von Salzsäure mehr entläßt. In diesem Zustande wird sie mit einigen Tropfen Salzsäure angefeuchtet und mit Wasser übergossen. Die Kieselerde muß alsdann rein und staubartig zurück bleiben und nach dem Trocknen und Glühen noch mehr staubartig werden. Wenn sie nach dem Glühen zusammensintert, so war sie noch nicht rein. Die von der Kieselerde durch Filtriren geschiedene Flüssigkeit enthält Thonerde, Kalkerde, Bittererde, Eisenoxyd und Manganoxydul. Es ist dabei entweder das vorhin beschriebene Scheidungsverfahren anzuwenden, oder wenn, — wie in den mehrsten Fällen, — nur Spuren von Eisen= und Manganoxyd und von Bittererde vorhanden sind, kann die Flüssigkeit auch gleich durch Aetzammoniak neutralisirt werden, welches nur die Thonerde und das Eisenoxyd niederschlägt. Ist die Thonerde weiß und enthält sie auch nach dem Trocknen nur eine schwache gelbliche Färbung, so kann sie als reine Thonerde betrachtet, geglühet und gewogen werden. Giebt sich aber ein starker Eisengehalt zu erkennen, so wird die geglühete oder gewogene Erde in einem kleinen Kolben in Salzsäure mit Hülfe der Siedhitze aufgelös't, die Auflösung durch eine reichliche Menge Aetzlauge zersetzt, mit derselben digerirt ꝛc. und so die Menge des Eisenoxyds gefunden, dessen Gewicht, von dem der unreinen Thonerde abgezogen, das Gewicht der reinen Thonerde giebt.

§. 438.

Geringe Quantitäten von Titansäure und von Chromoxydul entgehen sehr leicht der Untersuchung. Die Titansäure findet sich gewöhnlich bei der Kieselerde, wenn die mit Alkali geschmolzene, in Wasser aufgeweichte und in Salzsäure aufgelös'te Masse zur Abscheidung der Kieselerde sehr stark eingetrocknet wird (§. 437). Man prüft die Kieselerde auf einen Gehalt von Titansäure dadurch, daß man sie mit dem vierfachen Gewicht von kohlensaurem Kali schmelzt und in einer reichlichen Menge Wasser auflös't. Bleibt dabei ein Rückstand, so kann dieser Titansäure enthalten, die sich leicht zu erkennen giebt, wenn man den geringen Rückstand in einigen Tropfen Salzsäure auflös't und die verdünnte Auflösung mit Blutlaugensalz und mit Galläpfeltinktur prüft. Mit Blutlaugensalz entsteht eine sehr schöne dunkelgrüne Färbung und mit Galläpfeltinktur eine voluminöse, röthlichbraune Gerinnung. — Wenn aber bei der Absonderung der Kieselerde keine starke Hitze zum Eintrocknen angewendet ward, so lös't sich das Titanoxyd in der Salzsäure auf und kann alsdann nur auf einem umständlichen Wege (§. 331) gefunden werden, wenn Eisenoxyd zugegen ist.

Das Chromoxydul ist fast noch schwieriger in sehr geringen Quantitäten aufzufinden. Es bleibt fast nichts übrig, als das Erz, oder die Rückstände, welche das Chromeisen enthalten könnten, mit Alkali zu schmelzen, und das in Chromsäure umgeänderte Chromoxydul in der alkalischen Lauge, in derselben Art, wie die Phosphorsäure, aufzusuchen. — Das Verfahren, die Phosphorsäure sowohl, als das Chrom, wenn diese nur in geringen Beimengungen vorkommen, aufzufinden und quantitativ zu bestimmen, ist schon früher (§. 330) mitgetheilt worden. Das Erz wird mit der vierfachen Menge von kohlensaurem Kali geschmolzen, indeß muß dasselbe höchst fein gepulvert, nöthigenfalls auch geschlämmt und mit Alkali innig gemengt, und es muß die Schmelzung ganz vollständig erfolgt sein, weil sonst noch etwas Phosphorsäure und Chromoxyd bei dem Erz zurück bleiben. Enthält dasselbe viel Chromeisen, so ist eine einmalige Schmelzung nicht genügend. Die alkalischen Laugen werden von dem Rückstande durch Filtriren gesondert, sämmtlich zusammen gegossen, dann mit Salzsäure übersättigt und abgedampft, um die Kieselerde in gewöhnlicher Art abzuscheiden. Der staubige Rückstand wird stark mit Salzsäure angefeuchtet, mit Wasser übergossen und die von der Kieselerde durch Filtriren geschiedene Flüssigkeit durch Aetzammoniack völlig neutralisirt. Scheiden sich dabei Flocken von Thonerde ab, so werden diese durch die in reichlichem Uebermaß zuzusetzende Essigsäure wieder aufgelös't und die Chrom- und Phosphorsäure werden sodann durch essigsaures Bleioxyd niedergeschlagen. Die gelbe Farbe des Niederschlags deutet jederzeit auf Chromsäure, welche von der Phosphorsäure auf die schon angegebene Weise (§. 330) getrennt werden muß.

§. 439.

Wenn endlich das Eisenerz in Säuren nicht, oder nur so wenig auflöslich ist, daß diese nur etwas oxydirtes Eisen u. s. f. ausziehen; so muß das ganz fein gepulverte und zuweilen wohl auch geschlämmte Erz mit Alkali aufgeschlossen werden. Das Verfahren ist aus den in den §§. 436 und 437 angegebenen Methoden zusammengesetzt, wenn das Eisenerz ein Kieseleisenstein war. — Aber das Chromeisen und das Titaneisen, welche sich ebenfalls nicht in Säuren auflösen, erfordern ein etwas abgeändertes Verfahren. Das Chromeisen muß mehre male durch Schmelzen mit Alkali aufgeschlossen werden, ehe sich alles Chromoxydul in Säure umändert. Ertheilt der Rückstand dem Kali beim Schmelzen keine gelbliche Farbe mehr, so kann die Abscheidung des Chromoxyduls, durch Umänderung in Säure, als vollendet angesehen werden. Die alkalischen Laugen werden sämmtlich zusammen gegossen und müssen auf Kiesel- und Thonerde näher geprüft werden. Der von der letzten Schmelzung mit Alkali auf dem Filter bleibende, im Wasser unauflösliche Rückstand, wird in Salzsäure aufgelös't, welcher später noch Salpetersäure hinzugefügt wird, um das Eisenoxydul in der Siedhitze in Oxyd umzuändern. Ein Gehalt an Manganoxyd, Kalkerde und Bittererde würden sich in der sauren Auflösung finden.

Die Titaneisensteine müssen, durch Schmelzen mit der dreifachen Menge von kohlensaurem Kali oder Natron, aufgeschlossen werden. Dann pflegt die Auflösung in Salzsäure vollständig zu erfolgen. Bleibt ein unauflöslicher Rückstand, so ist derselbe von neuem mit kohlensaurem Kali zu schmelzen. Die salzsauren Auflösungen werden zusammengegossen und die Scheidung des Eisens von dem Titan ist sodann auf die früher (§. 331) angegebene Art vorzunehmen. Das Schwefeleisen kann aber noch Mangan enthalten, und in dem eingeäscherten Rückstande können sich noch Thonerde, Kalkerde und Bittererde finden, weshalb sie darin aufgesucht werden müssen.

§. 440.

Quantitäten von 1½ bis 2 Grammen Eisenerz, oder von 20 bis 30 Granen Eisenerz, reichen zu genauen Analysen vollkommen hin. Enthält das Erz viel Thonerde, so werden größere Quantitäten sehr hinderlich, weil sie das Aussüßen der sehr voluminösen Thonerde erschweren.

Gewinnung und Aufbereitung der Eisenerze.

§. 441.

Kein Metall findet sich so häufig in der Natur verbreitet, als das Eisen. Es ist ein Eigenthum der ältesten, wie der jüngsten Formationen. Im Urgebirge und im Uebergangsgebirge kommt es entweder in Gängen, oder in Lagern und Stockwerken; in den Flötzgebirgen in mehr oder weniger regelmäßigen Flötzen, und im aufgeschwemmten Gebirge in Lagern und Nestern vor. Wegen der großen Wohlfeilheit des Eisens, und wegen der großen Menge von Erz, die ein einziges Hüttenwerk verarbeiten muß, wenn es mit ökonomischen Vortheilen betrieben werden soll, kann man die Eisenerze nicht überall, wo sie vorkommen, gewinnen, sondern man muß sich zuerst von ihrem Aushalten und von der Möglichkeit einer wohlfeilen oder lohnenden Gewinnung überzeugen. Obgleich die Darstellung der Verfahrungsarten bei der Gewinnung der Erze ein Gegenstand der Bergbaukunde ist, so darf hier doch nicht unerwähnt bleiben, daß bei der Gewinnung der Eisenerze ganz besonders darauf zu sehen ist, daß die Kosten der Erzgewinnung möglichst vermindert werden; denn die Eisenerze, wo sie nur nesterweise vorkommen, können die großen Nebenkosten, welche durch regelmäßige Förderung, Wasserhaltung und Wetterlosung entstehen, so wenig tragen, daß nicht selten Eisenerze, welche durch Raubbau zu gewinnen sind, unbenutzt liegen bleiben müßten, wenn sie durch einen regelmäßigen Bau gewonnen werden sollten. Es darf nicht erinnert werden, daß dies nur mit Einschränkung zu verstehen ist, indem die Regel im Allgemeinen nicht dadurch verletzt wird, daß die Abbaukosten desto geringer sind, je regelmäßiger der Bau geführt wird; allein ein reiner Abbau, welcher bei anderen metallischen Erzen Pflicht ist, würde bei den Eisenerzen oft nicht ausführbar sein, wenn die Hütten mit Vortheil betrieben werden sollen. Planmäßigkeit und Regelmäßigkeit in der Gewinnung sind auch sehr wohl von einem gewissen kunstgerechten Abbau zu unterscheiden, wobei es weniger darauf ankommt, die etwas höheren Gewinnungskosten zu scheuen, als den ganzen Erzschatz, den die Natur im Gebirge niedergelegt hat, zu gewinnen. Je mehr der reinste Abbau und die größte Wohlfeilheit bei der Gewinnung der Erze mit einander vereinigt werden können, desto vollkommner ist bei der Gewinnung der Bau zu nennen. Der Eisengehalt der Erze ist auch bei der Prüfung, wie der Bau geführt werden kann, sehr in Erwägung zu ziehen, indem reichere Erze einen reinen Abbau eher möglich machen, als ärmere.

§. 442.

Die auf Gängen vorkommenden Eisenerze sind nur dann ein Gegenstand der bergmännischen Gewinnung, wenn die Gänge eine bedeutende Mächtigkeit haben, oder eine längere Dauer beim Abbau versprechen, und wenn das Terrain oder die übrigen lokalen Verhältnisse eine wohlfeile Wasserhaltung gestatten. Gewöhnlich werden die Eisenerze da, wo sie im Ur- und Uebergangsgebirge in Stockwerken oder in ausgedehnten Lagern vorkommen, gewonnen. Nicht immer kann die Gewinnung mit dem Eisen, mit dem Schrämhammer und mit der Keilhaue geschehen, sondern sie muß auch häufig durch Bohren und Schießen, zuwellen wohl durch Feuersetzarbeit bewirkt werden. Lokalität und Gewohnheit bestimmen in den mehrsten Fällen die Art des Abbaues; auch könnan wohl besondere Umstände eintreten, welche die Verabsäumung der Vorrichtnng regelmäßiger Baue rechtfertigen, wenn man nämlich eine Aufschließung des Erzes durch die Einwirkung der Atmosphäre beabsichtigt, wodurch nicht allein das Erz in seiner Qualität verbessert, sondern auch zur leichteren Gewinnung vorbereitet wird. In der Regel kommen indeß die Eisenerze in so mächtigen Gängen und Lagern in Schiefer- und Uebergangsgebirge vor, daß ein regelmäßiger und kunstgerechter Abbau erfolgen kann.

§. 443.

In den Flötzgebirgen geschieht die Gewinnung vermittelst des Schlägels und Eisens und der Keilhaue, durch eine Art von Pfeilerbau, indem die Pfeiler durch möglichst regelmäßige Strecken abgetheilt, und nach und nach weggenommen werden, wobei man die Pfeiler zuerst abbaut, welche vom Schacht am weitesten entfernt sind. Dies Verfahren ist überall dort, wo die Eisenerze in regelmäßigen und aushaltenden Flötzen oder Schichten vorkommen, wo das Gebirge nicht zu druckhaft ist, und keine sehr kostbare Zimmerung nöthig macht, zu empfehlen. Kommen die Eisenerzlagen nahe unter Tage vor, so daß man Aufdeckarbeit treiben kann; so ist es desto vortheilhafter. — Liegen die Eisenerze aber nicht im festen Gestein, sondern im aufgeschwemmten, sehr druckhaften Gebirge, oder halten die Eisenerzlagen nicht aus, sondern sind sie mehr nesterweise gelagert; so wird die Vorrichtung eines regelmäßigen Pfeilerabbaues kostbar, und man ist dann genöthigt, viele Schächte (Duckeln) neben einander abzuteufen, von der Schachtscheibe so weit als möglich in Strecken aufzufahren, und die Erze rund um den Schacht durch Keil- oder Lettenhauen wegzunehmen. Hat die Erzlage eine gewisse Mächtigkeit, und ist sie nicht zu tief unter Tage; so hat diese Art der Gewinnung keine Schwierigkeit, welche noch geringer wird, wenn sie mit Aufdeckarbeit verbunden werden kann. Ist das Gebirge aber sehr druckhaft, und liegen die Erze sehr tief, ohne daß man sich auf das Aushalten der Schichten verlassen kann, so ist man häufig gezwungen, die Erzpunkte zu verlassen, weil Förderung und Wasserhaltung zu kostbar werden, indem es nicht immer rathsam sein würde, ein Paar Hauptschächte auf die Streichungslinie der Erzlage niederzubringen, und diese mit einer ausgezimmerten oder ausgemauerten Strecke zu verbinden. Dies kann in dem Fall mit Vortheil geschehen, wenn man vom Aushalten der Erzlage überzeugt, das Gebirge aber sehr druckhaft ist, so daß jene tiefe Strecke als Haupt-Wasserhaltungs- und Förderungsstrecke benutzt wird, und zugleich als Ausrichtung für die ganze Erzlage dient, indem von ihr aus mit einzelnen verlorenen Strecken ins Hangende der Lage aufgefahren wird. Die Güte und Reichhaltigkeit der Erze, die Mächtigkeit und Tiefe der Erzlage unter Tage, die Preise der Materialien, die Höhe der Löhne, die Stärke der Wasserzuflüsse und andere Umstände müssen entscheiden, ob es möglich ist, alle Erze durch einen solchen regelmäßigen Abbau zu gewinnen, oder ob man sich damit begnügen muß, nur einen Theil wegzunehmen und einen andern stehen zu lassen.

§. 444.

Die Mittel, welche man zur Aufsuchung der Eisenerze anwendet, sind aus der Bergbaukunde bekannt. Bei den Ur-, Uebergangs- und Flötzgebirgen, giebt die Beschaffenheit derselben die Kennzeichen von dem Vorhandensein der Erze selbst an die Hand, und eine nähere Untersuchung durch Schürfe oder Schächte entscheidet über die Bauwürdigkeit. Eisenerze, die kein festes Gestein über sich haben, sind schwerer aufzufinden, weil das Gebirge nur Vermuthungen zuläßt und die Erzführung desselben nicht mit Sicherheit beurtheilt werden kann. Die Untersuchung des Terrains geschieht alsdann durch kleine Schächte oder Duckeln, und in manchen Fällen auch wohl nur durch einen Spieß. Alle Raasenerze, so wie Thoneisensteine, Sphärosiderite u. s. f., die keine Decke von festem Gebirge über sich haben, werden durch einen solchen Erzspieß aufgesucht, indem die Erzsucher von der Größe des Widerstandes beim Niederstoßen auf das Vorkommen oder auf die Abwesenheit des Erzes schließen.

D. Mushet, working of Jron-stone. In Tilloch's Philos. Magaz. III. 23—30.

§. 445.

Die Aufbereitung der Eisenerze ist einfacher als die aller übrigen Erze, weil nur solche Erze gewonnen und verarbeitet werden können, welche keiner weitläuftigen Aufbereitung bedürfen. Die ganze Aufbereitung besteht bei den Eisenerzen nur in einer Handscheidung und in der Klaubarkeit, welcher indeß oft mit Vortheil einer Läuter- oder Wascharbeit vorangehen muß. Diese Arbeiten dürfen aber niemals sehr zusammengesetzt sein, damit das aufbereitete Erz dadurch nicht zu kostbar wird. Das Pochen, als ein Mittel zur Aufbereitung, findet bei den Eisenerzen nicht, oder nur höchst selten und unter besonderen Verhältnissen statt, theils weil das Pochen unter einem Pochwerk nur in wenigen Fällen ein Mittel sein würde, das Erz vom tauben Gestein zu trennen, theils weil die fein gepochten Erze nicht unter allen Umständen würden verschmolzen werden können. Schon bei der Gewinnung muß nach Möglichkeit darauf gesehen werden, das Erz von tauber Bergart frei zu bekommen, weshalb es in manchen Fällen rathsamer ist, etwas Erz anstehen zu lassen, als es zu sehr mit der Gang- oder Gebirgsart zu verunreinigen. Sehr oft muß indeß auf der Halde noch eine Handscheidung vorgenommen werden: theils um die Gebirgsart auszusondern, theils um eingesprengten Schwefelkies, oder taubes Gestein, so viel als es möglich ist, auszuhalten, weshalb die gewonnenen Stufen mehrentheils noch einmal durchgeschlagen oder zersetzt werden. Diese, für die Klaubarbeit nothwendige Verkleinerung der größeren Erzstufen, erfolgt fast immer durch Zerschlagen mit Handfäusteln und fast niemals unter Pochwerken, weil sich dabei ein für die Eisenerze nicht anwendbare zu große Zerkleinerung der Stufen nicht vermeiden lassen würde. Die Abfälle werden überklaubt und mit zu den zersetzten Stufen gethan. Ist die Gebirgsart von der Art, daß sie durch langes Liegen an der Luft mürbe wird und sich vom Eisenerz trennt, so erspart man die Kosten der Scheidung und läßt die Erze abliegen. Dies ist besonders bei allen Thoneisensteinen nothwendig, indem der Schieferthon, oder auch der weiche zähe Thon, so genau mit dem Eisenerz verbunden sind, daß die Abtrennung durch die Scheidung sehr bedeutende Kosten verursachen würde. Vorzüglich ist es vortheilhaft, die Erze, welche mit Schieferthon fest verwachsen sind, lange auf der Halde liegen zu lassen, ehe sie überklaubt werden.

A. W. Arndt, über die Aufbereitung der Eisenfossilien. In v. Moll's Neuem Jahrbuch der Berg- und Hüttenkunde. V. 75 — 97. 174 — 194. — Lefebure, Aufbereitung der Eisenerze im Dep. des Landes; Ann. des mines; 3. Série. IX. 261. — Hennezel, desgl. in den Dep. de la Meuse und des Ardennes. Ebendas. XV. 85.

§. 446.

Das Waschen findet bei den Raasenerzen jederzeit, und bei den anderen Eisenerzen dann statt, wenn sie auf ihrer Lagerstätte entweder mit Dammerde bedeckt und mit dieser sehr stark verunreinigt sind, oder wenn sie in einem zähen, lettigen Gebirge vorkommen und der Letten dem Erz so fest anhängt, daß er, selbst durch längeres Liegen der Erze, nicht davon abgesondert werden kann. Die Eisenerze unterliegen dann einer ähnlichen, obgleich einfacheren Läuterwäsche und Klaubarbeit, wie sie bei allen anderen Erzen, besonders bei dem sogenannten Grubenklein, vorgenommen wird. Die Läuterwäsche ist jedoch nur bei festen und niemals bei solchen Eisenerze anwendbar, welche in einem mulrigen Zustande vorkommen und gewonnen werden, weil bei solchen Erzen der zarte und feine Ocker, welcher häufig am reichhaltigsten ist und sich am besten verschmelzen läßt, durch das Waschen fortgeschlämmt werden würde. Deshalb können selbst die Raasenerze, wenn sie viel Ocker und Mulm bei sich führen, nicht gewaschen werden, obgleich dies sonst nothwendig ist, um sie von dem Sande und Schlamm zu trennen, die sich in den ästigen Windungen dieser Erze fest setzen. Das Waschen geschieht am vortheilhaftesten unmittelbar auf der Grube, insofern es an Wasser nicht fehlt.

Solche Eisenerze, die nur durch anhängenden trocknen Sand verunreinigt sind, bedürfen des Waschens zuweilen ebenfalls nicht, indem es genügt, sie bis zur Größe einer Wallnuß oder eines Taubeneies zu zerschlagen und durch einen schief aufgerichteten Durchwurf zu werfen, so daß die sandigen Beimengungen durch den Durchwurf fallen und als unbenutzbar liegen bleiben, das gereinigte Erz aber von der schiefen Fläche des Durchwurfes hinabrollt. Führen die Erze aber zugleich lettige Beimengungen bei sich, so ist vorher ein Abwaschen nothwendig, welches jedoch auf eine einfache Weise in Sümpfen oder auch in Gerinnen bewirkt werden kann.

Ist der Letten aber sehr zähe und fest anhängend, so reicht das Waschen in Gerinnen nicht hin und die zerschlagenen Erze müssen dann in ausgemauerten, oder auch in ausgezimmerten Sümpfen, oft mit Hülfe einer Maschienenkraft, — eines Rührwerks, — stark hin- und herbewegt werden, wobei ein ununterbrochener Zufluß von reinem Wasser, wenn er zur Disposition steht, sehr vortheilhaft ist. Hat man nur über geringe Wasserzuflüsse zu disponiren, so werden die zerschlagenen Erze mit Wasser in dem Sumpfe eingeweicht, stark bewegt, nach erfolgter Reinigung mit dem trüben Wasser abgelassen und dann zur Klaubarbeit gegeben, um die noch anhängende feste taube Bergart abzusondern.

Für Erze, die mit sehr zähem Letten oder Thon verunreinigt sind, ist es besonders zu empfehlen, sie vor der mit ihnen vorzunehmenden Läuterwäsche, einige Zeit in einem Sumpf oder in einem Einweichkasten unter Wasser stehen zu lassen, um den Thon aufzuweichen. Solche Erze werden dann auch sehr zweckmäßig in einer Läuter= und Separationswäsche behandelt. Für die Eisenerze bedient man sich zu diesem Zweck am vortheilhaftesten der sogenannten Läutertrommel, nämlich eines liegenden, sich um seine Axe drehenden Cylinders, dessen Peripherie aus einzelnen eisernen Stäben zusammgesetzt ist, die einen Zwischenraum zwischen sich haben, um den Letten durchfallen und in den Wasserkasten gelangen zu lassen, in welchem die Läutertrommel fast bis zur Hälfte ihres Längendurchschnitts eingetaucht ist. Die Zeichnungen Taf. II. Fig. 1—3 stellen die Erzläuterungstrommel vor, welche auf den Eisensteingruben zu Horrhausen im Saynischen angewendet wird. Die schneckenartige Windung im Inneren der Trommel, welche aus starkem Eisenblech angefertigt ist, hat nur den Zweck, die Fortbewegung des Erzes von einem Ende der Trommel bis zum andern zu erleichtern. Die zu läuternden oder zu waschenden Erze werden, nachdem sie vorher eingeweicht worden, durch Hülfe eines Trichters in die Trommel gebracht, die durch ein Wasserrad u. s. f. in Bewegung gesetzt wird. Die gewaschenen Erze werden, auf der dem Trichter gegenüberstehenden Seite, aus der Trommel ausgetragen und mittelst einer Lutte unmittelbar auf den Klaubetisch geführt. Der Wasserkasten wird von Zeit zu Zeit abgelassen, und da der Inhalt desselben nur aus Substanzen besteht, welche das Eisenerz verunreinigten, so lohnt es selten der Mühe, die zufällig mit hindurchgefallenen kleinen Erztheilchen auszuklauben. Dagegen werden die aus der Trommel ausgetragenen Erze um so leichter von taubem Gestein und von anderen nachtheiligen Beimengungen, bei der mit ihnen vorzunehmenden Handscheidung und Klaubarbeit, befreit werden können, als sie durch die Läuterarbeit ganz gereinigt sind und das Erz und die fremdartigen Beimengungen desselben daher leicht zu erkennen sind. Nur in solchen Fällen kann die Wasch- und Läuterarbeit bei den Eisenerzen ganz unterbleiben, und unmittelbar zur Klaubarbeit beim Zerschlagen der Erzstufen geschritten werden, wenn Letten und Grubenschmand nicht vorhanden oder wenigstens nicht hinderlich sind.

Rösten, Wässern und Zerkleinern der Eisenerze.

§. 447.

Der erste Proceß, dem die durch Liegen an der Luft oder durch eine andere Art von Aufbereitung zur Hütte gelieferten Eisenerze unterworfen werden, ist das Rösten. Die Gründe zu diesem Verfahren sind oben (§§. 401 — 413) vorgetragen. Nur die ockrigen oder mulmigen, nämlich die von Natur schon zerfallenen und daher aufgelockerten, nicht steinartigen Eisenerze, bedürfen der Röstarbeit nicht; sie müssen aber entweder trocken und gegen die atmosphärische Feuchtigkeit durch eine Bedachung geschützt, aufbewahrt, oder wenn man genöthigt ist sie im Freien liegen zu lassen, kurz vor dem Verschmelzen getrocknet werden, wenn sie nicht an der Luft oder an der Sonne von den eingezogenen atmosphärischen Feuchtigkeiten schon wieder abgetrocknet sein sollten. Zur Regenzeit müssen daher alle Erze, die der Röstung nicht bedürfen, wenigstens abgetrocknet werden, sobald sie viel Nässe angezogen haben. Wenn man genöthigt ist, die gerösteten Erze wegen Mangel an Vorräthen sogleich zu verschmelzen, so ist es ebenfalls sehr anzurathen, das frischgeröstete Erz unter eine Bedachung zu bringen, wenn eine anhaltende Regenzeit eintritt, weil das Erz wegen des durch die Röstung veranlaßten aufgelockerten Zustandes, die Feuchtigkeit begierig anzieht.

§. 448.

Nur bei den sehr mit Schwefelkies durchwachsenen Eisenerzen, bei den Hydraten und bei den Spatheisensteinen, bezweckt man durch die Röstarbeit die Entfernung eines Bestandtheils des Erzes; häufig soll aber der mechanische Zusammenhang desselben dadurch nur lockerer, und das Erz zum Zerschlagen und demnächst im Schacht des Ofens zur Desoxydation fähiger gemacht werden. Man darf die Erze daher auch nicht in zu großen Stücken zur Röstarbeit geben, weil sie dann nicht durchbrennen, sondern in der Mitte noch einen rohen Erzkern zurücklassen würden. Das Röstfeuer bis zu dem Grade zu verstärken, daß dieser Kern ebenfalls durchbrennt, würde zu leicht zur Verschlackung des zu stark gerösteten Theils des Erzes führen, und dadurch der Zweck der Röstarbeit zum großen Theil verfehlt werden. Es ist daher dafür zu sorgen, daß die zur Röstarbeit kommenden Stücke nicht zu groß sind. Die Größe richtet sich nach der Beschaffenheit des Erzes, sollte aber den körperlichen Inhalt von dem achten Theil eines Kubikfußes niemals überschreiten.

§. 449.

Eisenerze, welche viel eingesprengten Schwefelkies enthalten, müssen niemals mit anderen Erzen, die von dieser nachtheiligen Beimengung frei sind, zusammen geröstet werden, weil die sich bildende Schwefelsäure sich den letzteren sonst auch mittheilen würde. — Der Grad der Hitze richtet sich nach der Beschaffenheit des Erzes. Die reinen natürlichen Oxyde und die mit weniger Erdart verbundenen Erze, so wie die reinen Spatheisensteine, bedürfen nur einer sehr geringen Hitze, weil sie in der Hitze, welcher die Thoneisensteine und die Sphärosiderite ohne Nachtheil ausgesetzt werden können, schon zusammensintern würden. Kann die Luft beim Rösten hinzutreten (welches beim Rösten der schwefelkieshaltigen Eisenerze eine nothwendige Bedingung ist), so oxydiren sich die oxydulirten Erze etwas stärker, als bei abgehaltenem Luftzutritt. Wenn es daher auch scheinen könnte, daß Eisenerze, aus denen durch das Rösten kein Schwefel entfernt werden soll, beim Rösten des Zutritts der Luft nicht bedürften, weil Wasser und Kohlensäure auch ohne Luftzutritt verflüchtigt werden, und das Mürbewerden des Erzes durch die bloße Hitze erreicht wird, so zeigt doch die Erfahrung, daß der Luftzutritt beim Rösten die Erze zur Verschmelzung fähiger macht. Der Gewichtsverlust, den die Eisenerze beim Rösten erleiden, ist sehr verschieden, und hängt nicht bloß von der Quantität des mechanisch adhärirenden, sondern auch von der des chemisch gebundenen Wassers und von dem Kohlensäuregehalt der Erze ab. Nur wenige Erze — der Magneteisenstein — nehmen etwa 2 bis 3 Procent durch das Rösten am Gewicht zu, weil sie sich stärker oxydiren.

§. 450.

Das Rösten der Eisenerze geschieht entweder im Freien, oder zwischen Mauern (in sogenannten Roststadeln), oder in Oefen. — Die Röstung im Freien ist ein einfacher Prozeß, wobei die Sohle des Bodens, auf welchem geröstet werden soll, geebnet, mit Brennmaterial (gewöhnlich mit Holzstämmen) belegt und mit Erz beschüttet wird. Das eben gezogene Erz wird dann abermals mit Holz (mit Spänen und Aesten) oder auch mit zerkleinerten Kohlen (Braschen, Lösche) bedeckt und wieder mit Erz beschüttet. So kann man die Schichten von Brennmaterial und von Erz so oft wechseln lassen, als man will, und bis das Auffahren der Erze nicht zu beschwerlich wird. Wie stark die Erzschichten im Verhältniß zu den Schichten des Brennmaterials gemacht werden müssen, hängt theils von der Beschaffenheit des letzteren, theils davon ab, wie stark die Erze geröstet werden können, ohne zusammenzusintern oder verschlackt zu werden, welches durch die Erfahrung bestimmt werden muß. Die Größe eines solchen Röſthaufens ist sehr unbestimmt und ziemlich gleichgültig, obgleich größere Haufen etwas mehr Brennmaterialienersparung gewähren, als kleine. Erze, die bloß getrocknet werden sollen, werden ebenfalls mit unbrauchbarer Kohlenlösche und mit etwas Holz (um die dichten und mulmigen Erze aufzulockern) geschichtet. — Das Rösten im Freien wird am zweckmäßigsten in kegelförmigen Haufen von 15 bis 20 Fuß Durchmesser auf der Sohle vorgenommen. Bei Spatheisensteinen nennt man das Rösten ein gaares, wenn das Erz eine schwarzgraue, aber matte Farbe erhalten und dabei seine Textur noch nicht verloren hat, folglich nicht zusammengesintert ist. Die kreisförmige Grundfläche des Rosthaufens besteht aus einer Kohlenschicht von 5 bis 6 Zoll Höhe, deren Peripherie überall frei bleibt, wenn die Erze aufgestürzt worden sind. Die erste Erzschicht auf dem Kohlenbette ist etwa 3 Fuß hoch, worauf eine zweite Kohlenschicht von 6 Zoll Höhe folgt und dann dem Röſthaufen die kegelförmige Gestalt durch das zu röstende Erz gegeben wird. Im Mittelpunkt des Kegels führt man, wie bei einem Kohlenweiler, einen Schacht in die Höhe, welcher so lange leer bleibt, bis man mittelst desselben Feuer auf die unterste Kohlenschicht gebracht hat und die Kohlen sich vollständig entzündet haben. Dann wird der Schacht mit Eisenerzstücken angefüllt. Die Oberfläche des Rosthaufens wird mit zerkleinertem Erz bedeckt, um die Kohlen nicht ohne Wirkung zu schnell verbrennen zu lassen, welches der Fall sein würde, wenn der Luftzug durch die dichter liegende Decke von kleinen Eisensteinstücken nicht geschwächt wurde. Ein solcher Rosthaufen, zu welchem gute Holzkohlen angewendet werden müssen, die eine schnelle Hitze entwickeln, muß sich schon nach 3 Tagen in voller Gluth befinden. Erfolgt die Entzündung zu langsam, so wird das Erz nur mürbe gebrannt; es behält sein Gefüge, wird schwarz, bleibt glänzend und hat seine Natur wenig verändert. Ein solches Rösten gewährt dann keinen andern Vortheil, als den, daß sich das Erz leichter zerschlagen läßt. Der aus der größeren Auflockerung des Erzes beim Rösten entspringende, ungleich wichtigere Zweck, bleibt unerreicht. Es erfordert daher große Uebung und Erfahrung, das Erz weder zu schwach zu rösten, noch durch zu starke Hitze eine Versinterung eintreten zu lassen, welche der Absicht der Röstarbeit eben so wenig entsprechen würde.

§. 451.

Um den bei der Röstarbeit im Freien unvermeidlichen großen Aufwand an Brennmaterial etwas zu vermindern, besonders auch, um das Erz dem Luftstrom theilweise nicht zu sehr auszusetzen, und es durch die Unmöglichkeit der Regulirung der Hitze nicht an einer Stelle schon zum Verschlacken zu bringen, wenn es an der anderen noch roh geblieben ist, hat man auf manchen Hütten die Einrichtung getroffen, die Röststätten von drei Seiten mit einer Mauer zu umgeben, welche die Höhe hat, die man den Rösthaufen gewöhnlich zu geben pflegt. Die Sohle solcher Röststätten oder Röststadeln ist gewöhnlich mit Steinen ausgepflastert, und nachdem sie mit Abfällen von Holz oder mit Rösteholz belegt worden ist, so erfolgt die Schichtung des Brennmaterials mit dem Erz ganz so, wie in den offenen Rösthaufen. An einigen Orten ist auch die vierte Seite mit einer Mauer geschlossen, und dann hat die Röststadel das Ansehen eines Ofens, in welchem Eisenerze, mit Rösteholz und Quandelkohlen geschichtet, geröstet werden. Findet sich Gelegenheit, diese Röststätten am Abhange eines Berges anzulegen, so zieht man diese Lage des bequemeren Eintragens des zu röstenden Erzes wegen vor; übrigens versteht es sich von selbst, daß die Sohle der Röststätte jedesmal horizontal sein muß. — An einigen Orten werden die Mauern dieser Röststätten zu einer bedeutenden Höhe (10 bis 12 Fuß hoch) aufgeführt, und dann befindet sich in einer von den vier Mauern eine Thüre, die während des Röstens versetzt oder vermauert ist, und welche zum Ausziehen des gerösteten Erzes, so wie zum Eintragen der untersten Schichten der zu röstenden Erze dient.

Einige Erze können eine sehr starke Hitze vertragen, ehe sie sich verschlacken, weshalb sie auch eines starken Röstfeuers bedürfen, um sich leicht zersetzen zu lassen; bei anderen Erzen ist es nothwendig, daß sie einen starken Luftzutritt erhalten, um den Schwefel in dem beibrechenden Schwefelkies zu verflüchtigen. Deshalb pflegt man die Mauern der Röststadeln in diesen Fällen wohl mit Oeffnungen zum stärkeren Eindringen der atmosphärischen Luft zu versehen. Diese Windlöcher dienen zugleich zur Regulirung des Luftstroms, indem sie von der Wetterseite, bei starken Stürmen, nach Umständen mehr oder weniger geschlossen werden können. — Es leuchtet von selbst ein, daß die viereckige Gestalt dieser gemauerten Roststätten nicht nothwendig ist, und daß die runden Stadeln, welche man auf einigen Hütten antrifft, dieselben Dienste leisten.

Als Brennmaterial bedient man sich in diesen ofenartigen Röststadeln größtentheils bloß der Holzkohlen. Nach der Größe des Haufens oder der Stadeln dauert das Rösten 8 Tage oder mehre Wochen. Das Anzünden des Brennmaterials kann unten, in der Mitte, oder oben geschehen. Die größeren Erzstücken, welche das stärkste Feuer erhalten sollen, bringt man unten auf die mit Brennmaterial bedeckte Sohle des Ofens, die kleineren mehr nach oben, ganz oben aber eine Decke von Röstklein, oder von feinem geröstetem Erzabfall. Bei feuchtem Boden wird die Sohle mit Abzüchten versehen; auch führt man, besonders bei Roststadeln von großem Inhalt, Kanäle von unten nach oben auf, welche zur Beförderung des Luftzuges dienen sollen. Man legt gewöhnlich mehre Stadeln neben einander an, und trennt diese durch Scheidewände. Vortheilhafter ist es, nur zwei Röststadeln zu benutzen, also ihre Größe so einzurichten, daß man immer frisch geröstetes Erz hat, und in der einen Stadel röstet, wenn man aus der andern das Erz zieht, weil die kleineren Stadeln mehr Brennmaterial als die größeren erfordern.

§. 452.

Das Rösten in Oefen ist weniger gebräuchlich, obgleich dadurch eine Ersparung an Brennmaterialien bewirkt wird. Die

Röststadeln, welche auf allen vier Seiten geschlossen sind, können zwar als wirkliche Röstöfen angesehen werden; indeß gewähren Oefen, deren Sohle so eingerichtet ist, daß das schon geröstete Erz unten immer ausgezogen werden kann, den Vortheil, daß der Ofen nöthigenfalls unausgesetzt betrieben werden kann. Das Rösten der Erze in Oefen läßt sich auf zweierlei Art bewirken: einmal durch Schichtung der Erze mit Kohlen oder Koaks (gerade so wie in den Stadeln, die auf allen Seiten geschlossen sind), oder durch Flammenfeuer. Ein Röstofen zum Rösten der Eisensteine, mit Koaks (oder auch mit kleinen Holzkohlen) geschichtet, kommt mit einem Kalkbrennofen völlig überein; er hat auf den Königl. Oberschlesischen Eisenhütten eine Höhe von 14 bis 18 Fuß im Schacht, ist oben $6\frac{1}{2}$, in seiner größten Weite $7\frac{1}{2}$, und unten beim Rost 3 Fuß im Durchmesser; jedoch sind diese Dimensionen sehr willkührlich und keinesweges als die durch Erfahrung am vortheilhaftesten befundenen anzusehen. Höhere Oefen wurden im Gegentheil unbezweifelt noch mehr Brennmaterial ersparen. Taf. I. Fig. 24 und 25 zeigen einen solchen Röstofen, wie er auf der Königshütte in Oberschlesien angewendet wird. Häufig legt man mehre solcher Röstöfen in einer Reihe neben einander, um an Mauerung zu sparen. Der Kernschacht, oder das Schachtfutter, besteht aus feuerfesten Thonziegeln, die man durch eine ganz schwache Hinterfüllung von kleinen Ziegelstücken von der Rauhmauer trennt, in welcher der Schacht eingesetzt ist. Die Sohle des Schachtes bilden gegossene eiserne Stäbe, welche auf zwei gegossenen eisernen Balken ruhen. An zwei entgegengesetzten Seiten des Schachtes befinden sich, in dem Niveau der Sohle des Schachtes, oder der Roststäbe, die Oeffnungen, welche durch die Rauchmauer und durch den Kernschacht zum Ofenschacht führen und welche zum Ausziehen des gerösteten Eisensteins dienen. Bei der Röstarbeit sind sie mit Ziegeln zugesetzt. Bei größern Oefen legt man auch wohl drei solcher Ausziehöffnungen an, welche dann unter Winkeln von 120 Gr. von einander entfernt sind. Diese Ausziehöffnungen (Schürlöcher) werden entweder gewölbt, oder durch eiserne Platten getragen und unterstützt. Der Raum unter den Rostbalken dient nicht als Aschenfall, oder zur Aufnahme des Sandes und des durch den Rost fallenden zerkleinerten Erzes, sondern vielmehr als Luftzuführungskanal. Man bedeckt die Roststäbe, wenn das Rösten vorgenommen werden soll, mit flachen Ziegeln, oder mit anderen flachen Steinen, weil der Luftzug durch die Roststäbe zu stark sein würde. Durch die Zwischenräume, welche zwischen diesen Steinen beliebig ausgespart werden können, läßt sich die Menge der zuströmenden Luft reguliren. Die während der Röstarbeit mit Ziegeln zugesetzten Ausziehöffnungen halten niemals den Luftzutritt völlig ab. Deshalb kann der Rost, besonders wenn Erz in größern Stücken geröstet wird, also das Material im Schacht des Ofens sehr locker liegt, ganz wegfallen, indem die zur Nahrung des Brennmaterials erforderliche Luft, in hinreichender Menge durch die unvollständig verschlossenen Ausziehöffnungen eintritt. Man läßt dann die Sohle des Ofens gewöhnlich aus einem massiven, flachen Kegel, oder aus einer flachen Pyramide bestehen, um schiefe Ebenen zu bilden, von welchen das geröstete Erz leicht zu den Ausziehöffnungen hinabgleitet. Die Spitze des niedrigen Kegels oder der niedrigen Pyramide ist der Mittelpunkt der Sohle des Schachtes. Soll der Röstofen in Betrieb gesetzt werden, so bringt man unten auf die Sohle zuerst etwas Holz, oder ein anderes leicht Feuer fangendes Material, dann einige grobe Steinkohlen und füllt sodann den Schacht mit abwechselnden Schichten von Erz und Brennmaterial bis zur Gicht an. Als Brennmaterial bedient man sich am besten der zerkleinerten Koaks, welche sich auf diese Weise recht gut benutzen lassen. Zum besseren Brennen der kleinen Koakabfälle werden dieselben wohl mit $\frac{1}{3}$ kleinen Steinkohlen versetzt, und von diesem Brennmaterial rechnet man $\frac{1}{3}$ bis $\frac{2}{3}$ Kubikfuß, um 3 Ctr. oder $3\frac{1}{2}$ rheinl. Kubikf. Eisenerz zu rösten. Der Ofen wird nun durch das Anzünden des unten auf dem Rost befindlichen Holzes in Feuer gesetzt, und nachdem er etwa 24 Stunden lang im schwachen

Brennen gestanden hat und die Eisenerze herunterzusinken anfangen, öffnet man die Schürlöcher, schreitet dann zum Ausziehen der Erze, und setzt dieses so lange fort, bis die noch nicht gerösteten Erze herunter kommen, worauf man die Schürlöcher wieder zustellt, den Ofen wieder füllt, und nach 12 Stunden abermals zieht und füllt. Bei jedem Ziehen wird etwa der halbe Ofen ausgeleert, und das Rösten kann unausgesetzt fortgehen.

Der Längendurchschnitt des Schachtes ist bei dem Ofen, welchen die Zeichnung darstellt, eliptisch; man wendet aber in England häufig Röstöfen an, deren Schächte in gleicher Weite von der Gicht bis zur Sohle niedergehen, oder auch solche, deren Längendurchschnitt die Gestalt eines abgestumpften umgekehrten Kegels besitzt, dessen Grundfläche (unten beim Rost) 3 bis 4 Fuß, und oben auf der Gicht 6 bis 8 Fuß im Durchmesser weit ist. Bei den so konstruirten Schächten geht die Röstarbeit schneller, aber der Brenn-Materialien-Verbrauch muß etwas größer sein.

Bei einer andern Art von Röstöfen, welche mit Flammenfeuer betrieben werden, befinden sich die Erze ohne Brennmaterial im Schacht des Ofens, und erhalten die nöthige Röstхitze durch die Flamme des Brennmaterials, welche zwischen ihnen durchgeleitet wird, und welche nach Umständen aus einem, zwei oder drei Feuerräumen herbeigeführt werden kann, je nachdem der Ofen kleiner oder größer ist und weniger oder mehr Erz fassen kann. Die Feuerung kann daher nicht mit Holzkohlen oder Koaks, sondern sie muß mit Holz geschehen. Steinkohlen oder Torf sind dazu jedoch ebenfalls anwendbar, weil es nicht zu erwarten ist, daß den Eisenerzen durch die Flamme dieser Brennmaterialen nachtheilige Eigenschaften mitgetheilt werden. Schwefelhaltige Erze lassen sich in diesen Oefen mit besserem Erfolge rösten, als in den Oefen, in welchen sie mit dem Brennmaterial geschichtet werden, wahrscheinlich auch mit einem günstigern Erfolge, als im Freien, oder in Stadeln. — Die Oefen mit Flammenfeuer haben die größte Uebereinstimmung mit den Porcellanöfen und mit den Steinkohlen-Töpferöfen. Man kann einen solchen Eisenerz-Röstofen mit zwei, drei und mehren Flammenheerden oder Schürlöchern vorrichten, man wendet aber gerne deren mehre (wenigstens drei) an, damit die Erzmassen, beim Ausziehen des gerösteten Erzes von verschiedenen Punkten der Peripherie der Schachtscheibe, gleichmäßiger im Schacht niedersinken können. Das Ausziehen der gerösteten Erze geschieht bei diesem Ofen auf dieselbe Art wie bei dem vorigen, indem man ebenfalls mit dem Ziehen des Erzes aufhört, sobald die Eisenerze eine Anzeige von nicht gehöriger Röstung geben. Die Zeichnungen Taf. I. Fig. 26 und 27 stellen einen solchen Röstofen dar. Die massive Sohle des Ofens läßt man nicht gerne aus einer horizontalen Fläche, sondern aus einem flachen Kegel, oder aus einer niedrigen Pyramide bestehen, damit das geröstete Erz leichter zu den Ausziehöffnungen hinabrollt. Diese Oeffnungen legt man etwas niedriger als die Fuchsöffnungen, welche von den Feuerungsstätten in den Schacht münden, damit, beim Ausziehen der Erze, die Flamme durch den Gegenzug weniger zurückgedrückt wird. Durch diese Oeffnungen läßt sich auch die Hitze mäßigen, wenn dieselbe zufällig zu stark geworden wäre, indem die einströmende kalte Luft schon an sich eine Abkühlung bewirkt, zugleich aber auch den Zug der Feuerungsstätten vermindert. Wünscht man das Erz stärker zu oxydiren, so kann man atmosphärische Luft durch Oeffnungen in den Ofenschacht führen, welche man in den die Ausziehöffnungen verschließenden Thüren anbringt. Dies Mittel läßt sich jedoch nur auf Unkosten des Brennmaterials und des rascheren Ganges der Röstarbeit anwenden.

Bei jeder Art der Röstung müssen die schlecht gerösteten Erze ausgehalten, und beim nächsten Rösten, sei es im Freien, oder in Stadeln, oder in Oefen, wieder zugesetzt werden.

Das Rösten der Eisenerze durch Flammenfeuer ist im Allgemeinen derjenigen Röstarbeit vorzuziehen, bei welchen die Erze mit dem Brennmaterial geschichtet werden. Deshalb sowohl, als auch wegen der gänzlichen Ersparung des zum Rösten erforderlichen Brennmaterials, verdient das Rösten der Eisenerze in Flammenöfen, welche von der Gichtenflamme der Hohöfen genährt werden, die größte Empfehlung. Der Flammenofen besteht lediglich aus einem überwölbten und von allen Seiten geschlossenen Heerde, auf welchem die Erze ausgebreitet und erhitzt werden. Die Gichtenflamme tritt auf der einen schmalen Seite des Ofens ein, streicht über den ganzen Heerd desselben fort, und wird an der entgegengesetzten schmalen Seite wieder abgeleitet, entweder, indem sie unmittelbar in eine Esse geführt, oder vorher noch zu andern Zwecken benutzt wird. Für die Eisenerze giebt es kaum ein wohlfeileres und dabei zweckmäßigeres Röstungsverfahren als dieses, weil sich die Röstungszeit ganz nach der Beschaffenheit des Erzes einrichten und ein ungehinderter Zutritt der atmosphärischen Luft bewerkstelligen, also das vollkommenste oxydirende Röstungsverfahren in Anwendung bringen läßt.

Garnej, vom Rösten und Pochen der Eisensteine; in dessen Bau und Betrieb der Hohöfen. A. d. Schwed. v. Blumhof, II. 133—193. — Eisenerz-Röstöfen in Vordernberg, Jars Reisen, I. 67; in Norwegen I. 277. — Herrmann über d. Rösten, Pochen und Waschen der Eisenerze; in v. Crell's Beitr. zu den chemisch. Annalen, V. 296 u. f. — Wallerius, metallurg. Abhandl. über d. Rösten d. Eisenerzes; in Schreber's neuen Sammlungen. VI. 325—344. — Sur le grillage des minerais de fer, in den Annales des Arts, XIII. 113—130. — Description d'un fourneau de grillage pour le minerai de fer, employé en Creusot et à Vienne; par M. M. Lamé et Thirria; in den Annales de mines, V. 391. — Ueber das Rösten und Pochen der Eisenerze in Schweden und England sind ferner noch nachzusehen: Erdmann's Journ. f. technische u. ökonom. Chemie, IV. 314. VII. 380, und Dufrénoy, Elie de Beaumont, Coste et Perdonnet voyage métallurgique en Angleterre. Sec. Edit. I. 263 seq.

§. 453.

Schon früher (§§. 403, 449) ist darauf hingewiesen worden, daß durch die Röstarbeit dieselben Erfolge beim Verschmelzen der Eisenerze nicht bewirkt werden können, welche durch die langsame und freiwillige Verwitterung der Eisenerze an der Luft herbeigeführt werden. Der Grund dieses verschiedenen Verhaltens der frisch gerösteten und der durch langes Abliegen an der Luft aufgeschlossenen Erze, ist in dem Orydationszustande zu suchen, worin die Erze versetzt werden. Durch das Rösten werden Wasser und Kohlensäure verflüchtigt, aber das Erz wird nur unvollkommen aufgelockert, also auch nur theilweise zu einer leichteren Desorydation beim Verschmelzen vorbereitet. Durch das langsame Verwittern an der Luft wird das orydirte Eisen im Erz auf eine höhere Orydationsstufe als durch das Rösten gebracht, und eine vollständige Zersetzung und Aufhebung der früheren Verbindungsverhältnisse der verschiedenen Bestandtheile im Erz herbeigeführt. Sollen diese Verbindungsverhältnisse durch eine höhere Temperatur und durch anhaltendere Rösthitze aufgehoben werden, so leiten sich entweder neue chemische Verbindungen der verschiedenen Bestand- und Gemengtheile des Erzes ein, oder das stärkere und länger fortgesetzte Rösten bewirkt ein Zusammensintern der Masse, und in beiden Fällen wird dem Zweck: den natürlichen festen Zusammenhang des Erzes aufzuheben, entgegen gewirkt. Bei dem freiwilligen Verwittern an der Luft werden die früheren Verbindungsverhältnisse der Substanzen, aus welchen das Erz zusammengesetzt ist, völlig aufgehoben, ohne daß dagegen in der niedrigen Temperatur neue Verbindungen zu Stande kommen könnten.

Aber es ist noch ein anderer Grund vorhanden, um den Prozeß des freiwilligen Verwitterns der Erze an der Luft einen entschiedenen Vorzug vor dem Rösten einzuräumen. Nur selten sind die Eisenerze ganz frei von Schwefelmetallen, besonders von Schwefeleisen, zum Theil auch von eingesprengten kleinen

Quantitäten von Kupferkies. Diese unwillkommenen Begleiter finden sich sogar am häufigsten in solchen Eisenerzen, welche zur Bereitung des Stahls oder der besten Stabeisensorten bestimmt sind. Durch das Rösten kann immer nur ein Theil des Schwefels entfernt werden, der größere Theil bleibt zurück und geht beim Verschmelzen der Erze theilweise in das Roheisen, und beim Frischprozeß in den Rohstahl oder in das Stabeisen über. Der geringe Kupfergehalt bleibt ganz zurück und wird demnächst gleichzeitig mit dem oxydirten Eisen reducirt. Dem nachtheiligen Einfluß, den der Schwefel und das Kupfer auf die Festigkeit des Eisens ausüben, kann folglich durch das Rösten der Erze nur sehr unvollständig abgeholfen werden. Bei dem Prozeß des freiwilligen Verwitterns werden die Schwefelmetalle in schwefelsaure Verbindungen umgeändert und nach und nach, durch die Einwirkung der atmosphärischen Feuchtigkeit, ausgewaschen und fortgeführt. Es ist daher auf den Eisenhütten im südlichen Deutschland eine sehr gewöhnliche Einrichtung, die zu verschmelzenden Eisenerze Jahre lang auf Bühnen liegen zu lassen und sie, zur Zeit der trockenen Witterung, künstlich zu bewässern. Dies Wässern der Eisenerze soll theils die Verwitteruug befördern, theils zur Auslaugung und Fortschaffung der sich bildenden schwefelsauren Salze dienen, und diesem Abliegen und Bewässern der Erze auf den Verwitterungsbühnen verdanken jene Hüttenwerke zum großen Theil den wohl erworbenen guten Ruf ihrer Produkte, den sie schwerlich ohne eine so sorgfältige Vorbereitung der Erze dauernd erhalten haben würden. Eine solche Einrichtung kann freilich auf Etablissements nicht eingeführt werden, deren Produktion so groß ist, daß es dadurch unausführbar werden würde, mehrjährige Vorräthe von Erzen anzuhäufen. Dagegen ist es gewiß sehr zweckmäßig, die Förderung auf den Eisenerzgruben so einzurichten, daß stets große Vorräthe an der Luft abliegen können, um dadurch zur Bildung von Braunerzen (§. 384) Veranlassung zu geben, wenn das zu gewinnende Erz Spatheisenstein oder Sphärosiderit ist.

Man wendet das Wässern der Eisenerze auf den Eisenhütten in Süddeutschland auch wohl bei den Braunerzen und bei den mulmigen und ockrigen Brauneisensteinen an, die weder der Röstarbeit bedürfen, noch eine größere Auflockerung durch das Liegen an der Luft erfahren können, weil das Eisen sich schon im Zustande des Oxyds in diesen Erzen befindet. Der Zweck der Abwässerung besteht dann nur darin, die noch nicht zersetzten Schwefelmetalle verwittern zu lassen und die sich bildenden schwefelsauren Verbindungen fortzuschlämmen.

Nicht immer befinden sich die Eisenhütten in so günstigen Verhältnissen, daß sie durch vieljähriges Liegen an der Luft verwitterte und aufgeschlossene Eisenerze zur Verschmelzung erhalten können. In diesem Fall muß die Röstarbeit ein unvollkommner Stellvertreter des natürlichen Verwitterungsprozesses sein. Kommt es dann aber zugleich wesentlich darauf an, die Beimengungen von Schwefel und Kupfer vor dem Verschmelzen der Erze nach Möglichkeit zu entfernen, — ein Umstand, der bei der Darstellung des Roheisens zur Bereitung des Rohstahls von großem Gewicht ist, — so muß der natürliche Verwitterungsprozeß dadurch beschleunigt werden, daß die Eisenerze nach der stattgefundenen Röstung zerkleinert und dann auf die Bewässerungsbühne gebracht werden, wo sie 2 bis 4 Jahre lang liegen bleiben. Sehr zu empfehlen ist es, die noch glühenden Eisenerze, so wie sie aus dem Rost kommen, mit Wasser abzulöschen, weil dadurch die Verwitterung der gerösteten Erze befördert und beschleunigt wird. Es versteht sich von selbst, daß die von Natur milden und ockerigen Erze niemals geröstet, sondern bloß auf die Bewässerungsbühnen gebracht werden.

Durch das Rösten haben die Eisenerze so viel von ihrer Festigkeit, oder von ihrem Zusammenhange verloren, daß sie ohne Mühe zerkleinert oder zerschlagen werden können. Warum diese Operation nothwendig vorgenommen werden muß, ist oben (§. 412) schon bemerkt. Die taube Gebirgsart, welche sich bei der Gewinnung der Eisenerze nicht gut trennen ließ, und welche selbst durch das Abliegen der Eisenerze (§. 445) nicht ganz entfernt werden konnte, läßt sich nach dem Rösten sehr gut trennen, und muß daher von den gerösteten Erzen sorgfältig durch Klaubarbeit entfernt werden. Erze, die noch mit viel unhaltiger Gebirgsart umgeben waren, erleiden beim Rösten einen starken Abgang; indeß ist es besser, diesen Abgang durch das sorgfältigste Aushalten noch zu vergrößern, als das taube Gestein mit zu verschmelzen. Das Zerkleinern geschieht entweder durch Zerschlagen mit Handfäusteln, oder durch Zerstampfen mit Pochstempeln, die an einer Wippe oder an einer Schwungruthe befestigt sind und ebenfalls durch Menschenkräfte bewegt werden, oder es geschieht durch Maschinenvorrichtung. Das Zerkleinern durch Menschenhände ist kostbarer, indeß lassen sich dabei die tauben Theile und die noch roh gebliebenen Erze besser aushalten. Sowohl beim Zerschlagen als beim Zerstampfen liegt das Erz auf einer gegossenen Platte (Pochsohle), welche allenfalls mit einer hölzernen Umfassung umgeben sein kann, um das Erz zusammenzuhalten. Je härter das Erz ist, desto mehr Kraft ist zur Zerkleinerung erforderlich, und desto kostbarer wird das Zersetzen mit Menschenhänden. Deshalb zieht man das Zerkleinern durch Maschinenvorrichtung vor, und pocht die gerösteten Erze entweder unter einem Schwanzhammer (Pochhammer, dessen Konstruction mit den Schwanzhämmern zum Eisenschmieden fast ganz übereinkommt), wobei das Erz ebenfalls auf einer eisernen Platte liegt; oder man zerstampft es unter Pochstempeln (die durch thierische Kräfte, durch Wasserkraft oder durch Dampfmaschinen gelegentlich mit gehoben werden können); oder man zerquetscht sie zwischen eisernen Walzen, sogenannten Quetschwerken. Eine zu große Zerkleinerung muß bei hohen Hohöfen vermieden werden. Das Zerkleinern der Eisenerze nach erfolgtem Rösten muß nicht bloß dann vorgenommen werden, wenn das frisch geröstete Erz sogleich zur Verschmelzung kommt, sondern auch dann, wenn es die Absicht ist, die gerösteten Erze durch längeres Liegen an der Luft und auf den Bewässerungsbühnen vollständiger aufzuschließen und aufzulockern und zugleich von nachtheiligen Beimengungen von Schwefel, Kupfer u. s. f. zu befreien.

v. Marcher's Beiträge zur Eisenhüttenkunde; I. B. 5 S. 156—175.

Von den Zuschlägen.

§. 455.

Aus welchen Gründen die mehrsten Eisenerze nicht ohne Zuschläge verschmolzen werden, ist oben (§. 415—420) aus-einander gesetzt. Es wäre zwar möglich, auch die strengflüssigsten Eisenerze ohne Zuschläge zu verschmelzen, wenn man die Hitze im Ofen außerordentlich verstärkte; indeß würde dies immer nur mit einem großen Eisenverlust, und (wenn die Erze sehr reich an Eisen und arm an Kieselerde sind), mit Entstehung von vielem Frischeisen im Gestell, oder (wenn sie arm an Eisen und reich an Kieselthon sind) mit Entstehung von vieler dünnflüssiger und eisenreicher Schlacke geschehen können, wobei im ersten Fall einige Zeit lang neben steifer und gefärbter Schlacke sehr gaares graues Roheisen, und im letzten Fall jedesmal weißes Roheisen, welches einen großen Theil Kohle verloren hat und ebenfalls zu Eisenversetzungen im Schmelzraum Anlaß giebt, erblasen werden würde. Ohne den dadurch entstehenden großen Eisenverlust, und ohne die Gefahr des Versetzens des Ofens durch Frischeisen oder durch die eisenreiche Schlacke, welche die Form verdunkelt, zu berücksichtigen, ist bei einem solchen Gange des Ofens die größte Gefahr für denselben zu befürchten, sobald sich die Hitze durch irgend einen Umstand vermindert. Diese Abnahme der Temperatur würde aber schon durch die Entstehung der Schlacke vor der Form, so wie durch die gesinterte Masse von reducirtem Eisen mit hart gebrannten und bloß zusammen gebackenen Erden, wodurch sich häufig die sogenannten Gaarklumpen bilden, herbeigeführt werden. Bei einer fortdauernd abnehmenden Hitze würden die Erze nicht mehr geschmolzen werden können, sondern das

Eisen würde ungeschieden von den schlackrigen Theilen vor die Form kommen, und dann eben die Wirkungen entstehen, welche ein übersetzter Gang zur Folge hat, d. h. es würden weißes, stahlartiges Eisen und eine rohe Schlacke erzeugt werden, welche das Gestell versetzen. Die reichen sowohl als die ärmeren, und durch unzweckmäßige Mischung der Erden strengflüssigen Erze, gestatten auch deshalb nur einen so niedrigen Satz, weil es nothwendig ist, die Hitze im Ofen immer auf den höchsten Grad zu halten, damit durch die Abnahme der Temperatur keine Versetzung entsteht, welche für den Ofen sogleich gefährlich sein würde. Indeß kann auch dieser Zustand nicht von langer Dauer sein, theils weil der Schmelzraum zu sehr angegriffen wird, theils weil die Bildung des gefrischten Eisens, welches den Schmelzraum versetzt, unausbleiblich erfolgen muß, nur daß in einem Fall Frischeisen mit gaarer Schlacke, und in dem anderen Fall Frischeisen mit roher Schlacke entstehen wird. Zuschläge sind also bei den nicht von selbst schmelzbaren Erzen immer nöthig, um die Scheidung des Eisens von den erdigen Bestandtheilen des Erzes leichter und mit weniger Eisenverlust zu bewirken. Auf welche Weise sich die Flüsse hier wirksam verhalten, ist schon vorhin gezeigt, und es darf nur wiederholt werden, daß der Zweck bei allen Zuschlägen dahin zu richten ist, die bei dem Eisenerz in zu großer Menge befindliche Kieselerde durch basische Erden zu sättigen, oder den Mangel an Kieselerde durch quarzige Zuschläge zu ersetzen, oder auch wohl durch Bildung von mehren und zusammengesetzten Silikaten, eine leichtere Verschlackbarkeit der Erden zu bewirken. Der Mangel an Kieselerde, oder ein Ueberfluß an basischen Erden bewirkt, bei einem gaaren Gange, d. h. bei starker Hitze des Ofens, jederzeit die Erzeugung von sehr grauem Roheisen mit steifer und ungefärbter Schlacke, wobei um so leichter eine Versetzung des Ofens durch Gaarklumpen entsteht, je geringer der Eisengehalt des Erzes ist; so wie durch Frischeisen, jemehr der Eisengehalt der Erze zunimmt. Bei einer zu niedrigen Temperatur im Ofen würde die Schmelzung nicht erfolgen, sondern die ganze Gattirung würde zu einer Masse zusammensintern, und den Schmelzraum verstopfen. — Der Ueberfluß an Kieselerde hingegen, oder der Mangel an basischen Erden in der Beschickung, hat jederzeit die Erzeugung eines weißen Roheisens zur Folge, mit welcher die Entstehung von dunkel gefärbter Schlacke verbunden ist. Wird der Ofen dabei nicht in der stärksten Hitze erhalten, so wird die Schlacke zwar sehr dünnflüssig, aber das Eisen so matt, daß bei der flüssigsten Schlacke ein Verstopfen des Schmelzraums befürchtet werden muß.

§. 456.

Hieraus wird es klar, daß jede Art von Eisenerzen ihren besonderen Zuschlag, sowohl der Art als der Menge nach, verlangt, oder daß sich die Art des Zuschlags nach der Beschaffenheit der mit dem oxydirten Eisen im Erz verbundenen oder gemengten Erden richten muß. Man hat deshalb auch wohl die Benennung von thonartigen, kalkartigen, kieselartigen und talkartigen Eisenerzen eingeführt, um aus dieser Bezeichnung entnehmen zu können, welche Erdart in dem Erz die vorwaltende ist, und mit welcher Art von Fluß es beschickt werden muß. Bei den Kieselthon haltenden, oder bei den kieselartigen Erzen, ist Kalkstein der gewöhnliche Fluß; bei den kalk- und talkartigen Erzen bedient man sich zuweilen des Quarzes, in der Regel aber eines sehr thonartigen Mergels, oder auch des Thonschiefers zum Fluß. Die Quantität von Fluß, welche jedes Erz erfordert, läßt sich nur für jeden Fall durch Erfahrung bestimmen, und muß durch Probeschmelzen ausgemittelt werden. Die Vermuthung, daß man häufig in der Wahl des Flusses nicht vorsichtig genug ist, wird durch die allgemeine Anwendung des Kalkes, dessen Zusatz man fast bei jedem Eisenerz für nothwendig hält, gerechtfertigt.

In der Auswahl des Kalkes ist mit großer Vorsicht zu verfahren. Kalkstein, der Gips oder eingesprengten Schwefelkies enthält, muß vermieden werden, weil er das Eisen, wie die Erfahrung lehrt, rothbrüchig macht. Bei Eisenerzen, welche nur Kieselerde und Kalkerde, oder Kieselerde und Bittererde in der Mischung, oder auch beigemengt enthalten, leistet der thonhaltige Kalkstein, oder der mergelartige Kalk, bessere Dienste als der reine Kalk, weil ein gleiches Gewicht Thonerde mehr Kieselerde sättigt, als eben so viel kohlensaurer Kalk, und weil das zusammengesetzte Silikat leichtflüssiger ist als das einfache. Wenn die Eisenerze aber nur Kieselerde und Thonerde, und sehr wenig Kalkerde und Bittererde enthalten, so ist der reine Kalkstein vorzuziehen, um nicht eine zu große Menge von Thonerden-Silikat zu erhalten.

Man hat die Frage aufgeworfen, ob der gebrannte Kalk eben die Dienste thue, als eine verhältnißmäßige Menge von demselben Kalkstein, aber im ungebrannten Zustande. Erfahrungen sollen dem letzteren den Vorzug gegeben haben. Der Grund dazu ist, bei ganz reinem Kalkstein, nicht wohl einzusehen, wenn er auch bei dem mit Kieselthon verunreinigten Kalkstein einleuchtet, indem sich dieser Kalkstein leicht todt brennt, d. h. ein Silikat giebt, welches dann vielleicht nicht so kräftig auf die dem Eisenerz beigemengten Erden wirken könnte. Man wird übrigens, aus ökonomischen Rücksichten, nicht so leicht in den Fall kommen, den Kalkstein, welcher in die Beschickung genommen werden soll, vor der Anwendung erst zu brennen. Wenn sich die bessere Wirkung des kohlensauren Kalkes, im Vergleich mit einem Aequivalent des vorher gebrannten Kalkes, wie es fast scheint, bestätigen sollte; so würde sich dieser Erfolg vielleicht dadurch erklären lassen, daß der rohe Kalkstein die Kohlensäure unter dem mechanischen Druck im Schacht des Hohofens erst spät verliert, so daß die Reduction des Eisenoxydes im Erz schon beginnen kann, ehe eine Einwirkung der Kalkerde auf die dem Erz beigemengten oder beigemischten Erdarten — also die Verschlackung — anfängt. Die Kohlensäure verhindert, so lange sie mit der Kalkerde verbunden ist, die Vereinigung der Kalkerde mit den metallischen Oxyden und mit den Erden, und die ersteren können daher länger im Schacht verweilen, folglich durch die Einwirkung der Kohle vollständiger reducirt werden. Wenigstens würde dieser Erfolg mit der Erfahrung übereinstimmen, nach welcher durch die Anwendung des gebrannten Kalkes immer eine eisenreiche Schlacke, wie bei einem rohen Gange des Ofens, erfolgen soll.

D. Muschet, on the use of calcareous stones in the manufacturing of crude Jron. In Tilloch's Philos. Magaz. IV. 43 — 57.

§. 457.

Bei solchen Erzen, welche keine Bittererde beigemengt enthalten, ist der Dolomit dem Kalkstein als Zuschlag vorzuziehen. Auf manchen Hütten bedient man sich wirklich, zum Theil ohne es zu wissen, des Dolomites statt des Kalksteins. Die Silikate der Kalk- und Bittererde sind leichtflüssiger als die Silikate der Kalkerde und als die der Bittererde für sich allein. Man wird daher durch die Anwendung des Dolomites, statt des Kalksteins, leichtflüssigere Schlacken erhalten und an der Quantität des Zuschlags sparen können, obgleich sich nicht alle Hütten in der Lage befinden, daß sie mit Dolomit eben so leicht und wohlfeil als mit Kalkstein versorgt werden können. — Einer der vortrefflichsten und wirksamsten Zuschläge, welche man anwenden kann, ist der Flußspath. Dies Mineral gehört indeß zu den seltener vorkommenden Fossilien und gestattet daher nur einen beschränkten Gebrauch. Er giebt mit den Silikaten eine sehr leicht- und dünnflüssige Schlacke, und wird daher in den Gegenden, wo man sich denselben verschaffen kann, durch keinen wirksameren Zuschlag ersetzt werden. — Sandstein, und, in Ermangelung desselben, Geschiebe von quarzigen Gesteinen, würden ebenfalls zu den Zuschlägen gerechnet werden müssen, wenn es darauf ankäme, die Beschickung mit Kieselerde anzureichern. Fast immer enthalten indeß die Gang- und Gebirgsarten, welche mit den Eisenerzen vorkommen, so viel Kieselerde, daß sogar mehr basische Zuschläge angewendet werden müssen, um die Kieselerde zu verschlacken. — Die Eisenfrischschlacken endlich verrichten in einigen Fällen wirklich die Dienste der Zuschläge, wenn man sie nicht ausdrücklich zu dem Zweck anwendet, um ihren Eisengehalt beim Verschmelzen zu gewinnen, sondern um eine leichtflüssige, hitzige Schlacke zu bilden, durch deren Hülfe Versinterungen und Versetzungen in den Schmelzräumen schnell aufgelöst werden sollen.

§. 458.

Die Zuschläge müssen im Allgemeinen möglichst zerkleinert, und mit dem zu verschmelzenden Erz gehörig vermengt werden. Nur da, wo man sehr ockrige oder mulmige Erze verarbeitet, die sehr fest und dicht im Ofen liegen, kann der Fluß in etwas größeren Stücken angewendet werden, um die Masse dadurch lockerer zu machen; indeß hat dies ebenfalls seine Gränzen. Bei Erzen, die in groben Stücken zum Verschmelzen kommen, darf der Fluß nicht zu fein genommen werden, weil er sonst durchlaufen und weil die Wirkung auf das Erz verfehlt werden würde. Am besten ist es, den Fluß in gleicher Größe, wie die Erze, und nur dann in etwas größeren Stücken anzuwenden, wenn man ockrige Erze verschmelzt, die sich im Ofen zu fest auf einander lagern. Die Zerkleinerung des Flusses geschieht entweder mit der Hand, oder vortheilhafter unter dem Pochhammer, oder unter einem Quetschwerk, nämlich zwischen zwei horizontal neben einander liegenden gegossenen eisernen Walzen, welches letztere nicht so kostbar ist, und zugleich den Vortheil gewährt, daß der Fluß stärker zerkleinert wird, ohne ihn ganz mehlartig zu machen, welches unter Pochstempeln nicht so leicht vermieden werden kann. Auch bei der Anwendung des Pochhammers hat man es ziemlich in der Gewalt, die Größe der Stücken so einzurichten, als die Höhe des Ofens und die Beschaffenheit der Erze es verlangen.

§. 459.

Außer den eigentlichen Flüssen, dem Kalk, dem Thon, dem Quarz und dem Mergel, giebt es noch Fossilien, welche zwar wegen ihrer Mischung nicht eigentlich zu den Flüssen gerechnet werden können, die aber dennoch den Fluß der Erze befördern, und deshalb die Anwendung von geringeren Quantitäten Fluß möglich machen, und welche zugleich wegen ihres Eisengehalts das Ausbringen aus den Erzen vermehren. Hierzu gehören alle Silikate, welche Eisen im oxydirten Zustande enthalten und welche, wenn der Gehalt an Eisensilikat zunimmt, dadurch wirklich zu den Kieseleisensteinen gezählt werden müssen. Es sind dahin zu rechnen: Hornblende, Basalt, besonders die Wacke und der Granat. Wo man Gelegenheit hat, diese Fossilien anzuwenden, nimmt man sie gern, weil sie einen guten Gang im Ofen bewirken, und weil man in einzelnen Fällen durch sie des Flusses ganz entübrigt sein kann. Durch die Anwendung dieser Fossilien bringt man freilich zugleich viel Kieselerde in die Beschickung und erhält leicht weißes Roheisen, wenn man graues erzeugen will, weshalb in solchen Fällen gleichzeitig stärkere Zuschläge von Kalkstein gegeben werden müssen. Silikate von Kalkerde und von Manganoxydul sind sehr geeignete Mittel, dem reducirten Roheisen den Schwefel zu entziehen, in so ferne die Schlacke nicht sehr leicht- und dünnflüssig ist, sondern durch gleichzeitige Bildung von Thonerde-Silikaten strengflüssiger gemacht wird. Auf den Phosphorgehalt des Roheisens sind aber jene Silikate ohne Wirkung.

Allgemeine Bemerkung über das Verschmelzen der Eisenerze.

§. 460.

Bei der Reduktion der Eisenerze im Kleinen bedurfte es nichts weiter, als das beschickte Erz mit Kohlenstaub zu mengen, und es in einem feuerfesten Tiegel einer hohen Temperatur, welche durch die Erhitzung des Tiegels von außen bewirkt ward, auszusetzen. Bei der Reduction oder beim Verschmelzen der Eisenerze im Großen ist dies Verfahren nicht anwendbar, weil es zu kostbar sein würde. Man überläßt das Erz daher der unmittelbaren Wirkung des Brennmaterials, und verbindet zwei Operationen, die des Reducirens und des Schmelzens. Es giebt hierzu zwei Wege: nämlich die Anwendung des Flammenfeuers, oder die Vermengung des Erzes mit dem Brennmaterial. Der erste Weg macht den Zusatz eines Reductionsmittels zu dem zu reducirenden und zu schmelzenden Erz nothwendig, und ist bei den Eisenerzen ohne Zweifel zu kostbar, weil die zu verschlackenden Erden sehr strengflüssig sind, wenn sie kein Eisenoxydul-Silikat, dessen Zerstörung der Zweck der Operation sein müßte, in der Mischung enthalten. Diese Methode ist daher nur bei leichtflüssigen Erzen und bei Metallen, welche einen gewissen Grad von Feuerbeständigkeit besitzen, anwendbar. Zu der großen und anhaltenden Hitze, welche die Eisenerze, weniger zu ihrer Reduktion, als vielmehr zum Flüssigwerden der von Eisenoxydul ganz zu befreienden Schlacke erfordern, sind die Flammenöfen weniger geeignet, als die Schachtöfen. Zwar wird auch in den ersteren Roheisen unmittelbar aus den Erzen erzeugt werden können, aber unbezweifelt nur mit einem größeren Aufwande an Brennmaterial, und bei einer Beschickung, welche sehr leichtflüssige Schlacken giebt. Graues Roheisen wird sich dabei selten und nur in den höchsten Graden der Hitze bilden können, weil es schwer ist, den Schlacken alles Eisenoxydul zu entziehen, dieses aber stets auf das Roheisen zurück wirkt und dadurch die Bildung des weißen Roheisens befördert. Diesen Hindernissen läßt sich nur durch sehr starke Hitze und gleichzeitig durch starke Kalksteinzuschläge begegnen, wenn die Erze Eisenerz-Silikate sind, oder viel Kieselthon enthalten. In jedem Fall wird der Aufwand an Brennmaterial sehr bedeutend sein, und nur die sehr reichen und zugleich an Kieselthon sehr armen Eisenerze würden sich vielleicht nicht unzweckmäßig auf dem Heerde des Flammofens reduciren und verschmelzen lassen. — Aus diesen Gründen, und weil das Eisen ein so sehr feuerbeständiges Metall ist, daß es in der größten bekannten Hitze nicht verflüchtigt, sondern nur durch den Zutritt des Sauerstoffs zerstört wird, schichtet oder vermengt man die Eisenerze unmittelbar mit dem Brennmaterial, und befördert ihre Schmelzung und Reduktion theils durch die unmittelbare Berührung mit der brennenden Kohle, theils dadurch, daß man nicht ganze Massen von Erz mit Einemmal (wie dies im Flammenofen geschehen müßte), sondern nur einzelne Quantitäten desselben, in nach einander folgenden Zeiträumen, lagen- oder schichtenweise zum Schmelzen bringt. Je größer die Oefen sind, welche zum Schmelzen angewendet werden, desto größere Quantitäten Erz lassen sich gleichzeitig in Fluß bringen, weil es schon nach und nach vorbereitet und einem hohen Hitzegrad ausgesetzt gewesen ist.

Weil die Reduction des oxydirten Eisens, bei der Anwesenheit von Kohle, schon in einer Temperatur erfolgt, in welcher die Schmelzung und Verschlackung der Erden noch nicht statt finden kann, so hat man wiederholt vorgeschlagen, die Eisenerze in einer mäßigen Temperatur (in besonders dazu eingerichteten retortenartigen Gefäßen) mit einem Zusatz von Kohle zu reduciren und die reducirte Masse sodann auf dem Heerde eines Flammofens, ohne Zusatz von Kohle, zu schmelzen. Bei dieser Operation würde das schon reducirte Eisen nicht in den flüssigen Zustand gebracht, sondern nur die erdige Beimengung des Erzes, allenfalls mit zweckmäßigen Zusätzen von anderen Erden, geschmolzen werden. Die theils gesinterte, theils geschmolzene Masse würde unter Hämmern oder unter Walzwerken von den verschlackten Erden zu befreien sein, indem die regulinischen Eisentheile zusammenschweißen. Man ist bei diesen Vorschlägen sogar so weit gegangen, daß man, nach der Menge der bei der Reduction anzuwendenden Kohle, bestimmen zu können glaubt, ob das Resultat des Prozesses Stabeisen oder Stahl sein soll. Nicht minder glaubt man auf diesem Wege, bei noch größeren

Quantitäten von Kohle, auch Roheisen zu erhalten, welches sich beim Schmelzen der reducirten Erzmasse im Flammenofen, im flüssigen Zustande von der Schlacke trennen soll. Wenn auch nicht daran zu zweifeln ist, daß solche Erfolge nothwendig eintreten müssen, so sind die ökonomisch vortheilhaften Resultate dieser Reductions- und Schmelzmethode doch noch sehr problematisch und im günstigen Fall wahrscheinlich nur auf die Anwendung von reinen und reichen Eisenerzen, besonders von solchen Erzen beschränkt, die nicht Kieseleisenstein sind, oder kein Eisensilikat enthalten (§§. 152. 395).

Gr. v. Vandenbroek, Versuche über die Reduktion der Eisenfrischschlacke und der Eisenerze durch Flammenfeuer im Flammofen. Archiv f. Bergbau XI. 280 u. f.

§. 461.

Der Strengflüssigkeit, oder vielmehr der Schwierigkeit, welche bei mehren Eisenerzen statt findet, das reducirte Eisen von den gesinterten Erden, sobald nicht zweckmäßige Flüsse angewendet werden, zu scheiden, ist es zuzuschreiben, daß diese Erze in älteren Zeiten, als man noch keine Vorrichtungen zur Hervorbringung einer großen Hitze kannte, unbenutzt bleiben mußten. Es ist unentschieden, ob man die Eisenerze zuerst durch einen bloßen natürlichen Luftzug (oder auch durch einen künstlich bewirkten Luftstrom), zwischen Kohlen geschichtet, geschmolzen hat; oder ob man sie zuerst, mit brennenden Kohlen gemengt, durch einen gleichzeitig auf die Kohlen und auf das Erz gerichteten künstlichen Luftstrom reducirte. Im ersten Fall wurden die Erze in einzelnen kleinen Quantitäten flüssig gemacht, und das flüssig gewordene Eisen sammelte sich auf dem Heerde des Ofens, oder auf dem Boden des Behältnisses, in welchem die Schmelzung geschah; im letzten Fall mußte das durch die Kohlen reducirte Eisen, wegen der Einwirkung des künstlichen Luftstroms, sogleich wieder entkohlt und als geschmeidiges Eisen dargestellt werden.

Auch beim Niederschmelzen der in einem Ofen mit Kohle geschichteten Eisenerze erhielt man in früheren Zeiten kein Roheisen, sondern Eisen, welches aus dem Zustande des Roheisens in den des Stahls überging, welches aber nur durch die Einwirkung des durch den Luftstrom wieder oxydirten Eisens auf das früher gebildete Roheisen, entstanden war, weshalb man auch gewöhnlich Stahl und stahlartiges Roheisen zugleich ausbrachte.

§. 462.

Bei so unvollkommenen Vorrichtungen war es unmöglich, daß man alle Eisenerze benutzen konnte; nur die leicht reducirbaren oder vielmehr die reichen Erze, aus welchen man noch immer eine ansehnliche Ausbeute von Eisen erhielt, wenn auch ein großer Theil als Eisenoxydul-Silikat in die Schlacke geführt ward, ließen sich einer solchen Behandlung unterwerfen. Aermere und strengflüssige Erze würden in einer so geringen Hitze nicht haben geschmolzen werden können, weil der ganze Gehalt an oxydirtem Eisen, zur Bildung der Schlacke, nämlich des Eisenoxydul-Silikates in derselben, hätte verwendet werden müssen. Da sich alles Eisen, welches bei der Reduction der Eisenerze zwischen Kohlen erhalten wird, im Zustande des Roheisens befunden hat, so konnte das geschmeidige Eisen, welches man beim Verschmelzen der Eisenerze unmittelbar erhielt, auf keine andere Weise, als durch die Einwirkung des noch nicht vollständig reducirten Erzes, oder auch des bereits reducirten und durch den Luftstrom wieder oxydirten Eisens, auf das Kohleneisen, entstanden sein. Bei so verschiedenen Operationen, welche theils unmittelbar auf einander folgten, theils sogar gleichzeitig geschahen, mußte viel Eisen durch Verschlackung verloren gehen. Dies ist besonders bei der Behandlung der Erze in den sogenannten Heerden oder in Räumen der Fall, in denen die Erze zwischen brennenden Kohlen nicht schichtenweise in Fluß gebracht, sondern in einzelnen Stücken gleichzeitig geschmolzen, zu Kohleneisen reducirt, und aus diesem in geschmeidiges Eisen verwandelt werden. Man nennt diese Art der Behandlung der Eisenerze: das Zugutemachen oder Verschmelzen in Luppenfeuern oder in Rennfeuern; sie findet in einigen Gegenden noch jetzt statt, und wird weiter unten beschrieben werden. — Auch arme Erze lassen sich auf diese Art, obgleich mit einem noch größeren Eisenverlust als die reichen, verarbeiten. Je schwieriger die Scheidung der Schlacken von dem Eisen erfolgt, d. h. je mehr Eisenoxydul-Silikat erforderlich ist, um die Schlacke so flüssig zu machen, daß sie sich von dem Eisen trennt, desto größer ist der Eisenverlust. Dies ist auch der Grund, warum alle Eisenerze, welche viel Silikate in ihrer Mischung, oder auch beigemengt enthalten, in Luppenfeuern ein schlechtes Ausbringen gewähren. Dies ist ferner der Grund, warum die Alten nicht jedes Erz in Luppenfeuern verarbeiten, sondern nur die reicheren, oder die leichtflüssigen dazu anwenden konnten. Eisenerze, die bloß aus Silikaten bestehen, würden in den Luppenfeuern nicht verarbeitet werden können, wenn sie nicht Subsilikate des oxydirten Eisens sind.

§. 463.

Vortheilhafter war das Verfahren, die Eisenerze mit Kohlen zu schichten, und sie durch natürlichen oder durch künstlichen Luftzug, vermittelst der Gebläse, niederzuschmelzen. Die Arbeit in Oefen und die in Luppenfeuern sind also sehr von einander unterschieden, und man irrt sehr, wenn man die Oefen als erhöhete Heerde ansehen, oder die Behauptung aufstellen will, daß die Oefen durch Erhöhung der Luppenfeuer entstanden wären. Bei den Luppenfeuern wird das bereits reducirte, aber noch nicht geschmolzene und von den erdigen Beimengungen geschiedene Erz beständig, und in einzelnen Stücken, mit eisernen Werkzeugen in den Brennpunkt des Luftstroms gebracht, um sich theilweise wieder zu oxydiren und dadurch auf der einen Seite das Eisenoxydul-Silikat zum Flüssigmachen der Schlacke herzugeben, und auf der andern Seite das Entkohlen eines anderen Theils des reducirten und mit Kohle verbundenen Eisens zu bewirken. Bei der Arbeit in Schachtöfen findet eine ununterbrochene Reduktion und Aufnahme von Kohle statt, bis die Sätze den Schmelzraum erreichen. Sind sie hier nicht so weit vorbereitet, daß die Scheidung der Schlacke vom Eisen augenblicklich erfolgen kann, so wirkt der Luftstrom des Gebläses entkohlend und oxydirend auf das bereits reducirte Eisen, und es hängt nun von der Mischung der Erden ab, welche die Schlacke bilden sollen, ob sie mehr oder weniger Eisenoxydul zum Flüssigwerden erfordern. Die schwer reducirbaren Erze, nämlich alle Silikate, werden natürlich noch mehr zur Verschlackung geneigt sein, weil sie noch weniger vorbereitet, in dem angegebenen Sinne, in den Schmelzraum gelangen. Ohne das Erz mit Kohlen in den Schachtöfen zu schichten, würde keine Schmelzung desselben erfolgen, und die Ausführung des Vorschlags, die Erze mit den Kohlen zu vermengen, um dadurch eine größere Berührung der Kohle mit dem Eisenerz, folglich eine leichtere Reduction zu bewirken, würde, eben weil es nicht darauf ankommt die Reduktion, sondern die Scheidung des Eisens von der Schlacke zu befördern, augenblicklich einen Stillstand des ganzen Schmelzprozesses hervorbringen; es sei denn, daß außerordentlich leichtflüssige und ganz reine Erze, welche das Eisen bloß mit Sauerstoff oder mit Kohlensäure verbunden enthalten, in sehr niedrigen Schächten verschmolzen würden, wobei aber alsdann ebenfalls kein Roheisen erfolgen kann, sondern Frischeisen entstehen muß. — Es ist leicht möglich, daß das Verschmelzen der Eisenerze in Luppenfeuern, und das Verschmelzen derselben in mit Kohlen geschichteten Lagen in Schachtöfen, gleichzeitig in verschiedenen Gegenden entdeckt und angewendet worden sind. Die Erhöhung der Schachtöfen war die natürliche Folge des Schmelzverfahrens in den Gegenden, welche, von leichtflüssigen und leicht reducirbaren Eisenerzen entblößt, genöthigt waren, die ärmeren und strengflüssigeren Erze zu verarbeiten.

§. 464.

Die abweichenden Urtheile über die zweckmäßigste Höhe der Schachtöfen lassen sich aus der Beschaffenheit der Eisenerze leicht erklären. Leichtflüssige und leicht reducirbare Erze, die mit keinen fremdartigen Bestandtheilen verunreinigt sind, sondern bloß oxydirtes oder kohlensaures Eisen enthalten, können bei demselben Gebläse unbezweifelt in niedrigeren Schächten verschmolzen werden. Sehr reine und leichtflüssige Erze lassen sich in so niedrigen Schächten schmelzen, daß die Kohle nur so eben hinreicht, die Reduktion zu bewirken. So wie in früheren Zeiten allgemein, so werden auch noch jetzt an einigen Orten solche Erze in niedrigen Oefen verschmolzen, wobei die Temperatur über dem Schmelzraum, durch die starken Erzsätze auf den Kohlen, so niedrig gehalten wird, daß kaum eine vollständige Reduction der Erze erfolgt ist, wenn diese in den Schmelzraum eintreten. Weil die Erze, welche so behandelt werden, immer nur wenig Schlacke liefern dürfen, welche durch das Eisenoxydul-Silikat den erforderlichen Grad der Flüssigkeit erhält, so kann die Arbeit deshalb ziemlich ununterbrochen fortgehen, weil man, im Verhältniß zu der Höhe und Weite des Ofens, sehr große Schmelzräume anwendet und sich zugleich eines künftig anzuführenden Mittels (leere Gichten) bedient, um die Erzsätze intervallenweise in den Schmelzraum rücken zu lassen. Deshalb erhält man in solchen niedrigen Oefen kein Roheisen, sondern ein schon mehr oder weniger stahlartiges geschmeidiges Eisen, welches sich unten auf dem Boden des Ofens in einem Stück ansammelt, weshalb man diese niedrigen Schachtöfen auch Stücköfen und Wolfsöfen genannt hat. — Man fand bald, daß nur die reinsten und leichtflüssigsten, zugleich aber auch leicht reducirbaren Eisenerze, dieser Behandlung in Stücköfen fähig waren, und daß die Eisenerze, welche außer dem oxydirten Eisen auch noch Erden enthalten, nicht ganz reducirt werden konnten, sondern den größten Theil des Eisengehalts verschlacken ließen' weshalb man den Schacht erhöhete, um dadurch eine größere

Hitze zu bewirken, und die Reduction und die Verschlackung zu befördern. Zugleich machte man die Bemerkung, daß es möglich sei, den Ofen ununterbrochen fortgehen zu lassen, wenn man dem Eisen durch leichtere Erzsätze eine größere Flüssigkeit ertheilte und dasselbe dadurch geeignet machte, von Zeit zu Zeit durch eine gemachte kleine Oeffnung abzufließen, und es nicht zu einem Stück, welches nur durch Einstellung des Schmelzprozesses herausgenommen werden konnte, zusammen gehen zu lassen. Man nannte diese Oefen daher, zum Unterschied von Stücköfen, Blauöfen, Blaaöfen (Blaseöfen, weil sie ununterbrochen fortblasen). Die Blauöfen sind also aus den Stücköfen entstanden, und unterscheiden sich von ihnen ursprünglich weder durch eine verschiedene Höhe, noch durch irgend eine andere Art der Konstruktion, sondern bloß dadurch, daß sie unten etwas enger zusammengezogen sind, als die Stücköfen, um eine höhere Temperatur für die ohnedies leichteren Erzsätze bewirken zu können. Erst als man die Blauöfen (wahrscheinlich wegen ihrer größeren Kohlenersparung im Vergleich gegen die Stücköfen, deren Betrieb durch das Herausnehmen des Stückes beständig unterbrochen ward) allgemeiner eingeführt hatte, schritt man zu der vorhin angeführten Erhöhung für solche Erze, welche sich in den niedrigen Schächten nur mit einem bedeutenden Aufwand von Brennmaterial verschmelzen lassen wollten.

§. 465.

Die Umänderung der Stücköfen in Blauöfen war eine wesentliche und große Verbesserung des Hüttenbetriebes. Aber eine nicht minder wesentliche Verbesserung ist durch die nach und nach entstandene Erhöhung der Schächte bewirkt worden. Schwer reducirbare Erze (Silikate) und alle Erze, die viel Kieselerde und Kieselthon beigemengt haben, lassen sich besonders ungemein viel vortheilhafter in höheren, als in niedrigeren Oefen verschmelzen, indem sie in den letzteren vor dem Schmelzen kaum zur Reduktion gelangen. Die reinen Eisenoxydule mit vieler quarziger

Bergart befinden sich in demselben Fall. Alle Erze, die viele Schlacke geben und bei denen die Schlacke, um recht graues und hitziges Roheisen zu gewinnen, sehr steif gehalten werden muß, werden besser im Hohenofen als im Blauofen verschmolzen. Die Hohöfen sind aus den Blauöfen entstanden, und unterscheiden sich von ihnen bloß dadurch, daß der eigentliche Schmelzraum mehr zusammengezogen, und daß der untere Raum des Ofens dicht über dem eigentlichen Boden, wo sich das Eisen ansammelt, zum beständigen Abfluß der Schlacken offen erhalten wird, wogegen die Blauöfen keine solche Oeffnung haben, indem die Schlacke von Zeit zu Zeit abgelassen werden muß, worauf die durch den Stich gemachte Oeffnung wieder verstopft wird.

§. 466.

Die Menge und die Konsistenz der beim Verschmelzen der Erze entstehenden Schlacke ist es, nächst der Concentrirung des Schmelzraums, wodurch der wesentliche Unterschied zwischen der Behandlung der Blauöfen und der Hohöfen begründet wird. Erze, die wenig Schlacke geben, die folglich sehr reich sind und sich dabei nicht schwer reduciren lassen, müssen, wenn sie vortheilhaft verarbeitet werden sollen, in Blauöfen mit zusammengezogenem Schmelzraum verschmolzen werden. Ueberhaupt ist der Betrieb des Blauofens dem der Hohöfen in allen Fällen vorzuziehen, wo man leichtflüssige und gutartige Erze, die auch bei einiger Uebersetzung des Ofens noch immer gutartiges Eisen geben, verarbeitet. Reiche Erze, deren Eisengehalt sich nach erfolgter Reduktion schwer von den gefritteten Erden trennt, oder die wegen ihrer zu großen Reichhaltigkeit leicht zu Versetzungen und zu Bildungen von gefrischten Eisenmassen Anlaß geben, werden für sich in hohen Blauöfen mit zusammengezogenem Schmelzraum zwar gut geschmolzen werden können, allein die Behandlung in Hohöfen wird durch die Erleichterung des Schlakkenabflusses und durch die leichtere Reinigung des Schmelzraums selbst, erleichtert. Eben dies ist bei der Verschmelzung aller armen Erze der Fall, so daß, außer der verschiedenen Behandlung der Schlackentrift, eigentlich keine Verschiedenheit zwischen einem hohen Blauofen und einem Hohofen statt findet. Wo also die, durch den zunehmenden Erdengehalt der Erze, sich vergrößernde Schwierigkeit der Scheidung des reducirten Eisens von der Schlacke, die Anwendung niedriger Blauöfen nicht mehr gestattet, da muß man nur in dem Fall zu höheren Blauöfen schreiten, wenn man Gelegenheit hat, reiche und leichtflüssige Erze mit ärmeren zu gattiren. Findet sich aber diese Gelegenheit nicht, so ist das Verschmelzen in Hohöfen vorzuziehen, welches auch, ohne alle Ausnahme, bei den Erzen geschehen muß, die bei Koaks verschmolzen werden, weil das Brennmaterial eine sehr strengflüssige Asche beim Verbrennen hinterläßt, und häufig auch durch die beigemengte Faserkohle, so wie durch die leichte Zertrümmerung der Koaksmasse selbst, welche durch ihren staubartigen Zustand fast ganz unzerstörbar wird, zu Anwüchsen und zu Versetzungen beim Schmelzen Anlaß giebt.

§. 467.

Sollte eine zu große Höhe des Hohofens überhaupt nachtheilig werden können, so würde die Ursache nur eine mechanische sein, weil die übereinander liegenden Schichten von Erz und Brennmaterial zu dicht auf einander liegen, und der Entweichung der sich entwickelnden Gasarten aus der Gicht zu große Hindernisse in den Weg legen könnten. Bei ockrigen und mulmigen Erzen, die dicht und fest übereinander liegen, ohne viel Zwischenräume zu bilden, würde sich der Druck am nachtheiligsten durch langsame Verbrennung (durch langsamen Gichtenwechsel) zeigen, besonders wenn zugleich kleine Kohlen angewendet werden. In jedem Fall ist es aber, wenn auch vielleicht nicht für die Güte des Eisens, doch für den ungestörten Gang des Ofens besser, und für den Verbrauch an Brennmaterial rathsamer, dem Ofen lieber eine größere als eine geringere Höhe zuzutheilen, weil die Erze im Schacht selbst mehr zur Schwelzung vorbereitet und nicht zu plötzlich der Schmelzhitze im Gestell ausgesetzt werden, und weil der größere Ofen die Folgen der Feuchtigkeit, der schlechten Röstung und der unvollkommenen Zerkleinerung besser übertragen kann, als ein kleiner Ofen, der, von denselben Zufälligkeiten abhängig, seine Hitze sogleich verlieren und dadurch zu einer unvollkommenen Schmelzung Anlaß geben wird.

§. 468.

Das Resultat dieser Untersuchung mögte vielleicht darin bestehen, daß alle bei Holzkohlen zu verschmelzenden Eisenerze, aus denen man weißes Roheisen erzeugen kann, ohne der Güte des daraus darzustellenden geschmeidigen Eisens (des Stahls oder des Stabeisens) nachtheilig zu werden, und welche dabei weder zu viel noch zu wenig Schlacke geben, welche also einen mittleren Gehalt von 40 bis 50 Procent Eisen haben, in Blauöfen; alle armen Erze hingegen, und alle Erze, welche ein fehlerhaftes Eisen geben, in hohen Hohöfen, und zwar bei einem hitzigen Gange, verschmolzen werden müssen. Davon können reiche, aber gutartige Eisenerze, welche sich füglich auf weißes oder auf halbirtes Eisen benutzen lassen, nur dann eine Ausnahme machen, wenn sie mit ärmeren gutartigen Erzen beschickt und dadurch zu einem mittleren Gehalt von 40 bis 50 Procent gebracht werden können. Diese so gattirten Erze werden sich im Blauofen eben so gut wie im Hohenofen verschmelzen lassen.

Zweite Abtheilung.

Von den Brennmaterialien.

§. 469.

Für die Metallurgie des Eisens ist die genaue Kenntniß der Brennmaterialien von besonderer Wichtigkeit. Der große Aufwand an Brennmaterial, welcher zur Erzeugung dieses Metalles aus seinen Erzen, und zum Verarbeiten des Roheisens, auch bei einer sehr beschränkten Eisenhüttenanlage, erforderlich ist, macht es schon in ökonomischer Hinsicht nothwendig, die Anschaffungskosten des Brennmaterials, sowohl durch eine auf richtiger Beurtheilung seiner Wirkung begründete Kenntniß, als durch die Kenntniß der Darstellung desselben aus dem rohen Material, welches die Natur im Pflanzen- und Mineralreich liefert, möglichst zu ermäßigen. Ein zweckmäßig geleiteter Hüttenbetrieb setzt aber außerdem eine genaue Bekanntschaft mit dem Verhalten der verschiedenen Brennmaterialien, und mit dem Einfluß, welchen sie auf die Beschaffenheit des Eisens äußern, nothwendig voraus. Die Gewinnung und Benutzung der Brennmaterialien sind daher ein Gegenstand von großer Wichtigkeit für den Metallurgen überhaupt, denn von den Preisen und von der vortheilhaften Anwendung des Brennmaterials sind die Erfolge der metallurgischen Prozesse so sehr abhängig, daß zuweilen die Nothwendigkeit eintritt, wegen Mangel oder wegen des hohen Preises eines

Brennmaterials, einen unvollkommenen Prozeß zu wählen, wenn dieser weniger Unkosten für das dazu erforderliche Brennmaterial, als der vollkommnere, in der Ausübung veranlaßt. Die Kenntniß von der Anschaffung und Behandlung des Brennmaterials wird daher auch mit Recht als ein Theil der Eisenhüttenkunde betrachtet, weil sie mit der vortheilhaften, und in manchen Fällen sogar mit der möglichen Ausübung der Prozesse zur Darstellung des Eisens, weit inniger und genauer verknüpft ist, als mit jedem anderen Theile der Metallurgie.

§. 470.

Die Benutzung der Brennmaterialien beim Eisenhüttenwesen ist eine zweifache, nämlich um die bei dem Verbrennen entstehende höhere Temperatur zum Schmelzen oder Flüssigmachen des Eisens und seiner Erze anzuwenden, und um die Reduction des oxydirten Eisens durch sie zu bewirken. Die Reducirbarkeit der Oxyde zu Metallen durch die Kohle, oder durch einen brennbaren kohlehaltigen Körper, ist bei den verschiedenen oxydirten Körpern ungemein verschieden. Einige Oxyde reduciren sich schon in sehr niedriger Temperatur, aber Reduction und Schmelzung des reducirten Metalles fallen fast in einem Grade der Temperatur zusammen. Andere Oxyde erfordern einen höheren Grad der Temperatur zur Reduction, als ihre Metalle zum Schmelzen; bei noch anderen tritt die Reduction sehr viel früher ein, als die Schmelzung des reducirten Metalles. Zu den letzteren gehört das Eisen, dessen Oxyde sich schon beim schwachen Rothglühen reduciren, wenn sie mit Kohle in Berührung sind. Andere brennbare Körper, wie Schwefel und Wasserstoff, können die Reduction der Eisenoxyde schon in der braunrothen Glühhitze bewirken; es ist hier aber nur die Rede von der Reducirung des oxydirten Eisens durch die im gewöhnlichen Leben unter dem Namen der Brennmaterialien bekannten Körper.

Wenn die Reduction eines Metalloxydes beabsichtigt wird, muß der zu reducirende Körper mit dem Brennmaterial umgeben sein, denn die Reduction kann durch die Flamme des verbrennenden Körpers (mit Ausnahme des im §. 298 schon betrachteten oder anderer ähnlicher Fälle, die hier, als ganz unwesentlich, auf sich beruhen können) nicht bewirkt werden. Um den Grund dieser Erscheinung einzusehen, erinnere man sich, daß jeder brennbare Körper, der als Brennmaterial angewendet zu werden pflegt, aus Kohlenstoff und aus Wasserstoff und Sauerstoff (zuweilen auch Stickstoff) zusammengesetzt, und daß die Flamme nur das Resultat einer neutralen Verbindung aller dieser Stoffe mit Sauerstoff ist. Soll das Brennmaterial also desoxydirend wirken, so darf es noch nicht zerlegt, oder in Flamme aufgelös't sein, sondern es muß beim Verbrennen unmittelbar auf den oxydirten Körper wirken und diesem den Sauerstoff entziehen können, welchen es sonst aus der Atmosphäre aufgenommen haben würde.

Es mögte daher scheinen, daß man sich bei einem desoxydirenden Schmelzen die größte Wirkung von einem Brennmaterial zu versprechen habe, wenn man es im unzersetzten, und nicht im verkohlten Zustande mit dem oxydirten Körper zusammenbringt und verbrennen läßt, weil dann nicht allein der Kohlenstoff, sondern auch der Wasserstoff desselben die Reduktion des oxydirten Körpers bewirken würde. Die Erfahrung lehrt, daß dies auch wirklich der Fall ist, daß aber die Wirkungen des unverkohlten und des verkohlten Brennmaterials nicht in einem solchen Verhältniß zu einander stehen, als man von der Zusammensetzung des rohen Brennmaterials erwarten sollte, indem die reducirenden Wirkungen verhältnißmäßig geringer sind, als sie der Berechnung nach sein mußten. Der Grund dieses Erfolges liegt einfach darin, daß sich der Wasserstoff in dem unzerlegten Brennmaterial nicht mit dem Sauerstoff des zu reducirenden Oxydes, sondern mit dem Sauerstoff und Kohlenstoff des Brennmaterials selbst verbindet, also fast dieselben Verbindungen eingeht, welche bei dem Verkohlen des Brennmaterials eintreten. Außerdem sind es aber mechanische Hindernisse und ökonomische Verhältnisse durch welche die Anwendung des rohen Brennmaterials bei den reducirenden Schmelzarbeiten beschränkt wird. Zuweilen (bei der Anwendung einiger Arten von Steinkohlen) würden auch die Bestandtheile des rohen Materials nachtheilig auf die Eigenschaften des zu erzeugenden Eisens wirken. Deshalb müssen die Brennmaterialien vor ihrer Anwendung häufig einer besonderen Behandlung unterworfen, sie müssen von den Bestandtheilen, welche beim Verbrennen die Flamme geben, geschieden oder sie müssen verkohlt werden. Alle Brennmaterialien, welche als solche benutzt werden, das Holz, der Torf, die Braunkohle und die Steinkohle enthalten, außer dem Kohlenstoff noch Wasserstoff und Sauerstoff, zum Theil auch Stickstoff, in solchen Verhältnissen mit einander verbunden, daß der Wasserstoff, der Sauerstoff und der Stickstoff, in einem Grade der Hitze, welcher die Rothglühhitze oft noch nicht einmal erreicht, in Vereinigung mit etwas Kohlenstoff, neue Verbindungen eingehen, und sich als Wasser, als Oel, als zusammengesetzte Gasart, als Essigsäure (Holzsäure) u. s. f. verflüchtigen und einen großen Theil des Kohlenstoffs als Kohle zurücklassen. Zu jenen neuen Verbindungen ist um so weniger Kohlenstoff erforderlich, oder es bleibt um so mehr Kohle zurück, je geringer die Temperatur ist, welcher die Brennmaterialien ausgesetzt werden. Einige Brennmaterialien erfordern indeß einen höhern Grad von Hitze, um diese Veränderung zu erleiden, als andere; es ist nicht unwahrscheinlich, daß die zur Verkohlung erforderliche Temperatur von der Quantität des Kohlenstoffs im Brennmaterial abhängt, und daß sie im zunehmenden Verhältniß desselben ebenfalls größer sein wird.

§. 471.

Der Eigenschaft der Brennmaterialien: ihr Mischungsverhältniß in der erhöheten Temperatur und ohne Zutritt von Sauerstoff, auf die angeführte Art umzuändern, verdankt man die Möglichkeit der Darstellung der Kohle, welche, selbst in der größten Hitze, sobald kein Sauerstoff hinzutritt, unverändert bleibt, in dem sie bisjetzt weder hat geschmolzen noch verflüchtigt werden können. Aus dieser, nur durch die Temperatur und keinesweges durch den Zutritt eines fremden Körpers bedingten Mischungsveränderung der brennbaren Körper, ergiebt sich, daß der Gehalt derselben an Wasserstoff zur Entmischung des Brennmaterials selbst verwendet werden muß, und da diese Entmischung schon in einem Grade der Temperatur erfolgt, in welcher die Desoxydation des oxydirten Eisens noch nicht statt findet, so wird sich der Wasserstoffgehalt des unverkohlten Brennmaterials bei der Reduction nur in so fern wirksam erweisen können, als er nicht zur Zersetzung des Brennmaterials selbst erforderlich ist. — Wenn dagegen die Zersetzung des Brennmaterials durch den Zutritt der atmosphärischen Luft bewirkt wird, so entstehen ganz andere Verbindungen, als bei der Verkohlung. Das Brennmaterial fängt nun an, mit Flamme zu brennen, weil der Sauerstoff gleichzeitig auf alle Bestandtheile des Brennmaterials, folglich auch auf den Kohlenstoffgehalt desselben wirkt, welcher bei einer freiwilligen Zersetzung in erhöheten Temperaturen, ohne Zutritt von Sauerstoff, zurückgeblieben sein würde.

Die rohen Brennmaterialien können sich also, bei abgehaltenem Zutritt der atmosphärischen Luft, in einer höheren Temperatur zwar entmischen, oder sie können verkohlt werden, aber brennen können sie nur beim Zutritt des Sauerstoffs. Der Verkohlungs- und Verbrennungsprozeß sind von einander folglich so sehr verschieden, daß der letztere dem ersteren geradezu entgegengesetzt ist. Auch in der stärksten Hitze, welche bis jetzt nur hervorgebracht werden konnte, leiden die Brennmaterialien keine weitere Veränderung, als die, sich zu verkohlen, indem die Kohle unverändert zurückbleibt. Wäre es möglich, den Verkohlungsprozeß im Großen, eben so wie die Destillation im Kleinen, mit gänzlichem Ausschluß aller atmosphärischen Luft vorzunehmen, so würde man, so scheint es, aus den Brennmaterialien alle Kohle, die sich nur daraus darstellen läßt, und welche zur Hervorbringung der neuen Verbindungen, die der Wasserstoff und der Sauerstoff des Brennmaterials mit einander und mit einem Theil des Kohlenstoffes eingehen, nicht durchaus erfordert wird, erhalten können. Im Kleinen ist dies wirklich möglich, weil man das Brennmaterial in verschlossenen und mit einem Ableitungsrohr für die sich erzeugenden Producte versehenen Gefäßen, erhitzen kann. Im Großen ist die Erhitzung durch äußeres Feuer aber in den mehrsten Fällen ökonomisch unstatthaft, weshalb man sich damit begnügen muß, die Verkohlung des einen Theils des Brennmaterials durch die Verbrennung des anderen und durch die dadurch hervorgebrachte höhere Temperatur zu bewirken. Es ist indeß noch keineswegs erwiesen, ob bei der Verkohlung in verschlossenen Gefäßen und bei dem völligen Ausschluß der atmosphärischen Luft, wirklich mehr Kohle zurückbleibt, als wenn der atmosphärischen Luft einiger Zutritt gestattet wird. Der Sauerstoff der letzteren könnte sehr wohl Verbindungen mit dem Wasserstoff des Brennmaterials herbeiführen, welche weniger Kohle aufnehmen, als diejenigen Verbindungen des Wasserstoffs mit den übrigen Bestandtheilen des Brennmaterials, welche sich bei einem ganz abgehaltenen Luftzutritt bilden. Die Erscheinungen bei denjenigen Verkohlungsprozessen, bei welchen der Zutritt der atmosphärischen Luft nicht ganz ausgeschlossen werden kann, scheinen darauf hinzudeuten, daß ein solcher Erfolg wirklich stattfindet. Es zeigt sich nämlich, bei einer sorgfältig geleiteten Verkohlung, kein eigentliches Verbrennen, d. h. kein vollständiges Verzehren der schon gebildeten Kohle, welches sich durch die Einäscherung zu erkennen geben müßte. Sobald ein solches wirkliches Verbrennen eintritt, ist der ganze Verkohlungsprozeß schon mangelhaft geführt, oder es hat ein zu starker Zutritt der atmosphärischen Luft stattgefunden, welchen man sorgfältig zu vermeiden sucht. War aber die Verkohlung mit Sorgfalt geleitet, so zeigt sich keine Spur von einer wirklichen Verbrennung, woraus zu schließen ist, daß der Sauerstoff der nicht vollständig abgehaltenen atmosphärischen Luft, nicht bloß auf den Kohlenstoff, sondern auch zugleich auf den Wasserstoff des Brennmaterials eingewirkt und Verbindungen gebildet hat, die weniger Kohlenstoff enthalten, als diejenigen, welche ohne Luftzutritt erzeugt werden. Ein Theil des Wasserstoffs des Brennmaterials wird also durch den Sauerstoff der atmosphärischen Luft gebunden, und absorbirt aus diesem Grunde vielleicht weniger Kohlenstoff, so daß bei der Verkohlung mit sorgfältig geleitetem Luftzutritt möglicherweise eine größere Menge Kohle zurückbleiben kann, als wenn die Entmischung des Brennmaterials in der Hitze, ohne allen Luftzutritt bewirkt wird.

§. 472.

Ein Brennmaterial scheint um so leichter entzündlich zu sein, je weniger Kohle es enthält. Schnelle Hitze und augenblicklich auflodernde — aber auch schnell vorübergehende — Flamme, lassen sich nur bei der Anwendung von nicht kohlenstoffreichem Brennmaterial erhalten. Aber es treten noch andere Verhältnisse ein, durch welche die Entzündbarkeit erleichtert oder erschwert wird. Man könnte sie die physikalischen nennen und darunter den Lockerheitszustand des Brennmaterials begreifen. Je aufgelockerter der Zustand ist, in welchem ein Brennmaterial im natürlichen Zustande vorkommt, desto entzündlicher pflegt dasselbe, und in der Regel auch die daraus bereitete Kohle zu sein, wie die abnehmende Entzündbarkeit des (trocknen) Strohes, des Holzes, der Steinkohlen und des Diamants (des Graphits und der Kohlenblende) beweisen. Es scheint also für die Entzündbarkeit eines Brennmaterials ein doppeltes Verhältniß einzutreten, nämlich der Lockerheitszustand desselben, welcher von dem quantitativen Verhältniß des Kohlenstoffs zu den übrigen Bestandtheilen unabhängig sein könnte, und dann das Verhältniß der Bestandtheile selbst, bei welchem es leichter erklärbar ist, daß der schwer verbrennliche Kohlenstoff, durch ein größeres Verhältniß des leichter brennbaren Wasserstoffs, selbst verbrennlicher und im verkohlten Zustande mehr aufgelockert wird. Weil der Kohlenstoff viel specifisch schwerer ist, als der Wasserstoff, so ist es sehr wahrscheinlich, daß Brennmaterialien, die ein geringeres specifisches Gewicht besitzen, leichter brennen werden, als die mit größerem specifischen Gewicht. — Die Entzündbarkeit der aus den Brennmaterialien dargestellten Kohle scheint sich ganz nach der des Brennmaterials zu richten, aus welchem sie entstand. Manche Kohlen sind so schwer entzündlich, daß sie in dem verdünnten Zustande, worin sich das Sauerstoffgas in der atmosphärischen Luft befindet, nicht brennen, sondern eine mehr verdichtete Luft zum Brennen erfordern — eine Erscheinung, die durch die Schwierigkeit des Brennens des Holzes in der dünnen Luft auf sehr hohen Bergen erklärt und erläutert wird. Wodurch die schwere Entzündbarkeit einer Kohle im Vergleich mit einer andern bewirkt wird, ist bis jetzt noch nicht ausgemittelt. Der verschiedenartige Aschengehalt, den die Kohlen beim Verbrennen oder beim Einäschern geben, kann diese Verschiedenheit in der Entzündbarkeit wohl nicht bewirken; ein mehr oder weniger fester mechanischer Zusammenhang dürfte vielleicht eher die Ursache sein, weil wir sehen, daß sich die Verbrennlichkeit der Kohle ganz nach der Beschaffenheit des Brennmaterials richtet, woraus es erzeugt ist, und weil es bekannt ist, daß ein Brennmaterial desto schwerer entzündlich ist, je fester sein Zusammenhang, oder je größer sein specifisches Gewicht war.

§. 473.

Die Untersuchungen über die Dichtigkeit der Luft, oder über die Pressung und die Geschwindigkeit des Windes aus den Gebläsen, welche für jede Art der Kohlen die angemessenste ist, haben zu bestimmten Resultaten noch nicht geführt. Es ist auch kaum zu erwarten, daß man jemals zu absoluten Zahlenwerthen gelangen wird, weil die räumlichen Verhältnisse, in welchen die Verbrennung stattfinden soll, oder in welchen die Wirkung des Brennmaterials zu einem bestimmten Zweck beabsichtigt wird, eben so sehr berücksichtigt werden müssen, als die vielfachen dabei in Betrachtung zu ziehenden Umstände, welche ganz außer dem

Kreise einer Berechnung liegen. Man kann im Allgemeinen nur als das Resultat der bisher gesammelten Erfahrungen annehmen, daß, zum Zweck der Reduction der Eisenoxyde und zur Darstellung des Roheisens aus den Eisenerzen, die in den Schmelzraum der Oefen zu leitende Gebläseluft mit einer Dichtigkeit hineinzuführen ist, welche mit folgenden Höhen einer Wassersäule im Gleichgewicht steht:

für sehr leichte tannene und fichtene Kohlen,	mit 1	bis 1½	Fuß
für die besten Kohlen aus Nadelhölzern, . .	— 1½	— 2	—
für gute Laubholzkohlen, ...	— 2	— 3	—
für leicht verbrennliche Koaks, ...	— 4	— 6	—
für harte und schwer verbrennliche Koaks, .	— 6	— 8	—

wenn die Kohlen mit der größten Wirkung, und ohne durch ein zu schwaches Gebläse zu langsam zu verbrennen, benutzt werden sollen. Diese Dichtigkeit des Windstroms kann aber, bei einer nur geringen Masse von Wind, oder auch bei weiten Schmelzräumen, vermehrt werden; so wie sie umgekehrt, bei einer großen Masse von Wind und bei engen Schmelzräumen, etwas vermindert werden kann, indem es auf die Geschwindigkeit des Windes nicht allein und ausschließlich, sondern auch auf die Masse desselben ankommt, um den größten Effekt für den genannten besonderen Zweck hervorzubringen.

In welchem Verhältniß die Heizkraft der Kohlen (§. 475) beim Verbrennen mit dem Grade ihrer Entzündbarkeit (oder, wenn es einerlei sein sollte, mit ihrem specifischen Gewicht) steht, bedarf ebenfalls noch einer Untersuchung. Man sollte glauben, daß gleiche Quantitäten Kohle auch immer gleiche Wirkungen beim Verbrennen herbeiführen müßten, und daß es dabei auf die Verschiedenheiten des specifischen Gewichtes der Kohlen nicht ankommen könne. Daß bei gleichem Volum die schwerer entzündliche, oder die specifisch schwerere Kohle, größere Wirkungen beim Verbrennen hervorbringt, als die leichtere, ist nicht zu bezweifeln, und wird durch die Erfahrung bestätigt; wie sich diese Wirkung aber bei gleichen Gewichten verhält, ist noch unentschieden, und es scheint, daß die Wirkungen keinesweges im Verhältniß mit ihrem Gewicht stehen, sondern daß bei gleichen absoluten Gewichten die leichter entzündbaren und die specifisch leichteren Kohlen mehr leisten, als die schwerer entzündlichen. Wie sich aber dies Verhältniß bestimmt, und warum es überhaupt stattfindet, bedarf noch einer näheren Prüfung.

§. 474.

Weil die Beschaffenheit der Kohle wesentlich von der Beschaffenheit des Brennmaterials abhängt, aus welchem sie entstanden ist, so ist es nothwendig, das rohe Material selbst genauer kennen zu lernen. Dies rohe Material, welches sich ohne Zutritt von Sauerstoff in der größten Hitze nur verkohlt, verbrennt beim Zutritt der atmosphärischen Luft gänzlich, und läßt keine Kohle, sondern nur mehr oder weniger Asche zurück. Auch die aus dem Material entstandene Kohle entzündet sich in einer höheren Temperatur beim Zutritt des Sauerstoffs, und hinterläßt Asche. Daß man dieselbe Quantität Asche und von derselben Beschaffenheit erhält, wenn man das rohe Material unmittelbar verbrennt, oder wenn man es erst mit der größten Vorsicht verkohlt und die Kohle demnächst durch Verbrennen einäschert, ist nach den neueren Untersuchungen nicht mehr zu bezweifeln. Daß sich die Kohle schwerer entzündet als das Material, aus welchem sie entstand, ist bereits erwähnt; aber der Grad der Temperatur, welcher zur Verbrennung der Kohle erfordert wird, läßt sich noch nicht Zuverlässigkeit angeben, wird aber gewöhnlich bei einer Temperatur von 240 Gr. C. angenommen. Nach Rumford's Versuchen scheint es zwar, daß die Kohle schon in einer Temperatur, die weit unter derjenigen ist, in welcher sie sichtbar brennt, sich mit dem Sauerstoff zur Kohlensäure verbindet; allein diese Versuche sind nicht mit reiner Kohle angestellt worden. Das Verbrennen der reinen Kohle findet bekanntlich nicht mit Flamme statt, sondern bloß mit Glühen, wobei indeß die Hitze den höchsten Grad des Weißglühens erreichen kann. Das Glimmen der Kohle ist ein langsames Verbrennen derselben, wobei aber, wegen der Langsamkeit des Prozesses, wenig Hitze entwickelt wird. Die größte Wirkung für einen bestimmmten Zweck, also zur Hervorbringung eines bestimmten Grades der Temperatur, muß jede Kohle dann leisten, wenn sie in einem Zeitraum verbrennt, der ihrem Lockerheitszustande am angemessensten ist; denn obgleich beim schnellsten Verbrennen unbezweifelt die stärkste Hitze, folglich der höchste Grad der Temperatur, welcher durch die Kohle überhaupt nur hervorgebracht werden kann, entstehen muß; so ist die Hitze doch schnell vorübergehend, und die Kohle kann alsdann für minder hohe Grade der Temperatur, in sofern diese nur zu dem bestimmten Zweck verlangt werden, eben so wenig ihre volle Wirkung äußern, als bei einem zu langsamen Verbrennen. Im ersten Fall wird die Hitze durch zu schnelle, im letzten Fall durch zu langsame Verbreitung unwirksamer, als wenn das Verbrennen in dem gehörigen Zeitraum erfolgt. Ob dieser Zeitraum für alle Kohlen, für die schwer verbrennlichsten so wie für die am leichtesten brennbaren, ganz gleich ist, ob nämlich gleiche Quantitäten Kohlen, in gleichen Zeiträumen verbrannt, immer gleiche relative (wenn auch nicht gleiche absolute §. 473) Wirkungen hervorbringen, oder ob ein anderes Verhältniß stattfindet, bleibt den Untersuchungen der Physiker noch vorbehalten. Sollten alle Kohlen wirklich durch das Verbrennen in gleichen Zeiträumen einerlei Verhältnisse in Rücksicht ihrer Heizkräfte beobachten, so dürfte man nur bei einer Kohlenart den Zeitraum für einen bestimmten Zweck ausmitteln, in welchem sie die größten Wirkungen hervorbringt, und alsdann würde noch die Bestimmung übrig bleiben, wie die Dichtigkeit der Luft für jede Kohlenart verschieden sein muß, um die Verbrennung in gleichen Zeiträumen geschehen zu lassen, indem die leicht verbrennliche Kohle eine geringere Dichtigkeit erfordert, als die schwer verbrennliche.

G. v. Rumford, Nachricht von einigen neuen Versuchen über verschiedene Holzarten und die Kohle; in Schweiger's N. Journ. für Chemie u. Phys. VIII. 160—164.

§. 475.

Ein und dasselbe Brennmaterial kann beim Verbrennen sehr verschiedene Wirkungen hervorbringen, je nachdem die Verbrennung beschleunigt oder verzögert wird. Diese Verschiedenheit in der Wirkung bezieht sich indeß nur auf die Heizkraft, nämlich auf die Hervorbringung eines bestimmten Grades der Temperatur, welcher, in ununterbrochener Fortdauer, zu einem bestimmten Zweck erforderlich ist; aber sie kann sich nicht auf die Quantität der Wärme, oder auf die Brennkraft beziehen, welche durch das Verbrennen überhaupt erzeugt oder hervorgebracht wird. Diese Wärmequantität oder die Brennkraft muß für ein und dasselbe Brennmaterial immer dieselbe bleiben, die Verbrennung mag schnell oder langsam erfolgen. Der Effekt wird aber im ersten Fall eben so sehr als im letzten verfehlt werden, weil dort zu viel und hier zu wenig bewirkt, und in beiden Fällen entweder ein Theil, oder wohl gar die ganze Quantität des Brennmaterials, für den beabsichtigten Zweck, nämlich für die Hervorbringung eines bestimmten Grades der Temperarur, nutzlos verbrannt wird. Die Heizkraft eines und desselben Brennmaterials wird also durchaus von der Verbrennungszeit abhängig sein, oder verschiedene Brennmaterialien werden verschiedener Verbrennungszeiten bedürfen, um denselben Grad der Temperatur hervorzubringen, obgleich die chemische Zusammensetzung und die mechanische Constitution einiger Brennmaterialien von der Art sein können, daß sich bei der stärksten Beschleunigung der Verbrennung, der geforderte hohe Grad der Temperatur durch sie nicht hervorbringen läßt. Die Heizkraft eines und desselben Brennmaterials ist daher ein durchaus relativer Begriff, welcher nur dadurch für die Praxis eine nähere und brauchbare Bestimmung erhalten könnte, wenn durch Versuche ermittelt würde, welche Quantitäten des Brennmaterials erforderlich sind, um bestimmte Grade der Temperatur für eine gewisse Zeitdauer hervorzubringen. Die Heizkraft würde dann durch das Produkt aus der Höhe der Temperatur mit der Zeit, in welcher die Temperatur constant dieselbe bleibt, gefunden werden, und diese Produkte würden bei einem und demselben Brennmaterial immer gleich sein müssen, die Verbrennung mag schnell oder langsam erfolgen, in sofern die Vorrichtungen bei den Versuchen so getroffen wären, daß kein Wärmeverlust durch Wärmemittheilung und durch Wärmestrahlung statt findet.

Solche Versuche, wenn sie nur einigermaßen brauchbare Resultate gewähren sollen, sind mit fast unüberwindlichen Schwierigkeiten verbunden. Man könnte daher die Heizkraft verschiedener Brennmaterialien mit einander dadurch vergleichen, daß man die Verbrennung unter Umständen geschehen ließe, bei welchen die beim Verbrennen entwickelte Wärme, zur Hervorbringung von Operationen, oder auch zur Erhitzung von Räumen, verwendet wird, wobei die Höhe der Temperatur genau berechnet, oder sogar unmittelbar durch das Thermometer gefunden werden kann. Die in diesem Sinne angestellten Untersuchungen leiden aber an dem gemeinschaftlichen Fehler, daß dabei auf die Verbrennungszeit keine Rücksicht genommen wird, also nicht behauptet werden kann, daß die vergleichenden Versuche unter Verhältnissen angestellt worden wären, welche für jedes Brennmaterial, hinsichtlich des hervorzubringenden Grades der Temperatur, am zweckmäßigsten gewählt worden wären. Dennoch läßt sich nur aus solchen Versuchen ein numerisches Verhältniß zur Vergleichung der Brennkräfte verschiedener Brennmaterialien auffinden, und man würde bei den aus den Versuchen sich ergebenden Resultaten voraussetzen müssen, daß die gefundene Verhältnißzahl zwischen zwei verschiedenen Brennmaterialien bei gleichen Verbrennungszeiten gefunden worden sei, wenn die Zahlen zugleich die relativen Heizkräfte der Brennmaterialien ausdrücken sollen. Eine solche Voraussetzung ist aber ganz unstatthaft, und wollte man die Versuche absichtlich so modificiren, daß die Verbrennung der zu vergleichenden Brennmaterialien in gleichen Zeiträumen erfolgt, so würde daraus eine neue Verwickelung entstehen und dennoch für die Praxis kein anwendbares Resultat erlangt werden. Man ist daher bemüht gewesen, durch die vergleichenden Versuche beim Verbrennen verschiedener Brennmaterialien, die Brennkraft, nämlich die Quantität der sich dabei entwickelnden Wärme überhaupt, zu bestimmen, ohne dabei auf die Verbrennungszeit, also auf ihre Heizkraft, Rücksicht zu nehmen. Diese Versuche führen allerdings zu einer für die Praxis brauchbaren Vergleichung der Brennmaterialien, allein es bleibt dabei nur zu berücksichtigen, daß die vergleichenden Zahlen zwar die Wärmequantitäten, welche beim Verbrennen entwickelt werden, vergleichungsweise für die verschiedenen Brennmaterialien angeben; daß daraus aber nicht auf den Effekt der Brennmaterialien geschlossen werden kann, welcher durch die Beschleunigung der Verbrennnungszeit zur Erlangung einer hohen Temperatur hervorgebracht werden soll, theils weil die Verbrennungszeit bei der Ermittelung der Zahlenwerthe schon an sich unberücksichtigt geblieben ist, theils weil die Quantität Wärme, welche ein Brennmaterial unter gewissen Umständen beim Verbrennen entwickelt, noch nicht die Möglichkeit oder die praktische Ausführbarkeit in sich schließt, die Verbrennungszeit eines Brennmaterials so zu beschleunigen, daß dadurch der verlangte Grad der Temperatur hervorzubringen ist.

Es sind daher die Fähigkeiten eines Brennmaterials, bei der Beschleunigung des Verbrennungsprozesses einen hohen Grad der Temperatur hervorzubringen (die Heizkraft), und die absolute Quantität von Wärme, welche es beim Verbrennen entwickelt (die Brennkraft), nothwendig von einander zu unterscheiden. Die letztere läßt sich vergleichungsweise für die verschiedenen Brennmaterialien wenigstens mit annähernder Zuverlässigkeit ausmitteln; die erstere ist lediglich die Sache der Erfahrung, welche es keinesweges bestätigt, daß die Quantität der beim Verbrennen sich entwickelnden Wärme, mit der Heizkraft des Brennmaterials in einem nothwendigen Verhältniß steht. Die Heizkraft ist von der Verbrennungszeit, und diese von der Quantität und Dichtigkeit der beim Verbrennungsprozeß herbeiströmenden atmosphärischen Luft abhängig, und scheint, theils mit der chemischen Beschaffenheit, theils mit physikalischen Verhältnissen — mit dem Lockerheitszustande — des Brennmaterials, in Verbindung zu stehen.

§. 476.

Die Brennkraft, oder die absolute Quantität von Wärme, die ein Brennmaterial beim Verbrennen entwickelt, dürfte von seiner chemischen Zusammensetzung ganz allein abhängig sein. Ob diese Quantität Wärme für gewisse Zwecke, die einen bestimmten und andauernden Grad der Temperatur erfordern, nutzbar gemacht werden, wird durch die Heizbarkeit des Körpers bestimmt, nämlich durch die Quantität der Wärme, die sich in einen bestimmten Zeitraum beim Verbrennen desselben entwickeln läßt.

Die absoluten Wärmequantitäten beim Verbrennen der Körper, welche mit ihrer Heizbarkeit nicht in einem nothwendigen Verhältniß stehen, lassen sich vergleichungsweise auf verschiedene Weise bestimmen. Als ein Maaß zur Vergleichung pflegt man jetzt ziemlich allgemein die Quantität des Brennmaterials anzunehmen, welche erfordert wird, um eine gewisse Quantität Wasser um 1 Gr. C. zu erwärmen. Hr. Desprez hat durch unmittelbare Versuche das Gewicht Wasser bestimmt, dessen Temperatur durch Verbrennen der reinen Kohle um 1 Gr. C. erhöhet wird. Er hat gefunden, daß durch 1 Theil Kohle 7815 Theile Wasser um 1 Gr. C. erwärmt werden können. Man ist darin übereingekommen, der Kohle 7815 Wärmeeinheiten (calories) zuzuschreiben, und die Vergleichung der Wärmeeinheiten der Kohle mit derjenigen der anderen Brennmaterialien in ähnlicher Art durch die Quantitäten Wasser zu bestimmen, welche durch 1 Theil des Brennmaterials um 1 Gr. C. in der Temperatur erhöhet werden. Ein Brennmaterial also, welches nur 5000 Theile Wasser um 1 Gr. C. in der Temperatur zu erhöhen vermögte, würde nur 5000 Wärmeeinheiten besitzen u. s. f. Es ist von selbst klar, daß die Bestimmung der Brennkraft oder der Wärmeeinheiten der brennbaren Körper, durch die Zunahme der Temperatur des Wassers, genaue Resultate nicht geben kann.

Ein anderes Verfahren zur Bestimmung der Wärmequantitäten, welche beim Verbrennen der brennbaren Körper entwickelt werden, besteht darin, die Quantitäten der Brennmaterialien zu ermitteln, welche zur Verdampfung einer gewissen Menge Wasser erforderlich sind. Dies Verfahren ist noch unvollkommener, man kann sagen es ist ganz unzuverlässig.

Das von Rumford in Vorschlag gebrachte Verfahren, welches im Allgemeinen darin besteht, die Temperaturerhöhung durch das Thermometer zu messen, welche das in einem Blechgefäß von unveränderlichem Inhalt befindliche Wasser durch bestimmte Quantitäten Brennmaterial erfährt, welche auf einem, ebenfalls in jenem Blechgefäß befindliche Heerde verbrannt werden, ist auch sehr unzuverlässig, aus Gründen, welche hier als bekannt vorausgesetzt werden müssen.

Die zuverlässige Methode zur Bestimmung der Wärmequantitäten, oder der Brennkraft der brennbaren Körper, besteht in der Anwendung des hier als bekannt vorauszusetzenden Calorimeters von Lavoisier und Laplace, indeß wird auch das Verfahren weniger genau, wenn das Brennmaterial einen starken Luftzug zum Verbrennen erfordert.

Hr. Bull glaubt ein, besonders für die daraus zu ziehenden praktischen Resultate, richtiges Verfahren zur Bestimmung der Wärmequantitäten der Brennmaterialien gefunden zu haben, indem er die Zeit bestimmt, während welcher gleiche Quantitäten der verschiedenen Brennmaterialien, einen großen Raum von mehren hundert Kubikfußen auf eine constante Temperatur erhalten können. Aber mit der zunehmenden Größe der Räume steigen die Schwierigkeiten einer genauen Bestimmung der Wärmequantitäten wegen der vermehrten Wärmeleitung und Wärmestrahlung, und die Resultate werden daher sehr ungenau ausfallen müssen.

Wegen der großen Schwierigkeit, die Wärmequantitäten durch die erwähnten Verfahrungsarten mit einiger Zuverlässigkeit zu bestimmen, hat man in der neueren Zeit einen ganz andern Weg für diese Wärmebestimmungen eingeschlagen. Man geht von der Voraussetzung aus, daß die Menge der Wärme, welche ein brennbarer Körper beim Verbrennen entwickelt, nothwendig im Verhältniß zu der Menge von Sauerstoff stehen müsse, welche er zum Verbrennen erfordert. 100 Theile Kohle bedürfen $266\frac{2}{3}$ Theile Sauerstoff, um sich in Kohlensäure zu verwandeln, und 800 Theile Sauerstoff sind nöthig, um 100 Theile Wasserstoff zu verbrennen. Die Brennkraft der Kohle (nicht die Heizkraft in dem §. 475 entwickelten Sinne) verhält sich daher zu der des Wasserstoffs wie $266\frac{2}{3}$ zu 800, oder fast genau wie 1 zu 3. Es ist mit großer Wahrscheinlichkeit anzunehmen, daß diese Voraussetzung, — welche man das Weltersche Gesetz genannt hat, weil Hr. Welter sie zuerst (Ann. de Chim. et d. Phys. XIX. 415. XXVII. 273) als ein nothwendiges Naturgesetz betrachtete, — für Körper von ähnlicher chemischer Zusammensetzung, z. B. für die verschiedenen Holzarten, ziemlich richtig ist, aber keinesweges ist es wahrscheinlich, daß durch dieselbe Menge Sauerstoff dieselben Quantitäten Wärme beim Verbrennen der brennbaren Körper von ganz verschiedenartiger chemischer Beschaffenheit entwickelt werden, weil nicht behauptet werden kann, daß die sehr verschiedenen Verbrennungsprodukte, zu deren Bildung gleiche Theile Sauerstoff gehören, auch eine gleiche specifische Wärme besitzen.

Nimmt man das Weltersche Gesetz, wenigstens für diejenigen brennbaren Körper, welche im Allgemeinen zu den Brennmaterialien gezählt werden, als richtig an, so wird man die Brennkraft der Brennmaterialien sehr leicht bestimmen können, wenn man die Sauerstoffmengen kennt, welche sie zur vollständigen Verbrennung erfordern, indem durch die Quantität des Sauerstoffs die Brennkraft unmittelbar ausgedrückt wird. Die Verbrennung in atmosphärischer Luft, oder in Sauerstoffgas, würde allerdings zur Bestimmung der Brennkraft führen, indeß würde dazu ein dem Praktiker nicht immer zu Gebot stehender Apparat erforderlich sein, um die Menge des zum Verbrennen verwendeten Sauerstoffs genau zu ermitteln. Hr. Berthier hat daher ein anderes, sehr einfaches, leicht anwendbares und für die Praxis hinreichend genaues Mittel zur Bestimmung der Brennkraft der Brennmaterialien in Vorschlag gebracht (Traité des essais par la voie séche I. 228), welches den verdienten Beifall gefunden hat und sich bereits einer allgemeinen Anwendung erfreut. Dies Mittel besteht darin, ein leicht reducirbares Metalloxyd mit dem brennbaren Körper dergestalt zu erhitzen, daß der letztere vollständig verbrennt und keiner von seinen Elementarbestandtheilen der Wirkung des Sauerstoffs entgeht, oder sich im Zustande von ölartigen Dämpfen u. s. f. verflüchtigt. Da man die chemische Zusammensetzung des Oxyds sehr genau kennt, so läßt sich aus dem Gewicht des reducirten Metallkorns die zur Verbrennung erforderlich gewesene Menge von Sauerstoff durch eine einfache Berechnung finden. Um aber das Metallkorn zu sammeln und von dem nicht reducirten Oxyd getrennt zu erhalten, müssen Metall und Oxyd leicht schmelzbar sein. Die Bleiglätte genügt diesen Bedingungen, indem die Erfahrung zeigt, daß sich alle Brennmaterialien durch Glätte vollständig verbrennen lassen. Nur einige sehr bituminöse Substanzen, die beim Verbrennen leicht zu verflüchtigende Theile entwickeln, machen hiervon eine Ausnahme, indem ein Theil ihrer Elementarbestandtheile schon entweicht, ehe die Reduction des Oxyds eintritt. Nach Hn. Berthier's Vorschrift soll man in folgender Art verfahren: 1 Gramm von dem zu untersuchenden Brennmaterial wird so fein als möglich zertheilt. Alle Kohlen werden sich leicht zu dem feinsten staubartigen Pulver zerreiben lassen. Soll Holz untersucht werden, so nimmt man entweder Sägespäne, die man durch Anwendung einer möglichst feinen Säge erhält, oder man raspelt das Holz mit einer guten Raspel. Die pulverisirte Substanz muß mit etwas mehr Bleiglätte gemengt werden, als sie zu reduciren vermag, wenigstens mit dem 20fachen, höchstens mit dem 40fachen ihres Gewichts. Nach der Beschaffenheit und nach dem äußeren Ansehen des brennbaren Körpers wird sich die erforderliche Menge von Glätte annähernd leicht bestimmen lassen. Das Gemenge wird sorgfältig in einen Thontiegel gebracht und mit 20 bis 30 Grammen reiner Glätte bedeckt, so daß der Tiegel höchstens zur Hälfte davon angefüllt wird. Den Tiegel stellt man unter die Muffel eines schon abgeheizten und mit glühenden Kohlen angefüllten Kapellenofens, bedeckt ihn mit einem Thondeckel und erhitzt ihn langsam, wobei der Inhalt desselben sich erweicht, aufblähet und zuweilen auch wohl aufschäumt. Ist die Schmelzung vollständig erfolgt, so giebt man noch zehn Minuten lang eine starke Hitze, damit sich das Blei zu einem einzigen Metallkönig ansammeln kann. Der Tiegel wird dann unter der Muffel weggenommen, um langsam an der Luft zu erkalten, worauf er zerschlagen, das Bleikorn herausgenommen und gewogen wird. Dieser Bleikönig hängt sich weder an den Tiegelwänden, noch an der Schlackenmasse fest, und kann durch einen Hammerschlag leicht getrennt werden. Zuweilen hat er aber ein blättriges Ansehen und ist wenig dehnbar, welches von einer beigemengten geringen Quantität Glätte herrührt, welche das Gewicht des Bleikönigs dann zu groß angeben würde. Dies pflegt sich gewöhnlich zu ereignen, wenn der Tiegel zu schnell in starke Hitze gebracht worden ist. Obgleich der daraus entspringende Irrthum gewöhnlich sehr unbedeutend sein wird, so ist es doch besser, ihn zu vermeiden, welches leicht geschehen kann, wenn man den Tiegel nach erfolgter Schmelzung noch einige Zeit lang unter der Muffel stehen läßt, jedoch auch wieder nicht zu lange, damit er durch die Glätte nicht durchbohrt wird. Die Glätte lös't dabei etwas von den Wänden des Tiegels auf und bildet damit ein dichtes, glasartiges Silikat, welches, nicht so wie die reine Glätte, die Eigenschaft besitzt, sich in den Metallkönig einzuziehen. Statt die geschmolzene Masse im Tiegel erstarren zu lassen, kann man sie auch schnell in einen eisernen Einguß ausgießen, so daß man den Tiegel, wenn er von guter Beschaffenheit ist, zu mehren Schmelzungen benutzen kann. Vorzuziehen bleibt es indeß immer, zu jeder Schmelzung einen neuen Tiegel anzuwenden. Es ist nöthig, die Versuche ein- und zweimal zu wiederholen, und das Resultat nur als zuverlässig anzusehen, wenn das Gewicht der Metallkönige nur um 1 bis 2 Decigramme differirt. Bei der Anwendung der gewöhnlichen verkäuflichen Glätte hat man sich vorzusehen, daß sie nicht durch einen Gehalt an Mennige zu sehr röthlich gefärbt ist. Ein großer Gehalt an Mennige würde die Glätte unbrauchbar machen; ein sehr geringer Gehalt, wie er gewöhnlich nur vorzukommen pflegt, giebt zu einem bedeutenden Irrthum in den Resultaten nicht Anlaß, wenn das Verhältniß der Glätte zum Brennmaterial nicht zu groß bestimmt worden ist. Hat man aber ein zu großes Uebermaaß von Glätte angewendet, so läuft man Gefahr, einen Theil des Brennmaterials zu verbrennen, ohne einen Bleikönig davon zu erhalten, weil sich die Mennige in Glätte umändern würde. Will man die aus dem Gehalt an Mennige entspringende Fehlerhaftigkeit des Resultates vermeiden, so muß man die verkäufliche Glätte in einem Thontiegel, ohne allen Zusatz, oder allenfalls mit einem Zusatz von 1 bis 2 Tausendtheilen Kohlenpulver, schnell im Fluß bringen, sie, zur Verhinderung des Luftzutritts, in dem sorgfältig bedeckt gehaltenen Tiegel erkalten lassen, alsdann zerstampfen und durchsieben. Auf diese Art wird die Glätte von Mennige und von den durch den Kohlenzusatz etwa reducirten Bleikörnchen ganz frei und rein erhalten.

Weil 100 Gewichtstheile Sauerstoff in der Glätte mit 1300 Theilen Blei verbunden sind, und weil sich in 137,5 Theilen Kohlensäure ebenfalls 100 Gewichtstheile Sauerstoff befinden, so ist es einleuchtend, daß ein durch die Reduction der Glätte vermittelst irgend eines Brennmaterials in der eben angegebenen Weise erhaltener Bleikönig von 1300 Gewichtstheilen, eine Kohlenmenge, oder wenigstens einen Kohlenwerth, durch welchen die Reduction erfolgt sein muß, von 37,5 andeuten würde. Es läßt sich daher annehmen, daß 1 Gewichtstheil reiner Kohle, bei der Reduction der von aller Mennige befreiten Glätte, einen Bleikönig von 34 Gewichtstheilen geben muß. In so fern die Reduction der Glätte durch Wasserstoff erfolgt wäre, würde ein Bleikönig von 104 Gewichtstheilen jedesmal 1 Theil Wasserstoff anzeigen, denn im Wasser sind 100 Gewichtstheile Sauerstoff mit 12,5 Theilen Wasserstoff verbunden, woraus sich das Verhältniß von 1300 zu 12,5 oder von 104 zu 1 ergiebt. Nach diesen Angaben wird sich die Brennkraft eines jeden Brennmaterials, sowohl hinsichtlich seines Gehaltes an Kohlenstoff als an Wasserstoff, leicht bestimmen lassen. Die flüchtigen Verbindungen, welche ein Brennmaterial bei der Destillation (Verkohlung) entwickelt, lassen sich unmittelbar durch einen Versuch ermitteln und in Gewicht ausdrücken, indem man von dem Gewicht des rohen Brennmaterials nur das Gewicht der bei der Destillation zurückbleibenden Kohle abziehen darf. Wenn man nun, durch einen andern Versuch, das Gewicht des Bleiregulus ausgemittelt hat, den man durch die Reduction der Glätte mittelst des rohen Brennmaterials erhält, so ergiebt sich aus einer einfachen Berechnung der Kohlenwerth, den die verflüchtigten Bestandtheile des Brennmaterials haben müssen, woraus sich dann die Brennkraft dieser flüchtigen Theile, welche bei der Verkohlung verloren gehen, bestimmen läßt. Nennt man C. die Quantität Kohle, welche das rohe Brennmaterial bei der Verkohlung zurückläßt, nach Abrechnung des Gewichts der darin befindlichen Asche, V. das Gewicht der bei der Destillation verflüchtigten Bestandtheile des brennbaren Körpers, und P. das Gewicht des Bleiregulus, welcher durch die Reduction der Glätte mittelst des rohen Brennmaterials erhalten wird; so würde C. nothwendig 34 C. Blei, und V. daher P. — 34. C. Blei geliefert haben müssen, so daß $\frac{P. - 34. C.}{34.}$ die Brennkraft der verflüchtigten Theile, in Kohlenwerth ausgedrückt, angeben wird. Die Brennkräfte der durch die Destillation erhaltenen Quantität Kohle, die der beim Verkohlen verflüchtigten Bestandtheile, und die des rohen Brennmaterials, stehen folglich zu einander in den Verhältnissen 34 C., P — 34. C. und P., hinsichtlich der Quantitäten Blei, welche durch sie aus der Glätte reducirt werden, und in den Verhältnissen C., $\frac{P. - 34. C.}{34.}$ und $\frac{P.}{34.}$ hinsichtlich der Quantität Kohle, durch welche die Brennkraft ausgedrückt werden kann. Aus diesen einfachen Verhältnißzahlen läßt sich daher der relative Werth, der einem jeden Brennmaterial hinsichtlich seiner Brennkraft beizulegen ist, leicht bestimmen. Wird nämlich, nach dem Vorschlage des Hn. Desprez, als Einheit zur Bestimmung der Brennkraft, diejenige Wärmemenge angenommen, welche erforderlich ist, um die Temperatur des Wassers von gleichem Gewicht mit dem verbrennenden Körper um 1 Gr. Cels. zu erhöhen, so ist zur Bestimmung der Brennkraft eines Brennmaterials nichts weiter nöthig, als die Quantität Blei zu kennen, welche, durch die Einwirkung des brennbaren Körpers auf die Glätte, aus derselben reducirt wird. Da nun, nach Hn. Desprez Versuchen, 1 Theil Kohle 7815 Theile Wasser um 1 Gr. in der Temperatur erhöht, und weil 1 Theil Kohle aus der Glätte 34 Theile Blei zu reduciren vermag, so ergiebt sich daraus, daß jeder Gewichtstheil Blei, den irgend ein Brennmaterial aus der Glätte reducirt, 230 Wärme-Einheiten, in dem vom Hn. Desprez angenommenen Sinne, ausdrücken muß. Die Kohle würde also 34. 230 = 7820 Wärme-Einheiten beim Verbrennen entwickeln.

Bei dieser Art der Ermittelung der Brennkraft, d. h. der Menge von Wärme, welche ein Brennmaterial beim Verbrennen entwickelt, ist es immer nur eine unerwiesene Annahme, daß

$\frac{P. - 34. C.}{34.}$ die reducirende Kraft der bei der Verkohlung sich verflüchtigenden Bestandtheile des Brennmaterials, in Kohlenwerth ausgedrückt, anzeigen. Es läßt sich nämlich nicht erweisen, sondern nur mit ziemlicher Wahrscheinlichkeit annehmen, daß bei einem schon in geringer Temperatur reducirbaren Metalloxyd, das unzersetzte Brennmaterial aber so einwirken wird, wie dasselbe Brennmaterial, wenn man sich dasselbe durch die Verkohlung als in zwei Theile, nämlich in C. und in die bei der Verkohlung sich verflüchtigenden Bestandtheile zerlegt, vorstellt; für Brennmaterialien von einerlei Art und Natur ist es indeß gleichgültig, ob jene Annahme richtig oder unrichtig ist, weil man durch diese Ermittelungsweise wenigstens richtige relative Zahlenwerthe erhalten wird. Sind aber die Brennmaterialien sehr verschiedener Natur, so kann auch ein gegründeter Zweifel über die Richtigkeit der relativen Zahlenwerthe aus dem Grunde entstehen, weil das Verhältniß von C. zu den sich verflüchtigenden Bestandtheilen des Brennmaterials kein constantes, sondern ein von der Temperatur selbst abhängiges ist, die Vergleichung der Brennkräfte also um so unzuverlässiger wird, je verschiedenartiger die Brennmaterialien in ihrer Natur und Zusammensetzung sind. — Noch mehr aber muß es in Zweifel gezogen werden, daß sich die Brennkraft der brennbaren Körper durch die Reduction der Metalloxyde bestimmen läßt, denn es ist noch keineswegs erwiesen, daß gleiche Quantitäten Sauerstoff jederzeit gleiche Quantitäten Wärme entwickeln, wenn sie sich mit Körpern von verschiedener Art und Natur vereinigen. Dennoch wird das Verfahren des Hn. Berthier wenigstens annähernd richtige Vergleichungszahlen liefern können.

§. 477.

Man hat in der neueren Zeit zwei, für die Metallurgie höchst wichtig gewordenen Erfahrungen benutzt, um durch deren Anwendung eine Ersparung an Brennmaterial bei den metalurgischen Prozessen zu bewirken. Die eine besteht in der Anwendung der rohen, oder wenigstens nicht vollständig verkohlten Brennmaterialien (§. 470) beim Reduciren der oxydirten Metalle und bei einigen Schmelzoperationen, um aus der Brennkraft der beim Verkohlungsprozeß unbenutzt entweichenden Bestandtheile des Brennmaterials Vortheil zu ziehen. Dieser Vortheil beschränkt sich nicht bloß auf die, durch die Benutzung der vorher unbenutzt gebliebenen flüchtigen Bestandtheile, herbeizuführende wirkliche Ersparung an Brennmaterial, sondern es werden durch die Anwendung des rohen Brennmaterials auch die Kosten der Verkohlung erspart. Es treten jedoch auch wieder andere Umstände ein, welche der Verkohlung das Wort reden, wie später gezeigt werden wird.

Eine zweite Erfahrung, von ungleich größerer Wichtigkeit ist die Ersparung an Brennmaterial bei den mehrsten metallurgischen Prozessen durch die Anwendung der vorher erhitzten atmosphärischen Luft. Der Grund dieses merkwürdigen Erfolges dürfte theils und vielleicht vorzüglich darin zu suchen sein, daß die erhitzte Luft dem Schmelzraum ungemein viel weniger Wärme entzieht, als die Luft von gewöhnlicher Temperatur, theils aber auch darin, daß durch die vorhergehende Erhitzung der Luft ein gewisser elektrischer Zustand derselben zerstört wird, welcher sie zum Verbrennen weniger geeignet macht. Man mag den Grund suchen, worin man will, so lehrt wenigstens die Erfahrung, daß die Heizkraft eines Brennmaterials durch die Anwendung der erhitzten Luft erhöhet wird, obgleich die Brennkraft desselben dadurch weder vermehrt noch vermindert werden kann. Die erhöhete Heizkraft hat aber zugleich eine vollständige Verbrennung in den Räumen zur Folge, in welchen ihre Wirkung durch große Temperaturerhöhung ganz eigentlich beabsichtigt wird.

Vom Holz und von der Holzkohle.

§. 478.

Die Holzarten, welche theils unmittelbar, theils im verkohlten Zustande zu metallurgischen Operationen angewendet werden, sind: die Kiefer, die Fichte, die Tanne, der Lerchenbaum, die Eiche, die Buche, die Esche, die Erle, die Birke, die Linde, die Pappel, die Espe, die Weide, die Rüster und die Kastanie. Theils nach der Bekleidung im Sommer, theils nach den resinösen Säften des Holzes, pflegt man die Holzarten in Nadelholz und in Laubholz, und nach der schweren oder leichteren Entzündbarkeit des Holzes und der daraus erzeugten Kohlen, in hartes und in weiches Holz einzutheilen. Unter den angeführten Holzarten gehören die Kiefer, die Tanne, die Fichte und der Lerchenbaum zum Nadelholz, und die Nadelhölzer, so wie die Linde, die Weide und die Pappeln, zum weichen Holze.

Die Kiefer, die Föhre oder der Kienbaum (Pin. Pinus sylvestris) ist unter dem weichen Holze das festeste, und giebt die härtesten Kohlen. Sie wächst in todtem Sande, gedeiht aber in Gebirgsgegenden, die wenig Dammerde zu ihrer Bedeckung haben, eben so wenig als in feuchtem und schwerem Boden. Ihr Stamm wird 80 bis 100 Fuß hoch, 3 Fuß und darüber im Durchmesser stark. Sie ist fetter und kieniger oder resinöser als andere Nadelhölzer. Wegen ihrer starken Pfahlwurzel hat sie vom Windbruch weniger zu leiden, hat aber an der Kieferraupe und am Borkenkäfer, besonders an der ersteren, große Feinde. In geschlossenem Stande kann sie in 140 Jahren ihre größte Vollkommenheit erreichen, ist aber in einem Zeitraum von 80 bis 100 Jahren schlagbar.

Die Fichte oder Rothtanne (Sapin rouge. P. picea Auct. Pinus Abies Linn.), in einigen Gegenden auch Tanne genannt, treibt keine starke Pfahlwurzel, und ist daher dem Windbruch sehr ausgesetzt; hat auch die Kieferraupe und den Borkenkäfer, vorzüglich den letzteren, zu Feinden, welche ihr deshalb noch nachtheiliger sind, weil das Holz leichter fault und stockt, als das der Kiefer. Sie erreicht in 150 Jahren ihre größte Vollkommenheit, ist aber in 70 bis 80 Jahren schon schlagbar. Die beste Nutzungszeit fällt in den Zeitraum vom 100sten bis 150sten Jahre. Auf gutem Boden tritt die Nutzungszeit früher ein, und sie kann schon nach 60 Jahren gehauen werden. Auf dürrem Sande kommt sie nicht gut fort, sondern zieht den festeren und feuchteren Boden vor, obgleich sie auch in Gebirgen wächst. Sie kann eine Höhe von 150 Fuß bei einem Durchmesser von 5 Fuß und darüber erlangen.

Die Tanne, Edeltanne, Silbertanne, Weißtanne (Sapin. P. abies Auct. P. picea Linn.) wächst im Gebirge, so wie in den Niederungen, auf nicht zu fettem und nicht zu nassem Boden, und bedarf zu ihrer vollkommenen Ausbildung ein Alter von 80 bis 100 Jahren, wächst dabei aber schnell, und ist schon in einem Zeitraum von 60 Jahren schlagbar. Das Holz ist fester als das der Fichte, und dem Faulen und Stocken weniger ausgesetzt. Der Baum erreicht ein Alter von 400 Jahren.

Der Lerchenbaum oder die Lehre (Méléze. P. larix) verliert im Herbst die Nadeln, wächst außerordentlich schnell, und ist in 50 Jahren schon schlagbar. Der Baum verlangt einen guten, nicht sandigen, aber auch nicht fettigen, kalten oder feuchten Boden, und kommt in den nördlichen Gegenden nicht gut fort. Seine größte Vollkommenheit erreicht er in 80 bis 90 Jahren, und dauert darin über 200 Jahre.

Die Eiche (Chêne. Quercus robur) braucht zu ihrer völligen Ausbildung ein Alter von 200 bis 250 Jahren, wächst aber in den ersten Jahren sehr schnell, so daß sie, wenn sie nicht als Bauholz benutzt werden soll, schon in 50 bis 60 Jahren zu Kohlenholz eingeschlagen werden kann. Ihr Holz ist sehr fest und hart, weshalb sie auch die festesten Kohlen giebt. Sie kann über 600 Jahr alt werden, erfordert aber einen guten, hügligen, nicht zu trockenen Boden.

Die Rothbuche (Hêtre. Fagus sylvatica) sowohl als die Weißbuche (Charme. Carpinus Betulus), verlangen einen guten, nicht nassen, hügligen Boden, und erreichen in einem Alter von 120 bis 140 Jahren ihre völlige Ausbildung, weshalb sie auch einen 120jährigen Turnus zum Einschlagen erfordern. Sie geben ein derbes, festes Holz und vortreffliche Kohlen.

Die Esche (Frêne) giebt ein vorzüglich festes Holz und ausgezeichnet derbe und wirksame Kohlen.

Die Rüster oder Ulme, die rauhe sowohl als die glatte (Ulmus sativa, U. campestris, Orme), erfordern einen guten und feuchten Boden. Sie geben in einem Alter von 80 Jahren das vortrefflichste Bauholz, und schon in 20 bis 30 Jahren sehr gutes Kohlenholz, weshalb der stärkere Anbau dieses nutzbaren Baumes sehr zu wünschen wäre. Holz und Kohlen sind von vorzüglicher Güte.

Die Erle (Aune. Aulne. Betula alnus), auch Eller genannt, wächst jederzeit auf feuchtem Boden in Brüchen und an den Ufern der Bäche und Flüsse. Sie schlägt nach dem Abhauen sehr schnell wieder aus den Wurzeln aus, ist alle 18 bis 20 Jahre schlagbar, und giebt ein sehr gutes Kohlenholz.

Die Birke (Buleau. Betula alba) erreicht in 40 Jahren eine Höhe von 50 bis 60 Fuß, wird aber als Bauholz nicht gebraucht, wogegen sie vortreffliche Kohlen giebt und alle 20 Jahre eingeschlagen werden kann. Sie erfordert einen lockeren, etwas feuchten Boden und sonnige Plätze, weshalb sie in tiefem Walde nicht gedeiht.

Die Linde (Tilleul), die Pappel (Peuplier), die Espe (Tremble), und die Weide (Saule) geben schlechtes Bau- und eben so schlechtes Kohlenholz, weshalb man sie nur im Nothfall anwendet. Die Kastanie, welche nur in den südlichen europäischen Gegenden wächst, giebt eine gute Mittelkohle, und wird in Italien sehr stark als Kohlenholz benutzt.

Die Lehre von der Besaamung, Bepflanzung, Bewartung und Vermessung der Forsten, so wie die Eintheilung und Größe der Schläge und Verhaue, muß in der Forstwissenschaft vorgetragen werden. Nur bei der gehörigen Kenntniß des Wachsthums der Hölzer, und bei einer genauen Bekanntschaft mit der Größe, Ausdehnung und Beschaffenheit des Forstgrundes, läßt sich die Zulänglichkeit und Ausdauer des Holzes beurtheilen, und bestimmen, wie groß das Quantum ist, welches nachhaltig, ohne Nachtheil für den Holzbestand, jährlich eingeschlagen werden kann. Das jährliche Nutzquantum ergiebt sich dann, wenn man den Bestand durch die Schlagzeit dividirt. Die Art des Einschlags wird durch mancherlei lokale Verhältnisse bestimmt. Der Dunkelschlag, der Lichtschlag und die Plänterwirthschaft hängen von dem Forstbestand und von der Cultur ab, die der Boden erfordert, so daß das Interesse des Forstes dem der Hütte bei der Bestimmung der Art des Einschlags jederzeit vorgehen muß. Ueberständiges, d. h. durch zu hohes Alter oder durch andere Umstände erkranktes oder angegangenes Holz, welches im Absterben begriffen ist, kann dem Forst wie der Hütte wenig nutzen. Das Holz darf daher weder zu alt, noch zu jung gehauen werden, weil es entweder schon an Festigkeit verloren, oder noch nicht Festigkeit genug erlangt hat und schlechte Kohlen liefert.

Vortheile und Nachtheile der Trennung der Forst- und der Hüttenadministrationen.

§. 479.

Die chemische Untersuchung des bei 100° C. getrockneten Holzes, oder der lebenden Pflanzenfaser, durch die Hrn. Gay-Lussac und Thenard (Gilbert's Annalen d. Phys. XXXVII. 401), hat gelehrt, daß die Holzfaser in 100 Gewichtstheilen aus etwa 52 Kohlenstoff und aus 48 Sauerstoff und Wasserstoff, — die letzteren fast in denselben Verhältnissen, wie sie zur Wasserbildung erforderlich sind, — zusammengesetzt ist. Daß indeß die

Holzfaser nicht als eine Verbindung von 52 Kohlenstoff mit 48 Wasser betrachtet werden darf, ergiebt sich schon daraus, daß bei der trockenen Destillation, außer dem Wasser noch andere Produkte gebildet werden, die theils aus Kohlenstoff und Wasserstoff, theils aus Kohlenstoff, Wasserstoff und Sauerstoff zusammengesetzt sind. Bei der Zersetzung des Holzes in der erhöheten Temperatur muß also ein Theil des Kohlenstoffs mit verwendet werden, um den Sauerstoff und Wasserstoff zu verflüchtigen. Aus dem wirklichen Kohlenstoffgehalt des Holzes, von etwa 52 Procent, geht hervor, wie viel Kohle in den übrigen Verkohlungsprodukten verloren geht, welche als für sich darstellbare Kohle nicht erhalten werden kann. Das Buchenholz fanden die genannten Chemiker zusammengesetzt aus 51,45 Kohlenstoff, 42,73 Sauerstoff und 5,82 Wasserstoff. Das Eichenholz aus 52,53 Kohlenstoff, 41,78 Sauerstoff und 5,69 Wasserstoff. — Hr. Payen, welcher kürzlich eine chemische Untersuchung der Holzsubstanz vorgenommen hat (Compt. rend. VIII. 51) behauptet, daß das wirkliche Holz aus 54 Kohlenstoff, 39,8 Sauerstoff und 6,2 Wasserstoff bestehe. Das Zellgewebe hingegen, welches von der Holzsubstanz angefüllt ist, soll aus 44 Kohlenstoff und aus 56 Sauerstoff und Wasserstoff, genau in dem Verhältniß der Wasserbildung, zusammengesetzt sein. Die Hrn. Petersen und Schödler haben 24 verschiedene Holzarten analysirt (Erdmann's Journ. f. prakt. Chemie VIII. 321) und folgende Zusammensetzung gefunden:

Holzart.	Kohlenstoff.	Wasserstoff.	Sauerstoff.
Quercus robur, Eiche . . .	49,432	6,069	44,499
Fagus sylvatica, Rothbuche .	48,184	6,277	45,539
Carpinus betulus, Weißbuche	48,533	6,301	45,166
Betula alba, Birke	48,602	6,375	45,023
— alnus, Erle	49,196	6,217	44,587
Pinus larix, Lerche	50,106	6,310	43,584
— abies, Weißtanne . .	49,946	6,407	43,647
— picea, Rothtanne . .	49,591	6,384	44,025
— sylvestris, Kiefer . .	49,937	6,250	43,813
Prunus domestica, Pflaume .	49,311	5,964	44,725
— cerasus, Kirsche . .	48,824	6,276	44,900
Pyrus malus, Apfel	48,902	6,267	44,831
— communis, Birne . .	49,395	6,351	44,254
Diospyros ebenum, Ebenholz	49,838	5,352	44,810
Buxus sempervirens, Burbaum	49,368	6,521	44,111
Ulmus suberosa, Korkulme .	50,186	6,425	43,389
Populus nigra, Pappel . .	49,699	6,312	43,989
Fraxinus excelsior, Esche .	49,356	6,075	44,569
Juglans regia, Wallnuß . .	49,113	6,443	44,444
Robinia pseudacacia, Acacie .	48,669	6,272	45,059
Tilia europaea, Linde . . .	49,408	6,861	43,731
Aesculus hippocastanum, Roßkastanie	49,077	6,714	44,209
Salix fragilis, Weide . . .	48,839	6,360	44,801
Acer campestris, Ahorn . .	49,803	6,307	43,890

Bei der großen Verschiedenheit der verschiedenen Holzarten in ihrem specifischen Gewicht, in der Härte, Festigkeit, Entzündbarkeit und Heizkraft, sollte man eine größere Verschiedenheit in der chemischen Zusammensetzung derselben erwarten. Es scheint daher die Ursache dieses sehr abweichenden Verhaltens, — wenn sie nicht etwa, mit Hrn. Payen, in den verschiedenen Verhältnissen des Zellgewebes zur Holzfaser zu finden wäre, — nur von dem mehr oder minder aufgelockerten Zustande der Pflanzenfaser herzurühren. Das Ebenholz und das Stroh sind in ihren physikalischen Eigenschaften so sehr verschieden, daß das äußere Ansehen und die Beschaffenheit dieser Körper nicht auf eine gleiche chemische Zusammensetzung schließen lassen würden. Dennoch scheint diese bei allen lebenden Pflanzenfasern, in sofern sie noch nicht in Torf, oder in mineralische Kohle, umgewandelt sind, fast ganz übereinstimmend zu sein. Man muß daher glauben, daß die große Verschiedenartigkeit, welche die lebende Pflanzenfaser zeigt, nur in der Anordnung der kleinen Gefäße zu suchen sei, welche aus der Pflanzenfaser gebildet werden. Wahrscheinlich entspringen aus der größeren oder geringeren Feinheit der Gefäße, so wie aus dem dichteren und lockereren Nebeneinanderliegen derselben, die verschiedenen physikalischen Eigenschaften der ganzen aus diesen Gefäßen zusammengesetzten Masse, welche wir Holz nennen. Die Gefäße selbst aber, welche aus der Pflanzenfaser gebildet werden, sind stets mit Luft, Wasser und Pflanzensäften erfüllt, von denen Luft und Wasser auch nach dem Absterben der Pflanze oder des Baumes, beständig angetroffen werden. Treibt man die Luft und die Feuchtigkeit dadurch aus, daß man das Holz längere Zeit in einer Temperatur liegen läßt, welche die Siedhitze des Wassers um einige Grade übertrifft, so zieht das getrocknete Holz nach wenigen Stunden schon eine bedeutende Menge von Luft und Wasser aus der Atmosphäre wieder an, und, wie es scheint, in demselben Verhältniß schneller und in größerer Menge, in welchem die aus der Pflanzenfaser gebildeten Gefäße im natürlichen Zustande stärker aufgelockert waren. Nach diesem verschiedenen Lockerheitszustande der Faser, unterscheidet man hartes und weiches Holz. Eine bestimmte Gränze läßt sich natürlich nicht angeben, und es ist mehr die Sache der Uebereinkunft, diese oder jene Holzart zu dem harten oder zu dem weichen Holze zu rechnen, als daß man zu dieser Bestimmung durch einen festen und unabänderlichen Charakter geleitet würde. Man könnte eben so gut schwere und leichte Holzarten unterscheiden, d. h. solche, die im natürlichen Zustande im Wasser untersinken, oder auf dem Wasser schwimmen.

§. 480.

Dagegen sollte die große Uebereinstimmung in der chemischen Zusammensetzung der Faser der verschiedenen Holzarten, auch eine Uebereinstimmung im specifischen Gewicht derselben erwarten lassen. Es zeigen sich aber sehr bedeutende Verschiedenheiten im specifischen Gewicht der Holzarten, welche sich zum Theil aus der Menge von Luft, Wasser und Pflanzensaft erklären lassen, welche in den aus der Fasen gebildeten Gefäßen, bei den verschiedenen Holzarten wahrscheinlich in verschiedener Menge und Beschaffenheit befindlich sind. Diamant, Graphit und Holzkohle bieten übrigens noch auffallendere Beispiele eines ganz verschiedenen physikalischen Verhaltens bei völliger Gleichheit ihrer chemischen Natur dar. In dem frisch gefällten Zustande des Baumes sind jene Gefäße mit einer größeren Menge von Flüssigkeit angefüllt; aber auch das vollkommen lufttrockene Holz hält noch immer eine bedeutende Quantität zurück. Ueber das specifische Gewicht einiger, in einer Temperatur von 115 bis 120 Gr. C., und so lange, bis keine Gewichtsabnahme mehr zu bemerken war, ausgetrockneten und dann, zur Austreibung aller Luft, eine Stunde lang in Wasser gesottenen, also vollkommen luftleeren Holzarten, hat Rumford Versuche angestellt und folgende Resultate erhalten:

Eiche,	spec. Gew.	1,5344
Ulme,	—	1,5186
Buche,	—	1,5284
Ahorn,	—	1,4599
Tanne,	—	1,4621

Birke,	spec. Gew.	1,4848
Linde,	—	1,4846
Pappel,	—	1,4854

Aus diesen Versuchen ergiebt sich, daß das specifische Gewicht der festen Theile des Holzen fast um die Hälfte größer ist, als das des Wassers, und daß es für alle Holzarten so nahe übereinstimmt, daß man den holzigen Theil in allen Holzarten als übereinstimmend betrachten kann.

Sehr verschieden von dem specifischen Gewicht der vollkommen luftleeren und lufttrocknen Holzfaser, sind die specifischen Gewichte der verschiedenen Holzarten in dem lufttrocknen Zustande. Man darf daher voraussetzen, daß die Hölzer, welche im lufttrocknen Zustande das größte specifische Gewicht besitzen, auch den festesten mechanischen Zusammenhang haben, also durch die Entfernung der in den Gefäßbündeln befindlichen Flüssigkeiten durch das Dörren, den geringsten Gewichtsverlust erleiden; obgleich auch dieser Feuchtigkeitsgehalt, bei einer und derselben Holzart, unter verschiedenen Umständen sehr verschieden sein kann Von diesem Gehalt an Wasser und an Luft ist das specifische Gewicht des Holzes aber so sehr abhängig, daß es, für eine und dieselbe Holzart, nur bei einer gewissen Temperatur, welcher das Holz längere Zeit ausgesetzt gewesen sein muß, bestimmt werden kann. Frisch gefälltes Holz hat immer ein bedeutend größeres specifisches Gewicht, als dasselbe Holz, wenn es vollkommen lufttrocken geworden ist. — Hr. Karmarsch hat das specifische Gewicht verschiedener Holzgattungen im völlig lufttrocknen Zustande bestimmt, und giebt dasselbe in folgender Art als gefundene mittlere Werthe aus mehren Versuchen an:

Ahorn	0,645
Apfelbaum	0,734
Birke	0,738
Birnbaum	0,732
Rothbuche	0,750
Buchsbaum	0,942

Eiche	0,650
Erle	0,538
Esche	0,670
Kiefer	0,763
Lerche	0,565
Linde	0,559
Nußbaum	0,660
Pappel	0,387
Pflaumenbaum . .	0,872
Roßkastanie	0,551
Tanne	0,481
Ulme (Rüster) . . .	0,568
Weißbuche	0,728

Aber das Alter der Bäume, der Standort und das Verfahren bei der Bestimmung des specifischen Gewichtes, haben auf das Resultat einen großen Einfluß. Hr. K. bestimmte das specifische Gewicht nicht durch Abwägen im Wasser, sondern, um Resultate von mehr praktischem Werth zu erhalten, dadurch, daß er Stücke von bestimmtem kubischem Inhalt aus den Holzarten anfertigen ließ, abwog und dann das spec. Gew. durch Berechnung ermittelte.

Hr. Bull giebt das specifische Gewicht verschiedener amerikanischer Holzarten an, wie folgt:

Wallnuß (Juglans squamosa) . .	1,000
— (Jug. cathartica) . . .	0,567
Eiche (Quercus alba)	0,855
— (Q. palustris)	0,747
— (Q. falcata)	0,548
Esche (Fraxinus americana) . .	0,772
Rothbuche (Fagus sylvatica) . .	0,724
Ulme (Ulmus americana) . . .	0,580
Ahorn (Acer sacharinum) . . .	0,644
— (A. pseudoplatanus) . .	0,535
Birke (Betula populifolia) . . .	0,530

Birke (B. lenta)	0,697
Kastanie (Castanea vesca) . . .	0,522
Pinus mitis	0,551
— strobus	0,418
Pappel (Populus dilatata) . . .	0,397
Kirschbaum (Cerasus virginiana).	0,597
Apfel (Pyrus malus)	0,697
Weißbuche (Carpinus americana)	0,720

Hr. Winkler hat das Gewicht eines Leipziger Kubikfußes verschiedener lufttrockner Hölzer, in Leipziger Pfunden ausgedrückt, angegeben. Diese Zahlen sind wenigstens als Verhältnißzahlen zu gebrauchen, um das spec. Gew. zu berechnen. Die Angaben zeigen aber auch zugleich, wie ungemein die Resultate der von verschiedenen Autoren gefundenen Gewichtsgrößen von einander abweichen. Nach Hrn. W. wiegt 1 Lepz. Kubf. in Leipziger Pfunden:

Eichenholz . .	38
Eschenholz . .	36
Ahornholz . .	34
Buchenholz . .	32
Birkenholz . .	34
Ulmenholz . .	34
Pappelholz . .	26
Weidenholz . .	26
Lindenholz . .	18
Tannenholz . .	25
Fichtenholz . .	23
Kiefernholz . .	24

Hr. Wildenhayn giebt das Gewicht eines Leipziger Kubikfußes Eichenholz nur zu 24 Leipziger Pfunden, des Buchenholzes zu 24 Pf., des Birkenholzes zu 20 Pf. 4 Loth, des Kiefernholzes zu 16 Pf. 4 Loth u. s. f. an. Bei solchen außerordeutlichen Differenzen würde es ein vergebliches und trügerisches Unternehmen sein, die Aequivalente der verschiedenen Holzarten hinsichtlich ihrer Brennkraft, durch die Vergleichung der spec. Gewichte derselben, bestimmen zu wollen. — Sehr mühsame und sorgfältige Versuche zur Ermittelung des specifischen Gewichtes verschiedener Holzarten, sowohl im frischgefällten als an der Luft vollkommen getrockneten Zustande, haben die Hrn. Schübler und Neuffer angestellt, deren Resultate hier noch folgen mögen:

Holzarten.	Specifisches Gewicht frisch gefällt.	Specifisches Gewicht ausgetrocknet.
Quercus robur, Eiche	1,0754	0,7075
— pedunculata, Stieleiche . . .	1,0494	0,6777
Salix alba, weiße Baumweide	0,9859	0,4873
Fagus sylvatica, Buche	0,9822	0,5907
Ulmus campestris, Ulme	0,9476	0,5474
Carpinus betulus, Weißbuche	0,9452	0,7695
Pinus larix, Lerche	0,9205	0,4735
— sylvestris, Kiefer	0,9121	0,5502
Acer pseudoplatanus, Ahorn	0,9036	0,6592
Fraxinus excelsior, Esche	0,9036	0,6440
Betula alba, Birke	0,9012	0,6274
Sorbus aucuparia, Quitsche	0,8993	0,6440
Pinus Abies, Duroi, Edeltanne . . .	0,8941	0,5550
— Pisca, Duroi, Rothtanne . . .	0,8699	0,4716
Crataegus torminalis, Mehlbeere . .	0,8633	0,5910
Aesculus hippocastanum, Roßkastanie .	0,8614	0,5749
Betula alnus, Erle	0,8571	0,5001
Tilia europaea, Linde	0,8170	0,4390
Populus nigra, Schwarzpappel . . .	0,7795	0,3656
— tremula, Espe	0,7654	0,4302
— italica, ital. Pappel	0,7634	0,3931
Salix caprea, Saalweide	0,7155	0,5289

Es ergiebt sich aus dieser Uebersicht die große Verschiedenheit des specifischen Gewichts der verschiedenen Holzarten im frisch gefällten Zustande, besonders aber auch das verschiedene Verhalten derselben nach dem Austrocknen, indem zwar alle sehr bedeutend an specifischem Gewicht verlieren, aber einige ungleich mehr als andere, deren specifisches Gewicht im frich gefällten Zustande bedeutend größer war. Die Ursache von diesen Gewichtsverschiedenheiten, scheint wohl vorzüglich in dem verschiedenen Wassergehalt der frisch gefällten Hölzer gesucht werden zu müssen. — Unter den untersuchten Holzarten hat nur allein das Eichenholz, und zwar auch nur im frisch gefällten Zustande, ein größeres specifisches Gewicht als das Wasser. Hr. Griffith hat aber das spec. Gew. verschiedener Holzarten, im lufttrocknen Zustande derselben, ausgemittelt, welche sämmtlich ein größeres spec. Gew. besitzen als das Wasser.

Guajakholz (Lignum vitae)	1,342
Kokosholz (Cocos wood)	1,336
Ebenholz	1,226
Brasilienholz	1,132
Atlasholz (Satin wood)	1,078
Tulpenholz (Tulip wood)	1,070
Königsholz	1,069
Botany-Bay-Holz, oder Paraport-Holz (She-oak)	1,067

Die Angaben des Hrn. Werneck, welcher ebenfalls das spec. Gew. verschiedener Holzarten, im völlig lufttrocknen Zustande derselben, zu bestimmen bemüht gewesen ist, stimmen mit den vorhin angeführten ebenfalls sehr wenig überein, wie dies auch nicht befremden kann, weil das Gewicht des an der Luft ausgetrockneten Holzes von sehr vielen darauf einwirkenden Umständen und Verhältnissen abhängig ist. Hr. Werneck hat gezeigt, daß das auf Bergen gewachsene Holz, unter gleichen Umständen, stets dichter ist, als das auf der Ebene gewachsene; daß geschlossen gewachsenes Holz dichter ist, als isolirt gewachsenes, und daß die Dichtigkeit des Holzes mit der Trockenheit des Bodens, auf welchem es wächst, zuzunehmen scheint.

Da sich nicht einmal das specifische Gewicht einer Holzgattung als eine allgemein geltende Zahlengröße angeben läßt, so wird es noch weniger möglich sein, das absolute Gewicht des nach einem gewissen Kubikmaaß aufgestellten eingeschlagenen Holzes zu bestimmen. Hr. Berthier hat sich bemüht, einige Angaben über das Gewicht eines Stère Holz von verschiedenen Holzgattungen zusammen zu tragen, bemerkt aber ebenfalls, daß die Angabe sehr schwankend und wenig zuverlässig sind, weil die Gewichtsgröße eines bestimmten Holzvolums (Stère, Klafter, Malter, Haufen u. s. f.) nicht allein von dem an sich veränderlichen und unzuverlässigen spec. Gew. des Holzes, sondern außerdem noch von der Art und Weise abhängig bleibt, wie dicht oder wie locker die Holzstücken gesetzt und aufgestellt, und in welcher Größe und Gestalt die einzelnen Holzscheite oder Holzstücke eingeschlagen worden sind.

Rumford, Untersuchungen über den inneren Bau der Hölzer, das specifische Gewicht ihrer festen Theile, und die Menge der flüssigen und gasförmigen, die sie unter verschiedenen Umständen enthalten; über die daraus zu erhaltenden Mengen von Kohle und die Mengen von Wärme, welche sie beim Verbrennen entwickeln; in Schweigger's N. Journ. für Chemie und Physik, VIII. 265 — 202. — Hartig, Versuche über das Verhältniß der Brennbarkeit der meisten deutschen Waldbaumhölzer, 1798. — Wildenhain, im Leipz. Intell. Blatt für 1773. Nr. 33. S. 350 u. f. — Notes sur les poids de quelques espèces de bois a brûler et sur la consommation comparative de ce combustible et de la houille dans les travaux minéralogiques. Par Berthier; in den Ann. des Mines III. 51 — 67, und in dessen Traité des essais par la voie sèche I. 237. — Karmarsch, in den Jahrbüchern des Wiener polytechnischen Institutes, B. 18. S. 120. — M. Bull, im Franklin-Journal, und daraus in den Jahrb. des Wiener p. Instit. B. XVI. 344. — Schübler und Neuffer, in Erdmann's Journ. d. techn. und ökon. Chemie, VII. 45. — Werneck, in Hermbstädt's Archiv. VI. 79. — Winkler, in Erdmann's Journ. d. praktischen Chemie, XVII. 65. — Griffith, im Quarterly Journ. 1824. No. XXXII.

§. 481.

Der Feuchtigkeitsgehalt des Holzes von einem und demselben Baume ist, wie die Untersuchung von Rumford gezeigt, und die neueren von Schübler und Neuffer bestätigt haben, ungemein verschieden, und kann in den jüngsten Zweigen zuweilen noch einmal so groß sein, als in dem Stammholz, oder in den älteren Zweigen. Man wird daher schwerlich jemals eine Uebereinstimmung in den Angaben über das Verhältniß der wäßrigen zu den festen Bestandtheilen in dem frisch gefällten Holz zu erwarten haben. Um aber eine Uebersicht von der großen Verschiedenheit dieses Verhältnisses bei den verschiedenen Holzarten zu erhalten, mögen hier die von den Hrn. Schübler und Neuffer mitgetheilten Verhältnisse der wäßrigen zu den festen Bestandtheilen in dem frisch gefällten Holze folgen. Die gefundene Wassermenge in dem frisch gefällten Holz bezieht sich indeß nur auf den vollkommen lufttrocknen Zustand des Holzes, in welchem 100 Theile desselben enthalten:

Holzarten.	In 100 Theilen	
	Wasser.	feste Stoffe.
Carpinus betulus, Hainbuche	18,6	81,4
Salix caprea, Saalweide	26,0	74,0
Acer pseudoplatanus, Ahorn . . .	27,0	73,0
Sorbus aucuparia, Quitsche	28,3	71,7
Fraxinus excelsior, Esche	28,7	71,3
Betula alba, Birke	30,8	69,2
Crataegus torminalis, gr. Mehlbeere .	32,3	67,7
Quercus robur, Traubeneiche	34,7	65,3
— pedunculata, Stieleiche . . .	35,4	64,6
Pinus abies, Duroi, Edeltanne . . .	37,1	62,9
Aesculus hippocastanum, Roßkastanie	38,2	61,8
Pinus sylvestris, Kiefer	39,7	60,3
Fagus sylvatica, Buche	39,7	60,3
Betula alnus, Erle	41,6	58,4
Populus tremula, Espe	43,7	56,3
Ulmus campestris, Ulme	44,5	55,5
Pinus picea, Duroi, Rothtanne . . .	45,2	54,8
Tilia europaea, Linde	47,1	52,9
Populus italica, ital. Pappel	48,2	51,8
Pinus larix, Lärche	48,6	51,4
Salix alba, weiße Baumweide	50,6	49,4
Populus nigra, Schwarzpappel . . .	51,8	48,2

Nicht allein in dem älteren und jüngeren Holze eines und desselben Baumes, sondern auch in den verschiedenen Jahreszeiten, weicht der Wassergehalt des Holzes bedeutend ab, wie schon Rumford ausführlich gezeigt hat, indem mit dem im Frühling eintretenden Trieb der Säfte, die Wassermenge im Holze zunimmt. In 100 Theilen von den folgenden fünf Holzgattungen fanden die Hrn. Schübler und Neuffer:

Holzarten.	Wassergehalt	
	27. Jan.	2. April.
Pinus abies	52,7	61,0
Corylus avellana	40,9	49,2
Aesculus hippocastanum	40,2	47,1
Acer pseudoplatanus	33,6	40,3
Fraxinus excelsior	28,8	38,6

Der Gehalt an wäßrigen Bestandtheilen ward bei diesen Holzgattungen zu Ende des Januar, zunächst nach strenger Winterkälte, und später zu Anfange des April bestimmt, nachdem der Baum vollkommen in Saft getreten war.

Aber auch den Wassergehalt den das vollkommen lufttrockne Holz zurück hält, hat Rumford auszumitteln gesucht. Das ganz lufttrockne Holz wird in einem Ofen, bei einer Temperatur von 120 Gr. C. gänzlich ausgetrocknet. Obgleich der Siedepunkt des Wassers dabei überschritten war, so hatte das Holz doch noch keine Veränderung in seiner chemischen Zusammensetzung erlitten. Die mehr oder weniger resinöse Beschaffenheit des Holzes schien aber auf den Gewichtsverlust beim Trocknen einen großen Einfluß zu haben und zu scheinbaren Abweichungen Anlaß zu geben. Es zeigte sich, daß 100 Theile des vollkommen lufttrocknen Holzes enthielten:

Holzarten.	Wassergehalt.
Eiche	16,64
Ulme	18,20
Buche	18,56
Ahorn	18,63
Tanne	17,53
Birke	19,38
Linde	18,79
Pappel	19,55

Der hier angegebene Wassergehalt ist derjenige, den das in der Wassersiedhitze vollkommen ausgetrocknete Holz immer wieder aus der Luft anzieht, wenn es einige Zeit gelegen hat. Allein dieser Gehalt ist, wie Rumford gezeigt hat, sehr veränderlich und richtet sich nach dem Feuchtigkeitsgehalt der Atmosphäre selbst, so daß er mit demselben steigt und fällt. Das frisch gefällte Holz, welches das Maximum des Wassergehaltes besitzt, setzt so lange Wasser ab, bis es sich mit dem Feuchtigkeitszustande der Atmosphäre in ein Gleichgewicht gesetzt hat, worauf es alle Veränderungen in dem Feuchtigkeitsgehalt der Atmosphäre mit erleidet. Das Holz verhält sich also, nachdem es gefällt worden ist, durchaus als ein hygroskopischer Körper. Es versteht sich von selbst, daß es der unmittelbaren Einwirkung des Regens nicht ausgesetzt sein darf, weil es dann wieder eine sehr große Quantität Wasser aufzunehmen im Stande ist.

Nach Hrn. Werneck's Untersuchungen vermindert sich das specifische Gewicht des Holzes, wenn es längere Zeit der Einwirkung des Wassers ausgesetzt gewesen ist. Das geflößte Holz besitzt daher ein geringeres spec. Gew. als das nicht geflößte. Hr. W. bestimmte das spec. Gew. des Holzes vor und nach dem Flößen, indem das Holz in beiden Fällen bei einem und demselben Grade der Temperatur vollkommen getrocknet worden war. Der Unterschied im spec. Gew. betrug bei vielen von ihm geprüften Holzgattungen zwischen 0,02 und 0,03. So hatte z. B. das nicht geflößte Buchenholz ein spec. Gew. von 0,56, das geflößte hingegen nur von 0,537; das nicht geflößte Weißtannenholz (Pinus picea L. oder P. abies Duroi) ein spec. Gew. von 0,493, das geflößte hingegen nur von 0,464 u. s. f. Diese Unterschiede können nur daher rühren, daß sich die Pflanzensäfte in den Gefäßbündeln des nicht geflößten Holzes verdicken, wogegen sie in dem geflößten Holz ausgelaugt werden, so daß das geflößte Holz mehr Luft in den feinen Gefäßen aufnehmen kann, als das nicht geflößte.

Die bekannte Eigenschaft des Holzes, sich bei feuchter Luft auszudehnen und bei trockner wieder zusammen zu ziehen, — das Quellen und das Schwinden, — wodurch das Krümmen, Werfen und Springen der hölzernen Geräthschaften herbeigeführt wird, hat ihren Grund in der hygroskopischen Beschaffenheit des Holzes. Die Zu- und Abnahme des Volumens sind also veränderliche Größen, welche sich selbst für eine und dieselbe Holzgattung nicht angeben lassen. Hr. Karmarsch hat über das Schwinden verschiedener Holzgattungen Versuche angestellt, sich dabei jedoch nur dünner Holzstücken bedient und die Schwindungsgröße innerhalb der Gränzen des grünen oder des frisch gefällten, und des bei 16 bis 20 Gr. C. lufttrocken gewordenen Holzes ermittelt. Es ergiebt sich aus diesen Versuchen, daß das Schwinden nach der Richtung der Länge des Holzes nicht bedeutend ist, indem es bei den Holzarten, die gewöhnlich zur Verarbeitung angewendet werden, nur 0,072 Procent, oder $\frac{1}{1389}$ beträgt. Dagegen steigt das Schwinden nach der Richtung der Breite bei vielen Holzarten auf 4 bis 9 Procent, oder es wird $\frac{1}{25}$ bis $\frac{1}{11}$ der Ausdehnung nach der Richtung der Breite. Beim Quellen findet der umgekehrte Erfolg, nämlich Ausdehnung nach den angegebenen Richtungen, statt. Unter allen von ihm untersuchten Holzarten schwindet das Mahagoniholz am wenigsten, nämlich im mittlern Durchschnitt nur um $\frac{1}{70}$ oder 1,44

Procent der Breite. Die sehr dichten und schweren Hölzer schwinden in der Regel zwar weniger als andere, indeß kommen doch Ausnahmen von dieser Regel vor, indem z. B. das Pockholz ein starkes Schwinden zeigt, wogegen das weiche und leichte Cedernholz sich umgekehrt verhält.

Karmarsch, Grundriß der mechanischen Technologie, B. 11. S. 16. — Klein, über die Verkohlung des Holzes, S. 147.

§. 482.

Da die Heizkraft von der Verbrennungszeit abhängig ist, so leuchtet es ein, daß das Holz unter gleichen Umständen eine um so größere Heizkraft äußern wird, je dünner es gespalten ist und je größer die Massen sind, welche gleichzeitig zur Verbrennung kommen, weshalb die Feurungsräume immer mit so viel Holz angefüllt sein müssen, als gleichzeitig von der Flamme ergriffen werden kann, aber nicht mit zu großen Quantitäten überladen. Deshalb muß das Nachfeuern öfter und in kleinen Quantitäten statt finden, besonders wenn es darauf ankommt, hohe Temperaturen hervorzubringen, welches nur bei starkem Luftzuge geschehen kann, um große Quantitäten Holz in einem bestimmten Zeitraum zu verbrennen. Je fester, dichter und schwerer das Holz ist, desto kleiner muß es zertheilt sein, weil sehr starke Stücken sich im Innern nur verkohlen und dann ohne Flamme verbrennen würden. Leichte Holzarten können in stärkeren Stücken zur Anwendung kommen, weil sich die Hitze schneller von der Oberfläche in das Innere verbreitet. Starkes Rauchen und Absetzen von Ruß sind immer ein Beweis von unvollkommner Verbrennung. Die schweren Holzarten besitzen eine größere Heizkraft als die leichten, wie die Erfahrung lehrt, obgleich sich ein genügender Grund davon nicht angeben läßt. Bei einem heftigen Luftzuge läßt sich annehmen, daß wenigstens $\frac{2}{3}$ des Sauerstoffgehaltes der atmosphärischen Luft consumirt werden; bei einem minder starken Zuge, oder vielmehr bei geringeren Temperaturen, bleibt wenigstens die Hälfte des Sauerstoffgehalts der zuströmenden Luft unzersetzt.

Ueber die Brennkraft der verschiedenen Holzarten, nämlich über die Wärmequantitäten, welche sie beim Verbrennen entwickeln, sind vielfach Untersuchungen angestellt worden. Solche Untersuchungen sind um so schwieriger, als schon eine und dieselbe Holzart, nach ihrem jedesmaligen hygroskopischen Zustande, so wie nach der Art wie das Verbrennen statt findet, zu ganz verschiedenartigen und sehr abweichenden Resultaten Veranlassung giebt. Die Versuche, welche Rumford mit seinem Calorimeter (§. 476) anstellte, sind sehr ausgedehnt. Er bestimmte das Gewicht des Wassers, welches durch das Verbrennen von einem Pfunde der folgenden Holzarten vom Gefrier- bis zum Siedepunkte erhitzt ward. Das Holz wendete er in Gestalt von Spänen, von etwa 0,1 Linie Dicke, 6 Linien Breite und 6 Zoll Länge, an.

Art des Holzes.	Erhitzt von 0 bis 100° C. Pfunde Wasser.
Lindenholz, 4 Jahre lang als Tischlerholz getrocknet	34,609
— desgleichen	34,805
— desgl. aber stark auf einem Ofen getrocknet	39,605
— desgl. desgl.	40,685
— desgl. desgl. aber weniger stark . . .	38,833
Buchenholz, 4—5 Jahre lang als Tischlerholz getrocknet	33,817
— desgleichen	33,752
— desgl. und stark auf einem Ofen getrocknet	36,334
— desgl. desgl.	36,184
Ulmenholz, etwas feuchtes Tischlerholz	27,147
— trocknes, 4—5jähriges Tischlerholz . .	30,359
— desgleichen	30,051
— desgl. aber stark auf einem Ofen getrocknet	34,515
— desgl. desgl.	33,651
— desgl. im Darrofen b. zum Braunwerden getr.	30,900
Eichenholz, in Spänen von mittlerer Dicke . . .	25,590
— desgl. in stärkeren Sp., Kohle zurücklassend	24,748
— desgl. aber in dünneren Spänen . .	26,272
— desgl. in dünnen, gut an der Luft getr. Sp.	29,210
— trocknes Tischlerholz, in dünnen Spänen	29,880
— desgl. desgl.	29,796
— desgl. aber in dicken Sp., Kohle zurücklassend	26,227
Eschenholz, gewöhnliches trocknes Tischlerholz . .	30,666
— desgl. in an der Luft getrockneten Sp.	33,720
— stark auf einem Ofen getrocknet . . .	35,449
Ahornholz, in stark auf einem Ofen getrockneten Spänen	36,117
Kirschbaumholz, trocknes Tischlerholz	33,339
— desgl. stark auf einem Ofen getrocknet	36,904
— desgl. in einem Darrofen gebräunt	34,763
Tannenholz, gewöhnliches trocknes Tischlerholz . .	30,322
— in gut an der Luft getrockneten Spänen	34,000
— stark auf einem Ofen getrocknet . .	37,379
— in einem Darrofen b. z. Braunwerden getr.	33,358
— in dicken Spänen, die viel Kohle zurückließen	28,695
Pappelholz, gewöhnliches trocknes Tischlerholz . .	34,601
— desgl. stark auf einem Ofen getrocknet	37,161
Weißbuchenholz, trocknes Tischlerholz	31,800
— desgleichen	31,601

Bei dem Verbrennen der Späne war die Einrichtung getroffen, daß sie unter der Oeffnung des Calorimeters, woselbst der Verbrennungsraum angebracht war und von welchem aus die Flamme durch Röhren in das mit dem Wasser angefüllte Calorimeter geleitet ward, eine schöne helle Flamme gaben, ohne den mindesten Rauch oder Geruch, und ohne einen merklichen Aschenrückstand zu hinterlassen. Bei der Vergleichung der Erfolge ergiebt sich, daß das Holz um so mehr Wärme giebt, je trockner es ist. Nur dann, wenn das Holz durch starkes Dörren, wobei es schon anfängt sich zu verkohlen, eine Zersetzung erlitten hat, leistet es eine geringere Wirkung. Die Versuche ergeben ferner, daß die weichen oder die mehr aufgelockerten Holzarten, bei gleichen Gewichten, eine viel größere Wirkung hervorbringen, als die schwereren oder die sogenannten harten Holzarten. Dieser Erfolg ist vielleicht den verschiedenen Verbrennungszeiten und dem Umstande zuzuschreiben, daß das mehr aufgelockerte Holz, weil es der Luft mehr Berührungsflächen darbietet, vollständiger zerlegt wird. Möglich ist es aber auch, daß sich beim Verbrennen des weichen Holzes andere Verhältnisse von Gasarten und flüssigen Verbindungen bilden, welche bei dem harten Holz vielleicht eine andere Verbrennungszeit erfordern würden. — Anders wird sich die Vergleichung der Brennkräfte der verschiedenen Holzarten stellen, wenn dieselbe nicht nach dem Gewicht, sondern nach dem Maaß oder Volum angestellt wird. Die specifisch leichteren Holzarten werden dann natürlich eine, im Verhältniß ihres geringeren specifischen Gewichtes, geringere Wirkung auszuüben scheinen.

Die von Hrn. Bull in der oben (§. 476) erwähnten Weise angestellten Versuche, ergeben für alle die von ihm untersuchten amerikanischen Holzarten eine beinahe vollkommene Uebereinstimmung der Brennkräfte, dem Gewicht nach. Hr. Bull hat eine Vergleichung nach dem Volum beigefügt, welche nach den von ihm genachten Bestimmungen des specifischen Gewichts der verschiedenen Holzarten berechnet ist.

Hr. Berthier hat die Brennkräfte verschiedener Holzarten nach dem von ihm vorgeschlagenen Verfahren (§. 476) ermittelt. 1 Gewichtstheil von folgenden Holzgattungen:

Eichen- und Weißbuchenholz, lufttrocken, geben	12,5 Blei	2875 Wärme-Einheiten
desgleichen stark getrocknet, giebt .	14,0 —	3220 —
Eichen- und Weißbuchenholz, ausgelaugt und dann lufttrocken angewendet . .	12,8 —	2944 —
Rothbuchen- und Erlenholz geben	13,7 —	3151 —
Nußbaumholz giebt . . .	13,7 —	3151 —
Kiefernholz von Niederbrunn	13,7 —	3151 —
Birkenholz	14,0 —	3220 —
Fichtenholz von Pontgibaud	14,5 —	3335 —
Ebenholz	14,9 —	3427 —
Kork	19,7 —	4531 —

Diese Resultate stimmen in so fern mit den von Rumford gefundenen überein, als sie zeigen, daß das weiche Holz, bei gleichen Gewichten, mehr Wärme entwickelt als die harten Holzarten.

Man kann es als einen Erfahrungssatz annehmen, daß 1 Gewichtstheil Holz, bei zweckmäßigen Feuerungseinrichtungen, 3 bis 3½ Gewichtstheile Wasser, bei der gewöhnlichen Temperatur der Atmosphäre, zu verdampfen vermag.

§. 483.

Bei gleichen Gewichten, oder auch bei gleichem Volum, muß das nasse oder das frisch gefällte Holz immer eine geringere Quantität Wärme beim Verbrennen entwickeln, als das trockne Holz, weil es weniger Holzsubstanz enthält. Allein es muß außerdem ein Theil der entwickelten Wärme zur Verdampfung des Wassers verwendet werden. Deshalb ist es vortheilhaft, sich stets des getrockneten Holzes zu bedienen. Kommt es darauf an, sehr hohe Hitzgrade hervorzubringen, so würde die Brennkraft des nassen Holzes dazu oft nicht zureichend sein, weil zu viel Wärme durch Verflüchtigung des Wassers absorbirt wird, und weil die Verbrennung zu langsam erfolgt, so daß in bestimmten Zeiträumen nicht so viel Holz verbrennt, als zur Hervorbringung des verlangten Hitzgrades erforderlich ist. Um daher von der Heizkraft des Holzes einen vollständigen Gebrauch machen zu können, ist man genöthigt, das Holz vor dem Gebrauch zu trocknen. Vorzüglich nothwendig ist das Trocknen des Holzes, wenn dasselbe als Brennmaterial in Flammenöfen, zum Umschmelzen oder zum Frischen des Roheisens, oder auch zum Ausschweißen des Stabeisens, angewendet werden soll. Man bringt dasselbe dann vorher in Trockenkammern, oder auch in Trockenöfen, die zu diesem Zweck besonders bestimmt sind. Die Zeichnungen Taf. III. Fig. 3 — 5 stellen einen Ofen zum Trocknen des Holzes dar, wie er auf der Eisengießerei zu St. Petersburg angewendet wird. Der Ofen ist durchaus massiv, mit einem Dach von Eisenblech versehen, und das Gewölbe wird durch eiserne Anker zusammengehalten. In der einen Ecke des Ofens befindet sich die Feurungsvorrichtung, welcher diagonal gegenüber die Esse aufgeführt ist, um den Rauch und die erhitzte Luft aus der Feuerung, so wie die aus dem Holz sich entwickelnden Feuchtigkeiten abzuleiten. Die Thüre zum Eintragen des frischen, und zum Herausnehmen des getrockneten Holzes, wird, nachdem der Ofen gefüllt ist, mit einer schwachen Blendmauer geschlossen, welche nach dem erfolgten Trocknen wieder weggerissen wird. Auch bedient man sich gegossener eiserner Thürflügel, statt der verlornen Mauer. Das Dach hat keine andere Bestimmung, als das Gewölbe gegen den Regen zu schützen und zugleich die daraus entspringende Abkühlung zu verhindern. — Eine andere Einrichtung von einem Holztrockenofen zeigen Fig. 1 und 2 Taf. III. Der Feuerungsraum, oder der Heerd a, auf welchem Holzabfälle u. s. f. verbrannt werden, muß enge Roststäbe haben, damit kleine Späne, Rinden u. dgl. nicht durchfallen können. Ueber dem Heizraum befindet sich der Raum, welcher das zu trocknende Holz enthält. Die Oeffnung, durch welche die heiße Luft aus a unter der Ofensohle einströmt, ist durch f bezeichnet. Der Ofen ist mit einem Gewölbe von Mauersteinen geschlossen, welches möglichst flach sein muß. g ist die Oeffnung zum Eintragen des Holzes, welche entweder mit einer Blendmauer, oder mit einer gußeisernen Thüre, während der Operation des Trocknens geschlossen ist. Die Oeffnung f wird mit einem Aufsatz von Eisenblech, Fig. 2 b, bedeckt, welcher oben umgebogen und vorne offen ist, damit die vom Heerde aufsteigenden Funken von dem zu trocknenden Holz abgewiesen werden und die heißen Gase ungehindert in den Ofen eintreten können. Zum Abzug der Dämpfe sind bei h Oeffnungen angebracht, welche sich in den Ecken des Ofens befinden. Man unterhält so lange ein lebhaftes Feuer, bis das Dampfen aus den Abzugöffnungen nachläßt, worauf man die Hitze nach und nach mäßigt. Die Oeffnung i ist während der Arbeit geschlossen, und dient nur dazu, die Abkühlung des Ofens zu beschleunigen. Noch eine andere Einrichtung eines Trockenofens, welche Hr. Bineau beschrieben hat (Ann. des mines. 3. Série. XIII. 217) ist in den Zeichnungen Fig. 8 bis 10, Taf. II. dargestellt. Diese Oefen können durch eine besondere Feuerungsvorrichtung, oder durch die Gichtenflamme des Hohofens erhitzt werden. Der Ofen ist sowohl zum Dörren, als auch zur Verkohlung des Holzes anwendbar, je nachdem dasselbe früher herausgenommen wird, oder der Wirkung der erhitzten Gasarten länger ausgesetzt bleibt. Der Ofen besteht aus einem durch Mauerwerk geschlossenen Raum, aber der Boden desselben aus gegossenen eisernen Platten, so wie auch die Decke, nur daß die Deckplatte mit Ziegelmaurung belegt ist. Flamme und Rauch circuliren unter der Bodenplatte, steigen von oben in den mit dem Holz angefüllten Trockenraum und werden, zugleich mit den aus dem Holz entweichenden Dämpfen, durch Oeffnungen in der Sohle des Trockenofens wieder in die freie Luft geführt; a ist der für mehre Oefen gemeinschaftliche Kanal, durch welchen die Flamme von der Gicht, oder auch von einer besonderen Feuerung, in die Trockenöfen geleitet wird; b und c sind Schieber, um die Flamme nach Belieben hier oder dort hinzuleiten; d der Raum unter der Bodenplatte des Ofens, in welchem sich die Flamme verbreitet; e gemauerte Pfeiler, um die eiserne Bodenplatte und den Inhalt des Trockenofens zu tragen; f zwei in der Umfassungsmauer ausgesparte, senkrechte Kanäle, durch welche das erhitzte Gas oben in den Trockenofen tritt; g Oeffnungen, um das heiße Gas und die aus dem Holz sich entwickelnden Dämpfe in die Atmosphäre zu leiten; h die Thüre zum Laden und Entladen des Ofens; i gemauerte Unterlagen für das zu trocknende Holz, damit es durch die unmittelbare Berührung mit der eisernen Bodenplatte nicht zu sehr erhitzt wird.

§. 484.

Der Aschengehalt der verschiedenen Holzarten richtet sich zum Theil nach den zufälligen Umständen, unter welchen der Baum gewachsen ist. v. Saussure zeigte zuerst, daß kohlensaure Kalkerde, und nicht Kieselerde, wie man vorher geglaubt hatte, der überwiegende Bestandtheil der Holzasche sei. Weil die aus dem Holz dargestellte Kohle den ganzen Gehalt an Erden, Salzen und Alkalien aufnimmt, welcher sich im Holze befand, so wird der Aschengehalt der Kohle um so bedeutender sein, je weniger Kohle aus dem Holz, ohne dessen theilweises Verbrennen, dargestellt wird. Wenn also eine mittlere Kohlengewinnung von 20 Procent, dem Gewicht nach, aus dem Holze statt findet, so wird die Kohle fünfmal so viel Asche enthalten, als das Holz, woraus sie bereitet ist. Ausführliche Versuche über die Menge und Beschaffenheit der Asche aus verschiedenen Holzarten, haben die Hn. Berthier (Archiv f. Bergb. u. Hüttenwesen XIV. 419) und Werneck (Hermbstädt's Archiv VI. 92) angestellt. Die Untersuchungen des Letzteren beziehen sich vorzüglich auf die Ausmittelung der Menge der Asche überhaupt und auf die der Pottasche insbesondere, welche aus einer gewissen Menge verschiedener Holzarten erhalten wird. Hr. Berthier hat dagegen besonders die Beschaffenheit der Asche aus verschiedenen Holzarten bestimmt. Er bestätigt v. Saussure's frühere Angabe, daß die Holzasche größtentheils aus kohlensaurer Kalkerde besteht, daß sie außerdem schwefelsaure, salzsaure und phosphorsaure Salze, kohlensaures Kali, etwas Eisenoxyd, wenig Kieselerde und niemals Thonerde enthält. Der Aschengehalt des Holzes und der Holzkohlen scheint auf die metallischen Prozesse einen ungünstigen Einfluß nicht zu äußern, weil der Gehalt an Substanzen, die dem Metall nachtheilig werden könnten, zu geringe ist. Vielleicht ist der sehr geringe Gehalt an Phosphorsäure, der in der Regel in der Holzasche angetroffen wird, die Ursache, weshalb sich wohl kaum ein bei Holzkohlen erzeugtes Roheisen finden dürfte, worin nicht Spuren von Phosphor angetroffen werden. Nur selten beträgt der Aschengehalt des Holzes über $\frac{1}{5}$ Procent von seinem Gewicht, obgleich er unter besonderen Umständen bis 2 Prozent und darüber zu steigen scheint. Faules Holz soll, nach Pissis (Scherer's Journ. d. Chemie VIII. 280) noch einmal so viel Asche beim Verbrennen zurücklassen als das gesunde, wovon jedoch die Ursache nicht einleuchtet Die Kieselerde, welche immer nur in unbedeutender Menge in der Holzasche vorkommt, hat Hr Berthier dagegen in ansehnlicher Quantität in der Asche von vielen Pflanzenarten, besonders zur Familie der Gramineen gehörend, gefunden.

§. 485.

Für den Metallurgen hat die genauere Kenntniß derjenigen Veränderungen das größte Interesse, welche das Holz durch die freiwillige Zersetzung in der erhöheten Temperatur erleidet. Kohlenstoff, Sauerstoff und Wasserstoff, aus welchen das Holz zusammengesetzt ist, sind, bei verschiedenem Grade der Temperatur, auch verschiedenen Verbindungsgesetzen unterworfen. Es muß daher die Menge der beim Erhitzen des Holzes ohne Luftzutritt, — oder bei der sogenannten trocknen Destillation, oder bei der Verkohlung, — zurückbleibenden reinen Kohle, nicht bloß von der Beschaffenheit des zu verkohlenden Körpers, sondern auch zugleich von den Graden der Temperatur abhängen, welche beim Verkohlen angewendet wird. Beide Voraussetzungen bestätigt die Erfahrung. Manche Harze und Fette, die ungleich mehr Kohlenstoff erhalten als das Holz, hinterlassen bei der freiwilligen Entmischung in der erhöheten Temperatur nicht eine Spur von Kohle; und bei einer und derselben Holzart ist die Menge der zurückbleibenden Kohle ganz von dem Grade der Hitze beim Verkohlen abhängig. Eben so sehr als die Menge der zurückbleibenden Kohle, wird aber auch die Menge und Beschaffenheit der anderen, bei der Destillation oder beim Verkohlen sich bildenden Verbindungen, nach den Graden der angewendeten Temperatur verschieden sein, indem die Quantität der zurückbleibenden Kohle nur eine Folge von der Natur und Beschaffenheit der gasartigen und der tropfbar-flüssigen Verbindungen ist, die bei diesem Prozeß gebildet werden. Ist also die Darstellung der Kohle der Hauptzweck des Prozesses, so wird eine möglichst niedrige und nur gegen das Ende des Prozesses gesteigerte Hitze, das Mittel sein, um so wenig Kohle als möglich in den sich bildenden gasartigen und tropfbar flüssigen Verbindungen zu verlieren. Ist es die Absicht, Leuchtgase oder andere Produkte durch die Destillation zu erhalten, welche reicher an Kohlenstoff sind, so muß die Verkohlung in rascher und starker Hitze vorgenommen werden.

Wenn das Holz einer Temperatur von 150 Gr. C., ohne Luftzutritt, längere Zeit ausgesetzt bleibt, so tritt ein Zeitpunkt ein, wo keine Gewichtsverminderung weiter stattfindet. Das völlig lufttrockne, aber in der Wassersiedhitze nicht ausgetrocknete Holz, verliert dabei zwischen 56 und 59 Procent. Der Rückstand, welcher der gewöhnlichen Holzkohle ähnlich zu sein scheint, aber ein etwas matteres und weniger vollkommen schwarzes Ansehen hat, wie diese, wiegt also zwischen 43 und 41 Prozent von der angewendeten Holzmenge. Rumford erhielt aus 100 Theilen von verschiedenen, vollkommen ausgetrockneten Holzgattungen, durch eine zwei- bis dreitägige Erhitzung in gläsernen Cylindern, in einem Darrofen, bei einer Temperatur von etwa 150 Gr. C.

aus 100 Gewichtstheilen	Eichenholz . . .	43,00	Kohle
—	Ulmenholz . . .	43,27	—
—	Ahornholz . . .	42,23	—
—	Tannenholz . .	44,18	—
—	Lindenholz . . .	43,59	—
—	Pappelholz . . .	43,57	—

Er versichert, den Verkohlungsprozeß so lange fortgesetzt zu haben, bis sich bei wiederholter Prüfung keine Verminderung des Gewichts der Glasgefäße mehr zeigte, wozu, bei sorgfältig geleiteter Erhitzung, vier Tage und vier Nächte erforderlich waren. Er schließt daraus, daß die erhaltene kohlenartige Substanz, welche er das Pflanzerüst oder das Skelett der Pflanze nannte, reine Kohle und daß sie in allen Pflanzen in gleicher Menge vorhanden sei. Jene Substanz ist jedoch keine wirkliche Kohle, sondern eine nicht vollständig entmischte Holzfaser. In einer Temperatur von 150 Gr. C. läßt sich das Holz nämlich nicht weiter entmischen, als bis zu einem Verlust von 56 bis 59 Prozent. Wird aber die Temperatur erhöhet, so tritt ein neuer Gewichtsverlust ein, welcher für diesen Grad der Temperatur ebenfalls constant bleibt, bis endlich in der Rothglühhitze die Entmischung der Holzfaser vollständig erfolgt ist, und nun, ohne Luftzutritt, auch in der stärksten Glühhitze keine Gewichtsverminderung weiter stattfindet. Die Produkte einer solchen langsamen Zersetzung müssen von denen bedeutend abweichen, welche bei der durch schnell verstärkte Hitze bewirkten Zersetzung erhalten werden, weil in beiden Fällen sehr ungleiche Quantitäten Kohle zurückbleiben. Weißbuchenholz, welches beim schnellen Verkohlen die gewöhnlichen Produkte der Holzdestillation giebt, und dabei 13,3 Procent Kohle hinterläßt, entwickelt bei einer sehr langsamen Temperaturerhöhung ungleich mehr Wasser, Kohlenwasserstoffgas und kohlensaures Gas, und hinterläßt 26,1 Procent, also fast noch einmal so viel Kohle. Die Zersetzung der unveränderten Holzfaser beginnt also schon in einer ziemlich niedrigen Temperatur, wird aber erst in der Rothglühhitze vollendet. — Hr. Cheuvreusse hat auf das sehr verschiedenartige Verhalten der Kohle, welche in schwacher Hitze erzeugt ist, von derjenigen Kohle, die bei der Anwendung von Rothglühhitze aus einer und derselben Holzart dargestellt wird, besonders aufmerksam gemacht. Die erstere hat ein geringeres specifisches Gewicht, leitet die Electricität und die Wärme ungleich schlechter, ist weit leichter verbrennlich (und daher zur Pulverfabrikation besonders geeignet) und absorbirt die Feuchtigkeit aus der Atmosphäre sehr viel schneller und in einem stärkeren Grade, als die Kohle, zu deren Darstellung Rothglühhitze angewendet worden ist. Die in geringer Temperatur erhaltene Kohle ist aber noch keine reine Kohle; vermuthlich ist sie mit Sauerstoff und vielleicht nur mit sehr wenig Wasserstoff verbunden, also eine Art von oxydirter Kohle, welche indeß noch nähere Untersuchungen erfordert. Diese Kohle ist es wahrscheinlich, durch welche die erstickende Eigenschaft des Kohlendampfes veranlaßt wird.

Cheuvreusse, Recherches physico-chimiques sur le charbon. Ann. de Chimie et de Phys. XXIX. 426.

§. 486.

Ueber die Größe des darstellbaren Kohlengehalts des Holzes bei der trocknen Destillation, nämlich bei der bis zur vollständigen Zersetzung der Holzfaser fortgesetzten Verkohlung, findet man ungemein abweichende Angaben. Proust will erhalten haben:

Aus 100 Pfund	Ulmenholz	25 Pf. Kohle.
—	Eichenholz	19 —

Aus 100 Pfund	Fichtenholz	20	Pf. Kohle.
—	Weißbuchenholz	17	—
—	Weidenholz	17	—
Mushet, aus 100 Pfund	Eichenholz	22,68	Pf. Kohle.
—	Birkenholz	17,491	—
—	Tannenholz	19,204	—
—	Kiefernholz	16,456	—
—	Ulmenholz	19,574	—
—	Weidenholz	18,497	—
—	Kastanienholz	23,280	—
—	Buchenholz	.19,941	—
Hjelm, aus 100 Pfund	trocknem Eichenholz	30½	Pf. Kohle.
—	frischem —	29½	—
—	trocknem Birkenholz	25½	—
—	frischem —	23¼	—
—	trocknem Kiefernholz	24¼	—
—	frischem —	26⅓	—
—	trocknem Tannenholz	26	—
—	frischem —	27⅔	—
Scopoli, aus 100 Pfund	Eichenholz	25	Pf. Kohle.
—	Lindenholz	22	—
—	Birkenholz	23	—
—	Buchenholz	21¾	—
—	Tannenholz	25	—
Allen u. Pepys, aus 100 Pf.	Tannenholz	18,17	Pf. Kohle.
—	Buchenholz	15	—
—	Eichenholz	17,4	—
Winkler, aus 100 Pf.	trocknem Eichenholz	22,8	Pf. Kohle.
—	Eschenholz	19,4	—
—	Ahornholz	19,8	—
—	Buchenholz	17,8	—
—	Birkenholz	17,6	—
—	Pappelholz	14,7	—
—	Lindenholz	16,2	—

aus 100 Pf. trocknem Weidenholz 15,0 Pf. Kohle.
— Tannenholz 20,1 —
— Fichtenholz 20,6 —

Proust, über den Kohlengehalt verschiedener Holzarten; in Scherer's allgem. Journ. der Chemie, VII. 707 f. — Mushet; on the materials used for manufacturing Cast-Iron; in Tilloch's Phil. Magaz. III. 13—17. — Hjelm in v. Crell's chem. Annal. f. 1784. I. 432 u. f. Derselbe, über das Schwinden einiger Holzarten in der Verkohlungshitze; in v. Crell's neuesten chem. Entdeckungen, VIII. 125—137. — Scopoli, Abhandl. vom Kohlenbrennen; in den Abhandl. u. Beob. d. ökonom. Gesellsch. zu Bern f. 1771. St. 2. S. 1 bis 30. — Allen und Pepys in Gehlen's Journ. f. Chem., Phys. und Min., V. 609. — Winkler, in Erdmann's Journ. f. praktische Chemie, XVII. 77. — Klein, über d. Verkohlung d. Holzes S. 153.

§. 487.

Wenn auch der verschiedene hygroskopische Zustand des Holzes, auf die Größe des durch die Verkohlung desselben darstellbaren Kohlengehaltes nothwendig einen großen Einfluß ausüben muß, so läßt sich doch annehmen, daß alle Abweichungen in den Gewichtsangaben der zurückbleibenden Kohle, vorzugsweise in der Anwendung verschiedener Temperaturgrade bei der Verkohlung ihren Grund haben. Bei einer möglichst langsamen Verkohlung, durch welche man das Maximum des darstellbaren Kohlengehaltes erhält, hinterlassen alle Holzarten eine fast gleich große Menge von Kohle. In der hier folgenden Nachweisung ist das Ausbringen an Kohle für jede Holzart doppelt angegeben; einmal wenn die Verkohlung sehr schnell erfolgt, oder wenn sogleich Glühhitze bei der Destillation gegeben, und dann, wenn nur eine sehr langsam bis zum Glühen gesteigerte Temperatur angewendet wird. In dem Gewicht der Kohle ist jedoch der Aschengehalt derselben mit begriffen.

100 Gewichtstheile von folgenden Holzarten geben:	Bei rascher Verkohlung Kohle	Bei langsamer Verkohlung Kohle
Junges Eichenholz	16,54	25,6
Altes Eichenholz	15,91	25,71
Junges Rothbuchenholz (Fagus sylvatica)	14,875	25,875
Altes Rothbuchenholz	14,15	26,15
Junges Weißbuchenholz (Carpinus Betulus)	13,12	25,22
Altes Weißbuchenholz	13,65	26,45
Junges Erlenholz	14,45	25,65
Altes Erlenholz	15,3	25,65
Junges Birkenholz	13,05	25,05
Altes Birkenholz	12,2	24,70
Birkenholz, welches über 100 Jahre in einer Grube als Stempel gestanden u. sich gut erhalten hatte	12,15	25,10
Junges Fichtenholz (Pinus picea)	14,25	25,25
Altes Fichtenholz	14,05	25
Junges Tannenholz (Pinus Abies)	16,225	27,725
Altes Tannenholz	15,35	24,75
Junges Kiefernholz (Pinus sylvestris)	15,52	26,07
Altes Kiefernholz	13,75	25,95
Lindenholz	13,3	24,60
Roggenstroh	13,4	24,60
Stroh von Farrenkraut	17	27,95
Rohrstengel	14,65	26,45

Das Holz ward im Zustande von Hobelspänen angewendet, welche mehre Tage lang in einer Temperatur von 12 bis 15 Gr. Reaum. vollkommen lufttrocken geworden waren. So verschieden die Pflanzenfaser der Gräser, Farrenkräuter und der Holzarten auch erscheinen mag, so geben doch alle fast gleiche Quantitäten Kohle bei der trocknen Destillation. Die Abweichungen können nur darin ihren Grund haben, daß es schwierig ist, die Temperatur stets in gleicher Höhe zu erhalten. Daher mußten die Resultate bei der raschen Destillation mehr abweichend ausfallen, weil sich die Temperatur dann noch weniger genau abmessen läßt. Bei allen Kohlen war zuletzt vollkommene Glühhitze gegeben worden.

Es ist eine Erfahrung, daß das alte, das nasse und das faulige oder das stockige Holz weniger und schlechtere Kohlen geben, als das gesunde. Wahrscheinlich rührt dies von einer bereits angefangenen Mischungsveränderung des Holzes her. Die Kohlen sind immer leicht, und verbrennen ohne viele Hitze zu geben. Wie die Verminderung der Quantität und der Dichtigkeit (des specifischen Gewichts) der Kohle mit der krankhaften Beschaffenheit, oder mit dem Feuchtigkeitsgehalt des Holzes zusammenhängen, ist nicht bekannt. Nasses und angegangenes Holz müssen daher möglichst vermieden werden, um das Ausbringen an Kohlen nicht zu vermindern. Nach Hjelm's Erfahrungen lieferte das frische Holz immer schlechtere, leichter zerfallende und mit geringerer Hitzentwickelung verbrennende Kohlen, wenn gleich nicht immer weniger, als das trockne Holz.

§. 488.

Die Angaben über die Größe des darstellbaren Kohlengehaltes beziehen sich auf das Gewicht des lufttrockenen Holzes und auf das Gewicht der daraus dargestellten Kohle. Man pflegt aber, bei der Verkohlung im Großen, das mehr oder minder günstige Resultat des Verkohlungsprozesses nicht nach dem Gewicht, sondern nach dem Volum zu beurtheilen. Waren schon die Angaben über das Kohlenausbringen nach dem Gewicht sehr abweichend, so sind es die über die Gewinnung nach dem Volum noch ungleich mehr, indem die Zahlen von 40 bis 92 differiren, so daß man in einigen Gegenden ein Kohlenausbringen von 40 Prozent des Holzvolumens schon als eine sehr gut geführte Verkohlung betrachtet, in anderen aber aus 100 Raumtheilen Holz einige 90 Procent Kohlen zu erhalten vorgiebt, und dieses größere Ausbringen theils der sorgfältigeren Arbeit, theils der besseren Methode beim Verkohlen zuschreibt. Es ist einleuchtend, daß sehr beträchtliche Differenzen schon aus dem Alter, aus dem Feuchtigkeitszustande und aus der Art des zu verkohlenden Holzes entspringen müssen; aber noch größere Abweichungen werden durch die Art herbeigeführt, wie der räumliche Inhalt des zu verkohlenden Holzes, und der, der erhaltenen Holzkohlen bestimmt wird. In einigen Gegenden werden der Köhlerei die Holzquantitäten in Haufen, die nach bestimmten Maaßen im Walde aufgesetzt sind, übergeben. In andern Gegenden bestimmt man den räumlichen Inhalt des zu verkohlenden Holzes erst dann, wenn es schon in den Meilern aufgestellt ist. Bei der Bestimmung des Volumens der erhaltenen Kohle kommt es wieder auf die Größe der Stücken an, indem größere Stücke mehr zu hohlen Räumen in den Gemäßen Anlaß geben, als kleinere Kohlen. Ganz besonders muß aber die Art und Weise, wie das zu verkohlende Holz in den Haufen nach bestimmten Dimensionen aufgestellt worden ist, von Einfluß sein, indem der Köhlerei die mehr oder weniger dicht aufgestellten Haufen immer als gleichwerthige Größen angerechnet werden, obgleich dichter gesetzte Haufen oft $\frac{1}{3}$ Holzmassen mehr enthalten können, als die sorglos aufgestellten Haufen. Dies Verhältniß, welches den Erfolg der Verkohlung unverdient in einem schlechten Licht erscheinen lassen kann, findet vorzüglich dann statt, wenn eine Köhlerei genöthigt ist, sich die hohlen Räume in den schlecht gesetzten Haufen als wirkliches Holz anrechnen zu lassen, und es wäre daher wohl möglich, daß bei einem Kohlenausbringen von 50 Prozent eine sorgsamere Arbeit stattgefunden hat, als bei einem Ausbringen von 90 Prozent, weil im ersten Fall die hohlen Räume in den Haufen als Holz in Rechnung gebracht worden, im letzten Fall aber ein sehr reichliches Maaß und möglichst dicht gesetzte Haufen von Holz zur Verkohlung gekommen sind. Vergleichungen über den Erfolg der Verkohlungsprozesse in verschiedenen Gegenden, lassen sich daher nur mit genauer Berücksichtigung der Beschaffenheit des Holzes und der Verhältnisse anstellen, unter welchen die Bestimmung des Volumens des zu verkohlenden Holzes und der gewonnenen Kohlen stattfindet; in einer und derselben Gegend, oder bei einer und derselben Holzart aber nur dann, wenn bei der Bestimmung des Volumens mit Unpartheilichkeit und ohne vorgefaßte Meinung für die eine oder für die andere Verkohlungsmethode verfahren wird. Ganz fehlerhaft ist es, das Volumen des zum Verkohlen gegebenen Holzes durch Berechnung des Inhaltes der Meiler zu bestimmen, weil dabei die unrichtige Voraussetzung zum Grunde liegt, daß ein gleicher räumlicher Inhalt der Meiler auch mit einem gleichen Volum wirklicher Holzmasse erfüllt sei. Verlangt man genaue und zuverlässige Resultate von solchen Vergleichungen, so genügt es nicht, das Volum des Holzes nach den Dimensionen der Haufen (Stère, Klafter, Malter, Schragen u. s. f.) zu btstimmen, welche zu den Verkohlungsversuchen angewendet werden sollen, sondern es muß die wirkliche Holzmasse, nach Abzug der hohlen Räume, ausgemittelt werden. Diese Ausmittelung kann nicht durch Ausmessen der einzelnen Scheite oder Kloben bewirkt werden, weil die sehr unregelmäßige Gestalt der einzelnen Stücken keine zuverlässige Berechnung zuläßt, sondern man muß die Zwischenräume in den aufgestellten Klaftern auf andere Weise bestimmen. Dies könnte etwa dadurch geschehen, daß ein großes Gefäß von bekanntem räumlichen Inhalt mit dem zu verkohlenden Holz möglichst dicht ausgefüllt wird, und daß man die Zwischenräume durch die Menge von trocknem Sand bestimmt, welche wieder in Abzug gebracht wird. In ähnlicher Art würde auch das Volum der erhaltenen Kohlen bestimmt werden müssen. So umständlich ein solches Verfahren auch ist, so kann man doch nur allein auf diese Weise zuverlässige Resultate bei den Verkohlungsversuchen erwarten. Dabei wird außerdem noch vorausgesetzt, daß das zum Versuch und Gegenversuch angewendete Holz unter gleichen Verhältnissen aufgewachsen, eingeschlagen und aufbewahrt, und daß eine und dieselbe Holzgattung angewendet worden sei.

Bei der Verkohlung muß das Holz nothwendig eine bedeutende Verminderung seines Volumens erleiden, indem sich eine solche Verminderung schon beim Schwinden des Holzes (§. 481) zu erkennen giebt. Bei der Verkohlung in geschlossenen Räumen soll diese Volumenverminderung nach einigen Angaben 20 bis 25 Prozent betragen, so daß 100 Kubikfuß lufttrockenes Holz, 80 bis 75 Kubikfuß Kohlen geben würden. Nach anderen Angaben soll die Verminderung noch geringer sein, sie soll nur 8 bis 10 Prozent betragen, ja es soll sogar eine Zunahme am Volum bis zu 28 Prozent stattfinden, und diese Vergrößerung des Volumens des Holzes soll durch das Aufreißen desselben, oder durch das Aufspringen der Kohle veranlaßt werden. Alle diese und ähnliche Angaben über die Größe des Kohlenausbringens beruhen auf einer absichtlichen oder unabsichtlichen Täuschung. Es ist keine einzige Holzgattung bekannt, die nicht durch die Verkohlung eine sehr bedeutende Abnahme des Volumens erlitte, mit Ausnahme des Korkes, welcher sich in der That beim Verkohlen aufblähet und eine sehr poröse, schwammige Kohle hinterläßt. Das Holz zieht sich, allen Erfahrungen nach, um 11 bis 12 Prozent nach der Richtung der Länge der Holzfasern zusammen. Weil das Holz beim Verkohlen seine äußere Gestalt nicht verändert, sondern sich nur nach allen Richtungen zusammenzieht, so läßt sich die Größe der Zusammenziehung durch das Messen der zu verkohlenden Holzstäbe und der daraus erhaltenen Kohlenstäbe mit ziemlicher Zuverlässigkeit bestimmen. Junges Holz und Astholz schwinden stärker als altes, ausgewachsenes

Holz und Stammholz. Eben so schwindet weiches Nadelholz stärker als härteres Nadelholz, im Allgemeinen aber das Laubholz stärker als das Nadelholz. Junges und weiches Nadelholz verliert beim Verkohlen 46 bis 47 Prozent von seinem Volum; altes und festeres Nadelholz mindestens 44,5 Prozent. Bei dem Laubholz scheint ein anderes Verhältniß einzutreten als bei dem Nadelholz, denn wenn es auch im Allgemeinen stärker schwindet als dieses, und das Astholz stärker als das Stammholz, so scheint doch die Schwindungsgröße bei dem härteren Laubholz bedeutend größer zu sein als bei dem weichen Laubholz. Das junge Laubholz, das Astholz von den weicheren Arten des Laubholzes, so wie die härteren Laubhölzer verlieren beim Verkohlen 52 Prozent ihres Volumens; das ausgewachsene Holz von den weicheren Laubholzarten aber nur 50 Procent.

Nach diesen Erfahrungen lassen sich die Angaben über die Größe des Kohlenausbringens bei der Verkohlung leicht beurtheilen. Ein Kohlenausbringen von 48 Prozent, dem Volum nach, bei Laubholz, — oder von 55 Prozent bei Nadelholz, — muß als ein ungemein günstiges betrachtet werden. Die Angaben nach dem Volum werden jedoch, wenigstens zur Beurtheilung des günstigen oder ungünstigen Erfolges des Verkohlungsprozesses, immer schwankend und unzuverlässig bleiben, weil sie weniger von den Resultaten der Verkohlung, als von dem bei der Volumbestimmung des Holzes und der Kohlen beobachteten Verfahren abhängig sind. — Nicht minder unzuverlässig ist freilich auch das Urtheil über den Erfolg der Verkohlung, bei welchem das Gewicht des Holzes und der Kohlen zum Grnnde liegen, weil diese Gewichte nach dem Feuchtigkeitszustande des Holzes und der Atmosphäre veränderlich sind. Ein Kohlenausbringen von 22 Prozent, dem Gewicht nach, würde sonst als ein sehr günstiges zu betrachten sein.

§. 489.

Die bei der Verkohlung des Holzes sich bildenden Produkte sind Wasser, Oel, Harz, Säure, Holzspiritus, ein Gemenge von Gasarten, zusammengesetzt aus kohlensaurem Gas, Kohlenoxydgas, Kohlenwasserstoffgas und ölzeugendem Gas, ferner einige eigenthümliche, flüchtige, feste Verbindungen, und endlich die Kohle, als der feuerbeständige Rückstand. Das Verhältniß dieser Verbindungen zu einander und zur Menge der zurückbleibenden Kohle, ist zum großen Theil von der Temperatur abhängig. Man unternimmt die trockne Destillation oder die Verkohlung des Holzes zuweilen in der Absicht, um das Oel und die harzigen Theile zu gewinnen, und in anderen Fällen, um die Holzsäure darzustellen; immer muß aber die bei der Zersetzung des Holzes zurückbleibende Kohle als das Hauptprodukt betrachtet werden, welches die Kosten für das Holz und für den Destillationsprozeß zum größten Theil decken muß. Der Metallurg sieht die Darstellung der Kohle als den eigentlichen und gewöhnlich als den einzigen Zweck der Verkohlung an, obgleich die Vorrichtungen zur Verkohlung zuweilen so getroffen sind, daß auch die öligen und die harzigen Theile und die Holzsäure als Nebenprodukte gewonnen werden. Die zu verschiedenen Zeiten wiederholten Aufforderungen, bei der Verkohlung des Holzes die Nebenprodukte nicht unbeachtet zu lassen, und die Versicherungen, daß der Werth dieser Nebenprodukte die Kosten für das Holz zu decken im Stande sei, so daß sich die Kohle fast ganz kostenfrei erhalten lasse, haben fast niemals einen allgemeinen Eingang gefunden. Der durch das Aufsammeln der Säure und des Theeres entstehende Vortheil kann nur in wenigen Gegenden berücksichtigt werden, wird auch durch die größeren Verkohlungskosten bedeutend vermindert. Eben so wird das Brandharz aus dem Birkenholz nur in solchen Gegenden dargestellt, wo das Holz einen geringen Werth hat, oder wo die Arbeitslöhne wohlfeil zu erhalten sind. Die Holzsäure erfordert zur Reinigung so bedeutende Kosten, daß der Vortheil beim Aufsammeln derselben ganz verloren geht. Deshalb haben auch alle Anlagen, welche die Benutzung der Holzsäure auf Essig oder auf essigsaure Präparate zum Zweck hatten, nur einen schwachen Fortgang gehabt. Wäre es gegründet, daß bei der Destillation des Holzes in geschlossenen Räumen und bei abgehaltenem Luftzutritt, eine größere Quantität Kohle aus demselben dargestellt werden könnte, so würde die Verkohlung in geschlossenen Räumen, wobei Theer und Säure in der größten Menge zu erhalten sind, wegen der zugleich zu gewinnenden größeren Menge von Kohlen, rathsam und vortheilhaft erscheinen; aber die Erfahrung widerspricht einem solchen Erfolge, und es ist daher kein Grund vorhanden, einer größeren und vollständigeren Kohlengewinnung wegen, der Verkohlung in Oefen oder in festen Räumen den Vorzug von der Verkohlung unter beweglichen Decken zu geben.

Bei dem Anfange der Destillation entwickelt sich fast nur reines Wasser, sodann Säure und dann diejenigen Substanzen, zu deren Zusammensetzung weniger Sauerstoff erforderlich ist, die Brenzöle und Brenzharze. In den Oelen hat Hr. Reichenbach zwei eigenthümliche Substanzen, eine feste, — das Paraffin, — und eine flüssige, — das Eupion, — aufgefunden. Die Auffindung des Holzspiritus unter den Destillationsprodukten des Holzes, ist durch Hn. Taylor geschehen, und seine Zusammensetzung durch die Hn. Macaire und Tennant erforscht. Eine genauere Untersuchung der Brenzöle und der Brenzharze ist durch Hn. v. Berzelius erfolgt. Ueber das zweckmäßigste Verfahren zur Gewinnung der Holzsäure und der Darstellung der Essigsäure aus jener Säure, ist besonders die Schrift des Hn. Stoltze nachzusehen.

Gründliche Anleitung, die rohe Holzsäure zur Bereitung des reinen Essigs, des Bleiweißes, Grünspans, Bleizuckers und anderer essigsauren Präparate auf das vortheilhafteste zu benutzen, nebst einer genauen Betrachtnng der übrigen, bei der trocknen Destillation des Holzes sich bildenden Produkte. Von

G. H. Stoltze. Halle. 1820. Schweiger's Journ. XXIX. 48—55. — Examen d'une substrance particulière qui se produit dans les manufactures d'acide pyroligneux, par M. M. Macaire et Marcet. Bibliotheque universelle. XXIV. 126 bis 132. — Vergl. Mollerat, in Gilbert's Annalen XXX. 393. — Ferner Schweigger's Journal XXVII. 294. XXIX. 47. 328. — v. Berzelius, in Poggendorff's Annalen, XIII. 78.

§. 490.

Die Angaben über das specifische Gewicht der Holzkohlen sind ungemein abweichend und verschieden. Nach Rumford soll sich das specifische Gewicht der Kohlen ganz nach dem specifischen Gewicht des Holzes richten, aus welchem die Kohle entstanden ist. Dieser Angabe, welche die Erfahrung allgemein zu bestätigen scheint, stehen indeß Angaben gegenüber, welche gerade das Gegentheil darthun. Scopoli giebt bei gleichem Volum das Gewicht der Eichenkohle zu 86, der Buchenkohle zu 66, der Birkenkohle zu 61, der Lindenkohle zu 40, der Tannenkohle zu 44 an, welches Verhältniß eben so unrichtig zu sein scheint, als die Angaben von Hjelm, nach denen das specifische Gewicht der eichenen Kohlen nur 0,256 sein soll, während er das der Fichtenkohle zu 0,277, und der Tannenkohle zu 0,218 setzt.

Kirwan bestimmt das specifische Gewicht der Holzkohlen aus Eichenholz = 0,532, aus Rothbuchenholz = 0,542, aus Pappelholz = 0,280, und aus Rothtannenholz = 0,441. — Hr. Hassenfratz theilt in seiner Siderotechnie die Resultate mehrer, schon im Jahre 1792 gemachten Wägungen mit, nach welchem die specifischen Gewichte der Holzkohle aus folgenden Holzarten gefunden werden:

Aus Erlenholz	0,134.
— Birkenholz	0,203.
— Weißbuchenholz	0,183.

Aus	Eichenholz	0,155.
—	Rothbuchenholz	0,187.
—	Rothtannenholz	0,176.
—	Lindenholz	0,106.
—	Elsbeerholz	0,196
—	Ahornholz	0,164.
—	Eschenholz	0,200.
—	Ulmenholz	0,180.
—	Birnbaumholz	0,152.

Diese specifischen Gewichte mit 66 multiplicirt, würden das Gewicht eines rheinländischen Kubikfußes Holzkohlen aus den verschiedenen Holzarten, in preußischen Pfunden ausgedrückt, geben müssen, allein die gefundenen Gewichte stimmen nicht mit den wirklichen Gewichten überein. Das absolute Gewicht eines bestimmten Volumens Holzkohle läßt sich daher aus dem specifischen Gewicht, selbst wenn dasselbe mit Zuverlässigkeit ermittelt wäre, nicht berechnen, sondern es muß durch unmittelbare Abwägungen bestimmt werden, obgleich man auf diese Weise zu allgemein brauchbaren und anwendbaren Resultaten nicht gelangen kann. Die Größe des Maaßes, die Größe der Kohlen, die Art, wie sie in das Maaß gebracht werden, haben einen wesentlichen Einfluß auf die Bestimmung des absoluten Gewichtes eines gewissen Volums Holzkohlen. Hr. Berthier hat mit vieler Sorgfalt eine große Zahl von Gewichtsangaben zusammengestellt, die sich auf das absolute Gewicht eines Kubikfußes harter und weicher Holzkohlen beziehen, so wie sie auf verschiedenen Hütten-Etablissements angenommen werden (Traité des essais par la voie sèche I. 280). Nach den sehr häufig und in großer Anzahl wiederholten Gewichtsbestimmungen auf den preußischen Eisenhütten, wiegt 1 preuß. Tonne Kohlen aus Kiefernholz zwischen 78$\frac{2}{3}$ und 82,4 preuß. Pfunde, also 1 Kubikfuß preuß. 11 bis 11,6 Pf. preußisch. Und 1 preuß. Tonne Kohlen aus Eichen- und Buchenholz zwischen 99 und 106, 6 preuß. Pf., also 1 Kubikf. preuß. 14 bis 15 Preuß. Pfunde.

§. 491.

Eine frisch bereitete Holzkohle hält zwar kein Wasser mehr zurück, aber doch noch eine ziemlich bedeutende Quantität von flüchtigen Substanzen, die sich nur in einer sehr heftigen Glühhitze verflüchtigen lassen, obgleich die letzten Antheile Wasserstoff, nach Davy's Erfahrungen, nur in der stärksten Glühhitze, die sich hervorbringen läßt, entfernt werden können. Dieser Rückhalt an flüchtige Substanzen ist die Veranlassung, daß die Kohlen beim Verbrennen immer noch eine schwache, matte Flamme zeigen, und daß das Holzkohlenpulver, wenn es in einem ganz verschlossenen Raum, welcher mit Holzkohlenstaub ganz angefüllt ist, der heftigsten Glühhitze ausgesetzt wird, zu einer zusammenhängenden Kohlenmasse zusammengeschmolzen werden kann. — Frisch bereitete Holzkohle, welche in Trommeln mittelst Bronzekugeln zerrieben wird, gelangt in einen Zustand ungemeiner Zertheilung; sie hat dann das Ansehen einer dickflüssigen Flüssigkeit und ist so pyrophorisch, daß sie, wenn sie nicht durch Auseinanderbreiten abgekühlt, sondern in einem Haufen aufgeschüttet wird, sich bald auf 170 bis 180 Gr. C. erhitzt und in Brand geräth, wie Hr. Aubert (Ann. d. Chim. et de Phys. XLV. 73) gezeigt hat. Die vollkommen verkohlte schwarze Kohle entzündet sich leichter als die unvollkommen verkohlte, braune Kohle. Zur Selbstentzündung wird indeß ein Quantum von 60 bis 70 Pfunde Kohlenpulver mindestens erfordert, weil bei einer geringeren Quantität, durch die Luftabsorbtion keine so hohe Temperaturerhöhung bewirkt wird, daß die Entzündung erfolgen kann. Kohlen, welche lange an der Luft gelegen haben, sind der Selbstentzündung nach dem Zermalmen weniger ausgesetzt.

Aber auch eine bedeutende Menge Feuchtigkeit zieht die frisch bereitete Kohle in sehr kurzer Zeit aus der Atmosphäre an, und vermehrt dadurch ihr Gewicht bis zu 10 und 20 Procent. Für eine und dieselbe Kohlenart wird sich der Wassergehalt ganz nach dem Feuchtigkeitszustande der Atmosphäre richten; sie wird der trocknen Atmosphäre Wasser abgeben, und aus der feuchten Atmosphäre wieder Feuchtigkeit anziehen. Wird die Kohle aber dem Regen und Schnee lange Zeit ausgesetzt und ist sie dabei in Haufen aufgestellt, in welche die Nässe einzieht, ohne wieder verdampfen zu können, so kann die Gewichtsvermehrung das Drei- bis Fünffache des ganzen Gewichts der Kohle betragen, so daß sie fast ohne Wirksamkeit verbrennt, indem die sich entwickelnde Hitze nur hinreicht, um das angezogene Wasser wieder zu verdampfen. Die Quantität der Feuchtigkeit, welche die Kohle aus der Atmosphäre anzieht, scheint für die verschiedenen Kohlenarten ziemlich verschieden zu sein. Hr. Rau hat (Hermbstädt's Archiv III. 167) die Gewichtszunahme der frischen Kohle aus vielen Holzarten, welche diese binnen 24 Stunden an der Atmosphäre erfahren, untersucht. Die folgende Tabelle ist ein Auszug aus den erhaltenen Resultaten. Die erste Spalte enthält den Namen der Holzart, aus welcher die Kohle bereitet ist; die zweite Spalte giebt das absolute Gewicht der zum Versuch angewendeten frischen Kohle an; die dritte Spalte zeigt die Gewichtszunahme der Kohle binnen 24 Stunden, und die vierte Spalte die Gewichtszunahme in der angegebenen Zeit, nach Prozenten des Gewichtes der Kohle.

1.	2.	3.	4.
Acer campestre	1145	1209	5,5
— pseudo-platanus . .	1030	1080	4,8
— platanoides	606	630	3,79
Aesculus hippocastanum .	775	822	6,06
Betula alba	905	945	4,4
— alnus	630	680	7,93
Carpinus betulus	1160	1117	0,8
Crataegus oxyacantha . .	1260	1299	3
Corylus avellana	950	1000	5,26
Cornus mascula	1301	1330	1,6
Evonymus europaeus . .	871	960	10,2
Fagus castanea	1770	1800	1,7
— sylcatica	1300	1340	5,3
Fraxinus excelsior . . .	1230	1280	4,06
Gleditschia triacanthos . .	490	540	10,2
Hedera helix	710	726	2,2
Iuglans regia	1100	1110	0,9
Iuciperus communis . . .	1350	1375	1,8
Ligustrum vulgare	600	650	8,3
Morus alba	790	845	7
Prunus avium	1000	1080	8
Populus italica	470	510	8,5
— nigra	490	570	16,3
Platanus orientalis . . .	593	690	16,3
Pinus picea	428	450	5,14
— sylvestris	730	790	8,2
— abies	661	720	8,9
— larix	1210	1265	4,5
— strobus	1027	1080	5,16
Quercus robur	1400	1460	4,28
Rhamnus frangula	560	580	3,57
Robinia pseudo-acacia . .	890	963	8,2
Spiraea opulifolium . . .	1110	1157	4,2
Syringa vulgaris	604	667	10,4
Salix alba	665	720	8,2
Sambucus nigra	920	980	6,5
Taxus baccata	780	860	10,2
Ulmus campestris	1350	1440	6,6
Viburnum opulus	423	450	6,38

Wenn angenommen werden kann, daß diese Gewichtszunahmen bei einem und demselben Feuchtigkeitszustande der Atmosphäre ausgemittelt worden sind, so ergiebt sich daraus die große Verschiedenheit in dem Vermögen der verschiedenen Kohlenarten, die Feuchtigkeit anzuziehen und in den Poren zu verdichten. Aber die Gewichtsvermehrung rührt ohne Zweifel nicht bloß von der Feuchtigkeit, sondern auch von absorbirter Luft her, denn die Kohle theilt mit vielen porösen Körpern auch die Eigenschaft, eine große Quantität Luft in sich aufzunehmen. Es scheint, daß die Größe der Poren auf die Quantität Gas, welche die Kohle absorbirt, von Einfluß ist. Sehr große und sehr kleine Poren erschweren die Absorbtion. Die Kohle des Korkes absorbirt keine Luft, vielleicht weil sie zu große Poren hat. Außerdem richtet sich aber die Menge des absorbirten Gases nicht bloß nach der Beschaffenheit oder nach der Art der Kohle, sondern auch nach der Beschaffenheit der Gasart, nach dem Luftdruck und nach der Temperatur der Luft, so wie nach dem Feuchtigkeitszustande der Kohle. Die Absorbtion nimmt mit dem Druck zu, und bei vermindertem Luftdruck entläßt die Kohle wieder einen Theil des aufgenommenen Gases. In der Wassersiedhitze findet keine Absorbtion mehr statt, vielmehr wird in dieser Temperatur die Luft schon ausgetrieben. Wenn man eine, mit einer Gasart gesättigte Kohle mit einer anderen Gasart in Berührung bringt, so wird von der schon absorbirten Gasart eine Quantität ausgetrieben, und dagegen von der anderen Gasart eine verhältnißmäßige Menge aufgenommen. Feuchte Kohlen absorbiren weniger Gas, und durch starkes Anfeuchten wird ein großer Theil des absorbirten Gases ausgesondert. v. Saussure hat gefunden, daß die Gegenwart des einen Gases zuweilen die Absorbtion des anderen befördert. Wird z. B. eine mit Stickgas, oder mit kohlensaurem Gas, gesättigte Kohle, in Sauerstoff gebracht, so wird weniger von den ersteren Gasarten ausgestoßen und mehr Sauerstoffgas aufgenommen, als es der Fall sein müßte, wenn man annimmt, daß sich ein Theil der Kohle mit der einen, und ein anderer Theil mit der anderen Gasart sättigt. Sehr merkwürdig ist das, nicht bloß von Saussure, sondern auch von Fontana, Rouppe, Parrot und Grindel und von Noorden beobachtete Verhalten der Kohle zur atmosphärischen Luft, indem sie aus der Atmosphäre verhältnißmäßig viel mehr Sauerstoffgas, als Stickgas absorbirt, so daß bei einem gewissen Verhältniß der Kohle zur Luft, fast ganz reines Stickgas zurückbleibt. v. Saussure hat seine Versuche über die Menge von Gasarten, welche die Kohle absorbirt, mit Kohle aus Buchsbaumholz angestellt, die er nach starkem Glühen unter Quecksilber auslöschte. Sie absorbirten bei + 12 Gr. C. und 0,724 Meter Luftdruck, von den folgenden Gasarten so viel mal ihr eigenes Volum, als die neben stehenden Zahlen angeben, nämlich:

Ammoniakgas	90
Salzsaures Gas	85
Schwefligtsaures Gas	65
Schwefelwasserstoffgas	55
Gasförmiges Stickstoffoxydul .	40
Kohlensaures Gas	35
Kohlenwasserstoffg. i. Maximum	35
Kohlenoxydgas	9,42
Sauerstoffgas	9,25
Stickgas	7,5
Wasserstoffgas	1,75

Nach 24 bis 36 Stunden hört alle Absorbtion auf, mit Ausnahme beim Sauerstoffgas, welches fortwährend, aber in abnehmenden Verhältnissen, absorbirt wird, so daß die Kohle während der Dauer eines ganzen Jahres nur das 14fache ihres eigenen Volumens an Sauerstoffgas aufnimmt. Feuchte Kohle absorbirt von allen Gasarten nur etwa die Hälfte der Quantität, welche die lufttrockene Kohle aufnimmt.

Eine frisch bereitete Kohle ist leicht entzündlicher, aber sie soll nicht mit der Wirksamkeit verbrennen, als eine Kohle, die einige Wochen, gehörig bedeckt, an der Luft gelegen hat. Die Ursache dieses Erfolges ist unbekannt. Die frisch bereitete Kohle ist in ihren Poren ohne Zweifel mit kohlensaurem Gas, Kohlen=

oxydgas, Kohlenwasserstoffgas erfüllt, weil sie sich in einer Atmosphäre von diesen Gasarten befunden hat. Durch längeres Liegen an der Luft werden jene Gasarten theilweise durch die atmosphärische Luft verdrängt, welche dagegen ihre Stelle einnimmt. Aus demselben Grunde wird aber die frisch bereitete Kohle das Sauerstoffgas begieriger anziehen, als eine Kohle, die durch Liegen an der Luft schon einen Theil Sauerstoffgas absorbirt hat. Dadurch würde sich zwar die schnellere Endzündbarkeit, aber nicht die geringere Heizkraft beim Verbrennen erklären lassen, es sei denn, daß ein Theil der beim Verbrennen sich entwickelten Wärme dazu verwendet werden muß, die absorbirte Kohlensäure u. s. f. in Gasgestalt und zwar in der, der beim Verbrennen sich entwickelnden Hitze angemessenen Temperatur, zu verflüchtigen, wodurch allerdings viel Wärme gebunden werden könnte. Hr. Hassenfratz erwähnt eines Versuches, welcher bei einem Hohofen auf der Eisenhütte zu Beauchamp, bei einerlei Erzen und bei einerlei Beschickung, aber mit ganz frisch bereiteten, und mit solchen Kohlen, welche schon zwei Jahre lang unter guter Bedachung gelegen hatten, angestellt worden ist. Die frischen Kohlen trugen weniger Erz und gaben, bei einerlei Erzsatz, kein so hitziges Roheisen als die abgelegenen Kohlen.

§. 492.

Dasselbe Verhältniß, welches zwischen den harten und den weichen Holzarten hinsichtlich ihrer Heizkraft stattfindet, wird auch bei den harten und weichen (specifisch schweren und specifisch leichten) Holzkohlen angetroffen. Nicht bloß bei gleichem Volum, sondern auch bei gleichen absoluten Gewichten, steht der schweren Holzkohle, so wie dem härteren Holz, eine größere Heizkraft zu, vorausgesetzt, daß die Verbrennung, sei es durch starken Luftzug oder durch Anwendung gehörig verdichteter Luft, hinreichend beschleunigt werden kann.

Aber eben so wie die Brennkraft des specifisch leichteren Holzes, bei gleichen absoluten Gewichten, größer zu sein scheint, als die des härteren, specifisch schwereren Holzes (§. 482), eben so scheint auch die Brennkraft der specifisch leichteren Holzkohlen größer zu sein, als die der specifisch schwereren Kohlen. Die Ursache eines solchen Erfolges ist noch ganz unbekannt.

Hr. Bull hat nach seiner Methode (§. 476) die Brennkraft der Holzkohle mit derjenigen des Holzes verglichen und gefunden, daß sie im Verhältniß steht von 15: 6,5, oder etwa von 100: 43,3. Eben so fand er, daß die Holzkohle aus Nußbaumholz, Eichenholz, Ahornholz und Fichtenholz gleiche Quantitäten Wärme entwickelten, daß sie also einerlei Brennkraft, bei gleichen Gewichten, besitzen.

Die von Hn. Berthier, nach seinem Verfahren (§. 476), ermittelten Brennkräfte der verschiedenen Holzkohlenarten, konnten nicht die Größe der Brennkraft der chemisch reinen Kohle erreichen, weil nicht allein der Aschengehalt der Holzkohle, sondern auch der immer noch in demselben befindliche Rückhalt an flüchtigen Substanzen (§. 491) die Brennkraft vermindert. 1 Gewichtstheil von folgenden Holzkohlenarten:

Aus	Pappelholz,	gab	30,6	Blei	=	7038	Wärme-Einheiten
—	Eschenholz,	—	29,6	—	—	6808	—
—	Espenholz,	—	29,5	—	—	6785	—
—	Tannenholz,	—	32,3	—	—	7429	—
—	Erlenholz,	—	32,4	—	—	7452	—
—	Birkenholz,	—	31,4	—	—	7222	—
—	Eichenholz,	—	31,3	—	—	7199	—
—	Nußbaumholz,	—	32,0	—	—	7360	—

Da 1 Theil reine Kohle 34 Theile Blei giebt, welche 7820 Wärme-Einheiten entsprechen, so kommt keine Kohlengattung der reinen Kohle in der Brennkraft gleich. Die Kohle aus Erlenholz würde die größte, und die aus Espenholz die geringste Brennkraft besitzen.

§. 493.

Stellt man eine Vergleichung der Brennkraft des Holzes mit der der Holzkohle an, so stehen beide, bei gleichen Gewichten, etwa im Verhältniß von 3:7. Berücksichtigt man aber, daß es schon ein günstiger Erfolg des Verkohlungsprozesses zu nennen ist, wenn aus 100 Gewichtstheilen Holz, 20 Theile Holzkohle erfolgen, so sind zur Darstellung von 7 Gewichtstheilen Holzkohle, 35 Gewichtstheile Holz erforderlich. Das Verhältniß der Brennkraft des Holzes zu der Brennkraft derjenigen Quantität Kohlen, welche aus diesem Holz erfolgen, wird also durch 100.3:20.7, oder durch 300:140 auszudrücken sein. Das heißt also, dasselbe Quantum Holz, dem im unverkohlten Zustande eine Brennkraft von 300 Wärme-Einheiten zusteht, wird im verkohlten Zustande nur eine Brennkraft von 140 Wärme-Einheiten besitzen, oder es geht durch die Verkohlung mehr als die Hälfte der Brennkraft des Holzes verloren. In der Wirklichkeit stellt sich dies Verhältniß zwar nicht ganz so ungünstig, theils weil das Verhältniß von 3:7 nicht ganz genau ist, theils weil bei der vorsichtigen Verkohlung im Großen immer mehr als 20 Prozent Kohlen, dem Gewicht nach, aus dem Holz gewonnen werden; allein es ergiebt sich doch aus jenen Zahlen, daß durch das Verkohlen des Holzes fast die Hälfte der Brennkraft des Holzes unbenutzt bleibt.

Stellt man die Vergleichung bei gleichem Volum an, so läßt sich annehmen, daß das specifische Gewicht des Holzes mindestens doppelt so groß ist als das specifische Gewicht der Kohlen, welche aus der Holzart dargestellt werden. Die Brennkraft des Holzes zu der der Kohlen würden dann durch das Verhältniß 2.3:7, oder durch das Verhältniß 6:7 mindestens, auszudrücken sein, oder man wird annehmen können, daß gleiche Volumina Holz und Kohlen ziemlich dieselbe Brennkraft besitzen. — Weil die Holzkohle höchstens die Hälfte des Volumens des Holzes einnimmt aus welchem sie bereitet wird, so dürfte das

Holz, auch dem Volumen nach, im unverkohlten Zustande etwa doppelt so viel Brennkraft als im verkohlten Zustande besitzen, indeß ist solche Annahme nur als annähernd richtig anzusehen.

§. 494.

Der große Verlust an Brennkraft den das Holz durch das Verkohlen erleidet, hat in den neueren Zeiten zu Versuchen Veranlassung gegeben, sich des unverkohlten, oder auch des nur theilweise verkohlten Holzes, in solchen Fällen als Brennmaterial zu bedienen, wo die Erhitzung nicht durch die Flamme, sondern durch die unmittelbare Berührung des zu erhitzenden und zu reducirenden Körpers mit dem Brennmaterial, statt finden soll. Erwägt man, daß in den ersten Stadien des Verkohlungsprozesses fast nur Wasser entwickelt wird, so kann eine bemerkbare Zunahme der reducirenden Kraft des Holzes erst dann eintreten, wenn die Zersetzung des Brennmaterials in einer mehr erhöheten Temperatur so weit fortgeschritten ist, daß flüchtige Verbindungen entstehen, die in ihrer Mischung nicht bloß Sauerstoff und Wasserstoff, sondern auch noch Kohlenstoff enthalten. Ob der Sauerstoff zum Verbrennen des unverkohlten, oder des unvollständig verkohlten Brennmaterials, durch die atmosphärische Luft, oder durch den gebundenen Sauerstoff in dem zu reducirenden Metalloxyd herbeigeführt wird, kann an sich die Brennkraft des Brennmaterials zwar weder vermehren noch vermindern; weil aber die Reduction des Metalloxyds gleichzeitig der Zweck der Operation ist, so beabsichtigt man bei der Anwendung des rohen oder des theilweise verkohlten Brennmaterials zugleich, die freiwillige Entmischung des Brennmaterials in der erhöheten Temperatur nicht statt finden zu lassen, sondern statt derselben eine Verbrennung des Brennmaterials durch den Sauerstoff des Metalloxydes zu bewerkstelligen. Es kann also eine Erhöhung der Brennkraft des rohen Brennmaterials, im Vergleich zu der Brennkraft der aus demselben dargestellten Kohle, zwar aus der Benutzung der Hitze entstehen, welche durch das Verbrennen der beim Verkohlungsprozeß unverbrannt entweichenden, noch brennbaren Bestandtheile entspringt; allein es wird bei den desoxydirenden Schmelzprozessen mit rohem Brennmaterial auch außerdem der Vortheil beabsichtigt, die Reduction des Oxyds durch eben diese brennbaren Bestandtheile zu bewerkstelligen. Wirklich glaubt man auch die Erfahrung gemacht zu haben, daß der Effekt des rohen Brennmaterials, vergleichungsweise mit dem Effekt der Kohle welche durch die Verkohlung aus derselben Quantität des Brennmaterials entspringt, vorzugsweise nur bei den desoxydirenden Schmelzungen in den Schachtöfen sich zu erkennen giebt, aber weniger bei der bloßen Schmelzoperation, z. B. bei dem Umschmelzen des Roheisens in den Kupolöfen.

Die freiwillige Entmischung eines Brennmaterials in der erhitzten Temperatur, ohne Luftzutritt, ist kein Verbrennen und es wird dabei nicht Wärme entwickelt, sondern absorbirt. Das Verbrennen, und mit demselben die Wärme-Entwickelung, tritt erst ein, wenn Sauerstoff hinzutritt, sei es durch Zuströmen der atmosphärischen Luft, oder durch den gebundenen Sauerstoff eines Metalloxydes. Aus diesem Verhalten erklärt sich der Wärmeverlust, der aus der Anwendung des vorher verkohlten Brennmaterials entspringt. Zugleich ergiebt sich aber auch daraus, daß ein größerer Effekt von der Anwendung des nicht, oder des unvollständig verkohlten Brennmaterials — in den Schachtöfen — nur dann zu erwarten ist, wenn man annehmen kann, daß die freiwillige Entmischung des Brennmaterials in den oberen Theilen des Schachtes nicht, oder wenigstens noch nicht vollständig erfolgt ist, daß also die Reduction des Oxyds, welches den Sauerstoff an das Brennmaterial abgeben soll, im Schacht des Ofens schon in einer Temperatur beginnt, in welcher die freiwillige Entmischung des Brennmaterials noch nicht beendigt ist, weil nur dann der Sauerstoff des Oxyds die freiwillige Entmischung des Brennmaterials verhindern, und statt derselben ein wirkliches Verbrennen eintreten lassen würde. Nun ist es bekannt, daß zur vollständigen Verkohlung des Holzes eine dunkle Rothglühhitze erforderlich ist, und daß in eben dieser Temperatur die Reduction des Eisenoxyds (wahrscheinlich aber noch nicht die des Eisenoxyduls), wenigstens die Umänderung des Oxyds in ein magnetisches Eisenoxyd, durch die Kohle eintritt. Es ist daher nicht unwahrscheinlich, daß, wenn auch nicht das rohe, doch mindestens das unvollständig verkohlte Brennmaterial, aus dem Grunde einen größern Effekt, als die daraus dargestellte Kohle, im Schacht des Eisenhohofens hervorbringt, weil der Sauerstoff des Oxyds wirklich zum Verbrennen derjenigen brennbaren Bestandtheile des Brennmaterials Veranlassung giebt, die bei der freiwilligen Entmischung in der höheren Temperatur keine Wärme entwickeln, sondern absorbiren würden.

Es giebt aber noch eine andere, — und mit der Erfahrung vielleicht mehr übereinstimmende — Betrachtungsweise, um den größeren Effekt des unvollständig verkohlten Brennmaterials in den Schachtöfen zu erklären. Wenn man bis vor wenigen Jahren zu der Annahme berechtigt zu sein glaubte, daß das rohe Brennmaterial im Ofenschacht keinen größeren Effekt hervorbringe, als die Kohle, welche als das Produkt der Verkohlung des brennbaren Körpers zurück bleibt, so lag dieser Voraussezzung die Ansicht zum Grunde, daß das rohe Brennmaterial im Ofenschacht, geschützt durch die Decke, welche die Beschickung bildet, denselben Veränderungen unterliege, welche es beim Verkohlungsprozeß erfährt, und unter dieser Annahme würde von dem rohen Brennmaterial allerdings keine größere Wirkung erwartet werden können, als von der Kohle, welche aus derselben Quantität des brennbaren Körpers durch dessen Verkohlung erhalten wird. Die Wirkung würde sogar noch geringer sein müssen, weil ein Theil der durch das Verbrennen der Kohle entwickelten Wärme wieder dazu verwendet werden muß, um die durch die Entmischung des rohen Brennmaterials sich bildenden verschiedenen Verbindungen von Sauerstoff, Kohlenstoff und Wasserstoff in gasförmiger Gestalt zu verflüchtigen. Es ist aber (§. 487) gezeigt worden, daß die brennbaren Körper bei der Verkohlung um so mehr Kohle zurück lassen, je langsamer die Verkohlungshitze gesteigert wird, und daß die Differenz zwischen der in schneller und starker, und der in langsam gesteigerter Hitze zurückbleibenden Quantität von Kohle um so größer wird, je größer der Wasserstoffgehalt ist, der einen Bestandtheil des zu verkohlenden Brennmaterials ausmacht. Bei den Holzarten steigt die Differenz zwischen 12 und 25 Prozent Kohlenausbringen vom Gewicht des Holzes, und könnte bei noch langsamerer Steigerung der Temperatur, oder unter anderen Umständen, vielleicht noch größer sein. Die größeren Wirkungen des nicht verkohlten, oder des unvollständig verkohlten Brennmaterials könnten also auch dadurch ihre Erklärung finden, daß die vollständige Verkohlung im Ofenschacht unter Verhältnissen statt findet, die das Zurückbleiben einer größeren Quantität Kohle gestatten, als die gewöhnlichen Verkohlungsprozesse gewähren. Die Verhältnisse, unter welchen die Schichten des Brennmaterials und der Beschickung im Schacht des Ofens niedersinken, sind einer solchen Annahme durchaus entsprechend, indem eine langsame Temperaturerhöhung statt findet und das Brennmaterial einem Druck ausgesetzt ist, welcher die freiwillige Entmischung verzögert. Es ist also höchst wahrscheinlich, daß die vollständige Entmischung des Holzes im Ofenschacht unter Umständen erfolgt, bei denen es möglich wird, das Maximum des darstellbaren Kohlengehaltes aus dem Brennmaterial zu gewinnen, ein Maximum, welches bei den gewöhnlichen Verkohlungsprozessen im Großen niemals erlangt wird, und nur bei einer sehr vorsichtigen Destillation gewonnen werden kann.

Mag man den größeren Effekt von der Anwendung des rohen oder des unvollständig verkohlten Brennmaterials bei den Eisenhohöfen, in dem wirklichen Verbrennen der in der Verkohlungshitze flüchtigen Bestandtheile des Brennmaterials, oder in der größeren Quantität der darstellbaren Kohle aus dem Brennmaterial im Schacht der Hohöfen suchen, so bleibt es für den wirklichen Erfolg gleichgültig, aus welchem Grunde die Ersparung an Brennmaterial herbeigeführt wird. Einleuchten wird es aber, daß dem stark gedörrten, und noch mehr dem schon unvollständig verkohlten Holz der Vorzug vor dem bloß lufttrocknen Holz gegeben werden muß, theils weil das letztere stärker schwindet und dadurch zu hohlen Räumen im Ofenschacht Veranlassung giebt, welche leicht ein unregelmäßiges Niedersinken der Gichten zur Folge haben, theils weil die ersten Destillationsprodukte aus Verbindungen bestehen, welche schon vollständig mit Sauerstoff gesättigt sind, so daß deren Verflüchtigung dem Ofenschacht nur Wärme entziehen würde. Nach den auf verschiedenen Hüttenwerken in Frankreich gemachten Erfahrungen, scheint das Holz den größten Effekt in den Eisenhohöfen hervorzubringen, wenn die Verkohlung so weit vorgeschritten ist, daß sich das Volum des lufttrocknen Holzes etwa um 40 Prozent vermindert hat. In diesem Zustande besitzt es eine schwärzlichbraune Farbe und hat zwischen 60 und 70 Prozent seines Gewichtes durch die anfangende Verkohlung verloren. Man nennt dies halbverkohlte Holz in Frankreich charbon roux. Weil das halb verkohlte Holz einen bedeutend größeren Gehalt an Kohlenstoff besitzt als das lufttrockne Holz, so muß auch die Heizkraft desselben bedeutend größer sein. Man wird daher in solchen Fällen, wo eine starke Hitze hervorgebracht werden soll, das halb verkohlte Holz mit Erfolg anwenden, in sofern durch das lufttrockne Holz die verlangte Temperatur nicht hervorgebracht werden kann, und ein anderes, wirksameres Brennmaterial als Holz nicht zu Gebot steht.

Die ökonomischen Vortheile, welche die Anwendung des halbverkohlten Holzes bei den Eisenhohöfen gewährt, haben sich auf den Hüttenwerken vielfach bestätigt. Es bleibt indeß zu beachten, daß der Hohofenbetrieb bei der Anwendung von halbverkohltem Holz immer schwieriger ist und größere Sorgfalt und Aufmerksamkeit erfordert, als der Betrieb bei Holzkohlen. Der Effekt der aus einer bestimmten Holzgattung dargestellten Kohle ist ein bestimmter und sich ziemlich gleich bleibender, weil die Kohle als ein einfacher Körper betrachtet werden kann. Das halbverkohlte Holz aber ist ein Körper von ganz unbestimmter Zusammensetzung, dessen Wirkung beim Verbrennen in demselben Verhältniß größer sein wird, in welchem der Verkohlungsprozeß weiter vorgeschritten ist. Die Einrichtungen zur unvollständigen Verkohlung des Holzes mögen getroffen sein, wie sie wollen, so wird es kaum möglich sein, die Verkohlung jedesmal bei demselben Punkt abzubrechen, und eben so wenig wird es möglich sein, die Verkohlung so zu leiten, daß jedes Stück Holz in dem Augenblick, wo der Prozeß der theilweisen Entmischung des Holzes eingestellt wird, zu demselben Grade der Verkohlung gelangt ist. Das halbverkohlte Holz wird also bei gleichen Quantitäten eine verschiedene Brennkraft besitzen, und die Gichten werden nicht immer dieselbe Quantität Beschickung tragen können. Daher ist bei der Anwendung dieses Brennmaterials leicht ein ungleichartiger Gang der Hohöfen zu befürchten, der um so abwechselnder und schwankender sein wird, je kleiner und niedriger die Schächte sind.

Die Darstellung des halbverkohlten Holzes ist nicht ohne Schwierigkeiten, die vorzüglich darin bestehen, das Produkt in einem möglichst gleichartigen Zustande zu erhalten, und nächstdem die Verkohlung nicht zu früh abzubrechen oder zu weit vorschreiten zu lassen. Die Oefen, deren sich die Hrn. Houzeau und Fauveau bedienen, um das Holz in einen halbverkohlten Zustand zu versetzen, haben die Hrn. Virlet (Ann. des mines. 3 Série. X. 220), Sauvage (Ebend. XI. 527) und Bineau (XIII. 261) ausführlich beschrieben. Diese Verkohlungsöfen sind aus gegossenen eisernen Platten zusammengesetzt und werden von außen durch die Gichtenflamme erhitzt; sie sind also als Destillirgefäße in einem großen Maßstabe anzusehen. Die bei der theilweisen Verkohlung des Holzes sich entwickelnden Dämpfe könnten, wenn man wollte, kondensirt und aufgefangen werden; weil sie aber zum größten Theil aus wässrigen Dämpfen bestehen, so läßt man sie, aus den in den eisernen Umfassungswänden befindlichen Oeffnungen, in die freie Luft treten. Die

Oefen sind an sich gewiß sehr zweckmäßig; es wird aber bei der Anwendung derselben vorausgesetzt, daß das zur Verkohlung bestimmte Holz zu den Hüttenwerken gebracht wird, weshalb entweder die Transportkosten des rohen Holzes nicht von großer Bedeutung, oder die Lage der Hüttenwerke von der Art sein muß, daß der Holzbedarf durch Flößvorrichtungen zusammengebracht werden kann. Bei großen Transportkosten würde man daher auf die Vortheile der Anwendung des halbverkohlten Holzes bei den Hohöfen verzichten müssen, wenn die Verkohlung nicht auf andere Weise als durch die Gichtenflamme wohlfeil bewerkstelligt werden kann. Hr. Gueymard schlägt daher vor, die Bereitung des halbverkohlten Holzes in den gewöhnlichen Kohlenmeilern zu versuchen (Ann. d. m. XIII. 483), und sich durch einige bereits angestellte, aber nicht günstig ausgefallene Versuche nicht abschrecken zu lassen. Hr. Gruner ist der Meinung (XIII. 595) daß die sogenannte Haufenverkohlung ganz besonders geeignet sein werde, die theilweise Verkohlung des Holzes in den Haufen zu bewerkstelligen. Sollte es gelingen, das Halbprodukt aus dem Holze durch eine Art von Meilerverkohlung, in einer ziemlich gleich bleibenden Beschaffenheit, darzustellen; so würden sich alle Eisenhüttenwerke, welche jetzt auf die Benutzung der Holzkohlen angewiesen sind, die Vortheile aus der Anwendung des theilweise verkohlten Holzes verschaffen können. Hr. Sauvage hat dazu kürzlich (Ann. d. m. XVI. 657) einen neuen Vorschlag abgegeben, welcher darin besteht, daß man liegende Meiler anwenden, diese unten, der ganzen Länge nach, mit einem Luftkanal versehen, das eine Ende desselben verschließen und vor dem zweiten Ende einen kleinen Feuerheerd anbringen soll, um die heißen Gasarten beim Verbrennen mittelst eines Ventilatorgebläses in den Kanal zu treiben. Dieser ist mit eisernen Platten bedeckt und gestattet nur an einzelnen Stellen das Ausströmen der Flamme und der heißen Gase in den Meiler. Das Feuer auf dem Heerde braucht nur so lange unterhalten zu werden, bis sich die Entzündung oben in der Haube des Meilers verbreitet hat. Diese Einrichtung würde also in der Hauptsache mit einem Schwarzischen Verkohlungsofen übereinstimmen, nur daß die starke Meilerdecke die Stelle der gemauerten Umfassungswände des Ofens vertritt.

Von der Verkohlung des Holzes.

§. 495.

Die Anschaffung und die Verkohlung des Holzes sind sehr wichtige Gegenstände der Hüttenökonomie. Die beste Jahreszeit zum Einschlagen des Holzes ist diejenige, in welcher der vorjährige Saft schon zu Holz geworden der neue noch flüssig ist und sich noch nicht verdickt hat. In moorigen und bruchigen Gegenden müssen ohne Wahl die Wintermonate zum Einschlagen genommen werden. Sonst wählt man beim Laubholz die ersten Frühlingsmonate, März und April, wenn der Saft anfängt in das Holz zu schießen und Laub zu treiben. Bei den Erlen und Birken bewirkt man durch die Wahl dieser Jahreszeit, daß die junge Pflanze wieder aus der Wurzel ausschlagen kann; bei den Eichen wählt man sie, um die im Frühling leichter sich lösende Rinde für die Gerbereien zu gewinnen. Beim Nadelholz wählt man die Wintermonate, ehe der Saft in die Bäume tritt, um das Stocken des Holzes zu vermeiden, weil das im Sommer eingeschlagene Holz schwerer austrocknet, obgleich die Kohlen aus diesem Holz fester, als die aus dem Winterholze ausfallen. Die in den Herbstmonaten eingeschlagenen Hölzer sind, wegen der verdickten Säfte, dem Stocken sehr leicht ausgesetzt, weshalb der Einschlag dann nicht füglich statt finden kann. Die klimatische Beschaffenheit, die Witterung des Jahres, die Beschaffenheit des Bodens und des Holzes, vorzüglich die Lage des Forstes, können den Einschlag in den Sommermonaten oft rathsamer machen, als in den Wintermonaten; allein es ist eine allgemeine Regel, daß das Holz um so länger austrocknen muß, je später im Jahre es geschlagen ist. Frisch geschlagenes Holz erfordert, wegen des großen Feuchtigkeitsgehaltes, sehr große Vorsicht beim Verkohlen; aber das zu sehr ausgetrocknete Holz giebt immer leichtere und weniger Kohle, wenigstens dann, wenn in beiden Fällen die Verkohlung gleich schnell bewerkstelligt wird. Man giebt allen Scheiten oder Kloben eine ganz gleiche Länge. Je länger die Scheite sind, desto vortheilhafter ist es, in sofern sie nur ein gewisses, für die Verkohlungsart am besten geeignetes Maß nicht überschreiten. Bei größerer Scheitenlänge erhält das Holz, beim Aufstellen in den Haufen, weniger hohle Zwischenräume, auch wird an Kosten für das Einschlagen erspart. Starke Stämme spaltet man wenigstens viermal, schwächere nur zweimal. Jede Klobe, die wenigstens 6 Zoll im Durchmesser hat, wird gewöhnlich schon gespalten; schwächere Kloben bleiben ungespalten. Wo die örtlichen Verhältnisse es gestatten, wird das Holz sogleich im Walde verkohlt. Sehr entlegene Einschlagepunkte, zerstreute Klafter, steiles und felsiges Terrain, und bequeme Gelegenheit das eingeschlagene Holz durch Waldströme oder Floßbäche auf Einem Punkt zu concentriren, machen es rathsam, das Holz durch sogenannte Rutschen (künstliche Leitungen) und durch Flößen zusammen zu bringen und auf einer Stelle zu verkohlen. Wenn sich aber das Verkohlen im Walde ausführen läßt, so ist es, der geringeren Kostbarkeit wegen, vorzuziehen. Wird alles Holz auf Einem Punkt zusammengebracht und verkohlt, so kann der Köhler zwar mehr Aufmerksamkeit auf die Verkohlung verwenden, allein man erspart die bedeutenden Kosten, welche das Zusammenrücken des Holzes veranlaßt.

§. 496.

Die Verkohlung des Holzes geschieht entweder in Oefen, nämlich in festen und unbeweglichen, gemauerten oder eisernen Wänden, welche das zu verkohlende Holz umschließen; oder in Haufen und Meilern, bei welchen das Holz eine bewegliche

Decke von Erde, oder auch von Kohlenlösche erhält, die bei der jedesmaligen Verkohlung eines aufgeschichteten Holzhaufens aufgetragen und nach beendigter Verkohlung wieder abgenommen wird. Die Verkohlung erfolgt dann durch den Zutritt der atmosphärischen Luft zu dem zu verkohlenden Holz. Es könnte daher scheinen, daß bei einem solchen Verfahren weniger Kohle aus dem Holze erhalten wird, als wenn die Verkohlung in ganz geschlossenen Oefen, durch Erhitzung der Umfassungswände von außen, oder überhaupt durch äußere, und nicht durch die beim Verbrennen eines Theils des Holzes sich entwickelnde Hitze, durch welche nur der andere Theil verkohlt werden kann, bewirkt wird. Es ist indeß schon bemerkt worden, daß die Erfahrung diese Vermuthung nicht bestätigt. Nur bei einer sehr schnellen Verkohlung, und wenn die atmosphärische Luft stark hinzuströmt, würde in den Meilern ein Verlust an Kohle durch Verbrennen zu befürchten sein. Vor denjenigen Verkohlungsöfen, in welchen die Verkohlung ebenfalls durch den Zutritt der Luft bewirkt wird, hat die Verkohlung unter beweglichen Decken entschiedene Vorzüge, weil die hohlen Räume, welche durch das Schwinden des Holzes beim Verkohlen entstehen, durch die bewegliche Decke des Haufens oder des Meilers, weniger nachtheilig werden. Ein größeres Kohlenausbringen, als in einem vorsichtig behandelten Meiler, ist daher bei der Verkohlung in Oefen, ohne äußere Erhitzung, nicht zu erwarten, und der durch den Gewinn an Säure und Theer zu bewirkende Vortheil, kann selten die größeren Verkohlungskosten aufwiegen. Bei großen Hüttenanlagen ist die Verkohlung in Oefen kaum ausführbar und würde bedeutende Anlagekosten für die Oefen erfordern; ganz unmöglich wird sie in Gegenden, wo die Verkohlung im Walde statt findet. Außerdem lassen sich auch bei der Verkohlung in Haufen und Meilern Vorrichtungen treffen, um einen Theil des Theers und der Säure aufzufangen, obgleich zu deren vortheilhaften Benutzung selten eine Gelegenheit vorhanden ist. Hat man aber die Absicht, den Holzessig, und gelegentlich auch den

Theer, fabrikmäßig zu benutzen, so muß die Verkohlung freilich in Oefen geschehen, weil sich die Dämpfe vollkommener verdichten lassen; allein man kann die Gewinnung dieser Nebenprodukte nicht als einen Vorzug der Verkohlung in Oefen ansehen, wenn es darauf ankommt, die Verkohlung mit den mindesten Kosten und mit dem geringsten Holzverbrauch zu bewerkstelligen, und wenn nicht jene Nebenprodukte, sondern die Gewinnung der Kohle, der eigentliche Zweck der Verkohlung sind. Bei der Verkohlung in Oefen durch Anwendung von äußerer Hitze, werden die Kosten für die Oefen, die theureren Verkohlungsarbeiten und der Aufwand an Brennmaterial zur Erhitzung der Oefen, zu wenig von Denen berücksichtigt, welche diese Verkohlungsart anpreisen und die Verkohlung in Meilern verwerfen. Alle Versuche, die man bis jetzt gemacht hat, die Verkohlung im Großen in Oefen einzuführen, sind daher ohne Erfolg geblieben, vorzüglich weil sich die Versicherung des größeren Kohlenausbringens bei der Ofenverkohlung als unrichtig erwiesen hat.

Funk, Beschreibung, wie Theer- und Kohlenöfen einzurichten. Aus d. Schwed. in Schreber's Neuen Sammlungen, IV. 765—819. — Moussin Puschkin, über das Verkohlen des Holzes in Oefen; in v. Crell's Annalen f. 1797. II. 481 bis 483. — Verkohlen des Holzes in Oefen; im Journal des mines, No. 63, 65 und 81. — Jordan, Aufmunterung zur Verkohlung des Holzes in Oefen, nebst Vorschlägen und Betrachtungen darüber. — Dessen, und Hasse Magazin für Eisenberg- und Hüttenkunde, I. 2tes Heft. 172—185. — Von der Wichtigkeit des Verkohlungsofens für die Forstwissenschaft; in der Abhandlung über wichtige Gegenstände des Forstwesens, 1stes Heft. Marburg 1806. S. 15—111. — Wächter, Nachricht von einem auf dem Oberharz angestellten Versuche, Holz in Oefen zu verkohlen; im N. Journ. f. Fabriken, Manufakt., Handl., Kunst und Mode. Leipzig, März 1810. Bd. III. 193—218. — Verkohlung des Holzes in Oefen; Archiv f. Bergbau, I. Heft 1. S. 203. — Lampadius, Anleitung zur zweckmäßigen Zubereitung des Holzessigs zum technischen Gebrauch und der aus demselben darzustellenden Fabrikate; Erdmann's Journ. f. technische u. ökonomische Chemie, IV. 1. VI. 260.

§. 497.

A. Die Verkohlung unter beweglichen Decken. Bei dieser Verkohlungsart hat man die Meilerverkohlung und die Haufenverkohlung zu unterscheiden. Beide Methoden weichen darin von einander ab, daß bei der Haufenverkohlung nur ein Theil des Holzes zur Verkohlung gebracht und die fertige Kohle nach und nach ausgezogen wird, wogegen bei der Meilerverkohlung nicht früher, als bis alles unter der beweglichen Decke befindliche Holz verkohlt ist, zum Ausziehen der fertigen Kohle geschritten wird. Weil das zu verkohlende Holz bei der Haufenverkohlung gewöhnlich eine liegende Stellung erhält, so hat man diese Verkohlungsart auch die Verkohlung in liegenden Meilern genannt. Das ist aber eine nicht richtige Benennung, weil die Meilerverkohlung ebenfalls in liegenden und in stehenden Meilern, d. h. bei einer horizontalen oder aufrechten Lage der zu verkohlenden Holzscheite, geschehen kann. — Die beste Jahreszeit zur Verkohlung des Holzes unter beweglichen Decken, ist der Sommer, theils weil es dann nicht an den unentbehrlichsten Bedürfnissen des Köhlers, an Rasen, Laub, Moos und Wasser fehlt, theils weil man der stürmischen und nassen Witterung weniger ausgesetzt ist, theils weil die längeren Tage eine bessere Aufsicht auf den Gang der Arbeit möglich machen. Zu früh im Jahre darf die Köhlerei nicht beginnen, weil die Erde von der Winterfeuchtigkeit noch nicht ausgetrocknet, auch das Holz selbst noch zu naß ist. Schnee und Stürme sind dem Verkohlungsprozeß sehr hinderlich; der erstere kühlt die Decke zu sehr ab und verhindert die vollständige Verkohlung der äußeren Holzreihen. Stürmische Witterung giebt leicht zum Verbrennen des Holzes unter der Decke Veranlassung, weil der Zutritt der Luft nicht gehörig gemäßigt werden kann.

§. 498.

a. **Die Verkohlung in Meilern.** Es ist bei dieser Methode der Holzverkohlung vorzüglich nothwendig, daß das Holz eine bestimmte Länge erhält. Die Holzscheite werden entweder horizontal neben und auf einander hingelegt, oder sie werden fast senkrecht, mit einer Neigung gegen den Horizont neben einander, in einer oder in mehren Schichten aufgestellt, und bilden Haufen in der Gestalt eines abgerundeten Kegels. Das erste Verfahren ist das Verkohlen in liegenden, das letzte das Verkohlen in stehenden Meilern. Beide Verfahrungsarten sind, hinsichtlich der Leitung des Feuers und der Behandlung des Meilers während der Arbeit, völlig übereinstimmend, und weichen nur in der Art des Aufstellens der Holzscheite von einander ab.

In solchen Gegenden, wo das zu verkohlende Holz durch Rutschen und Flößen auf einem Punkt zusammengebracht wird, wählt man einen möglichst horizontalen, trocken liegenden und gegen Stürme und Ueberschwemmungen gesicherten Platz zum Verkohlen. Weil man in solchem Fall eine und dieselbe Meilerstätte immer wieder benutzt, so kann man auch auf die Zubereitung derselben große Sorgfalt verwenden. Solche Meilerstätten (Grundflächen, über denen der Meiler errichtet wird) kann man aus einer guten Ziegelmauerung bestehen lassen, welche von allen Seiten des Umfangs eine geringe Neigung gegen den Mittelpunkt erhält, wodurch man ohne alle Unkosten einen Theil der Holzsäure und des Theeres auffangen kann, indem sich diese Flüssigkeiten in der tiefer liegenden Mitte der Stätte ansammeln, und von dort, durch einen unter der Meilerstätte angebrachten, ausgemauerten, engen Kanal, in einen Behälter fließen, aus welchem sie von Zeit zu Zeit ausgeschöpft werden können, wobei indeß aller Luftzutritt von unten verhütet, folglich der Behälter luftdicht zugedeckt sein muß. Die Zeichnungen 4 und 5 auf Taf. II. zeigen eine solche Einrichtung der Meilerstätte im Grundriß und im Durchschnitt. Es ist wegen des ersten Anzündens des Meilers sehr rathsam, die Oeffnung welche den unterirdischen Kanal mit der Meilerstätte verbindet, mit einer eisernen Platte zu bedecken, welche diese Oeffnung zwar zudeckt, aber nicht verschließt, sondern das Abfließen der verdichteten Dämpfe in den Kanal zuläßt. Das Reservoir, in welchem sich die Flüssigkeiten ansammeln, muß dagegen mit einer eisernen Platte, welche noch mit Erde überschüttet wird, ganz dicht verschlossen sein. Nach beendigter Verkohlung wird diese Platte aufgehoben, das Reservoir ausgeschöpft und dann wieder verschlossen.

Wenn die Verkohlung im Walde geschieht, so hat man nur selten Gelegenheit die einmal gebrauchte Meilerstätte öfter zu benutzen, wenn das Holz nicht etwa sehr dicht steht, oder aus anderen Gründen absichtlich zusammengerückt wird, oder wenn das gebirgige und felsige Terrain die Auswahl der Meilerstätte so schwierig macht, daß man sich genöthigt sieht, eine oft mit vielen Kosten zubereitete Meilerstätte immer wieder zu benutzen, ohne die großen Unkosten beim Zusammenrücken des Holzes zur Verkohlungsstätte berücksichtigen zu können. So ist man in manchen Fällen genöthigt, Felsenstücke zu sprengen, Pfahlwerke aufzurichten, um solche gebohlte und einen Fuß hoch mit Erde beworfene künstliche Stätten zu Meilerplätzen vorzurichten, welche dann aber auch besonders gute Dienste thun können, weil sie einen trocknen, nicht zu festen, aber auch nicht zu lockeren Grund haben.

Bei der Auswahl der Kohlenstätte ist die möglichst größte Nähe des zu verkohlenden Holzes die erste Rücksicht, welche man zu nehmen hat. Kann es irgend sein, so muß sich Wasser in der Nähe befinden, oder beim Ausgraben nicht zu tiefer Löcher bald zu erhalten sein. Die Stätte darf nicht hoch und nicht frei, oder den Stürmen zu sehr ausgesetzt liegen, sondern wo möglich gegen die herrschenden Winde gesichert und möglichst trocken, auch gegen alle Ueberschwemmungen durch eine nicht zu tiefe Lage gesichert sein. Ist ein solcher Punkt, der diesen Bedingungen mehr oder weniger vollkommen entspricht, aufgefunden, so wird die Stätte zubereitet oder **aufgemacht**, indem der Platz von dem natürlichen Rasen entblößt und horizontal geebnet, also von allen Hügeln und Baumwurzeln oder Stöcken befreit wird. Allenfalls kann man die Mitte der Stätte von allen Seiten gleichförmig etwas erhöhen, um das Abfließen der Feuchtigkeiten zu befördern. Ein sehr sandiger und durch Quarzsand zu sehr aufgelockerter Boden ist nicht zu empfehlen, weil er den Luftzug von unten zu sehr befördert und das regelmäßige Zutreten der Luft erschwert. Aber ein sehr feuchter, oder sogar ein nasser Grund ist noch ungleich nachtheiliger. Bleibt keine Auswahl, so muß man sich durch einen künstlichen Rost helfen, indem man Reisig oder dünne Aeste auf der Stätte ausbreitet und einen Fuß hoch mit Erde bedeckt. Ein sehr sumpfiger und bruchiger Boden erfordert wohl eine völlige Ausbohlung durch neben einander gelegte dicke Stämme, die demnächst mit Erde oder Kohlenlösche beschüttet werden. Bei festem und feuchtem Boden sollte niemals ohne **Rost** gekohlt werden, wenn auch in manchen Fällen das Beschütten mit Erde nicht nöthig ist. Das Auslegen der Kohlenstätte mit flachen Schindeln, die immer wieder gebraucht werden können, ist vorzüglich zu empfehlen, so wie der ungünstige Erfolg der Köhlerei in vielen Fällen bloß von der nicht mit gehöriger Aufmerksamkeit zubereiteten Kohlenstätte herrührt. Eine Stätte, die nicht zu locker ist, um einen Luftzug von unten zu bewirken, welche aber das Abfließen oder Einziehen der sich niederschlagenden Dämpfe gestattet, und dabei die vollkommenste Trockenheit gewährt, erfüllt alle Bedingungen, welche man von ihr fordern kann. Diesen Hindernissen entgeht man größtentheils durch die sogenannte Rostköhlerei, nämlich durch das Belegen der Meilerstätte mit dünnen Hölzern, welche als Unterlage für das zu verkohlende Holz dienen. Die Frage: ob eine frische Meilerstätte einer schon gebrauchten vorzuziehen sei, oder umgekehrt, ist bald entschieden, wenn man erwägt, daß jede Stätte nach der Verkohlung Feuchtigkeiten angezogen hat, und daß sie daher erst wieder mit neuem Boden beschüttet werden muß, welches um so nothwendiger ist, als die Kohlenlösche vorzüglich begierig die Feuchtigkeiten anzieht. Nach der Beschaffenheit des Bodens kann daher bald eine schon gebrauchte Meilerstätte den Vorzug vor einer frischen, bald diese den Vorzug vor jener erhalten. Gebrauchte Meilerstätten, die einen ganzen Winter hindurch unter einer Schneedecke gelegen und daher viel Feuchtigkeiten angezogen haben, sind besonders zu vermeiden, oder vor dem Gebrauch durch abzubrennendes Moos, Laub u. s. f. zu trocknen. Wo man einen künstlichen hölzernen und mit Lösche bedeckten Rost zur Meilerstätte anwendet, ist jene Vorsicht weniger nothwendig, weil sich die Feuchtigkeiten dann einen natürlichen Durchgang suchen. Will man die Kosten der Rostköhlerei nicht anwenden, so sollte man, wenn der Boden von Natur nicht sehr günstig ist, wenigstens eine künstliche Stätte aus Sand und Thon machen, um den Erfordernissen einer guten Köhlerstätte möglichst zu entsprechen.

§. 499.

Nach erfolgter Zubereitung der Meilerstätte, wird zum Aufstellen des Holzes, oder zum Richten des Meilers, geschritten. Man richtet zu dem Ende im Mittelpunkt der Stätte, (welcher der Quandel genannt wird) eine dicke Stange — den Quandelpfahl — auf, und stellt die Holzscheite um diesen Pfahl in concentrischen Schichten auf, so daß der Quandel immer den Mittelpunkt der durch die Holzscheite zu beschreibendeu concentrischen Kreise bildet. Wie groß der Radius der zn beschreibenden Kreise sein soll, wie viel kreisförmige Reihen von Scheiten man also hinter einander folgen läßt, hängt von der Größe ab, die man dem Meiler geben will. Es giebt Meiler von 6 bis 30 Fuß im Durchmesser. An einigen Orten zieht man di: kleineren Meiler den größeren vor, an anderen will man aus den größeren ein besseres Kohlenausbringen als aus den kleineren erhalten haben. Weil die kleinen Meiler keine bedeutend geringere Sorgfalt und Pflege erfordern als die größeren, und weil sich die Verkohlung in den größeren Meilern, wegen der sich entwickelnden größeren Hitze, bei einem geringeren Zuströmen von Luft bewirken läßt, so verdienen die größeren Meiler den Vorzug vor den kleineren, — es versteht sich, daß die Lokalität des Bodens günstig, daß eine gute Decke vorhanden ist, und daß dem größeren Meiler verhältnißmäßig weniger Luft als dem kleineren gegeben wird. Nur die ganz kleinen Meiler läßt man aus einer einzelnen Schicht von Holzscheiten bestehen, bei größeren Meilern werden zwei bis drei Reihen über einander gestellt. Die obere Fläche, welche die letzte Schicht bildet, wird durch flacher gelegte Holzscheite abgerundet. Man nennt den dadurch entstehenden Aufsatz über den eigentlichen concentrischen Holzschichten, die Haube des Meilers. Je steiler der Meiler gesetzt werden kann, desto besser geht die Verkohlung von statten, weil die äußersten Holzscheite, welche der Decke des Meilers zur Unterlage dienen, von dieser weniger abgekühlt werden, als bei einer flachen Stellung der Scheite. Bei dem Richten des Meilers muß gleich auf das künftige Anzünden desselben Rücksicht genommen werden. Das Anzünden des Meilers geschieht aber immer unten beim Quandel, weshalb man dort leicht Feuer fangende Materialien, Kiehn oder sehr trocknes, fein gespaltenes Holz, hinbringen muß. Die Art des Anzündens ist jedoch verschieden, und man unterscheidet das Anstecken des Meilers von oben, durch die Oeffnung, welche der nach dem Aufrichten des Meilers herauszunehmende Quandelpfahl bildet, und das Anstecken von unten, wobei auf der einen Seite an der Grundfläche des Meilers ein Kanal, von der Peripherie zum Quandel führend (die Zündgasse), offen erhalten werden muß. Das Anzünden von oben geschieht durch einen kleinen Schacht, den man gewöhnlich aus drei im Dreieck aufgestellten Stäben (Quandelstäben) bildet, welche dann den Quandelpfahl entbehrlich machen, indem sie dessen Stelle vertreten. Die drei Quandelstäbe werden entweder durch Spreizen auseinander gehalten, damit der kleine Schacht nicht durch die Holzscheite zusammengedrückt wird; oder man bringt einen Holzstab in den Schacht, welchen man nachher wieder herauszieht. Bei dem Anzünden von unten hat der Quandelpfahl die Bestimmung, als die Axe des aufgestellten Meilers zu dienen, um welche die Holzscheite concentrisch aufgerichtet werden; er bleibt nach dem erfolgten Richten des Meilers stehen und man spart auf der einen Seite an der Grundfläche des Meilers einen Kanal aus, welcher von der Peripherie zum Quandel führt. — Eine andere Art des Anzündens hat Hr. Brune, wie er behauptet, mit einem vorzüglich günstigen Erfolge angewendet und (Ann. des Arts V. 249) beschrieben. Dies Verfahren besteht darin, daß man die Meilerstätte aus starkem Eisenblech, oder aus gegossenen eisernen Platten bestehen läßt, welche durch eine einfache Vorrichtung von unten bis zum Glühen erhitzt werden und das Anzünden des Meilers bewirken. Wendet man Eisenblech, und nicht gegossene eiserne Platten an, so muß man das Blech durch starke eiserne Stäbe unterstützen, damit es nicht gebogen wird. Die eiserne Scheibe, welche als die Sohle des Meilers anzusehen ist, liegt auf einer ringförmigen Mauer, welche einen Schacht von etwa 12 Zoll Tiefe unter dem Meiler bildet. Nachdem der Meiler bis zum Anzünden fertig ist, bringt man durch die Oeffnung, welche sich an der einen Seite in der Mauer befindet, Holzabfälle, oder Reiser, oder irgend ein anderrs Brennmaterial in den Schacht, zündet es an und fährt mit dem Verbrennen so lange fort, bis die eiserne Platte glühend geworden ist und das Holz im Meiler in Brand gesteckt hat. Der Luftzug wird durch drei Kanäle befördert, welche durch die ringförmige Mauer geführt sind und an den Seiten ausmünden. Man öffnet diese Mündungen mehr oder weniger, je nachdem man den Luftzug befördern oder schwächen will. Hat das Holz im Meiler Feuer gefangen, so verschließt man alle Kanäle und öffnet sie erst wieder bei der nächstfolgenden Verkohlung. Die Zeichnungen Fig. 6 und 7 Taf. 11 zeigen diese Vorrichtung im Grundriß und im Durchschnitt. Versuche, die man in der Mark Brandenburg angestellt hat, haben ergeben, daß es nicht nöthig sei, der eisernen Grundfläche eben die Größe zuzutheilen, wie der Stätte des Meilers, sondern daß man das Holz noch über die Platte hinaus auf den festen Boden stellen konnte, ohne daß das Anzünden des Meilers dadurch erschwert worden wäre. Man hat indeß bei diesem Verfahren kein anderes Resultat erhalten, als dasjenige, welches auch bei dem dort üblichen Anzünden des Meilers von oben erlangt wird. Dennoch mögte diese Methode dort Anwendung finden, wo das zu verkohlende Holz auf einem Punkt zusammengebracht wird, so daß man dieselbe Meilerstätte immer wieder benutzen kann, welches bei der Waldköhlerei selten der Fall ist.

Je dichter das Holz im Meiler gesetzt wird, und je weniger unausgefüllte Zwischenräume übrig bleiben, desto vollkommner wird die Verkohlung und desto geringer der Holzverbrand, bei übrigens gleichen Umständen, ausfallen. Bei einem dreischichtigen Meiler werden die stärksten Kloben, welche sich nicht haben spalten lassen, in die mittlere Schicht gebracht. Die Brände, die von der vorigen Verkohlung etwa übrig geblieben sind, werden insofern sie nicht als halbverkohltes Holz unmittelbar zur Benutzung kommen sollen, zunächst um den Quandel gelegt, um anfänglich ein schnelles und bald um sich greifendes Feuer zu bewirken, damit nicht durch langsames Verbrennen zu viel Holz verloren geht. Die dicken Enden der Scheite müssen bei der unteren Schicht nach oben, bei der zweiten Schicht nach unten gerichtet sein, weil in jener Gegend des Meilers (Saum, oder Brust) die größte Hitze stattzufinden pflegt, auch der Luftzug von unten nach oben dadurch mehr verhindert wird. Zu starkes Holz ist ganz zu vermeiden; hätte man aber keine ganz horizontale Meilerstätte erhalten können, so bringt man die stärksten Stücken auf die tiefsten Punkte des Meilers, weil sie dort am längsten im Feuer stehen. Die Kernseite der gespaltenen Kloben richtet man immer nach dem Quandel, um dadurch das möglichst dichte Setzen des Holzes, welches in dieser Stellung auch leichter vom

Feuer ergriffen wird, zu bewirken. Deshalb müssen auch alle Kloben von gleicher Länge sein, und die durch die unförmliche, gewundene und sehr knorrige Gestalt derselben entstehenden Höhlungen müssen aufs sorgfältigste mit Astholz ausgefüllt werden. Je senkrechter man die Scheite aufstellen kann, desto weniger hohle Räume werden entstehen. Ganz lassen sie sich bei stehenden Meilern ohnedies nie vermeiden, weil das völlig senkrechte Aufstellen der Scheite unmöglich, auch wegen der künftigen Bedekkung des Meilers unthunlich ist. Beim Richten ist daher alle Sorgfalt nur darauf zu verwenden, die hohlen Räume so viel als möglich ganz zu vermeiden, oder sie wenigstens auszufüllen, und den Meiler so steil zu setzen, als es der demnächstigen Bedeckung wegen ausführbar ist. Vorzüglich muß bei der Anfertigung der Haube auf ein möglichst dichtes Aneinanderstellen der Kloben Rücksicht genommen werden, und weil dies nicht gut bewerkstelligt werden kann, wenn sich der Meiler oben zuspitzen soll, so ist es besser, die Haube aus horizontal neben einander liegenden Scheiten zu bilden, wobei die Enden der Kloben immer nach der Quandelstange gerichtet sein müssen.

Weil es nicht möglich ist, das Holz in den Meilern ohne Zwischenräume aufzustellen, so hat man den Vorschlag gemacht, dieselben mit Kohlenstaub auszufüllen und dadurch unschädlich zu machen. Hr. Bull will dadurch das Kohlenausbringen sehr vergrößert und ungleich festere Kohlen erhalten haben. Versuche, die im sächsischen Erzgebirge angestellt worden sind, scheinen die Angaben des Hn. Bull zu bestätigen. An andern Orten hat man kaum so günstige Resultate als bei den nicht mit Kohlenlösche ausgefütterten Meilern erhalten. In jedem Fall wird die Lösche weder zur Beschleunigung, noch zur vollkommneren Verkohlung des Holzes etwas beitragen können, weil sich das Holz viel leichter entzündet als die zerkleinerte Kohle. Die Ausfüllung der Zwischenräume mit Kohlenklein kann daher nur von mittelbarer Wirkung sein, und ein zu starkes Zuströmen der atmosphärischen Luft weniger nachtheilig machen, weil sie den Zug der Luft erschwert und daher einen aus der nicht sorgsamen Behandlung des Meilers entspringenden Nachtheil vermindert, aber keineswegs unmittelbar vortheilhaft einwirkt.

Wie muß man einen Holzmeiler zum Verkohlen setzen? Hessen-Darmstädt. Magaz. f. 1774, S. 4. 11. — Beantwortete Frage: Wie muß man einen Holzmeiler zum Verkohlen setzen; in Stahl's Forst-Magazin, X. 162—169. — Lampadius, über das Verfahren des Hn. Bull, in Erdmann's Journ. f. ökonomische und technische Chemie, II. 1. IV. 49. VII. 47.

§. 500.

Es ist anzunehmen, daß das Holz in denjenigen stehenden Meilern, welche am steilsten gesetzt sind, auch die wenigsten Zwischenräume zwischen sich läßt. Die künftige Decke des Meilers erfordert aber eine Neigung der Scheite gegen den Horizont, damit die Decke nicht von der Oberfläche der Scheite hinabrollt. Die Neigung der Scheite wird aus diesem Grunde um so größer sein müssen, je mehr die Decke zum Hinabrollen auf einer schiefen Ebene geneigt ist. Deshalb ist ein sehr sandiger Boden, dessen man sich zu bedienen genöthigt ist, eine sehr schlechte Decke, weil sich dabei nur flach gesetzte Meiler anwenden lassen. Die steilsten, folglich die dichtesten Meiler, lassen sich beim Gebrauch der Kohlenlösche anwenden, weil diese, nachdem sie etwas angefeuchtet ist, am wenigsten auf der schiefen Ebene hinabrollt. Leider kann man davon aber bei sehr zerstreuten Meilerstätten im Walde, die in der Regel nur einmal in Anwendung kommen, nur selten Gebrauch machen. Wo aber das Holz auf Verkohlungsstätten zusammengebracht wird, sollte immer eine Decke von Kohlenlösche gewählt werden. Wenn aber auch das Material zur Decke das Aufstellen von möglichst steilen Meilern gestattet, so müssen die Scheite in stehenden Meilern doch immer noch eine bedeutende Neigung gegen den Horizont behalten, also viel Zwischenräume zwischen sich lassen. Bei den liegenden Meilern kann man diese Zwischenräume in einem höheren Grade vermeiden, weshalb man glauben sollte, daß sie aus diesem Grunde den stehenden vorzuziehen wären. Es giebt in der Hauptsache zwei Methoden, die liegenden Meiler aufzustellen. Bei dem einen Verfahren werden die Holzscheite in horizontaler Richtung und gleichsam strahlenartig, jedoch so, daß alle Zwischenräume mit dünneren und zum Theil kürzeren Scheiten ausgefüllt werden, und um den Quandelpfahl in mehren Reihen über einander gelegt, so daß die nächst obere Reihe immer einen etwas kleineren Durchmesser als die nächst untere erhält, wodurch der fertig gesetzte Meiler das Ansehen einer Halbkugel bekommt. Diese Methode macht es nothwendig, Scheite von sehr verschiedener Länge anzuwenden, weshalb sie nur in seltenen Fällen ausführbar ist, indem man beim Einschlagen des Holzes, aus vielen Gründen, den Scheiten eine gleiche Länge zutheilt. Die andere Methode, welche zugleich mit der vortheilhaftesten Construction der Meiler verbunden ist, besteht darin, daß in der Mitte des zu errichtenden Meilers ein aus einem steilen Meiler bestehender Kern aufgerichtet wird, um welchen Kern die horizontalen Holzschichten dergestalt gelegt werden, daß die Enden der Kloben nach der Quandelstange gerichtet sind. Bei dieser Aufstellung der Meiler lassen sich die hohlen Räume am mehrsten vermeiden, und die treppenförmigen Absätze, welche durch das Hervorspringen der unteren horizontalen Schichten vor den zunächst oberen, rings um die Außenfläche des Meilers gebildet werden (um dadurch eine Dossirung hervorzubringen, welche mit der Gestalt des Kerns korrespondirt, sobald die Scheite eine gleiche Länge haben), bieten der Decke, auch bei der größten Steilheit des Meilers, einen Ruhepunkt dar und verhindern das Hinabrollen. Bei sehr langen Scheiten bedarf es nur einer einzigen horizontalen Reihe rings um den Kern; bei kürzeren Scheiten lassen sich zwei und mehr Reihen hinter einander legen, wenn man größere Meiler erhalten will. In der Zeichnung Fig. 6, Taf. III. ist ein liegender Meiler mit einem stehenden Kern vorgestellt. Die Scheite haben eine Länge von vier Fuß. Nur oben auf der Haube wird, wie auch bei den stehenden Meilern, eine Ausfüllung mit Scheiten, Knüppeln, Holzenden u. s. f. vorgenommen, um die Haube abzurunden. Bei dieser Art die Meiler aufzurichten, ist es besonders nothwendig, die Meilerstätte mit Holzabgängen zu bedecken, oder einen sogenannten Rost anzuwenden, damit die untersten Reihen von Holzscheiten sich vollständig verkohlen. In der Zeichnung sind zwei concentrische Reihen dargestellt; man kann aber 3, 4 u. s. f. anwenden und den Kern verhältnißmäßig erhöhen, wenn man größeren Meilern den Vorzug giebt.

Leipz. Intell. Blatt 1755. Nr. 12. — J. Beckmann, einige Anmerkungen über die Verkohlung des Holzes; in den Bemerk. der kurpfälzisch. physikal-ökonom. Geschellsch. für 1774. S. 299 — 317. — Palmstjerna's Bemerkungen über die Kohlenmeiler in v. Crell's Neuem chem. Archiv, VIII. 267. — Vermischte Abhandl. der westphäl. ökon. Societät zu Hamm, I. 54. — Oekon. Nachr. der schles. patriot. Gesellsch. f. 1775, III. 187. Hessen-Darmst. Mag. für 1775. S. 139 u. 145. — Beschreibung der italienischen Kohlungsmethode. Auf allerhöchstem Befehl herausgegeben von dem k. k. inner-österreichischen Oberkammergrafenamte (verfaßt von Hrn. v. Herburger zu Hislau). Wien 1812. — Karsten, metallurgische Reise, S. 325 u. f.

§. 501.

Wie die Umfassungswände bei den Verkohlungsöfen, so dient die Decke bei der Meiler- und bei der Haufenverkohlung zur Verhinderung des starken Luftzuges, wobei das Holz verbrennen und nicht verkohlt werden würde. Bei den Waldköhlereien ist man genöthigt, sich der Decke zu bedienen, welche gerade zu erhalten ist, nämlich der Erde und häufig des Sandes. Weil die lockere Erde aber nicht auf der Oberfläche des Meilers liegen bleiben, sondern durch die Zwischenräume hindurch fallen würde, so muß der Meiler, ehe man ihn mit Erde bewirft, noch mit einer Decke von Rasen, Reisig, Tannennadeln, oder Laub und Waldstreu versehen werden. Je weniger Zwischenräume alle diese Substanzen haben, desto besser erfüllen sie ihren Zweck. Grüner Rasen, mit der Grasseite auf das Holz gelegt, gewährt eine sehr gute Decke. Weniger gut ist das Moos, und am wenigsten sind die Nadeln von den Pinusarten als Decke zu gebrauchen. Vor einem schlechten, wenig zusammenhängenden und dünn bewachsenen Rasen, hat eine dichte Laubdecke, wenn sie zu erhalten ist, große Vorzüge. Mit dieser ersten Decke wird der Meiler versehen, sobald er ausgeebnet oder geschlichtet ist, d. h. sobald die Zwischenräume zwischen den Scheiten mit dünnem Holz möglichst ausgefüllt sind, so daß die Oberfläche des Meilers glatt erscheint. Bei dieser Bedeckung erhält der Meiler zugleich an der Grundfläche (am Fuß) die sogenannte Rüstung, nämlich eine 6 Zoll von der Grundfläche entfernte, rings um den Meiler laufende Umfassung mit dürren Aesten, welche in hölzernen Gabeln liegen; oder man legt die Rüsthölzer auf Steine, die um die Grundfläche des Meilers, in Entfernungen, welche der Länge der Rüsthölzer angemessen sind, umher gelegt werden. Diese Rüstung dient theils dazu, der Decke eine Unterstützung zu gewähren, theils aber auch, um den Dämpfen beim ersten Anzünden Gelegenheit zu geben, durch die Zwischenräume am Fuß des Meilers einen Ausgang zu finden. Bei großen und steilen Meilern bringt man da, wo die erste und die zweite Schicht der Holzscheite zusammen kommen, oder wechseln, also etwa in der mittleren Höhe (Brust) des Meilers, noch wohl eine zweite Rüstung an, welche auf Rüstgabeln ruht, die so lang sind, als die Höhe beträgt, in welcher die Rüstung gemacht werden soll. Bequeme Köhler scheuen die Mühe, welche die Anfertigung dieser Rüstungen erfordert; allein sie entgehen dann auch dem Vortheil, steiler gesetzte Meiler anwenden zu können. Sobald die untere Rüstung gemacht ist, fängt man mit dem Bedecken des Meilers von unten herauf an, und macht die Decke, bei einem guten Material, 3 Zoll, bei einem schlechten aber 4 bis 5 Zoll stark. Vorzüglich muß die Haube sehr sorgfältig bedeckt und mit einer stärkeren, guten und dichten Decke versehen werden, weil sonst das Feuer, welches ohnedies gegen die Haube am stärksten wirkt, durchbrennen würde. Nach dieser ersten Decke erhält der Meiler die zweite, oder die eigentliche Erddecke. Eine zu fette und feste Erde darf zur Decke nicht angewendet werden, weil sie beim Erhitzen leicht Risse erhält, auch beim Schwinden des Holzes nicht schnell genug nachsinkt, sondern Höhlungen veranlaßt. Reiner Sand ist unbrauchbar, weil er von der ersten Decke leicht herabrollt. Man muß daher zuweilen eine künstliche Decke aus Thon und Sand zusammensetzen, oder sich — welches jedoch sehr nachtheilig ist — bei sehr lockerem sandigem Boden damit helfen, daß man die Meiler sehr flach setzt, damit die Decke liegen bleibt. Die angefeuchtete und durch öfteres Besprengen mit Wasser feucht erhaltene Kohlenlösche, ist, wie schon erwähnt, die allervorzüglichste Decke, bei welcher sich die steilsten Meiler anwenden lassen, vorzüglich wenn man dieser Decke durch eine zweite Rüstung in der mittleren Höhe des Meilers, noch eine Unterstützung verschafft. Bei der Anwendung der Kohlenlösche ist eine erste Decke unnöthig, weil das Holz unmittelbar mit der feuchten Lösche bekleidet werden kann. In der Regel erhält der Meiler eine gleich starke Decke, um das Feuer nicht nach der schwächer bedeckten Stelle hinzuziehen; nur die Haube wird stärker bedeckt, weil sie der Wirkung des Feuers am mehrsten ausgesetzt ist. Hat man einen besonderen Grund, das Feuer von irgend einer Stelle des Meilers vorzüglich abzuhalten, so muß sie eine stärkere Decke erhalten. Bei schief stehenden Meilern muß die längere Seite stärker bedeckt werden, und ist beim Aufrichten des Meilers das Versehen begangen worden, auf einer Seite besonders viel schwaches Holz zu nehmen, so läßt sich dieser Fehler dadurch etwas verbessern, daß man dem schwächeren Holz eine stärkere Decke giebt. Ist man genöthigt, nasses und verstocktes Holz zu verkohlen, so muß der Meiler zuerst nicht so stark gedeckt werden, als wenn er nur gesundes und trocknes Holz enthält, weil er schwerer in Brand kommt und mehr Feuchtigkeit ausschwitzt. Die dem Winde zugekehrte Seite des Meilers muß ganz besonders stärker bedeckt werden, weil das Feuer dort stärker angefacht wird. Bei dem Bedecken der Meiler mit der zweiten Decke, vor dem Anzünden, befolgt man nicht einerlei Verfahren, sondern man bedeckt sie, wie es Gewohnheit und Meinung mit sich bringen, hier ganz, dort erst oben, an einem anderen Ort erst unten, und giebt die ganze Decke erst dann, wenn kein dichter, gelblichschwarzer, nasser Rauch mehr aufsteigt. Wo man den Meiler vor dem Anzünden ganz deckt, hat man vorzüglich darauf zu sehen, daß die Dämpfe unter der Rüstung freien Abzug haben. Ist dies der Fall, so hat das völlige Bewerfen des Meilers gewiß Vorzüge vor dem Verfahren, ihn erst nach dem Aufhören der sich entwickelnden feuchten Dämpfe gänzlich mit der zweiten Decke zu versehen. Man bezweckt und erreicht zwar durch das anfänglich theilweise Bedecken einen freieren Abzug der Feuchtigkeit, und sucht dadurch das Schlagen, Stoßen oder Werfen der Meiler zu verhüten; allein bei dem, durch die erste Decke nur höchst unvollständig abgehaltenen Zutritt der Luft wird zugleich viel Holz verbrannt. Wenn man die Mühe nicht scheut, gute Rüstungen zu machen, so lassen sich die Dämpfe durch die Oeffnungen am Fuß des Meilers ableiten, ohne das Holz der zuströmenden Luft Preis zu geben.

Die Zeichnungen Fig. 7 und 8, Taf. III. stellen zwei stehende zweischichtige Meiler dar, von denen der eine steiler, der andere flacher gesetzt ist, weil jener eine Decke von feuchter Kohlenlösche, die durch eine Rüstung in der mittleren Höhe des Meilers unterstützt ist, erhalten hat; dieser aber, nach Art der gewöhnlichen Meiler in den Waldköhlereien, eine schlechte und leicht hinabrollende Erddecke bekommen mußte. Der zum Anzünden bestimmte Quandelpfahl ist bei beiden Meilern in gewöhnlicher Art aus Quandelpfählen construirt, die bei jenem Meiler durch einen hölzernen Pfahl auseinander gehalten werden. Der Pfahl wird beim Anzünden herausgezogen und erhält sich schwebend in dem Quandelschacht, indem er von allen Seiten den Druck der Holzscheite zu erleiden hat. Dem einen Meiler ist eine Unterlage von Holz (ein Rost) gegeben worden, dem anderen nicht. Bei dem einen fehlen die Fußräume, weil sich dieselben in der Kohlenlösche, dem Bedürfniß gemäß, sogleich ausstoßen lassen; bei dem andern, welcher die Rasendecke, und über derselben die Erddecke bekommen hat, sind die Fußräume angedeutet worden, welche durch die Rüstung am Fuße des Meilers gebildet werden.

§. 502.

In den ersten 24 Stunden nach dem Anzünden, erfordert der Meiler eine besonders sorgfältige Beaufsichtigung. Windige Tage sucht man beim Anzünden möglichst zu vermeiden, weil sich das Feuer leicht nach einer Seite zieht, welches Uebel sich später kaum wieder heben läßt. Greift das Feuer bald nach dem Anzünden nicht schnell genug um sich, so werden die unteren Theile des Meilers nicht so stark ausgewärmt, daß die Feuchtigkeit des Holzes ausgetrieben werden kann. Bei einem langsamen Anwärmen findet daher immer ein Holzverlust statt, weil sich die Dämpfe nicht herunterziehen und ihren Ausgang nicht durch die Rüstungsräume suchen. Nur durch ein scharfes und schnelles Auswärmfeuer werden die wässrigen Destillationsprodukte schnell entfernt. Je länger diese Dämpfe durch ein schwaches Anwärmen im Meiler zurückgehalten werden, desto länger ist man der Gefahr des Stoßens, Schüttelns, Schlagens oder Werfens desselben ausgesetzt. Diesem Stoßen beugt man am besten dadurch vor, daß man den Dämpfen unter der Rüstung einen Abzug verschafft, und den Raum unter der Rüstung bloß mit der ersten, aber nicht mit der zweiten Decke versieht. Schnell um sich greifendes Feuer nach dem Anzünden des Meilers, ist auch deshalb erforderlich, damit dasselbe nicht erstickt und damit der stärkere Luftzutritt, sei es durch die unteren Rüstungsräume, oder durch die Oberfläche des Meilers, wo er nur erst die erste Decke erhalten hat, früher entbehrlich wird. Die schweren, trägen und wässrigen Dämpfe, welche sich anfänglich entwickeln, lassen sich an ihrer gelblichgrauen Farbe und an der langsamen Bewegung leicht erkennen. Die Oberfläche der Meilerdecke überzieht sich dabei mit Feuchtigkeit, weshalb man diese Operation das Schwitzen, das Bähen, das Abbähen des Meilers nennt. Von dem schnellen und vorsichtigen Abbähen des Meilers hängt das Gelingen des Verkohlungsprozesses wesentlich ab; je unvollkommner es geschehen ist, desto größer ist im Fortgange des Prozesses der Holzverbrand, und desto länger bleibt man der Gefahr des Werfens des Meilers ausgesetzt. Um das Feuer beim ersten Anzünden schneller um sich greifen zu lassen, setzt man das trockenste Holz um die Quandelstange. Bei der ersten starken Wirkung des Feuers entstehen nothwendig, theils durch das wirkliche Verbrennen oder Veraschen eines Theils des Holzes, theils wegen des Schwindens des gesammten im Meiler befindlichen und erhitzten Holzes, hohle Räume, welche das Zusammensinken des Meilers, folglich auch ein Zerreißen der Decke herbeiführen und daher das Verbrennen des Holzes im Meiler zur Folge haben können. Diese hohlen Räume müssen daher sehr sorgfältig ausgefüllt werden, welches auf die Weise geschieht, daß die Decke von der oberen Spitze der Haube abgeworfen, das Holz und die entstandenen Kohlen mittelst einer langen Stange (Füllstange) so weit und tief als möglich niedergestoßen und die dadurch entstandenen hohlen Räume mit Kohlenholz ausgefüllt werden, worauf die erste und zweite Decke wieder mit Vorsicht aufzutragen sind. Dies Geschäft, welches das F ü l l e n des Meilers genannt wird, erfordert eben so viel Sorgfalt als Vorsicht und möglichste Schnelligkeit. Der Giebel der Füllungsöffnung muß immer der dem Winde entgegengesetzten Seite zugekehrt sein. Ist der Meiler ganz ausgewärmt, so hat man kein Werfen weiter zu befürchten, weshalb die Rüstungsräume auch mit der zweiten Decke stark beworfen werden. Weil die Decke aber, durch das Schwinden des Holzes, von der ganzen Fläche des Meilers sich abzuziehen und locker zu werden pflegt, so muß sie nach dem Füllen überall wieder an das Holz angeschlagen, und überhaupt, besonders aber in der Haube, und wo es sonst auf einzelnen Punkten nöthig sein sollte, noch einmal durch neue Erde verstärkt und an der ersten Decke angetragen werden, um alle Ritzen und Oeffnungen zu verschließen. In diesem Zustande muß der Meiler 2 bis 3 Tage in Ruhe stehen bleiben und in einer möglichst gleichförmigen Hitze erhalten werden, weshalb nur dahin zu sehen ist, daß das Feuer auf der einen Seite nicht stärker wirkt als auf der anderen. Die Windseite des Meilers, die niederigeren Stellen eines nicht horizontal gesetzten Meilers, und die Stellen, welche beim Setzen zufällig schwächeres und weicheres Holz erhielten, werden stärker bedeckt, und alle Maaßregeln so getroffen, daß der Meiler gleichförmig zusammengeht oder schwindet, daß nämlich die eine Seite nicht früher als die andere zusammensinkt. Sollte das stärkere Bewerfen solcher leidenden Stellen nicht von Erfolg sein, so müssen an den entgegengesetzten Seiten des Meilers Zuglöcher durch die Decke gestoßen werden. Diesen Zustand des Meilers, in welchem er, sich selbst überlassen, bei dem fast gänzlichen Ausschluß der Luft, durch die innere Gluth zur Verkohlung des Holzes wirken soll, nennt man das Treiben des Meilers. Die sich entwickelnden sauren und öligen Dämpfe würden indeß zuletzt das Ersticken des Feuers und den Stillstand der Operation bewirken, weshalb für deren Ableitung und zugleich für einen schwachen Luftzug gesorgt werden muß. Man bewirkt dies dadurch, daß man Zuglöcher oder Registeröffnungen (Raumlöcher) durch die Decke des Meilers stößt. Dabei muß mit großer Sorgfalt verfahren werden, theils um nicht zu viel Luft dem Meiler zuzuführen, theils um das Feuer nach der einen Seite des Meilers nicht stärker hinzuziehen, als nach der anderen. Je weniger man den Zug befördert, je langsamer also die nun folgende Operation (das Zubrennen des Meilers) erfolgt, desto günstiger wird der Erfolg der Verkohlung sein. Durch die Beschleunigung der Arbeit, nämlich durch einen zu sehr verstärkten Zug, erhält man weniger und schlechtere Kohlen. Die Oeffnungen zum Abziehen der Dämpfe und zur Zuleitung der Luft, müssen am Fuß des Meilers gemacht werden. Die Menge dieser Oeffnungen (Fußraumlöcher, Fußräume) richtet sich nach dem Zustande des Meilers; befindet er sich in starker Gluth, so sind nur wenig Oeffnungen erforderlich, im entgegengesetzten Fall werden deren mehre, in Entfernungen von 4 bis 6 Fuß von einander angebracht. Mit der Menge und Größe dieser Fußräume vorsichtig zu sein, kann nicht genug empfohlen werden, weil durch einen starken Zug das Verbrennen des Holzes und der schon gebildeten Kohlen herbeigeführt wird. Das ganze Verkohlungsgeschäft sollte eigentlich durch die Oeffnungen am Fuß des Meilers beendigt werden, weil es nur darauf ankommt, den Dämpfen Abzug zu verschaffen und das Feuer nach unten zu ziehen. Allein die Meilerdecke condensirt einen Theil der sich entwickelnden Dämpfe, so daß diejenigen Holzscheite, welche mit der Decke in unmittelbarer Berührung sind, feucht erhalten und nicht vollständig verkohlt werden würden, wenn nicht dafür gesorgt wird, den Dämpfen einen Abzug und der Luft einigen Zutritt zu verschaffen. Man bringt daher, wenn die Verkohlung beinahe beendigt ist, und wenn der Meiler, nach Verhältniß seiner Größe, 4 bis 8 Tage lang bloß mit den Oeffnungen am Fuß desselben gestanden hat, etwa in der halben Höhe des Meilers noch einige Oeffnungen durch die Decke (Mittelraumlöcher, Mittelräume), wodurch man die vollständige Verkohlung der äußersten Holzreihen zu bewirken sucht. Bei sehr großen Meilern pflegt man wohl noch eine zweite Reihe von Mittelräumen, näher nach der Haube zu, anzuordnen; indeß ist dies Verfahren nicht, am wenigsten aber bei kleinen und bei Meilern von mittlerer Größe, zu loben. Da sich die Hitze im Meiler immer nach oben verbreitet, so kann die Verkohlung in der Haube und im Kopf des Meilers ohne unmittelbaren Luftzutritt erfolgen. Aus diesem

Grunde müssen auch sogar die Mittelräume nicht zu nahe neben einander angebracht werden, und von der Seite, wo der Meiler einem starken Zuge ausgesetzt ist, ganz wegbleiben. So lange der aus den Mittelräumen strömende Dampf noch schwarz und dick ist, müssen sie offen bleiben; sobald er aber dünn wird und eine bläuliche Farbe bekommt, verschließt man sie sogleich, und bringt 15 bis 18 Zoll tiefer eine zweite concentrische Reihe von Raumlöchern durch die Meilerdecke, die man ebenfalls so lange offen erhält, bis der feine Rauch eine bläuliche Farbe bekommt. Bei großen Meilern ist noch eine dritte solche Reihe von Oeffnungen erforderlich, ehe man bis zu den Oeffnungen am Fuß des Meilers niedergekommen ist. Dann tritt der Meiler in die Gaare. Das Feuer bricht stellenweise am Fuße des Meilers durch die Fußräume. Geschieht dies Durchbrechen des Feuers gleichförmig und gleichzeitig im ganzen Umkreise des Meilers, so ist dies ein Zeichen eines günstigen Erfolges des Prozesses. Bleibt das Feuer aber auf einzelnen Punkten zurück, so muß das Verkohlen durch anzubringende Oeffnungen beeilt werden, wogegen alle Räume auf den gaaren Stellen fest zu verschließen sind. Nach beendigter Verkohlung hat der Meiler eine ganz andere Gestalt erhalten: er ist wegen des Schwindens des Holzes nicht allein stark zusammen gesunken, sondern er hat auch nur in seltenen Fällen seine regelmäßige, kegelförmige Gestalt behalten. Zuweilen ist er nach der einen Seite etwas stärker als nach der andern Seite geneigt, oder er ist bauchig und hat muldenförmige Vertiefungen u. s. f., je nachdem er bei der Arbeit mehr oder weniger verwahrloset ist. Aus der äußeren Gestalt des Meilers läßt sich in der Regel auf den Gang und auf den Erfolg der Arbeit schließen. Wenn das Gaarwerden des Meilers auf allen Seiten erfolgt ist, so bleibt er etwa 24 Stunden lang ganz zugedeckt, und gegen allen Zutritt der Luft geschützt, ruhig stehen. Dies nennt man das Abkühlen des Meilers. Würde er in diesem Zustande lange genug erhalten, so müßte das Feuer zuletzt erlöschen; weil aber die Luft nicht vollständig abgehalten werden kann, so würde durch das von selbst erfolgende Ersticken der Kohlen zu einem großen Kohlenverbrande Anlaß gegeben werden. Die Erfahrung hat auch gelehrt, daß die von selbst erstickten Kohlen weniger wirksam sind als die, in denen das Feuer ausgelöscht worden ist. Beim Ausziehen der Kohlen macht man am Fuß der einen Seite des Meilers mit dem eisernen Haken eine Oeffnung, welche aber sogleich, wenn eine hinlängliche Menge Kohlen gezogen ist, wieder mit trocknem Sande, oder mit Lösche zugeworfen wird, und schreitet mit diesem Ausziehen rund um die Peripherie des Meilers fort. Die ausgezogenen Kohlen werden entweder mit trocknem Sand, oder mit trockner Kohlenlösche, oder auch durch Besprengen mit Wasser, erstickt oder gelöscht. Wo Wasser in der Nähe der Verkohlungsstätte zu erhalten ist, verdient das Besprengen der frisch gezogenen Kohlen mit Wasser den Vorzug.

§. 503.

Die Dauer der Verkohlung, oder die Zeit, welche vom ersten Anzünden bis zum Gaarwerden des Meilers erforderlich ist, richtet sich theils nach der Größe, theils nach der Behandlung des Meilers. Ein kleiner Meiler erfordert vielleicht nur 6 Tage, wenn ein größerer wohl 4 Wochen bedarf. Für Meiler, deren Inhalt etwa 3000 Kubikf. beträgt, rechnet man 14 bis 16 Tage. Größere Meiler erfordern verhältnißmäßig weniger Zeit. Hartes Holz muß langsamer verkohlt werden als weiches, eben so auch das stockige und nasse Holz. Je länger der Meiler im Treiben bleibt oder je länger der Zutritt der Luft durch die Register-Oeffnungen am Fuße des Meilers gemäßigt wird, desto geringer ist der Verlust durch Verbrennen und desto vollkommner die Verkohlung. Die Kohlen werden sogleich beim Ausziehen nach ihrer Größe in verschiedene Sorten abgetheilt. Die von den ersten Zügen, oder zunächst von der Peripherie und aus dem mittleren Umfange des Meilers, sind immer die größten, weil das Holz, je näher es am Quandel stand, desto stärker, besonders beim ersten Anzünden, vom Feuer ergriffen wird, folglich auch desto kleinere Kohlen liefert. Die größten Kohlen bestimmt man für den Hohofen, die kleineren für die Frischfeuer, die Quandelkohlen zum Erzrösten, Kalkbrennen u. s. f. Zum Transportiren ans der Köhlerei zu den Hütten sind geflochtene Kohlenkörbe, oder Körbe, aus einem leichten hölzernen Gerüst zusammengesetzt und mit dünnen Schindeln ausgeflochten, am zweckmäßigsten. Die Körbe müssen einen bestimmten kubischen Inhalt haben. In sehr gebirgigen Gegenden bedient man sich zum Transportiren der Kohlen der Körbe, welche den Maulthieren und Eseln angehängt werden. Anhaltende Nässe ist der Brenn- und Heizkraft der Kohlen sehr nachtheilig, deshalb ist es nothwendig, die Kohlen unter leichten Bedachungen oder in Schuppen aufzubewahren. Beim Eintragen der Kohlen in die Schuppen ist mit Sorgfalt zu verfahren, um den Verlust, der durch den Druck und durch das Zerkleinern der Kohlen immer unvermeidlich bleibt, nicht noch mehr zu vergrößern. Daher wird es als eine zweckmäßige Maßregel anzuerkennen sein, mehre horizontale Abtheilungen in den Schuppen anzubringen und dadurch den Druck der über einander liegenden Kohlenmassen zu vermindern. Wenn aus besonderen Gründen die Kohlenanschaffung über die gewöhnliche Versorgungszeit der Hütte hinaus nothwendig und dadurch das Unterbringen der Kohlen in Schuppen unmöglich wird, so müssen die Kohlen in Haufen aufgesetzt werden. Man führt die Seitenwände aus den stärksten Kohlen auf, und giebt ihnen durch zwischengelegte Aeste mehr Haltbarkeit. Ein großer Kohlenverlust durch das Zerdrücken ist dabei unvermeidlich. Werden die Haufen im Walde aufgestellt, so muß man freie, offene und dem Luftzuge ausgesetzte, aber nicht dickbelaubte, feuchte und geschlossene Plätze wählen. Man hat einen großen Werth darauf gelegt, die bei der Verkohlung des Holzes in Meilern entweichenden sauren und öligen Dämpfe nicht unbenutzt zu lassen, und es fehlt nicht an Vorschlägen zu Vorrichtungen, um dieselben aufzufangen.

Das Verkohlungsverfahren in Meilern ist indeß nicht dazu geeignet, jene Nebenprodukte zu gewinnen, weil die Gewinnung immer nur auf Unkosten des Kohlenausbringens geschehen kann. Nur in derjenigen Zeitperiode, in welcher sich der Meiler im Treiben befindet, würde die Ableitung der Dämpfe durch eine in der Haube angebrachte Röhre, welche in Kühlfässer geleitet wird, keine Störung des Verkohlungsprozesses bewirken. Diese Nebenprodukte haben indeß in den mehrsten Gegenden einen so geringen Werth, daß Mühe und Kosten dadurch nicht bezahlt werden. Der Vorschlag des Hrn. Foucaud, die Meiler mit geflochtenen hölzernen Horden zu bedecken, welche einen luftdichten Ueberzug von Lehm erhalten und daher leicht zu transportiren sind, hat scheinbar viel für sich. Wenn die Horden aber, nach dem erfolgten Richten des Meilers, auch vollkommen an der Oberfläche desselben anschließen, so ist dies doch nicht mehr der Fall, wenn das Holz durch die Verkohlung geschwunden ist. Eine solche Art, die Meiler zu bedecken, um die sich entwickelnden Dämpfe ableiten und in Kühlfässern condensiren zu können, hat daher nur in solchen Gegenden einigen Werth, wo die Nebenprodukte von der Verkohlung zu einer fabrikmäßigen Benuzzung verwendet werden können, und wo man sich daher ein weniger reichliches Kohlenausbringen, der Nebenprodukte wegen, gefallen lassen muß.

Hassenfratz, Sidérotechnie, II. 17—20. — Schriften über das Verkohlen des Holzes im Allgemeinen, außer den schon angezeigten Abhandlungen, sind folgende: Bornemann, Vers. einer systemat. Abhandlung v. d. Kohlen, 1776. — Gerhard, in den Anm. zu Jars metallurg. Reisen, II. 634 bis 686. — Halle, Kunst des Kohlenbrennens, in dessen Werkstätten der heut. Künste, Bd. 3. — Du Hamel du Monçeau, Kunst des Kohlenbrennens, a. d. Franz. übersetzt von v. Justi 1762, (auch als 1ster Bd. des Schauplatzes d. Künste). — Cramer's Anleitung zur Forstwissenschaft, 1766. — Burgsdorf, Vers. einer vollständ. Geschichte der vorzüglichsten Holzarten, I. 416—435. — Celsius, de arte carbonaria in patria, Upsal 1741. — Magni Walneri, diss. de arte carbonariä in patria, Upsal 1740. — Gleditsch, Forstwissenschaft; 1775. II. 157—168. — Scopoli, Abhandlung vom Kohlenbrennen, Bern 1771, (auch in den Abhandl. d. Berner ökonom. Gesellsch.) — v. Zanthier, über d. Verkohlen; in Gatterer's neuem technolog. Magazin, I. 1. u. f. — Leonhardi's Magazin für d. Jagd- und Forstwesen, Heft 7. — Oekonom. Nachrichten d. schles. patriot. Gesellsch. für 1774, II. 223. — Klipstein, in dessen mineral. Briefwechsel, II. 55 bis 93. — Rettberg, im Hannöv. Magaz., 1774. S. 66. — In Tölle's und Gärtner's Eisenhütten-Magaz. Beil.; so wie auch in Tiemann's und Wähler's Eisenhüttenk. — v. Uslar, von der Verkohlung des Holzes, in dessen forstwirthschaftl. Bemerk. auf einer Reise, Braunschw. 1792. — Späth, prakt. Abhandl über das Verkohlen des Holzes, Nürnb. 1800. — Berättelse om Kolnings-Försök, på Bruks-Societetens bekostnad anstälde af C. D. af Uhr, Stockholm 1814. Ins Deutsche übers. von J. G. L. Blumhof. Gießen 1820. — Handbok för Kölare, Stockholm 1823. Verordnung, wie es mit dem Holzschlag zu Kohlen und den Köhlereien bei den Königl. Eisen-, Blech-, Kupfer- und anderen Hütten- und Hammerwerken gehalten werden soll. De dato Berlin den 18. Januar 1779. (Diese Verordnung enthält zugleich eine sehr belehrende Anweisung für den praktischen Köhler.) — v. Berg, Anleitung zum Verkohlen des Holzes, Darmstadt 1830. — Freytag, über die vortheilhafteste Verkohlung des Holzes in Meilern, Quedlinb. u. Gotha 1831. — F. Klein, über die Verkohlung des Holzes in stehenden Meilern, Gotha 1836. — J. A. Helmert, Versuch einer Beantwortung der Frage: ob es vortheilhafter ist, trocknes oder nasses Holz zu verkohlen; Erdmann's Journ. f. technische und ökonomische Chemie, IV. 230. — Lampadius, ungemein vergrößertes Kohlenausbringen, nach der Methode von Bull, bei welcher die Zwischenräume in den Meilern mit Kohlenlösche ausgefüllt werden; Erdmann's Journ. II. 1. IV. 49. VII. 47. 309. VIII. 137. IX. 430.

§. 504.

b. Die Verkohlung in Haufen. Der schon oben (§. 497) erörterte Unterschied zwischen Meiler- und Haufen-Verkohlung ist scheinbar zwar gering; indeß findet doch bei der Behandlung des zu verkohlenden Holzes eine wesentliche Verschiedenheit bei beiden Methoden statt. Von der Verkohlungsmethode in Haufen rühmt man, daß sie vorzüglich gute Kohlen liefere, weil sie fast in demselben Augenblick ausgezogen werden, in welchem sie entstanden sind, also der Glühhitze und den glühenden Gasarten, die sich beim Verkohlen entwickeln, nicht so lange ausgesetzt bleiben, als in den Meilern. Auch will man durch die Haufenverkohlung ein größeres Kohlenausbringen, als durch die Meilerverkohlung erhalten haben. An anderen Orten haben Erfahrungen gerade entgegengesetzte Resultate gegeben. Gewohnheit und erlangte Fertigkeit in dieser oder jener Verkohlungsmethode entscheiden hier, wie immer in solchen Fällen, wenn man mit Unrecht der Methode zuschreibt, was lediglich der Erfolg einer mehr oder minder aufmerksamen und vorsichtigen Arbeit ist.

§. 505.

Bei der Haufenverkohlung besteht das gewöhnliche Verfahren darin, daß 6 bis 8 Fuß lange, ungespaltene Holzstämme, auf der Verkohlungsstätte, in einer gewissen Ordnung liegend, über einander geschichtet, wie bei den Meilern mit Kohlenlösche, oder in Ermangelung derselben mit einer andern Decke, bedeckt und verkohlt werden. Die Verkohlungsstätte besteht aus einer horizontalen, zuweilen aber auch unter sehr verschiedenen Winkeln, dann aber immer dergestalt geneigten Ebene, daß der vordere, niedrigere Theil des Haufens über dem tiefer liegenden Theil der Ebene aufgerichtet wird. In einigen Gegenden hält man das Ansteigen der Verkohlungsstätte von vorn nach hinten sogar für ein nothwendiges Erforderniß. Bei dem Verkohlen in Wäldern, in gebirgigen Gegenden, ist es dieser Verkohlungsmethode wenigstens als ein Vorzug anzurechnen, daß sie eine horizontale Stätte nicht nothwendig erfordert. So viel als möglich sucht man eine feste, möglichst trockene Stätte aus, die man 3 bis 6 Zoll hoch mit reiner Kohlenlösche bedeckt. Die Größe der Stätte ist von örtlichen Verhältnissen und von der Länge der Holzstämme abhängig. Gewöhnliche Dimensionen eines Haufens sind eine Länge von 24 Fuß und eine Breite von 8 Fuß, indem das Holz zu 8 Fuß langen Blöcken geschnitten wird. Die Verkohlungsstätte ist um einige Fuß länger und breiter. Wenn die Größe des aufzustellenden Haufens abgesteckt ist, werden hölzerne Pfähle, in einer Entfernung von 2 bis 3 Fuß von einander, 1 bis 1½ Fuß tief in die Erde getrieben. Diese Pfähle sind an dem hinteren Theil des Haufens (an dem Kopf oder Segel) 7 bis 9 Fuß von der Erdoberfläche hoch, und werden gegen den vorderen Theil des Haufens immer niedriger, so daß der letzte Pfahl nur etwa 2 Fuß aus der Erde hervorragt. Diese Pfähle sind dazu bestimmt, die Decke des Haufens an den senkrechten Seiten zusammen zu halten. Auch die hintere Fläche des Haufens führt man häufig ganz senkrecht in die Höhe, weshalb die Decke dort ebenfalls mit einer Pfahlreihe zusammengehalten werden muß. Diese hintere Pfahlreihe ist nur dann nicht nothwendig, wenn die hintere Fläche des Haufens keine senkrechte Wand bildet, sondern wenn die Holzblöcke mit einer Dossirung über einander liegen, so daß die Decke unmittelbar auf der dadurch entstehenden schiefen Ebene ruhen kann. Die Zeichnungen Fig. 9, 10 und 11 Taf. III. stellen einen solchen, mit Pfählen eingefaßten Haufen im Grundriß, in der perspectivischen Ansicht und im Durchschnitt dar. Die Breite des durch die Pfähle begränzten Raumes ist 12 Zoll größer als die Länge der Holzblöcke. Auf der Verkohlungsstätte werden zuerst lang gespaltene Stäbe, oder auch gerade Aeste, der Länge nach neben einander gelegt. Sie dienen dem zu verkohlenden Holze als Unterlagen und halten zugleich die Erdfeuchtigkeit ab, vertreten also die Stelle des Rostes bei der Meilerverkohlung. Auf diese Aeste wird das zu 8 Fuß langen Blöcken geschnittene, aber nicht gespaltene Holz, ohne Rücksicht auf die Stärke der Blöcke, über einander geschichtet. Die stärksten Blöcke sucht man jedoch gegen den Kopf oder gegen das höchste Ende des Haufens hin zu bringen, und füllt alle Zwischenräume möglichst mit dünnem Gipfel- und Astholz aus. Der vordere, niedrigere Theil des Haufens erhält die schwächsten Hölzer, und oben werden zur Bedeckung starke Aeste oder auch gespaltenes Holz angewendet. Die Seitenwände werden ganz senkrecht in die Höhe geführt, so daß auf jeder Seite zwischen denselben und den Pfählen ein Zwischenraum von 6 Zoll bleibt. Dieser Zwischenraum wird mit gewöhnlicher Kohlenlösche, die etwas angefeuchtet worden, ausgefüllt. Um das Durchfallen dieser Bekleidung durch die Pfahlreihen zu verhindern, werden dünne gespaltene Bretter, Schindeln oder andere flache dünne Hölzer, auf der dem Haufen zugekehrten Seite an den Pfählen angelehnt, worauf die Lösche zwischen dieser Verschaalung und dem zu verkohlenden Holz festgestampft wird. Oben wird der Haufen mit Laub, dünnen Reisern und zuletzt mit Kohlenlösche bedeckt.

§. 506.

Wenn der Haufen angezündet werden soll, bringt man am vorderen, niedrigen Ende desselben glühende Kohlen unter die untersten Holzlagen, zwischen diesen und den Unterlagehölzern. Schon beim Aufstellen des Haufens nimmt man Rücksicht darauf, dünneres und trocknere Holz, Späne u. s. f. an jene Stelle zu bringen, um das Anzünden zu erleichtern. Dringt hier und dort ein lichter blauer Rauch am vorderen Ende durch die Decke, so wird die Anzündeöffnung sorgfältig verschlossen und es werden vorn, etwa 15 Zoll vom Erdboden, 3 bis 4 Löcher von 1 Zoll im Durchmesser in die Löschbedeckung gestoßen. Dadurch wird der vordere Theil des Haufens erwärmt und in völlige Gluth gebracht. Wenn nach einiger Zeit ein lichtgrauer leichter Dampf sparsam hier und dort durch die dichte Decke dringt, so ist der vordere Theil des Haufens schon so weit verkohlt, daß der Luftzutritt abgehalten werden kann. Es werden dann die zuerst gestoßenen Löcher verstopft, und weiter nach dem Kopfende des Haufens zu, etwa 2 Fuß von der Erde und 6 bis 7 Fuß von dem vorderen, niedrigen Ende des Haufens entfernt, 3 bis 4 neue, 12 bis 15 Zoll von einander entfernte, zollweite Löcher, bis auf das schon erwärmte Holz durch die Füllung an den beiden langen Seiten des Haufens gestoßen. Bei der Verschaalung läßt sich auf die künftige Anbringung dieser Löcher leicht Rücksicht nehmen. Kommen auch bei diesem Theil des mit Löchern versehenen Meilers die vorhin erwähnten Kennzeichen der Halbgaare zum Vorschein, so werden die Löcher sogleich verstopft und in eben der Richtung neue, jedoch im Verhältniß der zunehmenden Höhe des Haufens um mehre Zoll höher stehende Oeffnungen gestoßen, zugleich aber auch unter den eben verstopften Löchern, ganz nahe an der Erdoberfläche (am Fuße des Haufens), 2 bis 3 neue, zollweite Oeffnungen gemacht, damit sich das Feuer bis zur Sohle hinunterzieht. Diese Fußöffnungen dürfen aber höchstens nur so lange offen bleiben, bis sich ein leichter, kaum bemerkbarer gaarer Dampf zeigt. Auf die beschriebene Weise fährt man mit dem Einbringen der Löcher bis zum Kopfende des Meilers fort. Ist die Verkohlung so weit vorgerückt, daß man schon in einer Entfernung von 8 Fuß vom Kopfende Löcher stößt, so kann am vorderen Ende, wo sich nun schon gaare, erloschene Kohlen finden, mit dem Ausziehen derselben der Anfang gemacht werden. Nur selten werden sich noch glühende Kohlen finden, und wenn der Kopf des Meilers, oder das Segel, noch in voller Verkohlung begriffen ist, so muß schon die vordere Hälfte der Kohlen ausgezogen sein.

§. 507.

Ein nur in der Größe der Haufen und in der Art des Aufstellens des Holzes von dem vorigen abweichendes Verfahren bei der Haufenköhlerei stellen die Zeichnungen Fig. 12 und 13 Taf. III. im Grundriß und im Durchschnitt dar. Man wendet dabei nicht ungespaltenes, sondern gespaltenes Holz an, und bringt dasselbe der Länge nach in den Haufen. Das Einfassen, Bedecken, Anzünden des Haufens geschieht eben so wie vorhin. Der Verkohlungsprozeß erfordert aber zur Beendigung nicht so viel Oeffnungen an den langen Seiten des Haufens, weil sich das Feuer in dem gespaltenen und nach der Richtung der Länge liegenden Holz weit schneller verbreitet. Man behauptet, daß dies Verfahren große Vorzüge vor dem vorigen haben soll, und daß dabei ein größeres Kohlenausbringen erlangt werde. Man spaltet indeß nur solche Stämme, die über 9 Zoll im Durchmesser stark sind. Schwächere Stämme bleiben ebenfalls ungespalten. Die Länge der Scheite ist hier nicht auf die Breite des Haufens beschränkt, sondern es kann jede beliebige Länge gewählt werden.

Man hat das zu verkohlende Holz noch auf mannigfaltig andere Weise in den Haufen aufgestellt, dasselbe z. B. theils senkrecht aufgerichtet, theils horizontal niedergelegt und die Lagen und Schichten auf sehr verschiedene Art mit einander abwechseln lassen. Es scheint aber, daß es ziemlich gleichgültig ist, wie man das Holz aufrichtet, und daß es in der Hauptsache immer nur darauf ankommt, die Zwischenräume zwischen den Holzscheiten möglichst zu vermeiden, und die unvermeidlichen so viel als möglich mit dünnerem Holz auszufüllen. Das Verfahren bei der Haufenverkohlung ist immer das beschriebene, welche Abänderungen man auch bei dem Richten des Holzes vorgenommen hat.

§. 508.

Die Verkohlung in Haufen ist weit mehr als die Meilerverkohlung zum Auffangen der Nebenprodukte bei dem Verkohlungsprozeß geeignet. Die sich entwickelnden Dämpfe strömen nach dem höheren Theil des Haufens, welcher erst ganz zuletzt zur Verkohlung kommt, wogegen sie bei der Meilerverkohlung das Verbrennen der Kohle in der Haube des Meilers verhindern sollen. Wo also die Haufenkohlung eingeführt ist, besonders in solchen Gegenden, wo das zu verkohlende Holz auf Einen Punkt zusammengebracht wird, da läßt sich mit Vortheil eine Vorrichtung zur Gewinnung der Holzsäure und des Theers anwenden. Eine solche Vorrichtung stellen die vorhin erläuterten Zeichnungen Fig. 12 und 13 dar. Hinten, am Segel des Haufens, sind 2, 3 oder mehr Röhren durch die Füllung in den Holzhaufen geführt und gut verdichtet. Die sämmtlichen Röhren vereinigen sich in der trichterförmigen Erweiterung einer Kühlröhre, welcher man eine plattgedrückte Gestalt geben kann, um dem zum Abkühlen bestimmten Wasser mehr Oberfläche darzubieten. Die Kühlröhre ist durch ein gewöhnliches, möglichst großes Kühlfaß gelegt, welches fortwährend einen Zufluß von frischem Wasser erhält. Das Ende der Kühlröhre ist mit einer Vorlage verbunden, welche die verdichtete Säure, das Oel und den Theer aufnimmt. Aus der Vorlage geht wieder eine Röhre in das Kühlfaß zurück, welche die Bestimmung hat, das nicht condensirbare Gas abzuführen. Die Dämpfe, welche sich in dieser Röhre etwa noch verdichten sollten, fließen, wegen der gegen den Horizont geneigten Lage derselben, in die Vorlage zurück. Die sämmtlichen Röhren sind von gegossenem Eisen; die Bottiche können von Holz angefertigt sein. Unmittelbar nach dem Anzünden des Haufens erfolgt die Entwickelung der Dämpfe. Sie schlagen sich in der Kühlröhre nieder und man erhält zuerst fast reines Wasser, später schwächere, dann stärkere Holzsäure, welche schon brenzlich riecht. Nach und nach wird die Flüssigkeit immer brauner, riecht immer stärker nach Theer und zuletzt entwickelt sich nur wenig saure Flüssigkeit und mehr Theer, welches sich gegen das Ende der Operation so verdickt, daß es kaum tropfbar bleibt. Dann müssen die Röhren abgenommen werden, weshalb auch diejenigen Produkte, welche sich beim Verkohlen des hintersten Theils des Haufens entwickeln, nur unvollständig gewonnen werden.

§. 509.

B. **Die Verkohlung in Oefen.** Bei dem Verkohlen des Holzes in Oefen hat man vier Fälle zu unterscheiden. Es wird nämlich das Holz entweder durch den Zutritt der atmosphärischen Luft, — in eben der Art, wie bei der Behandlung in Haufen und Meilern, — zum Verkohlen gebracht; oder die Verkohlung wird durch äußere Erhitzung der Ofenwände ohne allen Luftzutritt bewirkt; oder das zu verkohlende Holz wird durch glühende Röhren im Ofen selbst, ebenfalls bei abgehaltenem Luftzutritt, erhitzt; oder man wendet die zersetzte und glühende atmospärische Luft, welche in den Ofen geleitet wird, zur Verkohlung an. — Man wendet die Ofenverkohlung an, entweder weil man den Theer, oder weil man den Holzessig vorzugsweise gewinnen will; oder weil man in den Oefen eine größere Quantität Kohlen aus dem Holz darzustellen glaubt, und sich den Vortheil der Gewinnung der Nebenprodukte von der Holzdestillation noch nebenher verschaffen will. Die Erfahrung hat indeß entschieden, daß man bei der Ofenverkohlung nicht mehr und nicht bessere Kohlen, als durch eine sorgfältige Meiler- und Haufenverkohlung erhalten kann, und daß das Kohlenausbringen in denjenigen Oefen, in welchen die Verkohlung nicht durch äußere Hitze geschieht, sondern in welchen ein Zutritt von atmosphärischer Luft stattfinden muß, sogar noch geringer ist, als bei der Verkohlung unter beweglichen Decken.

§. 510.

a. **Verkohlungsöfen mit Anwendung äußerer Hitze.** Dies sind diejenigen Oefen, bei welchen sich die vollkommenste Gewinnung aller bei der Destillation des Holzes entstehenden Produkte erwarten läßt, weshalb man auch die Einführung derselben bei der Verkohlung von Zeit zu Zeit als ein

Mittel zu großen Holzersparungen und bedeutenden Vortheilen empfohlen hat. Die Nebenprodukte, so versichert man, würden die Kosten des Holzes und der Verkohlung bezahlt machen, und der Werth der erhaltenen Kohlen werde als der reine Gewinn des Verkohlungsprozesses zu betrachten sein. Es ist schon bemerkt, daß wohl nicht richtige Voraussetzungen solchen Anpreisungen zum Grunde liegen. Außerdem sind aber die Verkohlungsöfen, in welchen das Holz in ganz geschlossenen Räumen durch äußere Hitze verkohlt wird, zur Anwendung im Großen wenig geeignet, weil der räumliche Inhalt einen gewissen, immer nur unbeträchtlichen kubischen Umfang nicht überschreiten darf, wenn das Holz vollständig verkohlt werden und in der Mitte des Ofens nicht in einem unvollkommen verkohlten Zustande zurückbleiben soll. Seitdem man indeß die Erfahrung gemacht hat, daß es bei den metallurgischen Prozessen nicht nothwendig ist, das Holz vollständig zu verkohlen, daß sogar das unvollständig verkohlte Holz mit einem günstigeren Effekt, als die daraus erhaltene Kohle, anzuwenden ist, haben diese Verkohlungsöfen besonders dadurch ein größeres Interesse erhalten, daß man die Gichtenflamme der Hohöfen selbst angewendet hat, um das zur Erhizzung der äußeren Wände der Oefen erforderliche Brennmaterial zu ersetzen. Es ist einleuchtend, daß es nur darauf ankommt, ob man die Gichtenflamme längere Zeit wirken läßt, oder ob man den Prozeß früher unterbricht, um entweder eine unvollkommene Holzkohle (§. 494) oder eine wirkliche Holzkohle zu erhalten. Es dürfte daher jetzt ziemlich gleichgültig sein, ob die Verkohlung mehr oder weniger weit vorgeschritten ist, und man wird sich derselben Oefen, die zum Trocknen des Holzes und zur Bereitung der charbon roux bestimmt sind, auch zur Holzverkohlung bedienen können, obgleich ökonomische Rücksichten, — die Kosten des Transportes des rohen Holzes aus dem Walde zu den Gichten der Hohöfen, — die allgemeinere Anwendung dieser Verkohlungsöfen beschränken.

Alle Verkohlungsöfen dieser Art bilden einen ganz geschlossenen Raum, welcher nur mit einer Oeffnung zur Ableitung der sich entwickelnden Dämpfe versehen ist. Sie sind bald aus Ziegelmauerung, bald aus starkem Eisenblech, bald aus gegossenen eisernen Platten zusammengesetzt. Die Oefen mit massiven Wänden erfordern am mehrsten Brennmaterial zur äußern Erhitzung. Ein sehr gewöhnlicher Ofen dieser Art ist der Theer- und Pechofen, in welchem sehr harzreiches Holz vorzüglich zu dem Zweck verkohlt wird, um Theer, Pech und Oel zu gewinnen. Ein solcher Ofen hat die Gestalt eines gewöhnlichen Backofens, welcher aber noch von einem Mantel umgeben ist, so daß der innere Ofen sich gewissermaßen in einem zweiten, äußeren, eingesetzt befindet. Der Zwischenraum zwischen dem äußeren und dem inneren Ofen dient zur Erhitzung des letzteren, welcher mit dem harzreichen Holz angefüllt ist. Die Einsetzöffnung für das Holz, welche, nach Beendigung des Prozesses, zugleich zum Ausziehen der Kohlen dient, wird während der Verkohlung fest verschlossen. Die Produkte von der Destillation, welche zum Theil aus wirklich ausgebratenem Harz bestehen, welches schon gebildet im Holz vorhanden war, sammeln sich auf dem Boden des inneren Ofens, dessen tiefer liegender Mittelpunkt, in ähnlicher Art wie eine in Fig. 4, 5 Taf. II. dargestellte Meilerstätte, eine Oeffnung ist, durch welche, mittelst eines Kanals, die sich condensirenden Dämpfe in einer Grube zusammengeleitet werden. Bei dieser Verkohlung sind Gewinnung von Theer und Pech der Zweck der Operation. — Man hat aber ganz ähnliche Oefen zur Verkohlung überhaupt, in Verbindung mit einer Theergewinnung, in Vorschlag gebracht und wirklich angewendet. So bediente man sich z. B. in Schweden der sogenannten Funk'schen Verkohlungsöfen von 230 bis 300 Kubikfuß räumlichem Inhalt, welche genau nach dem Prinzip der gewöhnlichen Theeröfen construirt sind und nur darin abweichen, daß sie keine runde, sondern eine viereckige Gestalt erhalten, aber auch mit einem gemauerten Gewölbe geschlossen sind. Diese Oefen erfordern (wenn sie nicht etwa durch die Gichtenflamme erhitzt werden) viel Brennmaterial zum Erhitzen der Umfassungsmauern, und haben daher wenig Beifall gefunden. — Die Oefen, bei welchen der verschlossene Raum durch Eisenblech oder durch gegossene eiserne Platten gebildet wird, sind ebenfalls sämmtlich nach einem und demselben Prinzip construirt und nur darin von einander abweichend, daß man bald eiserne Cylinder, bald eiserne Kasten anwendet, je nachdem man die Erhitzung auf diese oder jene Weise vortheilhafter und mit einem geringeren Aufwand von Brennmaterialien bewerkstelligen zu können glaubt. Die Flamme des Brennmaterials wird durch Züge unter und rund um den verschlossenen und mit Holz angefüllten Ofen geleitet und zuletzt durch eine Esse abgeführt. Zur Ableitung der Destillationsprodukte ist der Ofen, gewöhnlich oben im Gewölbe oder in der Decke, mit einer Oeffnung versehen, welche mit einer Röhre und mit den gewöhnlichen Verdichtungsvorrichtungen in Verbindung steht, wenn es die Absicht ist, die Produkte zu sammeln und zu benutzen.

§. 511.

b. Verkohlungsöfen mit Zutritt von atmosphärischer Luft. Die Verkohlung in solchen Oefen unterscheidet sich von der Verkohlung in Meilern und Haufen nur dadurch, daß das Holz von festen Umfassungswänden eingeschlossen ist. Zwar läßt sich, bei gut eingerichteten Oefen dieser Art, der Luftzutritt genauer reguliren, als bei den beweglichen Decken, dagegen lassen sich aber die durch das Schwinden des Holzes entstehenden hohlen Räume nicht ausfüllen oder unschädlich machen. Um dieser Unvollkommenheit der Oefen zu begegnen, hat man vorgeschlagen, cylinderförmige Oefen anzuwenden und diesen eine bewegliche Decke zu geben, welche — nach Art eines Kolbens — in demselben Verhältniß niedersinkt, in welchem das Holz sich zusammenzieht und schwindet; aber auch in solchen Oefen ist noch kein besseres Kohlenausbringen erreicht, als bei einer gut geführten Verkohlung unter beweglichen Decken. Diese

Verkohlungsart erfordert weder Erbauungs- noch Unterhaltungskosten für die Oefen, noch so bedeutende Kosten für das Eintragen und Aufstellen des Holzes und für das Ausziehen der Kohlen, als die Ofenverkohlung, weshalb auch die Verkohlung in Oefen mit Luftzutritt nur wenig und in solchen Fällen in Anwendung gekommen ist, wenn es die Absicht war, die Nebenprodukte von der Holzdestillation zu sammeln und fabrikenmäßig zu benutzen. Der Luftzutritt in solchen Oefen läßt sich auf verschiedene Weise bewirken. Entweder theilt man dem Ofen einen Rost zu, unter welchem die Luft in den innern Raum des Ofens tritt, wobei aber die Einrichtung getroffen werden muß, daß der Raum unter dem Rost (Aschenfall) sehr gut verschlossen werden kann, so daß nur ein sehr schwacher, und in gewissen Perioden der Operation gar kein Luftzutritt statt findet. Oder man leitet die Luft durch Register, welche in den Umfassungswänden angebracht sind, in ähnlicher Art, wie es durch die Raumlöcher bei der Verkohlung unter beweglichen Decken geschieht, in den Ofen. Die Zeichnungen Fig. 20—23 Taf. IV. stellen einen nach der ersten Art eingerichteten Ofen dar. Statt eines runden, läßt sich natürlich auch ein viereckiger Ofen anwenden, welcher, wegen des dichteren Zusammenlegens und Aufstellens der Holzscheite, noch zweckmäßiger ist, als ein runder Ofen. Der Rost kann aus Ziegelsteinen, aus Roststäben, aus einer eisernen durchlöcherten Platte u. s. f. bestehen. Die Oeffnung zum Eintragen des Holzes und zum Ausziehen der Kohlen wird während der Operation mit einer Blendmauer oder durch eine eiserne Thür geschlossen. Besonders muß der Aschenfall mit einer gut schließenden Thür versehen sein, durch welche nur so lange Luft unter den Rost geleitet wird, bis sich dickere Dämpfe von Theer zu entwickeln anfangen. Dann wird sie ganz geschlossen und der Verkohlungsprozeß fast ohne allen Zutritt von Luft beendigt, wozu die Gluth im Ofen schon hinreichend ist. Nach beendigter Verkohlung wird diese Thür mit Erde beschüttet, um die Luft gänzlich abzuhalten und die glühenden Kohlen im Ofen dadurch zu ersticken. Die sich entwickelnden Dämpfe werden in gewöhnlicher Art zu den Condensirungsvorrichtungen geleitet.

Viereckige Oefen sind den runden, bei der Holzverkohlung auch dann vorzuziehen, wenn der Luftzutritt nicht durch einen Rost, sondern durch Registeröffnungen bewirkt wird, weil sie ein dichteres Setzen des Holzes gestatten und weniger Zwischenräume herbeiführen. Den Umfassungswänden theilt man 12—16 Fuß auf der langen, und 6—8 Fuß Länge auf der breiten Seite des Ofens zu, und führt sie etwa 8 Fuß in die Höhe. Die Decke besteht aus einem flachen gemauerten Gewölbe, oder auch aus gegossenen eisernen Deckplatten, welche bequemer sind, weil sie sich leicht aufheben lassen und das Eintragen des Holzes erleichtern. Dazu, so wie zum Ausziehen der Kohlen sind, in gewöhnlicher Art, Oeffnungen mit gut schließenden Thüren u. s. f. versehen, in einer von den Umfassungswänden des Ofens angebracht. Auch die Einrichtungen zum Ableiten der Dämpfe in den Condensirungsvorrichtungen sind die gewöhnlichen. Den Boden oder die Sohle des Ofens bildet trockener und geebneter Sand. Die cylindrischen Oeffnungen in den Umfassungswänden des Ofens, zum Hineinleiten der atmosphärischen Luft, haben etwa 1½ Zoll im Durchmesser, und sind in Entfernungen von 30—36 Zoll von einander angebracht. Die Anzahl der Reihen von diesen Registeröffnungen hängt von der Höhe des Ofens ab; es ist ganz ausreichend, wenn die Entfernung der oberen von der nächst unteren Reihe 2 Fuß beträgt. Die unterste Reihe befindet sich im Niveau der Sohle oder des Sandbodens des Ofens. Die Holzschicht ruht auf Unterlagen, durch welche zugleich ein mit Kohle oder auch mit trockenem Holz auszufüllende Feuergasse gebildet wird, um das zu verkohlende Holz anzuzünden. So lange sich das Feuer noch nicht recht verbreitet hat, bleiben die sämmtlichen Registeröffnungen ungeschlossen; demnächst versieht man die obersten Reihen mit gut schließenden Stöpseln und läßt nur die unterste Reihe offen, welche geschlossen wird, wenn sich das Feuer in der Höhe der zweiten Reihe der Registeröffnungen zeigt. Diese wird alsdann geöffnet und erst wieder geschlossen, wenn das Feuer in der Höhe der dritten Reihe der Registeröffnungen zum Vorschein kommt. Die Verkohlung wird, bis zur völligen Beendigung, von unten nach oben auf solche Weise fortgeführt, worauf alle Oeffnungen vollständig verschlossen bleiben und mit Lehm verschmiert werden, um die Kohlen zu ersticken und den Ofen abkühlen zu lassen. Risse in den Umfassungswänden oder im Gewölbe des Ofens müssen mit großer Sorgfalt wieder verschlossen werden. Die Abkühlung des Ofens läßt sich durch Besprützen der glühenden Kohlen mit Wasser beschleunigen, obgleich der Ofen darunter leidet. Bei dem Oeffnen der Registeröffnungen ist sorgfältig auf die Richtung des Windes bei stark bewegter Luft Rücksicht zu nehmen, so wie überhaupt der Zutritt der atmosphärischen Luft durch die Registeröffnungen auf die Quantität beschränkt bleiben muß, welche zur Unterhaltung des Feuers im Ofen wesentlich nothwendig ist.

Nach demselben Prinzip, aber mit einem geringeren räumlichen Inhalt, folglich für die Verkohlung im Großen noch weniger anwendbar, sind diejenigen Oefen eingerichtet, welche Herr de la Chabeaussiere vorgeschlagen hat (Annales des mines. VII. 247). Auch gehört hierher die Verkohlung in Gruben, welche vielleicht die älteste Methode des Verkohlens ist. In Schweden bedient man sich der Grubenverkohlung noch jetzt zur Gewinnung des Theers. Man gräbt an der Seite eines Bergabhanges eine kegelförmige Grube, mit der Spitze des Kegels nach unten gewendet. Diese Spitze endigt in eine Oeffnung, welche, vermittelst einer etwas gegen den Horizont geneigten Rinne, mit einem an der Seite angebrachten Reservoir in Verbindung steht. Die Grube wird mit dem ziemlich zerkleinten Holz fast ganz angefüllt, dann mit Aesten und zuletzt mit Erde bedeckt, in welche Decke einige Oeffnungen gestoßen werden, um der Luft den Zutritt zu verschaffen. Man zündet das Holz oben an und läßt nicht mehr Luft hinzutreten, als nothwendig ist, um das Feuer in der Grube zu unterhalten, welches sich von oben nach unten verbreiten muß. — In andern Gegenden hat man ausgemauerte Gruben (Erdmann's Beiträge zur Kenntniß von Rußland. II. 2. Bd. S. 10), in welche das zu verkohlende Holz in horizontalen Schichten eingelegt und mit Erde bedeckt wird. An einer Seite befindet sich oben eine Oeffnung zum Anzünden des Holzes, und in der Decke sind mehre Oeffnungen zur Beförderung des Luftzuges angebracht.

§. 512.

c. Verkohlungsöfen ohne Luftzutritt, durch Erhitzung des Holzes mittelst glühender eiserner Röhren. Diese Verkohlungsart soll die Vortheile der Verkohlungsöfen mit Anwendung äußerer Hitze (§. 510) gewähren, also den Zutritt der äußeren Luft ganz entbehrlich machen, ohne mit jenen Oefen den Nachtheil zu theilen, die Verkohlung des Holzes durch die erhitzten Ofenwände zu bewirken. Die Erhitzung soll nämlich durch glühende eiserne Röhren statt finden, welche durch den inneren Raum des Ofens selbst hindurch geführt sind und außerhalb des Ofens mit einer Feuerungsvorrichtung in Verbindung stehen. Es ist nicht unwahrscheinlich, daß sich die Erhitzung dieser Röhren mit weniger Brennmaterial bewerkstelligen läßt, als die der äußeren Umfassungswände des Ofens. Auch wird man Oefen von größerem räumlichen Inhalt anwenden können, weil sich die Röhren nach den verschiedensten Punkten im Innern des Ofens hinleiten lassen, so daß man nicht, wie bei den Oefen mit äußerer Erhitzung, befürchten darf, daß das Holz im Innern des Ofens unverkohlt bleibt. Dennoch wird der Verbrauch an Brennmaterial immer nicht unbedeutend und die Oefen werden daher für eine Erhitzung mittelst der Gichtenflamme am mehrsten geeignet sein. Alle Feuerkanäle oder Röhren lassen sich zuletzt in einem einzigen Rohr vereinigen, welches als das gemeinschaftliche Ableitungsrohr für die benutzte Flamme dient. Eben so können die aus dem Holz sich entwickelnden

Dämpfe, entweder frei in die Atmosphäre entweichen, oder zu Condensationsvorrichtungen geleitet werden. Die eisernen Röhren oder Feuerkanäle sind also als die Essen anzusehen, aus welchen die Flammen, die glühenden Gase und der Rauch aus den Heizvorrichtungen, oder von der Ofengicht, abziehen, durch welche sie bis zum Glühendwerden erhitzt werden, um die Gluth dem im Ofen befindlichen Holz mitzutheilen, welches dadurch verkohlt wird. Diese Verkohlungsöfen verdienen für die Verkohlung mittelst der Gichtenflamme oder der bei anderen metallurgischen Prozessen verloren gehende Hitze, eine ganz besondere Berücksichtigung.

§. 513.

d. Verkohlungsöfen mit Anwendung zersetzter glühender Luft. Zu dieser Gattung von Verkohlungsöfen gehören die schon oben (§. 483) erwähnten Holz-, Darr- und Trockenöfen, welche auch zur Verkohlung des Holzes dienen können, wenn dasselbe den Wirkungen der verbrannten und erhitzten Gasarten in diesen Oefen längere Zeit ausgesetzt bleibt. Von der Annahme ausgehend, daß es nicht erst nöthig sei, die beim Verbrennen sich entwickelnden glühenden Gasarten durch eiserne Röhren zu leiten und diese bis zum Glühen zu erhitzen, damit sie die Hitze wieder an das zu verkohlende Holz absetzen können, construirte Hr. Schwartz einen Ofen mit der Einrichtung, daß das glühende Gas oder die Flamme aus irgend einer Verbrennungsquelle unmittelbar in den Verkohlungsofen geführt wird, indem das glühende Gas zwar die Hitze an das zu verkohlende Holz abgeben, aber nicht zum Verbrennen desselben Anlaß geben werde, weil es unzersetztes Sauerstoffgas nicht mehr enthält. Diese Voraussetzung ist bei der Gichtenflamme zwar vollkommen richtig, aber die glühenden Gase, welche durch Verbrennen eines Brennmaterials von einer Heizvorrichtung erhalten werden, enthalten immer noch eine sehr bedeutende Menge von unzersetzt gebliebenem Sauerstoffgas. Für die Erhitzung mittelst der Gichtenflamme würde diese Art von Verkohlungsöfen daher besonders geeignet sein, in sofern sich nicht eine vortheilhaftere Anwendung von der Gichtenflamme machen läßt, welche erst durch das abermalige, aber zu einer Benutzung für einen Verkohlungsofen nicht geeignete Verbrennen mit Sauerstoffgas recht vortheilhaft verwendet werden kann. Wahrscheinlich würden diese Verkohlungsöfen zur Verkohlung sowohl als zur Bereitung der charbon roux, mittelst der Gichtenflamme ganz besonders geeignet sein, wenn das Hinzutreten der atmosphärischen Luft mit Vorsicht verhindert wird.

Die Gestalt und Größe des, nach der Angabe des Hn. Schwartz, zu Bresvenshütte in Nerike erbauten Verkohlungsofens, ergeben sich aus den Zeichnungen Fig. 14—18 Taf. III. Es ist in diese Zeichnungen: a der eigentliche Verkohlungsraum; b sind die Oeffnungen zum Einsetzen des Holzes und zum Ausziehen der Kohle, welche während der Verkohlung vermauert und mit eisernen Thüren verschlossen sind; cc sind die Feuerungsstätten; dd Oeffnungen, durch welche die beim Verkohlen sich entwickelnden Dämpfe abziehen und aus denen auch der schon verdichtete Theer ausfließt; ee sind knieförmig gebogene Röhren zum weiteren Abfluß des Theers, welche zugleich den Luftzutritt zu dem Ofen durch die Oeffnungen d verhüten, indem sie stets mit Flüssigkeit gesperrt sind; ff Gefäße, in welchen sich der Theer sammelt und aus denen er von Zeit zu Zeit ausgeschöpft wird; gg Röhren, durch welche der Rauch und die Dämpfe, um sich zu verdichten, und zuletzt aus dem Schornstein oder aus der Esse abzuziehen, fortgeleitet werden; hh hölzerne Gefäße, in welchen sich die Dämpfe zu Holzsäure und zu Theeröl verdichten; i Schornstein, oder Esse, woraus der Rauch und die Dämpfe, die sich in h nicht verdichtet haben, abziehen; k eine kleine Oeffnung in der Esse, in welcher beim Beginnen der Arbeit etwas Feuer angemacht wird, um den Zug zur Esse zu bewirken. Bei diesen Oefen sind die beiden langen Seitenwände senkrecht in die Höhe geführt und schließen sich an dem Gewölbe an, welches die beiden kurzen Seitenwände mit einander verbindet. Die Sohle des Ofens hat eine schwache Neigung nach der Mitte, um den Abfluß der schon im Ofen sich verdichtenden Flüssigkeiten, besonders des Theers, durch die dort befindlichen eisernen Röhren zu befördern. Der Ofen ist mit zwei Feuerstätten versehen, die einander gegenüber liegen und unter einem rechten Winkel gebrochen sind, wodurch eine Art von Brücke gebildet wird, über welche die Flamme und die glühenden Dämpfe fortstreichen müssen, damit die in den Feuerstätten noch nicht vollständig zersetzte Luft ganz zerlegt wird und das zu verkohlende Holz im Ofen nicht angreift. Sobald das Holz eingesetzt ist, wird das Feuer auf den Feuerungsstätten unterbrochen unterhalten. Mauern und Gewölbe des Ofens müssen, wie sich von selbst versteht, ohne alle Risse und Spalten sein; auch darf zur Mauerung kein Kalkmörtel angewendet werden, weil dieser durch die sauren Dämpfe angegriffen werden würde. Beim Einsetzen des Holzes werden auf der Sohle des Ofens vier Reihen von Reisigbündeln, von etwa 6 Zoll Durchmesser, neben einander ausgebreitet, und über dieselben wird das Holz schichtenweise, von unten bis oben an das Gewölbe, möglichst dicht eingelegt. Zu den untersten Schichten werden die schwächsten Holzscheite genommen, weil die Hitze dort am schwächsten ist. Vor jeder Feuerstätte bleibt im Ofen ein Raum von einigen Kubikfußen ausgespart, um den Zug zu verstärken. In der Zeichnung sind zwar auf jeder Seite zwei Feuerungsstätten dargestellt, aber es scheint, nach den zu Brefven angestellten Versuchen, daß eine Feuerstätte auf jeder Seite schon völlig zureicht. Mit der Feuerung wird so lange fortgefahren, bis der Rauch eine helle blaue Farbe annimmt. Dann findet auch kein Abfluß von Theer und Holzessig aus der Knieröhre e weiter statt. Die Feuerstätten werden dann augenblicklich und völlig luftdicht wieder zugemauert. Bis dahin müssen sie angefeuert bleiben, um das Zudringen der unzersetzten atmosphärischen Luft in den Ofen abzuhalten. Nach einigen Tagen gießt man einige Kannen Wasser durch die oben im Gewölbe befindlichen und mit gut passenden Deckeln versehenen Oeffnungen, in den Ofen, verschließt die Oeffnungen wieder, und wartet dann noch 3 bis 4 Tage, worauf man die untere, zum Eintragen des Holzes bestimmte Oeffnung oberwärts aufmacht und abermals einige Kannen Wasser in den Ofen gießt, um die Kohlen abzulöschen. Der Ofen wird dann wieder ganz verschlossen und bleibt so lange ruhig stehen, bis sich die Knieröhren kalt anfassen lassen, welches ein Zeichen ist, daß zum Kohlenausziehen geschritten werden kann. Die in Schweden mit diesem Ofen angestellten Versuche scheinen wenigstens eben so günstige Resultate als das Verkohlen unter beweglichen Decken gegeben zu haben.

Vom Torf und von der Torfkohle.

§. 514.

Der Torf gehört zu den jüngsten Bildungen auf der Erdoberfläche, die noch jetzt unter unseren Augen vorgehen. Er ist das Resultat der Zersetzung abgestorbener vegetabilischer Substanzen, durch die gemeinschaftliche Einwirkung des Wassers und der Atmosphäre. Die Art, wie die Natur ihren Zersetzungsprozeß durchführt, ist noch nicht ermittelt, sondern nur der Erfolg des Prozesses im Allgemeinen bekannt, welcher darin besteht, daß sich der Gehalt an Wasserstoff und Sauerstoff in der lebenden Pflanze vermindert, folglich der Kohlengehalt des Torfes, im Vergleich zu dem der lebenden Pflanzen, scheinbar erhöhet oder vergrößert. Weil zur Umwandlung der lebenden Pflanze in Torf, Luft, Wasser und Ruhe, drei nothwendige Bedingnngen sind, so kann die Torfbildung nur in nassen Gegenden stattfinden, weshalb auch nur Sumpf-, Wasser- und Wiesen-Pflanzen an der Bildung des Torfes Theil nehmen; aber sie kann auch nur in Niederungen fortschreiten deren örtliche Verhältnisse keine starke Wasserbewegung zulassen, sondern ein stehendes oder langsam fortschleichendes Wasser bedingen. Es scheint, daß die Torfmoore nur Süßwasserbildungen sind, und daß das Meer an der Torfbildung keinen anderen Antheil hat, als daß zufällig einige in der Nähe des Meergestades liegenden Torfmoore, periodisch durch Meerwasser bewässert werden. Torfmoore, die noch jetzt in ihrer Bildung fortschreiten, finden sich auf Hochebenen der Gebirge, welche niemals durch Meereswasser genährt worden sind. Die Art der Bildung der Torfmoore bringt es schon mit sich, daß sie keine gegen den Horizont geneigte Lage haben, und daß ihre Mächtigkeit sehr verschieden sein kann. Man kennt Torfbildungen, die in einer Tiefe von mehr als 50 Fuß unter der Erdoberfläche vorkommen und nach ihrer Bildung durch Lehm, Sand und Gewölbe verschüttet worden sind. Wenn man solche Moore, nach ihren Lagerungsverhältnissen, nicht als Torfbildungen anerkennen müßte, so würde man sie unter einer so ungewohnten Decke für Braunkohle halten können, von welcher der Torf, hinsichtlich seiner chemischen Zusammensetzung, kaum abweicht. Gewöhnlich sind die Torfmoore ohne alle Decke und füllen die Busen und Mulden stagnirender oder träge abfließender Gewässer aus. Zuweilen wird die Torfschicht durch stärkere oder schwächere Schichten von Sand unterbrochen, so daß Schichten von Torf und Sand mit einander wechseln; in anderen Fällen heben sich Sandbänke und Sandhügel aus dem Niveau des Moores und bilden einen Kern, um welchen der Torf gebildet ward.

Die Zersetzung der Pflanzen, welche das Material zur Torfbildung hergegeben haben, ist gewöhnlich sehr ungleich vorgeschritten. Nur selten ist der Torf eine gleichartige Modermasse. Fast immer wird der schwarze Moder durch weniger weit in der Zersetzung vorgerückte Pflanzentheile zusammen gehalten. Wenn man berücksichtigt, daß nicht alle Theile einer und derselben Pflanze im gleichen Grade zerstörbar sein werden, und daß einige Pflanzenarten der Zersetzung schneller als andere unterworfen sein mögen, so kann die Ungleichartigkeit der Torfmasse nicht auffallen. Nur eine längere Zeitperiode würde die Gleichartigkeit der Masse hervorbringen können, vorausgesetzt, daß sich die Bedingungen nicht ändern, unter denen die Torfbildung stattfindet. Wirklich kennt man auch Torfbildungen, die aus einer ganz gleichartigen Masse zu bestehen scheinen, und dies sind solche, die schon völlig in Moder aufgelös't sind und daher gewöhnlich einen so geringen Zusammenhalt zeigen, daß sie nicht mehr durch Stechen gewonnen werden können, sondern in Formen gedrückt werden müssen. Zwischen dieser gleichartigen Modermasse und der jüngsten Torfbildung, welche aus einem lockeren Gewebe von halbzersetzten Pflanzen besteht, finden unzählige Uebergänge statt, immer aber werden specifisches Gewicht, mechanischer Zusammenhalt der Masse, Farbe und Brennkraft des Torfes von dem mehr oder weniger vorgeschrittenen Zersetzungsprozeß abhängig sein. Auf die chemische Zusammensetzung kann dieser verschiedenartige Zustand der Torfmasse nicht ohne Einfluß bleiben. Es ist nicht daran zu zweifeln, daß der Kohlengehalt der Torfmasse in demselben Verhältniß größer wird, in welchem die Zersetzung weiter vorgeschritten ist, obgleich die bisher angestellten chemischen Analysen darüber nur noch einen unvollständigen Aufschluß geben.

Es dürfte schwer sein, den verschiedenartigen und von der mehr oder weniger vorgeschrittenen Zersetzung abhängigen Zustand des Torfes mit so bezeichnendem Namen zu belegen, daß der Name schon den Zustand der Masse bezeichnet. In einigen Gegenden unterscheidet man Streich-, Moor-, Bagger-Torf und Stich-Torf, nach der Art der Gewinnung. Von dem ersteren kann man voraussetzen, daß sich die Torfmasse in einem fast gleichartig modrigen Zustande des Zersetztseins befindet und so wenig Zusammenhang durch unvollkommen zersetzte Pflanzentheile behalten hat, daß er durch Stechen nicht mehr gewonnen werden kann. Aber der Stichtorf ist ein höchst verschiedenartiges Gemenge von Torfmoder und von halbzersetzten Pflanzenfasern, worin bald der Moder, bald die noch unvollständig zersetzten Pflanzentheile den überwiegenden Bestandtheil ausmachen. Die jüngsten Torfbildungen, oder solche Torfarten, welche in Gegenden vorkommen, wo die Bedingungen zur fortschreitenden Torfbildung aufgehört haben günstig zu sein, enthalten wenig Torfmoder, und es kommen sogar Torfbildungen vor, die nur allein aus lockeren halbzerstörten Pflanzenfasern bestehen, zwischen denen sich kaum schon eine Moderbildung bemerken läßt. Die Benennungen Stechtorf, Moortorf, Wurzeltorf, Blättertorf, können dies Verhältniß des Moders zu den noch nicht zerstörten Pflanzentheilen nicht bestimmt ausdrücken. Angemessener scheint die in anderen Gegenden eingeführte Unterscheidung der verschiedenen Torfarten, durch die Namen: schwarzer, brauner und gelber Torf, zu sein, indem dadurch wenigstens der Fortschritt angedeutet wird, den der Zersetzungsprozeß genommen hat. Durch die Bezeichnungen braunschwarz, schwarzbraun, gelbbraun, braungelb würden die Uebergänge noch näher angegeben werden können, indem es eine allgemeine Erfahrung ist, daß die Farbe des Torfes um so dunkler erscheint, je weiter er in dem Zersetzungsprozeß vorgeschritten ist.

§. 515.

Ueber die Natur des Torfmoders als des Endresultates des Zersetzungsprozesses der lebenden Pflanze bei ihrer Umänderung in Torf, haben die Untersuchungen des Hn. Mulder einen großen Aufschluß gegeben. Hr. M. hat gezeigt, daß der Moder zwei besondere und von einander verschiedene Harze (Erdmann's Journ. f. prakt. Chemie XVI. 495) und Ulmin- und Huminverbindungen (Ebend. XXI. 321) enthält, aber auch noch mehr oder weniger Pflanzenrückstände, welche noch nicht in Ulmin und Humin verwandelt worden sind. Außerdem enthält sie Quellsatzsäure und Quellsäure, wie Hr. v. Berzelius zuerst nachgewiesen hat. Die Pflanzenrückstände stimmen in ihrer chemischen Zusammensetzung mit der lebenden Pflanzenfaser nicht überein und nähern sich in dieser Hinsicht mehr der Zusammensetzung des Torfmoders.

Eine chemische Analyse des Torfes haben die Hn. Mulder (Erdmann's Journ. XVI. 246) und Regnault (Ebendas. XIII. 160) angestellt. Hr. Mulder hat 8 Torfarten untersucht und diese nach Abzug des Aschengehaltes in folgende Art zusammengesetzt gefunden:

Ursprungsort.	Kohlenstoff.	Wasserstoff.	Sauerstoff.
Friesland	59,42	5,87	34,71
Ebendaher	60,41	5,57	34,02
Holland	59,27	5,41	35,32
Vulcaire	60,40	5,86	33,64
Long	60,89	6,21	32,90
Champ du feu	61,05	6,45	32,50

Obgleich die untersuchten Torfarten aus dichteren und leichteren Arten bestanden, so zeigte sich doch die chemische Zusammensetzung ziemlich übereinstimmend, welches auch die Analysen des Hn. Regnault bestätigen. Er giebt folgende Resultate an:

Ursprungsort.	Kohlenstoff.	Wasserstoff.	Sauerstoff.
Vulcaire	61,34	6,12	32,53
Long	61,86	6,40	31,74
Champ du feu	61,05	6,45	32,50

Auch bei diesen Analysen sind die Resultate ohne Rücksicht auf den Aschengehalt des Torfes angegeben, um eine bessere Uebersicht von der Zusammensetzung der Torfmasse zu erhalten. Vergleicht man die Zusammensetzung des Torfes mit derjenigen des Holzes oder der lebenden Pflanzenfaser, so ergiebt sich im Allgemeinen die große Abnahme des Sauerstoffgehaltes, der durch einen noch unbekannten Prozeß der Natur herbeigeführt wird. Nach den Resultaten der Analysen hat die Verminderung des Sauerstoffgehalts der Pflanzenfaser mehr eine Vergrößerung des Kohlenstoffgehaltes als des Wasserstoffgehaltes der zersetzten Pflanze zur Folge gehabt. Einen Stickstoffgehalt besitzt der Torf ebenfalls noch. Hr. Regnault hat den Stickstoffgehalt bei einer Torfart (bei der von Vulcaire bei Albeville) bestimmt und zu 2,21 ermittelt, so daß sich der Sauerstoffgehalt um eben so viel vermindert. Auch hat Hr. Mulder gezeigt, daß die Huminsäure sich so innig mit dem Ammoniak verbindet, daß sich dasselbe, ohne Veränderung der Natur der Huminsäure, nicht mehr von derselben trennen läßt, und daß die Huminsäure des zufällig in der Atmosphäre befindliche Ammoniak mit großer Begierde anzieht.

§. 516.

Nach den Resultaten der chemischen Zusammensetzung hat man von dem Torf, als Brennmaterial, eine größere Wirkung als von dem unzersetzten Holz zu erwarten. Es sind aber, außer der chemischen Zusammensetzung, noch zwei Verhältnisse zu berücksichtigen, welche bei der Beurtheilung der Wirksamkeit des Torfes sehr in Betrachtung kommen. Einmal der sehr aufgelockerte Zustand der halbzersetzten Pflanzenfaser bei manchen Torfarten, und dann die Größe des Aschengehaltes. Die Asche ist häufig nur das durch das Verbrennen deutlicher hervortretende Resultat der größeren oder geringeren Verunreinigung der Torfsubstanz mit dem Boden, auf welchem die Pflanzen, die das Material zu dem Torf hergaben, gewachsen sind. Aus einer solchen zufälligen Zusammenhäufung oder vielmehr wirklichen Verunreinigung des Torfes mit Erdarten, die nicht als eigentliche Asche zu betrachten sind, wird es erklärbar, daß die Wirksamkeit des Torfes beim Verbrennen zum Theil auch von dem Zustand der Reinheit der Torfmasse abhängen muß. Die eigenliche Torfasche soll, nach der Versicherung des Herrn Berthier, (Traité des essais etc. I. 295), welcher den Aschengehalt und die Beschaffenheit der Asche des Torfes sorgfältig untersucht hat, mit der Beschaffenheit der Holzasche ganz übereinstimmen. Auch kohlensaure Alkalien (welche ich nicht darin angetroffen habe,) sollen darin gefunden werden, wenn auch die Torfasche auf diese Salze aus dem Grunde nicht benutzt wird, weil sie zu sehr mit erdigen Bestandtheilen verunreinigt sind. Torfarten, die keine verunreinigende Beimengungen von Erden enthalten, sind daher, als Brennmaterial, selbst dann oft noch wirksamer als andere Torfarten, die mehr zum schwarzen Torf gehören, wie diese, wenn sie weniger erdige Beimengungen beim Verbrennen zurücklassen. Der Aschengehalt des Torfes ist sehr unbestimmt und von den zufälligen Verhältnissen der größeren oder geringeren Verunreinigung abhängig. Es giebt Torfarten, bei denen er nicht über 1 Procent steigt, und andere, die 20 Procent und mehr Asche zurücklassen. Die Bestandtheile der Torfasche von solchem Torf, der große Quantitäten davon beim Verbrennen zurück läßt, richtet sich fast immer nach der Beschaffenheit des Bodens, welcher die Torfmoore umgiebt. Ist der Boden thonartig, so enthält auch die Asche viel Thon; ist er kalkartig, so ist auch die kalkige Beimengung überwiegend; befindet sich Sandstein, Urgebirge oder auch nur Sandboden in der nächsten Umgebung des Moores, so macht der Sand einen überwiegenden Bestandtheil der Asche aus. Torfmoore auf Hochebenen, so wie diejenigen Moore, welche nicht in ganz stagnirenden Sümpfen gebildet sind, sondern von träge fließendem Wasser durchschnitten werden, pflegen am wenigsten verunreinigten Torf zu liefern. Gips ist nicht selten in der Torfasche befindlich, zuweilen auch wohl kohlensaure Bittererde, häufig Eisenoxyd, basisch phosphorsaures Eisenoxyd und Eisenoxydsilikat. Es giebt aber auch Torfarten, die Schwefelkies als Beimengung enthalten, und zuweilen in so großer Quantität, daß sie mit Vortheil auf Eisenvitriol benutzt und als reiche Vitriolerze betrachtet werden können. Die Vitriolhüttenwerke zu Kamnig und Schmelzdorf in Schlesien geben davon ein Beispiel. Diese Beimengung von Schwefelkies ist nicht blos dem Torf eigenthümlich, sondern sie wird auch bei einigen Braunkohlen angetroffen, die dann auf Alaun benutzt zu werden pflegen, weil solche Braunkohlen zugleich viel Thonerde enthalten, welche in den Schwefelkies haltenden Torflagern zufällig nicht oder nur in geringer Menge vorhanden ist. Torfarten, die blos aus den zerstörten Pflanzen bestehen und Verunreinigungen des Bodens nicht enthalten, geben beim Verbrennen kaum mehr Asche, als die Pflanzen, aus denen sie gebildet sind, hinterlassen haben würden.

§. 517.

Der stark aufgelockerte Zustand der Pflanzenfaser des lufttrockenen Torfes vermindert die Heizkraft (§. 475) desselben. Man ist daher bemüht gewesen, durch besondere Vorrichtungen den Torf zu einem kleineren Volumen zusammenzudrücken. Von den vielen dazu in Vorschlag gebrachten Torfpressen sollen zwar einige, namentlich die Willoughby'sche, einen guten Effekt geleistet haben; allein das Pressen des Torfes ist besonders deshalb immer noch nicht zu einer allgemeineren praktischen Anwendung gekommen, weil die Darstellungskosten des Brennmaterials dadurch sehr erhöht werden. Durch das Pressen des Torfes hat man zwei Zwecke zu erreichen gesucht; einmal, wie schon erwähnt, das Zusammendrängen der Torfmasse in einen kleineren Raum, um dadurch seine Heizkraft (nicht seine Brennkraft) zu erhöhen; dann aber eine schnellere Absonderung des Wassers, welches in dem frisch gewonnenen Torf immer in großer Menge befindlich ist, um dadurch das langsame, Zeit und Kosten erfordernde Verfahren des Trocknens des Torfes abzukürzen. Durch das Pressen würde auch an den Transportkosten des Torfes für die in einem kleineren Raum concentrirte Torfmasse gewonnen werden können. Die bisher mit dem Torfpressen ausgeführten Versuche haben zu einem günstigen Resultat nicht geführt. Es hat sich zwar ergeben, daß der gepreßte Torf schneller lufttrocken wird, als der nicht gepreßte, welches bei nassen und dem Trockengeschäft ungünstigen Jahren allerdings ein großer Vortheil ist; allein es hat sich auch gezeigt, daß bei anhaltendem Regen der gepreßte, noch nicht lufttrocken gewordene Torf verhältnißmäßig mehr Wasser anzieht, als der ungepreßte, und daß daher der Zeitgewinn für das Trocknengeschäft bei dem Pressen des Torfes so groß nicht ist, als man erwartet hat. Das Concentriren der Torfmasse in einen kleineren Raum würde folglich der wesentlichste Vortheil der Preßarbeit bleiben. Je vollkommener aber der Torf ist, je vollständiger nämlich die Pflanzen in Moder umgeändert sind, desto schwieriger wird es, durch das Pressen, gleichzeitig mit dem Wasser, nicht auch einen Theil des schlammigen Moders zu verlieren. Dieser Verlust ist auch bei dem unvollkommensten Torf unvermeidlich, weshalb die Brennkraft (nicht Heizkraft) des ungepreßten Torfes, bei gleichen Gewichten, größer ist als die des gepreßten.

§. 518.

Der Wassergehalt des frisch geformten oder des frisch gestochenen Torfes ist sehr verschieden und von der Beschaffenheit des Moores, der Jahreszeit, der vorhergegangenen Entwässerung des Torfmoors u. s. f. abhängig. Er kann 80 Procent und darüber vom Gewicht des lufttrocknen Torfes betragen. Mit diesem veränderlichen Wassergehalt steht auch die Größe des Schwindens der frisch bereiteten und frisch gestochenen Torfstücken bis zum lufttrocknen Zustande im Verhältniß. Die Schwindungsgröße kann bei dem schwarzen Torf bis 0,75 seines ursprünglichen Volumens steigen; bei anderen Torfarten, besonders bei dem gelben Torf, beträgt sie zuweilen kaum 0,2 seines ursprünglichen Volumens. Die Schwindungsgröße des Torfes bis zum lufttrocknen Zustande muß daher für jedes Torfmoor besonders ermittelt werden.

Auch der Wassergehalt des lufttrocknen Torfes, nämlich derjenige, welcher bei der Wassersiedhitze entweicht, ohne daß die Torfmasse selbst dadurch eine Veränderung in ihrer Zusammensetzung erleidet, ist sehr verschieden. Für manche Torfarten kann dieser Wassergehalt bis 0,5 Procent des Gewichts des lufttrocknen Torfes und noch höher steigen, für andere beträgt er nur 0,25 Procent. Obgleich auch dabei ein Schwinden der Torfmasse stattfindet, so hat man doch darüber noch wenig Erfahrungen gesammelt. (§. 520.)

Das specifische Gewicht des Torfes muß größer sein, als das des Holzes, auch wenn die fremdartigen und zufälligen Beimengungen unberücksichtigt bleiben, durch welche das specifische Gewicht auf sehr verschiedene Weise modificirt werden kann. Man hat indeß noch keine Bestimmungen über das specifische Gewicht des reinen Torfes, weil die Kenntniß desselben für die Praxis von geringem Nutzen sein würde, indem sich daraus das absolute Gewicht eines gewissen räumlichen Maaßes Torfmasse nicht berechnen ließe, weil der mehr oder minder aufgelockerte Zustand der Masse von wesentlichem Einfluß auf das Gewicht ist. Für die Anwendung ist es daher von größerem Interesse, das Gewicht eines bestimmten Maaßes Torf zu kennen, und hier zeigt sich eine ganz außerordentliche Verschiedenheit für die verschiedenen Arten des lufttrocknen und nicht gepreßten Torfes. Das Gewicht von 1 Kubikf. Preuß. für den schwarzen Torf kann von 28—32 Pf. Preuß. differiren. Bei dem braunen Torf zeigen sich Differenzen von 16 — 22 Pf., und bei dem gelben Torf Gewichtsverschiedenheiten von 8—12 Preuß. Pf. für den Preuß. Kubikfuß reiner Torfmasse. Die Gewichte lufttrockner gepreßter Torfmassen sind nicht bekannt und würden sich nach der Größe des Druckes richten müssen, mit welchem die Torfmasse zusammengepreßt worden ist. Größere Gewichte als die angegebenen Maxima des lufttrocknen, nicht gepreßten Torfes können leicht durch die Verunreinigung mit Erden u. s. f. entstehen.

§. 519.

Daß der Torf im Allgemeinen eine geringere Heizkraft besitzt, als das Holz, ist eine bekannte Erfahrung. Die schwärzen Torfarten machen davon jedoch eine Ausnahme, wenn sie mit der Heizkraft der weichen Holzarten verglichen werden. Sollte es gelingen, eine zweckmäßige, leicht anwendbare und für die Anwendung nicht zu kostbare Vorrichtung zum Pressen des Torfes zu ermitteln, so würde dadurch die Heizkraft des Torfes wahrscheinlich sehr erhöht werden können. Die des gelben Torfes ist nur sehr gering.

Die Brennkraft der verschiedenen Torfarten, bei einerlei Gewicht, scheint für die schwarzen, braunen und gelben Torfarten ziemlich gleich groß zu sein, obgleich es an genaueren Ermittelungen darüber fehlt, ob sich die gelben Torfarten zu den schwarzen, hinsichtlich der Quantität der beim Verbrennen sich entwickelnden Wärme, eben so verhalten wie die leichten Holzarten zu den schweren, daß sie nämlich eine stärkere Brennkraft zeigen als diese. Dabei würde aber immer ein gleicher Aschengehalt vorausgesetzt werden müssen, der bei Torfarten von so verschiedener Bildungsweise kaum zu erwarten ist. Hr. Berthier hat die Brennkraft von einigen Torfarten ermittelt und dabei zugleich den Aschengehalt des Torfes angegeben. 1 Gewichtstheil Torf von:

Ham	gab 12,3 Blei	= 2829	Wärme-Einheiten	(11,7 Proc. Asche).
Vassy	" 13,0 "	= 2990	" "	(7,2 " "
Framont	" 15,4 "	= 3542	" "	(3 " "

Mit Rücksicht auf den Aschengehalt würde also die Brennkraft des Torfes, bei gleichem Gewicht, ziemlich eben so groß sein, als die des Holzes; aber von fremder Beimengung freier Torf wird eine größere Brennkraft besitzen, als eine gleiche Gewichtsmenge Holz.

Eine Vergleichung der Brennkräfte der verschiedenen Torfarten, bei gleichem Volum, läßt sich eben so wenig anstellen, als eine Vergleichung der Brennkraft des Torfes mit dem des Holzes, bei gleichem räumlichen Umfang. Die mehrsten schwarzen Torfarten mögten indeß, bei einerlei Volum, eine größere Brennkraft besitzen, als die schweren, also um so mehr noch, als die leichten Holzarten, wenn sie nicht durch einen großen Aschengehalt verunreinigt sind.

§. 520.

Durch Verflüchtigung des hygroskopischen Wassers wird die Brennkraft des Torfes vor dem Verbrennen desselben sehr erhöht werden. Besonders wird aber durch das Dörren oder starke Trocknen des Torfes seine Heizkraft sehr beträchtlich vermehrt werden können. Man hat daher, eben so wie bei dem Holz (§. 483), Trockenöfen für Torf mit günstigem Erfolg in Anwendung gebracht, wenn es darauf ankam, die Heizkraft desselben zu erhöhen. Das Dörren oder Trocknen des Torfes kann in den Holztrockenöfen ebenfalls bewerkstelligt werden. Die Zeichnung Fig. 1. Taf. IV. stellt aber einen Ofen dar, welcher ausdrücklich zum Trocknen des Torfes auf der Eisenhütte zu Königsbrunn in Würtemberg angewendet wird. Die Herren Regnault und Sauvage haben ihn beschrieben (Ann. des mines. 3. Série. X. 289). Die Temperatur in diesem Trockenofen soll nicht viel über die der Wassersiedhitze steigen, obgleich sie nöthigenfalls erhöht werden könnte. a ist der Raum, in welchem die zu trocknenden Torfstücke aufgestellt werden, zu welchem man durch die Thür p gelangt. Die Sohle des Ofens besteht aus einer gegossenen eisernen Platte b, welche von unten durch den Feuerheerd f erhitzt wird. Die Rückwand c des Trockenofens ist mit einer großen Anzahl von Oeffnungen versehen, durch welche die sich entwickelnden Wasserdämpfe in die freie Atmosphäre geleitet werden. Diese Oeffnungen fangen erst in einer Höhe von etwa 2 Fuß von der Sohle des Ofens an. Die in dem Brennraum f sich entwickelnde heiße Luft bestreicht zuerst die gußeiserne Platte b und entweicht aus der gekrümmten Röhre t, welche in einem Raum d angebracht ist, der sich zwischen der Rückwand c des Ofens und der mit derselben parallel aufgeführten Mauer e befindet. Die Röhre ist heberartig gebogen und mündet unten, aus der Mauer e, bei o, in die freie Atmosphäre. Man giebt den Torfstücken Unterlagen von Holz, damit sie nicht unmittelbar auf der heißen Platte b liegen, und stellt sie in der Art auf, daß sich kanalartige Zwischenräume bilden, um die Circulation der warmen Luft und der sich entwickelnden Wasserdämpfe zu erleichtern. Um die Luftcirculation zu befördern, sind in der Vorwand g des Ofens, und zwar ganz unten an dessen Sohle, also etwa im Niveau der eisernen Platte, Oeffnungen angebracht, durch welche die kalte atmosphärische Luft eintritt, sich in dem Ofenraum erwärmt, und mit Wasserdämpfen gesättigt wieder aus den Oeffnungen in der Rückwand c des Ofens austritt. Der Zwischenraum d, welcher durch die Röhre t sehr stark erwärmt wird, dient zur Beförderung des Luftzuges. Die warme feuchte Luft tritt durch die Oeffnung h, welche zu diesem Zweck oben in der Mauer e angebracht ist, in die Atmosphäre. Als Brennmaterial für den Feuerungsraum bedient man sich kleiner Kohlen und des zerkleinerten, fast werthlosen Torfes. Zum Trocknen von 11,500 Stück Torf, welche der Ofenraum a aufnimmt, sind 9—10 Tage erforderlich. Wenn die Thür p nicht mehr feucht wird, so ist der Torf trocken. Der lufttrockene Torf soll 0,40 Procent seines Gewichts und beinahe die Hälfte seines Volumens durch das Trocknen verlieren, aber die Feuchtigkeit sehr schnell wieder aus der Luft anziehen, weshalb er auch unmittelbar angewendet wird, wenn er aus dem Trockenofen kommt.

Sowohl der schwarze als der braune Torf sind für alle metallurgischen Operationen, bei welchen Flammenfeuerung in Anwendung kommt, ein vorzügliches Material, indem sie das Holz an Heiz- und an Brennkraft übertreffen, in sofern sie nicht durch starke erdige Beimengungen sehr verunreinigt sind. Durch einen großen Aschengehalt würde sich aber der Effekt sehr vermindern, weil die sich bildende Schlacke dem schnellen Verbrennen hinderlich ist und den Luftzutritt abhält. Gegenden, die der Steinkohlen entbehren, aber mit guten Torfmooren versehen sind, werden zu metallurgischen Operationen an dem Torf einen besseren Ersatz für die Steinkohlen finden, als die Anwendung des Holzes gewähren würde. Der gelbe Torf besitzt, auch wenn er in Oefen getrocknet wird, nur eine geringe und für die mehrsten metallurgischen Prozesse nicht zureichende Heizkraft.

§. 521.

Nicht blos bei den eigentlichen Schmelzarbeiten, sondern auch bei den metallurgischen Reductionsprozessen, bei welchen das Brennmaterial, mit dem zu reducirenden Oxyd geschichtet, in Schachtöfen verwendet wird, hat man die Anwendung des Torfes versucht und wiederholt empfohlen. Dazu scheint die Torfkohle wenig geeignet zu sein. Durch die Verkohlung leidet der Torf zwar eine größere Verminderung seines Volumens, als das Holz, welches schon allein ein sehr nachtheiliger Umstand für das regelmäßige Niedergehen der Gichten ist, aber diesem Nachtheil wird fast ganz abgeholfen, wenn der Torf nicht im lufttrockenen, sondern im gedörrten Zustande (§. 520) angewendet wird. Ein anderes Hinderniß entspringt aus dem Aschengehalt des Torfes, welcher nicht allein für die Torfarten aus verschiedenen, sondern auch aus einem und demselben Torfmoor sehr veränderlich ist. Die tieferen, dichteren, dunkler gefärbten und größere Brenn- und Heizkraft besitzende Torfschichten hinterlassen beim Verbrennen immer mehr Asche, als der Torf aus den oberen, mehr aufgelockerten und lichter gefärbten Schichten eines und desselben Torfmoors. Die erdigen Beimengungen bei dem Torf aus den tieferen Schichten können so bedeutend werden, daß die daraus sich bildende Schlacke das Verbrennen der im Schacht des Ofens entstandenen Torfkohle erschwert. Auch ist der Gehalt an Phosphorsäure in der Torfasche, wenigstens für die Reduction der Eisenerze, in allen solchen Fällen sehr zu berücksichtigen, wenn das Roheisen nicht zur Darstellung von Gußwaaren, sondern zur Bereitung von Stabeisen bestimmt ist. Das dritte und vorzüglichste Hinderniß für die Anwendung der Torfkohle in Schachtöfen wird durch die ungleichartige Zusammensetzung der Torfmasse herbeigeführt, und beruht bloß auf einem mechanischen Grunde. Es fehlt nämlich der Torfkohle der nothwendige feste Zusammenhang, um dem Druck der Beschickung Widerstand zu leisten. Die Kohle ist leicht zerreiblich und wird durch die Erzgichten zertrümmert, ein Umstand, der sich besonders bei höheren Schächten sehr nachtheilig zu erkennen giebt. Die zerpulverte Kohle hemmt das Aufsteigen der Gasarten im Schacht und das Entweichen derselben aus der Gicht entweder gänzlich, oder sie veranlaßt mindestens ein unregelmäßiges Niedergehen der Gicht.

Aus diesem Grunde hat die Anwendung der Torfkohle bei den Hohöfen zum Eisenschmelzen keinen günstigen Fortgang gehabt, wenn auch der Betrieb des Ofens mehre Tage lang ohne Störung fortgesetzt werden konnte. Lufttrockener Torf würde wegen des starken Schwindens und wegen seines großen Feuchtigkeitsgehaltes noch weniger anwendbar sein. Dagegen scheint der gedörrte Torf wirklich ein sehr gutes Brennmaterial für Schachtöfen zum Verschmelzen der Eisenerze zu sein, wenn er beim Verbrennen nicht viel Asche hinterläßt, und wenn diese keine, oder doch nur wenig Phosphorsäure enthält. Obgleich der gedörrte Torf sich im Schacht des Ofens ebenfalls verkohlt, so scheint die auf diese Weise gebildete Kohle doch einen stärkeren Zusammenhang zu behalten, als die Kohle, welche durch eine vollständige Verkohlung des Torfes erhalten wird. Die Zusammensetzung des stark gedörrten Torfes ist von dem Zustande einer völlig verkohlten Torfmasse zwar noch entfernt, allein es findet bei der stärkeren Erhitzung kaum eine Wasserbildung mehr statt, und der Torf ist in dem stark gedörrten Zustande mit dem des halbverkohlten Holzes zu vergleichen, in welchem er, so wie dieses, für den Reductionsprozeß im Schachtofen die größte Wirksamkeit besitzt, und besonders der Zerkleinerung durch den mechanischen Druck weniger wie die Torfkohle ausgesetzt ist.

§. 522.

Der Torf giebt bei der trockenen Destillation oder bei der Verkohlung fast dieselben Produkte, wie das Holz, allein er enthält auch Stickstoff, und daher wird beim Verkohlungsproceß auch noch Stickgas ausgeschieden oder auch Ammoniak gebildet. Die Brennkraft der Torfkohle ist zwar kleiner als diejenige des Torfes, woraus die Kohle dargestellt worden ist, allein der Verlust an Brennkraft durch die Verkohlung ist bei dem Torf geringer, als bei dem Holz, wie aus den Resultaten der Elementar-Analysen beider Substanzen schon von selbst hervorgeht.

Der aufgelockerte Zustand der, aus einem bloßen Gemenge von mehr oder weniger in Moder aufgelösten verschiedenartigen Pflanzen zusammengesetzten Torfmasse, welche den Hauptbestandtheil des schwarzen und des braunen Torfes ausmacht, erklärt es schon vollkommen, warum der Torf beim Verkohlen eine größere Verminderung des Volumens erleiden muß, als das Holz. Man kann diese Volumenverminderung bei der Verkohlung der am mehrsten dazu geeigneten braunen und schwarzen, vollkommen lufttrocknen Torfarten zu 65—75 Procent ihres ursprünglichen Volumens annehmen. Die gelben und braungelben Torfarten sind zur Verkohlung, wegen ihres äußerst aufgelockerten Zustandes, nicht geeignet; sie würden eine schwammige, poröse Kohle ohne Festigkeit und Zusammenhalt liefern, und die Kohle würde nur eine sehr unbedeutende Heizkraft besitzen.

Günstiger als bei dem Holz stellt sich das Verhältniß der Kohle zu dem rohen Material bei dem Torf, wenn die Vergleichung dem Gewicht nach angestellt wird. Der darstellbare Kohlengehalt beim Verkohlungsproceß ist bei dem Torf, wie bei dem Holz, eine veränderliche und von der Stärke der Verkohlungshitze abhängige Größe. Bei schneller Verkohlung in starker Hitze bleibt weniger Kohle zurück, als bei einer langsamen Verkohlung. Bei dem Holz wechselt die Menge der zurückbleibenden Kohle zwischen 12 und 25 Prozent vom Gewicht des Holzes. Bei dem Torf scheint diese Gränze enger zu sein, und zwischen 18 und 26 Procent zu liegen. Diese Angabe bezieht sich indeß nur auf den bei einer Lufttemperatur von 20 Gr. C. vollkommen ausgetrockneten Torf. Der große Feuchtigkeitsgehalt des Torfes macht es nothwendig, bei der Bestimmung der Menge des darstellbaren Kohlengehaltes die Temperatur genau anzugeben, bei welcher der Torf vor dem Verkohlen getrocknet worden ist. Eben so beziehen sich jene Angaben nur auf den aus reinen Pflanzengeweben und Pflanzenresten bestehenden Torf, aber nicht auf den mit Erden verunreinigten Torf, bei welchem das Gewicht der Kohle durch die zufälligen Beimengungen ungemein modificirt werden kann.

Die Herren Mushet, Thomson, Bucholz, Lampadius, Berthier u. A. haben Untersuchungen über den Gehalt des Torfes an darstellbarer Kohle und an Asche angestellt. Hr. Mushet fand, daß die von ihm untersuchten Torfarten 15,1 bis 25,2 Procent reine Kohle hinterließen und 2,2 bis 12,1 Procent Asche enthielten. Weil der ganze Aschengehalt des Torfes, beim Verkohlen desselben, mit der Kohle vereinigt bleibt, so würden die erhaltenen Torfkohlen einen von 8 bis 44 Procent abweichenden Aschengehalt besitzen müssen. Der von Hrn. Thomson untersuchte Torf gab 24 Procent Kohle und 1,7 Procent Asche; die Torfkohle enthält also 6,5 Procent Asche. Hr. Bucholz untersuchte vier Sorten von Torf, welche 25,5 Kohle und 21,5 Asche, — 19 Kohle und 23 Asche, — 16,5 Kohle und 30,5 Asche, — und 17 Kohle und 30 Asche hinterließen. Die Torfkohlen mußten also 45,5 — 54,75, — 65 und 64 Procent Asche enthalten. Die von Hrn. Lampadius (Erdmann's Journ. f. techn. und ökon. Chemie I. 250) untersuchten Torfarten waren ungleich reiner, indem die daraus dargestellte Kohle zum Theil nur 2 bis 4 Procent Asche enthielt

Hr. Berthier hat eine große Anzahl von Torf und von Torfkohle untersucht (Traité des essais etc. I. 297. 302), aber fast immer einen Aschengehalt von mindestens 10 Procent in der Torfkohle gefunden.

Reine Torfkohle sollte dieselbe Brennkraft besitzen wie die Holzkohle. Aber die Brennkraft der Torfkohle, wie ihre Heizkraft, sind von dem Aschengehalt abhängig. Es muß daher der Aschengehalt der Torfkohle bekannt sein, um eine Vergleichung zwischen dem Effekt derselben und der Holzkohle beim Verbrennen anstellen zu können. Ohne Zweifel vermindern sich die Brennkraft und die Heizkraft der Torfkohle, bei der Vergleichung mit der Holzkohle, in einem größeren Verhältniß als durch das in Abzug zu bringende Gewicht der Asche bedingt wird.

Die Torfkohle bleibt für manche metallurgische Operationen, z. B. zur Anwendung in offenen Feuern, ganz besonders aber bei Verdampfungsprocessen, ein vortreffliches Material, und wird vorzüglich dann sehr vortheilhaft angewendet werden können, wenn eine anhaltend gleiche Heizkraft zur Hervorbringung von mittleren Temperaturgraden, welche die Siedhitze des Wassers nicht bedeutend übersteigen, gefordert wird. Für hohe Temperaturgrade scheint die Heizkraft der Torfkohle zwar nicht unzureichend zu sein, aber für reducirende Schmelzoperationen in Schachtöfen ist sie, aus den schon vorhin (§. 521) angegebenen Gründen, nicht zu empfehlen.

§. 523.

Der Torf wird ebenfalls entweder in Meilern, in Gruben, oder in Oefen verkohlt. Auch bei dem Torf hat man die Ofenverkohlung sehr in Schutz genommen, obgleich es nicht erwiesen ist, daß dadurch das Kohlenausbringen vergrößert wird. Wohl aber veranlaßt die Verkohlung in Oefen größere Kosten als die Meilerverkohlung, sowohl wegen der Unterhaltung der Oefen, als wegen der vergrößerten Arbeitskosten, welche mit der Verkohlung in Oefen jederzeit verbunden sind.

Dem zum Verkohlen in Meilern bestimmten Torfe giebt man gern etwas größere Dimensionen, als der gewöhnliche Torf zum Brennen erhält, indem man die Stücken etwa 15 Zoll lang, 6 Zoll breit und 5 Zoll hoch stechen läßt; auch muß der Torf vollkommen ausgetrocknet und ganz lufttrocken sein. Die Meiler werden wie beim Holz gerichtet und behandelt; man macht sie aber kleiner und setzt etwa 5 bis 6000 Stück Torf ein, so daß ein Torfmeiler höchstens 1500 Kubikfuß räumlichen Inhalt erhält. Unten an den Quandel wird Kiehn und recht trocknes Holz gebracht, um den Meiler schnell in Brand zu setzen. Wenn die Meilerstätte bereitet und die Quandelstange aufgerichtet ist, wird der Torf in koncentrischen Kreisen rund um die Stange, auf dem Kopfe stehend und gegen die Quandelstange etwas geneigt, aufgesetzt, wobei nach den vier Weltgegenden auf der Meilerstätte Züge (Zündgassen, die aber nicht bloß zum Anzünden, sondern auch zur Feuerdirektion dienen) ausgespart bleiben müssen, welche so groß sind, daß ein Stück Torf füglich hineingesteckt werden kann. Auf der ersten Torfschicht folgt die zweite, dann auf der zweiten die dritte u. s. f. Um die Torfreihen recht koncentrisch zu erhalten, bindet man oben an dem Quandel eine Schnur, und schreibt mit dieser jedesmal die Kreise vor. Man setzt die Meiler so steil, als die Beschaffenheit der Decken es zuläßt. Nach dem Richten wird der Meiler mit Rasen, Moos u. s. f. bedeckt, und dann erhält er die zweite Decke oder die Erddecke. Oben an der Quandelpfahlöffnung bleibt eine Oeffnung von etwa einem Fuß im Durchmesser, welche gar keine Decke erhält. Alsdann wird der Meiler durch eine von den Zündgassen angezündet; die nach den Wetterseiten hingehenden Züge werden verschlossen, die entgegengesetzten mehr oder weniger geöffnet. Die Spitze der Haube bleibt so lange unbedeckt, bis das Feuer oben herausschlägt, worauf die Decken gegeben und oben in der Haube Raumlöcher gestoßen werden, deren Anzahl und Stellung in der

Meilerdecke sich nach der Stärke und Richtung des Windes richten. Die Beschaffenheit des Rauchs aus diesen Raumlöchern und der größere und geringere Widerstand, den die Torfstücken beim Durchstechen der Decke vermittelst einer eisernen Spießes leisten, geben das Zeichen, ob die Kohlen gaar sind oder nicht. Im ersten Fall werden die oberen Raumlöcher geschlossen und einen Fuß tiefer neue gestoßen, bis man durch solche koncentrische Reihen von Raumlöchern zuletzt zum Fuße des Meilers kommt, der dann gaar gebrannt ist. Obgleich der Torf immer einen etwas stärkeren Luftzug erfordert als das Holz, weil er schwerer brennt, so erfordern die verschiedenen Torfarten doch eine sehr verschiedene Behandlung beim Verkohlen, indem einige mit eben der Sorgfalt, wie das Holz, behandelt werden müssen. Das Abkühlen und Abputzen des Meilers, so wie das Kohlenziehen sind Arbeiten, die von dem bei der Behandlung des Holzes bemerkten Verfahren nicht abweichen. Bei einem guten Fortgang der Arbeit hat man 25 bis 30 Procent Kohlen von dem eingesetzten Torf (dem Volum nach) zu erwarten.

Soll der Torf in Gruben verkohlt werden, so gräbt man ein rundes Loch von 3 Fuß im Durchmesser und 3 Fuß tief in die Erde, legt dieses mit Torf dergestalt aus, daß die Mitte oder die Axe des cylindrischen Loches leer bleibt und einen kleinen Schacht von etwa 6 Zoll im Durchmesser bildet. Das Loch wird auf diese Art ganz gehäuft voll gefüllt, und der Torf durch den Schacht unten auf der Sohle (woselbst einige leicht feuerfangende Materialien liegen müssen) in Brand gesteckt. Wenn der Torf etwa 4 Stunden im Feuer gewesen ist, so pflegt die Flamme oben schon durchzubrechen, so wie sich auch die über der Erde liegenden Torfstücke zu senken anfangen. Dies ist ein Zeichen der nahenden Gaare, weshalb man die Grube mit Rasen zudeckt, und diesen nach einiger Zeit mit Sand bewirft, um das Feuer zu ersticken. Nach 24 Stunden pflegt das Feuer schon ganz erloschen zu sein; indeß läßt sich der Torf auf diese Art nicht vollständig verkohlen, sondern es bleiben an einigen Stellen noch unverkohlte Stücken zurück, während an anderen schon ein völliges Verbrennen oder Veraschen stattgefunden haben kann.

§. 524.

Zur Verkohlung des Torfes in Oefen, in denen der Torf von außen erhitzt wird, bedient man sich entweder eiserner Oefen, oder man bewirkt die Verkohlung auch in gemauerten Oefen. Die eisernen Oefen sind, wie bei der Verkohlung des Holzes, entweder Cylinder oder eiserne Kasten. Die Gewinnung der Nebenprodukte entschädigt bei der Verkohlung des Torfes noch weniger, als bei der des Holzes, für die Kosten der Anlage, des zur äußeren Erhitzung nothwendigen Brennmaterials und der größeren Arbeitslöhne bei dem Füllen und Ausleeren der Oefen. — Man will sich indeß zu Crouy bei Meaux (Ann. des mines 2 Série V. 223) sehr gut bei der Verkohlung des Torfes in gemauerten Oefen stehen, welche fast nach demselben Prinzip, wie die Theeröfen, eingerichtet sind. Die Zeichnung Fig. 2 Taf. IV. stellt diesen Verkohlungsofen dar. Er besteht aus dem eigentlichen cylindrischen Verkohlungsraum l, dessen Umfassungswände durch den Raum a erhitzt werden. Dieser Raum ist, wie sich aus der Zeichnung ergiebt, durch einen Ziegelverband in drei Etagen abgetheilt. Die Flamme wird aus der unteren in die zweite, und aus dieser in die dritte Etage geleitet, indem sich in jedem ringförmigen Ziegelverbande verschiedene Oeffnungen befinden, durch welche die Flamme einen Abzug erhält. Unten steht dieser Raum vermittelst sechs Oeffnungen mit dem eigentlichen Feuerungsraum d in Verbindung, welcher die Umfassungswand des Verkohlungsofens kreisförmig umgiebt. Der Raum h, welcher ebenfalls kreisförmig um den Ofen geführt ist, hat keinen andern Zweck, als die Ableitung der Wärme zu erschweren, indem die Luft, als ein schlechter Wärmeleiter, die Hitze von der äußeren Mauer des Ofens abhalten soll. Der zu verkohlende Torf wird oben durch die mit einem gutschließenden Deckel versehenen Oeffnung o eingetragen. Dieser Deckel ist von Eisen und wird noch mit Asche oder mit Sand bedeckt, um vollkommen zu schließen. Der Glühraum a öffnet oberhalb der Mündung o aus, und ist auf dieser Ausmündung ebenfalls mit einem beweglichen eisernen Deckel i versehen, in welchem sich nur eine kleine Oeffnung zum Ausströmen des Gases befindet, welches in dem Heizraum d entwickelt wird. Die Sohle des Ofens besteht aus einem gegossenen eisernen Schieber h, welcher vermittelst des Handgriffs p hin- und hergerückt werden kann. Nach beendigter Verkohlung zieht man ihn zurück, wodurch sich der ganze Ofen ausleert, indem die erzeugte Torfkohle in das Gewölbe e unter dem Ofen, herabfällt. Während der Verkohlung sind die Einsatz- und Auszugsöffnungen vollkommen verschlossen. Die flüchtigen Produkte von der Destillation werden durch die eiserne Röhre m abgeführt und zu der Condensirungsvorrichtung geleitet. Die Gasarten, welche sich nicht verdichten lassen, können in gewöhnlicher Art zur Feuerstätte d zurückgeleitet und dort verbrannt werden, wodurch ein Theil des Brennmaterials erspart wird. — Eiserne Oefen, welche man früher zu Crouy anwendete, wurden durch die Einwirkung der sauren Dämpfe auf das Eisen zu schnell zerstört. Deshalb wird der eiserne Schieber h auch jedesmal vor dem Füllen des Ofens mit einer Schicht von Torfkohlenstaub bedeckt, welcher zugleich als Verdichtungsmittel zur Abhaltung der Luft dient, die allenfalls durch den Schlitz, in welchem der Schieber bewegt wird, hinzutreten könnte. Die ökonomischen Vortheile dieser Verkohlungsmethode sind ganz von örtlichen Verhältnissen abhängig. Der Ofen ist indeß ganz gut konstruirt und wird, mit Erfolg, statt der gewöhnlichen Theer- oder Pechöfen angewendet werden können.

Man verkohlt aber den Torf auch in Oefen, zu welchen die atmosphärische Luft Zutritt hat, so daß man nicht des besonderen Brennmaterials zum Heizen des Ofens bedarf. Diese Oefen sind, mit unbedeutenden Abweichungen, eben so eingerichtet, wie die Holzverkohlungsöfen. Man wendet nämlich entweder gemauerte Oefen mit einem Rost an, ganz in der Art, wie der Ofen zur Holzverkohlung eingerichtet ist, den die Zeichnungen Fig. 20—23 Taf. IV. vorstellen; oder man führt die Luft durch Registeröffnungen in den Ofen, in derselben Art, wie oben (§. 511) bei der Holzverkohlung schon erwähnt worden ist. Weil der Torf jedoch einen etwas stärkeren Luftzutritt bei der Verkohlung erfordert, so bedient man sich beim Verkohlen des Torfes lieber der runden Oefen, die einen geringeren räumlichen Inhalt haben, als die Holzverkohlungsöfen, bringt auch mehr Registeröffnungen in einer geringeren Entfernung von einander und mehre Reihen von solchen Oeffnungen an. Die Zeichnungen Fig. 3 und 4 Taf. IV. stellen einen Torfverkohlungsofen im Grundriß und im Durchschnitt dar, wie er zu Rothau im Vogesen-Departement (Ann. des mines. 2 Série. V. 211) angewendet wird. Dieser sehr einfache Ofen ist mit einer gegossenen eisernen Platte ef bedeckt, und hat unten an der Sohle noch eine Oeffnung o, welche die in der Zeichnung angegebene Breite hat und so hoch ist, daß sie bis zur zweiten Reihe der Registeröffnungen hinaufreicht. Diese Oeffnung dient zum Ausziehen der Kohlen nach beendigter Verkohlung. Während der Arbeit ist sie mit einer verlornen Mauer geschlossen. Beim Füllen des Ofens muß ein kleiner, mit trocknem Holz ausgefüllter Schacht, in der Axenlinie des Ofens in die Höhe geführt werden. Rund um diesen Schacht werden die Torfstücke eingetragen. Nach erfolgter Füllung des Ofens wird das Holz in Brand gesetzt. Das Feuer theilt sich dem Torfe bald mit, und der ausgebrannte Schacht wird dann mit Torf ausgefüllt. Beim Anfange des Prozesses ist der Ofen ganz offen, die beiden oberen Reihen von Registeröffnungen sind mit hölzernen Stöpseln verschlossen und nur die unterste Reihe ist geöffnet. Zeigt sich vor einer oder der andere dieser Oeffnungen der Torf im fast weißglühendem Zustande, so verschließt man diese Oeffnungen mit Erde und Lehm. Nach Verlauf von 6 bis 7 Stunden können gewöhnlich alle Oeffnungen der untersten Reihe geschlossen sein, worauf alle Oeffnungen der zweiten Reihe geöffnet werden, wobei man in ähnlicher Art verfährt. Sind diese sämmtlich wieder geschlossen, so werden alle Oeffnungen der dritten Reihe geschlossen, so wie der Torf fast weißglühend erscheint. Etwa nach 20 Stunden entwickelt sich kein Rauch mehr, und dann ist es Zeit, die obere Oeffnung des Ofens mit der eisernen Platte ef zu schließen. In dieser Platte befindet sich eine Oeffnung mit einem Schieber, durch welchen man nach und nach die Oeffnung in dem Verhältniß mehr verengen kann, als sich die Hitze im Ofen vermindert, worauf man sie endlich ganz und gar verschließt. Man läßt den Ofen in diesem Zustande 24 Stunden lang ruhig stehen, spritzt Wasser hinein, verschließt den Ofen abermals und bedeckt die mit dem Schieber verschlossene Oeffnung in der Platte ef mit Sand, damit aller Luftzutritt völlig abgehalten wird. Nach wiederum 24 Stunden kann die Oeffnung o aufgemacht und es können die Kohlen ausgezogen werden. Dem Volum nach erhält man zu Rothau 35, und dem Gewicht nach 24 Prozent Kohle von dem eingesetzten Torf.

J. C. G. Voigt, Geschichte der Steinkohlen, der Braunkohlen und des Torfes, Weimar 1802. — J. H. C. Dau, neues Handbuch über den Torf, Leipzig 1823. — v. Chamisso, Hoffmann und Poggendorff, über das Torfmoor zu Linum; Archiv f. Bergbau und Hüttenwesen, V. 253 u. f. — v. Chamisso, über das Torfmoor bei Greifswald a. a. O., VIII. 129. — Derselbe, über die Torfmoore bei Colberg, Gnageland und Swinemünde; Ebend., XI. 3. — H. C. Moser, Torfbetrieb und Torfbenutzung, aus eigenen Erfahrungen dargestellt, Nürnberg 1840. — Williams, über den Torf und dessen Anwendung; a. d. London. Journ. of. arts in Dingler's polytechnischem Journ., B. 72. S. 31. Wie man aus Torf gute Kohlen brennen kann, nebst Anwendung derselben; in den ökonom. Heften, VIII. 37—40. — J. C. Siehe, über das Verkohlen des Torfes, Berlin 1793. — Blavier, über das Verkohlen des Torfes, im Journ. des mines No. 2. p. 2—64; in v. Crell's Annalen f. 1798., II. 16—44., 107—123. — Blavier, addition au procédé du carbonage de la tourbe; im Journ. des mines, No. 97, p. 373 bis 379. — G. A. Däzel, über Torf, dessen Entstehung, Gewinnung und Nutzung, München 1795. — Perfectionnemens dans le procédé de carbonisation de la tourbe. Par Dorigny; in den Archives des découvertes et des inventions nouvelles pendant l'année 1820, Paris 1821. p. 408. — Rapport, fait par N. Derosne, au nom du comité des arts économiques, sur la tourbe carbonisée de M. Voland; Bullet. de la Soc. d'encouragement pour l'industrie nationale XIX. 290 etc. — Rapport sur la carbonisation de la tourbe et sur l'usage du charbon de tourbe et des autres produits résultant de la destillation. Par Blavier. Annales des Mines, IV. 177—200. — Etwas über das Verkohlen des Torfes; von Siehe, Berlin 1822.

Von den kohligen Mineralsubstanzen.

§. 525.

Die brennbaren mineralischen Substanzen, welche bei der trocknen Destillation Kohle zurücklassen, kann man unter dem Namen der kohligen Mineralsubstanzen zusammenfassen. Sie verhalten sich zur Kohle, welche man durch diese Operation aus ihnen erhält, wie das Holz zur Holzkohle. So wie Rumford zu der Annahme berechtigt zu sein glaubte, daß sich die Holzkohle schon gebildet im Holz befinde, eben so bemühte sich Proust darzuthun, daß schon gebildete Kohle in den kohligen mineralischen Substanzen vorhanden sei. Aber die bei der trocknen Destillation zurückbleibende Kohle giebt, eben so wie es bei dem Holz und Torf der Fall ist, nur den darstellbaren, nicht den wirklichen Gehalt an Kohle an; denn die Produkte, welche durch die trockne Destillation erhalten werden, enthalten noch viel Kohlenstoff. Daß es nur auf das Verhältniß des Kohlenstoffs zu den übrigen Bestandtheilen, und auf das Verhältniß dieser Bestandtheile unter sich ankommt, ob der brennbare Körper bei der

Destillation mehr oder weniger Kohle hinterläßt, daß folglich die Kohle eben so erst durch den Prozeß erzeugt wird, als die übrigen Produkte der Destillation, davon geben die Harze, wie Hatchett zuerst zeigte, ein auffallendes Beispiel. Durch Digeriren mit Schwefelsäure kann man aus ihnen 43 bis 67 Procent Kohle gewinnen, statt daß sie in verschlossenen Gefäßen bis zur Rothglühhitze erhitzt, nur ½ bis 4,5 Prozent Kohle hinterlassen. Den Kopal, welcher nach Hatchett beim Diregiren mit Schwefelsäure 67 Procent Kohle liefert, würde man wegen dieses höchst bedeutenden Kohlengehalts ebenfalls zu den kohligen brennbaren Körpern rechnen müssen, wenn dieser Gehalt durch trockne Destillation darstellbar wäre. Das Holz, welches nur etwa 52 Prozent Kohle enthält, giebt doch 25 bis 27 Procent darstellbare Kohle. Die Benennung: kohlige Substanz, welche einige brennbare Mineralien wegen ihrer Farbe erhalten haben, ist daher nicht glücklich gewählt, weil sie auf eine schon wirklich vorhandene Kohle deutet, die als solche doch eben so wenig in der Steinkohle, als im Holze oder im Kopal vorhanden ist.

Bei den kohligen Mineralsubstanzen unterscheidet man die Braunkohle, die Steinkohle oder die Schwarzkohle, die Glanzkohle oder den Anthracit (Kohlenblende) und den Graphit. Der Uebergang der ersten drei Gattungen in einander ist so unmerklich, daß es häufig an einem Kennzeichen fehlt, welches keinen Zweifel in der Richtigkeit der Bestimmung übrig ließe. Der braune und der schwarze Strich, so wie die verschiedene Stärke des Glanzes, können nicht als unfehlbare Kennzeichen angesehen werden. Aber auch selbst in der chemischen Zusammensetzung stehen sich die Braunkohle und die Steinkohle, so wie die Steinkohle, der Anthracit und der Graphit so nahe, daß der Mangel an äußeren Unterscheidungsmerkmalen durch die Analyse nicht ersetzt werden kann. Alle die systematischen oryktognostischen Unterabtheilungen sind von zufälligen und ganz außerwesentlichen äußeren Gestalten hergenommen. Wesentlich kann nur der Unterschied zwischen Braun- und Steinkohle genannt werden, weil ihm das geognostische Verhalten beider Substanzen zum Grunde liegt, indem alle Braunkohlen jünger, und alle Steinkohlen älter, oder wenigstens so alt sind, wie die Kreideformation. Dieser Unterschied ist jedoch nur geognostisch; ein physikalischer und ein chemischer lassen sich in vielen Fällen gar nicht angeben. Man kann die Braun- und Steinkohlen als Pflanzenfasern betrachten, die durch eine Art von Gährungsprozeß eine Entmischung und dadurch bewirkte Mischungsveränderung in ihrer ursprünglichen Zusammensetzung erlitten haben. Es ist jetzt nicht mehr zu bezweifeln, daß diese kohligen Mineralsubstanzen einst Pflanzen gewesen sind, welche unter einer Erddecke begraben wurden und unter dieser Decke von Gebirgsschichten eine freiwillige Entmischung erlitten, welche in ihren Wirkungen zwar etwas von dem Erfolge des Gährungsprozesses, wie wir ihn noch heute bei den animalischen und vegetabilischen Substanzen eintreten sehen, abweicht, aber doch nur solche Abweichungen zeigt, die sich aus der Beschaffenheit des Körpers, welcher der Entmischung unterlag, so wie aus den Verhältnissen, unter welchen diese Entmischung stattfinden mußte, sehr wohl erklären lassen. In sofern der Erfolg dieses Mischungsprozesses auf eine größere Concentration des Kohlenstoffes, oder auf eine verhältnißig stärkere Abscheidung des Sauer- und Wasserstoffes als des Kohlenstoffes gerichtet gewesen zu sein scheint, könnte man den Prozeß, durch welchen die Pflanzenfasern in Braun- und Steinkohlen umgeändert wurden, allerdings einen Verkohlungsprozeß nennen; aber es ist wohl zu bemerken, daß diese Concentrirung des Kohlenstoffes nicht immer in gleicher Art erfolgte, indem bald der Sauerstoff, bald der Wasserstoff in einem stärkeren Verhältniß abgeschieden worden zu sein scheinen. Die natürliche fossile Kohle also, weit entfernt, eine wirkliche Kohle zu sein, unterscheidet sich wesentlich von derjenigen kohlenartigen Substanz, die durch eine theilweise Zersetzung des Holzes in der erhöheten Temperatur erhalten wird; auch sehr wesentlich von den kohlenartigen Substanzen, die sich aus der unveränderten oder auch aus der schon veränderter Pflanzenfaser, durch die Einwirkung von Säuren, darstellen lassen, indem bei diesen Prozessen die Entmischung immer auf ganz gleiche Weise erfolgt und nur dem Grade nach verschieden ist. Diese Erfolge sind gerade ein Beweis dafür, daß die fossile Kohle weder durch erhöhete Temperatur, noch durch die Einwirkung eines fremden Körpers auf die von den Gebirgsschichten bedeckten Pflanzenfasern gebildet sein kann, sondern daß sie das Resultat einer freiwilligen Entmischung derselben gewesen ist. Ob aber diese bei der Braunkohle einen anderen Gang genommen, als bei der Steinkohle, und ob man die Braunkohle nur als eine noch unvollendete Steinkohle betrachten dürfe, welche sich in der fernen Zukunft noch einmal in Steinkohle verwandeln wird, darüber sind nur Vermuthungen anzugeben. Die chemische Analyse giebt darüber keinen Aufschluß, denn es giebt Braunkohlen, die sich in der Zusammensetzung einigen Arten von Steinkohlen so sehr nähern, daß es schwer sein würde, sie von einander zu unterscheiden, wenn man ihre geognostischen Lagerungsverhältnisse nicht kennt. Es ist daher nicht wahrscheinlich, daß die Braunkohle sich dereinst in Steinkohle verwandeln wird, so wenig es wahrscheinlich ist, daß die Steinkohle einmal wirkliche Kohlenblende oder Graphit werden könnte, obgleich alle diese Körper unbezweifelt aus Pflanzenfasern entstanden sind, und obgleich der natürliche Entmischungsprozeß der Steinkohle wahrscheinlich eben so wenig schon jetzt abgeschlossen oder vollendet ist, wie der der Braunkohle. Kohlenblende und Graphit stellen vielleicht das Produkt dieses Prozesses in seiner höchsten Vollkommenheit dar, aber es folgt daraus noch nicht, daß sich die Braunkohle und die Steinkohle, wenn einst auch ihre Entmischung vollständig erfolgt sein wird, sich in derselben Form zeigen müssen, welche die Pflanzenfaser uns in dem Anthracit und in dem Graphit der Urgebirge darbietet. Diese sind, chemisch betrachtet, reine Kohlen, die wahrscheinlich keinen Sauer- und Wasserstoff mehr enthalten, sondern nur mit den Gebirgsarten, in welchen sie angetroffen werden, mehr oder weniger mechanisch verunreinigt sind. Der natürliche Graphit unterscheidet sich chemisch durchaus nicht von dem künstlichen, so wie er sich beim gaaren Gange im Schmelzraum des Eisenhohofens bildet, obgleich dieser sich in seinen physikalischen Eigenschaften noch mehr dem Anthracit als dem natürlichen Graphit nähert, von beiden sich aber dadurch unterscheidet, daß er von allen mechanischen Beimengungen frei ist. — Die reine Holzkohle, welche nicht minder eine reine Kohle ist, wie der Anthracit, und wie der natürliche und der künstliche Graphit, weicht von allen diesen Körpern sehr wesentlich durch seine größere Verbrennlichkeit ab. Wären es bloß die mechanischen Beimengungen, durch welche der Grad der Verbrennlichkeit bestimmt würde, so müßte der künstliche Graphit ein sehr leicht entzündlicher Körper sein, weil er, wie der Diamant, ganz reine Kohle ist, statt daß die Holzkohle noch ein oder mehre Procente Asche beigemengt enthält. Diese mechanischen Beimengungen können also die große Verschiedenheit in der Entzündbarkeit des Diamant, des Anthracit, des Graphit und der reinen Holzkohle nicht begründen. Es sind daher die noch ganz unbekannten Kohärenzverhältnisse, durch welche der Grad der Entzündlichkeit der reinen Kohle bestimmt wird. Der Diamant verbrennt nur in reinem Sauerstoffgase, vermuthlich weil er die dichteste Kohle ist. Diese von dem Lockerheitszustande der Kohle abhängige Entzündbarkeit der Kohle giebt, wenn auch die Ursache dieser Erscheinung nicht bekannt ist, dem Metallurgen doch einen lehrreichen Aufschluß über die Erscheinungen, welche die verschiedenen Kohlenarten beim Verbrennen darbieten, indem einige Kohlen vor dem Gebläse sehr leicht, andere sehr schwer zerstört werden und eine bedeutende Verdichtung der Luft erfordern, wenn die Verbrennung erfolgen soll. Schon bei der Holzkohle zeigt sich die Abhängigkeit der Verbrennlichkeit der Kohle von dem mehr oder weniger lockeren Zustande der Pflanzenfaser, aus welcher sie dargestellt wird. Stroh und Torf geben eine noch leichter entzündliche, aber mit geringer Heizkraft verbrennende Kohle. Die Kohle aus den weichen Holzarten läßt sich leichter entzünden, als die aus den harten Hölzern. Noch größer werden sich daher die Verschiedenheiten in der Entzündbarkeit bei den Kohlen aus den Steinkohlen zeigen müssen.

Von der Braunkohle.

§. 526.

Bei denjenigen Braunkohlen, welche in den oryktognostischen Systemen unter dem Namen des bituminösen Holzes und der erdigen Braunkohle bekannt sind, haben sich die Pflanzenfasern zum Theil so gut erhalten, daß man noch die Art des Baumes bestimmen kann, aus welchem sie entstanden sind. Auch Abdrücke von Blättern und Früchten dicotyledonischer Gewächse kommen häufig in Braunkohlen vor. Aber diejenige Art der Braunkohle, welche in den Systemen Moorkohle genannt wird, unterscheidet sich kaum mehr von einigen Arten der Steinkohle; ja sie würde für solche angesehen werden, wenn ihre Lagerungsverhältnisse unbekannt sind und wenn sich nicht, wie es fast immer der Fall ist, an einzelnen Stellen des Stückes, noch deutlich die Uebergänge in bituminöses Holz erkennen ließen. Für diese Moorkohle ist daher der Gattungsname Braunkohle sehr unpassend gewählt, indem das Pulver von mehren Steinkohlen ungleich mehr Braun in der Farbenmischung zeigt, als die zerpulverte Moorkohle. Bezeichnender würde die Benennung fossiles Holz sein, weil sie auf die zufällige Farbenabstufung nicht Rücksicht nimmt. Faseriges fossiles Holz würde alsdann das sogenannte bituminöse Holz (welches eben so wenig Bitumen als fertig gebildete Kohle enthält) und zum Theil die gemeine Braunkohle Werner's, und muschliges fossiles Holz die Moorkohle und ein Theil der gemeinen Braunkohle Werner's genannt werden können. Das fasrige fossile Holz macht, sowohl in seinem physikalischen Verhalten, als in der chemischen Zusammensetzung, einen wirklichen Uebergang durch den Torf in das nicht fossile Holz, oder in die lebende unveränderte Pflanzenfaser. Das muschlige fossile Holz reihet sich dagegen, sowohl in seinem physikalischen Verhalten, als in der chemischen Zusammensetzung, denjenigen Steinkohlenarten an, welche bei dem geringsten Gehalt an Kohlenstoff zugleich am mehrsten Sauerstoff enthalten. Die erdige Braunkohle verhält sich zum faserigen fossilen Holz, wie der schwarze Torf zu dem gelben, denn so wie jener die völlige Zerstörung der Pflanzenfaser durch Moderbildung zeigt, eben so ist die erdige Braunkohle ein mehr oder weniger vollkommen zerstörtes fossiles Holz. Es wiederholen sich also dieselben Erscheinungen bei der Braunkohlenbildung, — wenn gleich in eigenthümlicher Art, — wie sie noch jetzt bei dem fortschreitenden Torfbildungsprozeß erkannt werden können. Nur das muschlige fossile Holz scheint einen anderen, mehr mit der Bildung der Steinkohlen übereinstimmenden Fortgang der Veränderungen erlitten zu haben, denen das faserige fossile Holz im Laufe der Zeiten unterlag. Das faserige fossile Holz ist folglich als der eigentliche Typus der Braunkohlenbildung zu betrachten, aus welchem, durch fernere Veränderungen der Pflanzenfaser, auf der einen Seite die erdige Braunkohle, und auf der andern das muschlige fossile Holz, die Steinkohlenbildung gewissermaßen noch einmal wiederholend, entstanden sind.

§. 527.

Daß die Braunkohle als ein wahres Uebergangsgebilde zwischen der Steinkohle und dem Torf betrachtet werden muß, geht aus der chemischen Zusammensetzung derselben überzeugend hervor. Die sehr schätzbaren analytischen Untersuchungen des Hn. Regnault (Ann. des mines, 3 Série XII. 161) lassen darüber keinen Zweifel. Aber sie zeigen auch, daß man unter dem gemeinschaftlichen Namen der Braunkohle, Mineralsubstanzen zusammenstellt, die nur ihrer geognostischen Lagerungsverhältnisse wegen zu einer Gattung vereinigt worden sind, und daß die verschiedenen Arten der Braunkohlen in ihrer Zusammensetzung eine eben so große Verschiedenheit zeigen, als diese sich schon in ihrem äußeren physikalischen Verhalten unverkennbar ausspricht. Die fasrige Braunkohle, welche unter allen als Braunkohle bekannten kohligen Mineralsubstanzen die geringste Veränderung erlitten hat, muß in ihrer Zusammensetzung mit der des Torfs am mehrsten übereinstimmen. Von ihr ausgehend, stellt sich auf der einen Seite die erdige Braunkohle, in fortgeschrittener und vielleicht schon beendigter Umbildung, mit einem größeren Gehalt an Kohlenstoff als die faserige Braunkohle dar. Auf der andern Seite hat für die muschlige Braunkohle ein eigenthümlicher Gang der Umbildung aus der fas'rigen Braunkohle stattgefunden, welcher zwar ebenfalls mit einer Vergrößerung des Kohlenstoffgehalts, wie bei der erdigen Braunkohle, verbunden war, aber gleichzeitig ein anderes, mit einigen Arten der Steinkohle mehr übereinstimmendes Verhältniß des Sauerstoffs zum Wasserstoff zur Folge hatte; ein Verhältniß, welches bei der muschligen Braunkohle geringer ist, als bei der erdigen. Bei der Bildung der erdigen Braunkohle hat sich also der Sauerstoffgehalt der fas'rigen Braunkohle in einem geringeren Verhältniß zum Wasserstoff vermindert, als bei der Bildung der muschligen Braunkohle, bei welcher das Verhältniß des Wasserstoffs zum Sauerstoff größer geblieben ist. Dies Resultat ergiebt sich offen und deutlich aus den Analysen, allein die Mittel sind unbekannt, welche die Natur anwendete, um hier verhältnißmäßig mehr Sauerstoff abzusondern und die muschlige Braunkohle aus der erdigen hervorgehen zu lassen, und dort den Wasserstoff in einem größern Verhältniß auszusondern, um die erdige Braunkohle zu bilden. Dieser eigenthümliche doppelte Gang der Umbildung der Pflanzenfaser ist um so interessanter, als er sich nicht allein für die verschiedenen Arten der Steinkohle (die backenden, welche mit der muschligen Braunkohle zu vergleichen sind, und die nicht backenden, welche den Gang der Umbildung wie die erdige Braunkohle genommen haben) wieder erkennen, sondern weil er auch einen überraschenden Blick thun läßt auf die Bildung der Erdharze und Asphalte, deren vegetabilischer Ursprung schwerlich zu verkennen ist, und deren Bildung durch einen Prozeß erfolgt sein muß, bei welchem sich das Verhältniß des Sauerstoffs zum Wasserstoff in einem noch bedeutend höheren Grade verminderte, als bei der Bildung der muschligen Braunkohle und der Steinkohle.

§. 528.

Unter den von Hrn. Regnault analysirten Braunkohlen befindet sich nur eine, welche als wirkliche fasrige Braunkohle (fossiles Holz) betrachtet werden kann. Sie ist aus der Molasse von Usnach, am Ufer des Züricher Sees, entnommen, und hat das fasrige Holzgewebe noch vollkommen erhalten. Nach Abzug des Aschengehaltes ist diese fasrige Braunkohle zusammengesetzt aus:

Kohlenstoff	57,29
Wasserstoff	5,83
Sauerstoff	36,88
	100

Vergleicht man dies Resultat mit der von Hrn. Mulder nachgewiesenen Zusammensetzung des Torfes (§. 515), so zeigt sich die große Uebereinstimmung in den Veränderungen, welche die Pflanzenfaser bei ihrem Uebergange in Torf und in fasrige Braunkohle, hinsichtlich ihrer chemischen Zusammensetzung, erlitten hat.

Als erdige Braunkohle, — wenn gleich noch nicht in ihrem vollkommenen Zustande, sondern noch im Gemenge mit fasriger Braunkohle, — sind anzusehen: a. die Braunkohle aus Griechenland, von den Ufern des Alpheus in Elis, und b. die kölnische Umbra, welche in mächtigen Lagern, längs dem Rhein hin von Köln bis nördlich von Bonn, sich erstreckt. Nach Abzug des Aschengehalts fand Hr. Regnault beide Braunkohlen zusammengesetzt aus:

	a	b
Kohlenstoff	67,28	66,96
Wasserstoff	5,49	5,27
Sauerstoff	27,23	27,77

Beide Analysen zeigen die Zunahme des Kohlenstoffs, oder vielmehr die Abnahme des Sauerstoffs bei der fortschreitenden Veränderung der fasrigen in die erdige Braunkohle, wogegen der Wasserstoffgehalt sich nur unbedeutend vermindert hat.

Bei weitem die größere Zahl der von Hrn. Regnault angestellten Analysen betrifft die muschlige Braunkohle. Aber auch unter dieser sind wenige, bei denen der Uebergang der fasrigen in die muschlige Braunkohle schon ganz vollendet wäre, wodurch die Resultate aus den Analysen weniger bestimmt und deutlich hervortreten. Die Braunkohle von Ellnbogen in Böhmen, von welcher Hr. R. bemerkt, daß sie dicht, gleichartig wie Gagat sei, einen matten, muschligen Bruch und eine schwarzbraune Farbe besitze, dürfte für eine schon vollendete muschlige Braunkohle anzusehen sein. Hr. R. hat folgende muschlige Braunkohlen, bei deren Zusammensetzung der Aschengehalt ebenfalls in Abzug gebracht worden ist, analysirt:

Ursprungsort.	Kohlenstoff.	Wasserstoff.	Sauerstoff.
Von den Rhonemündungen . .	73,79	5,29	20,92
" Dax	74,19	5,88	20,13
" Meißner in Hessen	73,00	4,93	22,07
Aus den Niederalpen	70,02	5,20	21,77
Von Ellnbogen	77,64	7,85	14,51

Die geringe Uebereinstimmung in den Resultaten der Analysen hat ohne Zweifel in der ungleichartigen Beschaffenheit der Braunkohlenmassen ihren Grund, welche als ein Gemenge von fasriger mit muschliger Braunkohle zu betrachten sind. Aber dennoch zeigen die gefundenen Verhältnisse, daß die Zunahme des Kohlenstoffgehaltes in der muschligen Braunkohle von der Natur auf die Weise bewirkt wird, daß sie den Sauerstoffgehalt der fasrigen Braunkohle vermindert und den Wasserstoffgehalt unverändert läßt.

Hr. R. bemerkt noch, daß die Braunkohlen sämmtlich etwas Stickstoff enthalten (wie der Torf), dessen quantitative Bestimmung jedoch nur bei der Braunkohle von Ellnbogen erfolgt und zu 1,86 Procent ermittelt ist. Der angegebene Sauerstoffgehalt wird daher um 1,86 Procent zu vermindern sein, und nur 12,65 Procent betragen, eine Correction, die in gleicher Art bei allen Analysen vorzunehmen wäre, nachdem der Stickstoffgehalt ermittelt worden.

§. 529.

Das specifische Gewicht der Braunkohle ist veränderlich und zum Theil von der Menge der beigemengten Erden u. s. f. abhängig. Die fasrige und die muschlige Braunkohle differiren im spec. Gew. von 1,15 bis 1,2. Das spec. Gew. der erdigen Braunkohle steigt zuweilen bis 1,3. Dies größere Gewicht ist zum Theil eine Folge des größeren Wassergehaltes. Das absolute Gewicht von 1 Kubikfuß Braunkohle läßt sich nicht so bestimmen, daß die Angabe eine allgemeine Gültigkeit hätte, denn es ist fast für jede Ablagerung verschieden. Die Angaben schwanken zwischen 30 und 40 preuß. Pfund für den preuß. Kubikfuß. Man wird daher als eine annähernd richtige Durchschnittszahl das Gewicht von 35 Pfund für 1 Kubikfuß Braunkohle annehmen können.

§. 530.

Der Aschengehalt der Braunkohle ist ungemein verschieden. Den geringsten Aschengehalt besitzen die muschligen Braunkohlen. Die erdigen pflegen am mehrsten mit beigemengten Erden verunreinigt zu sein. Eine oft, und zuweilen in bedeutender Menge vorkommende Verunreinigung der erdigen Braunkohle besteht in Schwefelkies. Braunkohlen, die reich an beigemengtem Schwefelkies sind, werden häufig zur Alaunbereitung angewendet. Die Beschaffenheit der Asche, oder vielmehr des erdigen Rückstandes nach dem Verbrennen, ist in der Regel von der Beschaffenheit der Gebirgsbildung abhängig, in welcher die Braunkohle vorkommt. Gips wird wohl immer in der Asche angetroffen. Thon, Sand, kohlensaurer Kalk, zuweilen auch etwas Bittererde, Eisenoxyd, sind die gewöhnlichen Gemengtheile des Rückstandes, den die Braunkohlen beim Verbrennen hinterlassen. Hr. Reinsch hat in der Asche der Braunkohlen auch Kali gefunden (Erdmann's Journ. f. prakt. Chemie., B. 19. S. 478). Nur die ausgezeichnet reinen Stücke von fasriger und muschliger Braunkohle hinterlassen nicht mehr als 1 Procent Asche. Der gewöhnliche Aschengehalt der durch fremdartige Beimengungen nicht beträchtlich verunreinigten Braunkohle schwankt zwischen 3 und 6 Procent. Aber er steigt bis 20 Procent und höher, besonders in der erdigen Braunkohle.

§. 531.

Sowohl dem Volumen als dem Gewicht nach ist die Brennkraft der Braunkohle, — in sofern sie nicht zu sehr mit Erden verunreinigt wäre, — bedeutend größer als die des Holzes. Ohne Zweifel besitzt die Braunkohle auch eine größere Heizkraft als das Holz, nur muß, wenn es auf die Hervorbringung hoher Temperaturgrade ankommt, für eine Verstärkung des Luftzuges gesorgt werden, weil die Entzündbarkeit des Holzes ansehnlich größer ist, als die der Braunkohle. Diese ist indeß ein vortreffliches Feuerungsmaterial in allen Fällen, wo eine den Siedepunkt des Wassers nicht bedeutend übersteigende Temperatur hervorgebracht, und diese Temperatur in beträchtlicher Zeitdauer unterhalten werden soll. Die erdige Braunkohle würde jedoch in ihrem natürlichen Zustande nicht angewendet werden können, nicht allein, weil sie durch die Zwischenräume der Roststäbe hindurchfallen, sondern auch, weil sie, wegen ihrer staubartigen und pulverigen Beschaffenheit, den Luftzug hemmen und das Feuer ersticken würde. Diese Braunkohle muß daher, wenn sie durch beigemengte fasrige Braunkohle nicht hinreichend aufgelockert werden kann, in Formen gebracht werden. Zu diesem Zweck wird sie mit Wasser angefeuchtet und stark durchgeknetet, wodurch sie formbar wird. Die geformten Stücke werden an der Luft getrocknet und dadurch zum Verbrennen anwendbar gemacht.

Hr. Berthier hat die Brennkraft von verschiedenen Braunkohlen bestimmt und folgende Resultate erhalten: 1 Gewichtstheil Braunkohle von

Val Pineau (Sarthe)	gab	19,23	Blei	= 4127	Wärme-Einheiten	(6,5	Pr. Asche)
Gardanne (Rhone)	"	22	"	= 5060	" "	(15,2	" "
Fuveau (Rhone)	"	21	"	= 4830	" "	(11	" "
St. Martin de Vaud	"	22,6	"	= 5198	" "	(11	" "
Fuarch (Zürcher See)	"	18,2	"	= 4186	" "	(12	" "

Die Brennkraft der Braunkohle ist also mindestens $\frac{1}{3}$ größer, als die des Holzes, bei gleichem Gewicht beider Brennmaterialien. Wird die Vergleichung bei gleichem Volum angestellt, so muß sie natürlich im Verhältniß des größeren specifischen Gewichts der Braunkohle noch bedeutend günstiger für diese ausfallen. Manche reine muschlige Braunkohle wird sowohl in der Brennkraft, als in der Heizkraft, den Steinkohlen im Effekt nicht nachstehen, wenigstens nicht denen, welche zu den minderreichen an Kohlenstoff gehören.

§. 532.

Bei der trockenen Destillation geben die Braunkohlen saures Wasser, eine sehr stinkende ölartige Flüssigkeit, Theer und gasförmige Substanzen von einem eigenthümlichen unangenehmen Geruch. Nur höchst selten kommen Braunkohlen vor, welche bei der Destillation eine zusammenbackende Kohle hinterlassen. Starke und schnelle Destillationshitze gewährt auch bei den Braunkohlen eine geringere Kohlengewinnung, als eine langsam gesteigerte Temperatur. Die Menge der aus der reinen Braunkohle darstellbaren Kohle ist also ebenfalls von dem Verfahren bei der Verkohlung abhängig. Aber bei einer gleichen Verfahrungsweise hinterläßt die Braunkohle wenigstens noch einmal so viel reine Kohle, — ohne Rücksicht auf deren Aschengehalt, — als das Holz. Die Differenz im Kohlenausbringen, je nachdem eine schnell oder langsam gesteigerte Temperatur angewendet wird, beträgt 36 bis 48 Procent. Bei diesem hohen Kohlenausbringen würde die Braunkohle zur Verkohlung sehr geeignet erscheinen; allein die Kohle aus der Braunkohle ist überaus spröde, sehr leicht zersprengbar und läßt sich mit geringem Druck zerpulvern. Schon deshalb würde sie zur Benutzung in Schachtöfen nicht anwendbar sein. Dazu kommt aber, daß der Aschengehalt der Braunkohle sehr veränderlich und gewöhnlich so groß ist, daß dadurch die Anwendung in Schachtöfen unzulässig sein würde. Endlich würden nur die fasrige und die muschlige Braunkohle, aber nicht die am häufigsten vorkommende erdige Braunkohle zum Verkohlen geeignet sein, wenn nicht die äußerst spröde Beschaffenheit der Kohle von der Verkohlung abriethe.

Dagegen wird die Braunkohle ein ganz vorzügliches Brennmaterial für alle Flammenfeuerungen abgeben und die Steinkohle vollkommen ersetzen, wenn sie aus Ablagerungen entnommen ist, welche die Braunkohlenmasse nicht zu sehr verunreinigt haben.

Der Verlust an Brennkraft durch die Verkohlung ist bei der Braunkohle viel geringer, als bei dem Holz. Die Braunkohle von Gardanne (§. 531), welche mit Bleiglätte 22 Theile Blei giebt, welche einem Kohlenwerth von 0,645 entsprechen, hinterläßt beim Verkohlen 0,418 reine Kohle. Es geht daher durch das Verkohlen der Braunkohle an Brennkraft ein Kohlenwerth von 0,645 — 0,418 = 0,227 verloren, ein Verlust, der nicht $\frac{1}{4}$ vom Gewicht der Braunkohle beträgt, und welcher bei dem Holz mindestens zu $\frac{1}{2}$ gefunden wird.

Von der Steinkohle und von den Koaks.

§. 533.

Die unter dem Namen der Steinkohlen bekannten kohligen Mineralsubstanzen kommen in allen Gebirgsformationen vor, von dem Uebergangsschiefergebirge bis zur Kreide. Geht man zunächst von ihrer chemischen Zusammensetzung aus, so schließen sie sich der muschligen Braunkohle an, nämlich derjenigen Braunkohle, in welcher sich der Kohlengehalt der Pflanzenfaser durch Verminderung des Sauerstoffgehaltes, bei unverändertem Wasserstoffgehalt, vergrößert hat. Es giebt Steinkohlen, sowohl in der Kreide, als in der eigentlichen Steinkohlenformation, welche dem Uebergangsgebirge zunächst folgt, deren Zusammensetzung von derjenigen Abart der muschligen Braunkohle, die am mehrsten Kohlenstoff enthält, kaum abweicht; so daß es nicht bloß an oryktognostischen Kennzeichen fehlt, die Steinkohle von einer Braunkohle zu unterscheiden, sondern daß auch alle chemischen Unterschiede in einem solchen Grade aufgehoben werden, daß die Art der Kohle nur durch ihre Lagerungsverhältnisse bestimmt werden kann. Im Allgemeinen treten aber bei den Steinkohlen dieselben Verhältnisse ihrer fortschreitenden Ausbildung ein, wie bei den Braunkohlen. Das Resultat ist immer die Zunahme an Kohlenstoff, welche zwar jederzeit durch die Verminderung des Sauerstoffgehaltes der Steinkohle, aber nach zwei verschiedenen Richtungen, — gerade so, wie bei der Braunkohle, — erfolgt. Einmal nämlich, indem sich mit dem zunehmenden Sauerstoffgehalt auch der Gehalt an Wasserstoff etwas vermindert, und dann, indem die Zunahme des Kohlenstoffgehaltes der Kohle ganz allein durch die Verminderung seines Sauerstoffgehaltes bewirkt worden ist. Diejenigen Kohlen, bei denen der Gehalt an Sauer- und Wasserstoff schon bis zu dem Grade abgenommen hat, daß sie sich dem Zustande der reinen Kohle nähern, sind, wie es scheint, bloß durch den fast gänzlichen Verlust ihres Sauerstoffgehaltes, dem Zustande der reinen Kohle näher gebracht worden. Der größere oder geringere Kohlengehalt einer Steinkohle giebt sich zwar durch die Farbe und durch den Cohäsionszustand zu erkennen, aber nicht immer kann man durch zuverlässige äußere Kennzeichen bestimmen, ob die Erhöhung des Kohlenstoffgehalts bloß durch die Abnahme des Saurestoffgehalts, oder durch eine zugleich mit erfolgte Verminderung des Wasserstoffgehalts bewirkt worden ist. Eine reine schwarze Farbe zeigt eine zerpulverte Steinkohle nur dann, wenn ihr darstellbarer Kohlengehalt wenigstens bis 80 Prozent, und der wirkliche Kohlenstoffgehalt auf 90 Prozent gestiegen ist. Steinkohlen mit geringerem Kohlengehalt geben beim Zerreiben kein rein schwarz gefärbtes, sondern ein einen Stich ins Braune zeigendes Pulver. Ein sehr hoher Kohlengehalt der Steinkohle giebt sich fast ohne Ausnahme durch einen starken Glanz zu erkennen.

Es läßt sich nicht behaupten, daß der Kohlengehalt der Steinkohlen in dem Verhältniß zunehme, in welchem sie in älteren Gebirgsformationen gefunden werden, denn es kommen Steinkohlen mit einem geringen Kohlengehalt in alten Steinkohlengebirgen vor, und dagegen Steinkohlen mit einem hohen Kohlengehalt im jüngsten Flötzgebirge. Ob einige Pflanzen mehr als andere, oder ob einige Pflanzentheile mehr als andere Theile derselben Pflanze geeignet waren, raschere Fortschritte in dem Verkohlungsprozeß zu machen; oder ob äußere, bis jetzt unbekannte Verhältnisse diesen Prozeß bald allgemein, bald nur theilweise für einzelne Flötze, oder für einzelne Bänke eines und desselben Flötzes begünstigen konnten, muß unentschieden bleiben. Aber so allgemein die Erfahrung ist, daß in einer einzelnen Kohlenablagerung Steinkohlenflötze mit einander wechseln können, die Kohlen von sehr verschiedenartiger Beschaffenheit liefern, und so wenig es in Zweifel gezogen werden kann, daß ein Uebergang von Steinkohlen mit geringem Kohlengehalt in solche mit großem Kohlengehalt stattfindet, eben so zuverlässig ist es, daß noch niemals ein Uebergang von Steinkohle in Graphit beobachtet worden ist. Der Graphit, als die reine und von Wasserstoff, Sauerstoff und Stickstoff ganz befreite Kohle, wird niemals mit einer Steinkohle, schon nach den äußeren Kennzeichen, verwechselt werden können. Wenn auch deshalb nicht die Möglichkeit geleugnet werden darf, daß sich der Graphit einmal im Zustande der Steinkohle befunden habe, so scheint seine Bildung doch unter anderen Verhältnissen, als die der Steinkohle, erfolgt zu sein. Immer wird der Graphit als eine kohlige Mineralsubstanz ganz eigenthümlicher Art betrachtet werden müssen. Dem Metallurgen, welcher, schon wegen der Art des Vorkommens des Graphits, die praktische Anwendung desselben zu seinen Zwecken unberücksichtigt lassen muß, genügt es zu wissen, daß der Graphit eine natürliche, chemisch reine, und nur durch zufällige erdartige Beimengungen mehr oder weniger verunreinigte Kohle ist.

Obgleich eine doppelte Art des Ueberganges der Steinkohle mit geringerem Kohlengehalt in die mit größerem Kohlengehalt stattgefunden zu haben scheint, so haben doch beide Wege wahrscheinlich zu einem Ziele geführt. Die an Kohlenstoff sehr reichen Steinkohlen dürften nämlich immer eine sehr übereinstimmende Zusammensetzung besitzen, wenn sie auch ohne Zweifel aus Steinkohlen hervorgegangen sind, deren Kohlengehalt sich bald durch die ausschließliche Verminderung des Sauerstoffgehalts, bald durch die gleichzeitige Veränderung des Gehalts an Sauerstoff und Wasserstoff erhöhete. Man bezeichnet diese Steinkohlen mit einem sehr großen Kohlengehalt mit einem besondern Namen und nennt sie Anthracite, Glanzkohlen, auch Kohlenblenden. Es giebt aber kein anderes Kennzeichen, um eine Steinkohle von der Glanzkohle zu unterscheiden, als ein rein empirisches, nämlich das verschiedenartige Verhalten im Feuer. Eine schwer brennbare Steinkohle, die in der Regel ohne alle, oder doch nur mit einer schwachen und kurzen Flamme brennt, pflegt man Anthracit zu nennen, ohne daß irgend eine, durch äußere oder durch chemische Kennzeichen gebotene Gränze zwischen

Steinkohlen und Anthraciten vorhanden wäre. Manche Kohlen mit hohem Kohlengehalt können daher mit demselben Recht Steinkohle als Anthracite genannt werden. So geschieht es auch wirklich, indem man z. B. die in der Steinkohlenniederlage zu Herzogenrath vorkommenden Kohlen Steinkohlen nennt, während ganz dieselben Kohlen aus der Steinkohlenniederlage bei Swansea, Anthracite genannt werden. Für die Praxis, ganz besonders für den Metallurgen, würde es von größerer Wichtigkeit sein, die Kohlen nicht nach ihrem zufälligen äußeren Ansehen, sondern nach ihrem Verhalten im Feuer zu unterscheiden. Es findet nämlich ein sehr wesentlicher und recht merkwürdiger Unterschied im Verhalten der Kohle statt, welche beim Verkohlen der Steinkohle zurückbleibt. Auf diesen Unterschied muß schon hier aufmerksam gemacht werden, weil durch dies Verhalten nicht selten die Anwendbarkeit einer Steinkohle zu bestimmten Zwecken beurtheilt werden muß.

Beim Verkohlen (Verkoaken) der Steinkohlen zeigt sich nämlich eine auffallende Verschiedenheit des Verhaltens, durch das Volumen und durch die äußere Gestalt der zurückbleibenden Kohle (Koak.) Einige Steinkohlen behalten ihre Form nach der Verkoakung ungeändert bei, und es vermindert sich nur das ursprüngliche Volumen. Bei anderen behalten die Koaks die äußere Gestalt der Steinkohlen ohne Volumenveränderung. Noch andere Steinkohlen schwellen beim Verkoaken auf, dehnen sich mehr oder weniger aus und bilden eine mehr oder weniger lockere Masse. Um dies Verhalten recht deutlich zu erkennen, ist es nothwendig, die der trockenen Destillation zu unterwerfende Steinkohle in Gestalt eines fein geriebenen Pulvers anzuwenden. In Ermangelung eines Destillations-Apparats kann der Versuch in jedem Tiegel angestellt werden, den man mit einem Deckel versieht und dann vor dem Gebläse, oder auf eine andere Art, glühend macht. Die Kohlen der ersten Art hinterlassen die Koaks in einem staubigen pulvrigen Zustande, ohne den mindesten Zusammenhang. Bei den Kohlen der zweiten Art ist das Pulver, jedoch ohne alle Ausdehnung der Masse und nicht selten mit einiger Volumenverminderung, zu einem Kuchen zusammen gefrittet, der zuweilen eine so große Festigkeit zeigt, daß er nur mit Mühe zerstoßen werden kann. Bei den Kohlen der dritten Art schmelzt das feine Pulver wirklich zusammen und bildet eine homogene Masse, die sich nach der äußeren Gestalt des Apparates formt und sich dabei mehr oder weniger oft in dem Grade aufbläht, daß ein zu kleiner Apparat die Masse nicht fassen kann. Eine scharfe Gränze findet dabei nicht statt, sondern man trifft häufig Uebergänge aus der ersten in die zweite, und aus dieser in die dritte Art. Das staubartige Pulver von der ersten Art gewinnt zuweilen schon einen lockeren Zusammenhang, so wie die gefrittete Koaksmasse von den Steinkohlen der zweiten Art in manchen Fällen schon eine Neigung zum wirklichen Schmelzen und zur Ausdehnung zeigt. Dies Verhalten der Kohle hängt mit ihrer chemischen Zusammensetzung sehr genau zusammen und dient daher sehr gut zur Beurtheilung der Beschaffenheit der Steinkohle. Es werden in der Folge die Steinkohlen der ersten Art Sandkohlen, die der zweiten Art Sinterkohlen und die der dritten Art Backkohlen genannt werden.

Man hielt sonst dafür, daß die backenden Steinkohlen sich von den nicht backenden nur durch die größere Menge von Bestandtheilen, die nicht Kohlenstoff sind und welche man mit dem Namen Bitumen bezeichnete, also das Produkt für ein Edukt ansah, unterscheiden, und daß es auf die Menge des Kohlengehalts ankomme, ob eine Steinkohle backend sei oder nicht. Spätere Untersuchungen haben gezeigt, daß Steinkohlen von geringem Kohlengehalt niemals Backkohlen zu sein pflegen. Es giebt Sand- und Sinterkohlen, die beim Verkohlen nur einige 50 Procent Koaks hinterlassen; so wenig darstellbare Kohle geben nur wenige Backkohlen. Dagegen erhält man aus vielen Backkohlen über 80 Procent höchst lockere, aufgeblähete Koaks.

§. 534.

Um die von den Oryktognosten angenommene Classifikation und Benennung der verschiedenen Steinkohlenarten besser beurtheilen und ihren geringen Werth für den praktischen Metallurgen einsehen zu können, wird es nöthig sein, die verschiedenen zufälligen Umstände kennen zu lernen, durch welche das äußere Ansehen der Kohle verändert werden kann, ohne durch deren Kenntniß einen Aufschluß über die Natur und Zusammensetzung der Steinkohle zu erhalten.

Die unter dem Namen der Faserkohle (fasriger Anthracit, mineralische Holzkohle) bekannte Kohlenart ist ein beständiger Begleiter der Steinkohlen. Diese Kohle wird für höchst schwer zerstörbar im Feuer gehalten und daher als Anthracit betrachtet. Gewöhnlich kommt sie abgesondert, von ¼ Linie bis zu 1 Zoll Stärke, und aufs genaueste parallel mit der Schichtungsebene des Flötzes vor. Aber zum Theil trägt sie auch zur Bildung der Steinkohlenmasse mit bei, indem ein großer Theil der letzteren aus derselben Pflanzenfaser besteht, welche der Faserkohle ihre Entstehung gab. Sie ist dann mit der ganzen Kohlenmasse zusammen gewachsen, oder vielmehr mit derselben so genau eine und dieselbe Substanz, daß nur die zurückgebliebenen Abdrücke das frühere Vorhandensein derjenigen Pflanzenfaser, welche im abgesonderten Zustande die Faserkohle bildete, zu erkennen geben. Diese Faserkohle ist jedoch nicht so schwer verbrennlich, als allgemein angenommen wird. Unter der Muffel eines Probirofens verbrennt sie mit starker Flamme, zum Beweise, daß sie von dem Zustande einer reinen Kohle sehr weit entfernt ist. In dem Schmelzraum eines Hohenofens widersteht sie freilich, bei starker Anhäufung, den Wirkungen des heftigen Gebläses und kommt als feiner Kohlenstaub, — als sogenannte Lösche, — scheinbar unverändert wieder zum Vorschein; allein ein gleicher Erfolg würde auch stattfinden, wenn sich der Schmelzraum mit Holzkohlenstaub anfüllte. Das größere specifische Gewicht der

Faserkohle verursacht nur, daß der Windstrom in eine Masse von Faserkohle weniger leicht, als in zusammengehäuftes Holzkohlenpulver eindringen kann, und daher erfolgt eben so wenig ein Verbrennen, als sich z. B. dicht über einander liegende Lagen von Papier leicht verbrennen lassen. Weit entfernt, daß in der Faserkohle stets dasselbe Verhältniß ihrer Bestandtheile gefunden würde, unterscheidet sie sich, wenn sie im isolirten Zustande zwischen der übrigen Steinkohlenmasse vorkommt, von dieser nur durch den größeren Kohlengehalt. Den darstellbaren Koaksgehalt habe ich von 80 bis 95 Procent abweichend gefunden, je nachdem die Steinkohle selbst, in deren Begleitung sie vorkommt, weniger oder mehr Koaks beim Verkohlen hinterläßt. Immer ist die Faserkohle aber eine Sandkohle. Sie zeigt in einem sehr auffallenden Grade, daß einige Theile der Pflanzenfaser bei der Steinkohlenbildung schneller als andere in der Verkohlung vorgerückt sind.

Ein ähnliches abweichendes Verhältniß des Kohlenstoffs zu den anderen Bestandtheilen, wie in der Faserkohle (im Vergleich mit den Steinkohlen, mit welchen sie zusammen vorkommt) angetroffen wird, findet sich bei der Steinkohlenmasse selbst, und zwar um so auffallender, je geringer der Kohlengehalt der Steinkohle ist. Daher ist auch nur bei den Steinkohlen von großem Kohlegehalt eine ziemliche Gleichartigkeit der Masse zu bemerken. Alle Steinkohlen mit geringem Kohlengehalt bestehen aus einem Gemenge von Kohlen, die reicher und ärmer an Kohlenstoff sind. Die ersteren haben eine pechschwarze Farbe, Pechglanz, der gewöhnlich ausgezeichnet stark ist, einen muschlichen Bruch und sind spröde, ohne fest zu sein. Die Farbe der letzteren ist mehr bräunlich, der Glanz fehlt, der Bruch ist eben, zuweilen flachmuschlig; die Kohle ist fest und spröde. Beide Kohlenarten sind zuweilen mit und in einander verwachsen, wenn der Kohlengehalt der Kohle überhaupt schon größer geworden ist. Bei Steinkohlen von geringem Kohlengehalt sind sie in parallel über einander abgelagerten Schichten getrennt. Beide Arten, jene schwarze

Kohle mit starkem Pechglanz, und diese bräunlichschwarze und matte Kohle, scheinen dabei immer dasselbe Verhältniß des Sauerstoffs zum Wasserstoff beizubehalten, und nur das, dieser beiden Bestandtheile zum Kohlenstoff, verändert zu haben; denn wenn die eine derselben eine Sandkohle, Sinterkohle oder Backkohle ist, so ist es auch die andere. Gewöhnlich sind die Schichten, welche durch das Zusammenvorkommen beider Kohlenarten, der glänzenden und der matten, gebildet werden, ziemlich dünne, und zuweilen so schwach, daß sie sich nur durch die Verschiedenheit des Glanzes unterscheiden lassen. Dies Verhalten ist deshalb von Wichtigkeit, weil es in vielen Fällen die Anwendbarkeit der Kohle zum Verkoaken bestimmt und über die Brauchbarkeit der Kohle zu diesem Zweck ein ziemlich sicheres Urtheil zuläßt.

Es kommen aber auch Steinkohlen vor, bei denen die Schichten der einen oder der anderen Kohlenart so stark werden, daß sie eine, oft mehre Zolle dicke, gleichartige Masse bilden, welche durch Lagen der anderen Kohlenart nicht unterbrochen, wenn gleich zuweilen, — und bei der glänzenden Art fast ohne Ausnahme, — durch Kluftflächen zerspalten und zerrissen werden. Diese Zerklüftungs- oder Ablosungsflächen sind zuweilen so fein, daß sie sich nur beim Zerschlagen der Kohle auf der Bruchfläche erkennen lassen; zuweilen bilden sie aber weite Spalten, die theils leer, theils mit fremdartigen Substanzen gangartig ausgefüllt sind, und die Kohlensubstanz in rhomboedrische Massen zertheilen. Niemals sind diese Klüfte parallel der Schichtung des Flötzes, sondern sie durchschneiden die Richtung der Schichtung, sowohl streichend als fallend, unter Winkeln, die sich dem rechten nähern. Dies Verhalten zeigt deutlich, daß diese Klüfte nichts anderes sind als Spalten, die beim Trockenwerden einer teigartigen Substanz gebildet wurden. Bei den Steinkohlen mit großem Kohlengehalt sind es nur diese Kluftflächen, und die Schichten von Faserkohle, aber kaum mehr die Verschiedenartigkeit der Kohlenmasse selbst, — welche sich nun überall schon dem vollendeten Zustande nähert, — wodurch der Zusammenhang der Kohlensubstanz unterbrochen wird.

Auf eine noch andere Weise wird der Zusammenhang der Kohlenmasse, aber dann stets und ohne Ausnahme parallel mit der Schichtung, oder mit der Fallungsebene des Flötzes, durch Lagen von Faserkohle aufgehoben, wodurch die Kohlenmasse in Bänke abgetheilt wird, deren Höhe von wenigen Linien bis zu mehreren Zollen abwechselt. Diese Lagen von Faserkohle werden dnrch die eben erwähnten senkrechten Klüfte in der darüber oder darunter liegenden Kohlenmasse, niemals durchsetzt.

Diese Unterbrechungen der Kohlenmasse, sei es durch mit einander wechselnden Schichten von kohlenstoffreicherer und kohlenstoffärmerer Kohle, oder durch Kluftflächen, oder durch zwischen gelagerte Schichten von Faserkohle, entscheiden nicht selten über die Anwendbarkeit der Steinkohle zu bestimmten Zwecken. Sie sind es aber auch, welche zu der oryktognostischen Eintheilung der Steinkohle in Pechkohle, Schieferkohle, Kennelkohle, Blätterkohle, Stangenkohle und Grobkohle Veranlassung gegeben haben. Ein Wechsel von Schichten von an Kohlenstoff reicherer und ärmerer Kohle, häufiges Durchsetzen von Ablosungsklüften, oder von Trennungsflächen durch die Kohlenmasse, wohl sogar ein öfterer Wechsel von sehr dünnen Schichten von Faserkohle, die den Zusammenhang der übrigen Kohlenmasse aufhebt, geben Veranlassung, eine Kohle Schieferkohle oder Blätterkohle zu nennen, oder sie als eine in Schieferkohle übergehende Blätterkohle zu bezeichnen u. s. f., je nachdem jene Wechsel- und Kluftflächen in geringerer oder größerer Menge vorhanden sind. Behält die Kohlensubstanz in stärkeren Lagen ein gleichartiges äußeres Ansehen, so wird die kohlenstoffreichere Kohle mit Pechglanz und muschligem Bruch, Pechkohle, die kohlenstoffärmere und matte Kohle, Kennelkohle genannt. Beide Kohlenarten, die glänzende und die matte, innig mit einander verwachsen, und nicht in über einander liegenden Schichten getrennt, erschienen in den oryktognostischen Systemen als Grobkohle.

Diese Eintheilung ist daher von zufälligen Verhältnissen hergenommen und es kann dadurch die eigentliche Natur einer Steinkohle nicht bezeichnet werden. Eine Schieferkohle kann von der anderen eben so verschieden sein, als zwei Pechkohlen, oder zwei Kennelkohlen, die nur in einigen Beziehungen eine Uebereinstimmung mit einander zeigen, in anderen aber weiter von einander entfernt stehen, als eine Blätterkohle und eine Pechkohle, oder als eine Schieferkohle und eine Kennelkohle. — Will man die Beschaffenheit irgend einer Steinkohle näher bestimmen, so scheint nichts weiter erforderlich zu sein, als anzugeben, ob die Masse homogen sei oder nicht, und wie sich Farbe, Glanz, Festigkeit und Härte verhalten. Die Menge und die Beschaffenheit der beim Verkohlen zurückbleibenden Kohle würde in solchen Fällen, wo es erforderlich ist, einen völligen Aufschluß über die Zusammensetzung der Kohle ertheilen. Bei der großen Verschiedenartigkeit in der Zusammensetzung der Steinkohlen ist es leicht einzusehen, daß nicht alle Steinkohlen zu jedem Gebrauch eine gleiche Anwendbarkeit besitzen, und daß die eine vor der anderen den Vorzug hat.

§. 535.

Da eine homogene Steinkohlenmasse nur zu den zufälligen Ausnahmen gehört, indem die Steinkohle fast immer als ein Gemenge von verschiedenen, an Kohlenstoff reicheren und ärmeren veränderten Pflanzentheilen betrachtet werden muß, — wovon vielleicht nur einige Anthracite eine Ausnahme machen, — so darf man nicht erwarten, daß die chemische Analyse Verbindungen der Grundbestandtheile nach bestimmten und unveränderlichen Verhältnissen nachweise. Die von mir schon vor längerer Zeit angestellten Untersuchungen haben ergeben, daß nicht allein das Verhältniß des Kohlenstoffs zu den übrigen Bestandtheilen der Steinkohlen, sondern auch das Verhältniß des Wasserstoffs zum Sauerstoff, darüber entscheide, ob eine Steinkohle backend (fett) oder nicht backend (mager) sei. Seit jener Zeit haben sich die

Mittel zur Ausführung von Analysen organischer Substanzen vervollkommnet, und es konnten daher von den Hn. Richardson (Erdmann's Journ. f. prakt. Chemie XI. 165) und besonders von Hn. Regnault (Ebendas. XIII. 73. 143) Analysen ausgeführt werden, deren Resultate ein größeres Vertrauen als die aus meinen Analysen sich ergebenden verdienen. Die Resultate der von Hn. Regnault angestellten Analysen, wobei jedoch auf den Aschengehalt nicht Rücksicht genommen ist, sind folgende:

Kohlenart.		Zusammensetzung		
		Kohlenstoff.	Wasserstoff.	Sauerstoff.
1	Backkohle	89,04	5,23	5,73
2	Backkohle	89,07	4,93	6
3	Backkohle	89,19	5,31	5,56
4	Backkohle	90,40	4,88	4,72
5	Backkohle	90,55	4,92	4,53
6	Backkohle	90,53	5,05	4,42
7	Backkohle	86,49	5,40	8,11
8	Backkohle	87,07	5,63	7,30
9	Backkohle	85,08	5,46	9,46
10	Backkohle	87,45	5,77	6,78
11	Backkohle	84,89	5,75	9,36
12	Backkohle	86,30	5,27	8,43
13	Backkohle	86,56	5,56	7,88
14	Backkohle	85,81	5,85	8,34
15	Sinterkohle	83,22	5,23	11,55
16	Sinterkohle	82,92	5,30	11,78
17	Sandkohle	78,26	5,35	16,39
18	Sinterkohle	84,56	5,32	10,12
19	Sandkohle	76,05	5,69	18,26
20	Sandkohle	76,09	5,84	18,07
21	Sandkohle	78,32	5,38	16,30

1. Steinkohle von Rive-de-Gier aus der Grube Grand-Croix, Flötz Marechal. Diese Kohlen sind, wie die übrigen von Rive-de-Gier, backend und werden zur Koaksbereitung sehr gesucht. Die untersuchte Kohle theilt sich in parallelepipedische Bruchstücken, ist aber niemals geradblättrig. Sie hat einen lebhaften Fettglanz. Spec. Gew. 1,298. Sie hinterläßt 68,5 Koaks und giebt ein schwarzbraunes Pulver. Aschengehalt 1,78.

2. Eben daher. Von Flötz Raffaud. Sie ist gleichartiger und schiefriger wie die vorige auf der Bruchfläche, auch etwas weniger backend und nicht so leicht zersprengbar. Braunes Pulver. Spec. Gew. 1,302. Hinterläßt 69,8 Koaks, worin 1,44 Asche.

3. Von Garefield bei Newcastle. Matter Pechglanz, gerader Längenbruch, unebener und feinkörniger Querbruch. Spec. Gew. 1,280. Aschengehalt 1,4.

4. Von Obernkirchen im Schaumburgischen. Aus der oberen Juraformation. Kommt mit der Kohle Nr. 1 überein, hat aber keinen so starken Glanz. Schwarzbraunes Pulver. Spec. Gew. 1,279. Hinterläßt 77,8 Koaks, worin 1 Asche.

5. Von Rochebelle zu Alais im Depart. du Gard, aus der großen Kohlenformation. Sie giebt ein schwarzbraunes Pulver. Spec. Gew. 1,322. Hinterläßt 77,7 Koaks, worin 1,41 Asche.

6. Von Rive-de-Gier, Grube Corbeyre, Flötz Bâtardes, Heinrichsschacht. Braunes Pulver. Spec. Gew. 1,315. Hinterläßt 76,3 Backkoaks, worin 2,96 Asche.

7. Von Mons, aus dem Flênue (oder Centrum der Steinkohlenmulde von Mons). Sie bricht in regelmäßige parallelepipedische Bruchstücke. Zur Kesselfeuerung und Gasbereitung sehr beliebt. Braunes Pulver. Spec. Gew. 1,276. Koaksausbringen nicht angegeben. 2,1 Asche.

8. Eben daher. Die Bruchstücke haben nicht die Regelmäßigkeit wie bei 7. Braunes Pulver. Spec. Gew. 1,292. Darstellbarer Koaksgehalt nicht angegeben. Aschengehalt 3,68.

9. Von Rive-de-Gier, Grube Cimetière. Flötz Bourrue. Weniger glänzend und weniger backend wie 1, 2 und 6. Von

den Eisenhüttenbesitzern nicht sehr gesucht, desto mehr aber zur Kesselfeuerung und zum häuslichen Gebrauch. Die Dampfschiffe auf der Rhone und Saone verbrauchen nur diese Kohle. Ausgezeichnet schiefrige Textur. Braunes Pulver. Spec. Gewicht 1,288. Hinterläßt 70,9 Koaks, worin 3,57 Asche.

10. Eben daher. Flötz la seconde Bâtarde. Eine ausgezeichnete Schieferkohle, sonst mit der vorigen übereinstimmend. Braunes Pulver. Spec. Gew. 1,294. Hinterläßt 69,1 Koaks, worin 2,99 Asche.

11. Eben daher. Couzon-Grube. Bâtarde-Flötz, welches hier einen starken Verwurf erlitten hat. Die Koaks aus dieser Kohle verhalten sich ganz so wie die von 9. Braunes Pulver. Spec. Gew. 1,298. Hinterläßt 64,6 Koaks, worin 2,72 Asche.

12. Eben daher. Flötz Grande-Masse. Die Kohle ungleich weniger backend als Nr. 6. Wenig glänzend. Schwarzbraunes Pulver. Spec. Gew. 1,315. Hinterläßt 65,6 Koaks, worin 5,32 Asche.

13. Von Lavaysse bei Decazwille im Depart. von Aveyron. Die Kohle hat einen muschligen Bruch, ist sehr glänzend; mehr Harz- als Fettglanz. Zum Hohofenbetrieb nicht beliebt, vielleicht weil sie zu leichte Backkoaks giebt, wohl aber zur Flammenfeuerung, besonders in den Flammfrischöfen. Im unverkoakten Zustande hat man sie mit Erfolg beim Hohofenbetrieb angewendet. Braunes Pulver. Spec. Gew. 1,284. Hinterläßt 57,9 Koaks, worin 5,13 Asche.

14. Kennelkohle von Lancashire aus der Wigan-Grube. Schwarzbraun, ohne Glanz. Dichter, unebener Bruch. Spec. Gew. 1,317. Hinterläßt 57,9 Koaks, die wenig aufgeblähet sind und 2,55 Asche enthalten.

15. Von Epinac. Eine sehr glänzende Schieferkohle, welche auf der Gränze zwischen Backkohle und Sinterkohle steht. Braunes Pulver. Spec. Gew. 1,353. Hinterläßt 62,5 Koaks, worin 2,53 Asche.

16. Von Commentry. Eine wirkliche Kennelkohle, nach ihren äußeren Characteren. Verhält sich beim Verkohlen wie 15. Schwarzbraunes Pulver. Spec. Gew. 1,319. Hinterläßt 63,4 Koaks, worin 0,24 Asche.

17. Von Blancy. Eine sehr glänzende Blätterkohle, die jedoch mehr Sandkohle als Sinterkohle zu nennen ist, weshalb sie sich auch nicht gut mehr verkoaken läßt, sondern zur Kesselfeuerung angewendet wird, wozu sie sehr gesucht wird. Braunes Pulver. Spec. Gew. 1,362. Hinterläßt 57 Koaks, worin 2,28 Asche.

18. Von Céral, Gemeine Cavancas im Depart. von Aveyron. Aus den untern Schiefermergeln des untern Oolith. Braunes Pulver. Spec. Gew. 1,294. Hinterläßt 53,3 Koaks, und 11,86 Asche.

19. Gagath, von Saint-Girons, aus der oberen Kreide. Sehr glänzend, hart, muschliger Bruch. Braunes Pulver. Spec. Gew. 1,316. Hinterläßt 42,5 Koaks und 4,08 Asche.

20. Gagath von Sainte-Colombe, unter ähnlichen Verhältnissen wie 19 vorkommend. Braunes Pulver. Spec. Gew. 1,316. Hinterläßt 42 Koaks mit 0,89 Asche.

21. Steinkohlen von Noroy, aus dem Keuper. Braunrothes Pulver. Spec. Gew. 1,410. Hinterläßt 51,2 Koaks auf 19,2 Asche.

Von dem angegebenen Sauerstoffgehalt wird noch der Stickstoffgehalt der Steinkohlen in Abzug zu bringen sein. Hr. Regnault hat diesen Gehalt bei den Steinkohlen Nr. 1 und Nr. 4 durch besondere Versuche bestimmt, und bei der Kohle Nr. 1 zu 1,7, und bei der Kohle Nr. 4 zu 1,68 ermittelt. Hiernach würde also der Stickstoffgehalt der Steinkohlen zwischen 1,5 und 2 Prozent anzunehmen sein.

Aus den Resultaten der Analysen ergiebt sich, was auch aus anderen Verhältnissen beim Verkohlen der Steinkohlen klar wird, daß die backende Eigenschaft einer Steinkohle von einem doppelten Verhältniß ihrer Bestandtheile abhängig ist. Alle Steinkohlen die weniger als 80 Prozent Kohlenstoff enthalten, scheinen zu den mageren, nicht backenden Kohlen gerechnet werden zu müssen. Hat aber der Kohlengehalt das Verhältniß von 80 Prozent überschritten, so ist es von dem Verhältniß des Wasserstoffs zum Sauerstoff abhängig, ob die Steinkohle backende oder nicht backende Eigenschaften beim Verkohlen besitzt. Je größer das Verhältniß des Wasserstoffs zum Sauerstoff ausfällt, desto bakkender ist die Kohle und desto lockerer und aufgebläheter wird sie beim Verkohlen.

Wenn aber das Verhältniß des Kohlenstoffs zu den anderen Bestandtheilen der Steinkohle so zugenommen hat, daß es etwa 92 Prozent oder darüber beträgt, so hört die backende Eigenschaft der Kohle auf, und die Steinkohle wird schwer entzündbar, brennt auch nur noch mit schwacher Flamme, die ganz ausbleibt von der Kohlenstoffgehalt noch mehr steigt und die Kohle dadurch alle Eigenschaften des Anthracit erhält. Sehr merkwürdig ist es, daß, sowohl nach den Untersuchungen des Hrn. Regnault, als nach den Analysen, welche Hr. Jacquelin angestellt hat (Ann. de Chimie et de Phys. B. 74. S. 200) der Sauerstoffgehalt der Anthracite nur sehr unbedeutend ist und zuweilen ganz verschwindet, daß aber der Stickstoffgehalt unverändert geblieben zu sein scheint und daß auch der Wasserstoffgehalt sich verhältnißmäßig ungleich weniger als der Sauerstoffgehalt vermindert hat. Wenn die Anthracite wirklich, wie wohl zu glauben, durch einen fortschreitenden Verkohlungsprozeß der Natur, aus Steinkohlen gebildet worden sind, so sollte man vermuthen, daß Anthracite häufiger aus fetten als aus mageren Steinkohlen entstanden sind. — Hr. Regnault hat die Resultate der Analysen von folgenden 6 Anthraciten mitgetheilt.

No.	Zusammensetzung.			
	Kohlenstoff.	Wasserstoff.	Sauerstoff.	Asche.
1	90,45	2,43	2,45	4,67
2	92,56	3,33	2,53	1,58
3	91,98	3,92	3,16	0,94
4	91,45	4,18	2,12	2,25
5	89,77	1,67	3,99	4,57
6	71,49	0,92	1,12	26,47

Zusammensetzung ohne Rücksicht auf den Aschengehalt.

No.	Kohlenstoff.	Wasserstoff.	Sauerstoff.
1	94,89	2,55	2,56
2	94,05	3,38	2,57
3	92,85	3,96	3,19
4	93,56	4,28	2,16
5	94,07	1,75	4,18
6	97,23	1,25	1,52

1. Von Pittwille in Pensilvanien, aus Uebergangs-Schiefergebirge. Er wird zum häuslichen Gebrauch und zur Kesselfeuerung angewendet. Glasglanz, muschliger Bruch, sehr scharfkantige Bruchstücke. Läuft auf den Spaltungsflächen mit schönen Regenbogenfarben an. Verliert in der Rothglühhitze nur wenig

von seinem Glanz, springt aber nach allen Richtungen und zerfällt dann in der Hand zu kleinen Stücken. Spec. Gew. 1,462. Hinterläßt 89,5 Kohle.

2. Aus Wallis, in der Gegend von Swansea. Wird schon seit einiger Zeit auf der Hütte zu Yniscedwin beim Verschmelzen von Sphärosideriten angewendet. Eine sehr gleichartige Masse von Glasglanz und muschligem Bruch. Spec. Gew. 1,348. Hinterläßt 91,3 Kohle, die fast das unveränderte Ansehen des Anthracit besitzt.

3. Von Mayenne, aus Uebergangsschiefer von der Grube Baconniere. Gleichartige Masse mit hin und wieder eingesprengter Faserkohle. Glasglanz. Muschliger Bruch. Spec. Gew. 1,367. Hinterläßt 90,9 Kohle.

4. Von Herzogenrath bei Achen. Schiefrige Textur mit Glasglanz. Spec. Gew. 1,343. Hinterläßt 89,1 Kohle.

5. Von Lamure, aus einer Grube in der Gemeine von Lamotte im Isère Departement. Wahrscheinlich aus der Liasformation, die aber durch primitive Gebirge hier eine Störung erlitten hat, welche auch auf die Beschaffenheit der Kohle eingewirkt haben mag. Sehr feste Kohle, mit starkem Glasglanz, muschligem Bruch und äußerst scharfkantigen Bruchstücken. Spec. Gew. 1,362. Hinterläßt 89,5 Kohle.

6. Von Macot in der Tarantaise. Er kommt unter denselben geognostischen Verhältnisse wie 5 vor, hat aber keinen so großmuschligen Bruch wie dieser. Spec. Gew. 1,919. Hinterläßt 88,9 Kohle und zwar Sandkohle, wie alle Anthracite.

Den Stickstoffgehalt hat Hr. Regnault für den Anthracit von Lamure besonders bestimmt und = 0,36 Procent gefunden. Um eben so viel muß daher der Sauerstoffgehalt vermindert werden.

Die Untersuchungen des Hn. Jacquelin beziehen sich nur allein auf Anthracite und sind mit großer Sorgfalt ausgeführt. Hr. J. hat 4 Anthracite untersucht, und folgende Elementarzusammensetzung derselben gefunden.

No.	Zusammensetzung.				
	Kohlen-stoff.	Wasser-stoff.	Sauer-stoff.	Stick-stoff.	Asche.
1	90,58	3,60	3,81	0,29	1,72
2	87,22	2,49	1,08	2,31	6,90
3	94,09	1,85	0	2,85	1,90
4	94,00	1,49	0	0,58	4,00

No.	Zusammensetzung ohne Rücksicht auf den Aschengehalt.			
	Kohlenstoff.	Wasserstoff.	Sauerstoff.	Stickstoff.
1	92,161	3,659	3,885	0,295
2	93,685	2,674	1,160	2,481
3	95,215	1,885	0	2,900
4	97,844	1,552	0	0,604

1. Von Swansea. Glänzend schwarz. Brennt ohne Flamme. Spec. Gew. 1,27. Dichte, schiefrige Textur. Leicht zersprengbar, aber schwierig zu zerpulvern. Nicht abfärbend. Hinterläßt 91,52 Kohle.

2. Von Sablé, Sarthe-Depart. Stark glänzend, muschliger Bruch. Leicht zu zerpulvern. Spec. Gew. 1,75. Hinterläßt 89,33 Kohle.

3. Von Vizille, Isère-Depart. Stark glänzend. Blättrige Textur mit Spiegelglanz auf den frischen Bruchflächen. Spec. Gew. 1,73. Hinterläßt 88,33 Kohle.

4. Aus dem Isère-Depart. Spec. Gew. 1,65. Hinterläßt 93,33 Kohle mit Einschluß des Aschengehalts, wie auch bei den ersten 3 zu verstehen ist.

Es ist recht merkwürdig, daß der Sauerstoffgehalt bei einigen Anthraciten vollkommen verschwunden, der Stickstoffgehalt aber wahrscheinlich unverändert geblieben ist. Der Wasserstoff ist, nach den Erfahrungen des Hrn. J., als reines Wasserstoffgas darstellbar, wenn die Anthracite geglüht werden.

§. 536.

Der Aschengehalt der Steinkohle rührt nur zum Theil von dem ursprünglichen Erdengehalt der Pflanzen her, aus welchen die Steinkohlen entstanden sind. Wie bei dem Torf und bei den Braunkohlen, so auch bei den Steinkohlen, sind es besonders die zufälligen Beimengungen, welche den Aschengehalt vergrößern und die Anwendbarkeit der Steinkohlen zu manchen Zwecken sehr vermindern können. Diese Beimengungen sind zuweilen von der Steinkohlenmasse ganz abgesondert und füllen dann die Klüfte aus, oder sie trennen auch, als schmale Schichten, die Kohlenmasse in der Schichtungsebene des Flözes. Zuweilen sind sie aber in der Steinkohlenmasse selbst befindlich und durch das Auge nicht wahrzunehmen, indem die Kohle und die sie verunreinigenden Erden eine ganz gleichartige Masse darstellen. Solche erdige Beimengungen sind häufig so ungleichartig in der Kohlenmasse vertheilt, daß ein Stück von wenigen Kubikzollen räumlichen Inhaltes, beim Zerschlagen, Stücken von sehr abweichendem spec. Gew. und verschiedenem Aschengehalt liefert. Es ist daher sehr erklärbar, daß der Aschengehalt der Steinkohlen ungemein abweichend gefunden wird. Es giebt Steinkohlen, die beim Verbrennen kaum so viel Asche hinterlassen als irgend eine Holzart, und andere, bei denen der Aschengehalt über 20 Prozent steigt. Die Steinkohlenasche besteht vorwaltend aus Thonerde und Kieselerde, aber sie enthält auch Eisenoxyd, Manganoxyd, Kohlensäure, Kalk- und Bittererde und

Gips. Alkalien und Phosphorsäure sind noch nicht darin aufgefunden worden. Die Efflorescenzen von Salmiak aus brennenden Kohlenflötzen beweisen das Vorhandensein von Chlor. Es ist indeß noch nicht bekannt, in welcher Verbindung das Chlor, so wie das kürzlich von Hrn. Bussy aufgefundene Jod (Erdmann's Journ. f. pract. Chemie, B. 19. S. 495) in den Steinkohlenflötzen vorkommt. Es ist einleuchtend, daß diese mechanischen Beimengungen der Steinkohlensubstanz eine sehr verschiedene Zusammensetzung haben können, die sehr wahrscheinlich von der Beschaffenheit des Bodens abhängig sein mag, auf welchem die Pflanzen gewachsen sind. Der Aschengehalt steht weder mit der backenden oder nicht backenden Beschaffenheit, noch mit dem größeren oder geringeren Kohlenstoffgehalt der Steinkohle, noch mit der Mächtigkeit der Flötze, noch mit den Bänken, in welche ein Flötz durch natürliche Ablosungen eingetheilt sein kann, noch mit der Lage der Flötze über oder unter einander, noch mit den verschiedenen Seigerteufen eines und desselben Flötzes, noch mit seiner streichenden Erstreckung, in irgend einem erkennbaren Verhältniß. — Um die Menge der Asche zu bestimmen, muß natürlich eine reine Kohlenmasse ausgesucht werden; aber man erhält alsdann nur die Größe des Aschengehaltes der wirklichen Kohlenmasse, und nicht die der Kohle, so wie sie auf ihrer Lagerstätte vorkommt. Dieser Aschengehalt, welcher durch die zufälligen Beimengungen veranlaßt wird, welche die Schichtenräume und die Klüfte der Steinkohlenmasse ausfüllen, läßt sich nur durch Versuche im Großen, nämlich durch absichtliches Verbrennen und sorgfältiges Einäschern einer nicht unbedeutenden und ohne Auswahl genommenen Quantität Steinkohlen ausmitteln. Selten sind die Kluftflächen der Steinkohlen ganz rein; gewöhnlich findet man die Klüfte angefüllt, oder wenigstens die Kluftflächen eingesprengt mit Schwefelkies, Kalkspath, Dolomit, Spatheisenstein, Bleiglanz, Blende, Zinnober, Schwerspath, Gips und Kieselthon. Der Schwefelkies pflegt fast nie zu fehlen. Beim Verkohlen läßt sich der Schwefel niemals ganz verflüchtigen, sondern es bleibt immer noch ein Theil, in Verbindung mit dem Eisen, in den erhaltenen Koaks zurück. Steinkohlen, die viel Schwefelkies enthalten, können durch dessen Beimengung fast unbrauchbar werden, theils weil dieser Schwefelkies sehr zur Verwitterung geneigt ist, und dadurch ein Zerfallen und Zerbröckeln der ganzen Kohlenmasse veranlaßt; theils weil er, wenn die Kohle zu Flammenfeuerungen benutzt werden soll, die Kesselboden stark angreift, oder auf das zu glühende, schmelzende ꝛc. Material nachtheilig einwirkt; oder, — wenn die Steinkohle zu reducirenden Schmelzungen verwendet werden soll, — eine Verbindung des reducirten Metalles mit Schwefel befürchten läßt.

§. 537.

Die Steinkohlen enthalten, auch wenn sie lange Zeit an der atmosphärischen Luft gelegen haben und von aller Grubenfeuchtigkeit befreit sind, noch viel Wasser, welches in der Wassersiedhitze entweicht, aber demnächst von der Steinkohle wieder angezogen wird. Die Fähigkeit der verschiedenen Steinkohlenarten, das Wasser aus der Atmosphäre anzuziehen und zu binden, ist sehr verschieden. Sie scheint mit der chemischen Zusammensetzung der Kohle nicht in Verbindung zu stehen, obgleich im Allgemeinen die Sandkohlen jene Fähigkeit in einem höheren Grade, als die Sinterkohlen, und in einem noch höheren, als die Backkohlen zu besitzen scheinen. Es giebt Sandkohlen, die 12 bis 13 Procent Wasser zurückhalten können. Dies sind gewöhnlich Sandkohlen von geringem Kohlengehalt. Andere Sandkohlen halten unter denselben Verhältnissen nur 1 bis 6 Procent Wasser zurück. Auch bei den Sinter- und Backkohlen ist noch kein Gesetz aufgefunden, nach welchem sich die Fähigkeit der Kohle, die atmosphärische Feuchtigkeit zu absorbiren, richtete. Die Menge des adhärirenden Wassers muß daher für jede Kohle durch einen besonderen Versuch gefunden werden, wenn es von Interesse ist, diesen Wassergehalt zu kennen.

Ein gewisser Grad von Feuchtigkeit scheint den Steinkohlen sehr wesentlich anzugehören, fast so wie das lufttrockne Holz ein natürliches Hydrat bildet. Steinkohlen, welche in der Grube lange abgewässert gestanden haben, zerfallen nach ihrer Gewinnung sehr leicht und geben kleine Koaks. Manche Steinkohlen würden daher nicht verkoakt werden können, wenn sie entweder durch ausgedehnte Vorrichtungsarbeiten in der Grube lange Zeit abgetrocknet worden sind, oder wenn sie nach der Förderung lange unverkoakt stehen bleiben müssen. Die Veränderung, welche die Kohlenmasse dadurch erleidet, scheint zum Theil wirklich chemisch zu seyn, indem sich der Wasserstoffgehalt derselben vermindert, theils ist sie aber auch nur mechanisch, indem sich die Kohle zerklüftet und Risse erhält, welche, wenn sie keine Backkohle ist, oder wenn sie ihre backende Eigenschaft durch langes Liegen verloren hat, dem Zusammenhang der Masse beim Verkohlen hinderlich werden. Deshalb ist den Steinkohlen die Nässe auch nicht allein nicht nachtheilig, sondern sogar vortheilhaft, und man pflegt sie zuweilen vor dem Verkoaken absichtlich mit Wasser zu besprengen, weil man dadurch ein lebhafteres Brennen und die Erzeugung von größeren und zusammenhängenderen Koaks bewirkt.

§. 538.

Das specifische Gewicht der reinen Steinkohlenmasse scheint zwischen 1,15 und 1,32 veränderlich zu seyn. Bei gleichem Gehalt an Kohlenstoff besitzen die Sandkohlen ein größeres specifisches Gewicht als die Backkohlen; die Sinterkohlen stehen zwischen beiden in der Mitte. Die Anthracite haben wohl schwerlich ein geringeres specifisches Gewicht, als das von 1,36. Durch erdige Beimengungen, die sich in der Kohlenmasse selbst befinden, — also nicht durch die fremdartigen Beimengungen, welche die Schichtungs- und Klufträume häufig ausfüllen, und welche sich auf mechanische Weise absondern lassen, — kann das spec. Gew. der Steinkohle scheinbar sehr groß werden. Ein ungewöhnlich hohes spec. Gew. der Steinkohle deutet daher auf einen großen Aschengehalt.

Das absolute Gewicht eines bestimmten Maaßes von Steinkohlen ist theils von dem spec. Gew., theils von der Größe der Stücke und von der Art, wie das Maaß mit den Kohlen angefüllt wird, abhängig. Die Berechnung und der Verkauf der Steinkohlen nach dem Maaß sind daher ganz unzuverlässig, und beides sollte immer nach dem Gewicht geschehen. In vielen Gegenden werden die Steinkohlen aber noch nach dem Maaß verkauft, und man stellt auch häufig die Vergleichung der Heiz- und Brennkraft der Steinkohle mit derjenigen anderer Brennmaterialien dem Maaße nach an, besonders aus dem Grunde, weil es allgemein eingeführt ist, Holz und Torf nicht nach Gewicht, sondern nach dem Maaß in den Handel zu bringen. Das absolute Gewicht einer Steinkohlenmasse von bestimmtem räumlichen Inhalt kann nur dann durch eine einfache Multiplication des räumlichen Inhaltes mit dem Gewicht der Steinkohle (verglichen mit dem des Wassers) gefunden werden, wenn die Steinkohlenmasse noch unberührt auf ihrer natürlichen Lagerstätte vorhanden ist. Eine solche Ermittelung des absoluten Gewichtes eines bestimmten Steinkohlenmaaßes würde aber ohne Werth sein, weil das wirkliche Gewicht bedeutend geringer ist. 1 Preuß. Kubikf. Steinkohlen würde z. B. bei einem mittleren spec. Gew. der reinen Steinkohle von 1,25, wiegen müssen: 1,25. 66 = 82½ Preuß. Pfund. Dies Gewicht findet sich aber in der Wirklichkeit, theils wegen der Auflockerung der Kohlenmasse, theils wegen der unvermeidlichen hohlen Räume, ungleich niedriger. Nach mehrfach wiederholten Probewägungen wiegt:

1 Kubikf.	Sinterkohlen	aus Oberschlesien	50—52	Pfd. Preuß.
—	Sandkohlen	—	52—55	—
—	Backkohlen	aus Niederschlesien	50—52	—
—	—	England	49—53	—
—	—	Saarbrücken	49—54	—
—	—	Eschweiler	52—54	—

Man wird daher von der Wirklichkeit nicht sehr abweichen, wenn man:

1 Kubikf. Preuß. Sandkohlen zu 53 Pfd. Preuß.
— Sinterkohlen 52 —
— Backkohlen 51 —

als eine allgemeine Angabe gelten läßt. Die Anthracite aus der Herzogenrather Ablagerung bei Achen sind, nach angestellten Probewägungen, mit einem Durchschnittsgewicht von 60 bis 63 Pfd. Preuß. für 1 Kubikf. Preuß. zu berechnen.

§. 539.

In der Heizkraft sowohl, als in der Brennkraft übertreffen die Steinkohlen fast immer jedes andere, nicht verkohlte Brennmaterial. Bei der sehr verschiedenen Zusammensetzung der Steinkohlen wird der Effekt aber auch eine sehr veränderliche Größe seyn. Je reicher an Kohlenstoff die Steinkohle ist, desto mehr Hitze entwickelt sie im Allgemeinen beim Verbrennen. Im Verhältniß mit dem größeren Kohlenstoffgehalt nimmt aber ihre Entzündbarkeit ab, so daß zum Verbrennen der anthracitartigen Kohlen ein starker Luftstrom erforderlich ist. Dadurch nicht sowohl, als vielmehr durch den Umstand, daß eine solche Kohle nur wenig Flamme giebt, wird sie nur einen geringen Effekt leisten, wenn die Erhitzung durch brennende Luftarten oder durch Flamme bewirkt werden soll. Aber in solchen Fällen, wo die Kohle mit dem zu glühenden oder zu schmelzenden Körper unmittelbar in Berührung kommt, z. B. beim Kalk- und Ziegelbrennen, beim Erzrösten, bei reducirenden Schmelzungen, beim Schweißen in Schmiedefeuern, leisten sie vortreffliche Dienste. Vermischt mit sehr backenden Kohlen, würden sie auch zu Flammenfeuerungen anwendbar gemacht werden können. Dazu eignen sich die Backkohlen allein, wenigstens die sehr stark backenden Kohlen, deshalb nicht, weil sie sich auf dem Rost zu stark aufblähen und den Zutritt der Luft abhalten, oder vielmehr den Abzug der zersetzten Luft erschweren und so den Luftzug verhindern; und in solchen Fällen, wo eine große Hitze hervorgebracht werden soll, deshalb nicht, weil sie zwar eine schnelle Hitze geben, der es aber für die hervorzubringenden höchsten Temperaturen an Heizkraft gebricht. Eine ganz vorzügliche Kohle zu diesem Zweck ist die Sinterkohle, und noch mehr für den Flammenofenbetrieb geeignet ist die in Backkohle übergehende Sinterkohle. Zu gewöhnlichen häuslichen Feuerungen und zu allen Feuerungen, bei welchen der Grad der Wassersiedhitze nicht bedeutend überschritten werden darf, ist die Backkohle ganz besonders geeignet. Man wendet sie auch in manchen Fällen zum Ausschweißen des Eisens und des Stahls vorzugsweise deshalb an, weil sie ein natürliches Gewölbe bildet, unter welchem die Schweißhitze gegeben werden kann, ohne das Eisen dem Windstrom des Gebläses auszusetzen. Auch die Sinterkohle mit einem geringen Kohlengehalt ist eine ganz vorzügliche Kohle, um schnelle und zugleich anhaltende Hitze zu entwickeln. Kommt es weniger auf starke Hitze an, als auf vollständige Benutzung der Flamme, so wird man sich auch der schwach backenden Backkohlen mit großem Nutzen bedienen. Die Sandkohle mit mittlerem Kohlenstoffgehalt ist nicht geeignet, eine starke Hitze zu erzeugen, und noch unanwendbarer zu diesem Zweck ist die Sandkohle mit dem geringsten Kohlenstoffgehalt, welche als die schlechteste von allen Steinkohlenarten zu betrachten ist, indem sie weder eine schnelle, noch eine anhaltende Hitze erzeugt. Deshalb kann sie in der Wirkung der reinen muschligen Braunkohle sehr nachstehen. Dies Verhalten der Kohlenarten im Allgemeinen kann jedoch durch andere Umstände sehr modificirt werden. Die Faserkohle, welche fast niemals fehlt, und welche, als eine Sandkohle mit überwiegend großem Kohlenstoffgehalt, schon an sich sehr schwer entzündbar ist, wird es durch ihr Gefüge, welches den Luftzutritt verhindert, noch mehr. Bei guten Back- und Sinterkohlen wird das Hinderniß, welches aus einer Beimengung von vieler Faserkohle entspringt, weniger bemerkbar; eine Sandkohle kann dadurch aber völlig unbrauchbar werden, weil die Masse zu dicht, und der Luftzug dadurch ganz verhindert wird, wenn die Kohle auf dem Rost verbrannt werden soll. Ein anderes Hinderniß entspringt aus dem Erdengehalt, welcher der Kohlenmasse beigemengt ist. Eine Kohle, die sehr viel Asche hinterläßt, wird unbrauchbar, oder entwickelt wenigstens nur langsame und schwache Hitze, weil die Asche den Zutritt der Luft abhält. Dies Hinderniß würde auch dann eintreten, wenn die Kohlenmasse selbst zwar wenig Asche hinterläßt, wenn aber das Kohlenflötz mit Lettenlagen oder mit dünnen Schichten von Schieferthon durchzogen ist. Selbst die durch Kluft- oder Absonderungsflächen stark zerstückelte Kohle kann, wenn sie eine Sandkohle ist, bloß durch diesen Umstand unbrauchbar werden, weil sie beim Verbrennen in viele kleine Stücken zerfällt, die nicht an einander backen und sich dadurch auflockern, sondern so dicht über einander liegen, daß der Luftstrom den Durchgang erschwert und die Verbrennung verzögert wird.

Da die Heizkraft eines brennbaren Körpers zum Theil von noch ganz unbekannten Verhältnissen abhängig ist, so würde man sich, bei der sehr verschiedenartigen chemischen Zusammensetzung der Steinkohlen, über die große Verschiedenheit in der Heizkraft der verschiedenartigen Steinkohlen selbst dann nicht wundern können, wenn auch die eben erwähnten Verhältnisse, durch welche die Effecte nothwendig verändert werden, nicht vorhanden wären.

§. 540.

Auch die Brennkraft der Steinkohlen ist sehr verschieden, je nachdem sie in ihrer chemischen Zusammensetzung von einander abweichen. Diese Verschiedenheit in der Brennkraft ist bei den verschiedenen Arten von Steinkohlen bedeutend größer, als bei den Holzarten, nicht allein wegen der größeren Veränderlichkeit in der chemischen Zusammensetzung, sondern auch wegen der veränderlichen Größe ihres Aschengehaltes. Die Leistung einer Steinkohle läßt sich daher nach dem bekannten Effect einer anderen nur sehr oberflächlich beurtheilen. Hr. Bull fand bei seinen Versuchen (§. 476. 482) mit verschiedenen Steinkohlen einen Unterschied im Effect, der durch das Verhältniß von 7:13 ausgedrückt wird. Eine ganz allgemeine Annahme über die Effecte der Steinkohlen beim Verbrennen ist die, daß 1 Pfd. Steinkohlen die Verdampfung von 5 Theilen Wasser bei gewöhnlichem Druck der Atmosphäre bewirken soll. Reine Sinterkohlen oder schwach backende Backkohlen bringen jedoch einen größeren Effect hervor, indem 1 Pfd. derselben wohl 8 Theile Wasser zu verdampfen vermag, wenn übrigens die Feuerungseinrichtungen zweckmäßig getroffen sind. Schon Watt setzte voraus, daß sich mit 1 Pfd. reiner Steinkohlen $7\frac{1}{2}$ Pfd. Wasserdampf, bei atmosphärischem Luftdruck, erzeugen lasse. Befindet sich das Wasser aber schon in der Siedehitze, so lassen sich 9 bis 10,5 Pfd. Wasser mit 1 Pfd. Steinkohlen verdampfen. Hiernach würde sich die Brennkraft der reinen Steinkohle zu der des Holzes (§. 482) verhalten, wie 3,5:19,5, oder wie 1:3, dem Gewicht nach. Diese Annahme ist jedoch nur von gewöhnlichem, ziemlich lufttrocknem Holz zu verstehen. Dem Volum nach würden sich die Brennkräfte des Holzes und der Steinkohlen wenigstens wie 1:6 verhalten müssen. Bei solchen Vergleichungen darf jedoch nicht übersehen werden, daß die Brennkräfte nur für eine besondere Operation, nämlich für eine Temperatur bestimmt sind, welche die Siedehitze des Wassers nicht bedeutend überschreitet. Für jeden höheren Grad der Temperatur würde das Verhältniß unbezweifelt ganz anders ausfallen.

Bestimmt man die Brennkraft der verschiedenen Steinkohlenarten nach der Methode des Hrn. Berthier (§. 476), so darf man nicht vergessen, daß sich auf diese Weise zwar eine ziemlich zuverlässige Vergleichung der Effecte der Brennmaterialien bei deren Anwendung zu desoxydirenden Schmelzoperationen erhalten läßt, daß aber noch andere Verhältnisse zu berücksichtigen sind, wenn eine Vergleichung der Heizkräfte der verschiedenen Arten der Steinkohlen, oder der Steinkohlen mit einem anderen Brennmaterial, bei Benutzung des Flammenfeuers, verlangt wird. Im Allgemeinen muß diejenige Steinkohle, welche die reichste an Kohlenstoff ist, also die anthracitartige Kohle, nothwendig die größte Brennkraft besitzen; dennoch würden sie einen geringen Effekt leisten können, wenn sie in Flammenöfen angewendet werden soll. (§. 539.)

Unter den verschiedenen Sandkohlen, deren Brennkraft durch Hrn. Berthier bestimmt worden ist, finde ich nur eine, von welcher ich weiß, daß sie aus der alten Steinkohlenformation herstammt. Dies ist die Steinkohle von Dombrowa in Pohlen, unweit der Schlesischen Gränze. Die Bestimmungen der Brennkraft der andern beiden Steinkohlen, welche ebenfalls der ältesten Steinkohlenformation angehören, sind von mir, nach der Methode des Hrn. B., gemacht worden. 1 Gewichtstheil Steinkohle von:

Dombrowa (Pohlen) gab . .	21,2 Blei	= 4876	Wärme-Einheiten	(4 Proc.	Asche)
Theodorgrube (Oberschlesien)	21,15 „	= 4865	—	(1,9	—
Josephagrube (Oberschlesien)	22 „	= 5060	—	(3,4	—

Diese Sandkohlen aus der wirklichen alten Steinkohlenformation, welche nur 51—54 Procent Koaks nach dem Verkohlen zurücklassen (ohne Rücksicht auf den Aschengehalt), sind absichtlich ausgewählt worden, um zu zeigen, daß die magere Steinkohle mit geringem Kohlengehalt, aus der ältesten Kohlenformation, eine noch geringere Brennkraft besitzt, als die gute muschlige Braunkohle (§. 531). Rechnet man, daß 34 Theile Blei 1 Theil Kohle repräsentiren (§. 476), so würde der Effect der Steinkohle von der Josephagrube im Kohlenwerth, durch 0,647 auszudrücken seyn. Weil diese Steinkohle beim Verkoaken 0,535 reine Kohle (nach Abzug der Asche) hinterläßt, so verliert die Kohle durch das Verkoaken nur 0,647 — 0,535 = 0,112 ihres Gewichts an Brennkraft.

Eine ungleich größere Brennkraft zeigen die Sandkohlen mit größerem Kohlengehalt, welche 60—76 Procent Koaks nach dem Verkohlen zurücklassen. Nach der Methode des Hrn. B. habe ich folgende Sandkohlen, bei denen zugleich der darstellbare

Koaksgehalt in reiner Kohle, so wie der Aschengehalt angegeben worden ist, untersucht.

Ursprungsort.	Darstellbare Kohle.	Asche.	Bleigewicht.	Entsprechende Wärme-Einheiten.
Lauragrube (Niederschlesien)	68,15	1,85	26,8	6164
Carolinengrube (Oberschlesien) . .	65,08	2,42	26,3	6049
Geislautern (Saarbrücken)	58,2	3,9	25,85	5945

Auch diese Sandkohlen, obgleich sie die Brennkraft der besten muschligen Braunkohle bedeutend übertreffen, gehören noch zu den weniger wirksamen Steinkohlenarten. — Nimmt man beispielsweise die Steinkohle von der Carolinengrube in Oberschlesien, so werden durch die 26,3 Theile Blei 0,774 reine Kohle repräsentirt. Der darstellbare Kohlengehalt nach dem Verkoaken ist aber 0,6508, so daß diese Steinkohlen auch nur 0,1232 ihres Gewichts an Brennkraft durch den Proceß des Verkoakens verlieren.

Sandkohlen von 80 und mehren Procenten darstellbarem Kohlengehalt besitzen eine noch größere Brennkraft. Die erste Bestimmung ist von Hrn. Berthier (Traité des essais etc. I. 339), die andern sind von mir.

Ursprungsort.	Darstellbare Kohle.	Asche.	Bleigewicht.	Entsprechende Wärme-Einheiten.
Durham (England)	82	5	31,6	7268
Löbejün (Saalkreis)	85	7	30,8	7084
Alter Hasegrube (Westphalen) . . .	90,8	1,7	31,65	7279
Grube Schwarzer Junge (Westphal.)	90,8	1,1	31,15	7154

Sandkohlen von so großem Kohlengehalt, daß die darstellbare Koaksmenge zwischen 80 und 90 Procent beträgt, besitzen also eine Brennkraft, welche derjenigen der Holzkohle (§. 492) nicht nachsteht. Als Beispiel mag die Kohle von der Grube Alter Hase dienen, bei welcher die Menge von 31,65 Bleigewicht einen Kohlenwerth von 0,93 ausdrückt. Durch das Verkoaken würde diese Steinkohle folglich nur 0,93 — 0,908 = 0,022 von ihrem Gewicht verlieren.

Die eigentlichen Anthracite reduciren, nach der Erfahrung des Hrn. Jacquelain, sogar so viel Bleioxyd, daß das Gewicht des Bleiregulus mehr als das 33fache des Anthracites betragen kann, welches sich, bei der fast gänzlichen Abwesenheit des Sauerstoffgehaltes, wohl erwarten läßt. Die Erfahrung zeigt, daß Holzkohlen eine größere Wirkung, bei gleichem Gewicht, hervorbringen, als die Sandkohlen mit großem Kohlengehalt und als die Anthracite, sobald nur mittlere Temperaturgrade hervorgebracht werden sollen, daß aber für hohe Temperaturgrade ganz andere Verhältnisse eintreten.

Die Backkohlen, welche sich durch ihre große Heizkraft auszeichnen, wenn hohe Temperaturen durch Flammenfeuer hervorgebracht werden sollen, besitzen auch eine größere Brennkraft, als die Sandkohlen, wenn beide Arten der Kohlen etwa gleiche Quantitäten Kohlenstoff enthalten. Im Allgemeinen zeigt sich aber bei den verschiedenen Backkohlen dasselbe Verhalten, welches bei den Sandkohlen stattfindet, daß nämlich die Brennkraft sich im Verhältniß des zunehmenden Kohlenstoffgehaltes erhöht. Hr. Berthier hat die Brennkraft von mehren Backkohlen ermittelt. Den hier folgenden Resultaten ist zugleich die Angabe der darstellbaren Koaksquantitäten bei der Verkoakung, nach Abzug des Aschengehaltes, welcher besonders aufgeführt worden ist, mit beigefügt. 1 Gewichtstheil von folgenden Backkohlen hat hinterlassen und gegeben:

Ursprungsort	Darstellbare Kohle.	Asche.	Bleigewicht.	Entsprechende Wärme-Einheiten.	Brennkraftverlust durch Verkoaken.
Alais (Dep. Gard)	0,68	0,104	27,6	6348	0,135
Carmeaux (Dep. Tarn)	0,715	0,035	30,1	6923	0,18
Rive de Gier (Dep. Loire)	0,665	0,020	29,6	6708	0,21
Bességes (Dep. Aveyron).....	0,605	0,103	27,0	6210	0,19
Ronchamp (Dep. Ober-Saône) ..	0,570	0,070	27,3	6279	0,24
Epinac (Dep. Saône und Loire) ...	0,515	0,120	26,8	6164	0,27
Glamorgan (Wallis) .	0,777	0,027	31,2	7176	0,153
Newcastle ..	0,760	0,054	30,9	7107	0,145

Ursprungs-ort.	Darstell-bare Kohle.	Asche.	Blei-gewicht.	Entspre-chende Wärme-Einheiten.	Brenn-kraftver-lust durch Verkoa-ken.
Bouleau (Mons) ..	0,653	0,017	29,0	6670	0,22
Gaillet (Mons) ..	0,585	0,030	28,1	6463	0,24
Gade (Mons)	0,510	0,050	27,4	6302	0,30
Eschweiler .	0,783	0,037	31,0	6923	0,13
Mayenne ..	0,685	0,090	27,0	6210	0,105
Obernkirchen (Schaum-burg)	0,766	0,024	30,9	7107	0,144

Mit Ausnahme der Obernkirchener Steinkohle, welche der Juraformation angehört, sind alle die anderen aus der alten Steinkohlenformation entnommen. Die Resultate zeigen, wie sehr die Backkohlen die Sandkohlen an Brennkraft übertreffen, aber sie lehren auch, daß der Verlust an Brennkraft durch das Verkoaken bei den Backkohlen bedeutend größer ist, als bei den Sandkohlen. Schon aus diesem Erfolge ergiebt sich, daß die flüchtigen Bestandtheile beim Verkoaken der Backkohlen reicher an Kohlenstoff und an Wasserstoff, und ärmer an Sauerstoff seyn müssen, als die flüchtigen Substanzen, die beim Verkoaken der Sandkohlen entwickelt werden. Der Brennkraftverlust, den die Steinkohlen beim Verkoaken erleiden (oder die Brennkraft der bei dieser Operation entweichenden flüchtigen Substanzen), ist in gewöhnlicher Art dadurch ermittelt, daß die Bleigewichte auf den Kohlenwerth reducirt sind, und der gefundene Kohlenwerth von dem Gewicht der darstellbaren Koaks (ohne Aschengehalt) abgezogen ward. Der Brennkraftverlust erreicht bei einem gewissen mittleren Kohlengehalt sein Maximum, und nimmt ab, theils wenn der Kohlengehalt bedeutend steigt, theils wenn er sich ansehnlich vermindert. Im letztern Fall nähern sich die Backkohlen schon mehr dem Zustande der Sinterkohlen, die in ihrer Brennkraft und in dem Brennkraftverlust beim Verkoaken in der Mitte stehen zwischen den Sandkohlen und den Backkohlen.

Eine Sinterkohle von großem Kohlengehalt von Dowles, welche beim Verkoaken 79,5 reine Koaks und 0,3 Asche hinterläßt, gab Hrn. Berthier 31,8 Blei = 7314 Wärmeeinheiten, also nur 0,14 ihres Gewichts an Brennkraftverlust beim Verkoaken. Dieser geringe Verlust rührt von dem großen Kohlengehalt der Steinkohle her, die zu den reichhaltigsten und besten Kohlen gehört, die man kennt. — Andere Sinterkohlen mit geringerem Kohlengehalt, die Hr. B. geprüft hat, sind folgende: a. Aus Asturien; sie hinterläßt 54,5 reine Koaks und 1,8 Asche; giebt 26 Blei = 5980 Wärme-Einheiten. Brennkraftverlust 0,22 ihres Gewichts. b. Vigankohle (England); hinterläßt 52,6 reine Koaks und 3,4 Asche; giebt 28,3 Blei = 6504 Wärme-Einheiten mit 0,3 ihres Gewichts Brennkraftverlust. c. Kanneelkohle (Glasgow); hinterläßt 51 reine Koaks und 4 Asche; giebt 24,9 Blei = 5727 Wärme-Einheiten mit 0,223 ihres Gewichts Brennkraftverlust. Der Verlust an Brennkraft, den die Steinkohlen beim Verkoaken erleiden, wächst daher, bei einem etwa gleich großen Gehalt an Kohlenstoff, mit dem zunehmenden Gehalt an Wasserstoff, und vermindert sich mit dem zunehmenden Gehalt an Sauerstoff. Kohlen von einem sehr großen Kohlenstoffgehalt erleiden unter allen Umständen den geringsten Verlust an Brennkraft beim Verkoaken.

§. 541.

Bei der Verkohlung oder bei der trockenen Destillation der Steinkohle erhält man, außer den verschiedenen, aus ölzeugendem Gas, Kohlenwasserstoffgas, Kohlenoxydgas, Wasserstoffgas und Stickgas bestehenden Gasarten, Wasser, Oel in vorwaltender Menge, zuweilen etwas Säure und immer Ammoniak oder ammoniakalische Verbindungen. Je mehr der Kohlengehalt der Steinkohlen zunimmt, eine desto dickere Konsistenz erhält das sich bildende Steinkohlenöl, aus welchem durch Umdestilliren Naphtalin und Paranaphtalin gewonnen werden. Das Verhältniß der wässerigen zur ölartigen Flüssigkeit ist bei den Sandkohlen größer als bei den Sinterkohlen, und bei diesen größer, als bei den Backkohlen. Die Menge der sich erzeugenden gasartigen und tropfbar flüssigen Substanzen überhaupt, steht mit dem Kohlengehalt der Steinkohlen im umgekehrten Verhältniß. Gasarten entbinden sich aus den Steinkohlen in geringerer Menge, als aus dem fossilen Holz; aber die Kohlenwasserstoffverbindungen sind mehr vorwaltend. Hydrothiongas entsteht nur dann, wenn die Steinkohle Einmengungen von Schwefelkies enthält, der nur selten fehlt. Bei der Anwendung einer sehr schwachen und langsam bis zum Glühen verstärkten Hitze, wird mehr Wasser und weniger Oel, aber mehr Gas erzeugt, als bei plötzlicher und starker Hitze. Dies Gas enthält aber mehr Kohlenoxydgas und Kohlenwasserstoffgas, und dagegen weniger ölzeugendes Gas, als die geringere Quantität Gas, die sich bei starker und schneller Hitze entwickelt. Ist die Vorrichtung im letzten Fall so getroffen, daß das entstehende Oel nicht sogleich überdestillirt, sondern der Glühhitze ausgesetzt bleibt, so wird es ebenfalls zersetzt und das Ausbringen an Gas dadurch bedeutend verstärkt. Je backender die Kohle ist, desto mehr nimmt das Verhältniß des ölzeugenden Gases in der Gasmenge zu. Die Zersetzung der Steinkohlen vor dem Rothglühen findet nur bei den Sand- und Sinterkohlen mit geringem Kohlengehalt statt, und selbst bei diesen Kohlen schreitet sie in der niedrigen Temperatur nicht bedeutend vor. Oelartige Substanz entwickelt sich immer erst, wenn die Hitze den Grad des dunklen Rothglühens erreicht hat. Bei den Sand- und Sinterkohlen sowohl, als bei den Backkohlen, die viel Kohlenstoff enthalten, wird immer schwache Rothglühhitze zur beginnenden Zersetzung erfordert, und zur gänzlichen Beendigung derselben muß sehr starke Rothglühhitze angewendet werden. Es giebt keine Steinkohle, aus welcher sich, bei der trockenen Destillation, außer dem Oel und den Gasarten, nicht auch Wasser entwickelte. Die Sandkohlen, welche über 95 Procent Koaks zurücklassen, geben noch gegen 1 Procent Wasser und etwa 0,1 bis 0,2 Procent Oel. Auch die Faserkohle (fasrige Kohlenblende; mineralische Holzkohle) giebt bei starkem Glühen noch 0,15 Procent Wasser und Spuren von Oel. Selbst bei den sogenannten Anthraciten ist das Wasser noch als ein schwacher Thau in der Vorlage bemerkbar. Nur bei einigen Anthraciten, die einen sehr hohen Gehalt an Kohlenstoff haben, ist eben so wenig als bei dem Graphit eine Wasserbildung zu bemerken.

§. 542.

Zur Beurtheilung der Anwendbarkeit einer Steinkohle zum Verkoaken muß nothwendig die backende oder die nicht backende Eigenschaft derselben in Erwägung gezogen werden, weil die Backkohlen im Allgemeinen vor den Sinterkohlen, und noch mehr vor den Sandkohlen, den Vorzug besitzen, daß sie durch die Ungleichartigkeit der Kohlenmasse selbst, durch den Zerklüftungszustand derselben, und durch die Trennung der Kohlensubstanz durch Faserkohle, zum Verkoaken nicht unbrauchbar werden, weil die vor dem Verkohlen getrennten einzelnen Theile, woraus die Kohlenmasse besteht, bei dem Verkohlen zusammenschmelzen, und daher Koaks in großen Stücken liefern können.

Alle Sinterkohlen (welche nicht etwa einen starken Uebergang in Backkohle machen), noch mehr aber alle Sandkohlen, deren Masse zwar gleichartig, aber durch feine Risse und Klüfte sehr zerspalten ist, eignen sich nicht zum Verkoaken, weil sie bei der Verkohlung zu kleinen Stücken zerfallen, die in den Schachtöfen nicht anwendbar sind. Sind die Klüfte mit fremden Beimengungen ausgefüllt, oder wird die Kohlenmasse durch Schichten von Faserkohle häufig unterbrochen, so werden die Kohlen zum Verkoaken noch unbrauchbarer. Die Sandkohlen mit einem großen Kohlengehalt von mehren 90 Procenten würden sich nicht verkoaken lassen, ohne dabei zum großen Theil zu verbrennen. Bei diesen Kohlen bedarf es aber auch des Verkoakungsprocesses nicht, weil sie so wenig Sauer- und Wasserstoff enthalten, daß man sie als natürliche Koaks betrachten und als solche anwenden kann. Dies wird mit Erfolg geschehen können, wenn diese anthracitartigen Kohlen eine homogene Masse bilden und beim Verbrennen nicht in kleine Stücke zerspringen. Sind sie aber sehr zerklüftet, oder wird die Kohlenmasse durch häufige Lagen von Faserkohle getrennt, so würde es vergeblich seyn, sich derselben als Koaks beim Betriebe der Hohöfen bedienen zu wollen. Gehören die Sinter- oder Sandkohlen zu den Steinkohlen mit geringerem Kohlenstoffgehalt, sind sie also aus glänzenden und aus matten Lagen oder Schichten zusammengesetzt, so eignen sie sich alsdann nur zum Verkoaken, wenn beide Kohlenarten innig mit einander verwachsen und nicht aus leicht trennbaren Schichten von beiden zusammengesetzt sind. Außerdem nämlich, daß jede Kohlenart dann zerfallen und für sich allein verkohlt werden, und schon dadurch zur Entstehung von kleinen Koaks Veranlassung geben würde, ist die glänzende Kohlenart fast ohne Ausnahme durch Klüfte, senkrecht auf der Fallungsebene des Flötzes, stark zerklüftet, oder die Klüftflächen kommen wenigstens nach dem Verkoaken zum Vorschein und veranlassen dann, daß die Kohle in viele kleine Stücke zerspringt. Dies Verhalten hat sogar Veranlassung gegeben, die sehr glänzende Sinter- und Sandkohle, welche sich, nach dem Verkoaken, zwischen den Schichten der übrigen verkoakten Steinkohlenmasse im zertrümmerten Zustande eingeschlossen befinden, ebenfalls für anthracitartige Steinkohlen zu halten, weil sie aus dem Gestell der 50 Fuß hohen Eisenhohöfen, die mit dem stärksten Gebläse versehen sind, in einem scheinbar ganz unveränderten Zustande beim Reinigen des Heerdes wieder zum Vorschein kommen.

Dagegen eignen sich alle Sinter- und Sandkohlen mit einem geringeren Kohlengehalt, die wenigstens in 4—5 Zoll dicken

Lagen gleichartig bleiben, und deren Masse weder durch abgesonderte glänzende und matte Schichten, noch durch Schichten von Faserkohle unterbrochen wird, und welche dabei zugleich durch feine Risse und Spalten nicht, oder doch nur unbedeutend zerklüftet sind, sehr gut zum Verkoaken, weil sie Koaks von mehren Kubikzollen geben. Diese Koaks sind fest und sehr dicht, und erfordern daher ein starkes Gebläse. Dabei muß aber auf den Aschengehalt der Kohlen noch besonders Rücksicht genommen werden, weil ein großer Aschengehalt auch diejenigen Kohlen, welche beim Verkohlen große Koaks geben, zum Verkoaken unbrauchbar machen kann. Den Aschengehalt kann man als ein chemisches, und das Zerfallen beim Verkoaken zu kleinen Koaks als ein mechanisches Hinderniß für die Anwendbarkeit der Sinter- und Sandkohlen zum Verkoaken ansehen. Kohlen, die 6 Procent Asche und darüber beim Verbrennen hinterlassen, sind kaum mehr zum Verkoaken geeignet, wenn die Koaks zum Verschmelzen der Eisenerze gebraucht werden sollen.

Die Sinterkohlen, welche den Uebergang zu Backkohlen machen, enthalten noch ein so günstiges Verhältniß des Wasserstoffs zum Sauerstoff, daß bei der Verkohlung die vorher nicht unmittelbar zusammenhängenden, sondern durch bloße Spalten und unausgefüllte Ablosungsflächen getrennten Steinkohlenmassen, sich durch Erweichung an den Oberflächen vereinigen und an einander haften können.

Bei den backenden Kohlen treten alle diese Hindernisse nicht ein, weshalb sie, wenn ein großer Aschengehalt nicht nachtheilig wird, zum Verkoaken immer anwendbar bleiben, in sofern sie nicht etwa mit Schichten von Faserkohle stark durchzogen, oder ihre Kluftflächen so häufig und so stark mit fremdartigen Beimengungen ausgefüllt wären, daß sie dadurch im verkoakten Zustande den Zusammenhang verlieren, welches indeß nur selten der Fall seyn dürfte. Backkohlen, welche mit Schnüren von Faserkohle häufig durchzogen sind, werden dadurch nicht so unbrauchbar zum Verkoaken, daß sie nicht Koaks in großen Stükken geben sollten; allein der Nachtheil der starken Beimengung von Faserkohle, welche sich in der Masse der Koaks gleichsam eingehüllt oder eingeschmolzen befindet, zeigt sich, wenn die Koaks im Schachtofen angewendet werden. Auch die Substanzen, mit welchen die Klüfte der Backkohlen ausgefüllt sind, werden beim Verkoaken in der Koaksmasse eingewickelt, ohne den Zusammenhang der neuen Bildung aufzuheben. Deshalb hat man auch immer mehr Ursache, gegen die Reinheit der Koaks aus Backkohlen mißtrauisch zu sein, als gegen die aus den Sinter- und Sandkohlen, welche nur durch den wirklichen Erdengehalt der reinen Kohlenmasse, aber niemals durch die fremden, in den Klüften und Ablosungen vorkommenden Beimengungen, oder durch bedeutende Quantitäten eingemengter Faserkohle, verunreinigt sein können. Das überwiegende Verhältniß des Wasserstoffs zum Sauerstoff in den Backkohlen bewirkt, daß die Steinkohle in dem Augenblick, wo die Zersetzung erfolgt, in einen halbgeschmolzenen Zustand übergeht, so daß die erweichte und zum Theil teigartig gewordene Masse durch die sich entwickelnden Dämpfe und Gasarten in die Höhe getrieben und nach allen Richtungen ausgedehnt und oft blasenartig aufgebläht wird. Dadurch unterscheiden sich die Backkohlen wesentlich von den Sinter- und Sandkohlen, von welchen jedes vor der Verkohlung nicht unmittelbar zusammenhängende Stück, auch nach dem Verkohlen, für sich allein erscheint. Aber es findet von den zu einer einzigen Schaumblase aufgetriebenen, bis zu den Koaks, welche die ganze Form der Steinkohle, nur mit einer Verminderung des Volumens, behalten, also von der backendsten Kohle bis zu der dürrsten Sandkohle, ein allmäliger Uebergang durch die Sinterkohlen statt. Eine beim Verkohlen in einen geschmolzenen Zustand übergegangene Kohle sollte, wegen der glatten Beschaffenheit der Oberflächen, schwerer entzündbar sein, als eine nicht geschmolzene Kohle mit rauhen Flächen. Dies ist auch wirklich der Fall unter der Muffel eines Probirofens. Anders ist aber das Verhalten, wenn eine Masse von Koaks, über einander gehäuft, durch natürlichen Luftzug oder durch einen künstlich hervorgebrachten Luftstrom verbrennen, und nicht, bloß durch die Einwirkung der glühend heißen Luft auf die Oberfläche, nach und nach zerstört werden soll. Die Backkohlen erhalten die Masse, wegen ihres ausgedehnten Zustandes, so locker, daß der Durchgang der zersetzten Luft keinen Augenblick gestört und aufgehalten wird. Die Sinterkoaks bilden schon eine dichtere und festere Masse, und durch die Sandkoaks werden, wenn sie entweder gleich anfänglich sehr zerkleinert waren, oder wenn sie durch das nach und nach erfolgende Verbrennen ein geringeres Volum erhalten, alle Zwischenräume so verstopft, daß die zersetzte Luft keinen Ausgang mehr findet, und daß der Verbrennungsproceß nicht aus Mangel an zutretender Luft, sondern durch aufgehaltenen Luftzug unterbrochen wird. Holzkohlenpulver würde sich, in starken Massen über einander liegend, auch durch den heftigsten Windstrom nur schwer verbrennen lassen, und durch dieses Verhalten ebenfalls auf den Namen Anthracit Anspruch machen können.

Es scheint daher, daß den Koaks aus backenden Kohlen unbedingt der Vorzug vor den Koaks aus Sinterkohlen, und besonders aus Sandkohlen, gegeben werden müsse. Dies wird indeß nur bei den Koaks aus den nicht stark backenden Kohlen der Fall sein, denn die sehr stark backenden Kohlen können eben dadurch zur Benutzung als Koaks, wenigstens für gewisse Zwecke, unbrauchbar werden. Die zu stark aufgebläheten Backkoaks zertrümmern sich nämlich, wenn sie in großen Massen über einander liegen, zum Theil schon durch ihr eigenes Gewicht. Stärker wird diese Zerkleinerung herbeigeführt, wenn sie in Schachtöfen, mit den zu reducirenden und zu schmelzenden Substanzen geschichtet, verbrannt werden sollen. Solche Koaks können nur in niedrigen Schachtöfen, in Krummöfen, Kupolöfen und in Halbhohenöfen, wo sie keinen starken Druck erleiden, und dann immer mit einem sehr günstigen Erfolge, angewendet werden. In hohen Schächten zerpulvern sie sich durch den starken Druck, und können dadurch eben so unzerstörbar werden, als man es, bloß wegen dieses pulverigen Zustandes, von der Faserkohle angenommen hat.

Eine Backkohle, die den Uebergang in Sinterkohle macht, oder eine Backkohle, die sich nur schwach aufblähet, muß daher in aller Rücksicht für die beste zur Koaksbereitung angesehen werden, wenn die Koaks zur Benutzung in hohen Schachtöfen bestimmt sind. Eine Sinterkohle darf schon nicht viele natürliche Ablosungen besitzen, weil sie sich beim Verkoaken zu sehr zerkleinern würde, und eine Sandkohle ist ganz unbrauchbar, wenn sie nicht in großen, zusammenhängenden Massen vorkommt, welche beim Verkohlen große Koaksstücke bilden können. Dann sind diese Koaks aber in Schachtöfen vorzüglich anwendbar, weil sie dem stärksten Druck widerstehen, obgleich sie sehr starke Verdichtung des Windes erfordern. Eine etwas backende Kohle hat immer einen wesentlichen Vorzug vor den bloß sinternden, und noch mehr vor den Sandkohlen, weil die natürlichen Zerklüftungen der Steinkohle durch die backende Eigenschaft ganz unnachtheilig, ja sogar die, durch Faserkohle und durch fremde Beimengungen auf den Kluftflächen veranlaßten Trennungen der Steinkohlenmasse, unschädlich gemacht werden. Bei den Sinterkohlen, und noch mehr bei den Sandkohlen, reicht bloß eine häufige Zerklüftung, die nicht einmal durch wirkliche Kluftflächen, sondern bloß durch die Ungleichartigkeit der Steinkohlenmasse bewirkt worden sein kann, schon hin, die Steinkohle zum Verkoaken unbrauchbar zu machen. Wenn aber Sinter- und Sandkohle so gleichartig, und so wenig zerklüftet und durch Faserkohle getrennt sind, daß sie beim Verkohlen große Koaks geben, so haben diese vor den Koaks aus den Backkohlen den doppelten Vorzug, daß man sich auf ihre Reinheit mehr verlassen kann, und daß sie sich in Schachtöfen nicht leicht zertrümmern.

Diese Beurtheilung bezieht sich auf die in Stücken aus der Grube kommenden und zum Verkohlen bestimmten Steinkohlen. Es fallen aber bei den Gewinnungsarbeiten in der

Grube kleine Kohlen, auch giebt es Flötze, welche Kohlen von sehr milder und leicht zerfallender Beschaffenheit liefern, so daß die Kohle kaum in Stücken, sondern größtentheils nur im zerkleinerten Zustande gewonnen werden muß. Daß diese kleinen Kohlen nur dann zum Verkoaken geeignet sind, wenn die Steinkohle eine Backkohle ist, bedarf keiner Erwähnung. Dieselben Gründe jedoch, aus welchen die Koaks aus den Backkohlen in Stücken häufig sehr unrein ausfallen und aus welchen diese Koaks zur Anwendung in Schachtöfen unbrauchbar werden können, finden bei den Koaks aus zerkleinerten Backkohlen in einem noch höheren Grade statt. Solche Koaks aus zerkleinerten Steinkohlen lassen sich nur anwenden, wenn man die Ueberzeugung haben kann, daß die kleine Kohle durch Beimengungen von Letten, Schieferthon und Faserkohle in der Grube nicht verunreinigt worden ist, und wenn sich die kleinen Kohlen dabei nicht zu stark aufblähen, welches letztere, wenigstens in einigen Fällen, ihre Anwendbarkeit vermindern könnte. Sind die kleinen Kohlen rein aus der Grube gefördert, so können die daraus bereiteten Koaks in ihrem Verhalten von denjenigen der Koaks aus den Stückkohlen desselben Flötzes nicht abweichen, sondern sie werden sich nur durch eine etwas größere Lockerheit von ihnen unterscheiden. Sind die kleinen Kohlen aber nicht rein gefördert, so werden die daraus darzustellenden Koaks, durch den großen Aschengehalt, so wie durch die Menge von Lösche aus der beigemengten Faserkohle, welche sich in dem Schmelzraum nach und nach anhäuft, mehr oder weniger unbrauchbar.

§. 543.

Auch bei den Steinkohlen weicht das Gewicht der daraus darstellbaren Kohle beim Verkohlen ab, je nachdem langsame oder schnelle Hitze bei der Verkohlung angewendet wird. Diese Differenz ist bei den Steinkohlen mit geringerem Kohlegehalt größer. Die Backkohlen machen indeß in sofern eine Ausnahme, als sie auch bei einem größeren Kohlengehalt größere Differenzen zeigen, als die Sandkohlen, und als die Sinterkohlen, mit einem geringeren Kohlegehalt. Diese Differenzen übersteigen jedoch schwerlich die Zahl 6, und selbst diese große Differenz von 6 Procent im Ausbringen der darstellbaren Kohle, findet nur bei den Backkohlen mit einem mittleren Kohlegehalt statt. Backkohlen von größerem Kohlegehalt differiren im Ausbringen nicht über 4 Prozent. Merkwürdig ist es, daß durch die Anwendung einer schwachen und langsam bis zum stärksten Rothglühen verstärkten Hitze, bei welcher das größte Kohlenausbringen statt findet, die sinternde und die backende Eigenschaft der Steinkohle vermindert wird. Eine Kohle, die sich bei sehr schneller Glühhitze als Sinterkohle zeigt, kann, bei sehr langsam gesteigerter Hitze, als Sandkohle erscheinen, welches bei allen Kohlen der Fall ist, die einen Uebergang aus Sinterkohle in Sandkohle machen. Eben so erscheint die Backkohle dann als Sinterkohle, wenn sie von schwach backender Art ist. In jedem Fall wird aber, bei langsamer Erhitzung, das Aufblähen der Backkohlen vermindert, die dann eine weit weniger lockere und weniger ausgedehnte Masse bilden, als bei der Anwendung von rascher Glühhitze.

Zu einer Uebersicht der Gewichtsmenge von Koaks, welche die Steinkohlen beim Verkohlen zurücklassen, wird es zweckmäßig sein, die verschiedenen Arten von Steinkohlen besonders aufzuführen, um die große Veränderlichkeit des darstellbaren Koaksgehaltes, für jede dieser Arten überblicken und sich überzeugen zu können, daß diese Veränderlichkeit nicht etwa einer oder der andern Art eigenthümlich, sondern, daß sie der Erfolg des größern oder geringern Gehaltes an Kohlenstoff ist, der sich bei allen Arten von Steinkohlen sehr veränderlich zeigt.

A. Backkohlen.

100 Gewichtstheile hinterlassen	Spec. Gewicht.	Koaks.	Asche.	Reine Kohle.	Ursprungsort.
Friedrich zu Zawada	1,2638	60	2,1	57,9	Oberschlesien.
Sackgrube zu Czernitz	1,3623	58,5	5,8	52,7	
Stollenflöz zu Hultschin	1,3155	86,9	2,1	84,8	
Gnade Gottesgrube	1,28507	66,8	4,65	62,15	Niederschlesien.
Gustavgrube	1,2709	69,9	1,9	68	
Glückhilfgrube	1,2762	68	0,8	67,2	
Kombinirte Abendröthe	1,2975	75	4,9	70,1	
Sulzbach Duttweiler	1,25812	64	0,15	63,85	Saarbrücken.
Friedrichsthal	1,25391	64,8	0,65	64,15	
Wellesweiler	1,2621	65,6	1	64,6	
Wettin	1,3702	78	10,8	67,2	Saalkreis.
Wettin	1,4662	81,1	24,4	56,7	
Wettin	1,3628	77,5	5,1	72,4	
Fornagelflöz	1,2997	80	1,3	78,7	Eschweiler.
Schlemmerichflöz	1,2946	84,5	3,25	81,25	
Flöz Gyr	1,3005	81,5	1,17	80,33	
Hütterbank	1,2905	86,3	1	85,3	Westphalen.
Sälzer und Neuack	1,28819	82,3	0,7	81,6	
Stock u. Scheerenberg	1,2818	80,1	0,65	79,45	
Kennelkohle	1,1652	51	0,5	50,5	England.
Kennelkohle	1,284	61,5	5,5	56	
Newkastle	1,2563	68,5	0,85	67,65	
Pottschapl (Gute Schicht)	1,4541	68,7	27,7	41	Sachsen.
Burg=Lastic	—	82,9	5,8	77,1	Frankreich.
Anzin	1,284	75	3,5	71,5	
Foudary	—	78,8	7,2	71,5	
Creuzot	—	68,8	3,4	65,4	

B. Sinterkohlen.

100 Gewichtstheile hinterlassen	Spec. Gewicht.	Koaks.	Asche.	Reine Kohle.	Anmerkungen.
Königin Louise	1,28075	67	1,2	65	Oberschlesien.
Königsgrube	1,2846	65,3	0,6	64,7	
Henriette	1,2862	63,8	1,65	62,15	
Treue Caroline	1,2804	61,5	4,8	56,7	
Therese zu Hultschin	1,3323	88,4	2,66	85,74	
David	1,2954	68	2	66	Niederschlesien.
Louise Auguste	1,2806	66,5	1,3	65,2	
Frischauf	1,5128	78,8	23,4	55,4	
Frischauf	1,421	73	8	65	
Prinz Wilhelm	1,2985	62,1	1,3	60,8	Saarbrücken.
Merchweiler	1,2817	61,88	0,9	60,98	
Gerhardgrube	1,27137	58,5	1,6	56,9	
Löbejün	1,3739	89,1	9,1	80	Saalkreis.
Löbejün	1,4634	90	20	70	
Turteltaube	1,3321	86,8	2,4	84,4	Westphalen.
Louisen-Erbstollen	1,29149	72,8	1,4	71,4	
Sperling	1,3303	85,5	3,5	82	
Hamburg	1,3232	89,1	0,9	88,2	
Planitz (sogenannte Pechkohle)	1,1866	64,5	1,1	63,4	Sachsen.
Mons	1,3078	88	2,5	85,5	Belgien.

C. Sandkohlen.

100 Gewichtstheile hinterlassen	Spec. Gewicht.	Koaks.	Asche.	Reine Kohle.	Anmerkungen.
Caroline . . .	1,3097	65,6	2,8	62,8	Oberschlesien.
Charlotte . . .	1,3172	67,5	2,42	65,08	
Beate	1,38317	66,8	11,9	54,9	
Theodor . . .	1,2943	53,5	1,9	51,6	
Josepha . . .	1,3102	56,9	3,4	53,5	
Laura	1,3037	70	1,85	68,15	Niederschlesien.
Laura	1,29752	73,5	2,4	71,1	
Fuchsgrube . .	1,3782	59,1	2,1	57	
Geislautern . .	1,3279	62,1	3,9	58,2	Saarbrücken.
Neu Langenberg	1,3213	93,6	0,8	92,8	Aus dem Bardenbergischen.
Hoheneich . . .	1,3296	94,8	1,2	93,6	
Fürth	1,339	95	0,7	94,3	
Abgunst . . .	1,3548	96,4	1,75	94,65	
Löbejün . . .	1,6295	92	7	85	Saalkreis.
Löbejün . . .	1,6370	90	9,9	80,1	
Alter Hase . .	1,3346	92,5	1,7	90,8	Westphalen.
Hundsnocken . .	1,3376	92,8	0,6	92,2	
Schwarzer Junge	1,31253	91,9	1,1	90,8	
Kennelkohle . .	1,4231	69,8	13,3	56,5	England.
Brasilien . . .	1,2891	59,5	1,6	57,9	
Eben daher . .	1,4832	66,5	28,4	38,1	

Der darstellbare Kohlengehalt schwankt daher zwischen 50 bis über 90 Prozent vom Gewicht der Steinkohle, weshalb es nothwendig ist, die Ermittelung der Gewichtsmenge der Koaks jedesmal durch einen besonderen Versuch zu bestimmen.

§. 544.

Die Quantität der aus den Steinkohlen darstellbaren Koaks, dem Volumen nach, ist ganz von der Beschaffenheit der Steinkohle abhängig. Die Sandkohlen vermindern beim Verkoaken wirklich ihr Volumen, indeß wird die Differenz im Volumen der Koaks und der Steinkohlen, aus welchen sie dargestellt werden, nicht bloß durch das Schwinden der Steinkohlenmasse, sondern auch durch andere Umstände herbeigeführt. Wenn nämlich, — wie immer bei den Sandkohlen, — die Steinkohle in Stücken zur Verkohlung gegeben wird, so behalten diese nach dem Verkoaken nicht ihren Zusammenhang, sondern sie zerfallen zu einzelnen Koaksstücken, deren Größe von der Menge und Stärke der Schichten von Faserkohle und der wechselnden Schichten von matter und glänzender Kohlenmasse, zum Theil auch von der Menge der Klüfte abhängig ist, indem sich die Kohlenmassen beim Verkohlen auf diesen Kluftflächen nicht vereinigen, weil die Steinkohle eine Sandkohle ist. Die Volumenverminderung, oder der Verlust beim Verkoaken, entsteht daher wahrscheinlich zum geringsten Theil durch das wirkliche Schwinden der Masse, sondern größtentheils durch das Zerfallen einer großen Menge von der angewendeten Steinkohle zu Koaksstaub (Lösche), welche unbenutzt auf den Meilerstätten liegen bleibt. Der Verkoakungsverlust kann daher bis zu vielen Volumen Procenten steigen, und wird am größten, wenn die Steinkohlen nicht in Meilern, sondern in gemauerten Oefen verkoakt werden, indem die Wände der Oefen jede Ausdehnung der Kohlenmasse noch mehr verhindern. Beim Verkohlen von guten Sandkohlen mittleren Kohlengehalts in offenen Meilern, kann man immer auf einen Verlust von 4 bis 6 Procent, dem Maaße nach, rechnen. In geschlossenen Oefen kann der Verlust bis 15 Procent und darüber steigen.

Die Sinterkohlen sollten, dem Volum nach, eben so viel Koaks ausgeben, als das Volum der Steinkohlen betragen hat.

Dies ist auch häufig der Fall, und es ist sogar eine Volumenvermehrung von einigen Procenten zu erwarten, wenn sich die Sinterkohle der Backkohle nähert. Besitzt sie aber nur unvollkommen die Eigenschaft, sinternde Koaks zu geben, und nähert sie sich der Sandkohle, so bleibt, aus denselben Gründen wie bei der Sandkohle, ein kleiner Verkoakungsverlust, dem Maaße nach, unvermeidlich. Die Größe des Verlustes wird nicht allein von der mehr oder minder sinternden Beschaffenheit der Steinkohle, sondern auch von ihrem natürlichen Zerklüftungszustande und von der Menge der vorkommenden Faserkohle u. s. f. abhängig sein.

Die Backkohlen geben immer einen Zuwachs am Volumen beim Verkoaken. Diese Volumenvermehrung ist bei den stärker backenden Steinkohlen größer, als bei den weniger backenden. Auch geben die Stückkohlen von einer und derselben Backkohle eine geringere Volumenvermehrung, als die kleinen Kohlen, theils weil die zusammenhängende Kohlenmasse der Ausdehnung weniger förderlich ist, theils vielleicht auch nur, weil die Stückkohlen, bei nicht vorsichtigem Messen, mehr hohle Räume in dem Maaße zurücklassen. Bei der Verkoakung der kleinen Backkohlen in Saarbrücken rechnet man 130—138 Kubikf. Koaks aus 100 Kubikf. Steinkohlen. Bei noch stärker backenden Steinkohlen können sogar 140—150 Kubikf. Koaks aus 100 Kubikf. Steinkohlen angenommen werden.

§. 545.

Das specifische Gewicht der Koaks ist so sehr abhängig von der Beschaffenheit der Steinkohle, daß die Bestimmung desselben ohne allen Werth sein würde. Die Angaben über das absolute Gewicht von einem bestimmten Maaß von Koaks fallen daher auch sehr verschieden aus, je nachdem die Koaks aus Sand-, Sinter- oder Backkohlen bereitet, und in Meilern oder in geschlossenen Oefen dargestellt sind. Nach den Resultaten einer großen Anzahl von Wägungen kann man das Gewicht von 1 preuß. Kubikf. Koaks, die einen Aschengehalt von 4—6 Procent besitzen und im lufttrocknen Zustande aufbewahrt worden sind, in folgender Art im Durchschnitt annehmen:

Aus Sandkohlen, in Theeröfen verkoakt	38	Pfd. preuß.
— in Meilern verkoakt	35	—
Aus Sinterkohlen, in Meilern verkoakt	33	—
Aus Backkohlen, in Stücken, in Meilern verkoakt	25—28	—
— zerkleinert, in Oefen verkoakt	22—25	—

Für die Koaks aus Backkohle ist das Gewicht besonders veränderlich, weil die Volumenvermehrung nach der mehr oder weniger backenden Beschaffenheit der Steinkohle sehr verschieden ausfallen kann. Die Gewichte sind übrigens von solchen Koaks zu verstehen, die nicht durch beigemengte Theile von gebranntem Schieferthon, oder durch andere, die Klüfte der Steinkohlen auf ihrer natürlichen Lagerstätte ausfüllende Substanzen verunreinigt sind. Solche Koaks, so wie auch die durchnäßten Koaks, zeigen zwar ein größeres, aber den Koaks aus reinen Steinkohlen nicht zustehendes Gewicht.

§. 546.

Gute Koaks müssen weder Glas= noch Fettglanz, sondern einen eigenthümlichen Seidenglanz, der sich dem Glanz des mattgesottenen Silbers zu nähern scheint, besitzen. Die Farbe ist nie eisenschwarz, sondern jederzeit viel lichter; zuweilen ist die Bruchfläche mit bunten Farben angelaufen. Die Koaks von backenden Steinkohlen haben ein geflossenes oder geschmolzenes, und alle Koaks ein eigenthümlich poröses Ansehen, welches sich nur bei den derben und festen Koaks aus Sandkohlen nicht beim ersten Blick erkennen lassen will, obgleich es niemals fehlt. Koaks von Sinter= und Sandkohlen zeigen die Gestalt von größeren und kleineren rechtwinkligen und geschobenen Würfeln; die von Backkohlen sind in ihrer Gestalt um so unbestimmter, je mehr sich die Steinkohle beim Verkohlen ausdehnen konnte. Solche Koaks haben sehr häufig, fast immer, ein blumenkohlartiges und viel=

fach gewundenes Ansehen. Je größer die Stücken, für desto reiner von erdartigen Beimengungen und von Faserkohle sind die Steinkohlen zu halten, aus welchen sie bereitet worden sind. Durch häufige Beimengungen von Faserkohle erhalten die Koaks kein blumenkohlartiges, sondern ein ganz unbestimmtes knolliges und abgerundetes Ansehen. Obgleich der größte Theil der Faserkohle nach dem Verkoaken beim Einziehen der Koaks als Lösche zurückbleibt, so können die Koaks doch oft noch einen großen Theil davon zurückbehalten, weshalb solche Stücken, an denen häufige Beimengungen bemerkt werden, ausgehalten werden müssen. Eben so ist auch das Aushalten des Schieferthons nothwendig, welcher sich nach dem Verkoaken durch die weiße Farbe deutlich zu erkennen giebt.

Ein chemischer Unterschied der Koaks von den Holzkohlen, wenn eine vollständige Verkoakung stattgefunden hat, ist nicht vorhanden. Nur die Koaks, welche aus den Retorten zur Gasbereitung gewonnen werden, sind gewöhnlich noch nicht vollständig von Bestandtheilen befreit, welche sich beim Verkohlen verflüchtigen müssen. Zwischen den Koaks und der Holzkohle liegt der Unterschied, außer in dem Aschengehalt, in einem dichteren mechanischen Gefüge der Koaks. Die Asche der Koaks unterscheidet sich von der aus den Holzkohlen dadurch, daß sie nichts Alkalisches, wie die Holzasche, enthält. Die Asche ist aber immer eine rein mechanische Verunreinigung der Kohle, und läßt sich, ohne die Kohle einäschern zu dürfen, durch Säuren, — in sofern sie darin auflöslich ist, — ausziehen. Die Koaks können einige 20 Procent Wasser aufnehmen und verlieren dadurch an Brennkraft, weshalb sie unter einer Bedachung und gegen Regen geschützt aufbewahrt werden müssen.

Die Koaks zum Eisenschmelzen müssen in Stücken von wenigstens 2 Kubikzoll Inhalt angewendet werden; in kleineren Stücken sind sie nur dann anzuwenden, wenn sie mit größeren von 2—20 Kubikzoll Inhalt zugleich verarbeitet werden. Je

27*

niedriger die Oefen sind und je lockerer die Erzbeschickung ist, desto kleiner können die Koaks sein.

Ob der Aschengehalt der Koaks beim Verbrauch in Schachtöfen nachtheilig sein wird, läßt sich beim Verbrennen der Steinkohlen auf dem Rost, oder in freien Haufen, mit ziemlicher Sicherheit beurtheilen. Steinkohlen, welche schnell brennen und eine weiße, leichte Asche zurücklassen, geben immer, wenn sie aus anderen Gründen zum Verkoaken nicht unbrauchbar sind, gute und vollkommen brauchbare Koaks. Brennen die Steinkohlen aber langsam und bedecken sie sich mit einer schweren, gelblich gefärbten Asche, welche häufig den Zutritt der Luft abhält, und in großem Uebermaaße wohl gar das Ersticken des Feuers veranlaßt, wenn nicht ein starker Zug angewendet wird, so können die Koaks, wegen des zu großen Aschengehalts, unbrauchbar werden. Durch starke Zerklüftung der Steinkohlen, durch Ungleichartigkeit der Steinkohlenmasse und durch eine häufige Unterbrechung derselben durch Lagen oder Schichten von Faserkohle, wird die Steinkohle zum Verkoaken noch untauglicher. Auch durch Beimengungen von Schieferthon wird die Anwendbarkeit der Steinkohle zum Verkoaken sehr vermindert. Obgleich die aus diesen Beimengungen entstehende Asche nicht als in der Steinkohle vorhanden gewesen angesehen werden kann, so muß sie bei der Prüfung der Brauchbarkeit der Steinkohlen zum Eisenschmelzen doch nicht unbeachtet bleiben. — Steinkohlen, welche 5—6, und deren Koaks etwa 10—12 Procent Asche zurücklassen, sind zum Einschmelzen allenfalls noch anwendbar; steigt der Aschengehalt aber höher, so nimmt die Strengflüssigkeit in dem Schmelzraum des Ofens immer mehr zu, und die Hitze, welche solche Koaks entwickeln, wird immer geringer, so daß der Ofen bei dem stärksten Gebläse nicht in Hitze erhalten werden kann. Koaks, welche 1—3 Procent Asche enthalten und aus guten Sinterkohlen, oder aus nicht zu stark backenden Backkohlen bereitet worden sind, geben das vorzüglichste Material für den Betrieb der Hohöfen.

§. 547.

Die Koaks besitzen eine große Heizkraft, aber sie sind schwer entzündlich, und erfordern daher einen starken Luftzug oder eine sehr verdichtete Luft zum raschen Verbrennen. Obgleich die Koaks die Holzkohle in der Heizkraft weit übertreffen, so daß sich die höchsten Temperaturen nur noch durch Anwendung von Koaks hervorbringen lassen, so ist doch der Effect der Holzkohle, nach allen Erfahrungen, bei gleichen Gewichten größer, als der Effect der Koaks. Man erklärt diesen Erfolg durch den großen Wärmeverlust durch Wärmestralung und dadurch, daß die beim Verbrennen sich entwickelnden Gasarten in der höheren Temperatur auch eine größere Quantität von Wärme binden. Es mögen indeß andere, bis jetzt unbekannte Ursachen jenen Erfolg hervorbringen, der allenfalls richtiger von einer großen Verschiedenheit in der specifischen Wärme der Gasarten in verschiedenen Temperaturen abgeleitet werden könnte.

Die Brennkraft der Koaks sollte, bei gleichen Gewichten, größer sein, als die der Steinkohlen, aus welchen sie bereitet sind. Dies trifft aber nur bei Steinkohlen von geringerem und mittlerem Kohlengehalt zu. Die Steinkohlen mit großem Kohlengehalt verlieren durch das Verkoaken so wenig an Brennkraft, daß ein gleiches Gewicht derselben nicht weniger Brennkraft besitzt, als ein eben so großes Gewicht Koaks. Der Grund liegt darin, daß der Aschengehalt der Koaks größer ist, als der der Steinkohlen. Hr. Berthier hat gefunden, daß Koaks mit einem Aschengehalt von $11\frac{1}{2}$ Procent nur 28,5 Blei bei der Reduction der Glätte geben. Dies Gewicht entspricht einem Werth an reiner Kohle von kaum 0,84, und drückt 6555 Wärme-Einheiten aus, also weniger als die mehrsten Backkohlen, und weniger als die Sandkohlen mit großem Kohlengehalt, oder als die Anthracite. Bei gleichem Volum ist die Brennkraft der Steinkohlen überwiegend größer, wegen des bedeutend geringeren Gewichts der Koaks.

Der Aschengehalt der Koaks ist auch die Ursache, weshalb die Brennkraft der Koaks, bei gleichem Gewicht, geringer ist, als die der Holzkohle. Für die Brennkraft der letzteren läßt sich durchschnittlich mindestens die Zahl von 7000 Wärme-Einheiten annehmen (§. 492), eine Größe, welche nur bei solchen Koaks zu erlangen sein wird, die höchstens 4 Procent Asche enthalten. Bei gleichem Volum werden die Koaks, — wenn sie nicht aus zu stark backenden Backkoaks bereitet sind, — mindestens die 2½fache Brennkraft der Holzkohle besitzen, weil sie mindestens 2½mal so schwer sind, wie diese. Bei höheren Temperaturgraden dürfte dies Verhältniß auch ziemlich zutreffen. Dem Gewicht nach pflegt man 5 Theile Koaks wohl der Wirkung von 4 Theilen Holzkohle gleichzusetzen; indeß können sich solche Wirkungsverhältnisse immer nur auf bestimmte Operationen beziehen, bei welchen ein bestimmter Grad der Temperatur angewendet werden soll.

Kirwan, über die Bestandtheile der Erzharze und Steinkohlen und über das Verhältniß der reinen Kohle in ihnen; in von Crell's Annalen für 1798. I. 54—74. (Scherer's Journal VI. 694.) — Lampadius, chemische Untersuchung verschiedener Steinkohlengattungen aus Schlesien, Sachsen und Böhmen; in Scherer's Journ. V. 147—156. — Richter's Untersuchung, in dessen N. Gegenst. d. Chemie. VI. 224. — Proust, Thatsachen zur Geschichte der Steinkohlen, der oxydirten Kohle, der Kohlenblende und des Gagat; in Gehlen's Journal für Chemie und Physik. III. 349—375. — Sur une espèce de houille, connue sous le nom de houille incombustible; Ann. des Arts et Manufactures. XXVIII. 246—258, und Journ. des Mines. No. 81 und 125. — Thomson, Versuche zur Bestimmung der Bestandtheile verschiedener Arten von Steinkohlen. Archiv für Bergbau. III. 167 u. f. — Henry, Untersuchungen über das Steinkohlengas. Ebend. III. 193. — Brandes, kampherartige Substanz aus Steinkohlen. Ebend. IV. 142. — Davey, Verfahren, um die kleinen Steinkohlen zur Rost- und Küchen-Feuerung anwendbarer zu machen. Ebend. VI. 431. —

Salmiak-Entwickelung aus einem brennenden Steinkohlenflötz. Ebend. VII. 229. — Du Menil, Analyse der Steinkohlen vom Deister. Ebend. VII. 508. — Branthome und Hecht, Analyse der Steinkohlen von Sundsweiler, Saarbrück, Burweiler u. s. f. Ebend. — Karsten, Untersuchungen über die kohligen Substanzen des Mineralreichs; im Archiv f. Bergbau und Hüttenwesen. XIII. 3., und Archiv für Miner., Geogn., Bergb. u. Hüttenkunde. XI. 379. — Ure, Untersuchung von zwei Steinkohlen. Ebend. X. 301. — Mushet, Analyse von mehreren Steinkohlen. Ebend. X. 302. — Lampadius, Untersuchungen vieler Steinkohlen. Erdmann's Jour. f. techn. u. ök. Chemie. 1. 233. IV. 239. VI. 1. — Berthier, Traité des essais etc. 1. 316. — Kaiser, Unters. versch. Steinkohlen; Bayersches Kunst- und Gewerbeblatt. März 1836. S. 279. — Schönberg, technisch-chemische Untersuchung der Schwarzkohle aus der Zwickauer Gegend, mit besonderer Rücksicht auf ihre Anwendbarkeit zu Eisenhüttenprocessen; in Erdmann's Journal für praktische Chemie. Bd. 17. S. 417. — Lampadius, über den Anthracit. Ebend. Bd. 4. S. 393 und Bd. 20. S. 14.

Vom Verkohlen der Steinkohle.

§. 548.

Das Verkohlen der Steinkohle ist zwar ebenfalls, so wie das Verkohlen des Holzes und des Torfes, mit einem Verlust an Brennkraft verbunden, indeß steigt dieser Verlust nur bei den backenden Steinkohlen von mittlerem Kohlengehalt bis zu etwa 25 Procent ihres Gewichtes (§. 540). Bei allen anderen Steinkohlen beträgt er etwa 12 Procent. Dennoch hat man auch diesen Brennkraftverlust dadurch zu vermeiden gesucht, daß man die Steinkohlen im unverkohlten Zustande bei dem Hohofenbetriebe anwendet. Eine solche Anwendung erfordert indeß entweder reine Sand- und Sinterkohlen, oder nur schwach backende Kohlen, weil ein starkes Aufblähen beim Verkohlen ein Hängenbleiben der Gichten oder einen unregelmäßigen Gang des Hohofens nach sich zieht. Außerdem muß die im unverkohlten Zustande anzuwendende Steinkohle möglichst rein von Schwefelkies sein, theils weil die schwefligtsauren Dämpfe nicht leicht einen Abzug durch die Gichtöffnung finden und zum Sticken des Ofens Anlaß geben, theils weil der Schwefelgehalt des Kieses nachtheilig auf die Beschaffenheit des Roheisens einwirken würde. Man kann daher das Verkoaken bei Steinkohlen, die mit Schwefelkies verunreinigt sind, nicht umgehen. Ganz unvermeidlich bleibt die Verkohlung bei den kleinen Backkohlen, weil diese, im unverkohlten Zustande angewendet, den Ofen sogleich verstopfen würden. Daß Staubkohlen von Sand- und Sinterkohlen zum Verkohlen nicht geeignet sind, ist schon früher bemerkt.

Sowohl die Steinkohlen in Stücken (Stückkohlen), als die kleinen Steinkohlen (Staubkohlen, Grießkohlen), werden in Meilern oder auch in Oefen verkohlt. Bei dem Verkoaken in Meilern bleiben die flüchtigen Verkohlungsprodukte unbenutzt und entweichen in die Atmosphäre. Mit dem Verkohlen in Oefen verbindet man häufig Vorrichtungen zur Auffangung der Dämpfe, und in einigen Fällen wird die Verkohlung, durch Anwendung äußerer Hitze, in eisernen retortenartigen Gefäßen vorzugsweise in der Absicht unternommen, die Destillationsproducte so vollständig als möglich in Gasarten umzuändern und diese zur Erleuchtung anzuwenden. Dies Verfahren bleibt hier unberücksichtigt, weil es nur zu dem angegebenen besonderen Zweck in Anwendung kommt und für die Darstellung der Koaks zum Eisenhüttenbetriebe zu kostbar sein würde.

Déscription d'un four à carboniser le charbon de terre et à le convertir en coaks; in den Annales des arts et manufactures, VII. 284—292. — Dundonald's Verfahren, Theer &c. aus Steinkohlen zu ziehen; in Scherer's allgem. Journ. der Chemie; IX. 106. — Svedenstjerna's Reise durch England; aus dem Schwed. übersetzt von Blumhof. 1811. S. 117. — Henry, in Gilbert's Annalen XXII. 58. — Accum, praktische Abhandlung über das Gaslicht. Aus dem Engl. von Lampadius. Weimar. 1816. — Prechtl, Anleitung zur Beleuchtung mit Steinkohlengas. Wien. 1817. — Peckstone, Theorie and Practice of Gas-Lighting. London. 1823. — Tabor, vollständ. Handbuch der Gaserleuchtungskunst. 2 Bde. Frankfurt a. M. 1822. — Vollmer, die Gaserleuchtung. Berlin. 1825.

§. 549.

A. Das Verkohlen der Stückkohlen. Gewöhnlich wird diese Operation nur in Meilern vorgenommen, weil die Verkohlung der Stückkohlen in Oefen viele Zeit erfordert und daher zu kostbar wird. Nur wenn es die Absicht ist, die flüchtigen Verkohlungsproducte zu sammeln, muß das Verkoaken in Oefen geschehen. Bei einer sorgfältigen Verkohlung in Meilern erhält man, dem Gewicht nach, fast eben so viel Koaks aus den Stückkohlen, als bei der Verkohlung in Oefen. Dem Volum nach ist das Ausbringen in Meilern gewöhnlich etwas größer, weil die Koaks sich mehr ausdehnen können.

a. Das Verkoaken in Meilern. Man verfährt dabei nicht immer mit der Aufmerksamkeit, wie beim Verkohlen des Holzes, weil die Koaks weit schwerer entzündbar sind, als die Holzkohlen, so daß es einen ungleich stärkeren Luftzutritt erfordern würde, um durch mangelhafte Aufsicht beim Verkohlen einen so großen Verlust an Kohle zu erleiden, wie bei der Holzverkohlung. Dennoch ist es nothwendig, große Sorgfalt anzuwenden, weil der Verlust an Kohle bei einer unaufmerksamen Verkoakung sehr beträchtlich wird. Früher setzte man die Steinkohlen, eben so wie das Holz, in runden Meilern von 10 bis 15 Fuß im Durchmesser dergestalt auf, daß die Steinkohlen an der Peripherie nur 6 bis 8 Zoll, im Mittelpunkte aber 18 bis 24 Zoll hoch übereinander lagen, so daß der Meiler einen Kegel bildete, dessen Oberfläche sorgfältig mit Stroh oder Laub und dann mit Erde oder Lösche (Koaksstaub, oder kleine Koaksabfälle) bedeckt ward, worauf man ihn oben an der Spitze durch brennende Steinkohlen anzündete und das Feuer durch Oeffnungen in der Decke dirigirte. Man fand, daß man diese Mühe sparen könne, und zur Abhaltung des Luftzutritts nur nöthig habe, ganz kleine Kohlen zur Meilerdecke zu nehmen, wobei es keiner andern Aufmerksamkeit bedurfte, als die Stellen, an denen keine Flamme mehr zum Vorschein kam, wo also der Verkohlungsprozeß schon beendigt war, sorgfältig mit zerkleinerten Koaks (Lösche) zu bedecken und das Feuer dadurch zu ersticken. Auch stellte man die Steinkohlen in langen Haufen auf, um ein größeres Quantum Steinkohlen mit Einemmal verkoaken zu können. Diese Verkohlungsart ist zwar noch ziemlich allgemein, indeß überzeugt man sich doch mehr und mehr, daß dadurch ein bedeutender Kohlenverlust durch Verbrennen entsteht, weshalb man auch mehr zu der älteren Methode des Verkohlens in runden Meilern, mit Vorrichtungen zur Regulirung des Luftzuges, zurückkehrt. Dies Verfahren erfordert zwar mehr Arbeit, folglich auch mehr Arbeitslöhne, welche durch das größere Ausbringen an Koaks aber reichlich wieder ersetzt werden.

Das Verkohlen der Steinkohlen in langen Haufen, ohne Decke, ist ein sehr einfaches Verfahren. Ein geräumiger, ebner und trocken liegender Platz bildet die Verkohlungsstätte. Einem sandigen Boden giebt man zuerst eine Decke aus Lehm und kleinen Staubkohlen, welches Gemenge etwa 6 Zoll hoch aufgetragen, festgestampft und planirt wird. Beim Fortgang der Arbeit wird der Koakplatz von selbst durch die zerkleinerten Koaks mit einer natürlichen Decke versehen, so daß man von Zeit zu Zeit sogar genöthigt ist, den sich zu stark anhäufenden Koakstaub fortzuschaffen. Nach der Richtung der Länge des aufzustellenden Haufens wird zuerst eine Schnur gezogen, welche die Axe des Haufens bezeichnet. Längs dieser durch die Schnur bezeichneten Linie, werden, in Entfernungen von 2 zu 2 Fuß, oder bei leicht entzündlichen Kohlen auch wohl in größeren Entfernungen, 24—30 Zoll lange Pfähle eingetrieben, welche nach der Aufstellung des Meilers wieder herausgezogen werden und die Puncte bezeichnen, wo der Meiler demnächst angezündet werden soll, weshalb man sie in gleichen Entfernungen von einander aufstellt. Dann werden die größten Kohlenstücke ausgesucht und zu beiden Seiten der durch die Schnur angegebenen Linie, gegen einander geneigt, aufgestellt, wodurch sich ein natürlicher, in der Mitte des Meilers und nach dessen Länge fortziehender Luftkanal bildet. An dieser aus den größten Stücken gebildeten Reihe, lehnen sich, auf beiden Seiten des Meilers, die folgenden Reihen von Steinkohlen in immer abnehmender Größe nach der ganzen Länge des Meilers so an, daß die Zwischenräume so viel als möglich vermieden werden. Die Anzahl der neben einander aufzustellenden Reihen von Steinkohlen hängt von der Breite ab, die man dem Meiler zutheilen will. Gewöhnlich pflegt man die Meiler 10 bis 12 Fuß (also 5 bis 6 Fuß auf beiden Seiten der Schnur) breit zu machen. Die kleineren Kohlenstücken dienen zur Ausfüllung der Zwischenräume, und die kleinsten, von 2 bis 3 Kubikzoll räumlichem Inhalt, werden zu der obersten Schicht oder zur Decke angewendet. Die Länge der Meiler ist unwesentlich, und richtet sich theils nach der Länge des Platzes, theils nach dem Koakbedarf, der in einer gewissen Zeit herbeigeschafft werden muß. Man errichtet auf solche Art Haufen von 100—150 Fuß Länge und richtet, wenn es nöthig ist, mehre solcher Haufen neben einander auf. Durch die abnehmende Größe der Steinkohlenstücke von der Mitte des Meilers nach dem Fuße desselben, erhält er eine tonnengewölbartige Gestalt. Die sorgfältige Aufstellung der unteren Steinkohlenschichten ist beim Richten der Meiler die Hauptsache, die Ausfüllung mit kleineren Stücken kann demnächst leicht und bis zu jeder Höhe geschehen. Die in der unteren Schicht befindlichen Stücke müssen so aufgestellt werden, daß der Querbruch der Kohlen gegen die Axe des Meilers gerichtet ist, und daß die Steinkohlen mit ihren natürlichen Ablösungsflächen, welche der Fallungsebene des Flötzes parallel sind, neben einander stehen.

Die Höhe des Meilers beträgt in der Mitte, längs der durch die Pfähle gebildeten Linie, 16 bis 22 Zoll, und vermindert sich nach beiden Seiten bis zu 6 oder 4 Zoll. Auf die untere Schicht wird niemals eine zweite regelmäßige Schicht aufgetragen, sondern man bedeckt sie mit Steinkohlenstücken, deren Größe ebenfalls um so mehr abnimmt, je näher sie der Oberfläche des Meilers zu liegen kommen. Ganz oben nimmt man die kleinsten Stücken von 1 bis 2 Kubikzoll Größe, um alle Zwischenräume möglichst auszufüllen, das Zerströmen der Luft zu verhindern, und dadurch eine Art von natürlicher Decke zu bilden. Je backender die Steinkohlen sind, desto höher kann man zwar die Meiler setzen, desto dichter müssen sie aber mit kleinen Kohlen bedeckt sein, um den Verlust beim Verbrennen möglichst zu vermindern. Die Zeichnungen Fig. 5 und 6, Taf. IV. zeigen die Längenansicht und den Durchschnitt eines auf diese Art errichteten und zum Verkohlen vorbereiteten Meilers. Nach erfolgtem Aufrichten und nachdem die in der Mitte eingeschlagenen Pfähle herausgezogen sind, werden in die dadurch gebildeten Oeffnungen brennende Steinkohlen gebracht, wodurch der ganze Meiler in einer Zeit von 4 bis 6 Stunden in Brand geräth. Während der ganzen Zeit des Brennens hat man nur genau zu beobachten, an welchen Stellen die Flamme nachläßt und wo schon die Veraschung, oder das Verbrennen der Koaks, eintritt. Diese Stellen werden sogleich mit Lösche beworfen, um das Feuer zu ersticken. Gewöhnlich erlöscht die Flamme zuerst unten, an beiden Seiten des Haufens. Wie lange derselbe brennen muß, ehe er völlig bedeckt wird, hängt von der Beschaffenheit der Steinkohle ab. Sehr backende Kohlen erfordern vom ersten Anzünden bis zur Bedeckung der letzten Stelle auf der Oberfläche des Meilers, 36 bis 48 Stunden; weniger backende Kohlen sind schon in kürzerer Zeit verkohlt. Bei Frostwetter, heiterer Luft und bei starken Winden erfolgt die Verkohlung schneller als bei Regenwetter und bei stiller Luft. Winde können einen großen Kohlenverbrand veranlassen, wenn man den Haufen nicht schützt, sei es durch eine Decke von Lösche auf der Windseite, oder durch Anhäufung von Lösche ganz in der Nähe des Haufens, um den Wind vom Meiler abzuhalten. Die Stärke der Flammen und des Dampfes beim Verkoaken sind von dem Kohlengehalt der Steinkohle abhängig. Kohlenreiche Steinkohlen geben wenig Flammen und Rauch; die backenden Kohlen aber, bei gleichem Kohlengehalt, mehr als die nicht backenden. Der mit Lösche bedeckte Meiler muß, ehe das Feuer ganz erstickt, 3 bis 4 Tage unter seiner Decke stehen bleiben, dann können die Koaks von der kurzen Seite des Meilers ausgezogen werden.

So einfach dies Verfahren ist, eben so unvollkommen ist es auch, wegen des bedeutenden Kohlenverlustes durch Verbrennen. Die bessere Methode des Verkoakens in Meilern besteht darin, daß man in der Mitte eines runden Meilers (oder bei langen Meilern in Entfernungen von 10 zu 10 Fuß) kleine Essen aus Ziegelsteinen aufrichtet, um welche die zu verkohlenden Steinkohlen in concentrischen Reihen (oder bei den langen Meilern in der gewöhnlichen Art) aufgestellt werden. Einen solchen runden Meiler mit der Essenvorrichtung stellen die Zeichnungen Fig. 7 und 8, Taf. IV. dar. Die Höhe der Esse ist von der des Meilers abhängig. Eine größere Höhe der Meiler als die von 3½ Fuß, wählt man nicht gerne, weil die Kohlen sonst zu sehr durch den Druck leiden. Die Esse ragt über dem aufgerichteten Meiler noch 10—12 Zoll hervor. Die aus Ziegelsteinen gebildete Umfassungswand der konischen Esse braucht nicht stärker als 6 Zoll zu sein. Daß man die Esse und den Essenschacht konisch aufführt, geschieht bei den runden Meilern deshalb, um den ganzen Meiler die kegelförmige Gestalt geben und die Kohlenstücke bequemer neben einander aufrichten zu können. Bei langen Haufen wählt man daher auch eben so gut cylindrische Essen, obgleich sie weniger bequem sind. Der Durchmesser des Essenschachts ist auch ziemlich gleichgültig; eine Weite von 12 Zoll ist völlig zureichend. Man giebt der Essenmündung gerne eine aus einer ringförmigen gegossenen eisernen Platten bestehende

Bekleidung, theils damit sich das Mauerwerk nicht ausbröckelt, theils damit eine gußeiserne Platte, mit welcher der Essenschacht in einer gewissen Verkohlungsperiode bedeckt wird, dichter schließt. Die Essenmauer ist bis zu der Höhe des eigentlichen Kohlenmeilers, vom Fuß der Mauer an, mit concentrischen Reihen von Oeffnungen versehen, welche auf eine einfache Weise durch Aussparen der Ziegel beim Aufmauern der Esse gebildet werden. Diese Oeffnungen sollen den Kohlenmeiler mit dem Essenschacht in Verbindung setzen. Die Steinkohlen werden mit ihrem Querbruch gegen die Esse gerichtet, und kreisrunde Reihen rings um die Esse aufgestellt, so daß die äußeren Kreise immer niedriger werden. Deshalb werden zu den innern Reihen die größeren, und zu den äußeren Reihen in abnehmender Größe die kleineren Kohlen ausgewählt. Es muß aber, man mag die lange oder die runde Form von Meilern anwenden, zugleich auf die Züge Rücksicht genommen werden, welche auf der Sohle des Meilers zu dem Essenschacht führen. Man bildet diese Züge entweder durch hohlgelegte Ziegelsteine, oder auch nur dadurch, daß man durch das Gegeneinanderstellen der Kohlenstücke selbst, einige Luftkanäle bildet. Die Anzahl dieser Luftkanäle ist von der Größe des Meilers und von der Beschaffenheit der Steinkohle abhängig. Größere Meiler und weniger entzündbare Kohlen erfordern mehr Luftkanäle. Ein runder Meiler von mittler Größe erhält etwa 18 Fuß im Durchmesser, und für solchen Meiler sind 6 bis 8 Luftkanäle ganz zureichend. Der Grundriß der Zeichnung zeigt die Stelle der aufgerichteten Esse und die Richtung der Luftkanäle. Auf die erste oder unterste Kohlenschicht folgt eine zweite, auf diese eine dritte u. s. f., bis der Meiler in der Mitte die Höhe von 3—3½ Fuß erreicht hat. Die Zwischenräume werden ebenfalls mit kleinen Kohlen ausgefüllt und die kleinsten Stücken, wie gewöhnlich, zur Decke und zum Ausgleichen angewendet. Um das Anbrennen des Meilers zu befördern, pflegt man auf die Sohle des Essenschachtes trockne Holzspäne zu bringen und auch die untersten Zuglöcher in der

Essenmäuerung mit Spänen anzufüllen. Das Anzünden geschieht durch brennende Steinkohlen, die von oben in den Essenschacht geworfen werden. Die Behandlung des Meilers beim Verkohlen ist verschieden, je nachdem man auf die Verkoakung mehr oder weniger Sorgfalt und Kosten verwenden will. Das eine Verfahren, welches besonders bei leicht entzündbaren und backenden Kohlen nöthig ist, besteht darin, daß man den fertig gesetzten Kohlenmeiler etwa 3 Zoll stark mit angefeuchteter Kohlenlösche bedeckt, so daß Flamme und Rauch nicht durchdringen können, sondern durch die Esse abgeführt werden. Der erforderliche Luftzug wird, eben so wie bei den Holzkohlenmeilern, durch Oeffnungen am Fuße des Meilers herbeigeführt. Man läßt den Meiler 48—56 Stunden, oder vielmehr so lange im Feuer, bis sich weder Rauch noch Flamme mehr aus dem Essenschacht erheben. Dann wird die Essenmündung mit dem eisernen Deckel verschlossen und alle Oeffnungen in der Meilerdecke werden fest verstopft, um das Feuer zu ersticken, welches nach Verlauf von etwa 3 Tage so weit erloschen ist, daß die Koaks ausgezogen werden können. — Das zweite, unvollkommne Verfahren besteht darin, daß der Meiler keine Decke von Lösche erhält. Die Flamme bricht dann immer zunächst der Esse zuerst aus dem Meiler, und man bedeckt die Oberfläche desselben immer an den Stellen, wo keine Flamme mehr zum Vorschein kommt. Es wird dabei also fast eben so verfahren, wie bei der älteren Verkoakungsmethode, nur daß das Anzünden des Meilers unten und in der Mitte desselben stattfindet, und daß sich das Feuer von innen nach außen verbreitet, wodurch wenigstens ein stärkerer Kohlenverbrand als bei dem alten Verfahren, vermieden wird. Bei dieser Verkoakungsart dient die Esse zuerst zum Anzünden des Meilers, denn sie wird sogleich mit der eisernen Platte zugedeckt, sobald sich, nach dem erfolgten Anzünden, ein starker Dampf und Flamme aus dem Essenschacht erheben. Die Flamme muß nun auch durch den Meiler selbst dringen, auf dessen Oberfläche ein hinreichend starker Luftzug stattfindet, so daß ein stärkerer Zug, der durch das Offenbleiben des Essenschachts veranlaßt werden würde, vermieden werden muß. Wenn das Feuer auf allen Puncten des Meilers durchgebrochen ist, und wenn der Meiler sodann die Decke von Lösche überall erhalten hat, so wird die Platte von der Mündung des Essenschachts abgenommen, so daß die sich noch entwickelnden Dämpfe jetzt aus dem Essenschacht abziehen müssen, wobei die Luftkanäle zum Reguliren des Luftzutritts dienen. Nach 24 Stunden kann der Meiler seine ganze Decke schon erhalten haben, und es ist besser, die Decke zu früh als zu spät zu geben, weil die vollkommene Verkohlung demnächst unter der Decke folgen soll. Dabei ist es indeß nöthig, nicht zu viel Luft durch die Züge oder Kanäle eintreten zu lassen. Die Periode der vollständigen Verkohlung läßt sich durch einen stärkeren Luftzutritt zwar bedeutend abkürzen, jedoch immer nur auf Unkosten des Koaksausbringens. Wenn aus der Essenmündung keine röthliche Flamme mehr aufsteigt, welches gewöhnlich schon 24 Stunden nach erfolgtem Abheben der eisernen Platte, oder nach dem gänzlichen Bedecken des Meilers geschehen kann, wird die Essenmündung wieder mit der Platte geschlossen, und alle Luftkanäle werden sorgfältig mit Lösche bedeckt, um das Feuer im Meiler zu ersticken. Es wird also, von dieser Periode ab, eben so verfahren, wie bei der Verkoakung mit der ursprünglichen Decke von Lösche, nur daß man die Decke erst später giebt, indem man voraussetzt, daß zu Anfange des Prozesses kein Verbrennen von schon erzeugtem Koaks stattfinden werde. — Bei stürmischer Witterung haben die runden Meiler den Vorzug vor den langen, indem der Wind keinen so großen Einfluß auf die Außenfläche des Meilers auszuüben vermag. Die Koaks fallen bei runden Meilern auch etwas dichter aus, aber die Verkoakung dauert länger. Die langen Meiler erfordern dagegen weniger Raum, als die runden, worauf häufig nach den lokalen Verhältnissen Rücksicht genommen werden muß.

Dem Volum nach werden bei der Verkoakung der Stückkohlen in Meilern, bei Sandkohlen 90 bis 95, bei Sinterkohlen

95 bis 100, und bei Backkohlen 100 bis 120 Prozent Koaks gewonnen. Dem Gewicht nach ist das Koakausbringen ganz von der Beschaffenheit der Steinkohlen abhängig und kann von 50 bis mehre 80 Prozent differiren.

§. 550.

b. Das Verkoaken in Oefen. Die Stückkohle pflegt man immer nur in Meilern zu verkoaken; in Oefen nur in solchen Fällen, wenn man einen Condensirungs-Apparat mit den Oefen in Verbindung setzt, um Steinkohlenöl und vorzugsweise Steinkohlentheer zu gewinnen. Bei diesen Verkoakungsöfen wird die Verkohlung nicht durch äußere Erhitzung, welche zu kostbar sein würde, sondern durch ein langsames und regelmäßiges Hinzutreten von atmosphärischer Luft bewirkt. Welche Einrichtung den Condensirungsvorrichtungen zu geben ist, hängt davon ab, ob die entweichenden flüchtigen Bestandtheile mehr oder weniger vollständig verdichtet werden sollen. Gemauerte Condensirungskammern mit Zügen sind kostbarer wie die gewöhnlichen Mittel, welche man zur Verdichtung condensirbarer Flüssigkeiten anwendet; aber bei Verkoakungen von großen Quantitäten Steinkohlen zu empfehlen, weil sie die Kosten der Arbeitslöhne vermindern. Vorrichtungen dieser Art, wie sie u. a. zu Gleiwitz in Oberschlesien bestehen, findet man beschrieben im Archiv f. Bergbau u. Hüttenwesen, I. Heft 2 S. 81. — Zum Verkoaken in solchen Oefen, welche die Zeichnungen Fig. 1—4 Taf. V. darstellen, wählt man, wo möglich, Sinterkohlen oder schwach backende Steinkohlen, weil sie mehr Theer ausgeben als die Sandkohlen, und keinen so starken Luftzug wie diese erfordern. Backkohlen, die sich stark aufblähen, sind zum Verkoaken in Oefen kaum geeignet, weil sie den Luftzug erschweren und weil es schwierig sein würde, die zusammengebackene Koaksmasse aus dem Ofen zu bringen. Obgleich die Gestalt des Ofenschachtes ziemlich gleichgültig ist, so wählt man doch am besten einen runden Schacht wegen der leichteren Regulirung des Feuers. Gewöhnlich ist die Größe solcher Oefen auf einen räumlichen Inhalt von 250 bis 300 Kubikfuß berechnet, indem man den Schacht etwa 5 bis 7 Fuß im Durchmesser weit, und etwa 8 Fuß hoch macht. Oben zieht sich der Schacht backofenartig zusammen und behält nur eine Oeffnung von 2½ bis 3 Fuß im Durchmesser, welche mit einer gut passenden eisernen Platte bedeckt werden kann. Der Kernschacht, nämlich die innere Reihe von Ziegeln, welche den Schacht begränzt, muß aus feuerfesten Ziegeln bestehen. Die Umfassungsmauer darf nicht zu dünne und sie muß gegen das Reißen durch umgelegte eiserne Bänder oder Anker möglichst gesichert sein. Auf der Sohle des Aschenfalles befindet sich, in der Mitte desselben, eine etwa 3 Fuß im Durchmesser große Rostöffnung, welche entweder mit einer eisernen Platte bedeckt ist, in welcher sich einzelne Oeffnungen zum Durchströmen der Luft befinden, oder welche man auch mit ganz nahe neben einander liegenden Roststäben belegen kann. Diese Rostöffnung ist indeß überflüssig, oft sogar nachtheilig, weil sich der Luftzutritt von unten dann niemals vollständig vermeiden läßt. Besser ist es, dem Ofen eine feste und massive Sohle zu geben. An der einen Seite befindet sich in der Ofenmauer eine 5 Fuß hohe und 2½ Fuß breite Oeffnung, durch welche die Steinkohlen bis zu einer gewissen Höhe eingetragen und die fertigen Koaks aus dem Ofen gezogen werden. Diese Oeffnung ist beim Verkoaken vermauert, auch äußerlich wohl noch mit einer gußeisernen Thüre versehen, um die verlorne Mauer schwächer einrichten und dadurch schneller aufführen und wieder wegnehmen zu können. In der Umfassungsmauer des Schachtes sind vier horizontale Reihen von Zuglöchern oder Registern von etwa 1½ Zoll im Durchmesser (gewöhnlich eiserne Röhren) in gleichen Entfernungen von einander, zur Direktion des Luftzutritts angebracht. Die unterste Reihe von 6 Zuglöchern befindet sich im Niveau der Sohle des Ofens, und die folgenden 3 Reihen sind etwa 18 Zoll in senkrechter Höhe von einander entfernt. Oben, in der Nähe der Mündung oder der Oeffnung des Schachtes, ist eine eiserne Röhre von 8 bis 10 Zoll im Durchmesser durch die Ofenmauer gelegt, welche zur Abführung der Dämpfe zu den Condensirungsvorrichtungen bestimmt ist. Aus den Zeichnungen ergiebt sich vollständig die Einrichtung dieser Oefen. Die Registeröffnungen werden durch passende eiserne Stöpsel verschlossen. Die Mündung des Schachtes oder der Schachtkranz ist mit einer gegossenen eisernen ringförmigen Platte eingefaßt, welche mit einem Ansatz versehen ist, der noch in den Schacht hineinragt, damit die Schachtmauerung beim Einfüllen der Steinkohlen nicht leidet. Auf die Sohle des Ofens, oder auf die Rostplatte, wenn eine solche vorhanden ist, bringt man zuerst einige Holzspäne, oder andere leicht entzündliche Substanzen, damit sich die Kohlen bald entzünden können. Sind die Steinkohlen beinahe bis zur Höhe der Thüröffnung eingetragen, so wird der obere Theil des Ofens, bis zur Dampfableitungsröhre, durch die obere Schachtöffnung angefüllt, während die Thüröffnung, bis auf einen Kanal zum Einbringen des Feuers, weshalb auch beim Eintragen der Steinkohlen auf eine Zündgasse auf der Sohle des Ofens Rücksicht genommen werden muß, zugemauert wird. Ist der Ofen bis an die untere Mündung der Dampfröhre angefüllt, so wird die obere Schachtöffnung mit der eisernen Platte fest verschlossen und zur Abhaltung alles Luftzutritts mit Lehm verstrichen. Das Anzünden geschieht entweder von unten durch die Rostöffnung, oder durch die Zündgasse, mit welcher eine Oeffnung in der Einsetzthüre korrespondirt, welche demnächst ebenfalls sorgfältig verschlossen wird. Zugleich werden die drei oberen Reihen von Registern geschlossen, die untere Reihe aber geöffnet. Nach 8—10 Stunden kann man das Feuer schon durch die Register der zweiten Reihe vermehren, welches von Zeit zu Zeit untersucht werden muß, worauf dann die unterste Reihe geschlossen und die zweite geöffnet wird. Nach 10 Stunden etwa schließt man die zweite, öffnet die dritte, und nach Verlauf von abermals 16 Stunden schließt man dritte und öffnet die vierte Reihe, welche aber nur etwa 3 Stunden offen bleibt und dann fest verschlossen werden muß, in welchem Zustande der Ofen bis zum Ausziehen der Koaks stehen bleibt. Das Ausziehen erfolgt schon nach Verlauf von 12 Stunden, zu welchem Zweck die Thüröffnung aufgerissen wird, um die glühenden Koaks mit eisernen Hacken auszuziehen, wobei sie stets mit Wasser begossen und abgelöscht werden. Die Kohlen dürfen im Ofen nicht flammen, sondern nur glimmen, und müssen eine dunkelorange Farbe zeigen. Wird die Farbe der glühenden Kohlen heller, oder gar weiß, so werden die Zuglöcher verschlossen und der Aschenfall muß dann möglichst verdichtet werden. Dies ist auch bei stürmischem Wetter sehr nothwendig, weshalb die Oefen mit fester Sohle, ohne Rostöffnung, vorzuziehen sind. Auf der Windseite müssen die Register wenig oder gar nicht geöffnet werden. Ehe die Kohlen in der nächst untern Reihe nicht durch sämmtliche Registeröffnungen mit der Orangenfarbe erscheinen, darf die nächst obere Reihe nicht geöffnet werden. Bliebe eine Registeröffnung zu lange zurück, so müssen die Kohlen mit einem glühenden Eisen, welches durch die Oeffnung gesteckt wird, in Brand gesetzt werden. Die in Oefen erzeugten Koaks sind immer dichter und fester als die aus den Meilern erhaltenen, weshalb der Kubikfuß auch etwa 3 Pf. mehr wiegt, als die Meilerkoaks aus denselben Steinkohlen. Dem Volumen nach geben die Steinkohlen daher 8—10 Procent, auch darüber, weniger Koaks, wenn sie in Oefen verkoakt werden; dem Gewicht nach dürfte das Ausbringen beim Verkoaken in Meilern und in Oefen ziemlich gleich sein. Wo die Nebenprodukte von der Verkoakung einen größeren Werth haben, als die Kosten der Anlage und Unterhaltung der Oefen, und als die höheren Löhne beim Verkoaken in Oefen, würde die Verkohlung der Stückkohlen in Oefen wohl zu empfehlen sein.

§. 551.

B. Das Verkohlen der Staubkohlen (oder der zerkleinerten Steinkohlen). Staubkohlen von Sandkohlen lassen sich nicht verkoaken; nicht einmal die Staubkohlen von Sinterkohlen. Das Verkoaken der Staubkohlen von Backkohlen wird gewöhnlich nur in Oefen vorgenommen, in welchen die kleinen Kohlen in Brand gesetzt werden, um durch die dabei entwickelte Hitze die Verkohlung in das Innere der Kohlenmasse weiter zu verbreiten. Nur auf einigen Eisenhütten in Frankreich wendet man ein eigenthümliches Verfahren an, um kleine Kohlen von backenden Steinkohlen in Meilern oder in Haufen zu verkohlen. Bei diesem Verfahren werden zwar weniger Koaks erhalten, als bei dem Verkoaken in Oefen, aber es werden dadurch die Kosten der Anlage und Unterhaltung der Oefen erspart. Das Verkoaken in Oefen verdient jedoch den Vorzug.

a. Das Verkoaken in Meilern. Das Verfahren ist von Hrn. Delaplanche (Ann. des mines. 1. Série. XIII. 505) beschrieben. Die kleinen Kohlen werden vorher durch einen hölzernen Rechen geworfen, um alle noch in Stücken dabei befindlichen Steinkohlen, deren man sich auf der Eisenhütte zu Janon bei St. Etienne zur Flammenfeuerung bedient, auszuhalten. Die durchgeworfenen kleinen Kohlen werden auf einer besonders dazu eingerichteten Sohle ausgebreitet, mit Wasser stark angefeuchtet und umgerührt, so daß sie den Grad der Feuchtigkeit angenommen haben, um sich formen zu lassen. Die Verkoakung dieser angefeuchteten und dadurch formbar gewordenen kleinen Kohlen geschieht in Haufen in freier Luft. Den Haufen giebt man entweder die Gestalt eines abgekürzten Kegels oder die einer abgekürzten Pyramide. Bei den runden oder konischen Haufen beträgt der Durchmesser der Grundfläche 12 Fuß, der des oberen abgekürzten Theils des Kegels 7 Fuß, und die senkrechte Höhe des Haufens $3\frac{1}{2}$ Fuß, so daß die Dossirung ziemlich stark ist. Die pyramidalen Haufen, welchen man vor den runden den Vorzug giebt, weil sie sich leichter bewarten lassen, haben eine Länge von 50—60 Fuß und darüber, welches sich nach der Lokalität richtet, bei einer Breite von 4 Fuß der unteren Grundfläche, und von 2 Fuß der oberen Fläche der abgekürzten

Pyramide; die Höhe dieser Haufen ist ebenfalls 3½ Fuß. Damit die kleinen Kohlen die hier angegebene äußere Gestalt der Haufen annehmen, setzt man einen solchen abgekürzten Kegel, oder eine solche abgekürzte Pyramide, aus einer hohlen hölzernen Form zusammen, in welche die angefeuchteten kleinen Kohlen hinein gestampft oder eingeformt werden. Die hölzerne Form besteht aus einzelnen Brettern, welche, nach Art der Formkasten, durch eiserne Krampen zusammen gehalten werden, so daß sie sich leicht an einander fügen und eben so leicht wieder aus einander nehmen lassen, wenn das Einstampfen der kleinen Kohlen geschehen ist. Bei den konischen Haufen haben die einzelnen Bretter, aus welchen die hölzerne Form zusammengesetzt ist, eine, der Dossirung angemessene keilförmige Gestalt. Um der Luft einen Zutritt in das Innere des Haufens zu verschaffen, befinden sich in den Brettern, woraus die äußere Form besteht, kreisförmige Oeffnungen von 3—4 Zoll im Durchmesser, und zwar in 3 vertikalen Reihen über einander, etwa so wie bei den Raumlöchern eines Kohlenhaufens. Die unterste Reihe ist unten an der Grundfläche, die zweite Reihe im ersten Drittel, und die dritte Reihe im zweiten Drittel der Höhe des Haufens angebracht. Die Oeffnungen sind in jeder Reihe etwa 2 Fuß von einander entfernt und für die 3 Reihen so angebracht, daß sie nicht gerade über einander stehen, sondern Dreiecke bilden, um die Circulation der Luft im Haufen zu befördern. Durch diese Oeffnungen werden 3—4 Zoll im Durchmesser starke Cylinder von Holz gesteckt, welche an dem einen, nach innen gekehrten Ende etwas schwächer sind, damit sie sich nach erfolgtem Einstampfen leicht ausziehen lassen, zu welchem Zweck man sie auch an dem äußeren Ende mit einem eisernen Ringe versieht. Diese hölzernen Cylinder stehen im Innern des Kohlenhaufens sämmtlich mit einander in Verbindung und bilden die Luftkanäle, deren man auf dieselbe Weise auch einen senkrechten bei den konischen, und mehre senkrechte bei den pyramidalen Haufen anbringt, um die horizontalen Luftkanäle mit einander in Verbindung zu setzen. Die Zeichnungen Fig. 9, 10 und 11 Taf. IV. zeigen die Art des Einformens und Aufstellens der pyramidalen Haufen, und die Zeichnungen Fig. 12 und 13 die Formkasten und die Holzverbindungen zur Darstellung der Luftkanäle in den runden Meilern. Wenn die äußere hölzerne Form des Haufens zusammengesetzt ist, begiebt sich ein Arbeiter in diese Form, um das Einstampfen der Kohlen zu verrichten. Die hölzernen Cylinder der untersten Reihe werden sogleich in die für sie bestimmten Oeffnungen gelegt; die der zweiten und dritten Reihe aber erst alsdann, wenn der Haufen bis zu der Höhe der zweiten und dritten Reihe eingestampft ist. Die Cylinder, welche die senkrechten Luftkanäle bilden sollen, müssen sogleich mit aufgestellt und eingestampft werden. Haben die Kohlenhaufen die Höhe von $3\frac{1}{2}$ Fuß erreicht, so werden zuerst die hölzernen Cylinder, vermittelst der Ringe, mit welchen sie aus den Oeffnungen der hölzernen Form hervorragen, herausgezogen; dann nimmt man die hölzerne Form selbst aus einander und die Haufen sind nun zum Anzünden bereit. Das Anzünden muß mit kleinen Stückkohlen geschehen, welche auf die Oberfläche des Haufens aufgeschüttet und angezündet werden, indem sich die Flamme alsdann durch die Luftkanäle verbreitet. Deshalb müssen aber auch die senkrechten Luftzüge unbedeckt und offen bleiben. Es ist nicht nöthig, die ganze Oberfläche eines Haufens mit kleinen Stückkohlen zu bedecken, sondern es genügt schon, wenn nur rings um die obere Fläche einzelne kleine Haufen aufgestürzt werden. Das Offenhalten der Luftkanäle, wenn die kleinen Kohlen Feuer gefangen haben, ist sehr nothwendig und muß vermittelst eiserner Brechstangen von Zeit zu Zeit geschehen. Das Anzünden der Haufen von unten ist nicht anzurathen, weil die Haufen durch das Aufblähen der Koaks sehr bald ihre Gestalt verlieren würden. Wenn der Haufen zwar schon verkoakt ist, d. h. wenn er keine Flamme mehr giebt, sich aber doch in voller Gluth befindet, bringt man etwas Wasser in das Innere des Haufens, und zwar so viel als möglich in den Mittelpunkt. Das Feuer gewinnt dadurch neue Kraft und es verbreitet sich ein sehr übelriechender Dampf. Wenn dieser nachgelassen hat, wird auf gewöhnliche Weise zum Löschen des Haufens geschritten. Man erhält hierbei zu Janon Koaks in zusammenhängenden sehr großen Stücken, welche beim Ausziehen zerschlagen werden müssen. Zur Verkohlung eines Haufens ist ein Zeitraum von 6—8 Tagen erforderlich.

§. 552.

b. Das Verkoaken in Oefen. Die Verkohlungsöfen für die kleinen Backkohlen bestehen eigentlich nur aus überwölbten Heerden, welche sich von gewöhnlichen Backöfen wenig unterscheiden. Bei vielen von diesen Oefen findet der Luftzutritt nur durch die Einsatzöffnung statt, andere sind mit Zügen zur Zuleitung der Luft nach verschiedenen Punkten des Ofens versehen. Die Verkohlung muß durch die Glühhitze, in welche der Ofen versetzt wird, bewerkstelligt werden. In einem noch kalten Ofen lassen sich die kleinen Kohlen daher nicht ohne sehr großen Verlust verkohlen, weil die zur Zersetzung erforderliche Hitze durch das Verbrennen einer großen Menge von Kohlen herbeigeschafft werden muß. Erst nachdem mehre Einsätze verkohlt und die Ofenwände dadurch in Glühhitze gekommen sind, findet die Verkohlung ohne einen großen Verlust von darstellbarer Kohle statt. Je nachdem die Kohle eine weniger oder stärker backende Eigenschaft besitzt, erhält man beim Verkoaken von 100 Staubkohlen, dem Volum nach, 105—150 Koaks; 100 Gewichtstheile von den eingesetzten Steinkohlen geben 50—80 Procent Koaks, je nachdem sie ärmer oder reicher an Kohlenstoff sind.

Die einfachste, wenn gleich keine vollkommene, Einrichtung von solchen Verkohlungsöfen stellen die Zeichnungen Fig. 14—17 Taf. IV. in Grundriß, in Profilen und in der vorderen Ansicht dar. Man legt häufig eine ganze Reihe von solchen Oefen neben einander. Die Heerde sind gewöhnlich nicht größer, als um etwa 16 Kubikfuß Staubkohlen aufnehmen zu können, wenn diese in einer Höhe von 12—15 Zoll auf dem Heerde ausgebreitet werden. Man theilt dem Heerde gern eine längliche Gestalt zu, damit die vordere Oeffnung nicht zu groß ausfällt. Sonst ist das Verhältniß des größeren zum kleineren Durchmesser ziemlich gleichgültig, weshalb sich die Heerdfläche füglich noch mehr, als bei dem auf der Zeichnung angegebenen Ofen, der Kreisfläche nähern kann. Eben so läßt sich auch das den Heerd umgebende Gewölbe mit besserem Erfolge flacher einrichten, als die Zeichnung angiebt, wenn ein gutes und feuerfestes Material zum Gewölbe zur Disposition steht. Flachere Gewölbe sind immer vorzuziehen, und nur der Mangel an gutem Material kann zu höheren Gewölben Veranlassung geben. Der Heerd, welcher aus möglichst guten Mauerziegeln besteht, die auf der hohen Kante neben einander gestellt und in Thonmörtel gelegt werden, ruht auf einer Ausfüllung von Stein, Schlacken, trockenem Sand u. s. f. Das Gewölbe kann aus feuerfestem Thon, wo dieser wohlfeil zu erhalten ist, aus guten Mauerziegeln oder aus feuerbeständigem Sandstein, wenn dieser vorhanden ist, angefertigt werden. Setzt man das Gewölbe aus Steinen zusammen, so muß die Anwendung des Kalkmörtels vermieden werden, weil die sich entbindende schweflichte Säure aus den Kiesen, den Kalkmörtel zerstören. Man bedeckt das Gewölbe mit einer Lehmschicht und zuletzt mit trockenem Sand, um die kalte Luft von dem erhitzten Gewölbe abzuhalten. Die Oeffnung in der Vorwand des Ofens dient zum Eintragen der zu verkohlenden Staubkohlen und zum Ausziehen der Koaks, welche längs der schiefen Ebene a hinabgezogen werden. Das Abziehen der Flamme und der Dämpfe findet durch einen Schlitz in der Vorwand des Ofens über der Einsetzöffnung statt, wie es die Zeichnungen darstellen. Bei anderen Oefen findet die Einrichtung statt, daß Dampf und Flamme aus einer, in der Seitenmauer des vorderen Gewölbes angebrachten, Oeffnung abziehen. Diese Einrichtung ist auf der Zeichnung Fig. 17 durch die Oeffnung h angedeutet, welche dann zu einer kleinen, seitwärts aufgeführten senkrechten

Esse führt, aus welcher die Dämpfe abziehen. Vor der Einsetzöffnung befindet sich ein Quereisen i, welches nur als Unterlage für die Werkzeuge dient, die zum Ausziehen der fertigen Koaks gebraucht werden. Man bringt den Ofen gewöhnlich zuerst durch Verbrennen von kleinen Stückkohlen in Hitze, weil die Staubkohlen, indem sie dicht über einander liegen, in dem kalten Ofen kaum, oder wenigstens so langsam verbrennen würden, daß die Ofenwände dadurch nicht hinreichend erhitzt werden können. Hat man die Erhitzung des Ofens bis zum Rothglühen bewirkt, so werden sogleich etwa 16 Kubikfuß Staubkohlen eingetragen und über den ganzen Heerd in gleicher Höhe ausgebreitet, worauf sie sogleich in Brand gerathen. So lange noch Rauch und Flammen zum Vorschein kommen, darf der Verkoakungsproceß nicht gestört werden. Wenn aber das Rauchen aufhört, keine Flamme mehr erscheint, und sich eine weiße Flugasche auf der Oberfläche der Kohlen zu bilden anfängt, dämpft man die Hitze durch Wasser, zieht die fertigen Koaks mit einer eisernen Kratze vom Heerde, löscht sie vor dem Ofen vollends mit Wasser, und schreitet sogleich wieder zu einer neuen Besetzung des Ofens. Der ganze Proceß dauert etwa 6 Stunden. Die Arbeit geht ununterbrochen Tag und Nacht so lange fort, bis etwa eine Reparatur des Heerdes oder des Gewölbes nothwendig wird. Bei einem guten feuerfesten Material kann der Ofen Monate lang ununterbrochen im Betrieb erhalten werden. — Weil die Flamme zugleich einen Theil unzersetzter Kohle mit sich fortreißt, und weil sich zum Theil Gasarten entwickeln mögen, die einen Theil ihres Kohlenstoffgehaltes beim Erkalten entlassen, welcher sich demnächst als der feinste Kohlenruß absetzt, so verbindet man mit dieser Verkoakungsart der Steinkohlen zuweilen auch die Rußfabrication, indem man den aus der vorderen Oeffnung des Gewölbes ausströmenden Rauch durch nicht zu enge Züge in ein großes, mit Sackleinewand ausgeschlagenes Behältniß leitet, in welchem er den größten Theil des mechanisch fortgerissenen Kohlenstaubes oder auch einen Theil des chemisch gebunden gewesenen Kohlenstoffs absetzt, welcher von Zeit zu Zeit gesammelt und in irdenen, mit einem Deckel versehenen und verklebten Töpfen geglühet wird. Wo die kleinen Kohlen aber absichtlich bloß auf Ruß benutzt werden sollen, und wo auf die Koaksgewinnung nicht Rücksicht genommen wird, da ist die Vorrichtung so getroffen, daß die kleine Kohle durch Luftzutritt möglichst langsam verbrannt, und daß der sich erhebende dicke Rauch in den Verdichtungskammern aufgefangen wird.

Wenn die kleinen Kohlen zu den stark backenden Steinkohlen gehören und sich daher beim Verkoaken stark aufblähen, so würden die Koaks für manche Zwecke zu locker ausfallen, und z. B. bei dem Betriebe der Kupolöfen, oder auch wohl der Hohöfen, nicht gut anwendbar sein, weil sie in dem stark aufgebläheten Zustande durch die schweren Roheisen- oder Eisenerzsätze zu leicht zertrümmert werden würden. Bei einer solchen Beschaffenheit der Steinkohlen ist es besser, größere Verkoakungsöfen anzuwenden, und die zu verkoakenden kleinen Kohlen wenigstens 22—24 Zoll hoch auf den Heerd aufzutragen. Bei dieser Höhe der aufzustürzenden Kohlen giebt man dem inneren Ofenraum eine Höhe von 45—48 Zoll vom Heerd bis zum Mittelpunkt des möglichst flachen Gewölbes, und eine Länge und Breite des Heerdes von 6—7 Fuß, so daß jedesmal 100 Kubikfuß kleine Kohlen und darüber zum Verkoaken eingetragen werden. Es ist bei den stark backenden und daher leicht brennbaren Steinkohlen sehr nothwendig, die Einsetzöffnung während der Verkoakung durch die Thür ganz zu schließen, und in der letzteren eine Reihe von Registeröffnungen in verschiedenen Höhen anzubringen, um den Zutritt der Luft, welcher unter solchen Verhältnissen nur gering sein darf, zu reguliren. Die beim Verkoaken sich entwickelnden Dämpfe und Gase werden aus einer Oeffnung im Mittelpunkt des Gewölbes, — welche allenfalls mit einer niedrigen Esse in Verbindung gesetzt werden kann, — abgeleitet. Wenn die Verkoakung nach 24—30 Stunden erfolgt ist, werden alle Oeffnungen in der Einsetzthür sowohl, als auch die zum Abziehen der Dämpfe bestimmten, völlig geschlossen, und man läßt den Ofen mit seinem Inhalt 16—20 Stunden lang ruhig stehen, ehe zum Ausziehen der Koaks geschritten wird. Durch dieses lange Verweilen in der hohen Temperatur sinken die stark aufgebläheten Koaks bedeutend zusammen, und werden dadurch dichter, fester und schwerer. Dem Gewicht nach wird man auf diese Weise eben so viel Koaks, als durch das augenblickliche Ausziehen der gaar gewordenen und nur 12—15 Zoll hoch aufgeschütteten Steinkohlen erhalten; aber dem Volum nach findet ein bedeutender Unterschied statt, indem 100 Volumina kleine Backkohlen, welche sonst gegen 140 Volumina liefern, nur etwa 128 Volumina Koaks ausgeben, die aber eine größere Hitzkraft besitzen, und besonders für die Anwendung in den Schachtöfen vorzuziehen sind. Bei nicht stark backenden Steinkohlen ist es indeß zweckmäßiger, dieselben nicht höher, als vorhin erwähnt, aufzustürzen, und die Koaks sogleich nach erfolgter Gaare auszuziehen.

§. 553.

Einen Vorzug vor den eben beschriebenen Oefen, in welchen zwar eine rasche, aber mit bedeutendem Kohlenverbrand verbundene Verkoakung stattfindet, verdienen diejenigen Oefen, bei denen die Luft nicht durch die Einsetzöffnung, sondern durch besondere Luftkanäle zugeführt wird, die Oeffnung zum Ausziehen der Koaks geschlossen bleibt, und bei welchen sich zur Abführung der Flammen und des Rauches eine besondere Oeffnung im Ofengewölbe befindet. In diesen Oefen erfolgt die Verkoakung zwar langsamer, aber vollkommener, indem das Verbrennen von einer bedeutenden Quantität Steinkohlen vermieden und eine größere Menge von Koaks aus den Steinkohlen gewonnen wird. Dieser Mehrgewinn beträgt 8—10 Procent, und ist daher von Erheblichkeit. Die Construction der Oefen ergiebt sich aus den Zeichnungen Fig. 8—12 Taf. V. Diese Oefen sind auf mehren französischen Eisenhütten und auf den Kohlengruben in Saarbrücken im Gebrauch. Die Heerdsohle besteht aus gebrannten Ziegeln. Das Gewölbe, dessen größte Höhe 36 Zoll beträgt, ist in der Mitte mit einer sehr niedrigen runden Esse versehen, welche 8 Zoll weit ist und zugleich zum Eintragen der Kohlen dient. Die Oeffnung zum Ausziehen der Koaks, — welche bei dazu geeigneten Lokalverhältnissen auch zum Eintragen der Kohlen dienen könnte, — wird mit einer gegossenen eisernen und mit Thonsteinen ausgefütterten Thür (Fig. 12) während des Verkoakens geschlossen. Um den ganzen Heerd läuft ein Hauptluftkanal, aus welchen Seitenkanäle (auf der Zeichnung sind deren 9 angegeben) die Luft in das Innere des Ofens führen. Gewölbe und Umfassungsmauer bestehen in Saarbrücken aus Kohlensandstein. Sowohl über dem Gewölbe als unter dem Heerde befindet sich eine Thonschicht, um die Feuchtigkeit abzuhalten, und die Räume über der Thonschicht des Gewölbes und unter der des Heerdes sind mit Sand ausgefüllt. Eine Verankerung der Umfassungsmauer ist nothwendig, damit dieselbe durch die starke Hitze nicht aus einander getrieben wird. Die obere Fläche des Ofens ist mit Steinplatten belegt, damit die zum Einsetzen bestimmten Kohlen nicht verunreinigt werden. Wenn das Einsetzen nicht von oben, sondern durch die Oeffnung stattfindet, welche für das Ausziehen der Koaks bestimmt ist, so bedarf es des Belegens mit Steinplatten nicht. — Ehe in einem neu erbauten oder lange kalt gelegenen Ofen verkoakt wird, muß er abgewärmt und bis zum Rothglühen gebracht werden. Dabei ist es nicht zu unterlassen, die glühenden Kohlen auf die noch entblößten Stellen des Heerdes zu ziehen. Die vordere Oeffnung und die Luftzüge bleiben bei dem Anwärmen offen. Nach erfolgtem Anwärmen werden 18—20 Centner (40—45 Kubikfuß) kleine Backkohlen durch die Esse in den Ofen geworfen, gleichmäßig über die Heerdsohle verbreitet und geebnet. Vor der vorderen Oeffnung des Ofens läßt man 6—8 Zoll frei und unbedeckt mit Kohlen, weil diese hier unvollständig verkoaken würden. Höher als 14 oder höchstens 16 Zoll hoch dürfen die Kohlen nicht aufgestürzt werden, weil sie sonst die Luftzuführungskanäle verstopfen würden. Nach dem beendigten Eintragen wird die Thür vor der Ausziehöffnung niedergelassen und der Luftzutritt durch dieselbe möglichst abgeschnitten. Die Kohlen kommen schnell in Brand, und es steigt aus der Esse ein dichter Rauch auf, welcher sich nach und nach vermindert und nach einigen Stunden eine hellere Flamme zum Vorschein kommt. Nach Verlauf von 8—10 Stunden scheint die Kohlenmasse ganz zusammengeschmolzen zu sein, und es entstehen nun Risse, welche die Masse senkrecht von oben bis zur Heerdsohle durchziehen. Dies ist der Zeitpunkt, wo die Ausmündungen des Hauptluftkanals mit Ziegelsteinen zugesetzt werden müssen, um das Veraschen eines Theils der Koaks zu vermeiden. Verschwindet demnächst die Flamme aus der Esse gänzlich, und bemerkt man einen Ueberzug von Flugasche auf der Oberfläche der Koaks, so wird die Essenöffnung mit einem eisernen Deckel verschlossen und zum Ausziehen der Koaks geschritten. Gut ist es, wenn man die fertigen Koaks in dem überall gegen Luftzutritt verwahrten Ofen noch 1—2 Stunden stehen läßt, damit sie beim Ausziehen nicht in zu hoher Glühhitze an die Luft kommen und frei an der Luft erkalten können, ohne daß ein Begießen mit Wasser erforderlich ist. Ist der Ofen von den Koaks entleert und der Heerd gereinigt, so wird er sogleich mit frischen Kohlen besetzt und die Arbeit in der angegebenen Art wiederholt. Zu jedem Einsatz sind 20—24 Stunden Zeit erforderlich. 100 Kubikf. Steinkohlen geben in Saarbrücken 136—138 Kubikf. Koaks, und dem Gewicht nach erfolgen dort aus 100 Steinkohlen 56—60 Koaks.

Man hat die oben aus dem Gewölbe der Verkoakungsöfen unbenutzt entweichende Hitze auf verschiedene Weise zu benutzen gesucht, je nachdem die örtlichen Verhältnisse bald diese, bald eine andere Benutzung wünschenswerth machten. Sowohl zur Heizung der Dampfmaschinenkessel, als zum Trocknen der Formen bei den Eisengießereien, ist die verloren gehende Flamme bis jetzt mit Erfolg angewendet. Man hat dieselbe aber auch zur Erhitzung eines geschlossenen und mit Backkohlen angefüllten Raumes benutzt, um die dabei sich entwickelnden Dämpfe zu condensiren. Eine solche Einrichtung stellt die Zeichnung Fig. 13 Taf. V. dar. Der vorhin beschriebene Ofen erhält über seinem Gewölbe einen Aufbau, dessen Sohle durch eine eiserne Platte gebildet wird, um die Kohlen leichter zur Verkoakungshitze zu bringen. Die Esse des Ofens ist mitten durch diesen Aufbau in die Höhe geführt, um die darin befindlichen Kohlen, — welche seitwärts durch eine verschließbare Oeffnung eingetragen werden, und welche auch zum Ausziehen der Koaks dient, — ebenfalls zu erhitzen. Es ist bei dieser Einrichtung die Absicht, die Dämpfe zu condensiren, welche sich aus den Steinkohlen entwickeln, die in dem oberen Ofen, durch die von dem unteren Ofen entweichende Hitze, zur Verkoakung gebracht werden sollen. Die beim Verkoaken sich entwickelnde Hitze wird bei dieser Einrichtung nur sehr unvollkommen benutzt, indem die Flamme immer noch aus der niedrigen Esse des Ofens entweicht; indeß würde auch diese unvollständige Benutzung nicht ohne Werth sein, wenn der Erfolg nur günstiger wäre, als er es nach den bisherigen Erfahrungen zu sein scheint, indem sich die Kohlen in dem oberen Ofen nur sehr unvollkommen verkoaken und deshalb auch mehr wässerige als ölige Destillationsprodukte liefern.

§. 554.

Eine von der beschriebenen etwas abweichende Einrichtung, sowohl hinsichtlich der Construction als der Behandlung bei der Arbeit, haben die Verkoakungsöfen, welche in den Zeichnungen Fig. 5, 6 und 7 Taf. V. dargestellt sind. Der Heerd bildet ein längliches Oval aus Mauerziegeln, welche ebenfalls auf einer Füllung von Schutt, Schlacken und Sand ruhen. Das Gewölbe über dem Heerde besteht aus feuerfestem Thon, oder, in Ermangelung desselben, aus Mauerziegeln oder aus anderen feuerfesten Steinen, die in Thonmörtel liegen. Der höchste Punkt des Gewölbes, über dem Mittelpunkt des Ofens, ist mit einer kurzen Esse oder mit einem Schornstein versehen, durch welchen die Dämpfe abziehen. Die Oeffnungen zum Einsetzen der kleinen Kohlen und zum Ausziehen der fertigen Koaks befinden sich an den beiden gegen einander überstehenden schmalen Seiten des Heerdes, welcher von der Mitte, nämlich von dem kurzen Durchmesser der Heerdfläche bis zu diesen Oeffnungen, ein schwaches Abfallen erhält. Die Einsetzöffnungen, welche mit eisernen Rahmen oder mit gegossenen eisernen Platten ausgefüllt sind, damit beim Ausziehen der Koaks das Mauerwerk nicht leidet, werden noch mit einer Fallthür versehen, die sich vermittelst eines Gegengewichts leicht auf und nieder schieben läßt. In dieser Thür befinden sich mehre kleine Oeffnungen zum Einströmen der atmosphärischen Luft, indem die Einsetzöffnungen selbst beim Verkoaken verschlossen werden, so daß die atmosphärische Luft durch die kleinen Oeffnungen nur allein eintreten kann. Das Gewölbe des Ofens erhält ebenfalls noch eine Decke, um die Abkühlung durch die kalte Luft zu vermindern. Wenn ein solcher Ofen in Betrieb gesetzt werden soll, so muß der innere Raum ebenfalls zuerst in Glühhitze gesetzt werden. Alsdann erfolgt das Eintragen der kleinen Kohlen, zunächst auf der einen, sodann auf der anderen Seite des Ofens. Bei dem ersten Eintragen werden nicht mehr kleine Kohlen genommen, als erforderlich sind, um den Heerd etwa in einer Höhe von 1½ Zoll zu bedecken. Die kleinen Kohlen fangen sogleich an, mit Flamme zu brennen, in welchem Zustande man den Ofen mit niedergelassenen Thüren so lange läßt, bis sich keine Flamme mehr zeigt. Alsdann wird zuerst die eine Hälfte des Heerdes bis zur Mitte, durch die eine Einsetzöffnung, mit kleinen Kohlen bedeckt, welche einen Haufen bilden, der nur einige Zoll höher ist, als die Höhe der Einsetzöffnung beträgt. Die Thür wird sodann niedergelassen, und von den darin befindlichen Oeffnungen bleiben so viele offen, als die Witterung es erfordert. Bei starken Stürmen kann es nöthig werden, alle Oeffnungen in der Thür zu schließen. Nachdem der Heerd auf diese Art auf der einen Seite geladen ist, schreitet man zur Besetzung auf der anderen Seite, und richtet sich mit der Arbeit so ein, daß abwechselnd die eine Seite besetzt wird, wenn auf der anderen die Verkohlung noch nicht ganz vollständig erfolgt ist. Die verkoakten Steinkohlen bilden eine zusammenhängende Masse, die mit Mühe zerbrochen werden muß, um die Koaks ausziehen zu können. Bei stark backenden Kohlen ist es zuweilen nöthig, die Kohlen nicht mit einem Male, sondern zu wiederholten Malen, also schichtenweise, einzutragen. Wenn nämlich die Ladung mit einem Male in den Ofen gebracht wird, so bilden die blasigen und schaumigen Koaks eine so dichte Decke, daß die davon eingehüllten kleinen Kohlen nicht vollständig verkohlt werden können.

§. 555.

Verkoakungsöfen von sehr einfacher Construction sind diejenigen, welche die Zeichnungen Fig. 18 und 19 Taf. IV. darstellen. (Dufrénoy etc. Voyage métallurgique en Angleterre. 2. édit. I. 258. 260. 579.) Der Heerd des Ofens ist gegen den Horizont geneigt. Die zu verkoakenden Steinkohlen werden durch die hintere, höher liegende Oeffnung eingetragen, und die fertigen Koaks aus der vorderen, tiefer liegenden Oeffnung ausgezogen. Beide Oeffnungen sind mit vollkommen schließenden Thüren versehen, welche auch bei der Verkoakung fest verschlossen bleiben, aber doch die erforderliche geringe Quantität atmosphärische Luft, wegen des starken Zuges, der durch die beiden gegeneinanderüberstehenden Thüren bewirkt wird, immer noch hindurch lassen. Rauch und Flamme ziehen aus einer kleinen Esse ab, die sich mitten im Ofengewölbe befindet. Ehe der erste Einsatz gemacht wird, muß der Ofen schon in vollständiger Hitze sein. Diese Verkohlungshitze verliert er nicht, weil das Entleeren desselben von den fertigen Koaks sehr rasch erfolgt, worin eben der Vortheil gesucht wird, den diese Oefen gewähren sollen. Ein starker eiserner Rost, welcher genau die Gestalt hat, wie das Profil des Ofens, wird, nach beendigter Verkoakung, und wenn beide Thüren geöffnet worden sind, an der hinteren Thüröffnung senkrecht auf die Heerdfläche aufgestellt, und mittelst starker eiserner Stangen, welche bis zur vorderen Thüröffnung reichen, längs dem Heerd fortgezogen, so daß bei der fortschreitenden Bewegung des Rostes die Koaks aus dem Ofen und von der Heerdfläche abgestreift, und aus der vorderen Oeffnung schnell aus dem Ofen gebracht werden. Man bedient sich der Pferdekräfte, um das Ausziehen der Koaksmasse zu bewerkstelligen. Die eisernen Stangen, welche in den Rost eingreifen, um denselben fortzubewegen, sind ganz unten und ganz oben an dem Rost befestigt. Die unteren Stangen werden schon vor dem Besetzen des Ofens auf die Heerdsohle gelegt, die oberen Stangen erst nach beendigter Verkoakung über die Koakmasse weggeschoben. — Die Thüren, welche die beiden Oeffnungen verschließen, müssen sehr luftdicht vorgelegt werden, weil sonst durch Verbrennen ein bedeutender Kohlenverlust entsteht. Sie sind von Gußeisen und mit Thon oder mit Backsteinen ausgefuttert.

§. 556.

Bei dem Verkoaken der Staubkohlen oder der kleinen Backkohlen ist es von großer Wichtigkeit, sie vor der Verkohlung von den Beimengungen von Schieferthon zu befreien, womit sie fast immer verunreinigt sind. Dies muß durch eine möglichst sorgfältige Klaubarbeit besonders dann geschehen, wenn die Koaks zum Verschmelzen der Eisenerze in Hohöfen, oder zum Umschmelzen des Roheisens in Kupolöfen bestimmt sind. Die Gewinnungsarbeiten in der Grube gestatten es nicht immer, die kleinen Kohlen rein und ohne beigemengte Schieferthontheile zur Förderung zu bringen. Ist der Schieferthon in großer Menge beigemengt, so daß die Kohlen durch eine einfache Klaubarbeit davon nicht befreit werden können, so sind die Koaks kaum noch als brauchbar zum Eisenerzschmelzen zu betrachten. Man hat versucht, die stark mit Schieferthon verunreinigten Koaks durch eine Art von Siebsetzarbeit zu reinigen, indem sich der in der

Verkoakungshitze weiß gebrannte Schieferthon leicht erkennen läßt, auch ein ungleich größeres specifisches Gewicht besitzt, als die Koaks; aber solche Koaks sind immer weniger brauchbar, weil ein großer Theil des Schieferthons in kleinen Stücken von der porösen Koaksmasse eingeschlossen bleibt. Lassen sich die Staubkohlen daher vor dem Verkohlen durch die Handklaubarbeit nicht rein erhalten, so kann man schwerlich erwarten, daß sie gute Koaks liefern werden.

---

§. 557.

Eine Vergleichung des Effects der verschiedenen Brennmaterialien kann immer nur für bestimmte Temperaturen, also für bestimmte Zwecke, welche durch die erhöhete Temperatur während einer gewissen Zeitdauer erreicht werden sollen, angestellt werden. Diese Vergleichung ist indeß sehr schwierig, und daher sind die bis jetzt bekannten Erfahrungen nur sehr unvollständig. Weil jede Art des Brennmaterials eine eigenthümliche Feuerungseinrichtung erfordert, um den größten Effect für einen bestimmten Zweck hervorzubringen, so kann die Vergleichung schon aus diesem Grunde nicht unter gleichen Umständen und Verhältnissen erfolgen, und die Einflüsse der Strahlung, Absorbtion, Reflection, Transmission und Leitung der Wärme müssen sich daher bei einem Brennmaterial anders, als bei dem andern geltend machen, und die Effecte beim Verbrennen modificiren. Die Brennkräfte der Brennmaterialien lassen sich, unter gewissen Voraussetzungen (§. 476), ziemlich genau bestimmen, allein mit den Brennkräften stehen die Wirkungen, ganz besonders die Heizkräfte der Brennmaterialien, nur selten in geradem Verhältniß. Von ganz besonderem Einfluß auf den Effect scheint die specifische Wärme der flüchtigen Substanzen zu sein, welche sich beim Verbrennen, sowohl bei verschiedenartigen, als bei einem und demselben Brennmaterial, in verschiedenen Temperaturen entwickeln.

Es sind aber diese, noch ziemlich unbekannten Verhältnisse, nicht die einzigen, welche eine Effectvergleichung erschweren, sondern es treten noch andere Umstände ein, von scheinbar geringerer Wichtigkeit, durch welche indeß die Resultate sehr verdunkelt und unzuverlässig werden. Zuerst die verschiedenartige Beschaffenheit eines und desselben Brennmaterials. Sodann der Feuchtigkeitsgehalt. Endlich die genaue Bestimmung der Maaße und Gewichte, je nachdem die Vergleichung nach dem Volum oder nach dem Gewicht angestellt werden soll. Vergleichungen nach dem Volum sind so unzuverlässig, daß nur selten daraus Resultate von annähernder Richtigkeit erhalten werden können.

Bei Wasserverdampfungsprocessen (Siedeprocessen) lassen sich die Effecte des lufttrocknen Kiehnenholzes, des lufttrocknen Torfes (von einer Brennkraft von etwa 3000 Wärme = Einheiten) und der Steinkohlen von nicht zu stark backender Beschaffenheit, etwa in folgender Art annehmen:

Dem Volumen nach sind gleich zu setzen:

100 Steinkohlen = 400 Holz = 400 Torf

100 Holz = 25 Steinkohlen = 100 Torf

Dem Gewicht nach wären die Effecte gleich für:

100 Steinkohlen = 160 Holz = 250 Torf.

Die Wirkung von 1 Gewichtstheil Backkohlen besteht in der Verdampfung von 5¼ Gewichtstheilen Wasser, in sofern nicht zu kleine Siedepfannen angewendet werden. Bei sehr großen und zweckmäßig eingerichteten Pfannen, — bei welchen der Siedeproceß nicht oft unterbrochen werden darf, folglich ein geringerer Wärmeverlust durch minder häufiges Anwärmen bis zum Siedepunkt stattfindet, — können auch 6—7 Gewichtstheile Wasser verdampft werden. — Die Effecte der Brennmaterialien scheinen daher bei den Siedeprocessen in einem sehr nachtheiligen Verhältniß zu ihren Brennkräften zu stehen (§. 540), und die Steinkohlen leisten, im Verhältniß ihrer bedeutend größeren Brennkraft, ungleich weniger als das Holz.

Anders stellt sich das Verhältniß, wenn höhere Temperaturgrade hervorgebracht werden sollen, indem die Steinkohlen durch ihre überwiegend größere Heizkraft das Holz im Effect so sehr übertreffen, daß durch das lufttrockne Holz der verlangte Effect häufig nicht einmal erreicht werden kann, sondern stark gedörrtes Holz angewendet werden muß. Beim Umschmelzen des Roheisens in Flammenöfen sind, um 100 Preuß. Pf. Roheisen einzuschmelzen, etwa 7 Kubikfuß Holz im lufttrocknen Zustande erforderlich, während dieser Effect durch 1 Kubikfuß Steinkohlen hervorgebracht werden kann. Die Effecte der beiden Brennmaterialien würden sich also verhalten:

Dem Volumen nach: 100 Steinkohlen = 700 Holz,
100 Holz = 143 Steinkohlen,
Dem Gewicht nach: 100 Steinkohlen = 260 Holz,
100 Holz = 38 Steinkohlen.

Dem Volumen nach leisten die Steinkohlen also einen 7 Mal, und dem Gewicht nach einen mehr als 2½ Mal größeren Effect, als das Kiehnenholz, so daß bei so hohen Temperaturen der Effect der Steinkohlen, im Vergleich mit dem, welcher sich durch das Holz hervorbringen läßt, mit den Brennkräften beider Brennmaterialien abermals nicht im Verhältniß steht, und die Brennkraft der Steinkohlen vergleichungsweise sogar höher erscheint (§. 540), als sie wirklich ist. Hr. Bineau glaubt, daß die zu Ichoux angestellten Versuche (Ann. des mines. VII. 241) zu dem Resultat führen, daß 2 Theile Torf, dem Gewicht nach, die Wirkung von 1 Theil Steinkohlen beim Verkoakungsproceß leisten. Alle solche Verhältnißzahlen haben jedoch keinesweges einen absoluten Werth, indem die größere oder geringere Leistungsfähigkeit eines Brennmaterials zum großen Theil von der größeren oder geringeren Zweckmäßigkeit der Vorrichtungen und Räume abhängt, in welchen die Verbrennung erfolgt.

Eben so wie bei den Vergleichungen für niedrige Temperaturen der Effect der Steinkohlen zu dem des Holzes sehr gering erscheint, stehen auch die Koaks in der Wirkung gegen die Holzkohlen für geringere Grade der Temperatur sehr zurück. Vergleicht man diese Effecte für höhere Temperaturen, so läßt sich annehmen, daß bei dem mit erhitzter Luft stattfindenden Betriebe der Hohöfen, also bei einem Proceß, durch welchen gleichzeitig eine Reduction und eine Schmelzung bewerkstelligt werden soll, folgendes Effectverhältniß stattfindet:

Dem Volumen nach: 100 Koaks = 250 Holzkohlen,
100 Holzkohlen = 40 Koaks.
Dem Gewicht nach: 100 Koaks = 80 Holzkohlen,
100 Holzkohlen = 125 Koaks.

Diese Verhältnisse sind natürlich nur annäherungsweise richtig, auch liegt dabei die Annahme zum Grunde, daß die Holzkohlen aus Kiefernholz dargestellt sind. So große Effecte für die Koaks werden jedoch, nach den bisherigen Erfahrungen, nicht erreicht, wenn beim Hohofenbetriebe ein Theil der Holzkohlen durch Koaks ersetzt wird.

Ungleich größer, in Vergleichung mit den Holzkohlen, stellt sich der Effect der Koaks beim Umschmelzen des Roheisens in den Kupolöfen, wenn die Vergleichung bei dem Betriebe mit erhitzter Luft bei 5 Fuß hohen Oefen für die Koaks, und 15 Fuß hohen Oefen für die Holzkohlen aus Kiefernholz angestellt wird. Das Effectverhältniß stellt sich dann etwa:

Dem Volumen nach: 100 Koaks = 450 Holzkohlen,
100 Holzkohlen = $22\frac{1}{2}$ Koaks.
Dem Gewicht nach: 100 Koaks = 120 Holzkohlen,
100 Holzkohlen = $83\frac{1}{3}$ Koaks.

Diese Effecte stehen mit den Brennkräften außer allem Verhältniß und durchaus nicht in irgend einem nachweisbaren Zusammenhange. Es wird daher für eine jede Operation und für eine jede Vorrichtung zu einer und derselben Operation das Effectverhältniß erst durch die Erfahrung gefunden werden müssen.

Dritter Abschnitt.

Von dem Gebläse.

§. 558.

Die zum Verbrennen erforderliche atmosphärische Luft wird dem Brennmaterial entweder durch einen natürlichen Luftzug zugeführt, welcher dadurch hervorgebracht wird, daß der verbrennende Körper sich selbst einen mit verdünnter Luft erfüllten Raum bildet, in welchen die äußere Luft nach statischen Gesetzen eindringt; — oder sie wird durch besondere Vorrichtungen bewirkt, in denen die Luft aufgefangen, durch mechanischen Druck ausgepreßt und durch Röhrenleitungen in jeden beliebigen Raum geleitet wird. — Obgleich die Erfindung, die Luft in Schläuchen aufzufangen und durch Zusammendrücken derselben auszupressen, schon so uralt ist, daß die ersten Spuren dieses Verfahrens in der Geschichte nicht mehr nachgewiesen werden können, so scheint man sich doch weit länger des durch Verdünnung bewirkten Luftstroms zur Hervorbringung der Schmelzhitze bedient zu haben, als gewöhnlich angenommen wird. Nationen, deren Cultur so weit vorgeschritten ist, daß man ihnen die Kenntniß von der Wirkung der Gebläse nicht absprechen kann, schmelzen noch jetzt in Schachtöfen mit natürlichem Luftzuge. In manchen Gegenden, in denen zur Zeit des Mittelalters Eisenfabrikation stattfand, findet man noch Spuren von Schmelzung der Eisenerze in Windöfen, welche gewöhnlich auf bedeutenden Anhöhen gestanden haben, wohin kein Wasser gebracht werden konnte, obgleich man schon damals mit Bewegung der Gebläse durch Wasserkraft bekannt war, und obgleich es in jenen Gegenden an Wasser nicht fehlte. Ja, man hat sogar in der neuesten Zeit den Vorschlag wieder erneuert, die Oefen zum Schmelzen der Eisenerze nicht mit gepreßter Luft aus dem Gebläse, sondern mit Luft aus der Atmosphäre zu versorgen, welche durch eine Anzahl von Oeffnungen in der Sohle des Ofens in den Schacht desselben eintreten soll. Aber in allen Oefen oder Heerden, in denen nicht mit Flamme geschmolzen, sondern in welchen der zu schmelzende Körper unmittelbar zwischen Kohlen behandelt wird, läßt sich die Zuströmung der Luft durch den Luftzug nicht mit der erforderlichen Genauigkeit bewirken, indem es mehrentheils darauf ankommt, eine gewisse Quantität Luft mit einer bestimmten Geschwindigkeit auf einen gewissen Punkt hinzuleiten. Solche Schmelzräume sind mit einer oder mit mehren Oeffnungen — Formen — versehen, durch welche ihnen die aufgefangene und zusammengedrückte atmosphärische Luft zugeführt wird. Alle Vorrichtungen, in denen die Luft gefangen oder gesammelt, dann zusammengedrückt und durch eine längere oder kürzere Windleitung in die Form des Ofens oder des Heerdes geführt wird, nennt man Gebläse, und die in den Ofen strömende Luft selbst, wird häufig der Wind genannt.

§. 559.

Die mit den Windleitungsröhren des Gebläses verbundene eiserne Röhre, welche in der Form liegt und durch welche der Wind in die Form und aus derselben in den Schmelzraum geleitet wird, heißt die Düse (Deute). Sie hat die Gestalt eines abgekürzten Kegels, um sie bequemer mit der Windleitungsröhre verbinden zu können. Von dem Flächeninhalt der Düsenöffnung, oder der anderen schmalen Oeffnung, durch welche der Wind ausströmt, sind Geschwindigkeit und Menge der Luft zum Theil abhängig, welche das Gebläse dem Schmelzraum zusendet. Sehr häufig soll der Wind aus zwei oder mehr Gebläsemaschinen in eine und dieselbe Form geleitet werden. Sind dann die Düsen mit den Gebläsemaschinen unmittelbar verbunden, so müssen auch zwei oder mehr Düsen in einer Form liegen. Bei zweckmäßiger eingerichteten Gebläsen sammelt man den Wind aus jeder Gebläsemaschine in einem für alle gemeinschaftlichen Windbehälter (Windsammelkasten) und führt ihn aus diesem, vermittelst einer Windleitung, einer einzigen Düse zu. Durch dieses Verbinden — Kuppeln — mehrer Gebläsemaschinen mit einander, wird der Unterschied zwischen den eindüsigen und den zweidüsigen (oder mehrdüsigen) Gebläsen bewirkt. Die Windsammelkasten müssen oft mit Ventilen oder mit Klappen versehen sein, um den Wind nach Belieben absperren und hier und dorthin leiten zu können.

§. 560.

Allen Gebläsen liegt das Prinzip zum Grunde, in einem Behälter Luft aufzufangen, sie aus demselben wieder auszupressen und diesen Wechsel des Auffangens der atmosphärischen Luft und des Auspressens ununterbrochen stattfinden zu lassen. Das älteste Gebläse bestand aus einer zusammengefügten Thierhaut, welche zusammengedrückt ward und die eingeschlossene Luft aus einer mit einer Röhre in Verbindung gesetzten Oeffnung entließ, worauf man sie sogleich wieder ausdehnte und von Neuem mit Luft anfüllte. Man vervollkommnete dies Verfahren, als man den Häuten durch Gerben mehr Geschmeidigkeit zu ertheilen gelernt hatte und setzte die gegerbten Häute, oder das Leder, mit steifen Flächen in Verbindung, wodurch eine größere Vereinfachung und Regelmäßigkeit der zusammenziehenden und ausdehnenden Bewegung möglich gemacht werden konnte. Die Kostbarkeit und die schnelle Abnutzung des Leders, vorzüglich in den Falten, bewirkten bald die allgemeine Verbreitung einer Erfindung, welche zu Ende des sechszehnten, oder zu Anfange des siebenzehnten Jahrhunderts in Deutschland (nach Schlüter von einem Bischof zu Bamberg) gemacht ward, und welche darin bestand, von der Anwendung des Leders abzustehen und einen hölzernen Kasten gegen eine hölzerne Fläche zu drücken. Weil man die ledernen Vorrichtungen zum Auffangen und Zusammendrücken der atmosphärischen Luft Balgen (von Balg, oder Haut der Thiere) genannt hatte, so behielten auch die hölzernen, welche mit den ledernen nur die äußere Gestalt gemein hatten, den Namen Balgen bei, und man unterschied nun lederne und hölzerne Balgengebläse. Aber auch die letzteren erlitten später (erst im achtzehnten Jahrhundert, unbekannt wo und durch wen) Verbesserungen in ihrer Konstruktion. Bei den hölzernen Balgengebläsen sind nämlich der Kasten und die Fläche auf der einen Seite mit einander verbunden, und es bewegt sich entweder der Kasten um die unbewegliche Fläche, oder es wird die Fläche in den unbeweglichen Kasten hineingeschoben. Welche von diesen Vorrichtungen man auch wählt, so können doch der Kasten und die Fläche niemals so nahe an einander gebracht werden, daß zwischen beiden nicht ein mehr oder weniger großer Raum bliebe, der mit verdichteter Luft angefüllt bleibt, welche den Effekt des Gebläses wesentlich vermindert. Man machte daher den Kasten und die Fläche ganz unabhängig von einander und traf, zur Erleichterung der Bewegung, die Einrichtung, daß der Kasten stets unbeweglich blieb und die in demselben bewegliche Fläche auf allen Seiten umschloß. Je nachdem die Kasten eine viereckige oder eine runde Gestalt erhalten, nennt man diese Gebläse Kastengebläse oder Cylindergebläse. Die Masse, aus welcher man die Kasten anfertigt, kann Holz, Metall und Stein sein, und man hat auf diese Art hölzerne, metallene und steinerne Kasten- und Cylindergebläse. Zuweilen sind die hölzernen Gefäße mit geschliffenen eisernen und bleiernen Platten ausgelegt. Wegen der Kostbarkeit oder minderen Anwendbarkeit der übrigen Metalle, wendet man nur das Gußeisen zu Gebläsen an.

§. 561.

Um die Friktion zu vermindern, welche bei der Bewegung der Flächen in den Kasten oder Cylindern, und bei der Bewegung der Kasten um eine Fläche, unvermeidlich eintreten muß,

— um das genaue Anschließen der Flächen zu bewirken und dadurch das Entweichen der aufgefangenen Luft zu verhindern, — hatte man schon in den ältesten Zeiten eine eigenthümliche Vorrichtung ausgesonnen. Man ließ nämlich in einem mit Wasser nicht ganz angefüllten Gefäß, einen auf allen Seiten völlig geschlossenen und nur unten offenen Kasten dergestalt auf- und niedergehen, daß er bei dem in die Höheziehen, vermittelst eines Ventils, Luft einzog, die er beim Niedergehen aus einer über der Oberfläche des Wassers hervorragenden Oeffnung auspreßte. Die Erfindung scheint in Spanien gemacht und zuerst in Anwendung gekommen zu sein, worauf man auch in Frankreich einen Versuch damit machte; wenigstens bemerkte Grignon, daß sich ein solches Gebläse, welches den Namen Glockengebläse (cloches) führte, zu Châtel-Laudron in der Bretagne befunden habe, daß es aber wegen mancherlei Unvollkommenheiten wieder abgeworfen worden sei. Den Namen erhielt dies Gebläse, welches auch als ein sogenannter Wettersauger in den Gruben angewendet ward, von der glockenartigen Gestalt des Gefäßes, welches in dem Wasserbehälter auf und nieder gedrückt wird. Später machte Herr J. Baader auf diese Art von Gebläsen wieder aufmerksam, und fügte einige Verbesserungen hinzu, weshalb die verbesserten Glockengebläse in Deutschland unter dem Namen das Baadersche Gebläse bekannt geworden sind, aber nur sehr wenig Anwendung gefunden haben und jetzt wahrscheinlich völlig außer Gebrauch gekommen sind.

Mémoire sur les soufflets des forges à fer, qui a remporté le prix proposé par la societé royal de Biscaye, etablie à Bergara en Espagne, par Grignon; in dessen Mémoires de physique sur l'art de fabriquer le fer Paris 1775., p. 210—233.

§. 562.

Außer diesen hat man noch andere, ganz von denselben abweichende Gebläsevorrichtungen in Anwendung gebracht. Bei einigen wird die in einem eisernen Behälter befindliche Luft, durch eine schnelle Bewegung von Flügeln, welche in jenem Behälter rotiren, aus einer Oeffnung ausgetrieben und durch Einströmen mittelst einer anderen zu dem Behälter führenden Oeffnung, immer wiederersetzt. Dies sind die Ventilatorgebläse. Bei anderen dient das in einer Tonne befindliche Wasser als bewegliche Fläche zum Ausdehnen und Zusammendrücken des mit Luft erfüllten Raumes. Tonnengebläse. Bei noch anderen, — und diese Gebläse sind in manchen Gegenden noch sehr verbreitet, in einigen sogar die einzigen, deren man sich bedient, — wird durch den Fall des Wassers in senkrechten Röhren, die theils in dem Wasser befindliche, theils mit demselben mechanisch fortgerissene Luft, in einen unter der Röhre angebrachten Kasten geführt, dort zusammengedrückt und durch das ununterbrochen niederströmende Wasser aus einer in dem Kasten befindlichen Oeffnung ausgepreßt. Diese Gebläsevorrichtungen nennt man Trompen- oder Wassertrommelgebläse. Sie haben später in Deutschland eine veränderte Einrichtung bekommen und nach ihrem Erfinder den Namen der Henschelschen Gebläse, oder auch der Rotions-Wassersäulengebläse erhalten. Einige andere, in Vorschlag, aber kaum in Anwendung gekommenen Gebläse, können füglich übergangen werden.

Von dem Wassertrommelgebläse.

§. 563.

Die Einrichtung der Wassertrommelgebläse, welche, nach Grignon, etwa um das Jahr 1640 in Italien erfunden sein sollen, ist im Allgemeinen folgende. In einem von allen Seiten dicht verschlossenen hölzernen Kasten, Fig. 21 und 22 Taf. V. befinden sich eine, zwei oder mehre zusammengefugte, und in den Fugen gehörig verpichte hölzerne Lutten, welche unten durch den Deckel des Kastens gehen und luftdicht mit demselben verbunden sind, oben aber mit beständig zuströmendem Wasser in Verbindung stehen. Indem das Wasser durch diese Lutten, welche es nicht vollständig ausfüllt, in den Kasten hinabfällt und sich im freien Fall in Theile trennt, drückt es die in den Luttten gleichfalls befindliche Luft vor sich her, und drängt sie in dem Kasten zusammen. In den Lutten entsteht dadurch ein, zwar nicht luftleerer, aber doch verdünnter Raum, welcher zuletzt das Herabfallen des Wassers verhindern würde, indem er gänzlich mit Wasser ausgefüllt werden müßte. Dieser Zeitpunkt würde alsdann eintreten, wenn die Luft zwischen der unteren Mündung der Lutten und dem im Kasten sich ansammelnden Wasser so stark zusammengepreßt worden wäre, daß sie mit der in den Lutten befindlichen Wassersäule das Gleichgewicht hielte. Die zusammengepreßte Luft würde sich nämlich alsdann einen Durchgang durch die Wassersäule in den Lutten verschaffen und aus der oberen Mündung derselben entweichen. Weil die äußere atmosphärische Luft mit dem in die Lutten strömenden Wasser gleichzeitig immer wieder in die Lutten geleitet wird, um den entstandenen verdünnten Raum auszufüllen, so würde das Herabfallen des Wassers durch die Lutten um so schneller aufhören, je schneller die atmosphärische Luft durch die Lutten herbeigeführt, und je stärker die Luft in dem Kasten dadurch zusammengepreßt wird, vorausgesetzt, daß kein Abfluß des Wassers aus dem Kasten stattfände. Hätte die verdichtete Luft also keinen Ausgang, und fände kein Abfluß des Wassers aus dem Kasten statt, so würde die verdichtete Luft in der Lutte in die Höhe steigen müssen. Findet aber ein Abfluß des Wassers aus dem Kasten statt, so wird die zusammengepreßte Luft gerade so wirken, wie die Luft in den Windkesseln: sie wird nämlich den Abfluß des Wassers, mit der ihrer Elasticität zukommenden Kraft, beschleunigen, und die Größe der Luftpressung wird von dem Druck der Wassersäule, von dem Drucke einer Luftsäule, in der Höhe, um welche die Abflußöffnung tiefer liegt, als die Zuströmungsöffnung (welche aber, als ganz unbedeutend, außer Rechnung bleiben kann), so wie von der Größe der Abflußöffnung abhängig sein. Die

Beschleunigung, mit welcher das Wasser aus der Abflußöffnung getrieben wird, muß um so größer sein, je mehr sich die Masse des Windes von Moment zu Moment vermehrt (und nicht, wie bei den Windkesseln, dieselbe bleibt). Bei sehr kleinen Abflußöffnungen würde sich also, um das Aufsteigen der gepreßten Luft in den Lutten zu verhindern, die Geschwindigkeit des ausströmenden Wassers ins Unendliche vermehren müssen, oder weil dies nicht möglich ist, so wird, bei zu kleinen Abflußöffnungen, das Ausströmen des Windes durch die Lutten ebenfalls erfolgen müssen. Noch anders wird aber das Verhalten sein, wenn nicht bloß das Wasser aus dem Kasten einen Abfluß durch eine Ausströmöffnung erhält, sondern wenn auch die in den Kasten zusammengepreßte Luft durch eine Oeffnung im Deckel des Kastens entweichen kann. Je weiter die Oeffnung ist, desto weniger Widerstand äußert die Luft, und desto größer muß die Abflußöffnung für das Wasser sein, wenn das Wasser in dem Kasten immer in gleicher Höhe erhalten werden soll. Bei gleichen Quantitäten Luft, welche mit dem Wasser durch die Lutten einströmen, verhält sich also die Pressung der Luft im Kasten wie die Differenz der Höhe der inneren und äußeren Wassersäule, oder wie die Quadratflächen der Ausströmungsöffnungen für das Wasser. Und bei einerlei Quadratfläche der zum Ausströmen der Luft bestimmten Oeffnung, muß die Geschwindigkeit der ausströmenden Luft um so größer werden, je höher die Wassersäule, oder je kleiner die Ausströmungsöffnung für das Wasser ist. Bei gleichbleibender Höhe der Wassersäule, oder bei gleichbleibender Ausströmungsöffnung für das Wasser, werden Pressung und Geschwindigkeit des Windes aber durch die Quadratfläche der Düsenöffnung bestimmt. Die Größe der Abflußöffnung für das Wasser, um dasselbe stets in gleicher Höhe in dem Kasten zu erhalten, wird also von der Menge des zuströmenden Wassers aus den Lutten, und von der Pressung, mit welcher die Luft aus der Düse strömen soll, abhängig sein.

§. 564.

Bei dem einfachen Mechanismus der Wassertrommelgebläse kommt es nur darauf an, eine Quantität Wasser von einer Höhe durch Lutten, in einen übrigens verschlossenen, aber mit zwei Oeffnungen versehenen Kasten, von denen die eine zum Abfließen des Wassers, und die zweite zum Ausströmen der verdichteten Luft oder des Windes bestimmt ist, herabfallen zu lassen. Außer der Luft, welche durch besondere Vorrichtungen absichtlich durch die Lutten mit hinzugeführt wird, enthält das Wasser noch viel absorbirte Luft, welche durch starkes Schlagen oder Schütteln theilweise entweicht. Um diese Luft, deren Quantität sehr beträchtlich ist, möglichst vollständig zu benutzen und sie nicht in Verbindung mit dem Wasser wieder abfließen zu lassen, läßt man das aus den Lutten in den Kasten niederfallende Wasser auf hölzerne oder steinerne Bänke aufschlagen, und zu möglichst feinen Strahlen zerplatzen. Diese Bänke dienen jedoch auch dazu, die bedeutende Fallgeschwindigkeit des Wassers zu brechen und die daraus entstehende heftige Bewegung des Wasserspiegels im Kasten zu verhindern. Je niedriger die Temperatur des Wassers ist, desto größer ist die Menge der absorbirten Luft. Bei 8 Gr. Reaum. und bei einem Barometerstande von 28 Zollen absorbirt das Wasser $\frac{1}{4}$ seines Volumens an Luft, welche reicher an Sauerstoff ist als die atmosphärische Luft, indem das Wasser mehr Sauerstoffgas als Stickgas aus der Atmosphäre absorbirt und verdichtet. Es ist daher ganz besonders wichtig, die vom Wasser absorbirte Luft, — welche nur in der Siedhitze vollständig entweicht, — durch starke Bewegung aus dem Wasser abzusondern.

Die Oeffnungen zum Ausströmen des Windes sind in der Regel oben im Deckel des Kastens angebracht, und mit einer Röhrenleitung luftdicht in Verbindung gesetzt, durch welche der Wind in die Düse, und durch diese in die Form geleitet wird.

Die Kasten oder Trommeln können viereckig, cylindrisch, konisch sein, oder jede andere beliebige Gestalt haben. Man macht sie aus Holz, und sorgt für die möglichste Luftdichtigkeit der Fugen. Sehr häufig setzt man 2, 3, 5 und mehre Kasten nach der in den Zeichnungen angegebenen Art mit einander in Verbindung, indem man den Windstrom aus allen einzelnen Kasten in einer einzigen Hauptwindleitungsröhre vereinigt. Der Boden der Kasten würde sehr gut zusammengefugt werden müssen, damit das Wasser nur aus der einzigen demselben vorgeschriebenen Oeffnung entweichen kann. Weil es aber bei einer (durch Einlegung anderer Düsen, oder durch zufällig vermehrte oder verminderte Wasserzuflüsse) veränderten Pressung des Windes, auch jedesmal einer veränderten Ausflußöffnung für das Wasser bedürfen würde, und weil die Bestimmung der Größe dieser Ausflußöffnung schwierig ist, so wendet man ein sehr einfaches Mittel an, den durch unzweckmäßige Größe der Abflußöffnungen entstehenden Nachtheilen zu entgehen und die Kasten zugleich einfacher und dauerhafter vorzurichten. Man giebt ihnen nämlich gar keinen Boden, sondern stellt sie mit dem offenen Boden in ein mit Wasser angefülltes Reservoir, so daß eine Verbindung des Wassers in den Kasten oder Trommeln, mit dem Wasser im Reservoir dadurch stattfindet, daß man die Kasten nicht unmittelbar auf den Boden des Reservoirs, sondern auf Unterlagen stellt, wodurch sie hohl zu stehen kommen. Eine solche Einrichtung zeigen Fig. 21 und 22, und die ganz einfache, nur aus einer Tonne bestehende Vorrichtung Fig. 14. Das Wasser in dem Kasten hat mit dem im Reservoir gleiche Höhe, weil Kasten und Reservoir communicirende Röhren bilden. Strömt aber Wasser in den Kasten, so muß auch die Höhe des Wasserstandes im Reservoir größer werden, und wenn dem letzteren nur eine gewisse Höhe gegeben wird, so wird das Wasser, welches sich über diese Höhe erhebt, über den Wänden des Reservoirs abfließen, und es wird im Kasten ein mit Luft ausgefüllter Raum zwischen dem Wasserspiegel und dem Deckel des Kastens vorhanden sein müssen. Fände auf der Wasserfläche in den Kasten, und auf der im Reservoir, ein gleich starker Luftdruck statt, so würden der Wasserstand im Kasten und im Reservoir eine gleiche Höhe haben. Auf der Wasserfläche in den Kasten drückt aber verdichtete Luft, und auf der im Reservoir nur die Atmosphäre. Der Wasserspiegel im Kasten wird daher in demselben Verhältniß tiefer stehen, wie der im Reservoir, in welchem die Verdichtung der Luft im Kasten zunimmt. Die Menge des über die Wände des Reservoirs abfließenden Wassers wird also, bei gleichbleibenden Quantitäten des durch die Lutten in die Kasten strömenden Wassers, und bei veränderter Pressung des Windes (durch Vergrößerung oder Verkleinerung der Düsenöffnung) beständig dieselbe bleiben müssen, und es wird sich nur die Höhe des Wasserstandes im Kasten nach der jedesmaligen Luftpressung abändern. Aber auch bei veränderten Wasserzuflüssen durch die Lutten wird alles in die Kasten strömende Wasser in derselben Zeit wieder aus dem Reservoir abgeführt werden, und es wird sich nur die Höhe des Wasserspiegels im Kasten nach der jedesmaligen Pressung der Luft verändern. Die Menge des zuströmenden und abfließenden Wassers kommt folglich nicht in Betracht, sondern es ist bloß die Höhe der Wassersäule, nämlich die Differenz des inneren und des äußeren Wasserspiegels, wodurch die Quantität und die Pressung des aus der Düse strömenden Windes bestimmt werden. Diese Einrichtung der Wassertrommelgebläse ist die einfachste und zugleich die vollkommenste. Große Reservoirs, welche zur Aufnahme von 4, 6 und mehren Kasten dienen, muß man nicht aus hölzernen Planken zusammensetzen, sondern massiv machen und die oberen Ränder zum Abfließen des Wassers mit Blech belegen. Die Bänke, auf welche der Wasserstrahl aus der Lutte fällt, müssen höher stehen, als das Niveau des Wassers im Reservoir. Man pflegt ihnen eine flache, kegelförmige Gestalt zu geben, so daß die Spitze des flachen Kegels gerade in der Axenlinie der Lutten steht, um die Zertheilung des Wasserstrahls zu befördern. Haben die steinernen Bänke einen großen Umfang, oder sind sie sehr schwer, so ruhen sie auf hölzernen Scheiben, welche auf mehren Punkten gut unterstützt sind. Zuweilen stellt man die Trommeln oder Kasten unmittelbar in den Wassergraben (Untergraben des Werkes), welcher zum Abfließen des Wassers bestimmt ist. Man bildet in dem Graben einen natürlichen Sumpf, welcher die hohl gestellten Trommeln, bei einer bestimmten Tiefe, aufnimmt.

§. 565.

Der einfache Mechanismus ist bei allen Wassertrommeln derselbe. Es lassen sich indeß, der Hauptsache nach, vier verschiedene Methoden unterscheiden, um mit dem Wasser zugleich auch Luft in die Lutten zu leiten.

Die erste Methode besteht darin, daß man der Wasserlutte oben eine kegelförmige Erweiterung, Fig. 27 und 29 Taf. V., giebt, welche ungefähr so groß ist, als der Umfang, den ein 10 bis 30 Fuß hoch in freier Luft herabstürzender Wasserstrahl hat, welcher von diesem Kegel aufgefangen werden soll. Der Kegel muß nicht allein breit, sondern auch hoch genug sein, um kein Wasser zu verschütten oder übergießen zu lassen. Mit dem Kegel steht die eigentliche Wasserlutte, welche in die Trommel oder in den Kasten führt, unmittelbar in Verbindung. Um den Ausfluß aus dem Trichter zu beschleunigen, giebt man der Wasserlutte gern die in Fig. 29 angegebene Gestalt; die Verengung ist nothwendig, um die Lutte durch das niederströmende Wasser zu schließen und der Luft von unten den Ausweg zu versperren. Zuweilen macht man die Trichter aus Eisenblech, und theilt das Gefälle so ein, daß man der Lutte mit dem Trichter die halbe, und dem frei hinabfallenden Wasserstrahl die andere halbe Fallhöhe giebt. Bei dieser Art von Wassertrommeln führt der aus der Höhe im Freien herabstürzende Wasserstrahl die Luft mechanisch mit sich fort, und treibt sie durch den Trichter in die Lutte, und dann in den Kasten. Sie erfordert ein hohes Gefälle, weil das Wasser bei einem geringeren Gefälle nicht Luft genug mit sich fortreißt. Wo man kein hohes Gefälle haben kann, wird eine andere Methode, Luft aufzufangen, angewendet. Man versieht das Gefluder mit einem sehr weiten Trichter (Fig. 28), dessen Umfang größer ist, als nothwendig wäre, um die Wassermasse, welche hinzuströmt, aufzufangen, wodurch man der Luft Gelegenheit giebt, mit in die Lutte einzuströmen. Weil das schwerere Wasser die Luft beim Hinabfallen immer vor sich hertreibt, und weil die Verengung des Trichters das Zurücktreten der Luft erschwert, so wird durch diese Vorrichtung eine Menge Luft in den Kasten geführt. — Diese beiden Constructionen der Wassertrommeln sollen an einigen Orten in Italien noch üblich sein, aber durch die folgenden beiden verbesserten Methoden, die Lutten zu construiren, immer mehr verdrängt werden. Beide Arten sind deshalb unvollkommen, weil die Zuleitung der Luft zur Lutte sehr unvollkommen ist und vom Zufall abhängt.

Eine dritte Einrichtung der Lutten, welche vorzüglich in den Alpenländern angewendet wird, besteht darin, daß dieselben mit dem Wassergefluder unmittelbar verbunden sind, und daß die Einflußöffnung immer vollkommen mit Wasser bedeckt ist, daß aber in einer geringen Entfernung unterhalb des Wassereinflusses Oeffnungen (Fig. 25) zum Einströmen der äußeren Luft angebracht sind. Erfahrungen sollen ergeben haben, daß der Effect bei gleichen Wasserzuflüssen und Fallhöhen größer ist, wenn die Einflußöffnung für das Wasser trichterförmig construirt wird und in die prismatische oder cylindrische, mit Löchern versehene Lutte in der Art hineinreicht, wie in der Zeichnung Fig. 26 dargestellt ist. Wahrscheinlich bewirken die anfängliche Zusammenziehung und die darauf folgende Ausbreitung des Wasserstrahls eine stärkere Zuströmung und eine vollkommnere Niederpressung der eingeströmten Luft. Auch will man beobachtet haben, daß ein größerer Effect bewirkt wird, wenn man den Trichter bei der Einflußöffnung des Wassers in der Lutte mit einem Siebe versieht, und das Wasser in viele Strahlen theilt; wahrscheinlich weil die Luft dann besser einströmen kann und mehr Gelegenheit findet, vom Wasser fortgerissen zu werden.

Die Löcher in der Lutte dienen aber nur bis zu einer gewissen Höhe zum Einströmen der Luft; tiefer gegen den Kasten bemerkt man keine Einströmung der atmosphärischen Luft durch die Löcher in die Lutte, und noch tiefer, in der Gegend des Kastens, strömt die Luft sogar aus den Oeffnungen, welche in der Lutte angebracht werden, aus, so daß die Flamme eines Lichtes oben von den Oeffnungen der Lutte, durch den Druck der äußeren Luft angezogen, unten durch die ausströmende dichtere Luft abgestoßen wird, in der Mitte aber ruhig fortbrennt.

Die vierte Art, die Lutten zu construiren, findet besonders in den Pyrenäen Anwendung, und besteht darin, daß die kegelförmig construirte Wasserlutte auf die gewöhnliche Art mit dem Gefluder verbunden ist, daß aber nach Umständen eine oder zwei konisch oder pyramidal gestaltete Luftröhren (trompilles), Fig. 23, in den Trichter der Wasserlutte gestellt werden. Die obere Mündung dieser Luftröhre ragt über dem Wasserspiegel hervor, und sie selbst reicht in die Lutte bis zur kegelförmigen Verengung derselben hinein. Diese Luftröhren dienen als Luftzuführungskanäle, um die durch den niedergehenden Wasserstrom mit fortgerissene Luft in der Lutte zu ersetzen. Man hat endlich auch beide Methoden der Luftzuführung durch Röhren und Oeffnungen mit einander verbunden, wie in der Zeichnung Fig. 24 angedeutet ist.

Ein vollständiges Bild von einem — gut eingerichteten — Wassertrommelgebläse gewähren die Zeichnungen Fig. 15—20, welche das Wassertrommelgebläse auf der Eisenhütte de Ria in den Ost-Pyrenäen darstellen, so wie die Herren le Blanc und Walter es mitgetheilt haben.

§. 566.

Wenn die Windleitungen aus den Kasten zu den Düsen nicht lang sind, so kommt die Luft sehr naß in die Form, weil die Luft mechanisch viel Wasser mit fortreißt. Um dies zu verhindern, läßt man die Luft erst durch einen etwas erweiterten

Raum gehen, in welchem sich das Wasser absetzt und in die Kasten zurückfließt. Das Wasser, welches von der Luft aufgelös't bleibt, scheint bei der Schmelzung nicht immer nachtheilige, zuweilen sogar vortheilhafte Wirkungen hervorzubringen. Nach Lewis soll der Effect der Trommelgebläse am größten sein, wenn unmittelbar mit der Wasserarche oder mit dem Gefluder ein cylindrisches Ansatzrohr verbunden wird, welches das Wasser in jede einzelne Lutte führt, wobei die Menge des niederfallenden Wassers durch eine Art von Schieber oder durch einen Stellkeil muß bestimmt werden können. Es sollen daher an der Arche eben so viel Ansatzröhren vorhanden sein, als die Anzahl der Lutten oder Trommeln beträgt. Diese Ansatzröhren müssen unten nicht offen, nämlich nicht ganz ohne Boden, sondern mit einer siebartigen Büchse versehen sein, welche nicht bloß auf der Grundfläche, sondern auch an den Seitenwänden dreieckige Oeffnungen erhält, so daß der Wasserstrahl nicht in einem Strom, sondern ganz zertheilt in die Lutte gelangt. Diese Oeffnungen würden also eigentlich die Stelle der Oeffnungen in der Lutte selbst — jedoch sehr unvollkommen — vertreten. — Lewis will ferner gefunden haben, daß ein Gefälle von 14 Fuß schon hinlänglich sei, Wind mit starker Pressung hervorzubringen, weshalb man, bei einem zu Gebot stehenden hohen Gefälle, z. B. bei 25 Fuß Gefälle, die vorhandene Wassermenge doppelt benutzen müsse. Es soll daher in solchem Fall das aus dem ersten Gefälle niedergefallene Wasser aus dem Kasten oder aus der Trommel in ein communicirendes Gefäß geleitet und dieses als ein zweites Gefälle oder als eine zweite Wasserarche behandelt werden. — Diese Bestimmung ist das Resultat sehr vieler Versuche und Erfahrungen, welche Lewis angestellt hat.

Aus den bisher bekannt gewordenen Angaben über die Wassertrommelgebläse scheint hervorzugehen, daß sie bedeutend mehr Wasser gebrauchen, als die mit einem Wasserrade betriebenen ledernen, hölzernen und eisernen Gebläse, die einen gleichen Effect leisten. Indeß empfehlen sich die Wassertrommeln in Gegenden, wo hohe Gefälle vorhanden sind, in allen Fällen, wo man kein kräftig wirkendes Gebläse nöthig hat, weil sie in der Anlage und in der Unterhaltung sehr wohlfeil sind.

Vergl. Ritter's Bemerk. über die Wirkungsart des Wasserdampfs der Klipstein'schen Maschine; in Scherer's A. Journ. d. Chemie; I. S. 436. — Lewis, on the blowing of Air into Furnaces by a Fall of Water; in seinem Commercium Philosophico-Technicum, 1763, und daraus in Gill's Technical Repository VIII. 167—174. 195—203. 307—313. 324—333. IX. 5—16. 77—82.

§. 567.

So einfach die Construction der Wassertrommelgebläse ist, so schwierig ist die Berechnung des Effects. Von der Fallhöhe, von der Weite der Lutten, von der Beschaffenheit des Wassers, welches mehr oder weniger Luft absorbirt hat, oder auch mehr oder weniger Luft, in Folge der vorhandenen Vorrichtungen, mechanisch mit sich fortreißt, hängt die Windmenge, welche die Wassertrommeln liefern, unmittelbar ab. Je höher die Lutte ist, desto größer wird die Geschwindigkeit des niederströmenden Wassers, desto stärker der Luftstrom, den es in der Lutte bewirkt, desto mehr Luft wird folglich auch hinzutreten können, um den verdünnten Raum immer wieder auszufüllen. Je vollkommener ferner die Luftzuführungsvorrichtungen sind, und je mehr die Weite der Lutten der Wassermasse angemessen eingerichtet ist, desto größer wird der Effect sein. Die Lutten dürfen nämlich nicht zu weit sein, weil dadurch ein zu geringer Luftstrom veranlaßt wird; wären sie zu eng, so würde der Wasserstrahl zu wenig vertheilt werden. Die Weite der Lutten muß also mit der Wassermasse, welche durch die obere Oeffnung einströmen kann, ohne dieselbe unbedeckt zu lassen, im Verhältniß stehen. Wie sehr die in dem Kasten zusammengedrückte Luft dem niedergehenden Luftstrome in den Lutten hinderlich ist, geht daraus hervor, daß die Einströmung der atmosphärischen Luft in die

Lutten nur oben stattfindet, unten aber ganz aufhört. Die Pressung, also auch die Geschwindigkeit der ausströmenden Luft, ist ganz allein von der Größe der Düsenöffnung (bei gleich bleibenden Wasserzuflüssen) abhängig, weil die äußere und die innere Wassersäule einander stets das Gleichgewicht halten, die innere also z. B. in demselben Augenblick höher steigen, oder durch die äußere Säule mehr in die Höhe gedrückt werden würde, in welchem der Kasten zufällig einen geringeren Ersatz von Wind aus den Lutten erhält. Das Wassertrommelgebläse wird daher einen ununterbrochenen Windstrom von fast gleicher Geschwindigkeit und Pressung liefern, so lange die Wasserzuflüsse unverändert bleiben.

Schauplatz der Künste und Handwerker. Herausg. von Justi. II. 95 u. f. — Lewi's Zusammenhang der Künste. I. 417—512. II. 518—525. — v. Peyrouse, Abhandl. über die Eisenbergwerke und Eisenhütten in der Grafschaft Foix, übers. v. D. L. G. Karsten. Halle, 1789. S. 91—107. — Muthuon, traité des forges, dites catalanes. Turin, 1808. p. 39—44. — Grignon, mémoire sur les soufflets des forges à fer; in dessen Mémoires de physique sur l'art de fabriquer le fer, p. 192 etc. — Ueber das Gebläse bei Eisenhämmern durch den Fall des Wassers, von Barthez; in v. Crell's neust. chem. Archiv. I. 193. — Abhandlung über das Wassergebläse und dessen Verbesserungen. Ein Anhang zum 3ten Heft der Notizen und Bemerk. über den Betrieb der Hohöfen und Rennwerke; von F. A. v. Marcher. Klagenf. 1810. — Venturini, Theorie der Wassertrommelgebläse; in Gilbert's Ann. des Phys. III. 130—142. (Eine sehr schätzbare Abhandlung.) — Beaunier et Gallois, expériences faites sur les trompes de la fonderie de Poullaouen, im Journ. des mines. Nr. 91. p. 37—48. Im Auszuge übersetzt und mit Zusätzen u. Bemerk. von den Herren Nicholson und Gilbert bereichert; in Gilbert's Ann. des Phys. XXVIII. 377—396. — Thibaud und Tardy, über die Wirkung der Wassertrommelgebläse in den Schmiedefeuern zu Vic-Dessos; Archiv u. s. f.

VIII. 303 u. f. — Richard, études sur l'art d'extraire immédiatement le fer de ses minerais sans convertir le métal en fonte. Paris, 1838. p. 169.

Von dem Kettengebläse.

§. 568.

Wenn die in den Trommeln der Wassertrommelgebläse angesammelte Luft schon einen gewissen Grad von Pressung erhalten hat, bleiben die zwischen den Wassertheilen in den Lutten befindlichen Lufttheile, von oben bis unten in der Lutte, noch mit einander in Verbindung. Zwar findet durch die Pressung von unten eine relative Bewegung der Luft, zwischen den Wassertheilen hindurch, nach oben statt; aber diese Bewegung wird, wegen der Adhäsion, durch die Fallgeschwindigkeit des Wassers überwältigt. Die Lufttheile werden dadurch mit nach unten fortgerissen, und zwar so, daß die niedergehende Bewegung des Wassers immer mit einer größeren Geschwindigkeit, als die der Luft, stattfinden wird. Je größer die Räume zwischen den hinabfallenden Wassertheilen sind, desto leichter und geschwinder wird die relative Bewegung der Luft zwischen den Wassertheilen hinauf stattfinden, desto geringer ist folglich die mögliche Pressung der untersten Luft. Geringere Zwischenräume zwischen den vermehrten Wassertheilen verursachen mehr Adhäsion, können also auch einer größeren Luftpressung von unten widerstehen. Es kann daher das mit Luft gemengte Wasser keinen so großen Effect geben, als wenn dieselben Quantitäten Wasser und Luft in abgetheilten Schichten dergestalt in die Lutten hinabfallen könnten, daß die Luftschichten in gleicher Geschwindigkeit mit den Wasserschichten niedergetrieben werden. Bei dem Wassertrommelgebläse sind aber die Geschwindigkeiten der Luft- und der Wassermassen beständig verschieden, und die des Wassers ist immer die größere. Dies Verhalten des in senkrechten Lutten frei niederfallenden Wasserstrahls hat Hrn. Henschel wohl Veranlassung gegeben, das gewöhnliche Wassertrommelgebläse dadurch zu verbessern, daß, statt der hölzernen Lutten, eine luftdichte gegossene eiserne Röhre, nach der Form der Kettenlinie gebogen, angewendet wird, durch welche eine frei hängende und mit Scheiben versehene Kette dergestalt hindurch geführt ist, daß der Abstand oder die Entfernung zwischen je zwei Scheiben mit den Seitenflächen der Röhre Zellenräume bildet, welche theils mit Wasser, theils mit Luft angefüllt werden. Das auf die Scheiben strömende Wasser dient nicht bloß zur Liederung und um die Luftschichten in den Kasten zu führen, mit dessen Deckel die Röhre in Verbindung steht, sondern auch zugleich dazu, die Kette in Bewegung zu setzen. Man nennt dieses Gebläse, dessen Effect bedeutend größer ist, als der der gewöhnlichen Wassertrommeln, das Henschelsche oder auch das Kettengebläse. Die Zeichnungen Fig. 11—15 Taf. VII. stellen dasselbe in der Ansicht und mit den erforderlichen Details dar.

Die Kette mit ihren Scheiben oder Kolben ist über einem eisernen Leitrade aufgehängt und bildet eine Kette ohne Ende, welche auf der einen Seite des Leitrades durch die eiserne Wasserfallröhre geführt ist, auf der anderen Seite desselben aber, auf welcher sie die aufsteigende Bewegung macht, frei herabhängt. Der Kasten, welcher die Stelle des Kastens oder der Trommel bei den Wassertrommelgebläsen vertritt, ist von gegossenem Eisen. Er hat die in der Zeichnung angegebene Einrichtung, und steht dergestalt in einem Wasserbassin, daß die Scheiben (Kolben) der Kette, indem sie ihre aufsteigende Bewegung antreten, alle Luft in dem Kasten zurücklassen. Aus diesem Kasten wird die Luft durch die mit dem Deckel desselben luftdicht verbundene Röhre zu der Düse geleitet. Die Scheiben an der Kette dienen also auch dazu, die im Wasserfallrohr über einander geschichtete Luft- und Wassersäulen von einander zu trennen, damit sich die Luft, bei der geringeren Geschwindigkeit als der des freien Falles, nicht mit dem Wasser vermischen und nach oben entweichen kann. Könnte man abgetheilte Wasserschichten, mit den Luftschichten abwechselnd, für sich geschlossen, in die Fallröhre hinabgehen lassen, so würde es keiner Kette, folglich keines Gewichtes bedürfen, und es würden keine Abnutzungen und Reibungen entstehen, um die Luftschichten in den Sammelkasten treten zu lassen. Die Scheiben oder Kolben an der Kette werden aus zweitheiligen Klappen gebildet, welche, bei der niedergehenden Bewegung in der Wassereinfallröhre, auf Stegen ruhen und als Liederungskolben für das niederströmende Wasser dienen. Bei der aufsteigenden Bewegung der Kette schlagen sich die Klappen von selbst, nämlich durch ihr eigenes Gewicht, von den Stegen zurück, und hängen an den Charnieren frei herab. Diese Einrichtung ist deshalb nöthig, damit die Kolben oder Scheiben, beim Eintauchen in das Wasser des Sammelkastens, bei der niedergehenden Bewegung, und beim Wiederaufsteigen über dem Wasserspiegel bei der aufsteigenden Bewegung, keinen Widerstand leisten oder sich wohl gar mit Wasser füllen. So wie die Kolben bei der aufsteigenden Bewegung die Höhe des Leitrades erreicht haben und nun die niedergehende Bewegung wieder beginnen, schlagen sich die Klappen durch ihr eigenes Gewicht wieder zusammen und bilden so die Kolben- oder Scheibenfläche, welche in die Wasserfallröhre tritt, um die Zellenräume zur Aufnahme der Luft- und Wasserschichten abzutheilen. Die Zeichnung Fig. 13 ist die obere Ansicht eines Kolbens oder einer Scheibe, in welcher jedoch nur eine Klappe angegeben ist, wie sie auf dem Stege ruht. Fig. 12 ist die untere Ansicht des Steges. Fig. 14 ist der Durchschnitt von der Ansicht der Kette, wenn sie die aufsteigende Bewegung macht, woraus die Verbindung des Kolbens (oder des Steges mit seinen Klappen) mit der Kette zu ersehen ist. Fig. 15 ist der Durchschnitt von der Ansicht der Kette in dem Augenblick, wo sie ihre niedergehende Bewegung macht, ebenfalls in Verbindung mit den Stegen, jedoch mit zurückgeschlagenen Klappen, welche, um sich besser an den Kettencylindern anzuschließen, mit bauchförmigen Vertiefungen (Fig. 13 a.) versehen sind. Die Klappen sind aus dünn ausgetriebenem Eisenblech angefertigt.

Wenn die Kette in Bewegung gesetzt werden soll, wird das Aufschlagewasser in die obere Oeffnung der Wassereinfallröhre geleitet, durch welche die Kette mit ihren Scheiben durchgeführt ist. Die nächste unter der Wasserzuflußöffnung befindliche Scheibe nimmt das Wasser auf, wird durch dasselbe in der Röhre niedergedrückt und setzt auf diese Weise das Leitrad in Bewegung, welches, wegen der gleichzeitigen Bewegung der ganzen Kette, eine neue Scheibe an die Stelle der niedergedrückten unter die Wasserzuflußöffnung bringt, die ebenfalls mit Wasser bedeckt, dadurch niedergedrückt, durch die nächstfolgende ersetzt wird u. s. f. Es gehen auf diese Weise Zellenräume aus der Wasserfallröhre in den Sammelkasten nieder, die unten mit Wasser und oben mit Luft angefüllt sind. Das Wasser ergießt sich in den Sammelkasten, und wird durch die den Untergraben bildende Wasserleitung abgeführt. Die Luft wird durch den Wasserspiegel in dem Sammelkasten zurückgehalten und verdichtet. Die Größe der Verdichtung ergiebt sich aus der Höhe der Wassersäule, nämlich aus der Differenz der Höhen der Wasserspiegel im Sammelkasten und in dem mit demselben communicirenden Bassin, welches hier der Untergraben oder der Wasserabflußgraben selbst ist. Die Verdichtung wird um so größer sein müssen, je mehr Zellen sich in einer bestimmten Zeit ausleeren, und je geringer zugleich die Oeffnung der Düse ist, aus welcher der Wind ausströmt.

Man hat von diesem Gebläse, welches in der Anlage nicht sehr kostbar und in der Unterhaltung ziemlich wohlfeil ist, bei einigen Hohöfen, welche mit Holzkohlen betrieben werden, so wie auch bei mehren Frischfeuern, mit Erfolg eine Anwendung gemacht. Weil mit der Vorrichtung sehr wenig Reibung auf den Zapfen des Leitrades verbunden ist, so läßt sich erwarten, daß der Nutzeffect mit dem Krafteffect in einem günstigen Verhältniß steht. So einfach die Maschine auch ist, so schwierig wird es doch, diejenigen Dimensionen, welche bei einem gegebenen Gefälle und bei einer bekannten Menge von Aufschlagewasser den größten Effect leisten, durch Rechnung zu bestimmen. Die Weite der Wasserfallröhre, nämlich der Durchmesser der Scheiben, dürfte vielleicht mit der Wassermenge in einem graden, und mit der Höhe des Gefälles in einem umgekehrten Verhältniß stehen. Die Anzahl der Scheiben, oder vielmehr die Entfernung der Kolbenflächen von einander, kann ebenfalls nicht gleichgültig sein, indeß sind diese Bestimmungen bis jetzt nur auf dem Wege der Erfahrung gemacht worden.

F. K. L. Koch, über das Ketten-Gebläse; in dessen Schrift: Versuche und Beobachtungen über die Geschwindigkeit und Quantität verdichteter atmosphärischer Luft, welche aus Oeffnungen von verschiedener Construction und durch Röhren ausströmt. Göttingen, 1824. S. 177 u. f.

§. 569.

Die Betrachtung, daß das, mit einer gewissen zunehmenden Geschwindigkeit niederfallende Wasser, wenn es in bestimmten Abtheilungen fällt und in diesen Schichten geschlossen bleibt, auch auf die, vor diesen Abtheilungen befindlichen Luftmassen, sobald sie nicht ausweichen können, seine volle Kraft ausüben und die Luftschichten vor sich hertreiben muß, veranlaßten Hrn. Althans zur Ausführung eines Gebläses, welches von ihm das Rotations-Wassersäulengebläse genannt worden ist. Bei dem ersten kleinen, zum Versuch gebauten Gebläse stehen 6 senkrechte Röhren, von etwa 7 Fuß Höhe, in einem Kreise dergestalt neben einander herum, daß über denselben ein gemeinschaftlicher ringförmiger Trichter gebildet ist, welcher zwischen jedem Röhrenpaare oben scharfe Scheidewände hat. Von da geht jedes Rohr in einer solchen zusammengezogenen Gestalt hinab, wie sich z. B. eine frei senkrecht ausgegossene zähe Flüssigkeit (Oel, Theer) gestaltet. Diese Form wird nach der freien Fallgeschwindigkeit berechnet. Unten sind sämmtliche Röhren, auf eine ähnliche Art wie das Rohr des Wassertrommelgebläses, mit einem Windkasten in Verbindung gesetzt, aus welchem Wind und Wasser eben so abgeführt werden. Oben über dem gemeinschaftlichen ringförmigen Trichter ist ein Wasservertheiler angebracht, welcher sich am leichtesten durch die Gestalt eines breiten Schneckenhauses versinnlichen läßt. Man denke sich die Axe desselben senkrecht an einer drehbaren Spindel befestigt, die Mündung der äußeren Windung seitwärts und wenig nach unten, die Mittelspitze nach oben gekehrt und die mittleren Windungen nach oben offen, so daß durch einen da einmündenden Trichter von der Schütze her eine beliebige Menge Wasser in den Wasservertheiler eingeführt werden kann; so wird dieses, durch die Schneckenwindung ausfließende Wasser den Wasservertheiler von der Mündungsrichtung rückwärts um die, gehörig in Zapfenpfannen laufende Axe herumtreiben, und sich über die einzelnen Röhren beständig im Kreise herum ergießen. Dadurch erhält jedes Rohr $\frac{1}{8}$ der ganzen Wassermenge, welches für jedes einzelne Rohr in so oft wiederholten, durch die im ringförmigen Trichter befindlichen scharfen Scheidewände abgeschnittenen, Aufgießungen erfolgt, als Umdrehungen des Wasservertheilers stattfinden. Der Zeitraum zwischen je zwei auf einander folgenden Aufgießungen dient dazu, daß jeder im Rohre hinabfallenden Wassermasse eine Luftmasse nachfolgt, welche von der nächstfolgenden Aufgießung abgeschlossen wird u. s. f., so daß jedes Rohr mit einer Kette von über einander liegenden Luft- und Wasserschichten gefüllt ist, welche durch die Fallkraft des Wassers beständig zum Windkasten hinabgetrieben wird.

Versuche mit einem, nach diesem Princip im Großen erbauten Gebläse haben die Vorzüge desselben vor dem Kettengebläse jedoch noch nicht erwiesen, vielleicht weil die Luftschichten nicht, wie vorausgesetzt wird, durch die nachfolgenden Wasserschichten vollkommen hinabgedrückt werden, sondern weil das Wasser zum Theil durch die Luftschichten im Fallrohre hindurch fällt, ohne sie vor sich her zu treiben. Bei dem Kettengebläse wird die ganze Fallhöhe eines Wassergefälles auf die beste Weise durch die abwechselnd unter einander in einem Rohre hinabgehenden, abgeschlossenen Luft- und Wassersäulen benutzt, indem das Wasser zugleich als Kraft und als Kolbenliederung auf den Kettenscheiben angewendet wird. Mit geringen Gefällhöhen sind jedoch nur geringe Pressungen zu erreichen; dagegen würden mit hohen Gefällen starke Pressung und, — bei gehöriger Wassermenge, — auch großes Windquantum erzielt werden können, wenn die mit Scheiben versehene, besonders bei hohen Gefällen sehr lange und schwere Kette, nicht so wandelbar und zerbrechlich wäre. Die beständige Bewegung der Gelenke der Kettenglieder verursacht die Ausreibung derselben und Brüche, wobei die ganze Kette plötzlich hinabstürzt.

Deshalb sowohl, als auch weil bei großen Dimensionen und bei starken und schweren Ketten die Reibung sehr bedeutend wird, dürfte das Kettengebläse nur in solchen Fällen von Nutzen sein, wo kein stark gepreßter Wind und kein sehr großes Windquantum erfordert werden.

Von den mit Wasser geliederten Kastengebläsen.

§. 570.

Das sogenannte Glockengebläse ist das einfachste Gebläse dieser Art, dessen Mechanismus schon oben (§. 561) erwähnt ist. Herr J. Baader hat diese Art von Gebläsen in neueren Zeiten wieder in Erinnerung gebracht, und mehre von der Konstruction der Cylindergebläse entlehnte Verbesserungen dabei angewendet, indeß ist dies Gebläse für erforderliche starke Windpressungen nicht anwendbar. Der Gewinn, welcher durch verminderte Friction der Kolbenliederung entsteht, wird durch andere Mängel der Maschine reichlich wieder aufgewogen, besonders dadurch, daß sich ein großer schädlicher Raum, der mit verdichteter Luft ausgefüllt bleibt, nicht vermindern läßt. In einem mit Wasser zum Theil angefüllten Gefäß **A**, bewegt sich ein zweites **B** dergestalt auf und nieder, daß zwischen dem Deckel des Gefäßes B und der Oberfläche des Wassers, ein von allen Seiten durch die Wände des Gefäßes B und durch die Wasserfläche begränzter Raum bleibt, welcher mit Luft angefüllt ist, die beim Niederdrücken des Gefäßes gegen die Fläche des Wassers zusammengedrückt wird, und aus einem über der Wasserfläche liegenden Ventil entweicht. Bei dem Aufsteigen des Gefäßes B öffnet sich ein anderes, über der Oberfläche des Wassers hervorragendes Ventil, um wieder atmosphärische Luft unter den Deckel des Gefäßes treten zu lassen, die dann abermals ausgepreßt wird. Der eigentliche Blasekasten B soll entweder in Frictionsrädern (Rollen), oder in Leitungen, auf und nieder bewegt werden Soll die bewegende Kraft so wirken, daß der an dem Blasekasten befestigte Kolben nicht von oben niedergedrückt, sondern nach unten niedergezogen wird, so muß in dem Wasserbehältniß A noch eine wasser- und luftdichte Röhre angebracht werden, in welcher sich der Kolben, wie in einer langen Stopfungsbüchse, auf und nieder bewegt. — Man mag indeß die Ventile zum Ein- und Auslassen der Luft anordnen wie man will, so läßt sich doch ein großer schädlicher Raum niemals vermeiden, wenn auch Hr. Baader, bei seinen neuesten Verbesserungen dieser alten Gebläsevorrichtungen, auf die möglichste Verminderung des schädlichen Raums vorzugsweise Rücksicht genommen hat, besonders dadurch, daß er die Oberfläche des Wasserspiegels unter dem Gebläsekasten möglichst vergrößert und den Zwischenraum zwischen A und B verkleinert hat. Die Gestalt der Kasten ist gleichgültig. Hr. B. schlug zuerst hölzerne Cylinder vor; später hat er den aus eisernen Platten zusammengesetzten Kasten den Vorzug gegeben. Das Verdampfen des Wassers macht es nothwendig, regelmäßig täglich nachzusehen, daß es den gehörigen Stand behält, weil sonst der schädliche Raum vergrößert werden würde. An mehren Orten hat man diese Art von Gebläsen mit Erfolg angewendet; indeß ist ihre Wirkung immer nur mit der von unvollkommenen Gebläsen verglichen.

J. Baader, Beschreibung eines neu erfundenen Gebläses, Göttingen 1794. — Bemerkungen über die Erfindungen eines durch Wasser geliederten Gebläses; in v. Crell's Annalen f. 1794, II. 332—346. — Ueber die von diesen Gebläsen wirklich geleisteten Dienste ist nachzusehen: v. Moll's Annalen der Berg- und Hüttenkunde, I. 3te Lief. S. 30. und II. 2te Lief. S. 350. — A. F. Lüdicke, Bemerkungen über das hydrostatische Cylindergebläse des Hn. Baader; in Gilbert's Ann. d. Phys. I. 1—10. Sur la machine soufflante hydraulique d. Mr. Baader; im Journ. des mines, Nr. 169. p. 51 bis 54 (enthält die neueste Construction).

Von dem Tonnengebläse.

§. 571.

Eine genaue Beschreibung von diesem Gebläse hat Hr. D'Aubuisson gegeben. Die durch die Zeichnungen Fig. 3 bis 6 Taf. VIII. dargestellte Maschine besteht aus zwei gewöhnlichen Tonnen, welche mit eisernen Bändern umgeben sind und 5½ Fuß im Durchmesser und 4 Fuß Höhe oder Länge haben. Sie liegen horizontal und bewegen sich um zwei Zapfen, welche sich in der Richtung der verlängerten Axe der Tonne oder Cylinder befinden. In jeder dieser Tonnen ist ein hölzerner Scheider, welcher von dem unteren Umfange der Tonne noch 14 bis 15 Zoll entfernt ist und den inneren Raum der Tonne in zwei gleiche Abtheilungen theilt. Der vordere, nämlich der nach der Düse hin liegende Boden der Tonne hat zwei Oeffnungen, welche mit Klappenventilen versehen sind, deren Bestimmung es ist, den Wind aus den beiden Abtheilungen ausströmen zu lassen. Der andere, von der Düse abwärts gekehrte Boden, hat ebenfalls zwei Oeffnungen mit Ventilen, zum Einlassen der atmosphärischen Luft. Auf der oberen Fläche einer jeden Tonne befindet sich eine fest verspundete Oeffnung, durch welche Wasser in die Tonnen gegossen werden kann. Um das Wasser nach Belieben ablassen zu können, ist unten am Boden einer jeden Tonne ein Hahn angebracht. Wenn sich die Maschine im Gange befindet, ist jede Tonne zur Hälfte mit Wasser angefüllt. Die beiden Auslaßventile einer und derselben Tonne sind durch eine Röhre von Kupferblech mit einander verbunden. Diese Röhre (Fig. 4. 6) umschließt oder umgiebt mit ihrer großen, trompetenartigen Mündung die beiden Auslaßventile; die kleinere Oeffnung steht vermittelst eines ledernen Schlauches mit der Düse in Verbindung. Damit diese Oeffnung bei der Drehung der Tonnen auf ihren Zapfen stets in der Richtung der verlängerten Achsenlinie der Tonnen bleibt, hat das Rohr, wie die Zeichnung es darstellt, eine knieförmige Biegung erhalten, welche mit dem Bogen, den die Ventile bei der Drehung der Tonne beschreiben, im Verhältniß stellt. Die Zeichnung Fig. 4 zeigt den schon erwähnten ledernen Schlauch, welcher an dem einen Ende mit der kleinen Oeffnung der Röhre, und an dem anderen Ende mit einer Röhre (von Weißblech) in Verbindung steht, welche den Wind in einen kleinen Sammelkasten führt, aus welchem er dann in die Düse geleitet wird.

Die drehende Bewegung der Tonnen wird vermittelst eiserner Bläuelstangen bewerkstelligt. Von diesen Stangen ist die eine mit dem vorderen Boden der einen, und die andere Stange mit dem hinteren Boden der anderen Tonne, vermittelst eines einfachen Zapfens, befestigt. Das andere Ende beider Bläuelstangen steht mit der Warze an einem Rade in Verbindung, welches in ein anderes, kleineres, unmittelbar an der Welle des Wasserrades befindliches Stirnrad eingreift, wodurch eine Krummzapfenbewegung hervorgebracht wird. Das Wasserrad liegt in der Mitte zwischen beiden, an seiner Achse befestigten kleinen Stirnrädern. Die Höhe des Krummzapfens steht mit dem Umfange der Tonnen in einem solchen Verhältniß, daß, während eine Achsendrehung des Krummzapfes erfolgt, die Tonne nur eine vor- und rückgehende Bewegung von 120 Graden macht, so daß jede Tonne, bei dem Gange der Maschine, genau um den dritten Theil ihres

Umfanges auf ihrem Zapfen hin und her gedreht wird, und der Scheider in derselben (Fig. 5) bei 30 Graden seine schwächste Neigung gegen den Horizont erreicht. In Folge dieser Drehung wird der lederne Schlauch bald nach der einen, bald nach der anderen Seite gewendet; der übrige Theil der Maschinerie behält unverrückt seine Lage. Wenn die Tonne in Bewegung gesetzt wird, so behält das darin befindliche Wasser zwar das horizontale Niveau, allein es steigt in der einen Abtheilung in die Höhe, oder vielmehr es nähert sich der Scheider in der einen Abtheilung der Oberfläche des Wassers, während er sich in der anderen davon entfernt. Die in der Abtheilung befindliche Luft, welche zwischen den Wänden der Trommel, des Scheiders und der Oberfläche des Wassers eingeschlossen ist, wird also zusammengedrückt und in Folge dieses Druckes ihre Elasticität vergrößert. Sie stößt daher das Anlaßventil auf, tritt in die vorhin erwähnte Röhre, und aus dieser in die Düse. Gleichzeitig entsteht in der anderen Abtheilung a ein verdünnter Raum, so daß die atmosphärische Luft durch die Einlaßventile eindringen kann. Bei der nun folgenden Drehung wird die in den Raum a eingedrungene atmosphärische Luft verdichtet, und aus dem Auslaßventil ausgestoßen, wogegen wieder atmosphärische Luft in den Raum b dringt u. s. f. Bei jeder Drehung strömt also aus einer von den beiden Abtheilungen einer jeden Tonne ein Volumen Luft, gleich der Differenz des Inhalts einer Abtheilung beim Anfange des Oeffnens der Einlaßventile, und des Inhalts beim Schluß des Einströmens, vorausgesetzt daß beide Luftvolumina auf einen und denselben Grad der Dichtigkeit zurückgeführt werden. Bei jeder Tonne bläs't eine Abtheilung etwas früher aus, als die andere mit dem Ausblasen aufgehört hat. Weil nämlich die Bläuelstangen in der Art angebracht sind, daß eine Tonne eine Drehung von 15 Graden zurückgelegt hat, wenn die andere sie so eben beginnt, so erhält man einen ziemlich ununterbrochenen und gleichmäßigen Luftstrom.

Das Tonnengebläse ist sehr einfach, wenig kostbar in der Anlage und Unterhaltung, und erfordert keine unterrichtete Arbeiter. Das Wasser bewirkt eine vollständige Liederung ohne merkliche Reibung, und es ist nur eine geringe bewegende Kraft erforderlich. Aber der Nutzeffekt ist, wegen des sehr großen schädlichen Raumes, aus welchem der Wind nicht fortgeschafft werden kann, sehr geringe, indem ein Theil der bewegenden Kraft bloß dazu verwendet werden muß, die Luft wechselsweise zusammen zu drücken und wieder auszudehnen, ohne einen nutzbaren Effekt hervorzubringen. Das Gebläse ist daher auch nur in solchen Fällen anwendbar, wo keine bedeutende Windpressung und auch keine bedeutende Windmenge gefordert werden. Ein stark gepreßter Wind läßt sich dadurch auch nicht hervorbringen, weshalb das Gebläse nur bei Wärm- und Raffinir-Feuern, so wie bei kleinen Frischheerden anwendbar ist.

D'Aubuisson, Beschreibung und Prüfung des Tonnen-Gebläses; Archiv u. s. f. IX. 435—451.

Von den Ventilatorgebläsen.

§. 572.

Sehr verschieden von der Wirkungsart der eben betrachteten Gebläsevorrichtungen, sind die sogenannten Ventilatorgebläse, welche wirklich die Einrichtung der bekannten Luftventilatoren besitzen. Durch einen, aus Eisenblech zusammengesetzten Kasten, — welcher, im Verhältniß zu seiner Höhe und Länge, nur eine geringe Breite besitzt, — ist, etwa in der Mitte seiner Höhe, eine Welle gelegt, an welcher sich Flügel von Eisenblech befinden, die durch den Umschwung der Welle in eine außerordentlich schnelle Bewegung gesetzt werden. Die Zeichnungen Fig. 7—9 Taf. VIII, welche ein kleineres, und Fig. 10—12, welche ein größeres Ventilatorgebläse darstellen, geben einen deutlichen Begriff von dem einfachen Mechanismus dieses Gebläses. Die

Welle muß 800—1200 Umdrehungen in der Minute machen, damit die Windflügel die in den Kasten einströmende Luft aus der Oeffnung austreibt, welche, mittelst Röhren von Eisenblech, mit der Düse, oder überhaupt mit demjenigen Punkt kommunicirt, zu welchem der Wind geleitet werden soll. Um die atmosphärische Luft, welche durch die rasche Bewegung der Flügel ununterbrochen aus dem Gehäuse des Gebläses ausgetrieben wird, wieder zu ersetzen, läßt man sie entweder durch die durchlochte Welle in das Gehäuse einströmen, oder man versieht, bei größeren Ventilatoren, die Seitenwand des Gehäuses mit einer besonderen Einströmöffnung. Das cylindrische Gehäuse ist also, bis auf die beiden Oeffnungen, von welchen die eine die Luft fortführt und die andere mit der freien Atmosphäre kommunicirt, um die Luft in das Gehäuse eintreten zu lassen, vollkommen geschlossen. Bei der Bewegung der Flügel in dem Gehäuse ist ganz besonders zu berücksichtigen, daß die Axe der Welle, an welcher sich die Flügel befinden, mit der Axe des Gehäuses nicht zusammen fällt, sondern daß die Wellenaxe dergestalt aus dem Mittelpunkt des Gehäuses gerückt wird, daß die Flügel bei der Kreisbewegung um ihre Axe einen excentrischen Kreis innerhalb der Kreislinie des Gehäuses beschreiben. Wären beide Kreise concentrisch, so würde nur ein äußerst schwaches Ausströmen der Luft stattfinden können.

Man versieht diese Gebläse gewöhnlich mit einem Schwungrade. Die Bewegung wird der Welle durch eine einfache Kurbel, oder durch Riemenscheiben mitgetheilt, wenn irgend eine vorhandene Kraft das Gebläse gelegentlich mit betreiben soll, oder wenn man durch diese Kraft eine Anzahl von solchen Gebläsen in Betrieb setzen will. Für ein einzelnes Gebläse reicht eine Kurbel hin, welche durch Menschenkraft bewegt wird.

Diese Gebläse können eine große Menge Wind liefern, jedoch nur von schwacher Pressung. In der Anwendung sind sie sehr bequem, indem sie transportabel sind, wenig Anlagekosten, wenig Unterhaltungskosten und geringe bewegende Kräfte erfordern. Man bedient sich dieser Gebläse schon mit Erfolg bei den

Kupolöfen. Auch für Schmiedefeuer würden sie gute Dienste leisten, besonders aber können sie Anwendung bei dem Betriebe der Flammenöfen finden, denen man nicht durch natürlichen Luftzug, sondern durch ein Gebläse, den Wind zuführen will. Als Exhaustoren sind sie ganz besonders zu empfehlen, indem sie einen Ersatz für hohe Essen leisten, in welchem Fall die Einrichtung so getroffen wird, daß die Ausströmöffnung mit der Atmosphäre kommunicirt und die beim Verbrennen durch natürlichen Luftzug sich entwickelnden Gase von dem Ventilatorgebläse angesaugt werden. Zu diesem Zweck wird die Einströmöffnung mit der niedrigen Esse der Feuerungsvorrichtung in Verbindung gesetzt und ein schneller Abzug des Rauches und der sich entwickelnden Gasarten, dadurch also auch ein rascheres Zuströmen der atmosphärischen Luft zu dem Brennmaterial bewirkt.

Annales des mines. 3 Série, VII. 295. XI. 89. — L'Institut No. 237. 13. Juli 1838. p. 224.

Von den ledernen Balgengebläsen.

§. 573.

Der Gebrauch der ledernen Balgengebläse ist so uralt, daß die ersten Spuren in der Geschichte nicht aufzufinden sind. Die ersten Einrichtungen müssen sehr unvollkommen gewesen sein, und bestanden aus zusammengenäheten ungegerbten Thierhäuten, welche zusammengedrückt und wieder ausgedehnt wurden. Schon zur Zeit der Homeriden waren die Blasebälge bekannt, und Theophrast erwähnt ebenfalls deren Gebrauch; die Konstruktion kennt man indeß eben so wenig, als die der Blasebälge, deren sich die Römer bedient haben. Noch zu den Zeiten von Agricola und Löhneys kannte man nur lederne Balgen, und selbst jetzt leisten die guten Balgengebläse bei vielen metallurgischen Operationen noch vortreffliche Dienste.

Reitemeier, Geschichte des Bergbaues und Hüttenwesens bei den alten Völkern, S. 78 u. f. 123 u. f.

§. 574.

Die Einrichtung des gewöhnlichen, einfachen, ledernen Balgen, welche die Zeichnungen Fig. 2 und 3 Taf. VI. darstellen, ist allgemein bekannt. Der Balgen besteht aus einem hölzernen Boden und einem hölzernen Deckel, aus dem sogenannten Balgenkopf und aus dem Leder, welches jene drei Theile umgiebt. Boden und Balgenkopf sind fest mit einander verbunden, und häufig sogar aus einem Stück Holz angefertigt. Das Leder wird auf eine einfache Weise, mit ledernen Riemen, an dem Deckel, Boden und Balgenkopf dergestalt festgenagelt, daß sich der Deckel gegen den Boden bewegen läßt. Im Boden befindet sich ein Ventil, welches ein gewöhnliches Klappventil ist, und aus steifem Leder oder aus trocknem und leichtem Holz besteht und unten, wo es auf den Boden aufschlägt, mit Wolle gefüttert ist. Diese Einrichtung der Ventile findet überhaupt bei allen Balgengebläsen statt. Durch den Balgenkopf ist ein Loch gebohrt, welches die zusammengepreßte Luft aus dem Balgen in die mit dem Balgenkopf verbundene Düse führt. Die biegsamen Lederwände dehnen sich aus, wenn der Deckel in die Höhe geht, und legen sich in Falten, wenn der Deckel gegen den Boden gedrückt wird. Das Aufsteigen des Deckels wird durch die in dem Balgen zurückbleibende verdichtete Luft und durch das Einströmen der atmosphärischen Luft durch das im Boden befindliche Einlaßventil bewirkt. Es ist daher nur eine Kraft erforderlich, um den Deckel gegen den Boden zu drücken und die aufgefangene atmosphärische Luft aus der Düse zu pressen. Diese Kraft wirkt entweder unmittelbar oder durch angebrachte Zugstangen, Druckdaumen u. s. f. auf den Deckel, oder auf das an demselben befestigte Drückholz. Je näher der Deckel gegen den Boden gedrückt werden kann, oder je niedriger der Balgenkopf ist, desto vollständiger wird die Luft ausgepreßt.

Nicht allein bei kleinen Handblasebalgen, sondern auch bei großen Balgen, welche eine geringe Hubhöhe haben und sehr schnell wechseln, überläßt man es dem Leder, sich von selbst in Falten zu werfen. Bei Balgen, die nur langsam wechseln oder bei denen man nicht starke Häute, sondern schwächeres Leder anwendet, befördert man den Faltenwurf dadurch, daß man mehre hölzerne Rahmen mit dem Balgenkopfe, nach Art wie Fig. 1 darstellt, verbindet, so daß sich die Rahmen beim Balgenkopfe in Charnieren bewegen können. Die Rahmen werden dann unter einander mit dem Boden und mit dem Deckel des Balgen durch Leder verbunden. Diese Einrichtung ist bei Hüttengebläsen indeß wenig gebräuchlich, und selbst die größeren Balgen zum Probiren haben nur hölzerne Reifen, um welche das Leder gespannt ist, damit der Faltenwurf leichter und in einer gewissen Ordnung erfolge.

Die Gestalt der Balgen ist zwar gleichgültig, und man kann dem Boden und dem Deckel eben so gut die Gestalt eines Rechtecks, als die eines Dreiecks oder einer kreisrunden Scheibe geben; indeß ist die Form der gleich breiten Balgen beim ledernen Blasebalg nicht bequem, sondern man wendet fast immer Spitzbalgen an, die außerdem auch weniger Raum einnehmen. Runde Scheiben für die Deckel und Boden, wodurch der aufgeblasene Balgen das Ansehen eines Cylinders erhält, sind, wo die Oertlichkeit es zuläßt, am mehrsten zu empfehlen, weil das Leder leichter zu befestigen ist und sich besser faltet. Daß die untere Fläche eben so gut die bewegliche sein kann, als die obere, und daß es für den Erfolg ganz einerlei ist, welche von den beiden Flächen, nach den vorhandenen örtlichen Verhältnissen, die unbewegliche ist, bedarf keiner Erwähnung.

§. 575.

Ein ununterbrochenes Ausströmen der Luft aus der Düse kann bei dem einfachen ledernen Balgen nicht stattfinden. Durch die Ausdehnung des Balgen würde die Verdünnung im inneren Raume desselben so groß werden, daß die atmosphärische Luft durch die Düse einzutreten genöthigt wäre, wenn das Einlaßventil nicht hinreichend leicht und groß ist. Dennoch würde das Eintreten der Luft durch die Düsenöffnung erfolgen müssen, weil die Luft dort den geringsten Widerstand findet, indem sie kein Ventil zu heben hat, wenn die Düse nicht in der Form läge, also mit erwärmter Luft umgeben wäre, die weniger dicht ist, als die kältere Luft, welche unter das Einlaßventil tritt, und wenn nicht stets verdichtete Luft, die nicht gänzlich ausgepreßt werden kann, zurückbliebe, durch welche das Eintreten der verdünnten erwärmten Luft erschwert wird. Das beständige Absetzen des Windstroms macht indeß den einfachen ledernen Balg zu den metallurgischen Schmelzprozessen wenig geschickt, wenn nicht wenigstens zwei Balgen vorhanden sind, von denen sich der eine öffnet, während der andere geschlossen wird. Die ledernen Gebläse für Schachtöfen und Schmelzheerde bestehen daher auch immer aus wenigstens zwei Balgen. Die Räume gestatten indeß nicht immer eine Vervielfachung der Vorrichtungen, und man bedient sich daher oft, und mit günstigem Erfolg, des sogenannten doppelten Blasebalgens, wie die Schmiede ihn anwenden, um mit einem einzigen Balgen einen ununterbrochenen Luftstrom hervorzubringen. Als Beispiel von einem solchen Doppelbalgen möge hier ein runder oder cylindrischer Balgen dienen, dessen Dimensionen so gewählt sind, daß er zum Betriebe eines Kupolofens gebraucht werden kann. Wie jeder Doppelbalgen, besteht er aus zwei einfachen Balgen, die unmittelbar mit einander verbunden sind, von denen aber nur der eine zum Auffangen der Luft dient, und der andere die verdichtete Luft aus dem ersten Balgen aufnimmt, um sie durch eine Ausströmöffnung der Düse zuzuführen. Aus den Zeichnungen Fig. 4—7 Taf. VI. ergeben sich die Einrichtungen des Balgen und der Mechanismus bei der Bewegung desselben ganz vollständig. Der Balgen ist auf eine einfache Weise in dem hölzernen Gerüst befestigt. Dem unteren Balgen, welcher die atmosphärische Luft aufnimmt, wird die Bewegung durch eine Zugstange a mitgetheilt, welche mit irgend einer bewegenden Kraft in Verbindung steht. Die eiserne

Stange b im Mittelpunkt des Deckels oder der Scheibe des oberen Balgen hat keinen anderen Zweck, als das Aufsteigen und Niedergehen des oberen Balgen in senkrechter Richtung geschehen zu lassen. Diese Stange bewegt sich frei in einer Leitung, welche in dem hölzernen Gerüst angebracht ist. Die Ventile in dem Boden des unteren Balgen dienen zum Einlassen der atmosphärischen Luft, wenn der Balgen seine niedergehende Bewegung macht. In dem unbeweglichen Deckel des unteren Balgen, welcher zugleich der Boden für den oberen ist, befinden sich die Ventile, aus welchen die in dem unteren Balgen aufgefangene Luft in den oberen Balgen gepreßt wird. Sie öffnen sich, wenn der untere Balgen die aufsteigende Bewegung macht, und schließen sich, wenn er niedergeht, wogegen sich die Einlaßventile im Boden des unteren Balgen öffnen. Indem die verdichtete Luft aus dem unteren Balgen in den oberen tritt, dehnt sie denselben aus, weil sie nicht aus der, mit der Düse vermittelst eines ledernen Schlauches in Verbindung stehenden Röhre in demselben Zeitraum entweichen kann, in welchem sie in den oberen Balgen tritt. Es wird also bei jedem Zuge des unteren Balgens ein Theil der in den oberen Balgen gepreßten Luft in dem letzteren zurückbleiben, welcher zum Ausströmen aus der Düse dienen kann, während der untere Balgen seine rückgehende Bewegung macht, um atmosphärische Luft aufzunehmen, während welcher Zeit in dem oberen Balgen kein Luftzutritt stattfindet. Auf solche Weise wird ein ununterbrochenes Ausströmen der Luft bewerkstelligt. Der Deckel des oberen Balgen muß mit Gewichten c beschwert werden, damit die aufgesammelte Luft ausgepreßt wird. Von der größeren oder geringeren Belastung des oberen Deckels hängt die Geschwindigkeit der Ausströmung eben so sehr ab, als von der Größe der Düsenöffnung und von der Geschwindigkeit, mit welcher die Luft dem oberen Balgen von dem unteren zugeführt wird. Eine zu starke Belastung würde die Ausdehnung des oberen Balgen verhindern und veranlassen, daß die Luft aus dem unteren Balgen unmittelbar durch den

Raum des oberen Balgen in die Düse gepreßt würde; es würde also dadurch der Zweck des oberen Balgen ganz unerreicht bleiben. Eine zu geringe Belastung würde ein schwaches Ausströmen des Windes während des Aufsteigens des unteren Balgens, und ein sehr starkes während des Niedergehens desselben zur Folge haben, so daß ein sehr ungleiches Ausströmen stattfinden, und die Absicht, den Wind stets mit gleicher Geschwindigkeit ausströmen zu lassen, ebenfalls nicht erfüllt werden würde. Die Größe der Belastung des oberen Balgens ist daher von dem räumlichen Inhalt, von der Größe der Düsenöffnung und von der Geschwindigkeit des unteren Balgens abhängig, und muß bei einem geringeren räumlichen Inhalt, bei einer größeren Ausströmöffnung und bei einer geringeren Geschwindigkeit des unteren Balgens kleiner sein, und umgekehrt. Die Größe der Belastung läßt sich für jeden besonderen Fall am besten durch einen einfachen Versuch ausmitteln, und bei einem gegebenen, gleich bleibenden räumlichen Inhalt der Balgen zweckmäßig abändern, je nachdem eine größere oder kleinere Düsenöffnung angewendet, oder der untere Balgen langsamer oder schneller in Bewegung gesetzt wird. Uebrigens ist es einleuchtend, daß unter sonst gleichen Verhältnissen die Geschwindigkeit des in jedem Zeitmoment ausströmenden Windes um so gleichförmiger sein wird, je größer das Verhältniß des räumlichen Inhalts des oberen Balgens zu dem des unteren ist. Deshalb muß der obere Balgen wenigstens einen noch einmal so großen räumlichen Inhalt haben, als der untere.

§. 576.

Die eben beschriebenen Balgen werden nur sehr uneigentlich Doppelbalgen genannt, denn sie sind einfache Balgen, mit denen ein Luftreservoir verbunden ist. Man wendet aber auch wirkliche Doppelbalgen an, nämlich solche, bei welchen der Balgen eine doppelte Abtheilung hat, so daß bei einem jeden Hube oder Zuge aus der einen Abtheilung die Luft ausgepreßt wird, während die zweite Abtheilung die atmosphärische Luft aufnimmt. Bei einer solchen Einrichtung würde daher ein ununterbrochener Windstrom, wie es scheint, stattfinden können; allein in den beiden Momenten, wo die Bewegung des Balgenbodens sich in die entgegengesetzte umändert, kann kein Ausströmen der Luft stattfinden, so daß auch durch den Doppelbalgen, ohne ein Luftreservoir, kein ununterbrochener Windstrom hervorgebracht werden kann. Deshalb wird auch der wirkliche Doppelbalgen mit einem Luftreservoir verbunden, wodurch er das Ansehen eines dreifachen Balgens erhält. Von den vielen verschiedenen Einrichtungen, die man einem solchen ledernen Doppelbalgen gegeben hat, sollen einige der besseren mitgetheilt werden. Aber man hat es nicht dabei bewenden lassen, dem Balgen eine doppelte Abtheilung zu geben, sondern man hat Balgen mit drei und vier Abtheilungen eingerichtet, um ohne Luftreservoir einen ununterbrochenen Windstrom hervorzubringen und um einen großen Effect zu leisten. Diese drei- und vierfachen Balgen sind indeß sehr zusammengesetzt, und die Anordnung der Ventile giebt wieder so sehr zu Verlust von nutzbaren Räumen Veranlassung, daß solche Balgen für die praktische Anwendung nicht zu empfehlen sind. Dagegen leisten die guten Doppelbalgen mit Luftreservoir eine gute Wirkung; sie veranlassen wenig Friction und erfordern geringe bewegende Kräfte.

Einen Doppelbalgen nach der Angabe von Rabier, den Hr. Madelaine (Ann. des mines IV. 272) beschrieben hat, stellt Fig. 8 Taf. VI. im Längendurchschnitt, und Fig. 9 in der oberen Ansicht dar. Die unbewegliche Fläche a ist der Deckel für den eigentlichen Doppelbalgen A und B, und der Boden für das Luftreservoir C. Auch die Fläche b, oder der Boden des Doppelbalgen, ist unbeweglich. Der Deckel für das Luftreservoir muß, wie immer bei den Doppelbalgen, mit Gewichten belastet werden, um die Luft aus der Düse in den Zeitmomenten auszupressen, wenn das Luftreservoir keinen Zufluß von Wind aus dem Balgen erhält. Dieser Balgen ist durch den Scheider c in zwei Abtheilungen getheilt, von denen A den oberen und B den unteren Theil des Balgens bildet. Die auf- und niedergehende Bewegung des Scheiders wird dadurch bewirkt, daß derselbe mit Charnieren an der senkrechten hölzernen Wand g befestigt ist, so daß eine an dem Zapfen des Scheiders wirkende Kraft demselben eine drehende Bewegung um diese Wand mittheilt. Die Ventile zum Einlassen der atmosphärischen Luft sind für den unteren Balgen in dem unbeweglichen Boden b, und für den oberen Balgen in dem Scheider c angebracht, indem in der Holzstärke des Scheiders die mit dem Ventil communicirenden Oeffnungen ausgelocht sind. Durch welche Ventile die zusammengedrückte Luft aus dem oberen und aus dem unteren Balgen in das Luftreservoir und von dort in die Düse geführt wird, ergiebt sich aus der Zeichnung. Bei der niedergehenden Bewegung des Scheiders wird die in dem unteren Balgen aufgefangene Luft ausgepreßt, und gleichzeitig nimmt der obere Balgen atmosphärische Luft auf u. s. f., wobei das Spiel der Ventile sich aus der Zeichnung leicht ersehen läßt. Dieser Balgen ist recht zweckmäßig, indeß läßt sich dabei der große Uebelstand nicht vermeiden, daß zwischen der Wand g und dem Balgenkopf ein schädlicher Raum bleibt, welcher, indem er mit verdichteter Luft aus dem unteren Balgen erfüllt ist, den Effect des Gebläses vermindert.

Ein Balgengebläse mit ununterbrochenem Windstrom von Hrn. Paillette (Bulletin de la Soc. d'encourag. Mai. 1837. p. 183) stellen die Zeichnungen Fig. 18—20 Taf. VI. dar. Diese Balgen haben, im Zustande der Ruhe, die Gestalt eines Würfels; wenn sie aufgezogen sind, werden sie fast dreimal höher. Die Bodenfläche, durch welche die Luft zusammengedrückt werden soll, erhält ihre Bewegung durch eine eiserne Stange, welche in der Mitte der Platte befestigt ist. Diese Stange ist aber durch die eigentlichen Balgenräume hindurchgeführt, mit welchen sie nicht in Verbindung stehen darf, weshalb sie mit einer Art von ledernem Darm, welcher die Stelle einer Stopfungsbüchse vertritt, umgeben ist. Fig. 19 zeigt den Blasebalg in seiner größten Ausdehnung. Fig. 18 ist ein Durchschnitt desselben für den Augenblick, wo die Luft aus dem mittleren Raum ausgepreßt worden ist. Fig. 20 ist der horizontale Durchschnitt nach AB von Fig. 18. In der Stellung des Balgens von Fig. 18 tritt die Luft durch das Ventil a ein, um das Innere des Raumes A zu erfüllen. Die Fläche C hat, indem sie in die Höhe gezogen ward, die in dem Raum B befindlich gewesene Luft zusammengedrückt und das Ventil d gehoben, so daß sie in das Luftreservoir gelangen kann, aus welchem die Ausströmung durch die Düse erfolgt. Wenn die Fläche L durch die Wirkung des an der Stange H angehängten Gewichtes wieder niedersinkt, so öffnet sich das Ventil e (im Luftreservoir C), welches als Einlaßventil für den oberen Balgen B bestimmt ist, zugleich aber schließt sich das Ventil a durch den Druck der Luft, wogegen sich das Ventil b öffnet, um die Luft aus dem unteren Balgen A, durch den ledernen Kanal K, und durch das Ventil c, in das Luftreservoir und aus demselben durch die Düse zu pressen. Durch das wechselseitige Heben und Sinken der beweglichen Fläche L wird also beständig Luft in das Reservoir C gebracht, und, bei einer zweckmäßigen Belastung des Deckels dieses Reservoirs, mit ziemlich gleich bleibender Geschwindigkeit durch die Düse ausgeblasen. Schädliche Räume, wie bei dem Einlaßventil e für den oberen Balgen, und bei b und k zum Auslassen der in dem unteren Balgen verdichteten Luft, lassen sich auch bei diesem, sonst sehr zweckmäßigen Gebläse, nicht vermeiden.

Einen etwas zusammengesetzten, aber wirksamen ledernen Doppelbalgen mit Luftreservoir, nach der Einrichtung der Herren Jeffries und Halley (l'Industriel. I. 227) stellen die Zeichnungen Fig. 21—24 Taf. VI. dar. Dieser Balgen kann durch ein paar Arbeiter in Bewegung gesetzt werden, wenn keine andere bewegende Kraft vorhanden ist. Das Schwungrad s hat den gewöhnlichen Zweck der Schwungräder zu verrichten. Wenn der Balgen die rückgehende Bewegung macht, oder wenn er sich öffnet, so tritt die atmosphärische Luft durch die Ventile e', welche an der vorderen Fläche des Eisenkastens b, zu beiden Seiten des Halses k liegen, in den Balgen. Wird der Balgen aber durch die Stange u nach vorn, d. h. nach der Richtung der Düse hin, gedrückt, so entsteht in dem Eisenkasten b ein verdünnter Raum, welcher mit atmosphärischer Luft ausgefüllt wird, die durch die Ventile f', in der hinteren Fläche des Eisenkastens, in denselben tritt, und das Zusammendrücken des Balgens befördern hilft. Bei diesem Zusammendrücken des Balgens wird die vorhin durch e' eingeströmte Luft wieder ausgepreßt. Sie öffnet das Ventil n und entweicht durch die Oeffnung m in die Düse. Bei der rückgehenden Bewegung des Balgens schließen sich die Ventile n und f', und die in dem Eisenkasten b gefangene Luft, welche durch die Ausdehnung des Balgens zusammengedrückt wird, erhält eine hinreichende Kraft, um das Ventil b' zu öffnen und sich in den Luftbehälter y zu begeben, aus welchem sie durch die Oeffnung a zur Düse gelangt. — Obgleich die Wirkungen dieses Gebläses sehr gerühmt worden sind, so ist es doch nicht wahrscheinlich, daß es einen besseren Effect leistet, als der gewöhnliche einfache Balgen mit einem Luftreservoir, denn es besteht eigentlich auch nur aus einem einfachen Balgen, und der Vortheil, den der Eisenkasten b gewährt, indem er gewissermaßen die Stelle eines zweiten Balgen vertritt, wodurch das Gebläse zu einem Doppelbalgen wird, dürfte dadurch wieder aufgewogen werden, daß der Balgen weniger vollständig als bei jenem Gebläse zusammengedrückt wird. Außerdem sind die Anlagekosten ungleich bedeutender.

§. 577.

Die ledernen Balgengebläse sind weniger bei den Hohöfen, als bei den Rohstahl- und Frischfeuern im westlichen Deutschland noch sehr im Gebrauch. Im östlichen und im südlichen Deutschland sind sie durch die hölzernen Balgengebläse mehr und mehr verdrängt worden, so wie diese jetzt den Kasten- und den Cylindergebläsen weichen müssen. Zwei gewöhnliche lederne Balgen, wie sie z. B. im Siegenschen bei den Frisch- und Rohstahlfeuern angewendet werden, erfordern wenig Wasserkraft und geben, ungeachtet des nicht zu vermeidenden schädlichen Raumes, einen hinreichenden Wind und eine starke Pressung von 2 bis 2¼ Pfd. für den Quadratzoll, wie sie besonders beim Rohstahlfrischen gern angewendet wird. Von den hölzernen Balgen, die man früher versucht hat, ist man bald wieder auf die ledernen zurückgekommen, weil jene, wegen der größeren Reibung, weit mehr Aufschlagewasser erfordern, und weil sie einen weniger stark gepreßten Wind liefern. — Der Deckel und der Boden dieser ledernen Balgen bestehen aus 6 Zoll starken Brettern von Weiden- oder Buchenholz. Die Häute sind Ochsenhäute, welche, wenn sie gut gegerbt sind, oft 20 Jahre lang aushalten. Zu jedem Balgen sind 2 Häute erforderlich. Man hat auch mit gutem Erfolge 3 solcher Balgen neben einander gelegt, die in einen kleinen, mit Ventilen versehenen Windsammelkasten blasen, aus welchem der Wind dann in die für alle Balgen gemeinschaftliche eine Düse geleitet wird.

Von den hölzernen Balgengebläsen.

§. 578.

Der hölzerne Balgen ist, nach Schlüter, zuerst im Jahr 1620 am Harz angewendet worden. Der wesentliche Charakter der hölzernen Blasebalge besteht darin, daß ein hölzerner Kasten und eine hölzerne Fläche sich gegen einander bewegen, und daß beide nicht von einander unabhängig, sondern mit einander verbunden sind, so daß in jedem Fall eine drehende Bewegung, wie bei den gewöhnlichen ledernen Spitzbalgen, erfolgen muß, es mag die Fläche in den Kasten hineingedrückt, oder der Kasten um die Fläche bewegt werden. Die älteste und noch jetzt am häufigsten vorkommende Einrichtung ist diejenige, nach welcher sich der Kasten um die unbewegliche Fläche dreht. Diese Einrichtung ist aber sehr unwesentlich von derjenigen abweichend, nach welcher die Fläche der bewegliche Theil ist und in den Kasten hineingeschoben wird. Jeder hölzerne Balgen besteht also der Hauptsache nach aus zwei Theilen, aus dem sogenannten Oberkasten und aus dem Unterkasten, indem die Fläche in der Wirklichkeit keine Fläche sein kann, sondern ebenfalls ein sehr niedriger Kasten sein muß, wovon die Gründe bald einleuchten werden. Die hölzernen Balgengebläse sind sehr unvollkommene Vorrichtungen, welche den guten ledernen Balgengebläsen nachgesetzt werden müssen.

§. 579.

A. Balgengebläse, bei welchen sich der Oberkasten um den Unterkasten bewegt. Auf den Zeichnungen Fig. 10—15 Taf. VI. stellen Fig. 10, 13 und 15 den Unterkasten in der oberen Ansicht, im Durchschnitt und in der Seitenansicht, Fig. 11 und 12 den Oberkasten in der oberen Ansicht und in der Seitenansicht, und Fig. 14 den aus dem Ober- und Unterkasten zusammengesetzten Balgen in der Seitenansicht dar. Zuweilen hat der Unterkasten die Gestalt eines Rechtecks, nach welcher Gestalt sich dann auch die des Oberkastens richten muß. Oben und an beiden Seiten wird der Oberkasten von geraden Flächen eingeschlossen; die hintere Fläche muß aber bogenförmig gekrümmt sein und zwar nach Maßgabe des Halbmessers, welcher durch die Entfernung der äußersten hinteren Kante des Unterkastens von dem Drehpunkt bestimmt wird. Der Mechanismus bei dem Gebläse besteht darin, daß sich der pyramidale oder keilförmige Oberkasten um den unbeweglichen Unterkasten auf- und niederbewegt, und dadurch einen Raum von veränderlicher Größe abgränzt, welcher bei der höchsten Erhebung des Oberkastens mit atmosphärischer Luft angefüllt ist, die beim Niederdrücken desselben aus einer Oeffnung ausgepreßt wird. Diese

Oeffnung befindet sich in dem vorderen Theil des Unterkastens oder in dem sogenannten Balgenkopf; sie steht entweder unmittelbar mit der Düse oder mit einem für mehre Balgen gemeinschaftlichen Windsammelkasten in Verbindung. In dem Unterkasten ist auch die Ventilöffnung mit dem Einlaßventil für die atmosphärische Luft angebracht. Das Ventil besteht häufig aus einer leichten hölzernen und auf der unteren Fläche mit Schafwolle überzogenen Klappe. Die Klappe ist entweder mit einem ledernen Charnier am Unterkasten befestigt, oder sie bewegt sich in einem metallenen Charnier, und ist zuweilen mit einem Gegengewicht versehen, damit sie beim Aufziehen des Oberkastens durch die Luft um so leichter in die Höhe gehoben werden kann. Die Gegengewichte sind zugleich so eingerichtet, daß sie das zu weite Aufgehen des Ventils verhindern; die gewöhnlichen Klappenventile stoßen entweder gegen eine Feder, oder sie sind mit einem Riemen von bestimmter Länge versehen, damit sie sich nicht überschlagen. Leichte und hinlänglich große, gut schließende Ventile sind ein wesentliches Erforderniß, damit sich der Oberkasten bei jedem Aufgange vollkommen mit Luft anfüllt und dieselbe beim Niedergange nicht aus schlecht schließenden Ventilen zum Theil wieder entläßt. Hinlänglich große Ventile zum Einlassen der atmosphärischen Luft sind daher bei allen Gebläsen nicht genug zu empfehlen. Beide Kasten werden aus starken, vollkommen ausgetrockneten 2zölligen Bohlen angefertigt, welche genau an einander gefugt werden müssen, damit sie keinen Wind durchlassen. Die Bohlen werden entweder verzinkt, nämlich durch Verzapfungen fest mit einander verbunden, oder man stößt sie nur vermittelst eines einfachen Falzes gegen einander, und verbindet sie durch eiserne Bolzen, welche durch die Bohlen gehen und an beiden Enden mit Schraubenmuttern versehen sind, um sie nöthigenfalls stärker und fester zusammenschrauben zu können. Diese Einrichtung ist vortheilhafter als jene, weil man die Bohlen, wenn sie durch stärkeres Trocknen schwinden, wieder näher an einander bringen kann; man wendet sie aber nur bei großen

Balgen an, deren Oberkasten dann aus 3—4zölligen Bohlen zusammengesetzt sein müssen. Die Befestigung des Oberkastens an dem Balgenkopf des Unterkastens muß auf solche Art geschehen, daß sie die drehende Bewegung des ersteren zuläßt. Die beiden Seitenwände des Oberkastens erhalten eine flügelartige Verlängerung, und beide Flügel werden durch eine eiserne, unbewegliche, geschmiedete Walze mit einander verbunden. Diese Walze bildet zugleich die Linie, um welche der Oberkasten seine drehende Bewegung macht. Die Walze ruht in einem rinnenartigen Einschnitt, der sich im Balgenkopf befindet, und ist mit zwei Hängeeisen versehen, welche durch correspondirende Oeffnungen im Balgenkopf hindurchgeführt und unten vermittelst eines hölzernen Keils fest angezogen werden. Der Oberkasten kann sich auf diese Weise nicht in die Höhe heben, wohl aber ungehindert seine drehende Bewegung um die Walze machen. Die Hängeeisen sind geschmiedete eiserne Ringe, die sich sogleich aus den Oeffnungen herausziehen lassen, wenn man die Keile zurückschlägt, so daß der Oberkasten leicht und ohne Mühe abgehoben werden kann, wenn es nöthig ist, im Innern des Balgen eine Reparatur vorzunehmen. Die Oeffnungen für die Hängeeisen müssen möglichst nahe an den Seiten des Balgenkopfes ausgelocht werden, theils weil der Oberkasten dadurch eine bessere Befestigung erhält, theils damit sie der Oeffnung nicht zu nahe kommen, welche nach der Länge des Balgenkopfes und in dessen Mitte aus dem Unterkasten zur Düse führt. Die Walze und die Hängeeisen (Krampen oder Schlingen) nennt man auch zusammen das Schloß des Balgens. Die vordere Fläche des Oberkastens besteht aus einem sehr schmalen Brett (Stirnbrett), welches nicht, wie die beiden Seitenwände und wie die hintere Wand des Oberkastens, über dem Unterkasten übergreift, sondern sich in einem Falz oder in einer Nuth bewegt, die gleichfalls in dem Balgenkopf eingelassen ist. Um die Friction der Walze gegen ihr Lager, nämlich gegen den rinnenartigen Einschnitt, zu vermindern, läßt man die Walze zuweilen nicht unmittelbar in dem Einschnitt ruhen, sondern man versieht dieses mit einem metallenen Futter, auf welchem die abgedrehte Walze liegt.

Wenn der Unterkasten nicht ein wirklicher Kasten sein dürfte, sondern aus einer geraden Fläche bestehen könnte, an welcher sich die Seiten des Oberkastens beim Auf- und Niedergehen ganz genau anzuschließen vermöchten, und wenn dann der Boden oder der Deckel des Oberkastens mit der Fläche des Unterkastens, beim Niedergehen des ersteren, völlig zusammenfielen, so würde der Effect der hölzernen Balgengebläse am größten sein. Der Unterkasten kann aber keine bloße Fläche bilden, theils weil er die Oeffnung zum Ausströmen des Windes in die Düse, so wie das Ventil zum Einlassen der Luft enthalten muß, theils weil die Vorrichtungen zum Verdichten der Kanten des Unterkastens gegen die Wände des Oberkastens in demselben angebracht sind. Wären die Kanten des Unterkastens auch völlig glatt und sorgfältig gearbeitet, und die Wände des Oberkastens, welche beim Auf- und Niedergehen gegen die Kanten des Unterkastens reiben, auch vollkommen an den Kanten des Unterkastens anschließend eingerichtet, so würde es doch nicht möglich sein, die Zwischenräume zwischen den Kanten des Unterkastens und den Wänden des Oberkastens so vollständig zu vermeiden, daß ein Durchdringen der gepreßten Luft beim Niedergehen des Oberkastens verhütet werden könnte. Man versieht den Unterkasten daher mit beweglichen hölzernen Leisten, welche durch Stahlfedern ununterbrochen gegen die Wände des Oberkastens gedrückt werden, um dem Winde jeden anderen Austritt, als aus der Düse, möglichst zu versperren. Die Aneinanderfügung und Verbindung der Leisten geht aus den Zeichnungen von dem Unterkasten hervor, indeß stellen die Zeichnungen Fig. 16 und 17 die Leisten in der oberen Ansicht und in der Seitenansicht nach einem größeren Maßstabe dar. x sind die hölzernen Leisten, welche durch die Federn z gegen die Wände und gegen das Stirnbrett des Oberkastens gedrückt, und durch die Kröpfe oder Haken y festgehalten werden, damit sie beim Aufziehen des Oberkastens nicht in die

Höhe gerissen werden. Die eisernen Krampen oder Klammern m sind in die hölzernen Leisten hineingeschlagen, um gegen die eisernen (oder hölzernen) in den Unterkasten eingelassenen Stifte n zu drücken, wenn die Federn die Leisten zu weit vorschieben sollten. Die Federn z haben an dem einen Ende einen Stift, mit welchem sie in den Unterkasten eingeschlagen werden. Auf die Genauigkeit, mit welcher die Leisten gearbeitet sind, auf die vollkommen glatte äußere Fläche derselben, und auf die Art, wie sie getheilt und an einander gelegt sind, kommt sehr viel an, um einen hölzernen Balgen recht luftdicht zu machen, und doch zugleich die Friction der Leisten gegen die Wände des Oberkastens möglichst zu vermindern. Beides läßt sich am besten erreichen, wenn man die äußeren Flächen der Balgleisten mit rauhem Leder beklebt, welches sich aber bald abreibt und daher von Zeit zu Zeit erneuert werden muß. Man theilt die Leisten vermittelst einer ganz feinen Säge, indem man sie geradezu durchschneidet, oder man verzapft sie, so daß sie auf den Trennungsflächen an- und übereinander schließen, welches die beste Art der Trennung und Verbindung ist. Wo die Leisten getheilt sind, werden die beiden Theile durch eine Feder l (Spannfeder oder Bügelfeder), welche eigentlich den Zweck hat, die Leisten gegen die Ecken zu drücken, mit einander verbunden. Auf der Zeichnung sind die Feder z, der Kropf oder Haken y, die Krampe oder Klammer m und die Spannfeder l noch für sich allein dargestellt.

Obgleich es also die Einrichtung der Leisten und überhaupt die Verbindung des Unterkastens mit dem Balgenkopf nothwendig macht, daß der Unterkasten keine Fläche, sondern einen wirklichen Kasten bildet, so muß derselbe doch so niedrig als möglich sein, und es müssen die daraus entstehenden Nachtheile möglichst dadurch vermindert werden, daß man den Kasten mit Holz gut ausfüttert, und nur die nothwendigen Vertiefungen für die zur Düse führende Oeffnung und für das Ventil zum Einlassen der Luft unausgefüllt läßt. Die Unmöglichkeit, den Oberkasten genau genug gegen den Unterkasten zu drücken, veranlaßt ohnedies, daß noch immer ein großer, mit verdichteter Luft ausgefüllter Raum übrig bleibt, welcher auf den Effect der Balgengebläse sehr nachtheilig einwirkt.

§. 580.

Weil ein hölzerner Balgen nur beim Niedergehen des Oberkastens Wind ausströmt, beim Aufgehen desselben aber atmosphärische Luft einsaugt, so wird durch einen Balgen kein ununterbrochener Luftstrom hervorgebracht werden können. Man muß daher wenigstens zwei Balgen anwenden, von denen der eine niedergeht, während der andere aufgezogen wird. Diese Bewegung richtet man indeß so ein, daß der zweite Balgen schon niedergedrückt wird, ehe der erste seine niedergehende Bewegung ganz vollendet hat, weshalb der Oberkasten nicht mit gleichförmiger Geschwindigkeit, sondern mit verzögerter Bewegung zu Ende des Hubes niedergeht. Weil nämlich beim Anfange der Bewegung noch kein Ausströmen des Windes aus dem Balgen stattfinden kann, so würde auch bei zwei Balgen kein ununterbrochenes Ausströmen des Windes erfolgen, wenn der eine seinen Hub in demselben Augenblick ganz vollendet hätte, wenn der zweite ihn anfängt. Diese gleichzeitig niedergehende Bewegung beider Oberkasten zu Ende eines jeden Hubes ist indeß dann unnöthig, wenn der Wind in einen für beide Balgen gemeinschaftlichen geräumigen Sammelkasten geleitet wird. Auch wenn drei Balgen an einer Welle liegen, kann die niedergehende Bewegung des Oberkastens mit ganz gleichförmiger Geschwindigkeit geschehen, weil sich dann immer ein Kasten in der Mitte der niedergehenden Bewegung befindet.

Gewöhnlich ist der Luftkanal im Unterkasten, aus welchem die verdichtete Luft ausgepreßt wird, so unmittelbar mit der Düse in Verbindung, daß kein Ventil vorhanden ist, welches das Einsaugen der Luft durch die Düse, bei der aufsteigenden Bewegung des Oberkastens, verhinderte. Diese Einrichtung ist indeß immer fehlerhaft, und es ist daher sehr zu empfehlen, ein leichtes Ventil (am besten von dünnem Eisenblech) zum Auslassen der verdichteten Luft in die Düsen, im Balgenkopf anzubringen, um das Zurücktreten der Luft aus den Düsen oder aus der Windleitungsröhre in die Balgen zu verhüten. Wenn mehre Balgen in einen gemeinschaftlichen Sammelkasten blasen, ist diese Einrichtung unerläßlich nothwendig; wo dies aber auch nicht der Fall ist, wird der Effect des Balgens dadurch immer vermehrt, weil der schädliche Raum wenigstens um so viel vermindert wird, als der körperliche Inhalt von der Oeffnung der Düse bis zu dem anzubringenden Auslaßventil beträgt.

Das Verfahren, zwei oder mehre Balgen mit einander zu verbinden, und den Wind nicht unmittelbar durch die Düsen in die Form zu leiten, wird immer allgemeiner; man findet indeß noch häufig, theils aus Gewohnheit, theils aus vorgefaßter Meinung, daß die Balgdüsen unmittelbar in die Form gelegt werden, indem unkundige Arbeiter ihre Unwissenheit hinter geheimnißvollen Regeln des Richtens und Stellens der Balgen und der Balgdüsen zu verbergen suchen. Seitdem man das Vorurtheil, zwei Düsen in eine Form legen zu müssen, abgelegt und sich überzeugt hat, daß die Anwendung einer Düse bequemer und mit geringerem Windverlust verbunden ist, hat man auch angefangen, den von zwei oder mehren Balgen ausströmenden Wind in einen gemeinschaftlichen Sammelkasten, und aus diesem in die Düse zu leiten. Bei allen solchen mit einander verbundenen (gekuppelten) Gebläsen darf es nicht unterlassen werden, Ventile zum Auslassen der verdichteten Luft anzubringen, damit kein Zurücktreten derselben aus dem Sammelkasten stattfinden würde. Aus diesem Sammelkasten, der vollkommen luftdicht sein muß, führt eine cylindrische und, nach den örtlichen Verhältnissen, gerade oder gekrümmte Röhre zur Düse. Die Verbindung der Düse mit der gemeinschaftlichen Windleitungsröhre geschieht durch einen ledernen Schlauch, welcher an dem einen Ende über die Röhre, und an dem anderen über die Düse gespannt und mit eisernen, zum Zusammenschrauben eingerichteten Ringen, sowohl an der Windleitungsröhre, als an der Düse luftdicht befestigt wird. Diese Einrichtung hat noch den großen Vorzug vor der Anwendung der unmittelbar in die Form gelegten Balgendüsen, daß man der Düse mit Bequemlichkeit jede beliebige Lage und Richtung in der Form anweisen kann, welches sonst nicht ohne gleichzeitiges Verrücken der Balgen selbst geschehen konnte.

Die Balgen stehen auf dem sogenannten Balggerüste, dessen Höhe und Einrichtung ganz von der Art abhängt, wie die bewegende Kraft auf den Oberkasten wirkt. Die Balgen mögen auf dem Gerüst stehen, wie sie wollen, so ist besonders darauf zu sehen, daß sie nach keiner Seite ausweichen und sich verschieben können, denn ein fester und unverrückbarer Stand der Balgen auf dem Gerüst ist durchaus nothwendig. Mit der unteren Fläche des Unterkastens ist der sogenannte Fuß der Balgen unmittelbar verbunden, welcher durch dauerhafte Verzapfungen in das Balgengerüst eingreift, damit der Balgen überall die gehörigen Ruhepunkte zum Aufliegen erhält, ohne seine Lage verändern zu können.

Die den Oberkasten niederdrückende Kraft kann unmittelbar oder mittelbar wirksam sein, nämlich auf den Deckel des Oberkastens selbst drücken, oder durch ein Zwischengeschirr, durch Hebel u. s. f. mit ihm in Verbindung gesetzt werden. Häufig bedient man sich der Wellfüße (Kämme, Kammen), welche auf den Deckel oder auf die mit ihm in Verbindung gesetzten Leithölzer, Streichspäne, Strichen, Strichenbalken oder Trittschemel wirken. Gezähnte Räder, die in gezähnte Stangen eingreifen, und Krummzapfen lassen sich ebenfalls zum Niederdrücken der Balgen anwenden. Die Art, wie die bewegende Kraft des Wassers, des Wasserdampfes, der Thiere u. s. f. angewendet wird, gestattet eine große Mannigfaltigkeit in der Anwendung. Die Hauptsache ist, die einfachste Vorrichtung für jeden Fall zu wählen, und die Friction so viel als möglich zu vermindern. Frictionsräder leisten in vielen Fällen zwar gute Dienste, wenn sie aber bei einem schnellen Umlauf zugleich einen starken Druck auszuhalten haben, so verursachen sie mehr Reibungswiderstand, als gut angebrachte Strichbleche, und nutzen sich nebst den Wellfüßen oft so stark ab, daß ihre Anwendung auf hinreichende Dauer unmöglich ist. Der niedergedrückte Oberkasten des Balgens muß aber auch wieder in die Höhe gezogen werden, sobald derselbe den tiefsten Stand erreicht hat und der Hub vollendet ist. Die Vorrichtungen dazu sind entweder Hebel mit Gegengewichten, welche auf den Oberkasten wirken und ihn in die Höhe ziehen, oder es sind Schwungruthen (Balgenruthen), welche durch ihre Federkraft wirken. Die Hebel können über Rollen gehängte Gegengewichte oder längere zweiarmige Hebel sein, welche man Balanciers nennt. Eine jetzt nur noch selten vorkommende unvollkommene Methode, den Oberkasten des Balgens in die Höhe zu ziehen, besteht in der Verbindung der Oberkasten beider Balgen durch einen zweiarmigen Hebel (Waage oder Wippe), wodurch der eine Oberkasten in die Höhe gezogen wird, während die wirkende Kraft den zweiten niederdrückt. Diese Balgenwaage oder Wippe zieht nicht allein den Oberkasten beständig schief, sondern bewirkt auch, daß der eine Oberkasten sich nothwendig in demselben Augenblick erheben muß, wenn der zweite niedergedrückt wird, welches zuweilen absichtlich vermieden werden soll. Das Gegengewicht zum Heben oder in die Höhe ziehen des Oberkastens ist immer eine Belastung für die Maschinerie, weshalb es nicht größer sein muß, als die Nothwendigkeit es erfordert. Das schnelle Aufreißen des Oberkastens durch große Gegengewichte wirkt nachtheilig auf die Leisten und hat außerdem den Nachtheil, daß sich das Einlaßventil im Unterkasten nicht gehörig öffnen kann, daß sich also der Balgen nicht mit Luft von gleicher Dichtigkeit, wie die umgebende atmosphärische Luft, erfüllt.

Die hölzernen Balgengebläse erfordern, wenn sie den ihrer Größe zukommenden Effect leisten sollen, eine sorgfältige Wartung. Die Leisten müssen von Zeit zu Zeit nachgesehen, die schadhaften Federn ausgewechselt und der Staub ausgekehrt werden. Zur Verminderung der Friction werden die Leisten in einer fettigen Schmiere erhalten, wozu reines Talg am anwendbarsten ist. Der Staub aus den Hütten, der von den Balgen mit eingesogen wird, bewirkt in Verbindung mit den Fettigkeiten oft so zähe Massen, welche sich in solcher Menge anhäufen, daß Federn und Leisten ihre Dienste versagen. Dann muß diese Unreinigkeit genau und sorgfältig abgeputzt, die Federn müssen aufs neue mit Oel, und die Leisten mit Talg eingeschmiert werden. Auf das gute Schließen und leichte Oeffnen des Ventils ist ebenfalls ganz besonders Rücksicht zu nehmen.

Zwar giebt es noch jetzt viele Hohöfen, welche mit Balgengebläsen betrieben werden, bei denen das Gebläse aus zwei, drei und mehren hölzernen Balgen zusammengekuppelt ist; indeß nimmt die Anwendung der Balgen immer mehr ab, weil mehre Balgen, die zu einem starken Gebläse durchaus nöthig sind, einen großen Raum einnehmen, weil die Friction bei den Balgengebläsen sowohl gegen die Leisten als im Schlosse sehr groß ist, und weil die Balgen kostbarer in der Anfertigung und Unterhaltung sind, als die Kasten. Zu allen diesen nicht sehr empfehlenden Eigenschaften der Balgengebläse kommt noch der bedeutende Windverlust durch den schädlichen Raum zwischen dem Ober- und Unterkasten, welcher sich, auch beim tiefsten Stande des ersteren, niemals vermeiden läßt. Nachdem die Gebläse mit beweglichen Kolben bekannter geworden sind, sollte man nicht säumen, sie bald ganz allgemein zu machen, und die hölzernen Balgen, welche die bisher sich erworbene Achtung nur so lange erhalten konnten, als man keine besseren Vorrichtungen kannte, gegen die neueren Gebläse umzutauschen.

§. 581.

B. Balgengebläse, bei welchem der Unterkasten in den Oberkasten gedrückt wird. Diese Gebläse sind von den vorigen wesentlich nicht verschieden. Es fällt bei denselben aber das Gegengewicht weg, welches dort zum Heben des Oberkastens erforderlich war. Der Unterkasten sinkt durch sein eigenes Gewicht wieder hinab, und deshalb hat diese Einrichtung vor jener den Vorzug, daß sie für gleiche Windquantitäten eine geringere bewegende Kraft erfordert. Auch bei diesen Gebläsen kann man den Kasten die Gestalt eines abgestumpften Dreiecks, wie bei den Spitzbalgen, oder die eines Rechtecks geben. Man hat diese Gebläse schon vor längerer Zeit in Frankreich angewendet, indeß erregten sie damals so wenig Aufmerksamkeit, daß sie ganz in Vergessenheit geriethen, obgleich auch auf einigen deutschen Hüttenwerken mißlungene Versuche mit dieser Einrichtung der Balgen gemacht worden sind. Erst nachdem diese Erfindung zu Anfange dieses Jahrhunderts in Schweden in Anwendung gebracht ward, ist sie bekannter geworden. Man pflegt diese hölzernen Balgengebläse, nach ihrem zweiten Erfinder, jetzt Widholmgebläse zu nennen. Die Zeichnungen Fig. 1 und 2 Taf. VIII. stellen das Schwedische Widholmgebläse dar. Der Unterkasten ruht auf der Druckstange a, welche mit der Kurbel, oder mit dem Krummzapfen der Welle verbunden ist, an welcher die Kraft wirkt. Durch diese Stange wird dem Kasten die auf- und niedergehende Bewegung ertheilt. Wegen der Unbeweglichkeit des Oberkastens können die verschiedenen Kasten gemeinschaftliche Seitenwände erhalten, welches bei einem aus 3 oder mehren Kasten bestehenden Gebläse eine wesentliche Ersparung ist. Das Ventil zum Einlassen der Luft befindet sich in dem Unterkasten. Es öffnet sich beim Niedergehen des Unterkastens, wogegen sich das Ventil zum Auslassen der Luft in dem Augenblick öffnet, wenn der Unterkasten seine aufsteigende Bewegung anfängt. Die verschiedenen Kasten eines und desselben Gebläses haben einen gemeischaftlichen Windsammelkasten, welcher durch die Windleitung mit der Düse in Verbindung steht. Die Liederung oder die Verdichtungsmittel gegen das Entweichen der gepreßten Luft, bestehen, eben so wie bei den gewöhnlichen Balgen-

und bei den Kastengebläsen, aus Leisten, welche ebenfalls in dem beweglichen Unterkasten angebracht sind und gegen die Wände des Oberkastens drücken. Der Oberkasten besteht also eigentlich aus einem in 2, 3, 4 u. s. f. Kammern abgetheilten einzigen Kasten, welcher aus 3 bis 4zölligen Bohlen zusammengefugt ist und 1, 2, 3 u. s. f. Zwischenwände erhalten hat. Die Bohlen, woraus die sämmtlichen Wände bestehen, sind an einander gestoßen oder eingefalzt, und werden durch eiserne Stäbe, welche mit Schraubenmuttern versehen sind, fest zusammengezogen. Die Krümmung des Bogens, welche den hinteren Seitenbrettern zugetheilt werden muß, richtet sich nach der Entfernung vom Drehpunkt oder von dem Schloß. Dies Schloß besteht aus einer durch den ganzen Oberkasten hindurchgeführten Axe von geschmiedetem Eisen, um welche sich die an den Unterkasten festgeschraubten eisernen Lager drehend bewegen. Die Verzahnung in dem Oberkasten, welche nach dem Drehungshalbmesser bogenförmig konstruirt ist, oder das Stirnbrett, korrespondirt mit einer Vertiefung in dem Unterkasten. Gegen diese Verzahnung drücken die Leisten an der vorderen Fläche des Unterkastens, um auch auf dieser Seite eine vollständige Liederung zu bewirken. Die inneren Seitenflächen des Oberkastens werden mit einem Anstrich von Tischlerleim und Graphit versehen. Der mit etwas Terpentinöl gekochte Leim wird mit 10 Theilen Graphit versetzt und gekocht. Die erstarrte Masse wird wieder erwärmt und in diesem Zustande zum Anstreichen der Flächen angewendet. Bei der Aufstellung des Gebläses nimmt man darauf Rücksicht, daß sich der Unterkasten bei dem halben Hube in einer horizontalen Lage befindet, und daß die Dinkelstange (Druckstange) bei dem höchsten und niedrigsten Stande des Unterkastens senkrecht herabhängt. Die Entfernung dieser Stange vom Schloß, oder vom Drehpunkt, wird so groß als möglich gewählt, obgleich man eigentlich denjenigen Punkt zur Befestigung der Druckstange an dem Unterkasten nehmen sollte, in welchem der ganze auf dem Unterkasten vorhandene Druck der gepreßten Luft als vereinigt gedacht werden kann.

Hausmann, Reise durch Scandinavien, IV. 169—195.

§. 582.

Die Einrichtung der früher in Frankreich in Anwendung gekommenen hölzernen Balgengebläse mit beweglichem Unterkasten (Genssane traité de la fonte des mines I. 98) ergiebt sich aus der Zeichnung Fig. 10 Taf. VII., welche den Durchschnitt eines solchen Balgen darstellt. Man würde ihn einen Doppelbalgen nennen können, obgleich der obere Balgen nur als ein Sammelkasten für den Wind dient, um mit einem einzigen Balgen einen ununterbrochenen Windstrom hervorzubringen. Ein lederner Balgen würde jedoch zu diesem Zweck anwendbarer sein, als ein schwer beweglicher hölzerner Balgen, welcher eine sorgsamere und doch unvollkommnere Verdichtung erfordert. Dieser Doppelbalgen besteht aus zwei mit einander verbundenen vollständigen Balgen, von denen ein jeder aus einem Unterkasten und einem Oberkasten zusammengesetzt ist. Der untere Balgen ist aber nur allein wirksam, weil der obere nur allein zum Reguliren des Luftstroms dient. Beide Balgen haben die unbewegliche Fläche a mit einander gemein, welche für den unteren Balgen den Deckel des Oberkastens, und für den oberen Balgen die Sohle des Unterkastens bildet. Bei dem unteren Balgen ist der Oberkasten, und bei dem oberen Balgen der Unterkasten unbeweglich. Dagegen bewegt sich bei dem unteren Balgen der Unterkasten, wie bei den Widholmgebläsen, und bei dem oberen Balgen der Oberkasten, wie bei den gewöhnlichen hölzernen Balgengebläsen. In dem Unterkasten bei den Balgen befinden sich die gewöhnlichen Verdichtungen durch hölzerne Leisten, die mit Federn gegen die Wände der Oberkasten gedrückt werden. Das Ventil zum Einlassen der Luft ist in gewöhnlicher Art in dem Unterkasten des unteren Balgen angebracht. Wenn der Unterkasten seine aufsteigende

Bewegung macht, so wird die Luft durch die Ventile, welche sich in der, beiden Balgen gemeinschaftlich angehörenden Fläche a befinden, in den oberen Balgen, und aus demselben durch die mit der Düse in Verbindung stehende Oeffnung gepreßt. Macht der Unterkasten des unteren Balgen seine niedergehende Bewegung, so füllt er sich durch das Einlaßventil mit Luft, während die Ventile in der Fläche a geschlossen sind. Die von dem vorigen Hube noch nicht vollständig in die Düse gepreßte Luft im oberen Balgen, wird während dieser Zeit durch das Gewicht des Oberkastens des oberen Balgen ausgepreßt. Es finden hier also dieselben Verhältnisse statt, welche oben bei dem ledernen Balgen entwickelt sind. Daß diese schwerfällige Vorrichtung keinen Beifall finden konnte, ist leicht einzusehen.

Von den hölzernen Kastengebläsen.

§. 583.

Die hölzernen Kastengebläse theilen mit den Balgen zwar den Fehler, daß die Verdichtung durch hölzerne Leisten mangelhaft ist und eine starke Friction veranlaßt; allein wegen der völligen Unabhängigkeit des Unterkastens von dem Oberkasten, fällt die Friction im Schlosse weg, auch lassen sich die beiden Haupttheile des Gebläses (der Unter- und der Oberkasten) einander weit näher bringen, wodurch sich der schädliche Raum vermindert, und endlich erfordern die Kasten, bei gleicher Windmenge, weit geringere Räume. So unvollkommen das Kastengebläse also auch sein mag, so muß es doch für bedeutend vollkommner als das hölzerne Balgengebläse gehalten werden.

Bei den hölzernen Kastengebläsen pflegt man den Unterkasten nicht so, sondern den Kolben zu nennen. Von denjenigen hölzernen Kastengebläsen, bei welchen der Unterkasten beweglich ist, unterscheiden sich die Kastengebläse in der Hauptsache nur dadurch, daß der Kolben mit dem Oberkasten nicht verbunden ist, daß er folglich keine drehende Bewegung in dem Oberkasten macht, sondern daß er auf allen Seiten ganz gleichförmig in den Oberkasten hineingeschoben wird. Die Kasten, in denen sich die Kolben auf und nieder bewegen, nennt man Kasten oder Cylinder, je nachdem sie viereckig oder rund sind. Unter dem Namen Cylindergebläse versteht man aber gewöhnlich eiserne Gebläse, indem cylindrische Gebläse von Holz höchst selten, die Kastengebläse aber in der Regel nur hölzerne Gebläse sind. Die hölzernen Kasten futtert man zuweilen mit geschliffenen Roheisenplatten, oder auch mit Bleiplatten aus, obgleich solche Gebläse eben so selten angetroffen werden, als diejenigen, bei denen der Kasten aus Marmor bestehen. Fast immer, wenigstens auch am zweckmäßigsten, befinden sich die Ventile, zum Einlassen der atmosphärischen Luft, welche wie die gewöhnlichen Klappenventile bei den Balgengebläsen eingerichtet sind, in dem Kolben. Das Ventil zum Auslassen der zusammengedrückten Luft liegt in dem Deckel des Kastens. Außer den Klappventilen wendet man zum Auslassen der Luft auch wohl Kegelventile an, indeß sind die Klappenventile, wegen ihrer Einfachheit und weil sie als Luftventile am vollkommensten ihren Zweck erfüllen, allen Arten von Ventilen vorzuziehen. Die Verdichtungsvorrichtungen (die Liederung) bestehen bei dem Kastengebläse, eben so wie bei dem Balgengebläse, aus Leisten im Kolben, die durch Federn gegen die Wände des Kastens gedrückt werden. Bei cylindrischen Kasten sind die Leisten ganz genau nach der Kreislinie zugeschnitten, indeß lassen sich bei einer cylindrischen Gestalt der Kasten auch Verdichtungsmittel von Wolle, Leder u. s. f. (wie bei den eisernen Cylindergebläsen) mit einem günstigeren Erfolge anwenden. Die Zeichnungen Fig. 3—9 Taf. VII. stellen einen Gebläsekasten mit dem Kolben und mit dem Windsammelkasten dar, und zwar Fig. 5 die obere Ansicht des Windsammelkastens mit abgenommenem Deckel, Fig. 4 den Querdurchschnitt dieses Kastens mit seinem Deckel, und Fig. 3 den Längendurchschnitt desselben. Ferner Fig. 6 die Ansicht und Aufriß des Gebläsekastens mit seinem

Deckel, Fig. 9 die untere Ansicht, Fig. 7 den senkrechten Durchschnitt des Gebläsekastens, und Fig. 8 die Ansicht desselben von oben, nach abgehobenem Deckel. Die zu den auf Fig. 8 und 9 angegebenen Ventilöffnungen gehörenden Klappen sind um so viel größer als diese Oeffnungen, als nöthig ist, damit sie von allen Seiten ¼ Zoll über den Rändern der Oeffnungen vorragen (Anschlag haben). Die hölzernen Klappen werden auf Fahlleder angeleimt, welches auf der einen Seite so viel größer sein muß, daß es mit kleinen Nägeln festgenagelt werden kann, nachdem vorher dünner Schaafpelz, so weit der Anschlag reicht, auf dem Kolben angeleimt worden ist. Die zu den Verdichtungsvorrichtungen gehörenden Leisten aus dichtem und glatten Rothbuchenholz, so wie die Kröpfe (Windleisten-Hacken), die Klammern und die Federn werden an den Rändern des Kolbens in derselben Art befestigt, wie auf dem Unterkasten bei den Balgengebläsen. Die Zwischenräume zwischen den Lufteinlaßventilen und den Leisten futtert man, besonders bei größeren Kolben, mit Holz aus, damit nach dem Kolbenhube nicht zu viel verdichtete Luft zurückbleibt. Der äußere Kasten wird aus 2zölligen kiefernen Bohlen angefertigt. Diese Bohlen werden aber in der Mitte durchschnitten, so daß man 2 Hälften, eine jede von 1 Zoll Stärke, erhält, von denen die eine Hälfte umgedreht auf die andere geleimt werden muß, wodurch das Werfen oder Ziehen der Bohlen verhindert wird. Die inneren Flächen des Kastens erhalten ein Futter von Espen-, Linden- oder auch Erlenholz, welches auf diese inneren Seitenflächen des Gebläsekastens, noch ehe derselbe zusammengefugt wird, gut und dauerhaft aufgeleimt werden muß. Zu dem äußeren Kasten wird das Holz nach der Quere, zu dem inneren Kasten, oder zu dem Futter, nach der Richtung der Länge genommen; a sind eingeschobene Leisten, auf welchen die Kasten in ihrem Gerüst stehen. Die weitere Befestigung erhalten die Kasten in dem Gerüst durch ein Balkenstück, welches über den Deckel des Kastens gelegt wird. Dadurch wird verhindert, daß sich die Kasten nicht heben können. In dem Deckel, welcher unmittelbar an den Seitenwänden des Kastens durch Verzapfungen verbunden ist, befindet sich auch die Ventilöffnung, aus welcher die verdichtete Luft in den Windsammelkasten geführt wird. Das zu dieser Oeffnung gehörende Ventil liegt in dem Windkasten. Um keinen Wind zu verlieren, wird auf dem Deckel des Gebläsekastens, rund um die Ventilöffnung, ein fein- und kurzwolliger Pelz aufgeleimt und dann der Windkasten erst aufgeleimt und gehörig befestigt. Die innere Einrichtung des Windsammelkastens ergiebt sich aus der Zeichnung. Die Ventilklappen (aus schwachem Holz, welches quer nach den Jahrringen angewendet wird) leimt man auf Leder und befestigt es, wie aus der Zeichnung hervorgeht, mit Nägeln an dem Boden des Windkastens, nachdem zuvor ganz feiner Schaafspelz in schmalen Streifen um die Ventilöffnung geleimt worden ist. Diese Ventilklappen ragen jedoch über den Rändern der Ventilöffnungen nicht mehr als $\frac{3}{16}$ oder höchstens $\frac{1}{4}$ Zoll hervor, weil sie sich sonst, indem sie den Druck der verdichteten Luft zu erleiden haben, zu schwer öffnen würden. Aus demselben Grunde müssen auch die Ventilöffnungen im Deckel der Kasten zum Auslassen der verdichteten Luft nicht zu groß, und die Ventilklappen nicht zu schwer sein. Der an den Klappen und an dem Boden des Windsammelkastens befestigte Riemen hat den Zweck, daß sich die Klappen bei einem schnellen Oeffnen nicht überschlagen, und daß sie sich auch überhaupt nur so weit öffnen, als es die Menge des ausströmenden Windes erfordert. Damit sich dieser Riemen aber nicht unter die Klappen ziehe und deren Schließen verhindere, muß er zweckmäßig aufgenagelt werden. Besser ist es indeß, den Ventilklappen in dem Windkasten eine solche Stellung zu geben, daß sie durch ihr Gewicht wieder zurückfallen und fest anschlagen, so wie es auf der Zeichnung angegeben ist. Wählt man Riemen, so können die Auslaßventilklappen ganz wagerecht liegen. Die Länge des Windsammelkastens richtet sich nach den Dimensionen der Kasten. Für jedes Ventil, oder für jede Windklappe, wird in dem Deckel des Windsammelkastens eine besondere Oeffnung angebracht, welche mit einem Deckel sorgfältig wieder verschlossen werden muß. Diese Oeffnung ist nothwendig, um zu den Ventilen gelangen zu können, um deren Zustand zu untersuchen und nöthigenfalls Verbesserungen vorzunehmen. Soll der Wind aus jedem Gebläsekasten in eine besondere Düse geführt, also der Wind aus allen Kasten nicht in einem gemeinschaftlichen Sammelkasten vereinigt werden, so verbindet man die Windleitungsröhre, an welcher die Düse befestigt ist, unmittelbar mit dem Deckel eines jeden Gebläsekastens. Häufig fehlt dann das Ventil gänzlich, welches aber, wie schon früher bemerkt ward, eine fehlerhafte Einrichtung ist. Der Windsammelkasten ist allen vorhandenen Gebläsekasten gemeinschaftlich, und es münden darin also so viel Ventile aus, als Gebläsekasten vorhanden sind.

§. 584.

Man kann die Gebläsekasten mit ihren Boden oder Deckeln nach unten oder nach oben gekehrt aufstellen. Im ersten Fall wird die Luft beim Niedergehen, im letzten Fall beim Aufsteigen des Kolbens ausgepreßt. Die erste Einrichtung ist bei den hölzernen Kastengebläsen eben nicht gebräuchlich, theils weil sich die Ventile minder günstig anbringen lassen, als bei der zweiten Einrichtung, theils weil die Leisten weniger fest gehalten werden können. Man bedient sich daher allgemein derjenigen Kasten, bei welchen der Kolben beim Aufsteigen gegen den Deckel des Kastens gedrückt wird. Je schneller die Bewegung des Kolbens erfolgt, desto mehr Luft wird natürlich in gleichen Zeiträumen ausgepreßt. Es ist einleuchtend, daß sich das Auslassungsventil durch den Druck der ausströmenden Luft erst heben kann, wenn der Kolben schon einen Theil seiner aufsteigenden Bewegung gemacht hat. Ueber dem Ventil befindet sich nämlich verdichtete Luft im Windsammelkasten; im Gebläsekasten ist aber nur Luft von atmosphärischer Dichtigkeit vorhanden. Das Ventil kann also nicht eher gehoben werden, als bis die Luft unter dem

Ventil, oder in dem Gebläsekasten, noch etwas stärker verdichtet ist als in dem Windsammelkasten, weil nicht bloß das Gleichgewicht für den Luftdruck hergestellt, sondern auch noch das Gewicht der Klappe gehoben werden soll. Will man daher bei zwei Kasten einen ununterbrochenen Luftstrom bewirken, so muß die Geschwindigkeit des Kolbens zu Anfange der Bewegung beschleunigt, oder zu Ende der Bewegung verzögert werden, damit der Kolben des zweiten Kastens schon die aufsteigende Bewegung anfängt, ehe der des ersten sie beendigt hat. Nur bei drei und mehren Kasten wird die Bewegung gleichförmig sein können.

Es ist zwar einerlei, ob der Gebläsekasten eine senkrechte, oder eine horizontale, oder eine gegen den Horizont geneigte Lage erhält; allein die Linie, welche der Kolben bei seiner Bewegung im Kasten macht, muß dann immer mit der Richtung, welche der Kasten selbst erhalten hat, ganz genau übereinstimmen. Liegende Kasten würden also eine horizontale Bewegung, und schief stehende Kasten eine nach derselben Richtung fortgehende Bewegung der Kolben verlangen. Man hat auch Kasten, welche nach Bogenlinien gekrümmt sind, und dann muß der Kolben bei seiner Bewegung dieselbe Bogenlinie beschreiben. Alle die von der senkrechten Linie abweichenden Richtungen erfordern eine zusammengesetztere Maschinerie, weshalb man schiefliegende Kasten, und Kasten mit gekrümmten Wänden selten antrifft. Die liegenden Kasten, in denen sich die Kolben horizontal bewegen, gestatten zwar eine weniger unbequeme Anwendung der bewegenden Kräfte, allein der Kolben drückt bei dieser Einrichtung durch sein eigenes Gewicht zu sehr nach einer Seite, die Leisten werden dadurch leichter schadhaft und die Verdichtung wird dadurch unvollkommener. Dennoch hat man die liegenden Kasten hier und dort sehr gerühmt und behauptet, daß sie eine schnellere Kolbenbewegung als bei der senkrechten Richtung des Kolbens zulassen, welches jedoch keinesweges zu erweisen ist.

Bei der senkrechten Bewegung der Kolben müssen die Axe des Kastens und die Linie, nach welcher der Kolben seine Bewegung macht, von der Vertikale durchaus nicht abweichen, weil sonst ein Seitendruck entsteht, wobei die Leisten nicht genau anschließen können und ein Bruch bei der Maschinerie zu befürchten ist. Die Bewegung der Kolben wird, wie bei den hölzernen Balgengebläsen, entweder durch Wellfüße (Epicycloiden), oder durch gezahnte Stangen, oder durch Krummzapfenbewegung bewirkt. Die Einrichtungen, die man dabei treffen will, können so mannigfaltig sein, daß es kaum möglich sein würde, alle Fälle zu erschöpfen. Bei den Gebläsen, bei welchen der Kolben niedergedrückt wird, um die Luft auszupressen, muß zugleich der niedergegangene Kolben durch ein Gegengewicht wieder gehoben werden. Die dadurch veranlaßte größere Zusammensetzung der Maschinerie ist ein Grund mehr, denjenigen Gebläsen den Vorzug zu geben, bei welchen der Kolben beim Aufsteigen die Last zu überwinden hat, indem er bei dieser Einrichtung durch sein eigenes Gewicht wieder niedersinkt. Man muß sogar durch Gegengewichte, welche die fallende Bewegung verzögern, oder auf andere Weise, das zu schnelle Niedersinken des Kolbens zu verhindern suchen.

Eine der gewöhnlichen Einrichtungen bei den hölzernen Kastengebläsen, welche zugleich einfach und dauerhaft ist, zeigt die Zeichnung Fig. 2 Taf. VII. im Durchschnitt durch die Kasten mit ihren Kolben, und Fig. 1 in der Seitenansicht. Die Aufstellung der Kasten, die Kolben mit ihren Kolbenstangen, der den beiden Gebläsekasten gemeinschaftliche Windsammelkasten, die aus demselben abgeleitete Windleitungsröhre, welche zu der Düse führt, die in der Kolbenstange eingeschobene Leiste, welche verhindert, daß der Kolben nicht weiter niedersinkt, als bis zu dem tiefsten Punkt seiner Bewegung, die Art, wie die Kolben gehoben werden u. s. f., ergeben sich unmittelbar aus der Zeichnung. Eine geringe Abweichung von der senkrechten Linie ist dabei zwar nicht ganz zu vermeiden, indeß ist dieselbe, bei der Hubhöhe von 2′ 3″, und bei der Länge der Leitärme von 9′ 4″ nur unbedeutend. Je länger diese Leitärme genommen werden, desto geringer wird die Abweichung bei gleichbleibender Hubhöhe. Theilt man dem Kasten eine größere Höhe zu, so vergrößert sich mit der Hubhöhe auch die Abweichung von der senkrechten Linie beim Auf- und Niedergehen des Kolbens. Gestatten es der Raum, oder andere Umstände, nicht, die Leitärme und die Balanciers in demselben Verhältniß zu verlängern, so verbindet man die Kolbenstangen mit Ketten, die an Krümmlingen befestigt sind.

§. 585.

Es ist nicht gebräuchlich, den hölzernen Kastengebläsen eine solche Einrichtung zu geben, daß sie als Doppelbläser wirken, d. h. daß bei der auf- und bei der niedergehenden Bewegung des Kolbens, die Luft aus dem räumlichen Inhalt des Blasekastens ausgepreßt wird. Daß man die hölzernen Kasten nur als einfache Gebläse anwendet, nämlich den Luftinhalt des Kastens nur entweder beim Niedergehen oder beim Aufsteigen des Kolbens fortdrückt, ist besonders in der Schwierigkeit zu suchen, die Luftverdichtungen zweckmäßig zu bewerkstelligen. Es muß bei den Doppelkasten nicht bloß für die gewöhnliche Verdichtung der Kolbenränder mit den Wänden der Kasten, sondern auch dafür gesorgt werden, daß keine Luft entweicht, wenn die Kolbenstange ihre Bewegung durch den Boden und den Deckel des Kastens macht, indem der Kasten, wenn er als Doppelbläser dienen soll, sowohl mit einem Boden als mit einem Deckel versehen sein muß. Man hat indeß seit einigen Jahren angefangen, sich in Oberschlesien der doppelt wirkenden hölzernen Kastengebläse zu bedienen, und der Erfinder, Hr. Munscheid, hat dieselben mit gutem Erfolge schon in einigen der benachbarten österreichischen Provinzen eingeführt. Ein solches Doppelgebläse ist durch die Zeichnungen Fig. 1—4 Taf. XII. dargestellt. Eine nähere Erläuterung kann, bei der deutlichen Darstellung durch die Zeichnung, um so mehr übergangen werden, als die angewendeten Verdichtungsmittel für die

Kolben und die Kolbenstangen, die Lage und Einrichtung der Ventile und das Verfahren beim Ansammeln der gepreßten Luft in dem Windsammelkasten, bei der Betrachtung der Cylindergebläse näher werden erörtert werden. Die Boden und die Deckel der Kasten sind von Gußeisen, so daß sich dies hölzerne Doppelkastengebläse von den eisernen Doppelcylindergebläsen eigentlich nur ganz allein dadurch unterscheidet, daß die Kasten von Holz angefertigt sind und nicht aus eisernen Cylindern bestehen. Für Gegenden, wo man eiserne, gut ausgebohrte Cylinder noch nicht ohne Umstände und große Kosten erhalten kann, wird dies Gebläse sehr zu empfehlen sein.

Von den eisernen Cylindergebläsen.

§. 586.

Die eisernen haben vor allen hölzernen Gebläsen den Vorzug, daß bei ihnen ein geringerer Windverlust stattfindet. Die verdichtete Luft sucht bei den hölzernen Gebläsen nicht allein zwischen den Leisten der Kolben und den Wänden der Kasten einen Ausweg, sondern sie entweicht durch die Fugen und sogar durch die Fasern des Holzes selbst, besonders wenn sie sich in einem stark zusammengepreßten Zustande befindet. Hölzerne Gebläse würden daher bei Brennmaterialien, die eine starke Windpressung zum Verbrennen erfordern, nur wenig anwendbar sein, und erst seit der Einführung der eisernen Gebläse hat die Roheisenerzeugung bei Koaks zuerst in England einen günstigen Fortgang gehabt. Eiserne Gebläse sind jetzt überall unentbehrlich, wo große Masse von comprimirter Luft, besonders in einem bedeutenden Grade der Verdichtung, herbeigeschafft werden müssen. Für die eisernen Gebläse wählt man durchaus nur die cylindrische Gestalt, weil sich die Cylinder am genauesten darstellen lassen, und weil sie das genaueste Anschließen der Kolben an den

Wänden des Cylinders gestatten. Obgleich im Allgemeinen der Mechanismus bei den einfachen Cylindergebläsen von dem bei den Kastengebläsen nicht abweichend sein kann, so führt doch die Verschiedenheit des Materials einige Verschiedenheit in der Einrichtung herbei, indem man z. B. bei den eisernen Gebläsen Schrauben und Schraubenlöcher in solchen Fällen anwenden muß, wo bei den hölzernen Gebläsen schon eine Befestigung durch Nägel, durch Festleimen u. s. f. ausreichen würde. Hat man nur geringe Windquantitäten nöthig, ohne einer starken Pressung der Luft zu bedürfen, so wird ein wohlfeileres gutes Kastengebläse den Zweck vollkommen erreichen lassen, und man wird die Cylindergebläse nur dann anwenden, wenn man Gelegenheit hat, mehre Oefen oder Heerde mit einem gemeinschaftlichen Gebläse zu versehen, oder wenn der Schmelzprozeß von der Art ist, daß er eine bedeutende Menge und stark gepreßten Wind erfordert.

§. 587.

Bei den eisernen Gebläsen ist der Cylinder ein für sich bestehendes und von allen übrigen Theilen des Gebläses ganz unabhängiges Stück. Er muß daher mit Kränzen versehen sein, in welchen sich Schraubenlöcher befinden, um den Boden oder den Deckel, oder in einigen Fällen Boden und Deckel, an ihm befestigen zu können. Die Schraubenlöcher im Boden und Deckel korrespondiren natürlich mit denen in den Kränzen des Cylinders. Um das Entweichen der Luft aus dem Zwischenraume zwischen den Kränzen des Cylinders und dem angeschraubten Boden und Deckel zu verhindern, pflegt man wohl einen ganz schwachen Ring von Blei, oder auch Hanf anzuwenden, um die Schrauben möglichst stark anziehen zu können, damit alle Zwischenräume auf den Berührungsflächen verstopft werden. Daß die Cylinder durchaus concentrisch und die inneren Wände vollkommen glatt ausgebohrt sein müssen, daß weder Bohrringe noch Löcher und Blasen in den Wänden des Cylinders vorhanden sein dürfen, und daß derselbe demnächst vollkommen senkrecht aufgestellt sein muß, bedarf der Bemerkung kaum. Eben so muß auch der Rand des Kolbens vollkommen glatt abgedreht und völlig concentrisch sein. Der Rand des Kolbens darf indeß die Wände des Cylinders nicht unmittelbar berühren, weil eine so vollkommene Ausführung niemals zu erwarten ist, daß der Kolben, ohne Anwendung von Verdichtungsmitteln (ohne Liederung) seine auf- und niedergehende Bewegung im Cylinder machen könnte. Man giebt dem Kolben daher einen um $\frac{1}{4}$ bis $\frac{3}{8}$ Zoll kleineren Durchmesser als dem Cylinder, und sucht den auf dem ganzen Umfange des Kolbens entstehenden Zwischenraum von $\frac{1}{8}$ bis $\frac{1}{6}$ Zoll zwischen dem Kolbenrande und den Wänden des Cylinders auf verschiedene Weise luftdicht zu machen. Die Verbindung des Kolbens mit der Kolbenstange geschieht auf eine einfache Weise durch eine in der Mitte des Kolbens befindliche Muffe, welche die Gestalt eines hohlen abgekürzten Kegels hat. In diese glatt ausgebohrte Muffe wird das eben so gestaltete, glatt abgedrehte Ende der Kolbenstange hineingeschoben und verkeilt. Die Ventile zum Einlassen der atmosphärischen und zum Auslassen der verdichteten Luft, können auf mannigfaltige Art angebracht werden. Bei den einfachen Cylindergebläsen befinden sich die Einlaßventilöffnungen gewöhnlich im Kolben, und die Klappen, welche eben so wie bei den Kastengebläsen eingerichtet sind, werden durch Schrauben befestigt. Die Ventile zum Auslassen der Luft hängen in Hälsen, oder in Kasten, welche an dem Boden und Deckel des Cylinders bald unmittelbar mit angegossen sind, bald besonders angefertigt und luftdicht angeschraubt werden. Es kommt dabei vorzüglich immer darauf an, solche Einrichtung zu treffen, daß nach beendigtem Hube des Kolbens, möglichst wenig verdichtete Luft zurückbleibt, oder daß der Raum zwischen dem Kolben, in seinem höchsten oder tiefsten Stande, und zwischen dem Auslaßventil, der möglichst kleinste wird.

§. 588.

Einfache Cylindergebläse sind diejenigen, aus welchen entweder nur beim Aufsteigen oder beim Niedergehen des Kolbens der räumliche Inhalt des Cylinders an atmosphärischer Luft ausgepreßt wird. Der Mechanismus bei diesen Gebläsen ist eben so wie bei den hölzernen Kastengebläsen, nur daß man oft die Kolbenstange durch den Deckel des Cylinders hindurch gehen läßt, wenn der Kolben nicht, wie bei den Kastengebläsen, von unten gehoben, sondern von oben in die Höhe gezogen werden soll, in sofern sich die wirkende Kraft auf diese Weise etwa besser benutzen läßt. Der Deckel ist zu dem Ende mit einer Oeffnung und diese mit einer Verdichtungsvorrichtung versehen, damit zwischen der Kolbenstange und der Oeffnung im Cylinderdeckel keine Luft entweichen kann. Man nennt diese Verdichtungsvorrichtung die Stopfungsbüchse. Auch bei den einfachen Cylindergebläsen läßt sich die bewegende Kraft mit der Kolbenstange häufig leichter und zweckmäßiger verbinden, wenn die Kolbenstange durch den Deckel des Cylinders geführt ist, als wenn der Kolben von unten gehoben wird. Bei den doppelt wirkenden Gebläsen kann aber keine andere Einrichtung stattfinden, als die Kolbenstange entweder durch den Boden, oder, wie fast immer, durch den Deckel des Cylinders gehen zu lassen.

§. 589.

Die einfachen Cylindergebläse sind nur noch wenig im Gebrauch, indem man, zur Vereinfachung der Maschinerie, zur Verkleinerung der Cylinder und zur besseren Benutzung der bewegenden Kraft, fast allgemein bei den Cylindergebläsen angefangen hat, sich der Doppelgebläse, oder der doppelt wirkenden Cylinder zu bedienen. Bei diesen Gebläsen wird sowohl beim Aufsteigen als beim Niedergehen der Kolben Wind ausgepreßt, indem, während der Raum über oder unter dem Kolben durch den aufsteigenden oder niedergehenden Kolben von der vorher aufgefangenen Luft entleert wird, der Raum unter oder über dem Kolben sich gleichzeitig wieder mit atmosphärischer Luft anfüllen muß. Es kann daher bei einem Doppelgebläse der räumliche Inhalt des Cylinders in derselben Zeit, in welcher er bei dem einfachen Gebläse nur einmal benutzt wird, zweimal angewendet werden. Bei dieser Einrichtung der Gebläse können in dem Kolben keine Ventilöffnungen vorhanden, sondern die Ventile zum Einlassen der atmosphärischen und zum Auslassen der verdichteten Luft müssen unter und über dem Kolben angebracht sein. Der Cylinder muß daher mit einem Deckel und mit einem Boden versehen werden, und die Ein- und Auslaßventile befinden sich sowohl am Boden als am Deckel des Cylinders. Während sich das Einlaßventil über dem Kolben, bei der niedergehenden Bewegung desselben, öffnet, schließt sich das Auslaßventil; gleichzeitig schließt sich das Einlaßventil unter dem Kolben und es öffnet sich das Auslaßventil. Bei der aufsteigenden Bewegung des Kolbens findet das entgegengesetzte Spiel der Ventile statt, so daß immer die Ein- und Auslaßventile auf der entgegengesetzten Seite des Kolbens geöffnet und geschlossen sind.

Das Verfahren, die Kolbenstange durch den Cylinderdeckel gehen zu lassen, und den Kolben zu dichten (zu liedern), ist bei den einfachen und bei den doppelt wirkenden Gebläsen ganz übereinstimmend. Nur in der Anordnung der Ventile, indem die Einlaßventile bei den einfachen Gebläsen im Kolben liegen können, und darin, daß die Doppelgebläse mit einem Boden und Deckel versehen sein müssen, während die einfachen Gebläse nur eines Bodens oder eines Deckels bedürfen, findet zwischen beiden Gebläsen eine Verschiedenheit statt. Bedient man sich nicht des Wasserrades, sondern der Dampfmaschine als bewegende Kraft, so muß natürlich auch eine doppelt wirkende Dampfmaschine gewählt werden. Die Art, wie die wirkende Kraft mit der Kolbenstange in Verbindung gesetzt wird, ist außerordentlich mannigfaltig, sowohl für das einfache als für das doppelt wirkende Gebläse.

Die Zeichnung Fig. 13 Taf. VIII. stellt einen eisernen Doppelcylinder in dem Augenblick dar, wo der Kolben seine niedergehende Bewegung macht. Die Ventile liegen in den Hälsen, mit welchen der Deckel und der Boden des Cylinders versehen sind. Die Lage der Ein- und Auslaßventile über und unter dem Kolben geht aus der Zeichnung unmittelbar hervor. Der Windsammelkasten besteht hier nicht, wie häufig, aus einer eisernen Röhre, sondern er ist aus eisernen Platten zusammengesetzt. Die hier dargestellte Einrichtung zur Anbringung der Hälse für die Ventile an dem Boden und Deckel des Cylinders, gehört zu den am häufigsten vorkommenden; sie ist auch ziemlich gut geeignet, nur einen geringen — immer nicht ganz zu vermeidenden — schädlichen Raum zu veranlassen. Man hat auf verschiedene Weise versucht, den Raum für die Ventile möglichst zu beschränken. Bei sehr großen Cylindern bedient man sich, statt der Hälse die unmittelbar an dem Deckel und an dem Boden gegossen sind, der sogenannten Ventilkasten, welche von dem Boden und Deckel unabhängig und luftdicht an demselben angeschraubt sind. Diese Ventilkasten sind dann zuweilen so eingerichtet, daß sich in denselben sowohl die Einlaß- als die Ausblaseventile befinden. Einrichtungen bei den eisernen Blasecylindern von verschiedener Art, ergeben sich unmittelbar aus den Zeichnungen auf der zehnten Kupfertafel.

§. 590.

Die Ventile werden in den Hälsen des Cylinders, oder in den Ventilkasten gewöhnlich in der Art angebracht, daß sie etwas gegen den Horizont geneigt sind, damit sie sich durch ihr eigenes Gewicht schließen, wenn sie durch den Druck der Luft nicht geöffnet werden. Ventile für große Blasecylinder werden aus Eisenblech angefertigt, sonst werden sie gewöhnlich aus leichterem Holz gemacht, welches mit Filz gefüttert ist. Sie schlagen gegen hölzerne, ebenfalls mit Filz oder auch mit Schaafpelz ausgefutterte Ventilsitze. Die Einlaßventile müssen immer möglichst groß gemacht werden, besonders bei einem schnellen Kolbenwechsel, damit sich der räumliche Inhalt des Cylinders während des Kolbenhubes mit Luft von atmosphärischer Dichtigkeit füllen kann. Die Auslaßventile sind, aus schon früher erwähnten Gründen, nicht zu groß zu machen. Kegelventile werden seltener angewendet, weil sie weniger vollkommen als die Klappenventile die Ventilöffnung schließen. Die Zeichnungen Fig. 15—17 Taf. VIII. zeigen im Allgemeinen die Einrichtung bei einem hölzernen Klappenventil. In Fig. 17 ist die Art der Verbindung des Ventils mit dem Cylindethalse oder mit dem Ventilkasten angegeben, Fig. 16 ist die obere Ansicht des Ventils, und Fig. 15 ein hölzerner Rahmen zum Ventilsitz, mit zwei Leisten von geschmiedetem Eisen, welche zu dessen Befestigung dienen und verhindern, daß sich der hölzerne Rahmen verwerfen kann, wodurch das Ventil einen unvollkommenen Anschlag erhalten und die Ventilöffnung nicht vollständig schließen würde Der Ventilsitz (Fig. 17), in welchem die Ventilöffnung eingeschnitten ist, wird mit mehren Schrauben und dazu gehörenden Schraubenlöchern an den Kränzen des Cylinderhalses befestigt. Die Schrauben dienen zugleich zur Befestigung des Ventils, welches aus zwei oder aus mehren aufeinander geleimten Stücken Holz besteht, die in der Art bearbeitet sind, wie sich aus dem Durchschnitt in der Zeichnung ergiebt. Die keilförmig bearbeitete Klappe hat oben eine Decke von Leder, welche angeleimt und außerdem noch mit Nägeln befestigt ist. Die untere Fläche der hölzernen Klappe erhält einen Ueberzug von Filz, der gleichfalls angeleimt und da, wo das hölzerne Ventil aufhört, mit dem Lederfortsatz desselben verbunden ist. Die Schraubenlöcher des Ventilrahmens (Fig. 15) müssen also durch die Leder- und Filzbekleidung der Klappe hindurchgehen, wodurch das Ventil nach dem Aufschrauben seine feste Lage und seine Beweglichkeit erhält. Die Filzstreifen (oder auch ein dünnes Schaaffell) zwischen dem Rahmen oder dem

Ventilsitz und dem Kranz des Cylinderhalses, bilden die obere Bekleidung des Ventilsitzes und dienen theils als Verdichtungsmittel zwischen dem Cylinderhals und dem Ventilsitz, theils zum luftdichten Anschließen des Ventils, wenn dasselbe sich schließt. — Die Einrichtung größerer Ventilklappen aus Eisenblech ergiebt sich aus der Zeichnung Fig. 4 a b Taf. X. Für kleinere Gebläse lassen sich metallene Ventilklappen nach Art der in Fig. 18 Taf. VIII. dargestellten, anwenden. Die Zeichnung zeigt den Ventilsitz, nämlich den Rahmen mit der Ventilöffnung, nebst dem, aus dünne ausgetriebenem Eisenblech bestehenden Ventil, an dessen Rändern ein dünner Schaafspelz befestigt ist. Das Ventil bewegt sich in einem Gelenk, oder in einem Charnier, welches mittelst Schrauben an dem Rahmen oder Ventilsitz befestigt ist.

Wenn Kegelventile angewendet werden, so fallen diese entweder durch ihr eigenes Gewicht auf das Lager zurück, wenn sie sich schließen sollen, oder sie sind auf verschiedene Weise mit Gegengewichten versehen, theils um den Luftdruck zu unterstützen, theils um das Gewicht ganz oder theilweise zu compensiren.

§. 591.

Die Zeichnungen Fig. 11, 12 und 13 Taf. X. stellen eine Stopfungsbüchse und zugleich die Art und Weise dar, wie die Verdichtung für eine aus dem Cylinderdeckel, oder überhaupt aus einem mit verdichteter Luft angefüllten Raum hervorragende Zug- oder Druckstange bewirkt wird. Oben nnd unten ist die Stopfungsbüchse mit Ringen von Messing ausgefuttert, durch welche die Kolbenstange hindurchgeht und frei ihre auf- und niedergehende Bewegung macht. Zwischen beiden Messingringen ist die ganze Stopfbüchse mit einer Hanfliederung ausgefüllt. Wie die Deckplatte der Stopfbüchse die Messingringe und die Hanfliederung zusammendrückt, und wie sie selbst mit der Stopfbüchse verbunden wird, ergiebt sich aus der Zeichnung.

§. 592.

Das Verdichtungsmittel, welches man anwendet, um den Zwischenraum zwischen dem Rande des Kolbens und der inneren Fläche des Cylinders auszufüllen und durch das Entweichen der verdichteten Luft über oder unter dem Kolben zu verhüten, wird die Liederung genannt. Durch eine unvollkommne Liederung kann die Wirkung des Gebläses ungemein vermindert werden, weil die verdichtete Luft hinter dem Kolben entweicht, statt aus den Auslaßventilen ausgepreßt zu werden. Zur Liederung wendet man Leder, Wolle und Leinewand an. Die Liederung sehr großer Cylinderkolben mit Hanfseilen erfordert eine große Aufmerksamkeit und genaue Ausführung, indeß fällt die Verdichtung doch immer nur mangelhaft aus. Das gewöhnliche Verfahren bei der Liederung der Kolben mit Leder und Wolle, ergiebt sich aus der Zeichnung Fig. 19 Taf. VIII., welche einen Theil eines Blasecylinderkolbens im Durchschnitt darstellt. x ist der aufstehende Rand des Kolbens, durch welchen ein ringförmiger Raum zwischen diesem Rande und der inneren Fläche des Cylinders gebildet wird, der zur Aufnahme der Liederung bestimmt ist. a sind zwei ringförmige Scheiben von Holz, durch welche die Lederscheiben b festgehalten werden. Beide Lederscheiben, die obere und die untere, stoßen in der Mitte der Kolbenhöhe möglichst nahe zusammen. Der Zwischenraum zwischen den hölzernen Scheiben a und den Lederscheiben b, ist mit Wolle c ausgefüllt, welche, wegen ihrer Elasticität, die Lederenden gegen die Cylinderwände drückt. Der gegossene eiserne Liederungsring d dient zum Zusammenhalten der Holz- und Lederscheiben. Er wird durch Schrauben, die durch sämmtliche Scheiben hindurchgehen, weshalb dieselben mit correspondirenden Schraubenlöchern versehen sein müssen, mit dem Kolben verbunden. Statt dieses gegossenen eisernen Ringes, kann man sich auch eines Ringes von festem Holz bedienen, den man noch mit einem Ring von

Blei bedeckt, theils um ihm eine größere Haltbarkeit zu geben, theils um die Schrauben mit den Schraubenmuttern fester anziehen zu können. Daß der hohle Raum r des Kolbens mit Holz ausgefuttert werden muß, ist schon oben bemerkt worden. Die Lederscheiben ragen $\frac{1}{8}$ bis $\frac{3}{16}$ Zoll über dem unteren, concentrisch abgedrehten Rande des Kolbens hervor. Es ist nothwendig, starkes und festes Leder zur Liederung anzuwenden und die Wände des Cylinders mit Graphit zu bestreichen, damit sich das Leder nicht schnell abnutzt. Auch müssen die Zwischenräume zwischen den Holz- und Lederscheiben möglichst fest mit Wolle ausgestopft werden, weil diese eigentlich dazu bestimmt ist, die Lederscheiben gegen die innere Fläche des Cylinders zu drücken.

Ein weniger zu empfehlendes Verfahren für die Liederung der Gebläsekolben mit Leder, ist auf der Zeichnung Fig. 14 Taf. VIII. dargestellt. Es unterscheidet sich von dem vorigen dadurch, daß das Liederungsleder nicht aus zwei Hälften, der oberen und der unteren, besteht, sondern daß man nur ein einziges, ringförmig ausgeschnittenes Stück Leder anwendet, welches um die hölzerne Scheibe gelegt wird. Die Befestigung durch den Liederungsring geschieht in derselben Art, wie bei der vorigen Liederung. Das Leder wird bei diesem Verfahren nicht so genau gegen die Fläche des Cylinders gedrückt, auch nutzt es sich schneller ab.

Bei dem in der Zeichnung Fig. 4 Taf. IX. dargestellten eisernen Kolben wird die Kolbenstange durch einen geschmiedeten eisernen Bügel, der in eine Nuth der Kolbenstange eingreift, von der drehenden sowohl als von der senkrechten Bewegung in der Muffe abgehalten. Die Liederung besteht aus zwei Lederstreifen, welche, wie Fig. 5 zeigt, in gewissen Entfernungen keilförmige Einschnitte erhalten und an ihren Enden stumpf zusammen genäht werden. An der langen Seite, welche unmittelbar an dem Cylinder reibt, werden sie, um besser anzuschließen, schräge zugeschnitten. Beide Lederstreifen werden dann so zusammen gelegt, wie die Zeichnung Fig. 4 zeigt, und durch einen Ring von geschmiedetem Eisen, welcher mit Schrauben angezogen wird, festgehalten.

Ein hiervon abweichendes Verfahren bei der Kolbenliederung mit Leder ist auf den Zeichnungen Fig. 9 und 10 Taf X. dargestellt.

§. 593.

Wenn man sich der Leinewand statt des Leders bei der Kolbenliederung bedient, so muß man die Einrichtungen etwas abändern, weil die Leinewand, durch das nothwendige vielfache Uebereinanderlegen, so steif wird, daß sie nicht die Biegungen wie das Leder zuläßt. Wendet man die Leinewand nicht parallel mit der Richtung der Fäden an, so ist sie der Abnutzung ungleich weniger unterworfen als das Leder, und eine gute Leinewandliederung kann zuweilen Jahre lang ununterbrochen benutzt werden, ohne daß eine Auswechselung erforderlich wäre. Am besten ist es, starkes Schiffssegeltuch von Hanf anzuwenden, welches unter 45 Gr. Neigung gegen die beiden Fadenrichtungen, also ganz diagonal, in etwa 1 Zoll breite Bänder zerschnitten wird. Haben diese Bänder eine bedeutende Länge, so müssen sie demnächst nach der Größe des Kreisbogens des Kolbens zugerichtet werden. Die einzelnen Leinewandstreifen taucht man zuerst in eine dünne Schlämme, welche aus rein geschlämmtem Graphit und beigemischtem Stärkewasser besteht. Es muß aber nur wenig, und nicht mehr Stärke genommen werden, als nöthig ist, um den Graphit im Wasser schwebend zu erhalten. Die auf diese Weise getränkten Leinewandstreifen werden getrocknet, zu etwa ½ Zoll dicken und ¾ Zoll breiten Liederungsleisten zusammen genähet, und, in ähnlicher Art wie die Buchbinder die Bücher beschneiden, für den inneren, oder für die nach dem Mittelpunkt des Kolbens gekehrte Seite rechtwinklich, und für die nach außen, oder nach der Cylinderwand gerichtete Seite, etwas geneigt beschnitten. Aus diesen Leisten von erforderlicher Länge für den Kolbenumfang, werden alsdann zwei Liederungsringe in jedem Kolben eingepreßt, der eine auf der oberen, der andere auf der unteren Fläche des Kolbenrandes. Die Zeichnung Fig. 20 Taf. VIII. zeigt den Rand des Kolbens mit der Leinewandliederung. c. ist der vordere Theil des Kolbens, welcher, statt des Liederungsrandes, zwei wulstförmige Erhöhungen α auf der oberen und auf der unteren Kolbenfläche erhält, die, nach dem Umfange des Kolbens hin, den schräge ablaufenden Vorsprung β begränzen. Von beiden Liederungsringen a wird der eine über, der andere unter diesem Vorsprunge eingepreßt. Die Deckringe b sind von geschmiedetem Eisen. Sie haben die Bestimmung, die Liederungsringe festzuhalten, und werden mit Schrauben an den Kolben fest angeschraubt. Die in dem Zwischenraum d, zwischen dem Kolben und den Deckringen, befindliche verdichtete Luft drückt die Liederungsringe gegen die Cylinderwand, denn obgleich die Räume m mit Holz ausgefüttert werden, so wird die verdichtete Luft dadurch doch nicht verhindert, in die unausgefüllt bleibenden Zwischenräume d einzudringen.

Ein anderes Verfahren bei der Liederung mit Leinewand zeigen die Zeichnungen Fig. 1—3 Taf. IX. Der Kolben erhält keine Deckringe, welche die Liederung festhalten, sondern er ist, statt der Deckringe, mit einer etwa 1 Zoll tiefen und ½ Zoll hohen Nuth versehen, welche den Rand des Kolbens bildet. Diese Nuth dient zur Aufnahme der Liederung. Beim Gießen des Kolbens wird sie zwar sogleich ausgespart, sie muß aber nachher noch ausgedreht werden, um ganz glatte Flächen zu erhalten. Um die in diese Nuth hineingeschobenen Liederungsringe von Leinewand gegen die Cylinderwand zu drücken, werden, in einer Entfernung von etwa 4 zu 4 Zoll, nach der Richtung des Durchmessers des Kolbens, 1½ Zoll tiefe und 4 Linien im Durchmesser weite Löcher gebohrt, in welche man aus Eisendraht gewundene Federn steckt, welche auf der einen Seite gegen den Kolben, und auf der anderen Seite gegen den Liederungsring drücken und denselben gegen die Cylinderwand pressen. Damit diese Federn die Spannung behalten und sich nicht zusammendrücken, steckt man sie auf kleine hölzerne Kölbchen (Fig. 2), die an dem stärkeren Ende ebenfalls 4 Linien im Durchmesser haben und an dem dünnern Ende zur Aufnahme der Spannfedern dienen. Das jedesmalige dritte oder vierte Kölbchen (Fig. 3) läßt man nicht aus Holz, sondern aus geschmiedetem Eisen bestehen, und versieht es mit einer Spitze, um den Liederungsring fest zu halten. Dieser Liederungsring (m) füllt die Nuth im Kolbenkranz fast gänzlich aus, indeß bleibt unvermeidlich noch ein kleiner Zwischenraum, durch welchen die gepreßte Luft über und unter dem Kolben einen Durchgang finden und so den Effekt des Gebläses vermindern würde. Um dies zu verhüten, versieht man den Rücken des Liederungsringes mit ganz dünnem Handschuhleder f, welches den Ring etwa so umbiegt, wie der Deckel ein gebundenes Buch. Die verdichtete Luft drückt nun das Leder gegen die Nuth des Kranzes und kann hinter dem Liederungsringe nicht entweichen. Ein starker wollener Faden, welcher auf den beiden Oberflächen des Liederungsringes fest genähet wird, verhindert, daß sich das dünne Leder nicht fest an den Liederungsring anlegen und dadurch zwecklos werden kann.

§. 591.

Als bewegende Kraft bei den Cylindergebläsen bedient man sich entweder der Wasserräder oder der Dampfmaschinen. Man mag einen Mechanismus für die Bewegung wählen, welchen man will, so ist es besonders erforderlich, die Cylinder vollkommen senkrecht aufzustellen und die Kolben genau in senkrechter Richtung ihre auf- und niedergehende Bewegung machen zu lassen. Bei der Anwendung der Dampfmaschinen ist oft ein einziger Doppelblasecylinder dazu bestimmt, die verlangte Windmenge herbeizuschaffen, wobei ein ganz gleichförmiges Ausströmen des Windes aus den Düsen nicht erreicht werden kann. Wenn daher nicht etwa durch lange und weite Windleitungen, welche die Stelle der Regulatoren vertreten können, eine gleichförmige Windströmung hervorgebracht wird, so ist es nothwendig, diese

Gleichförmigkeit durch Windregulatoren herbeizuführen. Diese werden dann mit dem Windsammelkasten des Blasecylinders oder der Blasecylinder in Verbindung gesetzt, und die Schmelzwerkstätten erhalten den Wind durch Windleitungsröhren, welche vom Regulator zu den Düsen führen.

Wenn es darauf ankommt, vielen und stark gepreßten Wind herbeizuschaffen, so sind die eisernen Cylindergebläse durch andere Gebläsevorrichtungen nicht zu ersetzen. Sie leisten aber auch dann die besten Dienste, wenn mehre Feuer mit Wind aus einem gemeinschaftlichen Gebläse versehen werden können, welches durch die anderen Arten von Gebläsen zu bewirken kaum zulässig sein würde.

Déscription d'une machine soufflante à cylindre de bois; in den Annales des arts et manufactures, X. 26—36. — Herrmann, über die verschiedenen Arten von Gebläsen; in v. Crell's Beiträgen zu den chem. Annalen, V. 285. — Baillet, déscription des soufflets cylindriques en fonte du pays de Namur; im Journ. des mines, Nr. 16. p. 9—16. — Baillet, de la machine souflante du Creuzot, p. 17—20. Observations sur les soufflets cylindriques en fonte, à piston, suivies de comparaison de ces soufflets avec ceux de bois ordinaires, à liteaux et à charnières, et de la déscription de soufflets en bois, à piston, Nr. 38. p. 105—117. — J. Baader, Beschreibung und Theorie des engl. Cylindergebläses, nebst einigen Vorschlägen zur Verbesserung dieser Maschine, München 1805. — D'Aubuisson, Bemerkungen über die Kastengebläse bei den Eisenhütten im südwestlichen Theil von Frankreich. Archiv u. s. f., XVI. 107 u. f.

Von den Vorrichtungen zur Bewirkung eines gleichmäßigen Ausströmens des Windes auf den Gebläsen.

§. 595.

Mit Ausnahme des Wassertrommel- und Kettengebläses, welche indeß nur eine sehr beschränkte Anwendung gestatten, werden alle Gebläse, welche aus nicht mehr als aus zwei Gefäßen, — sie mögen Balgen, Kasten oder Cylinder sein, — bestehen, ein ungleichmäßiges Ausströmen des Windes aus der Düse, nämlich einen absetzenden Windstrom, hervorbringen. Nur bei wenigstens drei Gefäßen wird sich, aus einem ihnen gemeinschaftlichen Windsammelkasten, ein ziemlich gleichmäßiger Windstrom bewirken lassen, indem sich dann immer ein Kolben in der mittleren Hubhöhe befindet. Häufig besteht das Gebläse aber nur aus zwei, oft sogar nur aus einem einzigen Gefäß, und es wird dennoch ein ununterbrochen gleichförmiges Ausströmen des Windes aus der Düsenöffnung verlangt. Die Vorrichtungen, welche man zur Bewirkung eines solchen möglichst gleichmäßigen Ausströmens anwendet, werden **Windregulatoren** genannt. Bei einem einzigen Blasecylinder sind sie durchaus unentbehrlich; man bedient sich derselben aber auch bei Gebläsen, die aus zwei und mehr Gefäßen bestehen, um den Wind mit möglichst gleichbleibender Geschwindigkeit ausströmen zu lassen. Um einen solchen Erfolg herbeizuführen, kommt es nur darauf an, die aus den Gefäßen ausgepreßte Luft in einen Raum zu leiten, aus welchem sie, mit möglichst gleichbleibender Geschwindigkeit für alle Zeitmomente, in die Düse gelangt. Es giebt dazu zwei Mittel. Das eine besteht darin, daß man die aus den Blasecylindern ausgepreßte Luft in einen großen und weiten Raum leitet, aus welchem, wenn er mit verdichteter Luft angefüllt ist, die Düsen ihren Windzufluß erhalten. Ist dieser Raum, im Verhältniß zu dem räumlichen Inhalt der Blasecylinder und zu der Quantität Luft, welche ununterbrochen ausströmen soll, von bedeutender Größe, so wird die Verminderung der Luftmenge in diesem Raum auf die Geschwindigkeit der ausströmenden Luft keinen beträchtlichen Einfluß ausüben, weil der Winderverlust immer wieder durch das Gebläse ersetzt wird. Lange und weite Windleitungsröhren, Windkasten oder Luftsammelkasten sind daher wirkliche Regulatoren, weil die in einem größeren Raum verbreitete verdichtete Luft, beim Austreten aus der Düse, durch die aus dem Gebläse nachfolgenden Strömungen ziemlich gleichmäßig ersetzt wird. Die Ausströmung wird folglich um so gleichmäßiger sein, je größer die Räume sind, in welche der Wind aus dem Gebläse geleitet wird, ehe er aus der Düse entweicht. Die weiten Windleitungen vertreten hier und dort die Stelle der Regulatoren mit dem besten Erfolge; sie erfordern jedoch ein bedeutendes Anlagekapital und man hat daher große Räume absichtlich angelegt, welche auf die schon angeführte Weise zur Regulirung des Windstroms dienen sollen. Man nennt sie Windbehälter, oder Windregulatoren von unveränderlichem Inhalt. Ist das Gebläse mit solchen Windbehältern nur durch kurze Windleitungsröhren in Verbindung gesetzt, so muß der räumliche Inhalt des Behälters mindestens 20 mal so groß sein als der des Blasecylinders, um eine gleichbleibende Geschwindigkeit des ausströmenden Windes zu bewirken. Wenn die Lokalverhältnisse aber eine lange Windleitung vom Gebläse bis zum Behälter erfordern, so hilft die lange Leitung schon mit zum Reguliren des Windes, und es genügt dann schon ein Behälter dessen Inhalt den des Blasecylinders 10—15 mal übertrifft.

Diese Windregulatoren kommen jetzt immer mehr in Anwendung, und man scheint ihnen den Vorzug vor den Regulatoren von veränderlichem Inhalt zu geben. Der luftdichte Raum, welcher zu einem solchen Regulator erforderlich ist, läßt sich auf verschiedene Weise herbeischaffen. Man hat Regulatoren in einen natürlichen Felsen gehauen, und die Wände des auf diese Art erhaltenen Raumes durch Verpichen und durch Auskleben mit Hanf und Papier luftdicht gemacht. Häufig würde aber der natürliche Felsen, wegen der vielen Zerklüftungen und Schichtenflächen, zu einer solchen Anwendung nicht geeignet sein, und noch häufiger tritt der Fall ein, daß sich zu einer solchen Anlage nicht einmal eine Gelegenheit darbietet. Daher hat man gemauerte Räume absichtlich zu diesem Zweck eingerichtet, deren Wände durch einen Ueberzug von gutem Cement luftdicht gemacht werden. Diese Regulatoren sind sehr empfehlenswerth, indem sie, ohne große Kosten, von bedeutender Ausdehnung dargestellt werden können, wenigstens auf solchen Hüttenwerken, wo ohnedies schon tiefe Fundamente erforderlich sind, welche alsdann als Gewölbe ausgeführt und als Regulatoren benutzt werden können. — Sodann setzt man die Regulatoren aus gegossenen eisernen Platten zusammen, die man theils durch Falzen, theils durch aufstehende Ränder, luftdicht mit einander verbindet und sich auf solche Weise Räume von jeder beliebigen Gestalt und Größe verschafft. Diese Regulatoren gewähren die Annehmlichkeit, daß man jeden disponiblen Raum in der Hütte, ohne Rücksicht auf die Ausdehnung nach den verschiedenen Dimensionen der Länge, Breite und Höhe des Raumes, benutzen kann; allein die Kosten der Anlagen sind nicht unbedeutend. — Statt der gegossenen eisernen Platten bedient man sich zu solchen Regulatoren auch des Eisenbleches, welches zu solcher Anwendung ganz geeignet scheint, aber nicht hinreichende Stabilität besitzt, wenn Wände von bedeutender Länge und Breite daraus bereitet werden sollen. Das Eisenblech würde schon ansehnlich stark sein müssen, — und dadurch würden die Anlagekosten sich bedeutend erhöhen, — wenn eine daraus angefertigte Wand von ansehnlicher Ausdehnung in der Länge und Breite dem Druck der eingeschlossenen Luft in dem Grade widerstehen soll, daß die Blechwand nicht aus der ursprünglichen Ebene herausgedrückt wird. Aus diesem Grunde setzt man die aus Eisenblech anzufertigenden Regulatoren lieber zu Körpern von bestimmter Gestalt zusammen, indem die Wände dadurch eine größere Stabilität erhalten. Durch ein sorgfältiges Zusammennieten kann schon eine vollständige Luftdichtheit der Flächen erlangt werden, und es bedarf keines Verdichtungsmittels zwischen den zusammen zu stoßenden Platten. Man kann diesen Regulatoren die Gestalt einer Kugel, eines Sphäroids u. s. f. geben, und solche Regulatoren im Freien und ohne alle Bedachung aufstellen, wenn die äußere Fläche der Bleche nur durch ölige und firnißartige Ueberzüge gegen das Rosten an der feuchten Luft geschützt wird. Die Zeichnungen Fig. 3—7 Taf. XI. stellen einen Regulator aus Eisenblech in Gestalt einer Kugel, und Fig. 8 und 9 in Gestalt eines Sphäroids dar. — Die Regulatoren, welche aus gegossenen eisernen Platten zusammengesetzt werden, sind dauerhafter, aber kostbarer als die Regulatoren aus Eisenblech.

Da die Regulatoren mit der Windleitungsröhre vom Windsammelkasten des Gebläses, und mit der Windleitungsröhre, die zur Düse führt, in Verbindung stehen, so muß bei der Anfertigung nicht bloß auf die Einmündung dieser Röhren Rücksicht genommen, sondern auch noch eine dritte Oeffnung berücksichtigt werden, die zu einem Ventil bestimmt ist, welches mit einem gewissen Gewicht beschwert wird und sich öffnen kann, um dem Winde einen Ausweg zu gestatten, wenn durch irgend einen zufälligen Umstand das Ausströmen aus den Düsen verhindert wird, oder wenn ein anderes unvorhergesehenes Hinderniß beim freien Ausströmen des Windes eintreten sollte. — Außerdem ist es nöthig, bei der Anlage dieser Regulatoren auf die Anbringung einer gut verschließbaren Oeffnung Rücksicht zu nehmen, durch welche ein Arbeiter in das Innere des Regulators gelangen kann.

§. 596.

Ein anderes Verfahren zur Bewirkung eines gleichmäßigen Luftstromes besteht darin, daß man den Wind aus dem Blasecylinder in einen Raum leitet, worin er mit einem, der verlangten Pressung angemessenen Gewicht beschwert, und dadurch einem immer gleich starken Druck ausgesetzt wird. In Zeitperioden, wo der Windzuschuß aus dem Gebläse geringer ist, als der Windabfluß aus der Düse sein soll, wird die Luft im Raum des Regulators durch das drückende Gewicht ausgepreßt. Erhält der Regulator dann wieder so große Zuschüsse von Wind aus dem Gebläse, daß die Luft, bei dem vorhandenen Druck im Regulator, nicht Raum findet, so hebt sie das drückende Gewicht und dehnt sich auf solche Art in einen größeren Raum aus, welcher, bei geringeren Windzuschüssen aus dem Gebläse, durch das drückende Gewicht wieder verkleinert wird. Der Erfolg ist also ganz mit demjenigen übereinstimmend, der schon oben bei dem ledernen Doppelbalgengebläse beleuchtet worden ist (§. 576). Die Regulirung des Windes findet hier durch gleich bleibenden Druck, aber durch veränderliche Größe des Raumes statt, weshalb die Regulatoren, in welchen die gleich bleibende Geschwindigkeit des ausströmenden Windes durch den Druck bewirkt wird, auch Regulatoren von veränderlichem Inhalt genannt werden. Der Druck, oder die Pressung des Windes in den Regulatorräumen, wird auf zweierlei Weise bewerkstelligt: durch Gewichte und durch eine Wassersäule. Regulatoren, in denen der Wind durch Gewichte eine gleichbleibende Ausström-Geschwindigkeit erhält, nennt man Trockenregulatoren, und diejenigen, bei welchen die Pressung durch eine Wassersäule bewirkt wird, Wasserregulatoren.

§. 597.

Ein Trockenregulator (trockner Regulator) besteht aus einem, nur mit einem Boden, aber nicht mit einem Deckel versehenen eisernen Cylinder, in welchem sich ein mit Gewichten beschwerter Kolben frei und ungehindert auf- und niederbewegen kann. Der Cylinder muß, eben so wie die Gebläsecylinder, vollkommen concentrisch ausgebohrt und der Kolben sehr genau abgedreht sein. Die Liederung des Kolbens bei den trockenen Regulatoren ist von derjenigen bei den Gebläsekolben nicht abweichend. Der Kolben muß mit einem Sicherheitsventil versehen sein. Die Luft aus dem Gebläse empfängt der Regulator durch eine Oeffnung im Boden des Cylinders. Der Rand der Oeffnung ist mit Schraubenlöchern versehen, um den Kranz der Windleitungsröhre vom Gebläse luftdicht befestigen zu können. Eine zweite Oeffnung im Boden des Cylinders steht mit der Röhrenleitung in Verbindung, die den Wind zur Düse führt.

Beide Oeffnungen bedürfen keiner Ventile, denn das Auslaßventil des Gebläses im Windsammelkasten verhindert das Zurücktreten der verdichteten Luft, und die mit der Düse in Verbindung stehende Röhrenleitung ist auch nur als eine Vergrößerung des räumlichen Inhaltes des Regulators anzusehen. Wenn der Wind aber aus einem und demselben Regulator nach verschiedenen Punkten geführt werden soll, so müssen an zweckmäßig gewählten Stellen, wie immer in solchen Fällen, Windsperrungskasten angebracht werden, um dem Wind jede beliebige Richtung anweisen zu können. Einer Kolbenstange würde der Kolben nicht bedürfen, weil er durch die, gegen seine untere Fläche drückende Luft gehoben wird, und weil er, bei Verminderung des Luftdrucks, durch sein eigenes Gewicht niedersinkt, so daß er in einer stets schwebenden Bewegung bleibt; allein man versieht ihn aus dem Grunde mit einer Kolbenstange, um ihn erforderlichenfalls aus dem Cylinder nehmen, besonders aber, um die Kolbenstange in einer über dem Regulator anzubringenden, glatt ausgebohrten Leere sich bewegen zu lassen, damit der Kolben auch dadurch stets in einer vollkommen horizontalen Lage erhalten wird. Die Zeichnungen Fig. 1. 2. Taf. XI. stellen einen Trockenregulator in der Ansicht und im Durchschnitt dar. Das Sicherheitsventil im Kolben ist sehr nothwendig, um dem Winde, bei einer zufälligen starken Pressung, einen Ausgang zu verschaffen, indem sonst der Kolben aus dem Cylinder herausgeworfen werden würde. Das Gewicht des Ventils, bei einem bestimmten Flächeninhalt der Ventilöffnung, wird durch die Pressung des Windes bestimmt. Das Ventil ist ein Kegelventil, aus Gußeisen sorgfältig abgedreht. Der Ventilsitz, welcher der Gestalt des Ventils vollkommen entspricht, ist von Messing.

So wie der Wind aus dem Blasecylinder in den Regulator tritt, dehnt er sich nach allen Seiten mit gleich starker Kraft aus. Er wird daher zum Theil durch die mit dem Regulator in Verbindung stehende Düsenöffnung entweichen, zum Theil aber auch den Kolben des Regulators in die Höhe heben, und dieses mit einer desto größeren Geschwindigkeit, je geringer der Widerstand ist, den der Kolben durch sein Gewicht leistet. Das Gewicht des Kolbens muß folglich mit der Geschwindigkeit, mit welcher der Wind aus der Düse strömen soll, im genauesten Verhältniß stehen. Wäre der Kolben zu leicht, so würde der Wind ihn in die Höhe treiben und, bei wiederholten Hüben des Blasekolbens, nothwendig aus dem Regulator werfen, wenn man diesem auch eine Höhe zutheilte, welche man nur wollte. Wäre der Regulatorkolben zu schwer, so würde er herabfallen, den Wind mit einer zu großen Geschwindigkeit aus der Düse treiben, und man würde dadurch den Zweck des Regulirens des Windstroms gänzlich verfehlen. Besäße der Regulatorkolben zwar das der Pressung des Windes angemessene Gewicht, hätte der Regulator aber einen zu geringen räumlichen Inhalt, um, während der Zeit des Hubes des Blasekolbens, so viel verdichtete Luft aufzunehmen, als bei der rückgehenden Bewegung des Blasekolbens, und bei den ersten Momenten der drückenden Bewegung desselben, aus dem Regulator ausströmen muß, so würde der Wind den Regulatorkolben herauswerfen, oder er würde, wenn man zur Verhütung des Herauswerfens eine größere Belastung anwenden wollte, mit einer stärkeren Pressung, also ebenfalls mit einer größeren Geschwindigkeit aus der Düse entweichen, und es würde kein Reguliren des Windstroms stattfinden können. Der räumliche Inhalt des Regulators muß also mit dem des Blasecylinders in einem gehörigen Verhältniß stehen. Ein Regulator, dessen räumlicher Inhalt den der Blasecylinder um die Hälfte übertrifft, wird schon eine recht gute Regulirung des Windstroms gestatten. Man wird indeß, um den nöthigen räumlichen Inhalt zu erhalten, dem Regulator lieber eine größere Weite, als eine größere Höhe zutheilen, weil der Regulatorkolben im ersten Fall nur eine geringe auf- und niedergehende Bewegung machen darf, während er im letzten Fall mit einer großen Geschwindigkeit gehoben werden muß, um mit derselben Geschwindigkeit wieder niederzusinken. Dadurch würde nicht bloß die Liederung stärker angegriffen, sondern es würde auch eine weniger vollkommene Regulirung des Windstroms bewirkt werden, weil zum Hervorbringen der zum Heben des Kolbens erforderlichen Geschwindigkeit eine größere Kraft, folglich eine etwas stärkere Pressung des Windes nöthig ist, als derselbe eigentlich erhalten soll, und weil bei einem schnellen Niedersinken des Kolbens das drückende Gewicht desselben noch durch die Fallkraft vermehrt, folglich der Wind mit einer größeren Pressung und Geschwindigkeit aus den Düsen getrieben wird, als ihm zugetheilt werden soll.

Zufällige Umstände können zuweilen einen etwas stärkeren Wechsel des Gebläses herbeiführen, auch kann die Wirkung desselben in andern Fällen zufällig auf kurze Zeit vermindert werden. Für den ersten Fall wird das Herauswerfen des Ventilatorkolbens durch das Sicherheitsventil verhindert. Im zweiten Fall wird aber das, für die gewöhnliche Windpressung berechnete Gewicht des Kolbens zu groß, und er wird sich auf den Boden des Regulators niedersetzen. Um durch ein solches schnelles Herabfallen oder Niedersetzen des Kolbens keine Brüche zu veranlassen, werden auf dem Regulatorboden einige hölzerne Unterlagen angebracht, auf welchen der Kolben beim Stillstande des Gebläses ruhen kann, und auf die er sich niedersetzt, wenn er, durch einen verminderten Effekt des Gebläses, zum Niedersinken veranlaßt wird. Bei größeren Regulatoren sind diese Vorsichtsmaßregeln besonders erforderlich, denn ein Regulatorkolben, welcher z. B. 90 Zoll im Durchmesser hat, und gegen dessen untere Fläche die verdichtete Luft mit einem Gewicht von 3 Pfunden auf den Quadratzoll drückt, würde ein Gewicht von fast 20,000 Pfunden erhalten, welches bei dem Herauswerfen aus dem Cylinder, oder bei einem plötzlichen Niederfallen auf den Boden, sehr leicht zu Brüchen Anlaß geben kann.

Die Trockenregulatoren bestehen immer aus ausgebohrten eisernen Cylindern. Dieselben aus eisernen, gut zusammengefugten Platten zusammenzusetzen, würde nicht rathsam sein, weil viereckige Kolben in den Ecken nur sehr schwer eine vollständige Verdichtung gestatten. Die Trockenregulatoren sind übrigens nur wenig im Gebrauch, obgleich sie in einigen Gegenden vor den Wasserregulatoren den Vorzug erhalten haben, vermuthlich weil sie in der Anlage weniger Kosten verursachen, als diese. Einigen Windverlust durch die Liederung, und einen noch größeren durch das Sicherheitsventil im Kolben, ziehen die Trockenregulatoren immer nach sich.

§. 598.

Ein luftdichter, auf allen Seiten geschlossener, und nur auf der einen, unteren Seite offener Behälter, welcher mit dieser offenen Seite dergestalt in ein mit Wasser angefülltes Reservoir eingetaucht ist, daß zwischen der Wasserfläche und dem Deckel des Behälters noch ein mit Luft erfüllter Raum übrig bleibt, bildet einen Wasserregulator. Den Behälter nennt man den Windkasten des Regulators, und das Reservoir den Wasserkasten desselben. Die unteren Ränder des Windkastens stehen nicht unmittelbar auf dem Boden des Wasserkastens, sondern auf Unterlagen, so daß der Wasserkasten und der Windkasten als zwei kommunizirende Gefäße anzusehen sind, in denen das Wasser in gleicher Höhe stehen würde, wenn der innere und der äußere Wasserspiegel einem gleichen Luftdruck ausgesetzt sind. Setzt man den Windkasten aus eisernen Platten zusammen, so bedarf es der Unterlagen nicht, wenn man längere und kürzere Platten anwendet, und die ersteren die Stelle der Füße vertreten läßt, auf welchen der ganze Windkasten ruht. Auch würde man der Unterlagen entbehren können, wenn der Fuß des Windkastens mit Oeffnungen versehen wird u. s. f. Die Seitenwände des Windkastens müssen aber jederzeit so tief in den Wasserkasten hineinragen, daß aus dem Windkasten, bei dem möglichst tiefsten Stande des Wasserspiegels in demselben, keine verdichtete Luft entweichen kann.

Wird in den Luftraum des inneren Behältnisses des Regulators, nämlich in den Raum des Windkastens zwischen dem Wasserspiegel und der Decke, durch eine in der Decke befindliche Oeffnung, welche mit dem Gebläse luftdicht in Verbindung steht, mehr Luft geleitet, als in demselben Zeitmoment aus einer zweiten in der Decke befindlichen Oeffnung, welche mit den Düsen luftdicht in Verbindung gesetzt worden ist, entweichen kann, so erleidet der innere Wasserspiegel einen stärkeren Luftdruck, als der äußere, welcher nur dem gewöhnlichen atmosphärischen Luftdruck ausgesetzt ist. Der Wasserspiegel im Windkasten muß daher sinken, und der im Wasserkasten wird verhältnißmäßig steigen müssen, um das aus dem Windkasten verdrängte Wasser aufzunehmen. Haben beide Wasserspiegel einen gleichen Flächeninhalt, so wird der innere um eben so viel unter der Linie sinken, die den Wasserstand zur Zeit des Gleichgewichts bezeichnet, als sich der äußere über derselben erheben muß. Stände die verdichtete Luft z. B. mit einer Wassersäule von 6 Fuß im Gleichgewicht, so würde das Wasser im Windkasten um 3 Fuß sinken und im Wasserkasten um 3 Fuß steigen müssen. Ist der Flächeninhalt beider Wasserspiegel aber ungleich, so werden sich die Höhen der Wassersäulen über und unter der Linie des natürlichen Wasserstandes, umgekehrt wie die Quadratflächen der Wasserspiegel, verhalten müssen. Der Betrag des Steigens der Wassersäule im Wasserkasten und des Sinkens derselben im Windkasten sind also von dem Verhältniß des Flächeninhalts beider Wasserspiegel abhängig; die Größe beider Beträge, oder die ganze Höhe der drückenden Wassersäule, wird aber durch die jedesmalige Pressung des Windes bestimmt. Es treten hier dieselben Betrachtungen ein, die vorhin bei dem Trockenregulator angestellt worden sind. Das drückende Gewicht des Kolbens ist hier die Wassersäule, deren Höhe die Größe des Druckes bezeichnet. Bei dem Trokkenregulator blieb aber das drückende Gewicht (der Kolben) immer dasselbe, wogegen es sich bei dem Wasserregulator unaufhörlich in demselben Verhältniß verändert, in welchem die verdichtete Luft einen veränderlichen Druck ausübt. Deshalb wird auch die Regulirung des Luftstroms durch einen Wasserregulator nicht so vollständig, als durch einen Trockenregulator stattfinden, vorausgesetzt, daß der räumliche Inhalt des Windkastens beim Wasserregulator nicht größer ist, als der des Trockenregulators. Die Wasserregulatoren müssen folglich einen bedeutend größeren räumlichen Inhalt bekommen, damit sich die Höhe der Wassersäule nicht beträchtlich verändern darf, in sofern nicht bloß ein ununterbrochener, sondern auch ein Windstrom von möglichst gleichbleibender Geschwindigkeit und Pressung erwartet wird. —

Wenn in den Zeichnungen Fig. 21 und 22 Taf. IX. der Windkasten des Regulators mit x, der Wasserkasten mit y, die mit dem Gebläse in Verbindung stehende Röhrenleitung mit m, und die mit den Düsen kommunicirende Röhrenleitung mit n bezeichnet wird, so könnte es wohl scheinen, als ob es gleichgültig sei, ob die Röhren m und n jede für sich allein in den Windkasten geführt werden, oder ob sie mit einander unmittelbar verbunden und mit dem Luftraum des Windkastens durch eine gemeinschaftliche Röhre o in Verbindung gesetzt sind. Es würde nämlich vorauszusetzen sein, daß die Luft, als eine sehr elastische Flüssigkeit, bei beiden Anordnungen in gleicher Art gedrückt werden würde, und daß es nicht nöthig sei, die Luft erst in den Windkasten hineinzuleiten, sondern daß es schon genüge, sie mit dem Luftraum desselben in eine mittelbare Verbindung zu bringen. Die Erfahrung zeigt indeß, daß die Wirkung des Regulators in dem letzten Fall ungleich unvollkommener ist, indem der Windstrom in gerader Richtung von m nach n fortgeht, und daß sich in der Röhre o beständig abwechselnde entgegengesetzte Strömungen befinden. Die volle Wirkung des Regulators wird theils durch das Beharrungsvermögen der in o bewegten Luftmassen, theils von dem von m nach n gerichteten und vor o vorbeischneidenden Luftstrom vermindert. Dies Hinderniß wächst mit der Größe der Pressungsdifferenzen bei dem Gebläse, so wie mit der Anzahl der Hübe des Blasekolbens. Wenn aber der Windstrom durch den Regulator geführt wird, so bleibt die Luftbewegung in allen Röhren in einerlei Richtung, und es entstehen keine widerstreitenden Beharrungsmomente in den Luftmassen.

Der Wasserregulator ist unter allen Vorrichtungen zur Regulirung des Windstroms die kostbarste. Theilt man demselben nicht solche Dimensionen zu, daß der räumliche Inhalt des Luftraums im Windkasten 4 bis 5 mal größer ist, als der des Blasecylinders, so entsteht ein starkes Schwanken und eine sehr tumultuarische Bewegung des Wassers, so daß viel Wasser bis zu den Düsen mit fortgerissen wird. Es läßt sich zwar nicht behaupten, daß durch einen wohl eingerichteten Wasserregulator die Luft zum Verbrennen weniger tauglich werde, weil sie im Regulator viel Feuchtigkeit aufnehme; allein eine vortheilhafte Einwirkung des Wassers auf die Luft läßt sich eben so wenig voraussetzen. Das Wasser, welches bei zu kleinen Wasserregulatoren mechanisch mit fortgerissen wird, wirkt in jedem Fall nachtheilig, besonders in solchen Zeiten, wenn die atmosphärische Luft schon an sich viel Feuchtigkeit enthält. Man hat den Vorschlag gemacht, der Oberfläche des Wassers im Windkasten eine Decke von Oel zu geben, um dadurch die Einwirkung des Wassers auf die Luft abzuhalten; solche Decke würde aber oft erneuert werden müssen und zur Verunreinigung aller Windleitungsröhren bis zu den Düsen Veranlassung geben, ohne dadurch den erwarteten Erfolg herbeizuführen.

Die Unterhaltungskosten eines Wasserregulators sind zwar höchst unbedeutend, aber desto bedeutender die Kosten der ersten Anlage. Der Wasserkasten muß in eine vollkommen wasserdichte Mauerung gesetzt und diese mit gutem Wassermörtel bekleidet werden. Auch aus guten hölzernen Bohlen läßt er sich wasserdicht zusammensetzen, aber diese hölzernen Reservoire sind weniger dauerhaft, obgleich man sich gewöhnlich der hölzernen ausgebohlten Reservoire bedient, weniger der aus gegossenen eisernen

Platten zusammengesetzten. Der Windkasten besteht dagegen beständig aus gegossenen eisernen Platten, deren Zusammenfügung mit großer Vorsicht geschehen muß, um die Fugen völlig luftdicht zu machen. Man giebt den Platten über- oder auch an einander greifende Falzen, welche mit Hanf und mit einem guten, nicht zu consistenten Mörtel verdichtet werden, und schraubt sie dann fest zusammen, zu welchem Ende sie mit nicht zu weit von einander entfernten Schraubenlöchern versehen sind. Zur Verbindung der Ecken, so wie zur Verbindung der Seitenplatten mit den Deckplatten, nimmt man besondere rechtwinklige Eckleisten, welche ebenfalls durch Schraubenlöcher und Schrauben ihre Befestigung an den äußeren Platten des Windkastens erhalten. Eiserne Klammern, Streben gegen die Wände des Wasserkastens u. s. f. dienen dazu, der ganzen Vorrichtung eine größere Haltbarkeit zu ertheilen. Die Zeichnungen Fig. 23, 24 und 25 Taf. **IX.** stellen einen in gewöhnlicher Art construirten Wasserregulator dar. Seine Dimensionen sind natürlich von der Luftmenge abhängig, welche das Gebläse liefert. Wie bei den Regulatoren mit unveränderlichem Inhalt, muß auch bei dem Wasserregulator auf eine, mit einer gut schließenden Platte bedeckte Oeffnung (Fahrloch, Mannloch) Rücksicht genommen werden, um durch dieselbe nöthigenfalls in das Innere des Wasserkastens gelangen zu können. Röhren und Ventile zum Zuleiten, Ableiten und gänzlichen Ablassen des Wassers sind ebenfalls zu berücksichtigen.

Ein Vorwurf, den man den Wasserregulatoren noch gemacht hat, und welcher darin besteht, daß sie dem Winde einen Theil seines Gehaltes an Sauerstoff berauben sollen, weil das Wasser das Sauerstoffgas stärker als das Stickgas aus der atmosphärischen Luft absorbirt, hat wenig Grund. Wäre diese Absorbtion auch von einiger Bedeutung, so würde das Wasser doch bald mit Sauerstoff gesättigt sein, und dann keinen weiteren chemischen Einfluß auf die Luft ausüben können.

Anmerk. Eine sehr dauerhafte und wohlfeile Kitte zwischen den Fugen der eisernen Platten, mit Werg vereinigt, kann man aus 1 Theil ungelöschtem Kalk, 2 Theilen Dachschiefer mit frischem Käse (ausgewässerter dicker Milch) vereinigt, bereiten. Kalk und Schiefer werden fein zerstoßen und durch ein feines Sieb gesiebt und mit dem Käse recht tüchtig durchgearbeitet. Diese Kitte muß aber bald verbraucht und immer vor dem Gebrauch stark durchgearbeitet werden, wodurch sie wieder weicher wird. Läßt man sie zu lange (d. h. mehre Stunden) vor dem Verbrauch stehen, so verliert sie an bindender Kraft. Man vermischt daher zuerst eine gehörige Quantität der gesiebten Massen im richtigen Verhältniß trocken durch einander und setzt immer so kleine Quantitäten mit Käse an, als bald verbraucht werden können. — Das angegebene Verhältniß kann jedoch nach der Beschaffenheit des Kalkes eine Veränderung erleiden. Wenn der Kalk sehr hitzig ist und mit dem Käse zu schnell erhärtet, so nimmt man etwas weniger Kalk. Wirkt er zu langsam, so muß etwas mehr genommen werden. — Traß hat vor dem Dachschiefer im Wasser große Vorzüge. — Auch ist zu solchen Verkittungen ein etwas gewärmtes Gemisch von Talg und ungelöschtem fein gepulvertem Kalk sehr zu empfehlen.

Déscription d'une cave à air et à eau pour égaliser le courant d'air, des machines soufflantes des hauts-fourneaux; in den Ann. des arts etc. III. 134—139. Mémoire sur les divers effets produits par la compression, la qualité et la velocité de l'air employé dans les machines soufflantes et chassé à travers les hauts-fourneaux. Ebend. IV. 118—128. 234—245. Sur les voûtes ou réservoirs à air combinés avec les hauts-fourneaux et destinés à égaliser le courant d'air des machines soufflantes. Ebend. III. 31—50. — Roebuck, Beschreibung einiger im Windgewölbe der Devoner Hohöfen beobachteten Erscheinungen; in Gilbert's Ann. des Phys. IX. 45—60. — Hrn. J. Baader's oben (§. 511.) angezeigte Schrift.

Von den Vorrichtungen zur Erhitzung der Gebläseluft.

§. 599.

Es sind noch nicht 10 Jahre verflossen, seitdem in Schottland die Erfahrung gemacht ward, daß eine wesentliche Ersparung an Brennmaterial bewirkt werde, wenn die zum Verbrennen erforderliche atmosphärische Luft dem Brennmaterial in einer höheren als der gewöhnlichen Temperatur zugeführt wird. Diese Erfahrung hat sich sehr schnell verbreitet und überall Bestätigung gefunden. Bei den vereinigten Reductions- und Schmelzprozessen in den Hohöfen kann die Ersparung gegen den früheren Verbrauch von Kohlen bei kaltem Winde 20 bis 30 Procent betragen. Weniger oder auch mehr bedeutend ist sie bei anderen Schmelzprozessen.

Der Erfinder der Anwendung der erhitzten Gebläseluft ist Hr. Neilson zu Glasgow, welcher durch eine Beobachtung in einem gewöhnlichen Schmiedefeuer zu dieser höchst wichtig gewordenen Entdeckung gelangt zu sein scheint. Er theilte seine Beobachtungen und Vermuthungen den Herren Macintosh und Wilson mit, welche gemeinschaftlich mit ihm den ersten Versuch bei dem Hohofen zu Clyde anstellten, dessen Resultate so günstig ausfielen, daß daraus die große Wichtigkeit der Entdeckung schon entnommen werden konnte.

Die speciellen Untersuchungen über den Einfluß der Anwendung der erhitzten Luft auf den Hohofenbetrieb bleibt dem folgenden Abschnitt dieses Buches vorbehalten. Hier genügt die Bemerkung, daß die Metallurgie des Eisens durch den Gebrauch der erhitzten Gebläseluft einen großen und wichtigen Fortschritt gemacht hat.

Die Temperatur, bis zu welcher die Luft zu erhitzen ist, um die größten ökonomischen Vortheile zu gewähren, scheint von manchen zufälligen Verhältnissen abzuhängen. Eine Erhitzung bis zu einer Temperatur von 100 Gr. C. scheint in einigen Fällen nicht allein hinreichend zu sein, sondern sogar ohne Nachtheil nicht überschritten werden zu dürfen. In anderen Fällen leistet eine bis zu 300 Gr. C. und darüber erhitzte Gebläseluft noch vortreffliche Dienste, und es scheint, als ob eine noch größere Erhitzung, wenn sie füglich stattfinden könnte, noch günstigere Resultate gewähren würde. Wäre man erst genauer mit den Gründen bekannt, aus welchen sich die erhitzte Luft wirksamer zeigt, und so bedeutende Ersparungen an Brennmaterial im Vergleich mit der Luft von gewöhnlicher Temperatur zur Folge hat, so würde sich auch beurtheilen lassen, welche Temperatur der Gebläseluft für einen gegebenen Fall der zweckmäßigste sei.

Es liegt klar vor Augen, daß ein Theil des günstigen Einflusses der erhitzten Gebläseluft auf den Betrieb der Hohöfen u. s. f. dem Umstande zugeschrieben werden muß, daß die erhitzte Luft, indem sie durch die Form einströmt, schon einen großen Theil der Wärme mitbringt, welche sie im nicht erhitzten Zustande erst im Schmelzraum des Ofens annehmen müßte, folglich dem Schmelzraum eben so viel Wärme weniger entzieht, als zur Erhitzung der Luft bis zu der Temperatur, die sie schon mitbringt, erforderlich sein würde. Dieser Einfluß kann, bei der großen Quantität der einströmenden Luft, nicht ohne große Bedeutung sein. Daraus allein lassen sich aber die günstigen Wirkungen der erhitzten Luft nicht erklären. Sie stehen sogar im Widerspruch mit älteren, sehr wohl begründeten Erfahrungen, welche dargethan haben, daß bei recht niedrigen Temperaturen des Windes in strenger Winterkälte ein günstiger Betrieb der Hohöfen stattfindet, als zur Zeit des heißen Sommers, wo sich also bei Temperaturdifferenzen von 30 bis 40 Graden die Erfolge ganz zu Gunsten der niedrigeren Temperatur des Windes gezeigt haben. Dieser Widerspruch wird indeß auf andere Weise gelöst werden müssen, indem der Erfolg in Wärmephänomenen seinen Grund nicht haben kann. Die geringere Wärmemenge, welche dem Ofen durch Anwendung der erhitzten Luft entzogen wird, steht jedoch mit der dadurch bewirkten Ersparung an Brennmaterial nicht in einem solchen Verhältniß, daß sich daraus allein die günstige Wirkung erklären ließe. Man glaubt daher, daß die erhitzte atmosphärische Luft mehr geeignet sei, eine schnelle und vollständige, mehr auf einen Punkt concentrirte Verbrennung zu bewirken, als die Luft von gewöhnlicher Temperatur. Versuche, welche bei dem Verbrennen von Kohlen mit erhitzter und mit nicht erhitzter Luft angestellt worden sind, haben diese Annahme völlig bestätigt und zugleich erwiesen, daß beim Verbrennen der Kohle in erhitzter Luft fast nur kohlensaures Gas entsteht, während der Verbrennungsprozeß mit Luft von gewöhnlicher Temperatur die Erzeugung von Kohlenoxydgas zur Folge hat, weil sich die Verbrennung über einen größeren Raum verbreitet, wodurch zur Umänderung der sich bildenden Kohlensäure in Kohlenoxydgas Veranlassung gegeben wird. Aus beiden hier bemerkten Gründen würde aber nothwendig folgen, daß der günstige Einfluß der erhitzten Luft mit den Graden der Erhitzung zunehmen, und daß eine höhere Temperatur des Windes in allen Fällen einen größeren Effect hinsichtlich der Ersparung an Brennmaterial hervorbringen müsse. Dies wird durch die Erfahrung nicht bestätigt, und der Grund des mangelnden Erfolges bleibt daher noch auszumitteln.

§. 600.

Die Anwendung der erhitzten Luft zeigt sich erst dann recht vortheilhaft, wenn man nicht besondere Vorrichtungen zur Erhitzung derselben nöthig hat, sondern die Erhitzung durch die bei den metallurgischen Prozessen unbenutzt oder doch wenig benutzt bleibende, also verloren gehende Wärme geschehen läßt. Bei den Hohöfen bietet die Gichtenflamme oder die entzündbaren Gase, welche aus der Gicht entweichen, bei den Flammenöfen die in die Esse abziehende und zu dem eigentlichen Zweck schon benutzte Flamme, bei den Frischheerden die aus dem Feuer entweichende

Flamme und Hitze, und bei kleinen Schmiedeheerden die durch das Verbrennen bei der Schweißhitze entstehende Erwärmung der den Verbrennungsraum unmittelbar umgebenden Wände, vortreffliche Gelegenheiten dar, den Wind vor seinem Eintritt in die Formen zu erhitzen. Nur bei einigen Hohöfen, bei welchen die örtlichen Einrichtungen auf der Gicht die Aufstellung eines Winderhitzungs-Apparates nicht gestatten, hat man noch besondere Vorrichtungen zur Erhitzung des dem Gebläse entströmenden Windes beibehalten. Solche besondere Apparate haben jedoch einen Verbrauch an Brennmaterial zu diesem bestimmten Zweck zur Folge, und vermindern dadurch die Ersparungen an Brennstoff, welche aus der Anwendung der erhitzten Luft entspringen. Man hat deshalb, — und zwar in Süddeutschland (Würtemberg) zuerst — bei den Hohöfen Einrichtungen zu treffen gesucht, die Gasarten, welche aus der Gicht entweichen würden, noch ehe sie die Gichtöffnung erreichen (wo sie schon durch den Sauerstoff der hinzutretenden atmosphärischen Luft theilweise verbrennen und dadurch unwirksamer werden würden), vermittelst eiserner Röhren, welche unter der Gichtöffnung in den Ofenschacht einmünden, abzuleiten und zu dem Punkt zu führen, wo Räume zur Aufstellung von Apparaten oder auch von Schmelzvorrichtungen vorhanden sind. Bei diesem Fortleiten erniedrigt sich zwar die Temperatur der Gichtengase bis zu dem Grade, daß sie nicht mehr mit Flamme brennen, allein ihre Entzündbarkeit gestattet es, die Verbrennung wieder einzuleiten, wenn sie mit einem Strom von atmosphärischer Luft gemeinschaftlich in den Verbrennungsraum geführt werden. Nach erfolgter Entzündung dauert der Verbrennungsproceß und die dabei stattfindende Hitzentwickelung so lange fort, als die Gichtengase und die hinzugeleitete atmosphärische Luft gemeinschaftlich einströmen. Sind die Gichtengase durch lange Röhrenleitungen zu sehr abgekühlt, so muß die hinzutretende atmosphärische Luft erhitzt werden, welches immer geschehen muß, wenn es darauf ankommt, hohe Temperaturen hervorzubringen, die indeß für die Winderhitzungs-Apparate nicht erforderlich sind.

Um den aus dem Regulator, oder — wenn dieser nicht vorhanden ist — den aus dem gemeinschaftlichen Windsammelkasten ausströmenden Wind, vor seinem Eintritt in die Düse, zu erhitzen, bedarf es oft sehr langer Röhrenleitungen, sowohl um die kalte Gebläseluft vom Regulator u. s. f. zu dem Erhitzungsapparat, als um die in demselben erhitzte Luft von dort in die Düsen zu führen. Diese langen Leitungen sind jedoch nur bei den Hohöfen, und besonders bei denen erforderlich, deren Winderhitzungsvorrichtungen nicht mit einer besonderen Feuerung versehen sind, sondern welche sich oben auf der Gicht des Hohofens befinden, und bei welchen die Gichtenflamme zur Erhitzung des Windes benutzt wird.

§. 601.

Sogleich nach der in Schottland gemachten Entdeckung des Einflusses der erhitzten Luft auf die Schmelzoperationen wurden Vorrichtungen sehr verschiedener Art zur Erhitzung des Windes in Vorschlag und in Ausführung gebracht. Hr. v. Herder hat mit großem Fleiß die vorzüglichsten Erwärmungsapparate gesammelt, und diese reichhaltige und belehrende Sammlung ist, nach seinem Tode, in Freiberg von den Herren Brendel, Reich, Winckler und Merbach herausgegeben. Nach und nach hat man die Apparate mehr vereinfacht, und in Deutschland besonders darauf Rücksicht genommen, die Erhitzung des Windes nicht durch besondere Feuerungen, sondern durch die bei den metallurgischen Operationen sich entwickelnde und früher unbenutzt verloren gehende Wärme zu bewerkstelligen.

Die Zeichnungen Fig. 10, 11 und 12 Taf. XIII. stellen einen einfachen eisernen Winderhitzungs-Apparat für gewöhnliche Schmiedefeuer und für kleine Heerde dar, in welchem dem Stabeisen eine Schweißhitze gegeben wird, sei es, um dasselbe zu

Waaren zu verarbeiten, oder um es nach erlangter Hitze zu feineren Dimensionen auszustrecken.

Auf den Zeichnungen Fig. 13 und 14 ist die Vorrichtung zur Erhitzung des Windes bei Frischfeuern und Rohstahlfeuern dargestellt, wie sie durch senkrecht auf- und niedersteigende eiserne Röhren bewirkt wird, wobei auch zugleich die Vorrichtung getroffen ist, den nicht erhitzten Wind in das Feuer zu leiten, im Fall man sich des heißen Windes nicht bedienen will.

Die Zeichnungen Fig. 19 und 20 Taf. XIV. stellen ein anderes Verfahren zur Winderhitzung bei den Frischfeuern dar, welches von dem vorigen nur darin abweicht, daß die Erhitzung noch in einem besonderen Windkasten stattfindet.

Dieser Winderhitzungskasten ist für manche Fälle schon für sich allein zureichend, und es bedarf der auf- und niedersteigenden eisernen Röhren über dem Frischheerde nicht. Man ersieht diese Einrichtung aus den Zeichnungen Fig. 16—18 Taf. XIV. Sie wird zwar nur für Schmiedefeuer angewendet, in welchen das Eisen eine Schweißhitze erhalten soll, weshalb auch 2 Formen auf der Zeichnung angegeben sind; indeß läßt sich dieser einfache Apparat, — welcher alsdann nur mit einer Formöffnung versehen wird, — auch mit Erfolg für ein gewöhnliches Frischfeuer anwenden.

Die Zeichnungen Fig. 6, 7, 8 und 9 Taf. XIII. stellen einen Winderhitzungs-Apparat für Kupolöfen dar. Er besteht aus zwei horizontalen eisernen Kränzen, welche durch senkrechte eiserne Röhren mit einander verbunden sind. Die Flamme aus der Gichtöffnung des Kupolofens steigt zwischen den beiden horizontalen Kränzen und den senkrechten Röhren in die Höhe, um den in den Röhren circulirenden Wind zu erhitzen.

Eine andere, mehr zusammengesetzte Vorrichtung zur Erhitzung des Windes für Kupolöfen (wie sie zu Gleiwitz in Oberschlesien angewendet wird) geht aus den Zeichnungen Fig. 1—5 Taf. XIII. hervor.

Noch eine andere Winderhitzungs-Vorrichtung, ebenfalls für Kupolöfen, zeigen die Zeichnungen Fig. 8—11 Taf. XII. Es ist hierbei besonders die dem Apparat gegebene Einrichtung zu berücksichtigen, die Düse, ohne Unterbrechung des Windstroms, höher oder tiefer zu stellen, je nachdem die höher oder die tiefer liegenden Formöffnungen benutzt werden sollen.

Die Zeichnungen Fig. 10—14 Taf. XI. zeigen denjenigen Apparat, welcher sich als sehr zweckmäßig bewährt hat (und welcher zuerst in Wasserelfingen in Anwendung gekommen ist), um den Wind auf der Gicht des Hohofens durch die Gichtenflamme zu erhitzen. Auf der Zeichnung ist zwar noch eine besondere Hülfsfeuerung bei diesem Apparat mit angegeben, um den Wind stärker zu erhitzen, als es durch die Gichtenflamme geschehen könnte; indeß wird diese besondere Feuerung niemals gebraucht und fällt daher ganz weg. Man glaubte früher, eine solche Hülfsfeuerung nöthig zu haben, ehe man die Erfahrung gemacht hatte, daß die Zuleitung der atmosphärischen Luft in den Apparat das beste Mittel gewähre, die Gichtengase zu verbrennen und ihre Wirkung in einem außerordentlich hohen Grade zu steigern.

Eine einfache und jetzt in Oberschlesien fast allgemein eingeführte Construction des Winderhitzungs-Apparates für Hohöfen durch die Gichtenflamme zeigt die Zeichnung Fig. 17—19 Taf. XV. Wenn es nothwendig wäre, die Wirkung der Gichtenflamme noch mehr zu verstärken, so würde dies durch die Zuleitung von atmosphärischer Luft in den Apparat, mittelst einer einfachen, mit einem Schieber zum Reguliren der zuströmenden Luftmenge versehenen Oeffnung, geschehen können.

Fig. 1, 2 und 3 Taf. XX. stellen einen, nach der Angabe des Hrn. Henschel zu Veckerhagen errichteten Winderhitzungsapparat dar, bei welchem die Erhitzung des Windes ebenfalls durch die Gichtenflamme auf der Hohofengicht stattfindet.

Auf den Zeichnungen Fig. 5, 6 und 7 Taf. XII. ist ein Winderhitzungs-Apparat mit besonderer Feuerung dargestellt, bei welchem der Wind also nicht durch die Gichtenflamme erhitzt wird. In der Hauptsache ist die Construction übereinstimmend mit derjenigen, welche auf Taf. XV. Fig. 17—19 dargestellt ist. Dieser Apparat ist für einen Koakhohofen bestimmt. Die gebogenen Röhren sind mit flügelartigen Ansätzen versehen, um der aus dem Rost aufsteigenden Flamme den Durchgang durch die Zwischenräume der Röhren abzuschneiden und sie zu nöthigen, sich in die Höhe zu begeben und dann die äußeren Flächen der Röhren zu bestreichen, wie aus dem Durchschnitt in der Zeichnung Fig. 16 deutlich hervorgeht. Diese flügelartigen Ansätze sind jedoch nicht durchaus nöthig, indem die Erhitzung des Windes in den Röhren auch schon erfolgt, wenn die Zwischenräume zwischen den Röhren unausgefüllt bleiben.

§. 602.

Statt dem Winde oder der Gebläseluft durch Anwendung äußerer Hitze in eisernen Röhren, Kasten u. s. f. eine höhere Temperatur zu ertheilen, hat man vorgeschlagen, den Wind, so wie er vom Gebläse oder vom Regulator fortgesendet wird, durch glühende Kohlen oder durch brennende Steinkohlen zu treiben, um ihn auf solche Weise zu erhitzen. Dieses Erhitzungsverfahren kann nicht mit demjenigen verglichen werden, bei welchem die Erhitzung nicht durch die sonst unbenutzt bleibende und verloren gehende Hitze bei den verschiedenen metallurgischen Operationen bewirkt wird, sondern nur mit demjenigen, bei welchem sie durch eine besonders zu diesem Zweck bestimmte Feuerung bewerkstelligt wird. Die Absicht bei diesem Vorschlage konnte keine andere sein, als den Theil des Brennmaterials dabei zu ersparen, welcher auf die Erhitzung der eisernen Windleitungen und der Feuerungsvorrichtungen selbst verwendet werden muß. Erwägt man indeß, daß die eisernen Röhren sehr gute Wärmeleiter sind und daß die Erhitzung der Feuerungsvorrichtungen in keinem von beiden Fällen vermieden werden kann, so dürfte die Ersparung an Brennmaterial durch die unmittelbare Erhitzung der Luft beim Durchtreiben durch glühende Kohlen so bedeutend wahrscheinlich nicht sein, als erwartet wird. Die große Masse von Wind wird auch ohne Zweifel zur Bildung von kohlensaurem Gas Veranlassung geben, welches in den Schmelzräumen nicht vortheilhaft, vielmehr nachtheilig wirken wird. Sollte aber auch mehr Kohlenoxydgas, als kohlensaures Gas gebildet werden, so ist der Vortheil nicht einzusehen, welcher aus dem Verbrennen desselben in den Schmelzräumen entsteht, indem das Sauerstoffgas, welches zu dessen Bildung in den Erhitzungsräumen verwendet ward, mit größerem Effect das Verbrennen der Kohlen im Schmelzraum bewirken kann. Es ist daher kaum zu erwarten, daß diese Erhitzungsvorrichtungen, welche die Cabrol'schen, nach ihrem Erfinder, Hrn. Cabrol, genannt werden, jemals eine allgemeinere Anwendung finden werden. — Modificationen von diesem Verfahren, welche ebenfalls in Vorschlag gebracht worden sind, bestehen darin, nur einen Theil des Windstroms durch das glühende Brennmaterial gehen zu lassen und zu erhitzen, einen anderen Theil aber kalt durch die Düse zu pressen und beide Windströme, den kalten und den heißen, gemeinschaftlich durch die Formen in die Schmelzräume treten zu lassen.

Dufrénoy, sur l'emploi de l'air chaud dans les mines à fer de l'Ecosse et de l'Angleterre; Ann. des mines. 3. Série. IV. 431. — Berthier, Ann. des mines. VI. 472. — Guenyveau, Rapport sur l'emploi de l'air chauffé dans les hauts-fourneaux et foyers qui servent à fabriquer et à travailler le fer. Ann. des mines. VII. 31. VIII. 412. — Godelet, notice sur des expériences relatives à l'emploi de l'air chaud dans les forges de maréchal, exécutées à la fonderie royale de Liège. Ann. d. mines. X. 193. — Guenyveau, de l'état de la fabrication du fer, et de l'avenir des forges en France, et sur le continent de l'Europe. Ann. des mines. XII. 394. — Wachler, über die Anwendung der erhitzten Luft bei dem Hohofen zu Malapane. Archiv f. Geognos., Mineral., Bergbau u. Hüttenwesen. VII. 554. — Schäffer, Erfahrungen über den Betrieb des

Hohofens zu Saynerhütte mit erhitzter Luft; ebendas. VIII. 429. — Wachler, allgemeine Bemerkungen über die durch Einführung des erhitzten Windes hervorgebrachten Veränderungen bei den verschiedenen Eisenschmelz- und Frischprocessen. Ebendas. XI. 171. — Pfort und Buff, über den Betrieb der Eisenschmelzöfen mit heißer Luft. Studien des Göttingischen Vereins bergmännischer Freunde. IV. 3. — Abbildungen der vorzüglichsten Apparate zur Erwärmung der Gebläseluft auf den Hüttenwerken in Deutschland, England, Frankreich, Schweden und der Schweiz. Aus dem Nachlasse des Herrn v. Herder herausgegeben mit Brendel, Reich, Winkler von Merbach. Freiberg. 1840. — Merbach, die Anwendung der erwärmten Gebläseluft im Gebiete der Metallurgie. Leipzig. 1840.

Cabrol'scher Apparat. Thibaud, sur le résultat des expériences faites avec l'appareil Cabrol dans les hauts-fourneaux d'Alais. Ann. des mines. 3. Série. VIII. 193. — Sentis, notice sur l'usine de l'Horne. Ann. des mines. XV. 542. — Erdmann und Schweigger-Seidl's Journ. f. praktische Chemie. VI. 247. VII. 165.

Von den Windleitungen und von den Einrichtungen bei den Düsen.

§. 603.

Bei kleinen Gebläsen wird die aus den Auslaßventilen ausgepreßte Luft häufig unmittelbar in die Düse geleitet, oder, wenn das Gebläse aus mehren Gefäßen besteht, die einfache Vorrichtung getroffen, daß die Auslaßventile sämmtlicher Gefäße in einen gemeinschaftlichen Windsammelkasten blasen, aus welchem der Wind der Form durch eine kurze Luftleitungsröhre, an welcher sich die Düse anschließt, zugeführt wird. Bei den ledernen und bei den hölzernen Gebläsen bestehen diese Windleitungsröhren häufig nur aus hölzernen Lutten, welche indeß, wenn sie auch mit aller Vorsicht durch sorgfältiges Verpechen verdichtet worden sind, immer zu einem bedeutenden Windverlust Veranlassung geben. Statt der hölzernen Lutten bedient man sich, mit einem günstigeren Erfolge, hier und dort der Windleitungsröhren, welche aus an einander gelötheten Röhren von verzinntem Eisenblech bestehen; indeß sind auch diese Röhren, wenn Wind von starker Pressung angewendet wird, nicht dauerhaft, auch den äußeren zufälligen Beschädigungen zu sehr ausgesetzt, wenn die örtlichen Verhältnisse lange Windleitungsröhren erfordern. Die Verbindung der Lutten oder der Röhren mit der Düse wird immer mittelst eines ledernen Schlauches bewerkstelligt, durch welchen die Düse die erforderliche Beweglichkeit erhält, welche bei den Arbeiten zur Beaufsichtigung der Form nicht entbehrt werden kann.

Enge Windleitungsröhren, wie es die hölzernen Lutten und die zusammen gelötheten Röhren von verzinntem Eisenblech immer nur sein können, haben den großen Nachtheil, daß ein Theil der bewegenden Kraft des Gebläses, besonders bei langen Leitungen, auf die Ueberwindung des Widerstandes verwendet werden muß, welchen die Wände der Röhre, bei der schnellen Bewegung der Luft in den Leitungen, in einem höheren Grade, als bei weiten Luftleitungsröhren, entgegensetzen. Bei den hölzernen Lutten ist dieser Widerstand am größten, theils wegen der rauhen Beschaffenheit der Flächen, theils wegen der Gestalt der Röhren, welche immer viereckig sind und daher die Luftbewegung in den Ecken erschweren. Seitdem man aber überhaupt angefangen hat, sich — wenigstens bei dem Betriebe der Hohöfen — größerer und kräftigerer Gebläse zu bedienen, und seitdem bei den anderen Hohöfen überall die Einrichtung getroffen ist, ihnen den Wind nicht durch eine, sondern mindestens durch zwei einander gegenüberstehende Formen zuzuführen, ist auch das Bedürfniß fühlbarer geworden, zweckmäßiger eingerichtete Windleitungsröhren anzuwenden. Weil ein und dasselbe Gebläse beide Formen mit Wind versehen muß, so sind schon aus diesem Grunde lange Windleitungsröhren nicht zu vermeiden. Auch treten nicht selten Fälle ein, daß ein großes Gebläse mehre Oefen mit Wind versorgen soll, oder daß umgekehrt mehre Gebläse zu einem gemeinschaftlichen Zweck vereinigt werden. Es muß dann nicht allein für lange und weite Röhrenleitungen, sondern auch dafür gesorgt werden, daß der Wind nach den verschiedenen Punkten, wohin er bestimmt ist, bald gleichmäßig, bald ungleichmäßig vertheilt werden kann. Es müssen also in den Windleitungsstrecken solche Einrichtungen getroffen werden, welche diese Vertheilung des Windes ausführbar machen. In der neuesten Zeit ist noch ein anderer Umstand hinzugetreten, durch welchen die Windleitungsröhren nicht allein eine bedeutend größere Länge wie früher erhalten müssen, sondern welcher es auch nothwendig macht, die Richtung, die der Windstrom nehmen soll, auf eine, den jedesmaligen Bedürfnissen und Lokalverhältnissen angemessene Weise zu bestimmen. Die Anwendung der erhitzten Luft hat hierzu die Veranlassung gegeben, aber auch zugleich eine andere Einrichtung bei der Verbindung der Düsen mit den Windleitungsröhren nothwendig gemacht, weil man sich des ledernen Schlauches zu dieser Verbindung nicht mehr bedienen kann, sondern dies einfache und bei kaltem Winde äußerst zweckmäßige Mittel, den Düsen die nothwendige Beweglichkeit in den Formen zu ertheilen, durch eine andere Einrichtung ersetzen muß.

Ueberall bedient man sich bei den größeren Gebläsen, und ohne alle Ausnahme bei den eisernen Cylindergebläsen, der gegossenen eisernen Röhren als Windleitungsröhren. Diese Röhren werden durch ihre Kränze, mit zwischengelegten Bleischeiben, in ganz bekannter Art mit einander verbunden, und erhalten, wo sie von der geraden Richtung abweichen müssen, die erforderlichen und durch die Lokalität bedingten Krümmungen und Biegungen beim Guß. Bei Gebläsen ohne Regulator wird die ganze Windleitungsstrecke an dem einen Ende mit dem gemeinschaftlichen Windsammelkasten bei dem Gebläse, und an dem anderen Ende mit der Düse in Verbindung gesetzt. Wenn ein

Regulator vorhanden ist, so wird dieser einerseits mit dem Windsammelkasten des Gebläses und andererseits mit der Düse durch Röhrenleitungen verbunden. Bei der Anwendung des erhitzten Windes liegt die Erhitzungsvorrichtung natürlich in der Röhrenstrecke zwischen dem Regulator und der Düse, und die Verbindung der Röhren in dem Theile der Röhrenstrecke, in welcher sich die erhitzte Luft bewegt, darf nicht durch Bleischeiben zwischen den Röhrenkränzen geschehen, sondern die Verdichtung muß durch Eisenkitt bewerkstelligt werden. Die Röhren, welche unmittelbar der Flamme in der Erhitzungsvorrichtung ausgesetzt sind, erfordern eine besonders sorgsame Verdichtung, und die Verbindung der Röhren kann nicht durch Kränze, sondern sie muß durch Muffen geschehen, in welchen sich die Enden von je zwei Röhren vereinigen, so daß der Zwischenraum zwischen den inneren Wänden der Muffen und den äußeren Wänden der Windleitungsröhren mit Eisenkitt ausgefüllt wird, welcher die beim Erhitzen der Röhren eintretende Verlängerung derselben gestattet, ohne ein Zersprengen der einzelnen Röhren, oder ein Zerreißen des ganzen Röhrensystems, als eine Folge dieser Ausdehnung, herbeizuführen.

Die Weite der gegossenen eisernen Windleitungsröhren ist zum Theil von der Menge des Windes abhängig, welche sich darin fortbewegen soll. Die Gesetze, welche die Luft bei ihrer Bewegung befolgt, sind noch sehr wenig bekannt, und es ist daher im Allgemeinen nur zu bemerken, daß weitere Windleitungsröhren zwar bedeutend kostbarer, aber ungleich empfehlenswerther sind, als enge Leitungsröhren, weil die weiten Röhren nicht allein gute Luftregulatoren sind, sondern auch, weil sie die Bewegung der Luft erleichtern und einen geringeren Bewegungswiderstand gegen den Kolben des Gebläses veranlassen. Der Hauptwindleitungs-Röhrenstrecke sollte bei großen Gebläsen ein Durchmesser von 15—20 Zoll zugetheilt werden. Die Nebenstrecken, welche den Wind zu den verschiedenen Punkten führen, haben bei einem Durchmesser von 10—12 Zoll eine hinreichende

Weite. Ist die Länge der Röhrenstrecke nicht beträchtlich, so genügen auch eiserne Röhren von 6—8 Zoll im Durchmesser.

§. 604.

An allen den Stellen in der Windleitungsröhre, wo eine Verzweigung des Windstroms eintreten, wo der Wind momentan abgesperrt, oder wo die Quantität des Windes bald vergrößert, bald vermindert werden soll, müssen Vorrichtungen zum gänzlichen oder theilweisen Absperren des Windes angebracht werden. Diese Vorrichtungen häufen sich oft in bedeutender Menge, besonders bei solchen Windleitungsstrecken, welche den Wind nach verschiedenen Punkten vertheilen sollen, und wo man sich bald des kalten, bald des erhitzten Windes bedienen will. Sie sind außerdem in der unmittelbaren Nähe der Düsen ganz nothwendig, theils um die Windquantitäten zu reguliren, theils und vorzüglich, um das Austreten des Windes schnell verhindern zu können, wenn die Arbeiten in der Form und im Schmelzraum des Hohofens dies für einige Augenblicke erfordern. Im Allgemeinen bestehen alle diese Vorrichtungen darin, daß man die Windleitungsröhrenstrecke, an den dazu bestimmten Punkten, unterbricht, indem man zwischen den Windleitungsröhren einen Windkasten einschiebt, in welchem sich die Ventile zum Reguliren oder zum gänzlichen Absperren des Windstromes befinden. Ein solcher mit Ventilen versehener Windkasten (Windsperrungskasten) steht, durch angegossene Hälse mit Kränzen, auf beiden Seiten mit der Windleitungsstrecke in Verbindung, und wird mit einem Deckel versehen, um durch das Abheben desselben nöthigenfalls zum Ventil gelangen zu können. Die Einrichtung der Ventile ist aber verschieden, und wird zum Theil auch durch die Menge und durch die Pressung des Windes, welche sie durchlassen oder nicht durchlassen sollen, bedingt. Größere Windmassen erfordern schwerere und dauerhaftere Ventile. Sie bestehen häufig aus schweren gegossenen und gut abgeschliffenen Kegelventilen, deren Entfernung von dem Ventilsitz durch Schrauben, die das Ventil zugleich schwebend erhalten, regulirt wird, und welche durch dieselbe Schraubenvorrichtung auch fest gegen den Ventilsitz gepreßt werden, wenn das Ventil ganz geschlossen werden soll. Der Ventilsitz muß glatt kegelförmig ausgedreht sein, damit das Kegelventil genau anschließt. Die mit dem Kegelventil verbundene Stange wird luftdicht durch den Deckel des Kastens geführt, wo sie schraubenartig eingeschlossen ist, so daß sich das Ventil mehr oder weniger in die Höhe schrauben oder auch ganz schließen läßt. Diese Ventile sind jedoch weniger im Gebrauch, als die Hahnventile, wo man der Ventile auf den Seitenzweigen der Windleitungsröhren bedarf. Zuweilen wendet man auch Ventile mit einem Schieber an, der in gegossenen Falzen bewegt wird, welche in dem Windsperrungskasten angebracht sind. Noch häufiger sind die Klappenventile (Fig. 15, 16. Taf. XIII.), welche indeß nur da anzuwenden sind, wo es nicht auf eine Regulirung der Windmenge, sondern auf ein gänzliches Absperren und ein freies Durchlassen des ganzen Windstromes ankommt.

§. 605.

Bei der Anwendung des erhitzten Windes sucht man die Winderhitzungs-Vorrichtung den Formgewölben, oder den Ausströmöffnungen überhaupt, möglichst nahe zu legen, (in sofern man sich zur Erhitzung besonderer Feuerungsanstalten bedient,) um die Abkühlung des Windes in dem Theil der Röhrenleitung, welcher den heißen Wind aus dem Erhitzungs-Apparat zu den Düsen leitet, möglichst zu verhindern. Befindet sich der Erhitzungs-Apparat aber auf der Gicht des Hohofens, um die Gichtenflamme zur Erhitzung zu benutzen, so muß in der Regel, — wenn Lokalverhältnisse nicht andere Einrichtungen nöthig machen, — der kalte Wind durch Röhren zum Apparat auf die Gicht geführt und von dem Apparat im erhitzten Zustande den Formen zugeleitet werden. Die Röhrenleitung für den heißen Wind erhält daher immer eine beträchtliche Länge, und es wird um so nothwendiger, die Röhren, welche den heißen Wind von der Gicht zu den Formen hinab zu leiten haben, gegen Abkühlung möglichst zu schützen. Man pflegt sie aus diesem Grunde wohl in einen Kanal in der Rauhmauer des Ofens zu legen und allenfalls mit Asche zu umgeben, wo man einen ganz geschlossenen Kanal anbringen kann. Weil sich die Leitungsröhren für den heißen Wind auf die gewöhnliche Weise, durch Bleischeiben zwischen den Röhrenkränzen, nicht verdichten lassen, so müssen die Flächen der Kränze sorgfältig abgedreht werden, damit sie genau an einander passen. Dann legt man innerhalb der Schraubenlöcher einen Ring von ¼ Zoll starkem, weichem Kupferdraht, und auch einen solchen außerhalb derselben, füllt den übrigen Raum mit Eisenkitt aus und schraubt mittelst Schrauben, die durch die Schraubenlöcher in den Kränzen der Röhren gesteckt werden, beide Röhren so fest zusammen, daß der Kupferdraht etwas platt gedrückt wird und die Fuge luftdicht geschlossen ist. Die am äußeren Rande der Kränze etwa noch unausgefüllt gebliebenen Fugen werden ebenfalls mit Eisenkitt verstrichen, worauf man die Verkittung trocken werden läßt. Man hat (in Deutschland) zweierlei Arten von Eisenkitt angewendet. Der eine wird so bereitet, daß man 5 Theile fein gesiebte Eisenbohrspäne mit 1 Gewichtstheil fein gestoßenen und gesiebten weißen Thon im trockenen Zustande gut durch einander mengt, dieses Gemenge mit scharfem Weinessig etwas anfeuchtet und es stehen läßt, bis es sich erhitzt. Sobald es warm geworden ist, muß es schnell verbraucht werden, weil es sonst an Bindungskraft verliert. Man gießt noch etwas Essig hinzu, und verkittet dann damit die zu verbindenden Fugen, die vorher ganz von Sand gereinigt und mit Essig angefeuchtet sein müssen. Es ist aber durchaus nöthig, daß die Verkittung ganz ausgetrocknet ist, ehe man sie in die Hitze bringt, denn ohne diese Vorsicht wird der Kitt zu Pulver. Beobachtet man diese Vorsicht nicht, so bleibt der Kitt nicht luftdicht und erhält Risse; Mängel, die nicht dem Kitt, sondern der Behandlung desselben zuzuschreiben sind. — Zu der anderen Art von Eisenkitt nimmt man 1 Pf. fein gesiebte Eisenbohrspäne und bringt sie mit 1 Loth fein gestoßenem, in Wasser aufgelöstem Salmiak zum Rosten. Von dem gerosteten Gemenge nimmt man, dem Volumen nach, 1 Theil, frische Bohrspäne 1 Theil, gepulverten Thon 1 Theil, und macht davon, durch Anfeuchten mit etwas Wasser, einen Teig, den man gleich warm verbrauchen muß. Auch dieser Kitt darf nur nach gehöriger Austrocknung der Wärme ausgesetzt werden. Beide Sorten Kitt können auch bei dem Heizapparat selbst angewendet werden, um die Zwischenräume zwischen den Muffen und den Wänden der an einander gestoßenen Röhren auszufüllen.

Fig. 1—3 Taf. XIV. stellen ein Schieberventil im Grundriß und in den Durchschnitten dar. Es besteht aus einem Unterstück und einem Oberstück nebst ihren Kränzen. Beide sind als Theile der Windleitungsröhrenstrecke zu betrachten. Zwischen beiden ist der eigentliche Schieberkranz befestigt, welcher dem Schieber als Unterlage dient. Dieser Kranz ist mit einem schwalbenschwanzartig eingeschnittenen Falz versehen, so daß der Schieber luftdicht hin und her geschoben werden kann. Die Kranzflächen werden sämmtlich mit Eisenkitt überstrichen und mit Schrauben fest an einander geschlossen.

Bei einer Erhitzung des Windes bis zu 200 Gr. C. kann man sich noch der gewöhnlichen kupfernen Formen bedienen. Wendet man aber stärker erhitzten Wind und kupferne Formen an, so ist es nothwendig, die Formen durch Wasser abzukühlen, um das Wegschmelzen zu verhüten, obgleich diese Abkühlung für den Schmelzprozeß eben nicht vortheilhaft ist. Die Zeichnungen Fig. 8—11 Taf. XIV. stellen eine sogenannte Wasserform in der vorderen Ansicht, in den Durchschnitten und in der perspectivischen Ansicht mit den Bleiröhren dar, welche das kalte Wasser zu- und das erwärmte ableiten. Die Form ist von Kupfer und hat hohle Wände. Die Metallstärke an den Seiten ist ¼ Zoll, vorn am Rüssel 1¼ Zoll, und hinten an der weitesten

Seite ¼ Zoll. Sie wird aus einem Stück gegossen. Das Wasser wird durch die untere Röhre eingeleitet und steigt aus der oberen wieder heraus, damit es steigend mit Gewalt den ganzen Raum ausfüllt. Die Befestigung der Bleiröhren ist in Fig. 12 nach einem großen Maaßstabe dargestellt. a ist eine geschmiedete eiserne Verbindungsplatte, durch welche das Bleirohr b gesteckt und bei c vernietet wird. Dann wird es mittelst zweier Schrauben an die Form angeschraubt. In ähnlicher Art werden auch die Bleiröhren mit einander verbunden, indem man an jedes Ende eine Verbindungsplatte nietet und beide Platten zusammenschraubt. Wird die Vernietung des Bleirohrs recht gleichmäßig gefeilt, so wird auch die Fuge völlig dicht. — Die Zeichnungen Fig. 13—15 stellen ein Formfutter von Kupfer in der vorderen Ansicht und in den Durchschnitten dar. Es wird in die Formen, wenn deren Mündung zu weit geworden ist, eingeschoben und die Formöffnung erhält dadurch wieder ihre verlangten Dimensionen. Beim Einsetzen bestreicht man das Futter mit weißem Thon und schiebt es in die Form. Zur besseren Befestigung kann man einen dünnen Eisenstab am Boden der Form gegen das Futter pressen und im Formgewölbe befestigen. Das Wasser in der hohlen Form kühlt auch das Futter hinreichend, so daß es vom heißen Winde nicht leidet.

Der erhitzte Wind dehnt die Röhrenleitung aus, und diese Ausdehnung bewirkt, wenn auch nicht ein Zerreißen der ganzen Windleitung, doch ein Undichtwerden der Verdichtungen. Es ist daher zweckmäßig, und bei Anwendung hoher Temperaturgrade für den heißen Wind sogar nothwendig, Vorrichtungen anzubringen, welche das Ausdehnen und Zusammenziehen der Leitungsröhren zulassen. Dies kann mittelst einer Stopfungsbüchse geschehen, wie sie in Fig. 5 dargestellt ist. a ist das mit der Stopfungsbüchse in Verbindung gesetzte Ende eines Windleitungsrohrs, welches sich in dieser Büchse oder Muffe b ungehindert auf- und niederbewegt. c ist der Ring der Stopfungsbüchse im Durchschnitt und im Grundriß, und d ist die Verdichtung, welche aus weißem Thon und Graphit besteht. Der Stopfbüchsenring wird durch Schrauben an die Muffe angeschroben und preßt die Verdichtung zusammen. Zweckmäßiger ist es aber, das Ende der Röhre a genau abzudrehen und die Muffe b genau auszubohren, und beide dann so genau in einander zu schleifen, daß eine luftdichte Bewegung stattfindet. — Fig. 4 stellt nur eine gebogene Windleitungsröhre dar, wie örtliche Verhältnisse sie so oder in ähnlicher Art gerade nothwendig machen können, und die Art, wie sie durch Kränze mit den weiter fortlaufenden geraden Windleitungsröhren verbunden wird. Die Oeffnung bei a läßt sich zu einem Sicherheitsventil benutzen, welches bei der Anwendung des stark erhitzten Windes sehr nützlich werden kann.

Besondere Einrichtungen erfordert die Anwendung des erhitzten Windes bei den Düsen. Die ledernen Schläuche, welche die Düse mit der Windleitungsröhre, mittelst umgelegter eiserner Ringe, die sich fest zusammenschrauben lassen, verbinden, sind die einfachsten und vollkommensten Einrichtungen, um der Düse die erforderliche Beweglichkeit in der Form zu ertheilen. Aber diese Einrichtung ist bei heißem Winde nicht anwendbar. Eine von den verschiedenen Düseneinrichtungen für heißen Wind zeigen die Zeichnungen Fig. 6 und 7. Die Düse ist aus Eisenblech angefertigt, welches nicht zu stark sein darf, damit es hinreichende Elasticität behält. Sie besteht aus 2 Theilen. Der hintere Theil wird auf die gegossene eiserne Windleitungsröhre, deren Ende etwas verjüngt abgedreht sein muß, geschoben, und die Fuge mit Thon verdichtet. Am vorderen Ende ist bei b ein kleiner Wulst oder Rundstab gelegt, über welchen der vordere Theil oder die Spitze der Düse geschoben wird. Durch diese Einrichtung wird die Beweglichkeit der Düsenspitze nach allen Seiten erlangt. Weil aber auch zugleich der hintere Theil der Düse, wegen der Elasticität des Bleches, eine kleine Bewegung an der gußeisernen Windleitungsröhre zuläßt, so ist man durch diese doppelten Bewegungen in den Stand gesetzt, die Lage der

Düse an der Mündung um ein paar Zolle zu verändern. Auch die Fuge der vorderen Düsenspitze wird bei dem Rundstab b mit weißem Thon verdichtet, und beide Theile werden, durch kleine an beiden Seiten befindliche Haken, wie die Zeichnung zeigt, befestigt. Durch Aufstecken einer anderen Spitze läßt sich die Düsenspitze augenblicklich verändern, welches eine große Bequemlichkeit gewährt.

Eine andere, noch zweckmäßigere Einrichtung bei den Düsen für Gebläse mittlerer Größe bei einem Holzkohlen-Hohofen zeigen die Zeichnungen Fig. 22 a. b. c. Taf. XIV. Diese Einrichtung ist auch da zu empfehlen, wo nur mit kaltem Winde gearbeitet wird, weil sie eine feste und zuverlässige Lage und Richtung der Düse in der Form gestattet. — Bei der auf der Zeichnung gewählten Darstellung wird es zulässig, der Form kalten oder heißen Wind zuzuführen, je nachdem man den Windsperrungskegel mit der Röhrenleitung a für den heißen, oder mit der Röhrenleitung b für den kalten Wind in Verbindung setzt. Es lassen sich aber auch beide Oeffnungen durch das Ventil oder durch den Kegel abschließen, so daß dann gar kein Wind zu den Düsen strömt. Der Ventilkasten (Windsperrungskasten) besteht hier aus einer knieförmig gebogenen gegossenen eisernen Röhre, welche oben mit einer muffenartigen Erweiterung versehen ist, um die Windleitungsröhre für den heißen Wind aufzunehmen, und unten in der muffenartigen Erweiterung steht, welche das Ende der Leitungsröhren für den kalten Wind bildet. Das Ventil in diesem Knierohr ist ein genau gearbeiteter hohler Kegel, welcher an der, der Düse zugekehrten Seite offen, an der entgegengesetzten aber geschlossen ist. Eine in der Wand des hohlen Kegels eingeschnittene Oeffnung setzt die Düse, je nachdem diese Oeffnung gedreht wird, mit der Leitung für den kalten oder für den heißen Wind in Verbindung, oder sperrt auch erforderlichen Falles beide ab. In der Zeichnung ist die Verbindung der Düse mit der Windleitungsröhre b dargestellt, und bei dieser Stellung würde kalte Luft in die Düse strömen und die heiße abgesperrt sein. Durch diesen Absperrungskegel ist auch eine Schraubenspindel mit einer bei c angeschnittenen Schraube hindurchgeführt, vermittelst welcher die Düsenvorrichtung rück- und vorwärts bewegt werden kann. Sie muß in dem Boden des Kegels genau eingeschmirgelt (nicht eingeschraubt) sein, und gewährt dann den Vortheil, daß man die Drehung des Kegels und die Düsenbewegung mit einem und demselben Schraubenschlüssel bewerkstelligen kann. Wird der Schraubenschlüssel, oder die Kurbelstange, bei d angelegt, so läßt sich die drehende Bewegung des Kegels bewerkstelligen, ohne die Lage der Düse zu verändern. Legt man die Kurbel bei e an, so wird die Düse vor- oder rückwärts bewegt werden können. Die Düsen sind mit genau calibrirten Düsenansätzen versehen, welche in der auf der Zeichnung angegebenen Art befestigt sind. Die Beweglichkeit nach allen Richtungen erhält die Düse durch eine Nuß, mit welcher die bauchförmig erweiterte Düse durch Einschmirgeln verbunden ist und in welcher sie sich frei und ungehindert nach oben, unten und nach allen Seiten bewegen läßt.

Die Zeichnungen Fig. 21 a. b. c. d. zeigen eine ähnliche Düseneinrichtung für große Gebläse bei Koakhohöfen. Das Ventil besteht hier aus einem Schieberventil, welches unmittelbar mit der Windleitungsröhre in Verbindung steht.

Fig 23 a. b. c. zeigt eine ähnliche Düsen-Einrichtung für ein Frischfeuer.

Fig. 24 a. b. c. stellt eine einfache Windabsperrungsklappe dar, wie man sie anwenden kann, um den Wind momentan von einer Düse abzusperren, wenn ein Gebläse z. B. mehre Frischfeuer mit Wind zu versorgen hat.

Fig. 25 a. b. Taf. XIV. (und Fig. 9. 10. Taf. XX. nach einem größeren Maßstabe) sind Darstellungen von einer Absperrungsröhre, einem Sperrkegel und einer Düsen-Einrichtung für ein Frischfeuer.

Fig. 26 a. b. Taf. XIV. stellen einen Doppelventilkasten für zwei neben einander liegende Frischfeuer dar.

Die Kegelventile sind in der Anwendung sehr bequem, und gestatten auch eine Regulirung der Windquantitäten, die den Düsen zugeführt werden sollen, je nachdem man die Oeffnung in der Wand des Kegels mehr oder weniger vollständig mit der Düse in Verbindung setzt.

Von der Menge und von der Geschwindigkeit des Windes aus den Gebläsen.

§. 606.

Unter Voraussetzung eines stets gleich bleibenden Druckes steht die Menge der Luft, welche aus der Düse eines Gebläses strömt, mit der Quadratfläche der Ausströmöffnung in einem geraden Verhältniß. Je kleiner dagegen die Düsenöffnung ist, desto größer muß die Geschwindigkeit, also auch die Pressung der Luft sein, um in gleichen Zeiträumen gleiche Quantitäten Luft ausströmen zu lassen; und eben so wird die Geschwindigkeit des Windes zunehmen müssen, wenn ein Gebläse, bei gleichbleibenden Düsenöffnungen, in gleichen Zeiträumen größere Quantitäten Wind liefern soll. Bei gleichem Luftdruck wird also die Geschwindigkeit des aus der Düse strömenden Windes mit der Quadratfläche derselben im umgekehrten Verhältniß stehen müssen, wenn in gleichen Zeiträumen gleiche Quantitäten Luft aus der Düse entweichen sollen.

Soll die Geschwindigkeit des Windes, welchen ein Gebläse liefert, vergrößert werden, so würde man dazu zwei Mittel anwenden können. Es würde entweder die Oeffnung der Düse verkleinert werden müssen, ohne die Zahl der Hübe des Kolbens im Gebläsecylinder, die er in einer bestimmten Zeit verrichtet, zu verändern; oder es würde, bei gleich bleibenden Düsenöffnungen, der Gebläsewechsel zu verstärken sein. Eine geringere Geschwindigkeit erhält der Wind durch größere Düsen bei demselben Gebläsewechsel, oder durch verminderte Zahl der Kolbenhübe bei gleich bleibenden Oeffnungen der Düse. Die Geschwindigkeit der aus der Düse strömenden Luft von atmosphärischer Dichtigkeit muß sich also auch zu der Geschwindigkeit, mit welcher der Kolben des Gebläses bewegt wird, umgekehrt verhalten, wie die Quadratfläche des Kolbens zur Düsenöffnung. Ein aus drei Cylindern bestehendes Gebläse, von denen jeder Blasekolben einen Flächeninhalt von 12 Quadratfuß und 3 Fuß Hubhöhe hat, würde in der Minute, bei 8 Hüben für jeden Kolben, 864 Kubikfuß Luft von atmosphärischer Dichtigkeit liefern. Die Geschwindigkeit von allen 3 Kolben läßt sich als die eines einzigen ansehen. Für jeden Kolben beträgt sie 24, für alle 3 Kolben also 72 Fuß in der Minute. Hätte die Düse einen Flächeninhalt von 6 Quadratzoll, so würden sich 6 Quadratzoll zu 12 Quadratfuß verhalten müssen, wie 72 Fuß zu 20,736 Fuß; oder die Luft von atmosphärischer Dichtigkeit, welche das Gebläse liefert, würde mit einer Geschwindigkeit von 345½ Fuß in der Sekunde aus der Düse entweichen müssen.

Um die Luft mit einer gewissen Geschwindigkeit aus der Düse zu pressen, muß sie mit einer Kraft gedrückt werden, die mit jener Geschwindigkeit im Verhältniß steht. Die Luft ist aber eine vollkommen elastische Flüssigkeit, und daher wird sich der Druck nicht bloß nach allen Seiten gleich stark verbreiten, sondern er wird auch auf den räumlichen Umfang der Luft einen Einfluß äußern. Je größer die drückende Kraft ist, desto geringer wird das Volumen sein, zu welchem die Luft zusammengepreßt wird; oder der räumliche Umfang der Luft und die drükkende Kraft werden mit einander im umgekehrten Verhältniß stehen. Die Düsenöffnung giebt der Luft zwar Gelegenheit, zu entweichen, allein das Ausströmen kann nur dadurch geschehen, daß der Luft eine gewisse Geschwindigkeit durch eine drückende Kraft mitgetheilt wird, welche zugleich, weil sie nach allen Seiten gleich stark wirkt, das Volumen der Luft vermindert. Es mögen für die folgenden Betrachtungen bedeuten:

P das in Pfunden ausgedrückte Gewicht, mit welchem die Luftsäule der Atmosphäre auf allen gleich hohen Punkten der Erdoberfläche gleich stark drückt.

p ein ebenfalls in Pfunden ausgedrücktes Gewicht, mit welchem die in einem Behältniß befindliche Luft zusammengedrückt wird.

V das Volumen, welches die atmosphärische Luft bei dem gewöhnlichen Druck P der Atmosphäre einnimmt.

V' das Volumen der Luft bei dem vereinigten Druck P+p.

D die Dichtigkeit der atmosphärischen Luft bei dem Druck P.

D' die Dichtigkeit der atmosphärischen Luft bei dem vereinigten Druck P+p.

Weil die Dichtigkeiten der elastischen Flüssigkeiten mit den drückenden Kräften in geradem Verhältniß stehen, und weil sich D=1 annehmen läßt, so hat man $D' = \frac{P+p}{P}$ und $V' = \frac{P}{P+p}$ weil V ebenfalls =1 gesetzt werden kann. Wenn also P und p bekannt sind, so werden sich D' und V' leicht finden lassen. Wäre P=10 und p=2, so würde sich die Dichtigkeit der mit einer Kraft von 2 Pfunden zusammengedrückten Luft zur Dichtigkeit der atmosphärischen Luft wie 1:1,2, und das Volumen der zusammengedrückten Luft zu dem der atmosphärischen Luft wie 0,833:1 verhalten müssen. Die aus der Düse ausströmende Luft wird also nicht die atmosphärische, sondern eine von dem Druck p abhängige Dichtigkeit haben müssen. Mit dieser Dichtigkeit steht aber das Volumen der Luft im umgekehrten Verhältniß, und es muß um so geringer sein, je größer die Dichtigkeit ist. Der verdichteten Luft wird folglich auch eine andere Geschwindigkeit beim Ausströmen aus der Düse zukommen müssen, als diejenige ist, mit welcher dieselbe Luftmenge, wenn man sich dieselbe als Luft von atmosphärischer Dichtigkeit vorstellt, ausströmen würde.

Die Menge Luft von atmosphärischer Dichtigkeit, welche ein Gebläse liefert, wird sich bestimmen lassen, wenn die Dichtigkeit des Windes, so wie die Größen der Düsenöffnung bekannt sind. Aus der Art, wie man die Windmenge in dem vorhin angeführten Beispiel von einem aus 3 Cylindern bestehenden Gebläse berechnet, würde man, wie es scheint, die Menge Luft von atmosphärischer Dichtigkeit unmittelbar für jedes Gebläse finden können, aber die Quantität und die Geschwindigkeit der verdichteten Luft, welche doch eigentlich nur ausströmt, und welche zu kennen von Wichtigkeit ist, würde sich aus solchen Berechnungen nicht ergeben, wenn die Kraft unbekannt ist, mit welcher die Luft zusammengedrückt wird. Sodann sind jene Berechnungen, wegen des Windverlustes bei den Liederungen, bei den Windleitungen und durch die schädlichen Räume in den Gebläsegefäßen, Ventilkasten, Cylinderhälsen u. s. f. sehr unzuverlässig und geben die Windmenge, welche ein Gebläse liefert, jederzeit zu hoch an. Weil die Berechnung des schädlichen Raumes oft sehr schwierig, zuweilen mit der erforderlichen Genauigkeit fast unmöglich ist, und weil sich noch weniger der unbekannte Windverlust bei den Liederungen und Windleitungen in Rechnung stellen läßt, so ist es zuverläßiger, die Geschwindigkeit der ausströmenden Luft durch unmittelbare Beobachtung von p auszumitteln und aus der gefundenen Geschwindigkeit die Menge der mit der Kraft p verdichteten Luft, welche in einer gewissen Zeit aus der Düsenöffnung von bekanntem Flächeninhalt ansströmt, zu berechnen. Die Größe dieser Kraft läßt sich durch die Höhe einer Wasser- oder einer Quecksilbersäule ausdrücken, mit welcher die zusammengepreßte Luft im Gleichgewicht steht. Die zu P gehörige Höhe ist eine Wassersäule von 32,79 Fuß preuß., oder einer Quecksilbersäule von 28 Pariser = 29,068 preuß. Zollen gleich. Ein preuß. Kubikfuß reines Wasser wiegt, bei 0° Temperatur, 66,092 Pfund preuß., also 1 Kubikzoll preuß. Wasser, bei jener Temperatur, = 1,22393 Loth preuß. Bei einer Höhe von 32,79 Fuß für die drückende Wassersäule, beträgt also der Druck auf einer Fläche von 1 Quadratzoll = 15,05 Pfund preuß. und bei diesem Druck hat die atmosphärische Luft die

Dichtigkeit $D = 1$, und das Volumen $V = 1$. Der Druck der Atmosphäre ist aber veränderlich, und mit dem veränderlichen Werthe von P verändern sich auch die Werthe von D und V. Wächst P, so wird D größer und V kleiner, und umgekehrt wird D kleiner und V größer, wenn P abnimmt. Diese veränderlichen Werthe von P, D und V würden berücksichtigt werden müssen, wenn die Luft in einen luftleeren Raum ausströmte. Weil der aus der Düse strömende Wind aber nicht in einen luftleeren, sondern in einen Raum getrieben wird, der dem Druck der atmosphärischen Luft in gleicher Art wie das Gebläse ausgesetzt ist, so können die Werthe von P, D und V unberücksichtigt bleiben, indem nur der additionelle Werth p zu dem gewöhnlichen Druck der Atmosphäre P, und die durch p veränderte Dichtigkeit und Volumen der Luft gefunden werden sollen, P aber überall mit sich selbst im Gleichgewicht steht. Uebrigens leuchtet es ein, daß, je geringer P, je niedriger also der Barometerstand ist, desto geringer auch D sein muß. Bleibt also p bei einem veränderlichen Werth von P gleich, so muß auch D' bei einem Druck von $P + p$ um so geringer sein, je kleiner P ist, oder der aus dem Gebläse strömende Wind hat, bei gleichbleibender Pressung, um so weniger Dichtigkeit, je kleiner P wird.

§. 607.

Durch die unmittelbare Beobachtung an dem **Windmesser** ergiebt sich die Größe des Druckes, den die gepreßte Luft nach allen Seiten ausübt. Die Einrichtung des Windmessers stimmt mit der eines Barometers überein, nur daß bei dem Barometer die Wasser- oder Quecksilbersäule durch den Druck P der atmosphärischen Luft in einen luftleeren Raum in die Höhe getrieben, folglich die zu P gehörige Höhe der Wasser- oder Quecksilbersäule im luftleeren Raume gesucht wird; wogegen bei dem Windmesser verdichtete Luft auf die Wasser- oder Quecksilbersäule drückt, und die Flüssigkeit in einen mit atmosphärischer Luft erfüllten Raum aufsteigen muß, um die zu p gehörige Druckhöhe zu finden. Die Flüssigkeit steht also im Windmesser, eben so wie im Barometer, in zwei communicirenden Röhren. Auf der Oberfläche in der einen Röhre drückt verdichtete, auf der Oberfläche in der anderen aber atmosphärische Luft. Windmesser, welche, nach Art der Heber-Barometer, mit gleich weiten Röhren construirt sind, werden die vollkommensten und bequemsten sein, weil die an der Scale beobachteten Höhen über, oder auch unter dem Nullpunkt, genau die halben Höhen der Wasser- oder Quecksilbersäule anzeigen; wogegen bei jedem andern Verhältniß der Weite der Röhren gegen einander, erst eine Berechnung angestellt werden muß, wenn man an der festen und nicht verschiebbaren Scale die Höhen unmittelbar ablesen will. Dieser Berechnung sucht man zwar dadurch zu entgehen, daß man die Röhre, in welcher die verdichtete Luft drückt, im Verhältniß zu dem mit der atmosphärischen Luft communicirenden Schenkel, sehr weit macht. Dadurch wird indeß die Höhe der Scale der Flüssigkeit immer um etwas zu klein gefunden werden, und außerdem ist man in den engen Röhren der stets oscillirenden Bewegung der Flüssigkeit, wodurch die genauen Beobachtungen erschwert werden, ungleich mehr als bei gleich weiten Schenkeln ausgesetzt, indem in diesen immer nur die Hälfte des durch den ungleichen Druck bewirkten unaufhörlichen Steigens und Fallens der Flüssigkeit bemerklich wird. Weil man aber gleich weite Röhren in der erforderlichen Genauigkeit nicht leicht erhalten kann, so zieht man es gewöhnlich vor, eine enge Glasröhre, welche jedoch kein Haarröhrchen sein darf, mit einem weiten Gefäß in Verbindung zu setzen und an der engen Röhre die Scale anzubringen, auf welcher die Höhen über dem Nullpunkt verzeichnet sind. Gewöhnlich trifft man bei diesen Scalen die Einrichtung, daß sie auf der einen Seite der Steigeröhre die Höhen der Wasser- oder Quecksilbersäulen in Zollen und Linien, und auf der anderen Seite den mit diesen Höhen correspondirenden Druck, oder das drückende Gewicht der Luftsäule, auf einen Quadratzoll Flächeninhalt berechnet, anzeigen. Die Einrichtung eines Windmessers läßt sich sehr verschieden denken und es sollen hier die gebräuchlichsten mitgetheilt werden.

Bei allen Gebläsen, besonders aber bei solchen, die große Massen von stark gepreßtem Wind liefern und bei welchen die Pressung des Windes täglich einigemale beobachtet wird, muß man unbewegliche Windmesser in der Nähe der Düsen anbringen, welche man, um zufällige Beschädigungen und Verunreinigungen durch Staub zu verhindern, in besonderen Blechkapseln einzuschließen pflegt. Einen Windmesser dieser Art stellen die Zeichnungen Fig. 13 und 14 Taf. IX. dar. Das Gefäß, oder der Cylinder, in welchen der Wind einströmt, ist von gegossenem Eisen und mit einem genau passenden Deckel von Gußeisen versehen, der in der Mitte eine Oeffnung hat, in welche ein hölzerner Pfropf eingeschraubt wird, wenn man von Zeit zu Zeit den Quecksilberstand revidiren will, ohne den Deckel abnehmen zu dürfen. In den röhrenförmigen, mit angegossenem Ansatz am Boden des Cylinders, wird eine Glasröhre luftdicht eingesetzt und eingekittet. Der Durchmesser des Gefäßes beträgt 5 Zoll, der der Glasröhre nur 2½ Linien. Die Verbindung des Gefäßes mit dem Windsammelkasten, oder mit dem Windsperrungskasten vor der Düse, findet durch einen zweiten röhrenförmigen Ansatz im Cylinderboden statt, welcher luftdicht durch die Oeffnung im Windkasten geführt ist.

Dieser Windmesser ist nicht transportabel, theils weil er zu groß ist, theils man ihn jedesmal mit Quecksilber füllen und dasselbe wieder ausgießen muß. Hr. Gahn wendete einen Reise-Windmesser an, den Hr. Hausmann (Reise durch Scandinavien V. 25) beschrieben hat. Die Zeichnungen Fig. 9—12 Taf. IX. stellen diesen Windmesser und seine einzelnen Theile dar. Er ist durchaus aus hartem und dichtem Holz angefertigt, aber die Schrauben a und h macht man am besten aus Knochen. Die Scheibe b an der Stellschraube a ist an beiden Seiten mit Leder überzogen. Der hölzerne Deckel c, der zum Verschließen der Kapsel oder der Büchse dient, hat an der unteren Seite eine lederne Bekleidung; d ist der mit gepreßter Luft aus dem Gebläse erfüllte Raum; e ist der Quecksilberbehälter, h eine Oeffnung in dem Luftraum d, in welche der Zapfen der Röhre paßt, welche zu dem Gebläse führt; g die Glasröhre; h ein kleiner Behälter, in welchem das Quecksilber durch eine Schraube zurückgehalten wird, wenn der Windmesser nicht gebraucht wird; i ist die Scale von Messing, welche die gewöhnliche Eintheilung nach Zollen und Linien, und nach Pfunden erhält; k ist der Quecksilberstand im Zustande der Ruhe; l eine hölzerne Röhre, durch welche die Gebläseluft in den Windmesser geleitet wird und welche mit einer Oeffnung in einem Windkasten u. s. f. des Gebläses in Verbindung steht. Soll der Windmesser gebraucht werden, so muß die Röhre l mit dem einen Ende in den Windmesser gesteckt und mit dem andern Ende mit dem Gebläse in Verbindung gebracht werden, so daß die Glasröhre eine senkrechte Stellung erhält. Die Schraube bei h wird gelüftet, um die freie Verbindung der Glasröhre mit der Atmosphäre herzustellen. Dann wird der Deckel c der Büchse fest zugeschraubt und die knöcherne Schraube a in die im Deckel eingeschnittenen Gewinde eingedreht, damit die Scheibe b den Deckel luftdicht verschließt. Soll der Windmesser auf der Reise mitgenommen werden, so wird die Scheibe b, mittelst der Schraube a, fest auf e angeschraubt, auch h vermittelst der Schraube verschlossen, wodurch das Quecksilber in der Glasröhre eingeschlossen wird.

Dieser Windmesser ist jedoch ziemlich zusammengesetzt; auch ist das Quecksilber in der Glasröhre noch vielen Schwankungen beim Transportiren ausgesetzt, wodurch der Windmesser sehr unbequem wird. Einen bequemeren transportablen Windmesser stellen die Zeichnungen Fig. 15 und 16 dar. Hr. Kalstenius hat diesen Windmesser angegeben, welcher ebenfalls aus Holz gearbeitet ist. Er besteht, wie die Zeichnung zeigt, aus 3 Theilen A, B und C, die durch Schrauben und Schraubengewände mit einander verbunden sind. In dem oberen Theil A befindet sich eine, mit einem Korkpfropf u. s. f. verschließbare Höhlung, oder ein Reservoir a, welches zur Aufnahme des Quecksilbers dient, so lange der Windmesser nicht gebraucht wird. Zu diesem Reservoir führt die ausgebohrte röhrenförmige Oeffnung b c, welche durch den Hahn d geöffnet und geschlossen werden kann. Der mittlere Theil B ist ein hölzerner Cylinder, welcher an der einen Seite unten eine Oeffnung hat, in welcher die Glasröhre x y luftdicht eingekittet ist. In dem offenen Boden dieses Cylinders ist ein Schraubengewinde eingeschnitten, in welches der untere Theil C geschraubt wird. Durch diesen untern Theil C ist der Luftkanal n o gebohrt, welcher bei n mit dem Gebläse in Verbindung steht und durch den der Wind aufsteigt, um auf die Oberfläche l m des Quecksilbers zu drücken, welches dann in der communicirenden Röhre aufsteigt. Soll eine Beobachtung angestellt werden, so verbindet man n in gewöhnlicher Art mit dem Gebläse, öffnet den Hahn d und läßt das im Reservoir a befindliche Quecksilber niederfallen, worauf der Hahn wieder geschlossen wird. Nach gemachtem Gebrauch öffnet man den Hahn d wieder, kehrt den Windmesser um und sammelt das Quecksilber in dem Reservoir a, worauf der Hahn verschlossen wird und der Windmesser zum Transportiren eingerichtet ist. Bei diesem Windmesser ist besonders darauf zu sehen, daß kein Quecksilber verschüttet wird, damit dasselbe, wenn der Windmesser zum Gebrauch vorgerichtet wird, genau im Niveau des Nullpunktes steht.

Einen Windmesser für kleinere Gebläse, mit heberartigen und gleich weiten Röhren, stellen die Zeichnungen Fig. 6—8 Taf. IX. dar. Die einfache Construction dieses, in einem hölzernen und an der vorderen Seite mit einer Glaswand versehenen Schränkchen befindlichen Windmessers, ergiebt sich aus den Zeichnungen, und aus Fig. 8 auch die Art und Weise, wie der Windmesser mit dem Gebläse in Verbindung gesetzt wird.

Die Zeichnungen Fig. 17—20 stellen einen Windmesser, besonders für starke Gebläse bestimmt, dar, welcher bei der Anwendung der erhitzten Gebläseluft gebraucht werden kann. Dieser

Windmesser ist ebenfalls aus gleich weiten Glasröhren construirt, welche in einem ganz von gegossenem Eisen angefertigten Gehäuse eingeschlossen sind. Nur die Schrauben und Hähne s bestehen aus geschmiedetem Eisen, und die Scale ist von Messing. Durch die Linie a b ist das Niveau des Quecksilberstandes zur Zeit des gleichen Luftdrucks auf beiden Glasröhren angedeutet. Einer weitern Erklärung bedarf die einfache Vorrichtung nicht.

§. 608.

Aus den am Windmesser beobachteten Höhen der Wasser- oder Quecksilbersäulen, welche mit der Pressung des Windes im Gleichgewicht stehen, läßt sich die Größe des Drucks, welche der Wind nach allen Seiten ausübt, oder die Größe der Kraft p, mit welcher der Wind zusammen gedrückt wird, leicht berechnen. Die der Kraft p zukommende Höhe der Wasser- oder Quecksilbersäule ist nämlich durch den Windmesser gefunden; der absolute Druck, den p auf eine Fläche von bestimmter Größe ausübt, ergiebt sich aus der Größe des Flächeninhalts, aus der Höhe der Säule und aus dem absoluten Gewicht der Flüssigkeit, welche man zur Vergleichung der Kraft des Windes anwendet. Wenn im Allgemeinen h die Höhe einer Wassersäule, und h' die Höhe einer Quecksilbersäule in preuß. oder rheinl. Maaß bedeutet, welche mit der bis zu einem gewissen Grade verdichteten Luft im Gleichgewicht steht, p aber den Druck in preuß. Pfunden anzeigt, den jene verdichtete Luft auf eine Fläche von einem preuß. Quadratzoll ausübt, so ist:

P	für h =	für h′ =
0,22901 Pfund	6 Zoll	5,3065 Linien
0,45802 —	1 Fuß	10,613 —
0,68703 —	1 Fuß 6 Zoll	1 Zoll 3,9195 Linien
0,91604 —	2 — „	1 — 9,226 —
1,14505 —	2 — 6 —	2 — 2,5325 —
1,37406 —	3 — „	2 — 7,839 —
1,60307 —	3 — 6 —	3 — 1,1455 —
1,83208 —	4 — „	3 — 6,452 —
2,06109 —	4 — 6 —	3 — 11,7585 —
2,2901 —	5 — „	4 — 5,064 —
2,51911 —	5 — 6 —	4 — 10,3705 —
2,74812 —	6 — „	5 — 3,677 —
2,97713 —	6 — 6 —	5 — 8,9835 —
3,20614 —	7 — „	6 — 2,29 —
3,66416 —	8 — „	7 — 0,903 —

Um aus der Höhe h der mit der jedesmaligen Windpressung im Gleichgewicht stehenden Wassersäule die Geschwindigkeit zu finden, mit welcher die Luft ausströmt, berechne man zuerst die Geschwindigkeit, mit welcher die atmosphärische Luft in einen luftleeren Raum strömen würde. Die Höhe h der Wassersäule, welche mit der Atmosphäre im Gleichgewicht steht, ist in diesem Fall 32,79 Fuß preuß. Die mit h correspondire Höhe der Luftsäule sei H, und die Dichtigkeit Δ des Wassers verhalte sich zur Dichtigkeit δ der atmosphärischen Luft wie 770 zu 1. Weil $H : h = \Delta : \delta$, und weil $\delta = 1$ anzunehmen ist, so ist $H = h\Delta$.

Es sei v die der Höhe H zugehörige Geschwindigkeit, und g die Beschleunigung der Schwere = 15,625 Fuß preuß. Die der Höhe h zugehörige Geschwindigkeit u ist = 2gt, wo t die erste Zeitsekunde des Falles von der Höhe h bedeutet.

Weil aber $h = gt^2$, folglich $\frac{h}{g} = t^2$, so ist $u^2 = 4g^2\ t^2 = 4g^2 \frac{h}{g} = 4gh$.

Es verhalten sich aber die Quadrate der Geschwindigkeiten wie die Fallhöhen:

Also $v^2 : u^2 = H : h$ oder $v^2 : u^2 = h \frac{\Delta}{\delta} : h$.

$$\text{Also } v^2 = \frac{u^2\ h \frac{\Delta}{\delta}}{h}$$

Aber $u^2 = 4gh$; folglich ist auch $v^2 : 4gh = h \frac{\Delta}{\delta} : h$.

$$\text{Also } v^2 = \frac{4gh\ h \frac{\Delta}{\delta}}{h} = 4gh \frac{\Delta}{\delta}.$$

Folglich $v = 2 \sqrt{gh \frac{\Delta}{\delta}}$, und wenn man $\delta = 1$ setzt, so ist $v = 2 \sqrt{gh\ \Delta}$.

Für den Fall, daß die atmosphärische Luft in einen vollkommen luftleeren Raum strömt, ist $h = 32{,}78$ Fuß und $\Delta = 770$, folglich die Geschwindigkeit $v = 1256$ Fuß Preuß., und mit dieser Geschwindigkeit strömt die Luft von atmosphärischer Dichtigkeit in einen völlig luftleeren Raum.

Aber das Verhältniß $\frac{\Delta}{\delta}$ ist nach der Beschaffenheit von δ veränderlich. Je stärker die Luft zusammengedrückt wird, desto desto größer wird δ, oder desto kleiner $\frac{\Delta}{\delta}$. Soll also die Geschwindigkeit v, mit welcher die verdichtete Luft in einen luftleeren Raum strömt, gefunden werden, so müssen die Werthe von h und δ verändert werden.

Es ist: $\delta : d = P : P + p$

wobei δ die Dichtigkeit der Luft gegen Wasser im gewöhnlichen

Zustande, oder bei der, der Höhe einer Wassersäule h von 32,78 Fuß (wofür man ohne große Irrthum 32 Fuß setzen kann) zugehörigen Pressung der Atmosphäre P, und d die Dichtigkeit der Luft gegen Wasser bei einer der Höhe einer Wassersäule h″ zugehörigen Pressung P + p bedeutet.

Es ist also $d = \frac{\delta\,(P+p)}{P}$ oder $d = \frac{P+p}{P}$, wenn δ $= 1$ gesetzt wird.

Soll also die Formel $v = 2\sqrt{gh\frac{\Delta}{\delta}}$ für verdichtete Luft gelten, so ist der Werth von δ nicht $= 1$, sondern $= \frac{P+p}{P}$ und dann ist: $v =$

$$2\sqrt{\frac{gh''\,\Delta}{\frac{P+p}{P}}} = 2\sqrt{\frac{gh''\,\Delta P}{P+p}} = 2\sqrt{gh''\,\frac{\Delta P}{P+p}}$$

Für $h'' = 34$ Fuß würde z. B. die zu p gehörige Höhe $= 2$ Fuß, also $\frac{P}{P+p} = \frac{32}{34} = 0{,}94$, woraus sich v zu 1256 Fuß ergiebt.

Der scheinbare Widerspruch: daß die verdichtete Luft, die Verdichtung mag so stark sein, als sie immer will, nur mit derselben Geschwindigkeit in den luftleeren Raum strömt, als die Luft von gewöhnlicher atmosphärischer Dichtigkeit, erklärt sich dadurch, daß im ersten Fall Luft von der Dichtigkeit $\frac{P+p}{P}$ (oder bei dem gewählten Beispiel von der Dichtigkeit 1,06), im letzten Fall aber nur Luft von der Dichtigkeit $=1$ einströmt. Es sind nämlich h″ und p stets von einander abhängig, und weil für $p=0$, $h''=h$ wird, so leuchtet es ein, warum die Geschwindigkeit der verdichteten Luft nicht größer sein kann, als die der atmosphärischen, wenn beide in einen luftleeren Raum einströmen.

Für das Einströmen der Luft von atmosphärischer Dichtigkeit in einen luftleeren Raum war $h=32$ Fuß und $\frac{\Delta}{\delta}=\frac{770}{1}$. Für das Einströmen der verdichteten Luft ward $h=h''=32+x$ Fuß und $\frac{\Delta}{\delta}=\frac{\frac{770}{P+p}}{P}=\frac{770P}{P+p}$, wo p den Druck bedeutet, den eine x Fuß hohe Wassersäule ausübt. Soll nun verdichtete Luft in einen mit atmosphärischer Luft von gewöhnlicher Dichtigkeit erfüllten Raum einströmen, so wird $h=0$ und $h''=0+x$ $=x$ und $\frac{\Delta}{\delta}$ bleibt $\frac{770P}{P+p}$, wo p den Druck bedeutet, zu welchem eine x Fuß hohe Wassersäule gehört. Die Geschwindigkeit des in einen mit Luft von atmosphärischer Dichtigkeit erfüllten Raum einströmenden Windes wird also ebenfalls $=2\sqrt{gh\Delta\frac{P}{P+p}}$ sein, wo $h=x$ und p der zu x gehörige Druck einer Wassersäule ist.

Der Werth von $\frac{P}{P+p}$ läßt sich nur bei einem bestimmten Werthe von h (oder x) ausdrücken, weil er ganz von h abhängig ist. Für $h=32$ Fuß muß er $\frac{32}{32+0}=1$ sein; für $h=36$ Fuß wird er $=\frac{32}{32+4}=0{,}888$. Weil aber zu der Höhe von 32 Fuß bei einem bestimmten Flächeninhalt von 1 Quadratzoll die Kraft von 15,05 Preuß. Pf., und zu der Höhe von 4 Fuß die Kraft von 1,83208 Preuß. Pf. gehört, so muß $\frac{P}{P+p}$ auch $=\frac{15{,}05}{15{,}05+1{,}83208}=0{,}888$ sein, weshalb sich $\frac{P}{P+p}$ leicht finden läßt, wenn h bekannt ist. Soll indeß der Werth von $\frac{P}{P+p}$ genauer bestimmt werden, so muß P für jede Beobachtung ausgemittelt werden, weil P nicht als eine constante Größe von 15,05 Preuß. Pf. auf den Quadratzoll angesehen werden kann.

Bedeutet also h die Höhe einer Wassersäule, welche mit der Pressung des Windes, bei dem gewöhnlichen Druck der Atmosphäre, das Gleichgewicht hält, so wird

$$2\sqrt{gh\,\triangle\frac{P}{P+p}}$$

der allgemeine Ausdruck für die Geschwindigkeit des Windes oder der verdichteten Luft, welche mit einer der Höhe der Wassersäule h zugehörigen Kraft p zusammengedrückt ist. Für h=8 wird z. B. $2\sqrt{gh\,\triangle\frac{P}{P+p}}=564$, und dies ist die Geschwindigkeit, mit welcher die bei dem Druck h verdichtete Luft in jeder Zeitsecunde ausströmen muß. Weil nun bei dem Druck h von 8 Fuß, $\frac{P+p}{P}=\frac{40}{32}=1{,}25$ wird, so würde $564 \,.\, 1{,}25=705$ die Geschwindigkeit der Luft bei dem Druck einer Wassersäule von 8 Fuß sein müssen, wenn man sich dieselbe im Zustande der atmosphärischen Dichtigkeit vorstellt.

§. 609.

Aus der, durch die Beobachtung am Windmesser berechneten Geschwindigkeit der verdichteten Luft läßt sich die Menge Q der Luft, welche ein Gebläse liefert, leicht finden, wenn die Größe a der Düsenöffnung bekannt ist. Es ist nämlich Q = a v für jede Secunde. In der folgenden Tabelle bedeutet h die Höhe des an dem Windmesser beobachteten Wasserstandes (woraus sich der Widerstand, den die bewegende Kraft des Gebläses zu überwinden hat, berechnen läßt); d die mit h correspondirende Dichtigkeit der Luft, die der atmosphärischen =1 gesetzt; r den räumlichen Inhalt der Luft bei dem Druck h, das Volum der Luft von atmosphärischer Dichtigkeit =1 gesetzt; v die Geschwindigkeit, mit welcher der zur Druckhöhe h gehörige Wind von der Dichtigkeit d ausströmt; a v die Menge Luft von der Dichtigkeit d, welche aus einer Düsenöffnung von einem rheinländischen Quadratzoll in der Secunde erhalten wird; v′ die Geschwindigkeit, mit welcher die zur Druckhöhe h gehörige Luft ausströmen würde, wenn man sich vorstellt, daß sie mit der Dichtigkeit der atmosphärischen Luft entweichen könnte; und av′ die Menge der Luft von atmosphärischer Dichtigkeit, welche eine Düsenöffnung von einem rheinländischen Quadratzoll in einer Secunde liefert. Die Zahlen sind nach Preußischem Maaß angegeben:

Für h =	ist d	ist r	ist v		ist av		ist v′		ist av′	
1′ 6″	1,047	0,955	268	Fuß	$1\frac{1488}{1728}$	cub.′	280	Fuß	$1\frac{1632}{1728}$	cub.′
2′	1,062	0,941	306	—	$2\frac{216}{1728}$	—	324	—	$2\frac{392}{1728}$	—
2′ 6″	1,078	0,928	340	—	$2\frac{634}{1728}$	—	366	—	$2\frac{936}{1728}$	—
3′	1,094	0,914	370	—	$2\frac{984}{1728}$	—	404	—	$2\frac{1392}{1728}$	—
3′ 6″	1,109	0,901	396	—	$2\frac{1296}{1728}$	—	438	—	$3\frac{72}{1728}$	—
4′	1,125	0,888	420	—	$2\frac{1584}{1728}$	—	472	—	$3\frac{480}{1728}$	—
4′ 6″	1,140	0,877	444	—	$3\frac{144}{1728}$	—	506	—	$3\frac{878}{1728}$	—
5′	1,156	0,865	464	—	$3\frac{384}{1728}$	—	536	—	$3\frac{1248}{1728}$	—
6′	1,188	0,842	502	—	$3\frac{840}{1728}$	—	596	—	$4\frac{240}{1728}$	—
7′	1,219	0,820	534	—	$3\frac{1224}{1728}$	—	650	—	$4\frac{880}{1728}$	—
8′	1,250	0,800	566	—	$3\frac{1608}{1728}$	—	706	—	$4\frac{1560}{1728}$	—

Die Werthe von d, r, av u. s. f. beziehen sich aber auf atmosphärische Luft, deren Dichtigkeit und räumlicher Inhalt =1 angenommen werden; sie müssen sich folglich in demselben Verhältniß ändern, in welchem sich die Beschaffenheit der atmosphärischen Luft selbst ändert. Soll die Berechnung die Menge der atmosphärischen Luft von dem räumlichen Inhalt und von der Dichtigkeit =1 angeben, welches nothwendig ist, um richtige Vergleichungen anstellen zu können, so muß die gefundene Luftmenge für den Barometerstand von 28 Pariser Zollen, für die Temperatur =0 und für den Hygrometerstand =0 berichtigt werden. Das Barometer zeigt die drückende Kraft unmittelbar an, und weil sich der räumliche Umfang der Luft umgekehrt wie die drückenden Kräfte verhält, so ist die Rectification wegen des veränderlichen Barometerstandes sehr leicht. Bei einem Barometerstande von 27 Zoll würde der räumliche Inhalt der Luft z. B. sein müssen 27:28=1:1,03703..., oder 1000 Kubikfuß Luft von der Dichtigkeit =1 sind gleich 1037 Kubikf. Luft von der Dichtigkeit $\frac{100000}{103703}$=0,96... Ein Gebläse also, welches 1000 Kubikf. Luft von der Dichtigkeit =1 liefern soll, würde bei einem Barometerstande von 27 Zoll, 1037 Kubikf. Luft von atmosphärischer Dichtigkeit geben müssen. Es geht hieraus hervor, wie bedeutend der Einfluß des veränderlichen Barometerstandes auf die Wirkung der Gebläse sein muß, welche in einer Minute mehre tausend Kubikf. Luft liefern. Es folgt daraus aber auch, wie wesentlich verschieden dieselben Quantitäten Luft wirken müssen, welche ein Gebläse bei einem hohen und bei einem sehr tiefen Barometerstande liefert. Wäre ein Gebläse z. B. in einer hohen Gegend erbaut, der ein mittlerer Barometerstand von 20 Zoll zukommt, so würde der räumliche Inhalt der Luft 1,4 sein, oder 1400 Kubikf. Luft, bei einem Barometerstande von 20 Zollen, würden erst den Werth von 1000 Kubikf. Luft, bei einer Barometerhöhe von 28 Zollen, haben können. Zwei Gebläse, deren Effect ganz gleich wäre, würden sich, bei solchen verschiedenen Barometerständen, in der Wirkung wie 10 zu 14 verhalten. Die berechnete Luftmenge, welche ein Gebläse liefert, muß daher immer auf die Dichtigkeit der Luft =1 reducirt werden, um die Wirkung desselben für jeden Barometerstand zu erfahren, und sich bei niedrigen Barometerständen nicht in der Wirksamkeit der Gebläse zu täuschen.

§. 610.

Bei gleichem Volum ist die wärmere Luft die elastischere. Bei gleich bleibender Elasticität, die sich durch einen gleich stark bleibenden Druck zu erkennen giebt, muß das Volumen der Luft um so mehr vermindert, also die Elasticität durch die Dichtigkeit der Luft um so mehr ersetzt werden, je mehr die Temperatur abnimmt. Bei einer gleichbleibenden Pressung des Windes wird also die Luft um so weniger räumlichen Inhalt haben, je mehr dieselbe erwärmt ist. Ein Gebläse, dessen Effect beständig gleichbleibend ist, wird deshalb auch im Winter, oder bei niedriger Temperatur, eine größere Wirkung hervorzubringen vermögen, als im Sommer, oder bei einer sehr erwärmten Luft. Mehre Physiker haben die Ausdehnung der Luft für die verschiedenen Grade der Wärme zu bestimmen gesucht. Hr. G. G. Schmidt fand die Ausdehnung der atmosphärischen Luft für jeden Grad des Reaumür'schen Thermometers zu 0,0044675, das Volumen bei 0 Grad Reaumür =1 gesetzt. Hr. Dalton bestimmte nach seinen Versuchen, daß die Luft zwischen 0° und + 100° C. um 0,376 ihres Volums bei 0° ausgedehnt werde. Hr. Gay-Lussac fand 0,375. Dies Resultat ward durch die Versuche der Herren Dulong und Petit bestätigt. Hr. Rudberg hat die Ausdehnung zuletzt zu 0,36445 des Volumens bei 0° C. von 0 bis 100° ermittelt, so daß man zu der Annahme berechtigt ist, daß sich die Luft von 0 bis 100 Gr. der Centesimalscale des Thermometers um 0,36445 ihres Volums, oder für jeden Grad des hundertheiligen Thermometers um 0,0036445, folglich für jeden Grad der Reaumur'schen Thermometerscale um 0,0045556 ihres Volums bei 0° ausdehnt. Um daher die durch die Rechnung gefundene Luftmenge Q, welche das Gebläse bei einer Temperatur n liefert, auf Luft von der Dichtigkeit =1 zu reduciren und sich in der Wirksamkeit des Gebläses bei hohen Temperaturen nicht zu täuschen, muß das berechnete und gefundene Q mit

$\frac{1}{1+n.0{,}0045556}$ multiplicirt werden. Wenn z. B. ein Gebläse in jeder Minute 2000 Kubikf. Luft von atmosphärischer Dichtigkeit liefert, so würden diese nur bei der Temperatur =0 den Werth von 2000 Kubikf. Luft von der Dichtigkeit =1 haben. Bei einer Wärme von 20 Gr. R. würden sie sein = $\frac{2000}{1+20.0{,}0045556}$=1833 Kubikf. von der Dichtigkeit =1; bei einer Kälte von 12 Gr. R. würden sie dagegen $\frac{2000}{1-12.0{,}004556}$ =2116 Kubikf. Luft von der Dichtigkeit =1 gleichzusetzen sein. Aus diesem Beispiel geht hervor, wie sehr bedeutend der Einfluß der Temperatur auf die Wirksamkeit der Gebläse ist. In unseren Gegenden ist eine Wärme von 20° im Sommer und eine Kälte von 12° im Winter nicht ungewöhnlich; in diesen verschiedenen Temperaturzuständen wird aber ein Gebläse, welches bei gleichbleibendem Effect in der Minute 2000 Kubikf. Luft von atmosphärischer Dichtigkeit liefert, in der Wirklichkeit im Winter 283 Kubikf. Luft von der Dichtigkeit =1 mehr liefern, als im Sommer. Man wird daher bei warmer Witterung den Effect des Gebläses verhältnißmäßig verstärken müssen, um mit demselben gleiche Wirkungen wie im Winter hervorzubringen. Bei kleinen Gebläsen, welche oft nur wenige hundert Kubikf. Luft in der Minute liefern, ist der Einfluß des verminderten Barometerstandes und der größeren Wärme auf die Beschaffenheit der Luft und auf die Wirksamkeit der Gebläse nicht sehr zu bemerken; allein bei starken Gebläsen wird sich die Wirksamkeit derselben, bei einem in der That gleichbleibenden Effect, nach dem verschiedenen Zustande der Atmosphäre, sehr auffallend verändern.

§. 611.

In den mehrsten Fällen wird es schon genügen, nur die Rectificationen für die verschiedenen Barometer- und Thermometerstände vorzunehmen, und den Einfluß, welchen die hygrometrische Beschaffenheit der Luft auf ihr räumliches Verhältniß hat, so lange auf sich beruhen zu lassen, bis ein zuverlässiges Gesetz dafür aufgefunden worden ist. Hr. G. G. Schmidt hat viele sorgfältige Versuche über den Einfluß angestellt, den der Feuchtigkeitszustand der Luft auf das räumliche Verhältniß derselben äußert. Im Allgemeinen haben jene Versuche ergeben, daß die feuchte Luft bei den gewöhnlichen Graden der Temperatur (oder höchstens bis 30° R.) keinen bedeutend größeren Raum einnimmt, als die trockene Luft, daß die Ausdehnung aber im Verhältniß der zunehmenden Feuchtigkeit ebenfalls zunimmt. Der Uebersicht wegen stehe hier folgende, vom Hrn. S. berechnete Tabelle:

Grade des Reaumür'schen Thermometers.	Grade des hunderttheiligen Hygrometers.					
	10	20	40	60	80	100
	Volumen derselben Luftmasse.					
0°	1,0000000	1,0000000	1,0000000	1,0000000	1,0000000	1,0000000
5°	1,0225607	1,0227839	1,0232303	1,0236767	1,0241231	1,0245696
10°	1,0453911	1,0461072	1,0475394	1,0489716	1,0504038	1,0518360
15°	1,9683482	1,0696839	1,0723553	1,0750267	1,0776981	1,0803695
20°	1,0915171	1,0938843	1,0994186	1,1029529	1,1074872	1,1120215
25°	1,1152503	1,1188132	1,1259389	1,1330646	1,1401903	1,1473161
30°	1,1392964	1,1445678	1,1551127	1,1656536	1,1761964	1,1867393

Stünkel, Beobachtungen über die Schätzung der treibenden Kraft und der Geschwindigkeit des aus den Gebläsen strömenden Windes; in Jordan's und Hasse's Magazin für Eisen-, Berg- und Hüttenkunde, 1ster Jahrg. 3tes Heft. 240—281. — Hrn. Baader's oben (§. 570.) angeführte Schrift. — Roebuck, über Windmesser und über das Verhältniß der Geschwindigkeit zur Menge des Windes; in Gilbert's Ann. d.

Phys. IX. 53—58. — Banks, über Windmesser und ein Paar Versuche über das Ausströmen der Luft aus den Gefäßen; ebendas. XXII. 286—291. — Sur les machines soufflantes, avec la déscription des machines soufflantes hydrauliques; in den Annales des arts et manufactures. XV. 225—246. — G. G. Schmidt, über die Ausdehnung der trocknen und feuchten Luft durch die Wärme; in Gren's neuem Journ. der Physik. IV. 320—355. — Gilbert, Berechnung der Luftmenge, welche ein Gebläse hergiebt; in Gilbert's Ann. des Phys. XXVIII. 388—396. — D'Aubuisson, Archiv f. Bergbau. XVI. 131 f.

§. 612.

Bei der Fundamentformel Q=av (§. 609.) würde die Correction nach dem jedesmaligen Barometer- und Thermometerstande vollkommen genügend erscheinen und zu einer richtigen Bestimmung von Q führen, wenn sich annehmen ließe, daß die Beschaffenheit der Ausströmöffnungen von keinem Einfluß auf v wäre. Dies ist aber nicht der Fall, sondern jene Formel bedarf noch eines Berichtigungs-Coefficienten, wegen der Zusammenziehung des Windstrahls, welcher von der Adhäsion der Luft an den Seitenwänden, von der Gestalt der Ausströmöffnung und von ihrer Größe abhängig ist.

Sehr interessante Versuche über den Einfluß der Beschaffenheit der Ausströmöffnungen auf die Geschwindigkeit der ausströmenden Luft hat Hr. Koch angestellt. Hr. Buff hat die Resultate derselben neu berechnet und daraus die Zahlen ermittelt, womit die, für gewöhnlich vorkommende Druckhöhen berechneten Ausströmungsmengen multiplicirt werden müssen, um das Luftvolum zu erhalten, welches wirklich ausgeströmt ist. Wenn h die Höhe der Säule des Wasserdrucks bedeutet, so muß die in gewöhnlicher Art berechnete Ausströmungsmenge der Luft mit einem Widerstands-Coefficienten multiciplirt werden, welcher ausgedrückt wird:

1) für Oeffnungen in dünnen Platten durch

$$0{,}626\ (1-0{,}079\sqrt{h}),$$

2) für kurze konische Ansatzröhren (Düsen), bei angemessener konischer Neigung, durch

$$0{,}92\ (1-0{,}079\sqrt{h}),$$

3) für kurze cylindrische Ansatzröhren, durch

$$0{,}79\ (1-0{,}079\sqrt{h}).$$

Aehnliche Versuche über den Einfluß, welchen die Beschaffenheit der Ausströmöffnungen auf die Geschwindigkeit der ausströmenden Luft äußert, hat Hr. Schmidt angestellt, und den Widerstands-Coefficienten, welcher wegen der Zusammenziehung des Strahls in der Fundamentalgleichung

$$v=2\sqrt{gh\Delta\frac{P}{P+p}}$$

eingeführt werden muß, zu bestimmen gesucht. Wenn man v die nach h berechnete Geschwindigkeit nennt, so wie sie sich aus der eben angegebenen Formel ergiebt, und wenn v' die wirkliche Geschwindigkeit bezeichnet, mit welcher die Luft ausströmt, so ist nach den Versuchen des Hrn. Schmidt

v'=0,52.v, wenn die Luft durch eine Oeffnung in einer dünnen Platte ausströmt.

v'=0,56.v bis 0,69.v, wenn die Luft durch eine cylindrische Ansatzröhre ausströmt. Geringere Druckhöhen und längere Ansatzröhren geben kleinere Coefficienten, als größere Druckhöhen und kürzere Ansatzröhren.

v'=0,70 bis 0,74.v, für konische Ansatzröhren, wenn die enge Oeffnung nach außen gekehrt ist.

v'=0,83 bis 0,88.v, für konische Ansatzröhren, wenn die weite Oeffnung nach außen gekehrt ist.

Bei dem Ausströmen des Windes aus den Düsen tritt der dritte Fall ein, nämlich das Ausströmen aus konischen Ansatzröhren, deren enge Oeffnung nach außen gekehrt ist. Die Formel Q=av würde also den Berichtigungs-Coefficienten 0,70 bis 0,74 erhalten müssen, so daß v, folglich auch Q, um mehr als um den vierten Theil kleiner wird, als ihn die Berechnung aus dem beobachteten h ergiebt.

Die Versuche des Hrn. Schmidt konnten nur bei geringen Pressungen angestellt werden. Man kann es daher noch nicht als entschieden ansehen, ob der Widerstands-Coefficient sich bei stärkeren Pressungen nicht vermindert, folglich der Rectifications-Faktor nicht vielleicht bedeutend größer als 0,74 ausfallen dürfte. Dies ist nach den Versuchen des Hrn. Koch sehr wahrscheinlich; auch bestätigen diese Annahme die Berechnungen der Windmengen, welche man bei einem gut construirten eisernen Cylindergebläse erhält. Dennoch muß man gestehen, daß man noch nicht dahin gekommen ist, den wahren Effect eines Gebläses durch die Beobachtungen von h mit Genauigkeit zu bestimmen. Die Werthe von Q=av bei den verschiedenen Gebläsen werden daher auch nur als Verhältnißzahlen gebraucht, aber nicht zur absoluten Effectbestimmung der Gebläse angewendet werden können.

Aehnliche Versuche zur Bestimmung des Widerstands-Coefficienten in der Formel für v, wegen der Zusammenziehung des Strahls, verdankt man dem Hrn. D'Aubuisson. Aus dessen Versuchen ergiebt sich:

v'=0,65.v. für das Ausströmen der Luft aus kleinen Oeffnungen in einer dünnen Platte.

v'=0,93.v. für kurze cylindrische Ansatzröhren.

v'=0,95.v. für kurze konische Ansatzröhren.

Hr. D'Aubuisson fand aber auch zugleich, daß die Länge des Ansatzrohres einen äußerst großen Einfluß auf die Größe des Coefficienten habe. Bei den Versuchen, welche mit einem cylindrischen Ansatzrohr gemacht wurden, ergab sich die Größe des Coefficienten:

bei einer	0,022	Meter langen Ansatzröhre	zu 92,7,
— —	0,045	— — —	— 92,4,
— —	0,160	— — —	— 83,2,
— —	0,325	— — —	— 73,8.

Diese Abnahme des Coefficienten im Verhältniß der zunehmenden Länge des Ansatzrohrs ist unerwartet groß. Hr. D'Aubuisson bestimmt, nach den Resultaten seiner Versuche, die Größe von

$$v' = \frac{0{,}024 l + d}{v.\ d},$$

in welcher Formel v' die wirkliche, v die durch die Größe von h berechnete Geschwindigkeit der ausströmenden Luft, l die Länge des Ansatzrohrs und d den Durchmesser der Ausströmöffnung bedeuten.

Für die praktische Anwendung, nämlich für den Gebrauch der konischen Düsen, glaubt Hr. D'Aubuisson den Coefficienten 0,94 annehmen, also v'=0,94. v. setzen zu können, so daß etwa 6 Procent Wind weniger durch die Düsen strömt, als sich aus der Berechnung nach der Formel für v ergeben würde Diese Annahme kann indeß nur als solche gelten und dazu dienen, die wirkliche Geschwindigkeit annähernd richtig zu bestimmen. Es ist daher zu wünschen, daß die Bestimmung des Coefficienten für v bei guten Gebläsen durch sorgfältige Versuche noch näher ermittelt werden möge.

F. K. L. Koch, Versuche und Beobachtungen über die Geschwindigkeit und Quantität verdichteter atmosphärischer Luft, welche aus Oeffnungen von verschiedener Construction und durch Röhren ausströmt. Göttingen, 1824. — Buff, neue Berechnung der Versuche von Koch über das Ausströmen verdichteter Luft aus Oeffnungen von verschiedener Gestalt. Poggendorff's Ann. f. Phys. u. Chemie. XXXVII. 277. — Studien des Götting. Vereins bergmännischer Freunde. IV. 25. — G. G. Schmidt, Versuche über die Gesetze, wonach gasartige Flüssigkeiten aus engen Oeffnungen von verschiedener Gestalt und durch Röhren unter einem gegebenen Druck ausströmen. In Gilbert's Ann. d. Phys. 1824. Bd. VI. 39—83. — Vergl. Karsten, Archiv u. s. f. IX. 451 u. s. w. — D'Aubuisson expériences gazométriques, à l'effet de déterminer la dépense réelle d'un orifice d'où sort un courant d'air. Ann. des mines. XIII. 483—504.

§. 613.

Wenn h den jedesmaligen Barometerstand und x die additionelle Höhe der Wasser- oder Quecksilbersäule in Preußischen Fußen und Zollen bezeichnet, welche mit der Windpressung des Gebläses im Gleichgewicht steht, so sind $\frac{P+p}{P}$ und $\frac{h+x}{h}$ Ausdrücke von ganz gleichem Werth. Es wird also

$$v=2\sqrt{g\, x \triangle \frac{P}{P+p}} = 2\sqrt{g\, x \triangle \frac{h}{h+x}}$$

die Geschwindigkeit in Preußischen Fußen ausdrücken, mit welcher die Gebläseluft von der Dichtigkeit $\frac{P+p}{P}=\frac{h+x}{h}$ aus der Düse strömt. Je nachdem die Beobachtung des Werthes von x an einer Wasser- oder an einer Quecksilbersäule gemacht wird, erhält $\triangle$ den Werth von 770, oder von 13,568 . 770=10448, wenn 13,568 das spec. Gew. des Quecksilbers ist. Es versteht sich, daß h und x die Höhen der Wasser- oder der Quecksilbersäulen bezeichnen müssen, je nachdem für $\triangle$ ein Wasser- oder ein Quecksilber-Windmesser angewendet wird. g ist die bekannte Zahl 15,625.

Bezeichnet t die Grade der Temperatur der Atmosphäre zur Zeit der Beobachtung, so wird man sich erinnern, daß es, zur Reduction der gefundenen Menge der ausströmenden Gebläseluft auf die Normaltemperatur von 0 Gr., erforderlich ist, den Ausdehnungscoefficienten von 0,0046 für jeden Grad der Reaumürschen, oder von 0,00365 für jeden Grad der Centesimalscale zu berücksichtigen.

Ist a der bekannte Flächeninhalt der Düsenöffnung, in preuß. Quadratfußen ausgedrückt, so wird das Windquantum Q, welches ein Gebläse in jeder Zeitsecunde liefert, =av preuß. Kubikfuß sein, wenn der Widerstands-Coefficient bei der Ausströmung (§. 612.) unberücksichtigt bleibt. Aber diese Windmenge

$Q = av = 2a \sqrt{g\,x\,\Delta \frac{h}{h+x}}$, welche vermittelst des Druckes x mit der Geschwindigkeit v ausströmt, besitzt nicht die Dichtigkeit, welche dem Barometerstande h zur Zeit der Beobachtung zukommt, sondern die Dichtigkeit $\frac{h+x}{h}$. Die Wirkung des Gebläses läßt sich nur nach der Geschwindigkeit v beurtheilen, welche der Dichtigkeit der ausströmenden Luft wirklich zukommt.

Will man also wissen, wie viel die Windmenge Q an Luft von dem umgebenden Drucke h der Atmosphäre beträgt, so muß der gefundene Werth von av mit $\frac{h+x}{h}$ multiplicirt werden,

und dann ist $Q = 2a \sqrt{g\,x\,\Delta \frac{h+x}{h}}$, die Windmenge von der Dichtigkeit und von der Temperatur der umgebenden Luft. Für die Wassersäule wird also $Q = 219.a \sqrt{x \frac{h+x}{h}}$, und für die Quecksilbersäule $Q = 808.a \sqrt{x \frac{h+x}{h}}$ der allgemeine Ausdruck zur Bestimmung der Windmenge von der jedesmaligen Dichtigkeit und Temperatur der atmosphärischen Luft, welche das Gebläse in der Sekunde liefert.

Soll die Windmenge in Luft ausgedrückt werden, die dem mittleren Druck h' der Atmosphäre von 32,79 Fuß Höhe der Wassersäule, oder von 29,068 Zoll Höhe der Quecksilbersäule und der Temperatur = 0 Gr. entspricht, so muß der Ausdruck $Q = 2a \sqrt{g\,x\,\Delta \frac{h+x}{h}}$ mit $\frac{h}{h'} \cdot \frac{1}{1 \pm 0{,}0046t}$ multiplicirt werden (für die Reaumürsche Thermometerscale), und dann ist $Q = \frac{2a}{(1 \pm 0{,}0046\,t)\,h'} \sqrt{g\,x\,\Delta h\,(h+x)}$. Für die Wassersäule wird also: $Q = \frac{219 . a}{(1 \pm 0{,}0046\,t)\,32{,}79} \sqrt{x\,h\,(h+x)}$

$$=\frac{6,6728.\ a}{1+0,0046\ t)}\sqrt{xh(h+x)},$$

und für die Quecksilbersäule wird:

$$Q=\frac{808.\ a}{(1+0,0046\ t)\ 29,068}\sqrt{xh(h+x)}$$

$$=\frac{27,8.\ a}{(1+0,0046\ t)}\sqrt{xh(h+x)}.$$

der allgemeine Ausdruck zur Bestimmung der Windmenge von der mittleren Dichtigkeit der Luft $=h'$ und von der Temperatur $=0$, welche das Gebläse in der Zeitsekunde bei der dem Werthe von x entsprechenden Pressung des Windes liefert.

§. 614.

Wird aber der Wind, ehe er aus der Düse ausströmt, erhitzt, oder wird mit erhitzter Gebläseluft gearbeitet, deren Temperatur also immer höher ist, als die der umgebenden atmosphärischen Luft, so wird:

$$v=2\sqrt{gx\triangle\,(1+0,0046\ t)\frac{h}{h+x}}$$

für die heiße Luft von der Temperatur t, welche unter dem Druck x ausströmt, und

$$Q=a\,v=2a\sqrt{gx\triangle\,(1+0,0046\ t)\,\frac{h}{h+x}}$$

ist der Ausdruck für die Menge des in einer Zeitsekunde ausströmenden Windes von der Temperatur t und von der dem Druck x entsprechenden Pressung.

Soll diese Windmenge auf Luft von der Temperatur t' und der Dichtigkeit der umgebenden Luft zurück geführt werden, so muß der Werth von Q mit $\frac{h+x}{h}.\frac{1}{1+0,0046\,(t-t')}$ multiplicirt werden, und es ist dann:

$$Q=\frac{2.\ a}{1+0,0046\ (t-t')}\sqrt{g\,x\,\triangle\,\frac{h+x}{h}(1+0,0046\ t)}$$

$$= \frac{808.\ a}{1 + 0{,}0046\ (t - t')} \sqrt{x \frac{h+x}{h} (1 + 0{,}0046\ .\ t)}$$

der Ausdruck für die, unter dem Druck x mit der Temperatur t in einer Zeitsekunde aus der Düse strömenden Windmenge, wenn diese auf die Dichtigkeit und die Temperatur der umgebenden atmosphärischen Luft reducirt wird. Der Werth von x ist in Zollen Preuß. nach dem Quecksilber-Windmesser ausgedrückt.

Soll aber die erhitzte Luft auf die Temperatur $=0$ und auf die mittlere Dichtigkeit h′ der Atmosphäre reducirt werden, so bleibt der zuletzt gefundene Ausdruck für Q noch mit

$\frac{h}{h'} . \frac{1}{1 \pm 0{,}0046.\ t}$ zu multipliciren, und man erhält dann:

$$Q = \frac{2.\ a}{(1 + 0{,}0046\ (t - t')\ (1 \pm 0{,}0046.\ t)\ h'} \sqrt{g x h \Delta (h+x)\ (1 + 0{,}0046.\ t)}$$

$$= \frac{27{,}8.\ a}{(1 + 0{,}0046\ (t - t')\ (1 \pm 0{,}0046\ t)} \sqrt{x h (h+x)\ (1{,} + 0{,}0046.\ t)}$$

für die Luftmenge von normaler Dichtigkeit und Temperatur, welche das Gebläse in einer Zeitsekunde unter dem Druck x mit der Temperatur t auspreßt.

§. 615.

Wenn bei gleichbleibender Geschwindigkeit für den heißen und für den kalten Wind, oder bei $x' = x$, und zugleich bei gleichbleibender Größe der Düsenöffnung, oder für $a' = a$, nach dem Verhältniß der Windmenge gefragt wird, welche durch die Düse strömt, und wenn Q die Menge des kalten Windes (sei es von der Temperatur und Dichtigkeit der umgebenden Luft, oder von der Temperatur $= 0$ und bei dem normalen mittleren Druck h′ der Atmosphäre) und Q′ die Menge des heißen Windes von der Temperatur t bedeutet, so ist zwar $a v = a' v$, d. h. es strömt aus der Düse eben so viel kalte als heiße Luft, dem Volum nach, mit gleicher Geschwindigkeit aus; allein die Luftmengen sind ungleich, wenn sie auf Temperatur und Druck der umgebenden Luft, oder auf Normal-Druck und Normal-Temperatur reducirt werden. Es verhält sich nämlich:

$$Q : Q' = a v : a' v = \frac{27{,}8.\ a}{(1 \pm 0{,}0046.\ t)} \sqrt{x h (h+x)} :$$

$$\frac{27{,}8.\ a}{(1+0{,}0046\,(t-t')\ (1 \pm 0{,}0046.\ t)} \sqrt{x h (h+x)\,(1+0{,}0046.\ t)}$$

$$= 1 : \frac{\sqrt{1+0{,}0046.\ t}}{1+0{,}0046\,(t-t')}$$

und daraus ergiebt sich: $Q' = Q \dfrac{\sqrt{1+0{,}0046.\ t}}{1+0{,}0046\,(t-t')}$

und $Q = Q' \dfrac{1+0{,}0046\,(t-t')}{\sqrt{1+0{,}0046.\ t.}}$

§. 616.

Wenn bei gleich starker Pressung oder Geschwindigkeit für den heißen und den kalten Wind, also für $x' = x$, die Düsenöffnungen sich dergestallt ändern sollen, daß gleiche Quantitäten Wind von der Dichtigkeit und Temperatur der umgebenden atmosphärischen Luft, — oder von der normalen Dichtigkeit und von 0° Temperatur, — durch die Düse strömen sollen, so ist, zufolge der Voraussetzung:

$$808.\ a \sqrt{x \frac{h+x}{h}} =$$

$$\frac{808\, a'}{1+0{,}0046\,(t-t')} \sqrt{x' \frac{h+x'}{h} (1+0{,}0046.\ t}$$

oder $a = \frac{a'}{1+0{,}0046\,(t-t')}\sqrt{1+0{,}0046.\,t.}$

folglich $a' = a\frac{1+0{,}0046\,(t-t')}{\sqrt{(1+0{,}0046.\,t.)}}$

und $a = a'\sqrt{\frac{(1+0{,}0046.\,t.)}{1+0{,}0046\,(t\text{-}t')}}$

§. 617.

Wenn die Anzahl der Hübe des Gebläsekolbens in der Minute, bei kaltem und heißem Winde, dieselbe bleibt, und wenn auch die Düsenöffnungen für den kalten und für den heißen Wind unverändert bleiben, also die Quantität des Windes aus dem Gebläse, auf Luft von atmosphärischer Dichtigkeit und Temperatur (oder auch von normaler Dichtigkeit und von 0° Temperatur) reducirt, bei Anwendung der kalten oder der erhitzten Luft sich nicht ändern, so müssen doch die Werthe von x (bei kalter) und von x' (bei heißer) Luft verschieden und x' offenbar größer als x sein. Zufolge der Voraussetzung soll aber sein:

$$808.\,a\sqrt{x\frac{h+x}{h}} =$$

$$\frac{808.\,a}{1+0{,}0046\,(t-t')}\sqrt{x'\frac{h+x'}{h}(1+0{,}0046.\,t.)}$$

also $\sqrt{x\frac{h+x}{h}} = \frac{\sqrt{x'\frac{h+x'}{h}(1+0{,}0046.\,t.)}}{1+0{,}0046\,(t-t')}$

also $x\,(h+x) = \frac{x'\,(h+x')\,(1+0{,}0046.\,t.)}{(1+0{,}0046)\,(t-t'))^2}$ (A.)

$x\,(h+x) + \frac{1}{4}h^2 = A + \frac{1}{4}h^2$, und da $\sqrt{x\,(h+x) + \frac{1}{4}h^2}$ $= x + \frac{1}{2}h$; so ist

$$x + \tfrac{1}{2}h = \sqrt{(A + \tfrac{1}{4}h^2)}, \text{ und}$$

$$x = \sqrt{(A + \tfrac{1}{4}h^2)} - \tfrac{1}{2}h$$

Kennt man also x', so läßt sich aus diesem Ausdruck der Werth von x finden, nämlich die Höhe der Quecksilbersäule, welche bei der Anwendung des kalten Windes erforderlich sein würde, um dieselbe Quantität Luft von atmosphärischer oder normaler Dichtigkeit, und von der vorhandenen Luft Temperatur, oder von der Temperatur = o durch die Düse zu treiben, welche, für den bis zur Temperatur t erhitzten Wind, bei einer Höhe der Quecksilbersäule x', ausgeblasen wird.

Wenn x bekannt ist, und man sucht, bei gleichbleibender Düsenöffnung, dasjenige x', bei welchem der heiße Wind dasselbe auf Druck und Temperatur reducirte Windquantum liefert, als bei kaltem Winde durch den Druck = x ausgepreßt wird, so ist:

$$x(h+x) = \frac{x'(h+x')(1+0{,}0046.\,t)}{(1+0{,}0046.\,(t-t'))^2}$$

$$x\,(h+x)\,(1+0{,}0046\,(t-t^1))^2 = x'\,(h+x')\,(1+0{,}0046.\,t)$$

$$\text{(B)}\quad \frac{x\,(h+x)\,(1+0{,}0046.\,(t-t^1))^2}{1+0{,}0046\,t} = x'(h+x')$$

$$B + \tfrac{1}{4}h^2 = x'\,(h+x') + \tfrac{1}{4}h^2$$

$$\text{oder}\ \sqrt{(B + \tfrac{1}{4}h^2)} = x' + \tfrac{1}{2}h$$

$$\text{und}\ x' = \sqrt{(B + \tfrac{1}{4}h^2)} - \tfrac{1}{2}h$$

Wenn also z. B. ein Hohofen, der mit kaltem Winde betrieben und welchem der Wind mit einer Pressung zugeführt ward, die einer Quecksilberhöhe von 5 Zoll entsprach, erhitzten Wind von einer Temperatur von 200° Reaum. erhalten, dabei aber dieselbe Windmenge, auf normalen Luftdruck und auf die Temperatur von 0 Gr. reducirt, bekommen soll, wie früher bei kaltem Winde, und wenn dabei zugleich auch der Flächeninhalt der Düsenöffnung unverändert bleiben soll, so wird die Zahl der Hübe des Gebläsekolbens unverändert bleiben müssen, und es fragt sich nur, wie sich x' gegen x verhalten wird. Es sind in dem gewählten Beispiel: x=5, h=29, t'=0, t=200. Die Formel ergiebt, daß x'=8,66 werden muß, wenn allen Bedingungen genügt werden soll. Das Gebläse wird daher einen vergrößerten Widerstand in dem Verhältniß von 5:8,66 zu überwinden haben, um dem Hohofen eben so viel atmosphärische und bis 200° Reaum. erhitzte Luft, als Luft von 0° Temperatur, wenn beide Luftmengen auf gleichen Druck und auf gleiche Temperatur reducirt werden, zuzuführen.

W. Schulze, über die Berechnung der Geschwindigkeit und Quantität der Gebläseluft; im Archiv für Mineralogie, Geognosie, Bergbau u. Hüttenkunde, IX. 587.

§. 618.

Unter übrigens gleichen Umständen wird das Gebläse den größten Effekt leisten, dessen Maschinerie mit der geringsten Kraftanwendung in Bewegung gesetzt werden kann, oder bei welchem die Friktion am geringsten ist. Es müßten also die einfachsten Gebläsevorrichtungen, zu denen ohne Zweifel das Wassertrommelgebläse gehört, den größten Effekt leisten, d. h. sie müßten mit einem gleichen Wasseraufwand und bei gleichem Gefälle, in einer gegebenen Zeit, die größte Menge Luft von atmosphärischer Dichtigkeit liefern. Dies ist aber nicht der Fall, ohne Zweifel weil das Wasser nicht so viel Luft absorbirt, um einen so günstigen Erfolg hervorzubringen. Bei dem Kettengebläse fällt dieser Grund weg, weshalb der Effekt desselben sehr groß sein müßte. Für mittlere Windpressungen mag es auch sein, aber bei stärkeren Pressungen und bei großen Luftmengen sind der Widerstand des Wassers gegen die Kolben, die Friktion der Kettenglieder und die Reibung der Kette gegen das Leitrad, sehr bedeutende Hindernißlasten, welche den Effekt vermindern.

Man pflegt den Krafteffekt eines Gebläses wohl durch das Produkt der Wassermenge (in Kubikfußen ausgedrückt) mit der Höhe des Gefälles (in Fußen ausgedrückt) zu bezeichnen, und sieht als Lasteffekt das Produkt an, welches aus der, in derselben Zeit gelieferten Windmenge (ebenfalls in Kubikfußen ausgedrückt) von atmosphärischer Dichtigkeit, mit der Höhe der Wassersäule (h), welche der verdichteten Luft das Gleichgewicht hält, erhalten wird. Dies ist allerdings eine sehr willkührliche Annahme, indeß erhält man dadurch einen Maaßstab zur Vergleichung des Effekts der verschiedenen Gebläse, wobei jedoch wohl zu bestimmen ist, ob man unter Lasteffekt die aus dem Produkt des kubischen Inhaltes der Gebläsevorrichtungen mit der Anzahl der Wechselungen hervorgehende Quantität Luft von atmosphärischer Dichtigkeit, oder die durch Bestimmung des Werthes von v berechnete Windmenge, also den eigentlichen Nutzeffekt des Gebläses versteht. Beide Quantitäten sind, wegen des Windverlustes von den Gebläsegefäßen bis zur Düsennöffnung, besonders aber wegen des schädlichen Raumes in den Gebläsegefäßen, sehr verschieden. Der Nutzeffekt läßt sich aber bis jetzt nicht genau bestimmen (§. 612), weshalb es, um richtige Vergleichungen anzustellen, nöthig ist, den Berichtigungs-Koefficienten in der Formel $Q = a\,v$ ganz wegzulassen und $Q\,h = 60.\ a.\ v.\ h$, mit dem Krafteffekt, welcher durch $K\,l$ ausgedrückt wird, wobei K die Menge von Kubikfußen Wasser in einer Minute, und l die Höhe des Gefälles bezeichnen, zu vergleichen. Es ist einleuchtend, daß $Q\,h$ jederzeit $= \frac{1}{n} K\,l$, und daß dasjenige Gebläse das wirksamste sein wird, bei welchem n am kleinsten, also $\frac{1}{n}$ am größten wird. $\frac{Q.\ h}{K.\ l}$ ist also ein willkührlicher, ganz allgemeiner Ausdruck für den Effekt eines Gebläses, durch welchen der Nutzeffekt sogleich nach Prozenten des Krafteffektes erhalten wird.

Die Bestimmung der Größe von K ist schwierig und der Divisor Kl wird daher durch bloße Berechnung, ohne wirkliche Messung, schwerlich genau festgestellt werden können. Noch schwieriger ist die Bestimmung von Q, wozu noch der Umstand tritt, daß sich der Nutzeffekt eines Gebläses, bei ganz gleich bleibendem Krafteffekt, verändern kann, wenn a einen andern Werth erhält. Der letzte Umstand würde indeß nur auf die Bestimmung des Maximums des Nutzeffektes eines und desselben Gebläses Einfluß haben.

Hr. Koch hat in seiner (oben angezeigten) Schrift, den Effekt des Kettengebläses, welches auf der Sollinger Hütte erbaut ist, berechnet. Es werden bei diesem Gebläse in der Minute, bei einer Fallhöhe von 19,25 Fuß, 93,8 Kubikfuß Aufschlagewasser (ob durch Berechnung, oder durch Messung bestimmt, ist nicht angegeben) verbraucht, und 426,8 Kubikfuß Luft von atmosphärischer Dichtigkeit, mit einer Pressung, die einer 24,6 Zoll hohen Wassersäule das Gleichgewicht hält, erhalten. Der Effekt des Gebläses würde folglich $\frac{426,8.\ 2,05}{93,8.\ 19,25} = 0,48$, oder 48 Prozent sein.

Hölzerne Kastengebläse dürften einen Effekt von 25 Prozent, — in dem erwähnten Sinn verstanden, — wohl nicht übersteigen, und bei weitem die mehrsten Gebläse dieser Art ihn noch nicht erreichen. Aber auch die eisernen Cylindergebläse, welche als Quotienten des Krafteffekts in den wirklichen Nutzeffekt die Zahl 48 geben, werden als ziemlich vollkommene Gebläse anerkannt werden müssen.

Gedruckt bei G. Bölitz in Berlin.

FSC
www.fsc.org
MIX
Papier | Fördert gute Waldnutzung
FSC® C083411

Kolibri 360 GmbH
Ferdinand-Jühlke-Straße 7
99095 Erfurt, Deutschland
produktsicherheit@kolibri360.de